제5판

알기 쉬운 정수론

임근빈 · 임동만 · 강동승 지음

KM 경문사

머리말

정수론은 주로 자연수의 성질을 연구하는 순수 수학의 한 분야이며 수학의 발전은 정수론의 발전과 함께해 왔다. 이러한 이유 때문에 정수론은 수학의 여왕이라고 불리기도 한다.

> "수학은 과학의 여왕이고, 정수론은 수학의 여왕이다
> (Mathematics is the Queen of the sciences,
> and number theory is the Queen of mathematics.)"
>
> \- C. F. Gauss (1777~1855)

정수론은 방대한 개별적인 이론, 결과 그리고 미해결 문제를 연구하는 가장 오래되고 고전적인 수학의 한 분야이지만 오늘날까지도 새로운 이론과 다양한 성질이 활발하게 연구되어 대수적 정수론, 해석적 정수론, 산술적 정수론 등으로 나뉘어 발전하고 있다. 또한 최근에는 전산학, 정보과학, 암호학, 부호이론 등과 같은 응용 분야에도 매우 중요한 기초 이론으로 활용되고 있다.

이 책에서는 정수론에 관한 지식을 필요로 하는 모든 독자들이 스스로 공부할 수 있도록 독자의 편에 서서 정의와 정리의 기본적인 맥락을 간단히 제시하고 정리들의 증명 과정을 가능한 한 자세하게 설명하려고 노력하였다. 또한 많은 보기를 들어 정의나 정리의 내용을 이해하는 데 도움을 주려고 노력하였다.

이 책은 학부 과정에서 필요한 중요한 내용을 모두 수록하였다. 또한 최근 중등교사 임용시험의 정수론 관련 기출문제를 연습문제에 제시하였으며, 각 절의 연습문제 풀이를 상세히 수록하였다. 물론, 이 풀이 과정은 한 가지 방법에 지나지 않고, 또 다른 좋은 방법이 있을 수 있다. 독자는 처음부터 풀이 과정을 보지 말고 문제를 풀어 보는 것이 바람직하다고 생각한다.

끝으로, 이 책으로 공부하는 모든 분들이 좋은 결실이 있기를 바라며, 책을 출판하기까지 애써 주신 경문사 여러분들께 감사드린다.

2022년 2월
저자 일동

차 례

제1장 기초사항

제2장 약수, 배수

I

제1장 기초사항

1.1 ▌집합과 함수

A, B를 두 집합이라 하자. $x \in B$이면 $x \in A$일 때, 즉 B의 모든 원소가 A의 원소일 때, B를 A의 **부분집합**(subset)이라 하고 $B \subset A$로 표시한다.

$B \subset A$일 때, A는 B를 **포함한다고도** 한다. $A \subset B$이고 $B \subset A$일 때, 집합 A와 B는 **같다**고 하고 $A = B$로 표시한다. $B \subset A$이고 $B \neq A$일 때, B를 A의 **진부분집합**(proper subset)이라 하고 $B \subsetneq A$로 표시한다. 원소를 갖지 않는 집합을 **공집합**(empty set)이라 하고 $\varnothing$로 표시한다. 임의의 집합 A에 대하여 항상 $\varnothing \subset A$가 성립한다. 이것을 증명하려면

$$\text{“}x \in \varnothing \text{ 이면 } x \in A \text{이다”} \tag{1.1.1}$$

를 증명하면 된다. 그러나 (1.1.1)의 증명은 (1.1.1)의 대우

$$\text{“}x \notin A \text{이면 } x \notin \varnothing \text{ 이다”} \tag{1.1.2}$$

를 증명하면 충분하다. $x \notin A$라 가정할 때, $\varnothing$는 원소를 갖지 않으므로 $x \notin \varnothing$이다. 따라서 (1.1.2)가 성립한다.

집합 A의 모든 부분집합을 원소로 갖는 집합을 A의 **멱집합**(power set)이라 하고 $P(A)$로 표시한다.

앞으로 이 책에서는 자연수 전체의 집합(자연수란 $0, 1, 2, 3, \cdots, n, \cdots$을 의미한다)을 $\mathbb{N}$으로 표시한다. 즉,

$$\mathbb{N} = \{n \mid n\text{은 자연수}\} = \{0, 1, 2, \cdots, n, \cdots\}$$

이다. 또한 양의 정수 전체의 집합을 $\mathbb{N}^+$, 정수 전체의 집합을 $\mathbb{Z}$, 유리수 전체의 집합을 $\mathbb{Q}$, 실수 전체의 집합을 $\mathbb{R}$, 복소수 전체의 집합을 $\mathbb{C}$로 표시한다. 즉,

$$\begin{aligned}
\mathbb{N}^+ &= \{n \mid n\text{은 양의 정수}\} \\
\mathbb{Z} &= \{n \mid n\text{은 정수}\} \\
\mathbb{Q} &= \{q \mid q\text{는 유리수}\} \\
\mathbb{R} &= \{r \mid r\text{는 실수}\} \\
\mathbb{C} &= \{z \mid z\text{는 복소수}\}
\end{aligned}$$

이다.

$n \in \mathbb{N}$이라 할 때, n개의 원소를 갖는 집합을 **유한집합**(finite set)이라 하고 유한집합이 아닌 집합을 **무한집합**(infinite set)이라 한다. 앞으로 A가 유한집합일 때, A에 속하는 원소의 개수를

$|A|$로 표시한다.

A와 B를 집합이라 하자. A와 B 중의 적어도 하나에 속하는 원소를 원소로 갖는 집합을 A와 B의 **합집합**(union)이라 하고 $A \cup B$로 표시한다. 즉,

$$A \cup B = \{x \mid x \in A \text{ 또는 } x \in B\}$$

이다.

A와 B에 공통으로 속하는 원소를 원소로 갖는 집합을 A와 B의 **교집합**(intersection)이라 하고 $A \cap B$로 표시한다. 즉,

$$A \cap B = \{x \mid x \in A \text{이고 } x \in B\}$$

이다.

A에 속하나 B에 속하지 않는 원소를 원소로 갖는 집합을 A와 B의 **차집합**(difference)이라 하고 $A - B$로 표시한다. 즉,

$$A - B = \{x \mid x \in A \text{이고 } x \notin B\}$$

이다.

$B \subset A$일 때, $A - B$를 B^c로 표시하고 B의 **여집합**(complement)이라 한다.

두 집합의 합집합과 교집합의 정의를 일반화하자. I를 공집합이 아닌 집합이라 할 때, 각 원소 $i \in I$에 대하여 한 집합 A_i가 대응한다고 하자. 즉,

원소 $i \in I$에 대하여 한 집합 A_i가 대응하고,
원소 $j \in I$에 대하여 한 집합 A_j가 대응하고,
원소 $k \in I$에 대하여 한 집합 A_k가 대응하고,
$\cdots$

이다.

이때 $A_i, A_j, A_k, \cdots$를 원소로 갖는 집합을 **집합족**(family of sets)이라 하고 $\{A_i \mid i \in I\}$로 표시한다. 집합족 $\{A_i \mid i \in I\}$를 생각하자. I의 적어도 한 원소 i에 대하여 $x \in A_i$인 x를 원소로 갖는 집합을 집합족 $\{A_i \mid i \in I\}$의 **합집합**이라 하고 $\bigcup_{i \in I} A_i$로 표시한다. 즉,

$$\bigcup_{i \in I} A_i = \{x \mid \text{적어도 한 원소 } i \in I\text{에 대하여 } x \in A_i\}$$

이다.

한편 I의 모든 원소 i에 대하여 $x \in A_i$인 x를 원소로 갖는 집합을 집합족 $\{A_i \mid i \in I\}$의 **교집합**이라 하고 $\bigcap_{i \in I} A_i$로 표시한다. 즉,

$$\bigcap_{i \in I} A_i = \{x \mid \text{모든 원소 } i \in I\text{에 대하여 } x \in A_i\}$$

이다. $I = \{1, 2, \cdots, n\}$일 때, $\bigcup_{i \in I} A_i$와 $\bigcap_{i \in I} A_i$를 각각

$$\bigcup_{i=1}^{n} A_i = A_1 \cup A_2 \cup \cdots \cup A_n, \quad \bigcap_{i=1}^{n} A_i = A_1 \cap A_2 \cap \cdots \cap A_n$$

으로 표시할 때도 있다.

보기 1.1.1

집합 $I = \{1, 2, 3, 4\}$의 원소 1, 2, 3, 4에 대하여 집합

$$A_1 = \{a, b, d\},\ A_2 = \{a, c, d\},\ A_3 = \{d, e\},\ A_4 = \{a, c, d, f\}$$

가 각각 대응한다고 하자. 그러면

$$\{A_i \mid i \in I\} = \{A_1, A_2, A_3, A_4\},$$
$$\bigcup_{i \in I} A_i = \{a, b, c, d, e, f\}, \quad \bigcap_{i \in I} A_i = \{d\}$$

이다.

보기 1.1.2

각 $n \in \mathbb{N}$에 대하여 집합 $A_n = \{-1, 0, 1, 2, \cdots, n\}$이 대응한다고 하자. 그러면

$$\{A_n \mid n \in \mathbb{N}\} = \{A_0, A_1, A_2, \cdots, A_n, \cdots\},$$
$$\bigcup_{n \in \mathbb{N}} A_n = \{-1, 0, 1, 2, \cdots, n, \cdots\}, \quad \bigcap_{n \in \mathbb{N}} A_n = \{-1, 0\}$$

이다.

정리 1.1.3

$\{A_i \mid i \in I\}$를 집합족이라 할 때, 각 $k \in I$에 대하여 다음이 성립한다.

(1) $A_k \subset \bigcup_{i \in I} A_i$　　(2) $\bigcap_{i \in I} A_i \subset A_k$

증명

(1) $x \in A_k$라 하면 분명히 $x \in \bigcup_{i \in I} A_i$이므로 $A_k \subset \bigcup_{i \in I} A_i$이다.

(2) $x \in \bigcap_{i \in I} A_i$라 하면 모든 $i \in I$에 대하여 $x \in A_i$이므로 $x \in A_k$이다. 따라서 $\bigcap_{i \in I} A_i \subset A_k$이다. ❏

P와 Q를 두 명제라 할 때, 기호

"$P \Rightarrow Q$"는 "P가 참이면 Q도 참이다"

를 의미하고, 또한 기호

"$P \Leftrightarrow Q$"는 "P가 참일 필요충분조건은 Q가 참인 것이다"

를 의미한다.

(a, b)를 두 원소 a, b의 **순서쌍**(ordered pair)이라 한다. a를 (a, b)의 **첫째 좌표**(first coordinate), b를 (a, b)의 **둘째 좌표**(second coordinate)라 한다.

두 순서쌍 (a, b), (c, d)에 대하여

$$(a, b) = (c, d) \Leftrightarrow a = c \text{이고 } b = d \tag{1.1.3}$$

이다.

참고 순서쌍의 엄격한 정의는 집합을 사용하여 $(a, b) = \{\{a\}, \{a, b\}\}$로 정의한다. 이 정의로부터 (1.1.3)을 증명할 수 있다

A, B를 두 집합이라 하자. A의 원소 a를 첫째 좌표, B의 원소 b를 둘째 좌표로 하는 순서쌍 (a, b)를 원소로 갖는 집합을 A와 B의 **카테시안 곱**(Cartesian product)이라 하고 $A \times B$로 표시한다. 즉,

$$A \times B = \{(a, b) \mid a \in A \text{이고 } b \in B\}$$

이다.

보기 1.1.4

$A = \{1, 2\}$, $B = \{a, b, c\}$라 하면

$$A \times B = \{(1, a), (1, b), (1, c), (2, a), (2, b), (2, c)\}$$

이다.

순서쌍의 개념을 n개의 원소로 확장하자. $(a_1, a_2, \cdots, a_n)$을 n개의 원소 $a_1, a_2, \cdots, a_n$의 **순서 n쌍**(n-tuple)이라 하고 $a_1, a_2, \cdots, a_n$을 각각 $(a_1, a_2, \cdots, a_n)$의 **첫째 좌표**, **둘째 좌표**, $\cdots$, **n번째 좌표**(n-th coordinate)라 한다. 두 순서 n쌍 $(a_1, a_2, \cdots, a_n)$, $(b_1, b_2, \cdots, b_n)$에 대하여

$$(a_1, a_2, \cdots, a_n) = (b_1, b_2, \cdots, b_n) \Leftrightarrow a_i = b_i \, (i = 1, 2, \cdots, n) \tag{1.1.4}$$

이다. n개의 집합 $A_1, A_2, \cdots, A_n$의 **카테시안 곱** $A_1 \times A_2 \times \cdots \times A_n$은 원소 $a_1 \in A_1$을 첫째 좌표, 원소 $a_2 \in A_2$를 둘째 좌표, $\cdots$, 원소 $a_n \in A_n$을 n번째 좌표로 하는 모든 순서 n쌍 $(a_1, a_2, \cdots, a_n)$을 원소로 갖는 집합이다. 즉,

$$A_1 \times A_2 \times \cdots \times A_n = \{(a_1, a_2, \cdots, a_n) \mid a_i \in A_i \, (i = 1, 2, \cdots, n)\}.$$

A와 B를 두 집합이라 하고 f를 $A \times B$의 부분집합이라 하자. f가 다음 두 조건

(1) 각 원소 $a \in A$에 대하여 $(a, b) \in f$를 만족하는 원소 $b \in B$가 적어도 하나 존재한다.
(2) $(a, b_1) \in f$이고 $(a, b_2) \in f$이면 $b_1 = b_2$이다.

를 만족할 때, f를 A로부터 B로의 **함수**(function) 또는 **사상**(mapping)이라 하고 $f : A \to B$ 또는 $A \xrightarrow{f} B$로 표시한다. 이때 A를 f의 **정의역**(domain), B를 f의 **공역**(codomain)이라 한다. $(a, b) \in f$일 때, $b = f(a)$로 표시하고 b를 f에 의한 a의 **상**(image) 또는 **함숫값**(value of function)이라 한다. 또한 $b = f(a)$일 때 f는 a를 b로 **사상한다** 또는 a는 f에 의하여 b로 **사상된다**고 하고 $a \overset{f}{\mapsto} b$(또는 의미가 분명할 때에는 f를 생략해서 $a \mapsto b$)로 표시하기도 한다. 위의 함수의 조건에서 (1)은 "A의 각 원소는 B 안에 적어도 하나의 상을 갖는다"를 의미하고, (2)는 "A의 각 원소는 B 안에 꼭 한 개의 상을 갖는다"를 의미한다.

보기 1.1.5

$A=\{1, 2, 3\}$, $B=\{a, b, c, d\}$라 하자. f, g, h를 각각

$$f=\{(1, b), (2, c), (3, c)\}$$
$$g=\{(1, a), (2, b)\}$$
$$h=\{(1, a), (2, b), (2, d), (3, c)\}$$

라 하면 분명히 f, g, h는 $A\times B$의 부분집합들이다. 이때 f는 함수의 조건 (1), (2)를 모두 만족하므로 f는 함수이다.

$$(1, b)\in f\text{이므로 } b=f(1) \text{ 또는 } 1\mapsto b$$
$$(2, c)\in f\text{이므로 } c=f(2) \text{ 또는 } 2\mapsto c$$
$$(3, c)\in f\text{이므로 } c=f(3) \text{ 또는 } 3\mapsto c$$

그러나 g는 함수의 조건 (1)을 만족하지 않고, h는 함수의 조건 (2)를 만족하지 않으므로 g, h는 함수가 아니다.

보기 1.1.6

실수 전체의 집합 $\mathbb{R}$에 대하여 $f=\{(x, x^2)\,|\,x\in\mathbb{R}\}$라 하면 분명히 $f\subset\mathbb{R}\times\mathbb{R}$이다. 더욱이 f는 함수의 조건 (1)과 (2)를 모두 만족하므로 $f:\mathbb{R}\to\mathbb{R}$는 함수이다. 임의의 $x\in\mathbb{R}$에 대하여 $(x, x^2)\in f$이므로 $f(x)=x^2$이다.

참고 함수의 조건 (1)을 함수의 정의에서 제외하는 책도 있다. 이때 보기 1.1.5에서의 g는 함수가 된다.

$f:A\to B$와 $g:A\to B$를 두 함수라 하자. $f=g$라 하면 모든 $a\in A$에 대하여

$$b=f(a) \Leftrightarrow (a, b)\in f=g \Leftrightarrow b=g(a)$$

이므로 $f(a)=g(a)$이다. 역으로, 모든 $a\in A$에 대하여 $f(a)=b=g(a)$라 하면

$$(a, b)\in f \Leftrightarrow f(a)=b=g(a) \Leftrightarrow (a, b)\in g$$

이므로 $f=g$이다. 따라서

$$f = g \iff \text{모든 } a \in A\text{에 대하여 } f(a) = g(a).$$

$f : A \to B$를 함수라 하고 $S \subset A$, $T \subset B$라 하자. B의 부분집합

$$f(S) = \{f(a) \mid a \in S\} = \{b \in B \mid \text{적어도 한 원소 } a \in S\text{에 대하여 } b = f(a)\}$$

를 f에 의한 S의 **상**(image of S under f)이라 한다. 특히 $f(A)$를 f의 **상**(image of f)이라 하고 $\mathrm{Im}\, f$로 표시한다. 또한 A의 부분집합

$$f^{-1}(T) = \{a \in A \mid f(a) \in T\}$$

를 f에 의한 T의 **역상**(inverse image of T under f)이라 한다. 특히 $T = \{b\}$일 때 $f^{-1}(T)$ 대신에 $f^{-1}(b)$로 표시한다.

보기 1.1.7

보기 1.1.5의 함수 f에 대하여 $f(\{1, 2\}) = \{b, c\}$이고

$$f^{-1}(\{c, d\}) = \{2, 3\}, \quad f^{-1}(\{a, d\}) = \varnothing$$

이다. 또한 보기 1.1.6의 함수 f에 대하여

$$f(\{-2, -1, 0, 1, 2\}) = \{0, 1, 4\}, \quad f^{-1}(\{0, 4, 9\}) = \{-3, -2, 0, 2, 3\}$$

이다.

A를 집합이라 할 때, $A \times A$의 부분집합 $i_A = \{(a, a) \mid a \in A\}$는 분명히 함수의 조건 (1), (2)를 만족한다. 따라서 i_A는 A로부터 A로의 함수이다. 즉, $i_A : A \to A$이다. 또한 각 원소 $a \in A$에 대하여 $(a, a) \in i_A$이므로 $a = i_A(a)$이다. 따라서 i_A는 a를 a 자신으로 사상한다. 이때 i_A를 A 위의 **항등함수**(identity function)라 한다.

$B \subset A$일 때, 각 원소 $b \in B$에 대하여 $f(b) = b$로 정의하면 f는 B로부터 A로의 함수이다. 이 함수 $f : B \to A$를 **포함함수**(inclusion function)라 한다.

$f : A \to B$가 함수이고 $C \subset A$일 때, 각 원소 $c \in C$에 대하여 $g(c) = f(c)$로 정의하면 분명히 g는 C로부터 B로의 함수이다. 이 함수 $g : C \to B$를 C에 대한 f의 **축소함수**(restriction of f to C)라 하고 $g = f \mid C$로 표시한다.

A와 B를 집합이라 하고 b를 B의 한 원소라 할 때, 각 원소 $a \in A$에 대하여 $f(a) = b$로 정의하면 f는 A로부터 B로의 함수이다. 이 함수 $f : A \to B$를 **상수함수**(constant function)라 한다.

$f: A \rightarrow B$를 함수라 하자. A의 임의의 두 원소 a_1, a_2에 대하여 $f(a_1) = f(a_2)$이면 항상 $a_1 = a_2$일 때, f를 **단사함수**(injective function) 또는 **1대1 함수**(1-1 function)라 하고, B의 각 원소 b에 대하여 $f(a) = b$를 만족하는 A의 원소 a가 적어도 하나 존재할 때, f를 **전사함수**(surjective function) 또는 **위로의 함수**(onto function)라 한다. 분명히 f가 전사함수이기 위한 필요충분조건은 $\mathrm{Im}\, f = B$이다. f가 단사함수인 동시에 전사함수일 때, f를 **전단사함수**(bijective function) 또는 **1대1 위로의 함수**(1-1 onto function)라 한다.

두 집합 A, B에 대하여 A로부터 B로의 전단사함수가 존재할 때, A와 B는 **1대1 대응**(1-1 correspondence)한다고 한다.

보기 1.1.8

A를 집합이라 할 때, A 위의 항등함수 $i_A : A \rightarrow A$를 생각하자. 임의의 a_1, $a_2 \in A$에 대하여 $i_A(a_1) = i_A(a_2)$라 하자. 그러면

$$a_1 = i_A(a_1) = i_A(a_2) = a_2$$

이므로 i_A는 단사함수이다. 분명히 i_A는 전사함수이다. 따라서 i_A는 전단사함수이다. 또한 보기 1.1.5에서의 함수 $f: A \rightarrow B$를 생각할 때, $f(2) = c = f(3)$이지만 $2 \neq 3$이므로 f는 단사함수가 아니다. 더욱이 $\mathrm{Im}\, f = \{b, c\} \neq B$이므로 f는 전사함수도 아니다. 또한 보기 1.1.6에서의 함수 $f: \mathbb{R} \rightarrow \mathbb{R}$를 생각할 때, $f(2) = 4 = f(-2)$이지만 $2 \neq -2$이므로 f는 단사함수가 아니고, $x^2 = f(x) = -3$을 만족하는 $x \in \mathbb{R}$가 존재하지 않으므로 f는 전사함수도 아니다.

다음, $A = \{1, 2, 3\}$, $B = \{a, b\}$라 하자. 함수 $f: A \rightarrow B$를 $f(1) = a$, $f(2) = a$, $f(3) = b$로 정의하면 f는 전사함수이지만 단사함수는 아니다. 한편 함수 $g: B \rightarrow A$를 $g(a) = 1$, $g(b) = 3$으로 정의하면 g는 단사함수이지만 전사함수는 아니다.

정리 1.1.9

함수 $f: A \rightarrow B$에 대하여 다음이 성립한다.

(1) $S \subset A$에 대하여 $f^{-1}(f(S)) \supset S$이다.
특히 f가 단사함수이면 $f^{-1}(f(S)) = S$이다.

(2) $S \subset A$, $T \subset B$에 대하여
(i) $f(f^{-1}(T) \cap S) = T \cap f(S)$
(ii) $f(f^{-1}(T)) = T \cap \mathrm{Im}\, f$. 특히 f가 전사함수이면 $f(f^{-1}(T)) = T$이다.

(3) $f(f^{-1}(T)) \subset T$

증명 (1) $$a \in S \Rightarrow f(a) \in f(S) \Rightarrow a \in f^{-1}(f(S))$$

이므로 $f^{-1}(f(S)) \supset S$이다. 다음, f를 단사함수라 하자. $a \in f^{-1}(f(S))$라 하면 $f(a) \in f(S)$이다. 따라서 $f(a) = f(a')$을 만족하는 원소 a'이 S에 존재한다. 그러나 f는 단사함수이므로 $a = a'$이다. 따라서 $a \in S$이다. 즉, $f^{-1}(f(S)) \subset S$이다. 따라서 $f^{-1}(f(S)) = S$이다.

(2) (i) $b \in f(f^{-1}(T) \cap S)$

$\Leftrightarrow$ 적어도 한 원소 $a \in f^{-1}(T) \cap S$에 대하여 $b = f(a)$

$\Leftrightarrow$ 적어도 한 원소 $a \in S$에 대하여 $b = f(a) \in T$

$\Leftrightarrow$ $b \in T \cap f(S)$

이므로 $f(f^{-1}(T) \cap S) = T \cap f(S)$이다.

(ii)는 (i)에서 $S = A$라 놓으면 된다. 특히 f가 전사함수이면 $\mathrm{Im} f = B$이므로 $f(f^{-1}(T)) = T$이다.

(3)은 (2)의 (ii)에 의하여 분명히 성립한다. ❏

보기 1.1.10

보기 1.1.6의 함수 f를 생각하자. $S = \{1, 2\}$라 하면

$$f^{-1}(f(S)) = f^{-1}(\{1, 4\}) = \{-2, -1, 1, 2\} \supsetneq S$$

이다. 또한 $T = \{-9, -4, 4, 9\}$라 하면

$$f(f^{-1}(T)) = f(\{-3, -2, 2, 3\}) = \{4, 9\} \subsetneq T$$

이다.

$f: A \to B$, $g: B \to C$를 두 함수라 하자. 다음 그림에서와 같이 각 원소 $a \in A$에 대하여 꼭 한 개의 C의 원소 $g(f(a))$가 정해진다.

$$\begin{array}{ccccc} A & \xrightarrow{f} & B & \xrightarrow{g} & C \\ \Cup & & \Cup & & \Cup \\ a & \mapsto & f(a) & \mapsto & g(f(a)) \end{array}$$

$A \times C$의 부분집합

$$g \circ f = \{(a, c) \mid a \in A \text{이고 } c = g(f(a))\}$$

는 분명히 함수의 조건 (1)과 (2)를 만족한다. 따라서 $g \circ f$는 A로부터 C로의 함수 $g \circ f : A \to C$이고 $(g \circ f)(a) = g(f(a))$이다. 함수 $g \circ f$를 g와 f의 **합성함수**(composite function) 또는 **합성**(composite)이라 한다. 앞으로 편리를 위하여 $g \circ f$ 대신에 gf로 쓰기로 한다.

$f : A \to B$를 함수라 하면 임의의 $a \in A$에 대하여

$$f i_A(a) = f(i_A(a)) = f(a), \quad i_B f(a) = i_B(f(a)) = f(a)$$

이므로 $f i_A = f$, $i_B f = f$이다.

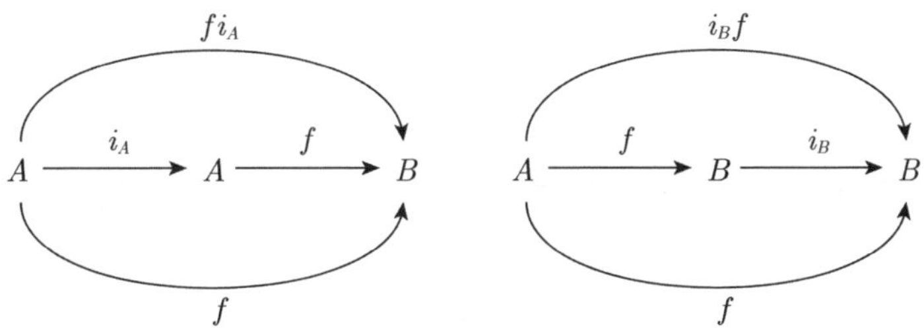

다음, $f : A \to B$, $g : B \to C$, $h : C \to D$를 함수라 할 때, 임의의 $a \in A$에 대하여

$$h(gf)(a) = h(gf(a)) = h(g(f(a))) = hg(f(a)) = (hg)f(a)$$

이므로

$$h(gf) = (hg)f$$

이다. 따라서 함수의 합성은 결합법칙이 성립한다(앞으로 편리를 위하여 $h(gf)$와 $(hg)f$를 간단히 hgf로 표시할 때도 있다).

정리 1.1.11

함수 $f : A \to B$, $g : B \to C$에 대하여 다음이 성립한다.

(1) f와 g가 단사함수이면 gf도 단사함수이다.

(2) f와 g가 전사함수이면 gf도 전사함수이다.

(3) f와 g가 전단사함수이면 gf도 전단사함수이다.

(4) gf가 단사함수이면 f도 단사함수이다.

(5) gf가 전사함수이면 g도 전사함수이다.

증명 (1), (2), (3)은 쉽게 증명할 수 있다.

(4) gf를 단사함수라 하자. A의 임의의 원소 a_1, a_2에 대하여 $f(a_1)=f(a_2)$라 하면

$$gf(a_1)=g(f(a_1))=g(f(a_2))=gf(a_2)$$

이다. 이때 gf가 단사함수이므로 $a_1=a_2$이다. 따라서 f는 단사함수이다.

(5) gf가 전사함수이면 C의 임의의 원소 c에 대하여 $gf(a)=c$를 만족하는 A의 원소 a가 적어도 하나 존재한다. 이때 $f(a)\in B$이고

$$g(f(a))=gf(a)=c$$

이므로 g는 전사함수이다. ❑

정리 1.1.12

함수 $f:A\to B$가 전단사함수이기 위한 필요충분조건은 $gf=i_A$, $fg=i_B$를 만족하는 함수 $g:B\to A$가 존재하는 것이다.

증명 $gf=i_A$, $fg=i_B$를 만족하는 함수 $g:B\to A$가 존재한다고 하자. 보기 1.1.8에 의하여 항등함수는 전단사함수이므로 정리 1.1.11 (4), (5)에 의하여 f는 전단사함수이다. 역으로, f를 전단사함수라 하자. b를 B의 임의의 원소라 하면 $f(a)=b$를 만족하는 A의 원소 a가 꼭 하나 존재한다. 따라서 함수 $g:B\to A$를 $g(b)=a$로 정의하면

$$fg(b)=f(g(b))=f(a)=b=i_B(b)$$

이다. 즉, $fg=i_B$이다. 다음 a를 A의 임의의 원소라 하고 $f(a)=b$라 하자. 그러면 $g(b)=a$이고

$$gf(a)=g(f(a))=g(b)=a=i_A(a)$$

이다. 따라서 $gf=i_A$이다. ❑

$f:A\to B$를 전단사함수라 하면 정리 1.1.12에 의하여 $gf=i_A$, $fg=i_B$를 만족하는 함수 $g:B\to A$가 존재한다. $g'f=i_A$, $fg'=i_B$를 만족하는 또 다른 함수 $g':B\to A$가 존재한

다고 하면

$$g = g i_B = g(fg') = (gf)g' = i_A g' = g'$$

이다. 따라서 g는 유일하다. 이 유일한 함수 g를 f^{-1}로 표시하고 f의 **역함수**(inverse function)라 한다. 따라서 $f^{-1}f = i_A$, $ff^{-1} = i_B$이다. 정리 1.1.12의 증명과정에 의하여

$$f(a) = b \iff f^{-1}(b) = a$$

이다. 분명히 f^{-1}도 전단사함수이고 $(f^{-1})^{-1} = f$ 이다.

보기 1.1.13

$A = \{1, 2, 3, 4\}$, $B = \{a, b, c, d$라 하자. 함수 $f : A \to B$를

$$f(1) = a,\quad f(2) = c,\quad f(3) = d,\quad f(4) = b$$

로 정의하면 f는 전단사함수이다. 따라서 f의 역함수 $f^{-1} : B \to A$가 존재한다. 실제로,

$$f^{-1}(a) = 1,\quad f^{-1}(b) = 4,\quad f^{-1}(c) = 2,\quad f^{-1}(d) = 3$$

이다.

$$1 \overset{f}{\longmapsto} a \qquad a \overset{f^{-1}}{\longmapsto} 1$$

$$2 \overset{f}{\longmapsto} c \qquad c \overset{f^{-1}}{\longmapsto} 2$$

$$3 \overset{f}{\longmapsto} d \qquad d \overset{f^{-1}}{\longmapsto} 3$$

$$4 \overset{f}{\longmapsto} b \qquad b \overset{f^{-1}}{\longmapsto} 4$$

A를 집합이라 하고 $f : A \to A$를 함수라 할 때,

$$f^0 = i_A,\ f^1 = f,\ f^2 = ff,\ f^3 = fff,\ \cdots,\ f^n = \underbrace{ff\cdots f}_{n\text{번}}$$

으로 정의한다.

1.2 ▎관계, 수학적 귀납법

A를 집합이라 하자. $R \subset A \times A$일 때, R를 **A 위의 관계**(relation on A)라 한다. $(a, b) \in R$일 때, aRb로 표시하고 **a와 b는 관계가 있다**(a is related to b)고 한다. R를 A 위의 관계라 하자. A의 모든 원소 a에 대하여 aRa이면 R는 **반사적**(reflexive)이라 한다. aRb이면 bRa일 때, R는 **대칭적**(symmetric)이라 한다.

aRb이고 bRc이면 aRc일 때, R는 **추이적**(transitive)이라 한다. 또한 R가 반사적, 대칭적, 추이적이면 R를 **A 위의 동치관계**(equivalence relation)라 한다. R가 A 위의 동치관계이고 $a \in A$일 때, a와 관계가 있는 A의 모든 원소들의 집합을 **동치관계 R에 의한 a의 동치류 또는 a의 동치류**(equivalence class)라 하고 $\overline{a}$로 표시한다. 즉,

$$\overline{a} = \{b \in A \mid aRb\}$$

이다. 이때 a를 $\overline{a}$의 **대표원**(representative)이라 한다.

정리 1.2.1

A를 공집합이 아닌 집합이라 하고 R를 A 위의 동치관계라 하면 다음이 성립한다.

(1) A의 모든 원소 a에 대하여 $a \in \overline{a}$이다(따라서 $\overline{a} \neq \varnothing$).

(2) 임의의 $a, b \in A$에 대하여 $\overline{a} = \overline{b} \Leftrightarrow aRb$이다.

(3) 임의의 $a, b \in A$에 대하여 $\overline{a} \cap \overline{b} = \varnothing$이거나 $\overline{a} = \overline{b}$이다.

(4) $A = \bigcup_{a \in A} \overline{a}$

▎증명

(1) R가 반사적이므로 aRa이다. 따라서 $a \in \overline{a}$이다.

(2) $\overline{a} = \overline{b}$라 가정하면 (1)에 의하여 $b \in \overline{b} = \overline{a}$이므로 aRb이다. 역으로, aRb라 가정하자. $c \in \overline{a}$라 하면 aRc이다. R가 대칭적이므로 bRa이고 R가 추이적이므로 bRc이다. 따라서 $c \in \overline{b}$, 즉 $\overline{a} \subset \overline{b}$이다. 같은 방법으로 $\overline{b} \subset \overline{a}$임을 증명할 수 있다. 따라서 $\overline{a} = \overline{b}$이다.

(3) $\overline{a} \cap \overline{b} \neq \varnothing$라 하자. 그러면 $c \in \overline{a} \cap \overline{b}$인 원소 c가 존재하므로 $c \in \overline{a}$이고 $c \in \overline{b}$이다. 따라서 aRc이고 bRc이다. 더욱이 R가 대칭적으로 cRb이고, 또한 R가 추이적이므로 aRb이다. 따라서 (2)에 의하여 $\overline{a} = \overline{b}$이다.

(4) $a \in A$라 하면 (1)에 의하여 $a \in \overline{a}$이므로 $a \in \bigcup_{a \in A} \overline{a}$이다. 즉, $A \subset \bigcup_{a \in A} \overline{a}$이다. 분명히 $\bigcup_{a \in A} \overline{a} \subset A$이다. 따라서 $A = \bigcup_{a \in A} \overline{a}$이다. ❑

I를 공집합이 아닌 집합이라 하자. A의 부분집합들의 한 집합족 $\{A_i \mid i \in I\}$가 다음 세 조건

(1) 각 $i \in I$에 대하여 $A_i \neq \varnothing$이다.

(2) 임의의 $i,\ j \in I$에 대하여 $A_i \cap A_j = \varnothing$이거나 $A_i = A_j$이다.

(3) $A = \bigcup_{i \in I} A_i$

를 만족할 때, 집합족 $\{A_i \mid i \in I\}$를 A의 **분할**(partition)이라 한다. R를 A 위의 동치관계라 할 때, 정리 1.2.1에 의하여 집합족 $\{\overline{a} \mid a \in A\}$는 A의 분할이다.

R를 A 위의 관계라 하자. aRb이고 bRa이면 항상 $a = b$일 때, R는 **반대칭적**(anti-symmetric)이라 한다.

A 위의 관계 R 대신에 기호 $\sim$, $\equiv$, $\leq$ 등을 사용할 때도 있다. 이때 aRb 대신에 $a \sim b$, $a \equiv b$, $a \leq b$ 등으로 표시한다.

A 위의 관계 $\leq$가 반사적, 반대칭적, 추이적이면 $\leq$를 **부분순서**(partial ordering)라 한다. A 위에 부분순서 $\leq$가 주어질 때, A를 **부분순서집합**(partially ordered set)이라 한다. $\leq$가 A 위의 부분순서이고 임의의 $a, b \in A$에 대하여 $a \leq b$ 또는 $b \leq a$일 때, $\leq$를 A 위의 **전순서**(total ordering)라 한다. A 위의 전순서 $\leq$가 주어질 때, A를 **전순서집합**(totally ordered set)이라 한다. 예를 들면, 부등호 $\leq$는 $\mathbb{Z}$(각각 $\mathbb{N}$, $\mathbb{Q}$, $\mathbb{R}$, $\mathbb{C}$) 위의 전순서이고, 따라서 $\mathbb{Z}$(각각 $\mathbb{N}$, $\mathbb{Q}$, $\mathbb{R}$, $\mathbb{C}$)는 전순서집합이다. A를 부분순서 $\leq$를 갖는 부분순서집합이라 하고 $a_0 \in A$라 하자. $a_0 \leq a$를 만족하는 A의 원소 a가 a_0뿐일 때($\leq$는 반사적이므로 $a_0 \leq a_0$이다), a_0를 A의 **극대원소**(maximal element)라 한다. 또한 $a \leq a_0$를 만족하는 A의 원소 a가 a_0뿐일 때, a_0를 A의 **극소원소**(minimal element)라 한다. $\varnothing \neq B \subset A$이고 $b_0 \in B$일 때, 모든 원소 $b \in B$에 대하여 $b_0 \leq b$이면 b_0를 B의 **최소원소**(least element)라 하고, 모든 원소 $b \in B$에 대하여 $b < b_0$이면 b_0를 B의 **최대원소**(greatest element)라 한다. 또한 $\varnothing \neq B \subset A$이고 $a \in A$일 때, 모든 원소 $b \in B$에 대하여 $b \leq a$이면 a를 B의 **상계**(upper bound)라 하고, 모든 원소 $b \in B$에 대하여 $a \leq b$이면 a를 B의 **하계**(lower bound)라 한다. B의 상계들의 집합이 최소원소를 가지면 이 원소를 B의 **최소상계**(least upper bound) 또는 **상한**(supremum)이라 하고 $\sup B$로 표시한다. 또한 B의 하계들의 집합이 최대원소를 가지면 이 원소를 B의 **최대하계**

(greatest lower bound) 또는 하한(infimum)이라 하고 $\inf B$로 표시한다.

정수의 중요한 성질 중의 하나인 정수의 정렬성 원리(wellordering principle)는 Peano 공리에 의하여 증명할 수 있으나 여기에서는 간단히 공리로 받아들이기로 하자.

정수의 정렬성 원리 S를 공집합이 아닌 $\mathbb{N}$의 부분집합이라 할 때, S는 최소원소 l을 갖는다.

정리 1.2.2 수학적 귀납법

$P(n)$을 자연수 n에 관한 명제라 하자. 그러면 다음이 성립한다.

1. $P(n)$이 다음 두 조건
   (1) $P(0)$는 참이다.
   (2) $P(n)$이 참이면 $P(n+1)$도 참이다.
   를 만족하면 $P(n)$은 모든 $n \in \mathbb{N}$에 대하여 참이다.

2. $P(n)$이 다음 두 조건
   (1) $P(0)$는 참이다.
   (2) $0 \le m < n$인 모든 자연수 m에 대하여 $P(m)$이 참이면 $P(n)$도 참이다.
   를 만족하면 $P(n)$은 모든 $n \in \mathbb{N}$에 대하여 참이다.
   특히 임의의 $c \in \mathbb{Z}$에 대하여

$$\mathbb{Z}_c = \{x \in \mathbb{Z} \mid x \ge c\}$$

   라 할 때, 위의 조건에서 0과 $\mathbb{N}$ 대신에 c와 $\mathbb{Z}_c$로 바꾸어도 같은 결과를 얻는다.

▎증명

1. 명제 $P(n)$이 주어진 두 조건을 만족한다고 가정하자. $P(n)$이 거짓이 되는 자연수 n들의 집합을 S라 하면 $S \subset \mathbb{N}$이다. $S \ne \varnothing$이라 하면 정수의 정렬성 원리에 의하여 S는 최소원소 a를 갖는다. 그러므로 $P(a)$는 거짓이다. $P(0)$는 참이므로 $a \ne 0$이다. 더욱이 a의 최소성에 의하여 $P(a-1)$은 참이다. 따라서 조건 (2)에 의하여 $P(a)$도 참이다. 이것은 모순이다. 따라서 $S = \varnothing$이다. 그러므로 $P(n)$은 모든 $n \in \mathbb{N}$에 대하여 참이다.
2. 명제 $P(n)$이 주어진 두 조건을 만족한다고 가정하자. $P(n)$이 거짓이 되는 자연수 n들의 집합을 S라 하면 $S \subset \mathbb{N}$이다. $S \ne \varnothing$이라 하면 정수의 정렬성 원리에 의하여 S는 최소원

소 a를 갖는다. 따라서 $P(a)$는 거짓이다. $P(0)$는 참이므로 $a \neq 0$이다. 더욱이 a의 최소성에 의하여 $0 \leq m < a$인 모든 자연수 m에 대하여 $P(m)$은 참이다. 따라서 조건 (2)에 의하여 $P(a)$도 참이다. 이것은 모순이다. 따라서 $S = \varnothing$이다. 따라서 $P(n)$은 모든 $n \in \mathbb{N}$에 대하여 참이다. ❑

보기 1.2.3

모든 양의 정수 n에 대하여

$$1^2 + 2^2 + 3^2 + \cdots + n^2 = \frac{n(n+1)(2n+1)}{6} \tag{1.2.1}$$

이 성립함을 수학적 귀납법으로 증명하여 보자.

$$1^2 = 1 = \frac{1(1+1)(2 \cdot 1 + 1)}{6}$$

이므로 $n = 1$인 경우는 (1.2.1)이 성립한다. $n = k$인 경우에 (1.2.1)이 성립한다고 하자. 즉,

$$1^2 + 2^2 + 3^2 + \cdots + k^2 = \frac{k(k+1)(2k+1)}{6}$$

이라 하자. 그러면

$$\begin{aligned} 1^2 + 2^2 + 3^2 + \cdots + k^2 + (k+1)^2 &= \frac{k(k+1)(2k+1)}{6} + \frac{6(k+1)^2}{6} \\ &= \frac{(k+1)(k(2k+1) + 6(k+1))}{6} \\ &= \frac{(k+1)(2k^2 + 7k + 6)}{6} \\ &= \frac{(k+1)(k+2)(2k+3)}{6} \\ &= \frac{(k+1)((k+1)+1)(2(k+1)+1)}{6} \end{aligned}$$

이므로 (1.2.1)은 $n = k+1$일 때도 성립한다. 따라서 (1.2.1)은 모든 양의 정수 n에 대하여 성립한다.

보기 1.2.4

(아르키메데스(Archimedes)의 원리) "임의의 양의 정수 a, b에 대해서 $na \geq b$를 만족하는 양의

정수 n이 존재함"을 정수의 정렬성 원리를 이용하여 증명하여 보자.

위의 명제가 참이 아니라고 하자. 그러면 모든 $n \in \mathbb{N}^+$에 대하여 $na < b$가 만족하므로 집합 $S = \{b - na \mid n \in \mathbb{N}^+\}$는 공집합이 아닌 $\mathbb{N}$의 부분집합이다. 따라서 정수의 정렬성 원리에 의하여 S는 최소 원소 r를 갖는다. $r \in S$이므로 적당한 $m \in \mathbb{N}^+$에 대하여 $r = b - ma$이고, 따라서 $b-(m+1)a \in S$이고

$$b-(m+1)a = (b-ma)-a < b-ma = r$$

이므로 이는 r가 S의 최소 원소라는 사실에 모순이다. 따라서 임의의 양의 정수 a, b에 대해서 $na \geq b$를 만족하는 양의 정수 n이 존재한다.

1.3 ▌정역

A, B, C를 집합이라 하자. $f : A \times B \to C$를 함수라 하고 $(a, b) \in A \times B$라 할 때, 앞으로 편리를 위하여 f에 의한 (a, b)의 함숫값 $f((a, b))$를 간단히 $f(a, b)$로 표시한다.

정의 1.3.1

F를 공집합이 아닌 집합이라 하자. 함수 $* : F \times F \to F$를 F 위의 이항연산(binary operation)이라 하고 $F \times F$의 임의의 원소 (a, b)의 함수 $*$에 의한 함숫값 $*(a, b)$를 간단히 $a*b$로 표시한다. 따라서 $a*b \in F$이다. 또한 이항연산(함수)의 기호 $*$ 대신에 여러 가지 기호, 가령 $+$, $\times$, $\cdot$ 등을 사용할 때가 많다. 이때 $a*b$는 $a+b$, $a \times b$, $a \cdot b$ 등으로 표시된다. 혼란이 없을 때는 $a*b$ 대신에 ab로 표시한다.

▌보기 1.3.2

$\mathbb{Z}$ 위의 덧셈 $+$와 곱셈 $\cdot$는 $\mathbb{Z} \times \mathbb{Z}$로부터 $\mathbb{Z}$로의 함수로 생각할 수 있다. 즉, 함수

$$+ : \mathbb{Z} \times \mathbb{Z} \to \mathbb{Z}, \quad \cdot : \mathbb{Z} \times \mathbb{Z} \to \mathbb{Z}$$

를 임의의 $(a, b) \in \mathbb{Z} \times \mathbb{Z}$에 대하여

$$+(a, b) = a + b, \quad \cdot(a, b) = a \cdot b = ab$$

로 정의한다. 예를 들면, $(3, 4) \in \mathbb{Z} \times \mathbb{Z}$에 대하여

$$+(3, 4) = 3 + 4 = 7, \quad \cdot(3, 4) = 3 \cdot 4 = 12$$

이다. 따라서 $+$와 $\cdot$는 각각 $\mathbb{Z}$ 위의 이항연산이다. 같은 방법으로 생각하면 $+$와 $\cdot$는 각각 $\mathbb{R}$와 $\mathbb{Q}$, $\mathbb{C}$ 위의 이항연산이다.

지금부터 우리가 잘 알고 있는 $\mathbb{Z}$의 성질을 조사해 보자.

첫째, $\mathbb{Z}$에는 덧셈이 정의되어 있고, 이 덧셈에 대하여 다음 성질을 만족한다.

(1) 임의의 $a, b \in \mathbb{Z}$에 대하여 $a + b = b + a$이다.

(2) 임의의 $a, b, c \in \mathbb{Z}$에 대하여 $(a+b)+c = a+(b+c)$이다.
(3) 모든 $a \in \mathbb{Z}$에 대하여 $a+0 = a$를 만족하는 $0 \in \mathbb{Z}$가 존재한다.
(4) 각 $a \in \mathbb{Z}$에 대하여 $a+(-a)=0$을 만족하는 $-a \in \mathbb{Z}$가 존재한다.

둘째, $\mathbb{Z}$에는 곱셈이 정의되어 있고, 이 곱셈에 대하여 다음 성질을 만족한다.

(5) 임의의 $a, b \in \mathbb{Z}$에 대하여 $ab = ba$이다.
(6) 임의의 $a, b, c \in \mathbb{Z}$에 대하여 $(ab)c = a(bc)$이다.
(7) 모든 $a \in \mathbb{Z}$에 대하여 $a1 = a$를 만족하는 $1 \in \mathbb{Z}$ $(1 \neq 0)$가 존재한다.
(8) 임의의 $a, b, c \in \mathbb{Z}$ $(a \neq 0)$에 대하여 $ab = ac$이면 $b = c$이다.

셋째, $\mathbb{Z}$에서의 덧셈과 곱셈에 대하여 다음 성질을 만족한다.

(9) 임의의 $a, b, c \in \mathbb{Z}$에 대하여 $a(b+c) = ab+ac$이다.

이상을 요약하면 집합 $\mathbb{Z}$ 위의 덧셈과 곱셈이 정의되어 (1)~(9)의 성질을 만족한다는 것을 알았다. 이 사실은 집합 $\mathbb{Z}$에 대수적 구조가 주어졌다는 것을 의미한다.

이제 $\mathbb{Z}$의 위와 같은 구조와 같은 대수적 구조를 갖는 집합을 생각한다.

정의 1.3.3

F를 공집합이 아닌 집합이라 하자. F 위의 덧셈이라 부르고 $+$로 표시되는 이항연산과 곱셈이라 부르고 $\cdot$로 표시되는 이항연산이 정의되어 덧셈과 곱셈에 대하여 다음 성질 ($a \cdot b$ 대신에 ab로 쓴다)

(1) 임의의 $a, b \in F$에 대하여 $a+b = b+a$이다.
(2) 임의의 $a, b, c \in F$에 대하여 $(a+b)+c = a+(b+c)$이다.
(3) 모든 $a \in F$에 대하여 $a+0 = a$를 만족하는 $0 \in F$가 존재한다.
(4) 각 $a \in F$에 대하여 $a+(-a)=0$을 만족하는 $-a \in F$가 존재한다.
(5) 임의의 $a, b \in F$에 대하여 $ab = ba$이다.
(6) 임의의 $a, b, c \in F$에 대하여 $(ab)c = a(bc)$이다.
(7) 모든 $a \in F$에 대하여 $a1 = a$를 만족하는 $1 \in F$ $(1 \neq 0)$가 존재한다.
(8) 임의의 $a, b, c \in F$ $(a \neq 0)$에 대하여 $ab = ac$이면 $b = c$이다.
(9) 임의의 $a, b, c \in F$에 대하여 $a(b+c) = ab+ac$이다.

를 만족할 때, F를 **정역**(integral domain)이라 한다. 앞으로 $a+(-b)$ 대신에 $a-b$로 표

시한다.

▌보기 1.3.4

보기 1.3.2와 그 다음의 설명에 의하여 $\mathbb{Z}$는 $\mathbb{Z}$ 위의 덧셈과 곱셈에 대하여 정역이 된다.

정역의 조건 (1)과 (3), 그리고 (1)과 (4)를 각각 결합하면

$$a+0=a=0+a, \quad a+(-a)=0=-a+a$$

가 되고, 정역의 조건 (5)와 (7)을 결합하면

$$a1=a=1a$$

가 된다. 또한 정역의 조건 (5)와 (9)를 결합하면

$$(a+b)c=ac+bc \tag{1.3.1}$$

가 된다.

참고 정역 F는 적어도 두 개 이상의 원소(예를 들면, 0, 1)를 갖는다.

정리 1.3.5

F를 정역이라 하자. 그러면 다음이 성립한다.

(1) 정의 1.3.3의 정역의 조건 (3)과 (7)에서 존재하는 F의 원소 0과 1은 유일하다.

(2) 임의의 $a, b \in F$에 대하여 $a+b=a+c$ (각각 $b+a=c+a$)이면 $b=c$이다.

(3) 각 $a \in F$에 대하여 정의 1.3.3의 조건 (4)에서 존재하는 F의 원소 $-a$는 유일하다.

(4) 임의의 $a \in F$에 대하여 $a0=0a=0$이다.

(5) 임의의 $a \in F$에 대하여 $-(-a)=a$이다.

(6) 임의의 $a, b \in F$에 대하여 $(-a)b=a(-b)=-(ab)$이다.

(7) 임의의 $a, b \in F$에 대하여 $(-a)(-b)=ab$이다.

▌증명

(1) 모든 $a \in F$에 대하여 $a+0'=a$를 만족하는 또 다른 $0'$이 F에 존재한다고 하면

$$0 = 0 + 0 = 0' + 0 = 0'$$

이다. 따라서 0은 유일하다. 같은 방법으로 1이 유일하다는 것도 쉽게 증명된다.

(2) $a+b=a+c$ 라 가정하자. 그러면

$$\begin{aligned} b &= 0+b=(-a+a)+b= -a+(a+b) \\ &= -a+(a+c)=(-a+a)+c=0+c = c \end{aligned}$$

이다.

(3) 각 $a \in F$에 대하여 $a+(-a)=0$을 만족하는 또 다른 $(-a)' \in F$가 존재한다고 하면

$$a+(-a)=0=a+(-a)'$$

이다. 따라서 (2)에 의하여 $-a=(-a)'$이다. 즉, $-a$는 유일하다.

(4) $$a0+0=a0=a(0+0)=a0+a0$$

이므로 (2)에 의하여 $0=a0$이다. 따라서 $0=a0=0a$이다.

(5) $-a \in F$이므로 $-(-a) \in F$가 존재한다. 따라서

$$\begin{aligned} a &= a+0=a+(-a+(-(-a)))=(a+(-a))+(-(-a)) \\ &= 0+(-(-a))= -(-a) \end{aligned}$$

이다.

(6) $$ab+a(-b)=a(b+(-b))=a0=0 = ab+(-(ab))$$

이므로 (2)에 의하여 $a(-b)= -(ab)$이다. 같은 방법으로 $(-a)b= -(ab)$도 쉽게 증명할 수 있다.

(7) (6)과 (5)에 의하여 $(-a)(-b)= -(a(-b))= -(-(ab))=ab$이다. ❑

정리 1.3.6

정역 F의 두 원소 a, b에 대하여 $ab=0$이면 $a=0$이거나 $b=0$이다.

증명 $ab=0$이라 가정하자. 그러면 정리 1.3.5의 (4)에 의하여 $ab=0=a0$이다. 따라서 $a \neq 0$이라 하면 $b=0$이다. 즉, $a=0$이거나 $a \neq 0$인데, $a \neq 0$이면 $b=0$이다. ❑

a_1, a_2, a_3를 정역 F의 원소라 할 때, 정역의 조건 (2)에 의하여

$$(a_1+a_2)+a_3=a_1+(a_2+a_3)$$

이다. 이때 이들 덧셈을 간단히 $a_1+a_2+a_3$로 나타낸다. 즉,

$$a_1+a_2+a_3=(a_1+a_2)+a_3=a_1+(a_2+a_3)$$

이다. 또한 a_1, a_2, a_3, a_4를 정역 F의 원소라 할 때, 정역의 조건 (2)를 반복 적용하면

$$\begin{aligned}((a_1+a_2)+a_3)+a_4&=(a_1+a_2)+(a_3+a_4)=a_1+(a_2+(a_3+a_4))\\&=a_1+((a_2+a_3)+a_4)=(a_1+(a_2+a_3))+a_4\end{aligned}$$

이므로 이들 덧셈을 $a_1+a_2+a_3+a_4$로 나타낸다. 일반적으로, $a_1,\ a_2,\ \cdots,\ a_n$을 정역 F의 원소라 할 때, $a_1,\ a_2,\ \cdots,\ a_n$의 순서를 바꾸지 않고 덧셈을 반복 시행하여 얻어진 값은 괄호를 선택하는 방법에 관계없이 모두 같다. 이 값을 간단히 $a_1+a_2+\ \cdots\ +a_n$으로 나타낸다. 특히 정역의 조건 (1)에 의하여 덧셈의 순서에 관계없이 이 값은 일정하다. 예를 들면,

$$a_1+a_2+a_3+a_4=a_2+a_1+a_3+a_4=a_3+a_1+a_4+a_2=\ \cdots$$

이다.

$a_1+a_2+\ \cdots\ +a_n\,(n\ge 2)$에서 $a_1=a_2=\ \cdots\ =a_n=a\,(a\in F)$일 때, $a_1+a_2+\ \cdots\ +a_n$을 na로 표시한다. 즉,

$$na=\underbrace{a+a+\ \cdots\ +a}_{n\text{번}}$$

이다.

또한 정역 F의 임의의 원소 a에 대하여

$$\begin{aligned}0a&=0\ \text{(좌측 0은 정수의 0이고 우측 0은 }F\text{의 원소이다)}\\1a&=a\\-na&=\underbrace{(-a)+(-a)+\ \cdots\ +(-a)}_{n\text{번}}\ (n>0)\end{aligned}$$

으로 정의한다. 그러면 임의의 정수 $m,\ n$과 정역 F의 임의의 원소 $a,\ b$에 대하여

$$\begin{aligned}(m+n)a&=ma+na\\n(a+b)&=na+nb\\m(na)&=(mn)a\end{aligned}$$

가 성립한다. 다음, $a_1,\ a_2,\ a_3$를 정역 F의 원소라 하면 정역의 조건 (6)에 의하여 $(a_1a_2)a_3=a_1(a_2a_3)$이다. 이때 이들 곱셈을 간단히 $a_1a_2a_3$로 표시한다. 즉,

$$a_1a_2a_3 = (a_1a_2)a_3 = a_1(a_2a_3)$$

이다.

또한 a_1, a_2, a_3, a_4를 정역 F의 원소라 할 때, 정역의 조건 (6)을 반복 적용하면

$$\begin{aligned}((a_1a_2)a_3)a_4 &= (a_1a_2)(a_3a_4) = a_1(a_2(a_3a_4))\\ &= a_1((a_2a_3)a_4) = (a_1(a_2a_3))a_4\end{aligned}$$

이므로 이들 곱셈을 $a_1a_2a_3a_4$로 나타낸다. 일반적으로 $a_1, a_2, \cdots, a_n$을 정역 F의 원소라 할 때, $a_1, a_2, \cdots, a_n$의 순서를 바꾸지 않고 곱셈을 반복 시행하여 얻어진 값은 괄호를 선택하는 방법에 관계없이 모두 같다. 이 값을 간단히 $a_1a_2 \cdots a_n$으로 표시한다. 특히 정역의 조건 (5)에 의하여 곱셈의 순서에 관계없이 이 값은 일정하다. 예를 들면,

$$a_1a_2a_3a_4 = a_2a_1a_3a_4 = a_3a_1a_4a_2 = \cdots$$

이다.

$a_1a_2 \cdots a_n\,(n \geq 2)$에서 $a_1 = a_2 = \cdots = a_n = a\,(a \in F)$일 때, $a_1a_2 \cdots a_n$을 a^n으로 표시한다. 즉,

$$a^n = \underbrace{aa \cdots a}_{n\text{번}}$$

이다.

또한 정역 F의 임의의 원소 a에 대하여

$$a^0 = 1, \quad a^1 = a$$

로 정의한다. 그러면 $m, n \in \mathbb{N}$과 정역 F의 임의의 원소 a, b에 대하여

$$\begin{aligned}a^{m+n} &= a^m a^n\\ (ab)^n &= a^n b^n\\ (a^m)^n &= a^{mn}\end{aligned}$$

이 성립한다. 더욱이 $a, b_i\,(i = 1, 2, \cdots, n)$가 정역 F의 원소일 때, 정역의 조건 (9)와 (1.3.1)은 다음과 같이 일반화된다(이것은 수학적 귀납법을 사용하여 쉽게 증명할 수 있다).

$$a(b_1 + b_2 + \cdots + b_n) = ab_1 + ab_2 + \cdots + ab_n \tag{1.3.2}$$

$$(b_1 + b_2 + \cdots + b_n)a = b_1a + b_2a + \cdots + b_na \tag{1.3.3}$$

제2장 약수, 배수

2.1 ▌약수, 배수

정수론은 양의 정수의 고유한 성질이나 여러 양의 정수 사이의 관계성을 연구하는 학문이다. 역사적으로 양의 정수를 다양한 형식으로 분류하기를 원했다. 예를 들어,

홀수 : 1, 2, 5, 7, ⋯
짝수 : 2, 4, 6, 8, ⋯
3으로 나누었을 때 나머지가 1인 수 : 1, 4, 7, 10, ⋯
완전수 : 6, 28, 496, ⋯
피보나치 수 : 1, 1, 2, 3, 5, 8, ⋯

이다. 정수론의 가장 흥미로운 연구 목표 중의 하나는 흥미롭고 예상치 못한 양의 정수 사이의 관계를 발견하는 것이고, 또한 여러 종류의 숫자 사이에서 이러한 관계가 있음을 증명할 수 있다는 것이다. 두 정수 사이의 관계는 약수와 배수의 개념으로 설명될 수 있다.

정리 2.1.1 나눗셈 정리(Division Algorithm)

임의의 정수 a, $b(b \neq 0)$에 대하여

$$a = bq + r, \quad 0 \leq r < |b|$$

를 만족하는 정수 q, r가 유일하게 존재한다(이때 q는 a를 b로 나눌 때의 **몫**(quotient)이라 하고 r는 a를 b로 나눌 때의 **나머지**(remainder)라 한다).

▌증명

$$S = \{a - |b|k \mid k \in \mathbb{Z},\ a - |b|k \geq 0\}$$

라 하자. $|b| \geq 1$이므로

$$|b|(-|a|) \leq -|a| \leq a$$

이다. 따라서 $a - |b|(-|a|) \geq 0$이므로 $a - |b|(-|a|) \in S$이다. 따라서 $S \neq \varnothing$이다. 또한 $S \subset \mathbb{N}$이므로 정수의 정렬성 원리에 의하여 S는 최소원소 r를 갖는다. $r \in S$이므로 적당한 $k \in \mathbb{Z}$에 대하여 $r = a - |b|k$이다. 즉, $a = |b|k + r$이다. 이제 $r < |b|$임을 보이기 위하여 $r \geq |b|$라 가정하면

$$a - |b|(k+1) = (a - |b|k) - |b| = r - |b| \geq 0$$

이므로 $a-|b|(k+1)\in S$이다. 그러나

$$a-|b|(k+1)=(a-|b|k)-|b|<a-|b|k=r$$

이므로 r의 최소성에 모순이다. 따라서 $r<|b|$이어야 한다. 더욱이 $r\in S$이므로 $0\le r$이다. 즉, $0\le r<|b|$이다. 이때 $b>0$인 경우에는 $q=k$로 놓고, 또한 $b<0$인 경우에는 $q=-k$로 놓으면

$$a=|b|k+r=bq+r,\quad 0\le r<|b|$$

이다. 이제 q, r의 유일성을 보이기 위하여

$$a=bq+r=bt+s\ (t,\ s\in\mathbb{Z}),\quad 0\le s<|b|$$

라 가정하면 $b(q-t)=s-r$이다. $-|b|<-r\le 0$이므로

$$-|b|<s-r<|b|,\text{ 즉 } -|b|<b(q-t)<|b|$$

이다. 따라서 $-1<\pm(q-t)<1$이므로 $q-t=0$, 즉 $q=t$이다. 따라서 $s-r=0$, 즉 $s=r$이다. ❑

참고 위의 나눗셈 정리는 임의의 정수 a, b $(b\neq 0)$에 대하여 a를 b로 나눌 때의 몫 q와 나머지 r의 존재성에 대한 내용으로 직접 찾는 과정을 보여주는 것은 아니다.

보기 2.1.2

$$\begin{aligned}
6&=2\cdot 3+0, & 0&=0<2\\
13&=3\cdot 4+1, & 0&<1<3\\
4&=5\cdot 0+4, & 0&<4<5\\
31&=(-7)\cdot(-4)+3, & 0&<3<|-7|\\
-6&=(-4)\cdot 2+2, & 0&<2<|-4|\\
-25&=6\cdot(-5)+5, & 0&<5<6
\end{aligned}$$

보기 2.1.3

정리 2.1.1에 의하여 모든 정수 a는

$$a=2q=2q+0,\qquad 0=0<2 \tag{2.1.1}$$

$$a = 2q+1, \qquad 0 < 1 < 2 \tag{2.1.2}$$

와 같이 두 가지 형태로 표시된다. 따라서 모든 정수를 2로 나누면 나머지가 0 또는 1이다. a가 (2.1.1)과 같이 표시되면 a를 **짝수(even)**라 하고, a가 (2.1.2)와 같이 표시되면 a를 **홀수**(odd)라 한다. 이제 a가 짝수이면 (2.1.1)에 의하여

$$a^2 = (2q)^2 = 4q^2 = 4q^2 + 0$$

으로 표시되고, 또한 a가 홀수이면 (2.1.2)에 의하여

$$a^2 = (2q+1)^2 = 4q^2 + 4q + 1 = 4q(q+1) + 1$$

로 표시된다. 따라서 모든 정수의 제곱을 4로 나누면 나머지가 0 또는 1이다.

다음, 정리 2.1.1에 의하여 모든 정수 a는

$$a = 4q = 4q + 0 \quad (\text{따라서 } a = 2(2q)) \tag{2.1.3}$$
$$a = 4q + 1 \quad (\text{따라서 } a = 2(2q) + 1) \tag{2.1.4}$$
$$a = 4q + 2 \quad (\text{따라서 } a = 2(2q+1)) \tag{2.1.5}$$
$$a = 4q + 3 \quad (\text{따라서 } a = 2(2q+1) + 1) \tag{2.1.6}$$

과 같이 네 가지 형태로 표시된다. 따라서 (2.1.3)과 (2.1.5)는 짝수이고, 또한 (2.1.4)와 (2.1.6)은 홀수이다. 더욱이 (2.1.4)에 의하여

$$a^2 = (4q+1)^2 = 16q^2 + 8q + 1 = 8q(2q+1) + 1$$

이고, 또한 (2.1.6)에 의하여

$$a^2 = (4q+3)^2 = 16q^2 + 24q + 9 = 8(2q^2 + 3q + 1) + 1$$

이다. 따라서 모든 홀수들의 제곱은 $a^2 = 8k+1$의 꼴로 표시된다. 예를 들면,

$$5^2 = 25 = 8 \cdot 3 + 1, \quad 9^2 = 81 = 8 \cdot 10 + 1$$

이다.

보기 2.1.4

a를 정수라 할 때, $\dfrac{a(a^2+2)}{3}$도 정수임을 보이자. 정리 2.1.1에 의하여 a는 정수 q에 대하여

$$a = 3q, \quad a = 3q+1, \quad a = 3q+2$$

와 같이 세 가지 형태로 표시된다. $a=3q$와 같이 표시되는 경우는

$$\frac{a(a^2+2)}{3}=\frac{3q((3q)^2+2)}{3}=q(9q^2+2)$$

이고, 또한 $a=3q+1$과 같이 표시되는 경우는

$$\begin{aligned}\frac{a(a^2+2)}{3}&=\frac{(3q+1)((3q+1)^2+2)}{3}=\frac{(3q+1)(9q^2+6q+3)}{3}\\&=\frac{3(3q+1)(3q^2+2q+1)}{3}=(3q+1)(3q^2+2q+1)\end{aligned}$$

이고, 또한 $a=3q+2$와 같이 표시되는 경우는

$$\begin{aligned}\frac{a(a^2+2)}{3}&=\frac{(3q+2)((3q+2)^2+2)}{3}=\frac{(3q+2)(9q^2+12q+6)}{3}\\&=\frac{3(3q+2)(3q^2+4q+2)}{3}=(3q+2)(3q^2+4q+2)\end{aligned}$$

이므로 $\frac{a(a^2+2)}{3}$는 정수이다.

나눗셈 정리에서 $r=0$일 때, 즉 $a=bq$인 경우에 특별한 의미를 갖는다. 이제 이 경우를 살펴보자.

정의 2.1.5

두 정수 $a, b\ (a\neq 0)$에 대하여 $b=ac$를 만족하는 정수 c가 존재할 때, b를 a의 배수(multiple)라 하고, a를 b의 약수(divisor) 또는 인수(factor)라 한다. 이때 "**a는 b를 나눈다**" 또는 "**b는 a에 의하여 나누어떨어진다**"고 하고 $a|b$로 표시한다. a가 b를 나누지 않으면 $a\nmid b$로 표시한다.

정리 2.1.6

임의의 $a, b, c, c_1, c_2, \cdots, c_n \in \mathbb{Z}\ (a\neq 0)$에 대하여 다음이 성립한다.

(1) $a|0,\ a|a,\ 1|b$

(2) $a|b$이면 $a|bc,\ a|-b,\ -a|b,\ -a|-b$이다.

(3) $a|b$ 이고 $b|c$ $(b \neq 0)$이면 $a|c$이다.

(4) $a|c_1$, $a|c_2$, $\cdots$, $a|c_n$이면 임의의 x_1, x_2, $\cdots$, $x_n \in \mathbb{Z}$에 대하여

$$a \mid (c_1x_1 + c_2x_2 + \cdots + c_nx_n)$$

이다.

(5) $c \neq 0$일 때, $a|b$일 필요충분조건은 $ac|bc$인 것이다.

(6) $a|b$이고 $b \neq 0$이면 $|a| \le |b|$이다.

(7) $a|1$일 필요충분조건은 $a = \pm 1$인 것이다.

(8) $a|b$이고 $b|a$ $(b \neq 0)$이면 $a = \pm b$이다.

▌증명

(1) $0 = a \cdot 0$, $a = a \cdot 1$, $b = 1 \cdot b$이므로 $a|0$, $a|a$, $1|b$이다.

(2) $a|b$라 하면 $b = ak$를 만족하는 $k \in \mathbb{Z}$가 존재한다. 따라서

$$bc = (ak)c = a(kc)$$

이므로 $a|bc$이다. 또한

$$-b = a(-k), \quad b = (-a)(-k), \quad -b = (-a)k$$

이므로 $a|-b$, $-a|b$, $-a|-b$이다.

(3) $a|b$이고 $b|c$이면 $b = ad$, $c = bk$를 만족하는 d, $k \in \mathbb{Z}$가 존재한다. 따라서 $c = bk = (ad)k = a(dk)$이므로 $a|c$이다.

(4) $a|c_1$, $a|c_2$, $\cdots$, $a|c_n$이면 $c_1 = ak_1$, $c_2 = ak_2$, $\cdots$, $c_n = ak_n$을 만족하는 k_1, k_2, $\cdots$, $k_n \in \mathbb{Z}$가 존재한다. 따라서

$$\begin{aligned} c_1x_1 + c_2x_2 + \cdots + c_nx_n &= (ak_1)x_1 + (ak_2)x_2 + \cdots + (ak_n)x_n \\ &= a(k_1x_1 + k_2x_2 + \cdots + k_nx_n) \end{aligned}$$

이므로 $a \mid (c_1x_1 + c_2x_2 + \cdots + c_nx_n)$이다.

(5) $a|b$라 하면 $b = ak$를 만족하는 $k \in \mathbb{Z}$가 존재한다. 따라서 $bc = ack$이므로 $ac|bc$이다. 역으로, $ac|bc$라 하면 $bc = ack$를 만족하는 $k \in \mathbb{Z}$가 존재한다. 이때 $c \neq 0$이므로 $b = ak$이고, 따라서 $a|b$이다.

(6) $a|b$이므로 $b = ak$를 만족하는 $k \in \mathbb{Z}$가 존재한다. 이때 $b \neq 0$이므로 $k \neq 0$이고, 따라서 $1 \le |k|$이다. 그러므로

$$|a| = |a| \cdot 1 \le |a||k| = |ak| = |b|$$

이다.

(7) $a \mid 1$이면 (6)에 의하여 $0 < |a| \le 1$이다. 따라서 $|a| = 1$, 즉 $a = \pm 1$이다. 역으로, $a = \pm 1$이라 하자. $a = 1$인 경우는 (1)에 의하여 $a \mid 1$이고, 또한 $a = -1$인 경우는 $1 = (-1)(-1) = aa$이므로 $a \mid 1$이다.

(8) $a \mid b$이고 $b \mid a$이면 $b = ak$, $a = bk'$을 만족하는 $k, k' \in \mathbb{Z}$가 존재한다. 따라서 $b = ak = (bk')k = b(k'k)$이고, 이때 $b \ne 0$이므로 $1 = k'k$이다. 따라서 $k' \mid 1$이므로 (7)에 의하여 $k' = \pm 1$이다. 따라서 $a = \pm b$이다. ❑

참고 정수 α, β에 대하여 α, β의 정수배의 합, 즉

$$\alpha x + \beta y \ (x, y \in \mathbb{Z})$$

꼴로 표현되는 정수를 α와 β의 일차결합 또는 선형결합(linear combination)이라 한다. 정리 2.1.6 (4)에 의하여 $a \mid \alpha$, $a \mid \beta$ $(\alpha, \beta \in \mathbb{Z})$이면 a도 α와 β의 일차결합의 약수이다. 더욱이 $a \mid (\alpha + \beta)$이고 $a \mid (\alpha - \beta)$이다(연습문제 2.1의 2 (2)).

6의 약수는 ± 1, ± 2, ± 3, ± 6이다. 즉, 6의 약수 중에서 1, 2, 3, 6은 양수이고, -1, -2, -3, -6은 음수이다. 일반적으로 a, $b\,(a \ne 0)$를 정수라 할 때, a가 b의 약수이면 정리 2.1.6 (2)에 의하여 $-a$도 b의 약수이다. 따라서 b의 약수를 구할 때, b의 양의 약수를 구하고 이들에 $-$를 붙이면 b의 음의 약수가 얻어진다. 따라서 앞으로 b의 약수를 구할 때, b의 양의 약수만을 구하면 충분하다. 다음, 3의 배수는 0, ± 3, ± 6, ± 9, ± 12, $\cdots$이다. 이때 3의 배수 중에서 $3, 6, 9, 12, \cdots$는 양수이고 $-3, -6, -9, -12, \cdots$는 음수이다. 일반적으로 a, $b\,(a \ne 0)$를 정수라 할 때, 0은 a의 배수이고, 또한 b가 a의 배수이면 정리 2.1.6 (2)에 의하여 $-b$도 a의 배수이다. 따라서 a의 배수를 구할 때, a의 양의 배수를 구하고 이들에 $-$를 붙이면 a의 음의 배수를 얻는다. 따라서 앞으로 a의 배수를 구할 때, a의 양의 배수만을 구하면 충분하다.

정리 2.1.7

$a_i, b_j \in \mathbb{Z}$ $(i = 1, 2, \cdots, m\,;\, j = 1, 2, \cdots, n)$이라 하고

$$a_1 + a_2 + \cdots + a_i + \cdots + a_m = b_1 + b_2 + \cdots + b_j + \cdots + b_n \qquad (2.1.7)$$

이라 하자. (2.1.7)에서 a_i(각각 b_j)를 제외한 모든 항이 d의 배수이면 a_i(각각 b_j)도 d의 배수이다.

증명 a_i를 제외한 모든 항이 d의 배수라 하면

$$a_k = dc_k \ (k = 1, 2, \cdots, m \ (k \neq i))$$
$$b_j = dd_j \ (j = 1, 2, \cdots, n)$$

을 만족하는 정수 c_k, d_j가 존재한다. 따라서

$$\begin{aligned} a_i &= b_1 + b_2 + \cdots + b_n - a_1 - a_2 - \cdots - a_{i-1} - a_{i+1} - \cdots - a_m \\ &= dd_1 + dd_2 + \cdots + dd_n - dc_1 - dc_2 - \cdots - dc_{i-1} - dc_{i+1} - \cdots - dc_m \\ &= d(d_1 + d_2 + \cdots + d_n - c_1 - c_2 - \cdots - c_{i-1} - c_{i+1} - \cdots - c_m) \end{aligned}$$

이므로 a_i도 d의 배수이다. b_j에 대해서도 같은 방법으로 증명할 수 있다. □

정의 2.1.8

a_1, a_2, $\cdots$, a_n $(n \geq 2)$을 모두는 0이 아닌 정수라 하자. $d \in \mathbb{Z}(d \neq 0)$라 할 때, 다음 두 조건

(1) 모든 $i\,(1 \leq i \leq n)$에 대하여 $d \mid a_i$이다.
(2) $c \in \mathbb{Z}\,(c \neq 0)$이고 모든 $i\,(1 \leq i \leq n)$에 대하여 $c \mid a_i$이면 $c \mid d$이다.

를 생각하자. 조건 (1)만을 만족하는 d를 a_1, a_2, $\cdots$, a_n의 **공약수**(common divisor)라 하고, 조건 (1)과 (2)를 동시에 만족하는 양의 정수 d를 a_1, a_2, $\cdots$, a_n의 **최대공약수**(greatest common divisor)라 한다. 또한 a_1, a_2, $\cdots$, a_n의 최대공약수 d를 $d = (a_1, a_2, \cdots, a_n)$ 또는 $d = \gcd(a_1, a_2, \cdots, a_n)$으로 표시한다. 특히 $(a_1, a_2, \cdots, a_n) = 1$이면 a_1, a_2, $\cdots$, a_n은 **서로소**(relatively prime)라 하고, 모든 i, $j\,(i \neq j\,(i, j = 1, 2, \cdots, n))$에 대하여 $(a_i, a_j) = 1$이면 a_1, a_2, $\cdots$, a_n은 **쌍마다 서로소**(relatively prime in pair)라 한다(보기 2.1.9와 정리 2.1.12 다음의 설명을 참조).

k_1, k_2, $\cdots$, k_n을 정수라 할 때, k_1, k_2, $\cdots$, k_n 중에서 가장 작은 정수와 가장 큰 정수를 각각

$\min\{k_1, k_2, \cdots, k_n\}$와 $\max\{k_1, k_2, \cdots, k_n\}$으로 표시한다. 예를 들면,

$$\min\{3, 5, 6, 6, 8\}=3, \quad \max\{3, 5, 6, 6, 8\}=8,$$
$$\min\{3, 6\}=3, \quad \max\{3, 6\}=6$$

이다. $a_1, a_2, \cdots, a_n$을 모두는 0이 아닌 정수라 하자. 정리 2.1.6 (1), (2)에 의하여 ± 1은 $a_1, a_2, \cdots, a_n$의 공약수이다. 따라서 $a_1, a_2, \cdots, a_n$의 공약수 중에서 가장 작은 양의 정수는 1이다. 또한 $d \in \mathbb{Z}(d>0)$를 $a_1, a_2, \cdots, a_n$의 공약수라 하면 정리 2.1.6 (2)에 의하여 $-d$도 $a_1, a_2, \cdots, a_n$의 공약수이므로 $a_1, a_2, \cdots, a_n$의 공약수를 구할 때, 양의 공약수를 구하면 충분하다. 또한 정리 2.1.6 (6)에 의하여 $d \le |a_i|\ (i=1, 2, \cdots, n)$이므로

$$1 \le d \le \min\{|a_1|, |a_2|, \cdots, |a_n|\}$$

이다. 따라서 $a_1, a_2, \cdots, a_n$의 공약수 중에서 최대인 정수가 존재한다.

다음, d와 d'을 $a_1, a_2, \cdots, a_n$의 최대공약수라 하면 정의 2.1.8의 조건 (2)에 의하여 $d\,|\,d'$, $d'\,|\,d$이고, 또한 $d>0$, $d'>0$이므로 정리 2.1.6 (8)에 의하여 $d=d'$이다. 또한 d는 $a_1, a_2, \cdots, a_n$의 양의 공약수 중에서 가장 큰 공약수이다. 더욱이

$$\begin{aligned}(a_1, a_2, a_3, a_4, \cdots, a_n) &= (a_2, a_1, a_3, a_4, \cdots, a_n)\\ &= (a_4, a_3, a_2, a_1, a_5, \cdots, a_n) = \cdots\end{aligned}$$

이다.

참고 a, b를 모두는 0이 아닌 정수라 하고 $(a, b)=d$, $(a, -b)=d'$이라 하자. 그러면 $d\,|\,a$, $d\,|\,b$이고, 또한 $d'\,|\,a$, $d'\,|\,-b$이다. 따라서 정리 2.1.6 (2)에 의하여 $d\,|\,-b$, $d'\,|\,b$이다. 따라서 정의 2.1.8의 조건 (2)에 의하여 $d\,|\,d'$, $d'\,|\,d$이다. 따라서 정리 2.1.6 (8)에 의하여 $d=d'$, 즉

$$(a, b)=(a, -b)$$

이다.

보기 2.1.9

$(8, 12, 16)=4$이고 $(-9, 6, -15)=3$이다.

다음, $(6,\ 10,\ 21)=1$이므로 6, 10, 21은 서로소이다. 그러나 $(6,\ 10)=2$, $(6,\ 21)=3$, $(10,\ 21)=1$이므로 6, 10, 21은 쌍마다 서로소는 아니다.

다음, $(7,\ 8,\ 11)=1$이므로 7, 8, 11은 서로소이고, 더욱이

$$(7,\ 8)=(7,\ 11)=(8,\ 11)=1$$

이므로 7, 8, 11은 쌍마다 서로소이다.

정리 2.1.10

$a,\ b,\ k$를 정수라 하고 $a=bk\ (b\neq 0)$라 하자. A를 a와 b의 모든 공약수들의 집합이라 하고, B를 b의 모든 약수들의 집합이라 하자. 그러면 $A=B$이다. 특히 $(a,\ b)=|b|$이다.

증명 $d\in A \Rightarrow d\in B$이므로 $A\subset B$이다. 역으로,

$$d\in B \Rightarrow d\,|\,b \Rightarrow d\,|\,bk,\quad bk=a \Rightarrow d\,|\,a,\quad d\,|\,b \Rightarrow d\in A$$

이므로 $B\subset A$이다. 따라서 $A=B$이다. 더욱이 $b\in B=A$이므로 $b\,|\,a$, $b\,|\,b$이다. 따라서 $b>0$인 경우에는 $c\in\mathbb{Z}\ (c\neq 0)$에 대하여 $c\,|\,a$, $c\,|\,b$라 하면 $c\,|\,b$이므로 최대공약수의 정의에 의하여 $(a,\ b)=b=|b|$이다. 다음, $b<0$인 경우에는 $|-b|=-b>0$이므로 정의 2.1.8 다음의 [참고]와 위의 결과에 의하여

$$(a,\ b)=(a,\ -b)=|-b|=|b|$$

이다. ❑

$a,\ b\in\mathbb{Z}\ (b\neq 0)$일 때, $a=1\cdot a$이고 $0=b\cdot 0$이므로 정리 2.1.10에 의하여

$$(a,\ 1)=1,\quad (0,\ b)=|b|$$

이다.

정리 2.1.11

$a_1,\ a_2,\ \cdots,\ a_n\ (n\geq 2)$가 모두는 0이 아닌 정수일 때, $a_1,\ a_2,\ \cdots,\ a_n$의 최대공약수 $d=(a_1,\ a_2,\ \cdots,\ a_n)$가 존재한다. 더욱이

$$d=a_1m_1+a_2m_2+\ \cdots\ +a_nm_n$$

을 만족하는 정수 $m_1, m_2, \cdots, m_n$이 존재한다.

증명 $S=\{b \mid b=a_1x_1+a_2x_2+\cdots+a_nx_n\ (x_i\in\mathbb{Z}\ (i=1,2,\cdots,n)),\ b>0\}$

이라 하자. $b=a_1^2+a_2^2+\cdots+a_n^2$이라 하면 $0<b$이므로 $b\in S$이고, 따라서 $\varnothing\neq S\subset\mathbb{N}$이다. 따라서 정수의 정렬성 원리에 의하여 S는 최소원소 d를 갖는다. 따라서 적당한 $m_i\in\mathbb{Z}$ $(i=1,2,\cdots,n)$에 대하여

$$d=a_1m_1+a_2m_2+\cdots+a_nm_n$$

으로 표시된다. 이제 d가 $a_1, a_2, \cdots, a_n$의 최대공약수임을 보이자. 정리 2.1.1에 의하여 임의의 $x_i\in\mathbb{Z}\ (i=1,2,\cdots,n)$에 대하여

$$a_1x_1+a_2x_2+\cdots+a_nx_n=dq+r,\quad 0\le r<d$$

를 만족하는 $q, r\in\mathbb{Z}$가 유일하게 존재한다. 이때 $r\neq 0$라 하면

$$\begin{aligned}0<r&=a_1x_1+a_2x_2+\cdots+a_nx_n-dq\\&=a_1x_1+a_2x_2+\cdots+a_nx_n-(a_1m_1+a_2m_2+\cdots+a_nm_n)q\\&=a_1(x_1-m_1q)+a_2(x_2-m_2q)+\cdots+a_n(x_n-m_nq)\in S\end{aligned}$$

이고, 또한 $0<r<d$이므로 d의 최소성에 모순이다. 따라서 $r=0$이다. 따라서 $d\mid(a_1x_1+a_2x_2+\cdots+a_nx_n)$이다. 특히 $i=1,2,\cdots,n$에 대하여

$$a_i=a_1\cdot 0+a_2\cdot 0+\cdots+a_{i-1}\cdot 0+a_i\cdot 1+a_{i+1}\cdot 0+\cdots+a_n\cdot 0$$

이므로 $d\mid a_i$이다. 더욱이 c를 $c\mid a_i\ (i=1,2,\cdots,n)$인 임의의 정수라 하면 정리 2.1.6 (4)에 의하여

$$c\mid(a_1m_1+a_2m_2+\cdots+a_nm_n)$$

즉, $c\mid d$이다. 따라서 $d=(a_1, a_2, \cdots, a_n)$이다. ❑

참고 $a_1, a_2, \cdots, a_n$의 최대공약수 $d=(a_1, a_2, \cdots, a_n)$는 $a_1, a_2, \cdots, a_n$의 일차결합 전체의 집합

$$S=\{b \mid b=a_1x_1+a_2x_2+\cdots+a_nx_n\ (x_i\in\mathbb{Z}\ (i=1,2,\cdots,n))\}$$

에서 가장 작은 양의 정수이다(연습문제 2.1의 문제 21 참조).

정리 2.1.12

$a_1, a_2, \cdots, a_n \in \mathbb{Z}\,(n \geq 2)$라 하자. $a_1, a_2, \cdots, a_{n-1}$이 모두는 0이 아닐 때,

$$(a_1, a_2, \cdots, a_n) = ((a_1, a_2, \cdots, a_{n-1}), a_n)$$

이다.

증명 $(a_1, a_2, \cdots, a_{n-1}) = d_1$이라 하고 $(d_1, a_n) = d$라 하자. 그러면

$$d_1 \mid a_i \ (i = 1, 2, \cdots, n-1), \ \ d \mid d_1, \ \ d \mid a_n$$

이다. 따라서 정리 2.1.6 (3)에 의하여 $d \mid a_i \ (i = 1, 2, \cdots, n-1)$이므로 모든 $i \ (1 \leq i \leq n)$에 대하여 $d \mid a_i$이다. 한편 c를 모든 $i\,(1 \leq i \leq n)$에 대하여 $c \mid a_i$인 임의의 정수라 하면 $(a_1, a_2, \cdots, a_{n-1}) = d_1$이므로 $c \mid d_1$이다. 따라서 $c \mid a_n$이고 $(d_1, a_n) = d$이므로 $c \mid d$이다. 따라서

$$(a_1, a_2, \cdots, a_n) = d = (d_1, a_n) = ((a_1, a_2, \cdots, a_{n-1}), a_n)$$

이다. ❑

$a_1, a_2, \cdots, a_n \in \mathbb{Z}\,(n \geq 2)$라 하자. a_1, a_2가 모두는 0이 아닌 정수라 하고,

$$(a_1, a_2) = d_2, \ (d_2, a_3) = d_3, \ (d_3, a_4) = d_4, \ \cdots, \ (d_{n-2}, a_{n-1}) = d_{n-1}, \ (d_{n-1}, a_n) = d_n$$

이라 할 때, 정리 2.1.12를 반복 적용하면

$$(a_1, a_2, a_3) = ((a_1, a_2), a_3) = (d_2, a_3) = d_3,$$
$$(a_1, a_2, a_3, a_4) = ((a_1, a_2, a_3), a_4) = (d_3, a_4) = d_4,$$
$$\cdots$$
$$(a_1, a_2, \cdots, a_{n-1}) = ((a_1, a_2, \cdots, a_{n-2}), a_{n-1}) = (d_{n-2}, a_{n-1}) = d_{n-1},$$
$$(a_1, a_2, \cdots, a_n) = ((a_1, a_2, \cdots, a_{n-1}), a_n) = (d_{n-1}, a_n) = d_n$$

이다. 특히 $a_1, a_2, \cdots, a_n$을 쌍마다 서로소라 하면 $d_i = 1\,(i = 2, 3, \cdots, n)$이므로

$$(a_1, a_2, \cdots, a_n) = 1$$

이다. 따라서 $a_1, a_2, \cdots, a_n$은 서로소이다.

보기 2.1.13

$$(84, 72, 102) = ((84, 72), 102) = (12, 102) = 6$$

이고, 또한

$$(84, 72, 102, 15) = ((84, 72, 102), 15) = (6, 15) = 3$$

이다.

정리 2.1.14

$a_1, a_2, \cdots, a_n \in \mathbb{Z}\,(n \geq 2)$라 할 때, 다음이 성립한다.

(1) $(a_1, a_2, \cdots, a_n) = 1$이 되기 위한 필요충분조건은

$$a_1m_1 + a_2m_2 + \cdots + a_nm_n = 1 \tag{2.1.8}$$

을 만족하는 정수 $m_1, m_2, \cdots, m_n$이 존재하는 것이다.

(2) $(a_1, a_2, \cdots, a_n) = d$이면 $\left(\frac{a_1}{d}, \frac{a_2}{d}, \cdots, \frac{a_n}{d}\right) = 1$이다.

증명

(1) $(a_1, a_2, \cdots, a_n) = 1$이라 하면 정리 2.1.11에 의하여 (2.1.8)을 만족하는 정수 $m_1, m_2, \cdots, m_n$이 존재한다. 역으로, (2.1.8)을 만족하는 정수 $m_1, m_2, \cdots, m_n$이 존재한다고 하자. $(a_1, a_2, \cdots, a_n) = d$라 하면

$$d \mid a_1,\ d \mid a_2,\ \cdots,\ d \mid a_n$$

이다. 따라서 정리 2.1.6 (4)에 의하여

$$d \mid (a_1m_1 + a_2m_2 + \cdots + a_nm_n)$$

즉, $d \mid 1$이다. 그러므로 정리 2.1.6 (7)에 의하여 $d = 1$이다.

(2) $(a_1, a_2, \cdots, a_n) = d$라 하면 정리 2.1.11에 의하여

$$d = a_1m_1 + a_2m_2 + \cdots + a_nm_n$$

을 만족하는 정수 $m_1, m_2, \cdots, m_n$이 존재한다. 따라서 $a_i = c_id\ (i = 1, 2, \cdots, n)$이라 하면

$$\begin{aligned} d &= a_1m_1 + a_2m_2 + \cdots + a_nm_n \\ &= (c_1d)m_1 + (c_2d)m_2 + \cdots + (c_nd)m_n \\ &= (c_1m_1 + c_2m_2 + \cdots + c_nm_n)d \end{aligned}$$

즉, $1 = c_1m_1 + c_2m_2 + \cdots + c_nm_n$이다. 그러므로 (1)에 의하여

$$\left(\frac{a_1}{d}, \frac{a_2}{d}, \cdots, \frac{a_n}{d}\right) = (c_1, c_2, \cdots, c_n) = 1$$

이다. ❑

정리 2.1.15

$a, b, a_i, b_j \in \mathbb{Z}\ (i = 1, 2, \cdots, m;\ j = 1, 2, \cdots, n)$이라 하자. 그러면

$$(a, b_1b_2 \cdots b_n) = 1 \Leftrightarrow \text{모든 } j\ (j = 1, 2, \cdots, n)\text{에 대하여 } (a, b_j) = 1$$

이고, 또한

$$(a_1a_2 \cdots a_m, b_1b_2 \cdots b_n) = 1 \Leftrightarrow (a_i, b_j) = 1\ (i = 1, 2, \cdots, m;\ j = 1, 2, \cdots, n)$$

이다. 특히 양의 정수 m, n에 대하여

$$(a, b^n) = 1 \Leftrightarrow (a, b) = 1 \Leftrightarrow (a^m, b^n) = 1$$

이다.

증명 $(a, b_1b_2 \cdots b_n) = 1$이라 하자. 그러면 정리 2.1.14 (1)에 의하여

$$1 = ax + (b_1b_2 \cdots b_n)y$$

를 만족하는 $x, y \in \mathbb{Z}$가 존재한다. 따라서

$$1 = ax + b_1(b_2 b_3 \cdots b_n y)$$
$$1 = ax + b_2(b_1 b_3 b_4 \cdots b_n y)$$
$$\cdots$$
$$1 = ax + b_n(b_1 b_2 \cdots b_{n-1} y)$$

이므로 다시 정리 2.1.14 (1)에 의하여

$$1 = (a,\ b_1) = (a,\ b_2) = \cdots = (a,\ b_n)$$

이다. 역으로, 모든 $j\,(j = 1, 2, \cdots, n)$에 대하여 $(a,\ b_j) = 1$이라 하자. 그러면 정리 2.1.14 (1)에 의하여 모든 $j\,(j = 1, 2, \cdots, n)$에 대하여 $ax_j + b_j y_j = 1$을 만족하는 정수 $x_j,\ y_j$가 존재한다. 따라서

$$\begin{aligned}(b_1 b_2 \cdots b_n)(y_1 y_2 \cdots y_n) &= (b_1 y_1)(b_2 y_2) \cdots (b_n y_n) \\ &= (1 - ax_1)(1 - ax_2) \cdots (1 - ax_n)\end{aligned}$$

이고, 이 등식의 우변은 $1 - az\,(z \in \mathbb{Z})$의 꼴로 표시되므로

$$az + (b_1 b_2 \cdots b_n)(y_1 y_2 \cdots y_n) = 1$$

이다. 따라서 정리 2.1.14 (1)에 의하여 $(a,\ b_1 b_2 \cdots b_n) = 1$이다.

다음, 다시 위의 결과에 의하여

$$\begin{aligned}(a_1 a_2 \cdots a_m,\ b_1 b_2 \cdots b_n) = 1 &\Leftrightarrow (a_1 a_2 \cdots a_m,\ b_j) = 1\ (j = 1, 2, \cdots, n) \\ &\Leftrightarrow (b_j,\ a_1 a_2 \cdots a_m) = 1\ (j = 1, 2, \cdots, n) \\ &\Leftrightarrow (b_j,\ a_i) = 1 \\ &\qquad (i = 1, 2, \cdots, m;\ j = 1, 2, \cdots, n) \\ &\Leftrightarrow (a_i,\ b_j) = 1 \\ &\qquad (i = 1, 2, \cdots, m;\ j = 1, 2, \cdots, n)\end{aligned}$$

이다. ❑

정리 2.1.16

$a, b, c \in \mathbb{Z}$일 때, $a \mid bc$이고 $(a, b) = 1$이면 $a \mid c$이다.

증명 $(a, b) = 1$이므로 정리 2.1.14 (1)에 의하여 $am + bn = 1$을 만족하는 $m,\ n \in \mathbb{Z}$가

존재한다. 따라서

$$c = c \cdot 1 = c(am + bn) = a(cm) + (bc)n$$

이다. 가정에 의하여 $a \mid bc$이므로 정리 2.1.6 (1), (4)에 의하여 $a \mid c$이다. ❑

정리 2.1.17

모두는 0이 아닌 두 정수 a, b 사이에 $a = bq + c$ $(q, c \in \mathbb{Z})$인 관계가 성립한다고 하자. a와 b의 공약수 전체의 집합을 A라 하고 b와 c의 공약수 전체의 집합을 B라 하면 $A = B$이다. 특히 $(a, b) = (b, c)$이다.

▌증명 $c = a + b(-q)$와 $a = bq + c$에 각각 정리 2.1.6 (4)를 적용하면

$$e \mid a,\ e \mid b \iff e \mid b,\ e \mid c \tag{2.1.9}$$

이므로 $A = B$이다. 특히 (2.1.9)에 의하여

$$(a, b) \mid (b, c), \quad (b, c) \mid (a, b)$$

이므로 정리 2.1.6 (8)에 의하여 $(a, b) = (b, c)$이다. ❑

정리 2.1.11에 의하여 두 정수 a, $b\,(b \neq 0)$가 주어질 때, $(a, b) = d$가 존재한다. 실제로 d를 다음과 같이 구할 수 있다.

정리 2.1.1을 반복 적용하면 유한 번 이내에 다음 등식을 얻을 수 있다($r_2, r_3, r_4, \cdots$는 정수이고 $r_2 > r_3 > r_4 > \cdots \geq 0$이므로 이 방법을 한없이 계속할 수 없다).

$$\begin{aligned}
a &= bq_1 + r_2, & 0 &< r_2 < |b|, \\
b &= r_2 q_2 + r_3, & 0 &< r_3 < r_2, \\
r_2 &= r_3 q_3 + r_4, & 0 &< r_4 < r_3, \\
& \cdots \\
r_{n-3} &= r_{n-2} q_{n-2} + r_{n-1}, & 0 &< r_{n-1} < r_{n-2}, \\
r_{n-2} &= r_{n-1} q_{n-1} + r_n, & 0 &< r_n < r_{n-1}, \\
r_{n-1} &= r_n q_n.
\end{aligned} \tag{2.1.10}$$

그러면 정리 2.1.17과 정리 2.1.10에 의하여

$$(a, b) = (b, r_2) = (r_2, r_3) = (r_3, r_4) = \cdots = (r_{n-2}, r_{n-1}) = (r_{n-1}, r_n) = r_n$$

이다. 즉, $(a, b) = r_n$이다.

이러한 방법을 **유클리드의 호제법**(Euclidean Algorithm)이라 한다. 더욱이 $r_n = ax + by$를 만족하는 $x,\ y \in \mathbb{Z}$를 구하기 위하여 (2.1.10)에 의하여

$$\begin{aligned} r_n &= r_{n-2} - r_{n-1}q_{n-1} = r_{n-2} - (r_{n-3} - r_{n-2}q_{n-2})\,q_{n-1} \\ &= r_{n-2}(1 + q_{n-2}q_{n-1}) - r_{n-3}q_{n-1} \\ &= (r_{n-4} - r_{n-3}q_{n-3})(1 + q_{n-2}q_{n-1}) - r_{n-3}q_{n-1} \\ &= r_{n-4}(1 + q_{n-2}q_{n-1}) - r_{n-3}(q_{n-3} + q_{n-3}q_{n-2}q_{n-1} + q_{n-1}) \\ &\cdots \end{aligned}$$

과 같이 계속하여 $r_{n-1},\ r_{n-2},\ r_{n-3},\ \cdots,\ r_4,\ r_3,\ r_2$의 값을 거꾸로 대입해 가면 구할 수 있다.

다음 정리를 이용하면 위의 방법보다도 좀 더 편리하게 $r_n = ax + by$를 만족하는 $x,\ y \in \mathbb{Z}$를 구할 수 있다.

정리 2.1.18

$a,\ b$를 양의 정수라 할 때, $r_0 = a,\ r_1 = b$라 하고 (2.1.10)에서와 같이

$$\begin{aligned} r_0 &= r_1q_1 + r_2, & 0 < r_2 < r_1, \\ r_1 &= r_2q_2 + r_3, & 0 < r_3 < r_2, \\ r_2 &= r_3q_3 + r_4, & 0 < r_4 < r_3, \\ &\cdots \\ r_{i-1} &= r_iq_i + r_{i+1}, & 0 < r_{i+1} < r_i, \\ &\cdots \\ r_{n-2} &= r_{n-1}q_{n-1} + r_n, & 0 < r_n < r_{n-1}, \\ r_{n-1} &= r_nq_n \end{aligned} \qquad (2.1.11)$$

으로 표시된다고 하자. 그러면 다음이 성립한다.

(1) $x_{n-1} = 1,\ x_n = 0$이라 하고 $1 \le i < n$인 $i \in \mathbb{Z}$에 대하여

$$x_{i-1} = q_ix_i + x_{i+1}$$

이라 하자. 그러면 $i = 1, 2, \cdots, n$에 대하여

$$(a,\ b) = r_n = (-1)^{n+i+1} x_i r_{i-1} + (-1)^{n+i} x_{i-1} r_i \tag{2.1.12}$$

이다. 특히

$$(a,\ b) = r_n = (-1)^n x_1 a + (-1)^{n+1} x_0 b$$

이다.

(2) $y_0 = 1,\ y_1 = 0,\ z_0 = 0,\ z_1 = 1$이라 하고 $1 \le i < n$인 $i \in \mathbb{Z}$에 대하여

$$y_{i+1} = y_{i-1} - q_i y_i, \quad z_{i+1} = z_{i-1} - q_i z_i$$

라 하자. 그러면 $i = 0, 1, 2, \cdots, n$에 대하여

$$r_i = a y_i + b z_i$$

이다. 특히

$$(a,\ b) = r_n = a y_n + b z_n$$

이다.

증명

(1) $i = n$부터 시작하여 $i = 1$까지 (2.1.12)가 성립함을 귀납적으로 증명하자. 먼저, $i = n$이면

$$\begin{aligned} r_n &= 0 + 1 \cdot r_n = 0 \cdot (-r_{n-1}) + 1 \cdot r_n \\ &= x_n \cdot (-r_{n-1}) + x_{n-1} \cdot r_n \\ &= (-1)^{2n+1} x_n \cdot r_{n-1} + (-1)^{2n} x_{n-1} \cdot r_n \end{aligned}$$

이고, 또한 정리 2.1.17 다음의 설명에 의하여 $(a,\ b) = r_n$이므로 (2.1.12)가 성립한다. 다음, $1 \le i < n$이라 하고 $i+1$일 때 (2.1.12)가 성립한다고 가정하자. 그러면

$$(a,\ b) = r_n = (-1)^{n+i+2} x_{i+1} r_i + (-1)^{n+i+1} x_i r_{i+1}$$

이고, 또한 $x_{i+1} = x_{i-1} - q_i x_i$이므로

$$\begin{aligned} (a,\ b) = r_n &= (-1)^{n+i+2} x_{i+1} r_i + (-1)^{n+i+1} x_i r_{i+1} \\ &= (-1)^{n+i+2} (x_{i-1} - q_i x_i) r_i + (-1)^{n+i+1} x_i r_{i+1} \\ &= (-1)^{n+i} (x_{i-1} - q_i x_i) r_i + (-1)^{n+i+1} x_i r_{i+1} \end{aligned}$$

$$= (-1)^{n+i} x_{i-1} r_i + (-1)^{n+i+1} q_i x_i r_i + (-1)^{n+i+1} x_i r_{i+1}$$
$$= (-1)^{n+i} x_{i-1} r_i + (-1)^{n+i+1} x_i (q_i r_i + r_{i+1})$$
$$= (-1)^{n+i} x_{i-1} r_i + (-1)^{n+i+1} x_i r_{i-1} \quad ((2.1.11)\text{에 의하여})$$

이다. 따라서 i일 때도 (2.1.12)가 성립한다. 그러므로 $i = 1, 2, \cdots, n$에 대하여 (2.1.12)가 성립한다. 특히 $i = 1$이라 하면 $r_0 = a$, $r_1 = b$이므로

$$(a, b) = r_n = (-1)^{n+2} x_1 r_0 + (-1)^{n+1} x_0 r_1$$
$$= (-1)^n x_1 r_0 + (-1)^{n+1} x_0 r_1$$
$$= (-1)^n x_1 a + (-1)^{n+1} x_0 b$$

이다.

(2) $i = 0, 1, 2, \cdots, n$에 대하여 수학적 귀납법으로 증명하자.

$$r_0 = a = a \cdot 1 + b \cdot 0 = ay_0 + bz_0$$
$$r_1 = b = a \cdot 0 + b \cdot 1 = ay_1 + bz_1$$

이므로 $i = 0, 1$인 경우에 $r_i = ay_i + bz_i$가 성립한다. 다음, $1 \le i < n$이라 하고 $0 \le m < i + 1$인 모든 자연수 m에 대하여 $r_m = ay_m + bz_m$가 성립한다고 가정하자. 그러면

$$r_{i+1} = r_{i-1} - r_i q_i \quad ((2.1.11)\text{에 의하여})$$
$$= ay_{i-1} + bz_{i-1} - (ay_i + bz_i) q_i$$
$$= a(y_{i-1} - q_i y_i) + b(z_{i-1} - q_i z_i)$$
$$= ay_{i+1} + bz_{i+1}$$

이다. 따라서 모든 $i = 0, 1, 2, \cdots, n$에 대하여 $r_i = ay_i + bz_i$가 성립한다. ❑

유클리드의 호제법을 이용하여 두 정수 a, $b\,(b \neq 0)$의 최대공약수 (a, b)를 구하고, 또한 정리 2.1.18에서와 같이 $(a, b) = r_n = ax + by$를 만족하는 $x, y \in \mathbb{Z}$를 구할 때, 다음과 같은 방법으로 도표를 이용하면 편리하다.

$$
\begin{array}{c|cc|c}
q_1 & r_0 & r_1 & q_2 \\
 & \underline{r_1 q_1} & \underline{r_2 q_2} & \\
q_3 & r_2 & r_3 & q_4 \\
 & \underline{r_3 q_3} & \underline{r_4 q_4} & \\
 & r_4 & r_5 & \\
\vdots & \vdots & \vdots & \vdots \\
q_{n-1} & r_{n-2} & r_{n-1} & q_n \\
 & \underline{r_{n-1} q_{n-1}} & \underline{r_n q_n} & \\
 & r_n & 0 &
\end{array}
$$

(1)

i	0	1	2	$\cdots$	$i-1$	i	$i+1$	$\cdots$	$n-2$	$n-1$	n
r_i	$\boldsymbol{a}$	$\boldsymbol{b}$	r_2	$\cdots$	r_{i-1}	r_i	r_{i+1}	$\cdots$	r_{n-2}	r_{n-1}	$\boldsymbol{r_n}$
q_i		q_1	q_2	$\cdots$	q_{i-1}	q_i	q_{i+1}	$\cdots$	q_{n-2}	q_{n-1}	q_n
x_i	$\boldsymbol{x_0}$	$\boldsymbol{x_1}$	x_2	$\cdots$	x_{i-1}	x_i	x_{i+1}	$\cdots$	x_{n-2}	**1**	**0**

(2)

i	0	1	2	$\cdots$	$i-1$	i	$i+1$	$\cdots$	$n-2$	$n-1$	n
r_i	$\boldsymbol{a}$	$\boldsymbol{b}$	r_2	$\cdots$	r_{i-1}	r_i	r_{i+1}	$\cdots$	r_{n-2}	r_{n-1}	$\boldsymbol{r_n}$
q_i		q_1	q_2	$\cdots$	q_{i-1}	q_i	q_{i+1}	$\cdots$	q_{n-2}	q_{n-1}	q_n
y_i	1	0	y_2	$\cdots$	y_{i-1}	y_i	y_{i+1}	$\cdots$	y_{n-2}	y_{n-1}	$\boldsymbol{y_n}$
z_i	0	1	z_2	$\cdots$	z_{i-1}	z_i	z_{i+1}	$\cdots$	z_{n-2}	z_{n-1}	$\boldsymbol{z_n}$

보기 2.1.19

$(216,\ 152)$를 구하여 보자.

$$
\begin{aligned}
216 &= 152 \cdot 1 + 64 \\
152 &= 64 \cdot 2 + 24 \\
64 &= 24 \cdot 2 + 16 \\
24 &= 16 \cdot 1 + 8 \\
16 &= 8 \cdot 2
\end{aligned}
\qquad
\begin{array}{c|cc|c}
1 & 216 & 152 & 2 \\
 & \underline{152} & \underline{128} & \\
2 & 64 & 24 & 1 \\
 & \underline{48} & \underline{16} & \\
2 & 16 & 8 & \\
 & \underline{16} & & \\
 & 0 & &
\end{array}
$$

이므로 $(216,\ 152) = 8$이다. 이제 $8 = 216x + 152y$로 표시할 수 있는 $x,\ y \in \mathbb{Z}$를 세 가지 방법으로 구하여 보자.

$$\begin{aligned} 8 &= 24-16\cdot 1 = 24-16 \\ &= 24-(64-24\cdot 2) \\ &= 24\cdot 3-64 \\ &= (152-64\cdot 2)\cdot 3-64 \\ &= 152\cdot 3-7\cdot 64 \\ &= 152\cdot 3-7\cdot(216-152\cdot 1) \\ &= 216\cdot(-7)+152\cdot 10 \end{aligned}$$

즉, $8=216\cdot(-7)+152\cdot 10$이다.

다음, 정리 2.1.18 (1)을 이용하여 구하여 보자.

i	0	1	2	3	4	5
r_i	**216**	**152**	64	24	16	**8**
q_i		1	2	2	1	2
x_i	**10**	**7**	3	1	**1**	**0**

이므로

$$\begin{aligned} (216,\ 152) = 8 &= (-1)^5 x_1\cdot 216+(-1)^{5+1}x_0\cdot 152 \\ &= (-1)^5\cdot 7\cdot 216+(-1)^6\cdot 10\cdot 152 \\ &= 216\cdot(-7)+152\cdot 10 \end{aligned}$$

이다. 더욱이 (2.1.12)에 의하여 $i=2,\ 3,\ 4,\ 5$일 때, 순서대로

$$\begin{aligned} (216,\ 152) = 8 &= 152\cdot 3+64\cdot(-7) \\ &= 64\cdot(-1)+24\cdot 3 \\ &= 24\cdot 1+16\cdot(-1) \\ &= 16\cdot 0+8\cdot 1 \end{aligned}$$

이 됨을 확인할 수 있다.

다음, 정리 2.1.18 (2)를 이용하여 구하여 보자.

i	0	1	2	3	4	5
r_i	**216**	**152**	64	24	16	**8**
q_i		1	2	2	1	2
y_i	**1**	**0**	1	-2	5	**-7**
z_i	**0**	**1**	-1	3	-7	**10**

이므로

$$(216,\ 152) = 8 = 216 \cdot (-7) + 152 \cdot 10$$

이다. 더욱이 $i = 0, 1, 2, 3, 4$일 때, $r_i = ay_i + bz_i$가 성립함을 확인할 수 있다. 즉,

$$\begin{aligned} 216 &= 216 \cdot 1 + 152 \cdot 0 \\ 152 &= 216 \cdot 0 + 152 \cdot 1 \\ 64 &= 216 \cdot 1 + 152 \cdot (-1) \\ 24 &= 216 \cdot (-2) + 152 \cdot 3 \\ 16 &= 216 \cdot 5 + 152 \cdot (-7) \end{aligned}$$

이 됨을 확인할 수 있다.

보기 2.1.20

$(108,\ -64)$를 구하여 보자.

$$\begin{aligned} 108 &= (-64)(-1) + 44 \\ -64 &= 44 \cdot (-2) + 24 \\ 44 &= 24 \cdot 1 + 20 \\ 24 &= 20 \cdot 1 + 4 \\ 20 &= 4 \cdot 5 \end{aligned}$$

이므로 $(108,\ -64) = 4$이다. 다음, $4 = 108x + (-64)y$로 표시할 수 있는 $x,\ y \in \mathbb{Z}$를 구하여 보자.

$$\begin{aligned} 4 &= 24 - 20 \cdot 1 = 24 - 20 \\ &= 24 - (44 - 24 \cdot 1) \\ &= 24 \cdot 2 - 44 \\ &= (-64 - 44 \cdot (-2)) \cdot 2 - 44 \\ &= (-64) \cdot 2 + 44 \cdot 3 \\ &= (-64) \cdot 2 + (108 - (-64)(-1)) \\ &= 108 \cdot 3 + (-64) \cdot 5, \end{aligned}$$

즉, $4 = 108 \cdot 3 + (-64) \cdot 5$이다. 물론 $(108,\ -64) = (108,\ 64)$이므로 보기 2.1.19에서와 같이 정리 2.1.18 (1)을 이용하여

i	0	1	2	3	4
r_i	**108**	**64**	44	20	**4**
q_i		1	1	2	5
x_i	**5**	**3**	2	**1**	**0**

$$\begin{aligned}(108,\ 64) = 4 &= (-1)^4 \cdot 3 \cdot 108 + (-1)^5 \cdot 5 \cdot 64 \\ &= 108 \cdot 3 + 64 \cdot (-5)\end{aligned}$$

를 구한 후(또는 정리 2.1.18 (2)를 이용하여

i	0	1	2	3	4
r_i	**108**	**64**	44	20	4
q_i		1	1	2	5
y_i	**1**	**0**	1	-1	**3**
z_i	**0**	**1**	-1	2	$\mathbf{-5}$

$$(108,\ 64) = 4 = 108 \cdot 3 + 64 \cdot (-5)$$

를 구한 후)

$$(108,\ -64) = 4 = 108 \cdot 3 + (-64) \cdot 5$$

를 구할 수 있다.

정리 2.1.21

$a_1,\ a_2,\ \cdots,\ a_n \in \mathbb{Z}\ (n \geq 2)$를 모두는 0이 아닌 정수라 하고 m을 양의 정수라 할 때, 다음이 성립한다.

(1) $(a_1 m,\ a_2 m,\ \cdots,\ a_n m) = (a_1,\ a_2,\ \cdots,\ a_n)m$

(2) $c\,(c > 0)$를 $a_1,\ a_2,\ \cdots,\ a_n$의 공약수라 할 때,

$$\left(\frac{a_1}{c},\ \frac{a_2}{c},\ \cdots,\ \frac{a_n}{c}\right) = \frac{(a_1,\ a_2,\ \cdots,\ a_n)}{c}$$

이다(정리 2.1.14 (2)를 참조).

▌증명 (1) 먼저 두 정수 $a,\ b\,(b \neq 0)$에 대하여 (1)이 성립함을 보이자. (2.1.10)에 의하여

$$
\begin{aligned}
am &= bmq_1 + r_2m, & 0 < r_2m < |b|m, \\
bm &= r_2mq_2 + r_3m, & 0 < r_3m < r_2m, \\
r_2m &= r_3mq_3 + r_4m, & 0 < r_4m < r_3m, \\
&\cdots \\
r_{n-3}m &= r_{n-2}mq_{n-2} + r_{n-1}m, & 0 < r_{n-1}m < r_{n-2}m, \\
r_{n-2}m &= r_{n-1}mq_{n-1} + r_nm, & 0 < r_nm < r_{n-1}m, \\
r_{n-1}m &= r_nmq_n
\end{aligned}
$$

이다. 따라서 (2.1.10)과 그 다음의 설명에 의하여

$$(am,\ bm) = r_nm = (a,\ b)m$$

이다. 이제 $a_1, a_2, \cdots, a_n$의 개수 n에 대하여 수학적 귀납법을 사용하여 증명하자. $n=2$인 경우는 위에 의하여

$$(a_1m,\ a_2m) = (a_1,\ a_2)m$$

이므로 (1)은 성립한다(정의 2.1.8 다음의 설명에 의하여 $a_1, a_2, \cdots, a_n$의 순서를 바꾸고 첨자를 고쳐 쓰면 $a_2 \neq 0$이라 가정해도 일반성을 잃지 않는다). $n=k$일 때, (1)이 성립한다고 가정하자. 그러면 정리 2.1.12에 의하여

$$
\begin{aligned}
(a_1m,\ a_2m,\ \cdots,\ a_km,\ a_{k+1}m) &= ((a_1m,\ a_2m,\ \cdots,\ a_km),\ a_{k+1}m) \\
&= ((a_1,\ a_2,\ \cdots,\ a_k)m,\ a_{k+1}m) \\
&= ((a_1,\ a_2,\ \cdots,\ a_k),\ a_{k+1})m \\
&= (a_1,\ a_2,\ \cdots,\ a_k,\ a_{k+1})m
\end{aligned}
$$

이다. 따라서 (1)은 모든 n에 대하여 성립한다.

(2) (1)에 의하여

$$
\begin{aligned}
(a_1,\ a_2,\ \cdots,\ a_n) &= \left(\frac{a_1}{c}c,\ \frac{a_2}{c}c,\ \cdots,\ \frac{a_n}{c}c\right) \\
&= \left(\frac{a_1}{c},\ \frac{a_2}{c},\ \cdots,\ \frac{a_n}{c}\right)c
\end{aligned}
$$

이므로

$$\left(\frac{a_1}{c},\ \frac{a_2}{c},\ \cdots,\ \frac{a_n}{c}\right) = \frac{(a_1,\ a_2,\ \cdots,\ a_n)}{c}$$

이다. □

정리 2.1.22

$a, b, c \in \mathbb{Z}\,(c>0)$일 때, $(a, b)=1$이면 $(ac, b)=(c, b)$이다.

❙ 증명 $(ac, b)\,|\,b$이므로 정리 2.1.6 (2)에 의하여 $(ac, b)\,|\,bc$이다. 또한 $(ac, b)\,|\,ac$이므로 $(ac, b)\,|\,(ac, bc)$이다. 이때 $(a, b)=1$이므로 정리 2.1.21 (1)에 의하여 $(ac, bc)=(a, b)c=1\cdot c=c$이고, 따라서 $(ac, b)\,|\,c$이다. 그러므로 $(ac, b)\,|\,(c, b)$이다.

다음, $(c, b)\,|\,c$이므로 정리 2.1.6 (2)에 의하여 $(c, b)\,|\,ac$이다. 또한 $(c, b)\,|\,b$이므로 $(c, b)\,|\,(ac, b)$이다. 따라서 정리 2.1.6 (8)에 의하여 $(ac, b)=(c, b)$이다. □

정의 2.1.23

$a_1, a_2, \cdots, a_n\,(n\geq 2)$을 모두 0이 아닌 정수라 하자. $l\in\mathbb{Z}$라 할 때, 다음 두 조건

(1) 모든 $i\,(1\leq i\leq n)$에 대하여 $a_i\,|\,l$이다.

(2) $l\neq 0$이고 모든 $i\,(1\leq i\leq n)$에 대하여 $a_i\,|\,b\,(b\in\mathbb{Z})$이면 $l\,|\,b$이다.

를 생각하자. 조건 (1)만을 만족하는 l을 $a_1, a_2, \cdots, a_n$의 **공배수**(common multiple)라 하고, 조건 (1)과 (2)를 동시에 만족하는 양의 정수 l을 $a_1, a_2, \cdots, a_n$의 **최소공배수**(least common multiple)라 한다. 또한 $a_1, a_2, \cdots, a_n$의 최소공배수 l을 $l=[a_1, a_2, \cdots, a_n]$ 또는 $l=\mathrm{lcm}\,(a_1, a_2, \cdots, a_n)$로 표시한다.

$a_1, a_2, \cdots, a_n$을 모두는 0이 아닌 정수라 하자. 정리 2.1.6 (1), (2)에 의하여 0과 $\pm a_1a_2\cdots a_n$은 $a_1, a_2, \cdots, a_n$의 공배수이다. $l\in\mathbb{Z}\,(l>0)$를 $a_1, a_2, \cdots, a_n$의 공배수라 하면 $a_i\,|\,l\,(i=1, 2, \cdots, n)$이다. 따라서 정리 2.1.6 (2)에 의하여 $-l$도 $a_1, a_2, \cdots, a_n$의 공배수이므로 $a_1, a_2, \cdots, a_n$의 공배수를 구할 때, 양의 공배수를 구하면 충분하다.

다음, l과 l'을 $a_1, a_2, \cdots, a_n$의 최소공배수라 하면 정의 2.1.23의 조건 (2)에 의하여 $l\,|\,l'$, $l'\,|\,l$이고, 또한 $l>0$, $l'>0$이므로 정리 2.1.6 (8)에 의하여 $l=l'$이다. 또한 l은 $a_1, a_2, \cdots, a_n$의 양의 공배수 중에서 가장 작은 공배수이다. 더욱이

$$[a_1, a_2, a_3, a_4, \cdots, a_n]=[a_2, a_1, a_3, a_4, \cdots, a_n]$$

$$= [a_4, a_3, a_2, a_1, a_5, \cdots, a_n] = \cdots$$

이다.

참고 a, b를 모두 0이 아닌 정수라 하고 $[a, b] = l$, $[-a, b] = l'$이라 하자. 그러면 $a \mid l$, $b \mid l$이고, 또한 $-a \mid l'$, $b \mid l'$이다. 따라서 정리 2.1.6 (2)에 의하여 $-a \mid l$, $a \mid l'$이다. 그러므로 정리 2.1.6 (8)에 의하여 $l = l'$이다. 즉,

$$[a, b] = [-a, b] \tag{2.1.13}$$

이다.

정리 2.1.24

a, b를 모두 0이 아닌 정수라 하자. 그러면 a와 b의 최소공배수 $l = [a, b]$가 존재한다. 더욱이 $(a, b)[a, b] = |ab|$이다.

증명 정리 2.1.11에 의하여 a와 b의 최대공약수 $d = (a, b)$가 존재한다. 따라서 $a = dh$, $b = dk$를 만족하는 $h, k \in \mathbb{Z}\,(h \neq 0,\ k \neq 0)$가 존재한다. 따라서 $l = \dfrac{|ab|}{d}$라 하면

$$l = \frac{|ab|}{d} = \frac{|dhb|}{d} = \frac{d\,|hb|}{d} = |hb| = b(\pm h),$$
$$l = \frac{|ab|}{d} = \frac{|adk|}{d} = \frac{d\,|ak|}{d} = |ak| = a(\pm k)$$

이므로 l은 양의 정수이고, 또한 $a \mid l$이고 $b \mid l$이다. c를 $a \mid c$이고 $b \mid c$인 임의의 정수라 하면 정리 2.1.6 (5)에 의하여 $ab \mid cb$, $ab \mid ac$이다. 따라서 정리 2.1.6 (2)에 의하여

$$|ab| \mid cb, \quad |ab| \mid ac$$

이다. 따라서 $cb = |ab|s$, $ac = |ab|t$를 만족하는 $s, t \in \mathbb{Z}$가 존재한다. 또한 정리 2.1.11에 의하여 $d = am + bn$을 만족하는 $m, n \in \mathbb{Z}$가 존재한다. 따라서

$$\frac{c}{l} = \frac{cd}{|ab|} = \frac{c(am+bn)}{|ab|} = \left(\frac{ca}{|ab|}\right)m + \left(\frac{cb}{|ab|}\right)n = tm + sn \in \mathbb{Z}$$

이다. 즉, $l \mid c$이다. 따라서 $l = [a, b]$이다. 더욱이 $(a, b)\,[a, b] = |ab|$이다. ❑

정리 2.1.25

$a_1, a_2, \cdots, a_n (n \ge 2)$가 모두 0이 아닌 정수일 때, $a_1, a_2, \cdots, a_n$의 최소공배수 $[a_1, a_2, \cdots, a_n]$는 존재하고

$$[a_1, a_2, \cdots, a_n] = [[a_1, a_2, \cdots, a_{n-1}], a_n]$$

이다.

증명 $a_1, a_2, \cdots, a_n$의 개수 n에 대하여 수학적 귀납법으로 증명한다. 정리 2.1.24에 의하여 $[a_1, a_2] = l_1$과 $[l_1, a_3] = l_2$는 존재하므로

$$a_1 | l_1, \quad a_2 | l_1, \quad l_1 | l_2, \quad a_3 | l_2$$

이다. 따라서 정리 2.1.6 (3)에 의하여 $a_1 | l_2$, $a_2 | l_2$이므로 모든 $i (1 \le i \le 3)$에 대하여 $a_i | l_2$이다. 또한 c를 모든 $i (1 \le i \le 3)$에 대하여 $a_i | c$인 임의의 정수라 하면 $[a_1, a_2] = l_1$이므로 $l_1 | c$이다. 따라서 $a_3 | c$이고 $[l_1, a_3] = l_2$이므로 $l_2 | c$이다. 그러므로

$$[a_1, a_2, a_3] = l_2 = [l_1, a_3] = [[a_1, a_2], a_3]$$

이다. 즉, $n = 2, 3$인 경우는 정리가 성립한다. 다음, $n = k (k \ge 3)$일 때, 정리가 성립한다고 가정하자. 즉, $[a_1, a_2, \cdots, a_k] = l_3$가 존재하고

$$[[a_1, a_2, \cdots, a_{k-1}], a_k] = [a_1, a_2, \cdots, a_k] = l_3$$

가 성립한다고 가정하자. 그러면 정리 2.1.24에 의하여 $[l_3, a_{k+1}] = l$가 존재한다. $[a_1, a_2, \cdots, a_k] = l_3$이므로 $a_i | l_3 (i = 1, 2, \cdots, k)$이고, 또한 $[l_3, a_{k+1}] = l$이므로 $l_3 | l$, $a_{k+1} | l$이다. 따라서 정리 2.1.6 (3)에 의하여 $a_i | l \ (i = 1, 2, \cdots, k)$이므로 모든 $i (1 \le i \le k+1)$에 대하여 $a_i | l$이다. 또한 c를 모든 $i (1 \le i \le k+1)$에 대하여 $a_i | c$인 임의의 정수라 하면 $[a_1, a_2, \cdots, a_k] = l_3$이므로 $l_3 | c$이다. 따라서 $a_{k+1} | c$이고 $[l_3, a_{k+1}] = l$이므로 $l | c$이다. 따라서

$$[a_1, a_2, \cdots, a_{k+1}] = l = [l_3, a_{k+1}] = [[a_1, a_2, \cdots, a_k], a_{k+1}]$$

이다. 즉, $n = k+1$인 경우도 정리가 성립한다. 따라서 모든 n에 대하여 정리는 성립한다. ❑

$a_i \in \mathbb{Z} (a_i \ne 0, \ i = 1, 2, \cdots, n)$라 하고,

$$[a_1,\ a_2] = l_2,\ \ [l_2,\ a_3] = l_3,\ \ [l_3,\ a_4] = l_4,$$
$$\cdots,\ \ [l_{n-2},\ a_{n-1}] = l_{n-1},\ \ [l_{n-1},\ a_n] = l_n$$

이라 할 때, 정리 2.1.25를 반복 적용하면

$$[a_1,\ a_2,\ a_3] = [[a_1,\ a_2],\ a_3] = [l_2,\ a_3] = l_3,$$
$$[a_1,\ a_2,\ a_3,\ a_4] = [[a_1,\ a_2,\ a_3],\ a_4] = [l_3,\ a_4] = l_4,$$
$$\cdots$$
$$[a_1,\ a_2,\ \cdots,\ a_{n-1}] = [[a_1,\ a_2,\ \cdots,\ a_{n-2}],\ a_{n-1}] = [l_{n-2},\ a_{n-1}] = l_{n-1},$$
$$[a_1,\ a_2,\ \cdots,\ a_n] = [[a_1,\ a_2,\ \cdots,\ a_{n-1}],\ a_n] = [l_{n-1},\ a_n] = l_n$$

이다.

보기 2.1.26

정리 2.1.24에서의 0이 아닌 두 정수 a, b에 관한 관계식

$$(a,\ b)[a,\ b] = |ab|$$

을 이용하면 두 정수의 최소공배수를 쉽게 구할 수 있다. 예를 들어, 보기 2.1.19에서 $(216,\ 152) = 8$이므로

$$[216,\ 152] = \frac{216 \cdot 152}{8} = 4104$$

와 같이 216과 152의 최소공배수를 쉽게 구할 수 있다.

그러나 위의 관계식은 세 개 이상의 정수에 대해서는 성립하지 않음에 유의하라. 예를 들어,

$$[6,\ 8,\ 10] = [[6,\ 8],\ 10] = [24,\ 10] = 120, \quad (6,\ 8,\ 10) = 2$$

이고, 또한

$$[6,\ 8,\ 10,\ 21] = [[6,\ 8,\ 10],\ 21] = [120,\ 21] = 840, \quad (6,\ 8,\ 10,\ 21) = 2$$

이지만

$$(6,\ 8,\ 10)[6,\ 8,\ 10] = 2 \cdot 120 = 240 \neq 480 = 6 \cdot 8 \cdot 10,$$
$$(6,\ 8,\ 10,\ 21)[6,\ 8,\ 10,\ 21] = 2 \cdot 840 = 1680 \neq 10080 = 6 \cdot 8 \cdot 10 \cdot 21$$

이다.

정리 2.1.27

$a_i,\ b \in \mathbb{Z}\,(a_i \neq 0,\ i=1, 2,\ \cdots, n)$라 할 때, 다음이 성립한다.

(1) $a_1,\ a_2,\ \cdots,\ a_n$이 쌍마다 서로소이면

$$[a_1,\ a_2,\ \cdots,\ a_n] = |\,a_1a_2\cdots\ a_n\,|$$

이다.

(2) $a_1,\ a_2,\ \cdots,\ a_n$이 쌍마다 서로소이고 $a_i|\,b\ (i=1, 2,\ \cdots, n)$이면

$$a_1a_2\cdots\ a_n \mid b$$

이다.

▍증명

(1) $a_1,\ a_2,\ \cdots,\ a_n$의 개수 n에 대하여 수학적 귀납법으로 증명한다. $a_1,\ a_2,\ \cdots,\ a_n$을 쌍마다 서로소라 하면 정리 2.1.15에 의하여

$$1 = (a_1,\ a_2) = (a_1a_2,\ a_3) = (a_1a_2a_3,\ a_4) = \ \cdots\ = (a_1a_2\ \cdots\ a_k,\ a_{k+1}) = \ \cdots$$

이다. 정리 2.1.24에 의하여 $[a_1,\ a_2] = \dfrac{|a_1 a_2|}{(a_1,\ a_2)} = |a_1a_2|$이므로 $n=2$인 경우는 정리가 성립한다. 다음, $n=k$일 때, 정리가 성립한다고 가정하자. 그러면

$$\begin{aligned}
[a_1,\ a_2,\ \cdots,\ a_k,\ a_{k+1}] &= [\,[a_1,\ a_2,\ \cdots,\ a_k],\ a_{k+1}] && \text{(정리 2.1.25에 의하여)}\\
&= [\,|a_1a_2\cdots a_k|,\ a_{k+1}] && \text{(귀납법 가정에 의하여)}\\
&= [a_1a_2\cdots a_k,\ a_{k+1}] && \text{((2.1.13)에 의하여)}\\
&= \frac{|a_1a_2\cdots\ a_ka_{k+1}|}{(a_1a_2\cdots a_k,\ a_{k+1})} && \text{(정리 2.1.24에 의하여)}\\
&= |a_1a_2\cdots a_k a_{k+1}|
\end{aligned}$$

이다. 따라서 $n=k+1$인 경우도 정리가 성립한다. 따라서 모든 n에 대하여 정리는 성립한다.

(2) $a_1,\ a_2,\ \cdots,\ a_n$이 쌍마다 서로소이고 $a_i|\,b\ (i=1, 2,\ \cdots, n)$이면 (1)에 의하여 $[a_1,\ a_2,\ \cdots,\ a_n] = |\,a_1a_2\cdots\ a_n\,|$이므로 $|a_1a_2\cdots\ a_n|\mid b$이다. 따라서 정리 2.1.6 (2)에 의하여 $a_1a_2\cdots\ a_n \mid b$이다. ❑

2.1 ▌연습문제

01 40과 72의 모든 양의 약수를 각각 구하고, 이 두 정수의 공약수를 찾아라.

02 $a, b, c, d, n \in \mathbb{Z}\,(a \neq 0,\ c \neq 0,\ n > 0)$라 할 때, 다음을 증명하라.

(1) $a|b$일 필요충분조건은 $a^n \,|\, b^n$인 것이다.

(2) $a|b,\ a|d$이면 $a\,|\,(b+d),\ a\,|\,(b-d)$이다.

(3) $a|b,\ a|d$이면 $a^n\,|\,(b^n+d^n),\ a^n\,|\,(b^n-d^n)$이다.

03 a, b, c를 모두 0이 아닌 정수라 할 때, 다음을 증명하라.

(1) $c|a,\ c|b$일 필요충분조건은 $c\,|\,(a, b)$인 것이다.

(2) $a|c,\ b|c$일 필요충분조건은 $[a, b]\,|\,c$인 것이다.

04 $a, b, c \in \mathbb{Z}\,(a \neq 0,\ b \neq 0)$라 할 때, 다음을 증명하라.

(1) $(a, b) = 1$일 때, $a|bc$일 필요충분조건은 $a|c$인 것이다.

(2) $(a, b) = 1$일 때, $a|c,\ b|c$일 필요충분조건은 $ab|c$인 것이다.

05 다음을 증명하라.

(1) 연속한 두 정수의 곱은 2의 배수이다.

(2) 연속한 세 정수의 곱은 6의 배수이다.

(3) 연속한 네 정수의 곱은 24의 배수이다.

(4) 연속한 네 정수의 곱에 1을 더한 수는 홀수의 제곱이다.

06 $n \in \mathbb{Z}$라 할 때, 다음을 증명하라.

(1) $6\,|\,(n^3+5n)$

(2) $6\,|\,n(n+1)(2n+1)$

(3) $n \geq 1$일 때, $360\,|\,(19^{2n}-1)$이다.

07 $a, b, c \in \mathbb{Z}$라 할 때, 다음을 증명하라.

(1) $c \neq 0$일 때, $(a, b) = 1$, $c \mid a$이면 $(c, b) = 1$이다.

(2) c가 홀수이고 $c \mid (a+b)$, $c \mid (a-b)$이면 $c \mid (a, b)$이다.

08 a, b를 모두는 0이 아닌 정수라 할 때, 다음을 증명하라.

(1) 모든 $k \in \mathbb{Z}$에 대하여 $(a, b) = (a, ak+b) = (a+bk, b)$이다.

(2) $(a, b) = (a, a+b) = (a+b, b)$이다.

(3) $(a, b) = 1$일 필요충분조건은 $(a+b, ab) = 1$이다.

09 다음 각 정수들에 대하여 최대공약수와 최소공배수를 구하라.

(1) 314, 159 (2) −1558, 3854 (3) 3054, 12378

(4) 39, 42, 54 (5) 49, −210, −350 (6) 26, 33, 65, 79

10 $a, b \in \mathbb{Z}\,(a > b > 0)$라 할 때, 다음에 답하라.

(1) $ab = 384$이고 $(a, b) = 4$인 a, b를 모두 구하라.

(2) $ab = 360$이고 $[a, b] = 120$인 a, b를 모두 구하라.

(3) $a + b = 141$이고 $[a, b] = 840$인 a, b를 모두 구하라.

(4) $(a, b) = 29$이고 $[a, b] = 290$인 a, b를 모두 구하라.

11 (1) $a + b = 100$, $(a, b) = 3$인 정수 a, b는 존재하지 않음을 보여라.

(2) 정수 $s, t\,(t > 0)$에 대하여 $a + b = s$, $(a, b) = t$를 만족하는 정수 a, b가 존재하기 위한 필요충분조건은 $t \mid s$일 때임을 보여라.

(3) 양의 정수 s, t에 대하여 $(a, b) = s, [a, b] = t$를 만족하는 정수 a, b가 존재하기 위한 필요충분조건은 $s \mid t$일 때임을 보여라.

12 다음 중에서 서로소인 것과 쌍마다 서로소인 것을 골라라.

(1) −23, 36, 57 (2) 21, 98, 175 (3) 17, −29, 53

(4) 6, 21, 42, 87 (5) 12, 23, 34, 45 (6) 9, 19, 59, 109

13 $a,\ d,\ k,\ n \in \mathbb{Z}\,(a>1,\ n>0)$라 할 때, 다음을 증명하라.

(1) $d \mid n\ (d \geq 1)$이면 $(a^d-1) \mid (a^n-1)$이다.

(2) $n=dk\,(d \geq 1,\ k$는 홀수$)$이면 $(a^d+1) \mid (a^n+1)$이다.

14 $a,\ m,\ n \in \mathbb{Z}\,(a>1,\ m \geq 1,\ n \geq 1)$이라 하고 $d=(m,\ n)$이라 할 때,

$$(a^m-1,\ a^n-1)=a^d-1$$

임을 증명하라.

15 (1) $3^{12}-1=531440$의 약수 중에서 $3^d-1\,(d \in \mathbb{Z},\ d \geq 1)$과 같은 형태의 약수를 모두 구하라.

(2) $3^{12}+1=531442$가 $3^{180}+1$의 약수인지 조사하라.

(3) 다음 각 정수들의 쌍

$$2^6-1,\ 2^9-1\,;\,2^{11}-1,\ 2^{13}-1\,;\,3^9-1,\ 3^{12}-1$$

에 대하여 최대공약수를 구하라.

16 다음 각 정수들의 쌍

$$159,\ 314\ ;\ \ 299,\ -247\ ;\ \ -963,\ 657\ ;\ \ 12378,\ 3054$$

에 대하여 최대공약수와 다음 등식을 만족하는 정수 $x,\ y$를 한 쌍씩 구하라.

(1) $(159,\ 314)=159x+314y$

(2) $(299, -247)=299x+(-247)y$

(3) $(-963,\ 657)=-963x+657y$

(4) $(12378,\ 3054)=12378x+3054y$

17 유클리드의 호제법을 이용하여 다음 각 방정식을 만족하는 정수 $x,\ y$를 한 쌍씩 구하라.

(1) $159x+314y=3$

(2) $93x-81y=6$

(3) $243x+198y=27$

18 $a,\ b$를 모두 0이 아닌 정수라 할 때, 다음을 증명하라.

(1) $(a,\ b)=[a,\ b]$일 필요충분조건은 $a=\pm b$인 것이다.

(2) $k \in \mathbb{Z}\,(k>0)$일 때, $[ka,\ kb]=k\,[a,\ b]$이다.

19 $a, b \in \mathbb{Z}$라 하고 $(a, b) = 1$이라 할 때, 다음을 증명하라.

(1) $(a+b,\ a-b) = 1$ 또는 $(a+b,\ a-b) = 2$이다.

(2) $(2a+b,\ a+2b) = 1$ 또는 $(2a+b,\ a+2b) = 3$이다.

(3) $(a+b,\ a^2+b^2) = 1$ 또는 $(a+b,\ a^2+b^2) = 2$이다.

(4) $(a+b,\ a^2-ab+b^2) = 1$ 또는 $(a+b,\ a^2-ab+b^2) = 3$이다.

20 임의의 정수 a에 대하여 $(a) = \{an \mid n \in \mathbb{Z}\}$로 정의하자. $a, b, c, d \in \mathbb{Z}\,(a \neq 0, b \neq 0)$라 할 때, 다음 명제 중에서 참인 것은 증명하고, 거짓인 것은 반례를 들어라.

(1) $(b) \subset (a)$이기 위한 필요충분조건은 $a|b$인 것이다.

(2) $(a) = (b)$일 필요충분조건은 $b = \pm a$인 것이다.

(3) $c,\ d \in (a) \cup (b)$이면 $c+d \in (a) \cup (b)$이다.

(4) $c,\ d \in (a) \cap (b)$이면 $c+d \in (a) \cap (b)$이다.

(5) $(a)+(b) = \{ax+by \mid x,\ y \in \mathbb{Z}\}$라 할 때, $c,\ d \in (a)+(b)$이면 $c+d \in (a)+(b)$이다.

(6) $c \in (a) \cap (b)$이면 $(a,\ b)|c$이다.

(7) $d \neq 0$일 때, $d \in (a)+(b)$이면 $d \mid [a,\ b]$이다.

21 (1) 정수 28과 12의 최대공약수 $d = (28, 12)$를 구하고, d는 28과 12의 일차결합의 약수임을 보여라.

(2) 양의 정수 a, b에 대하여 최대공약수 (a, b)가 a와 b의 일차결합 중에서 가장 작은 양의 정수임을 증명하라.

22 (1) 임의의 정수 a에 대하여 $(4a+5,\ 5a+7) = 1$ 또는 3임을 보여라. 또한 $(4a+5,\ 5a+7) = 3$을 만족시키는 정수 a를 구하라.

(2) $a > 1$를 만족하는 양의 정수 a, m에 대하여 $\left(\dfrac{a^m-1}{a-1},\ a-1\right) = (a-1,\ m)$임을 보여라.

23 $b|c$와 $m = [a,\ c]$를 만족시키는 양의 정수 $a,\ b,\ c$에 대하여 $[a, b] \leq m$임을 보여라.

2.2 ▌소수, 합성수

양의 정수 p가 양의 약수를 1과 자기 자신 p만을 갖는다면, p는 곱이 하나의 형식으로만 표현된다. 그러한 양의 정수 p를 우리는 소수라 부르는데, 이 소수는 정수를 구성하는 매우 중요한 기본 요소이다. 왜냐하면 임의의 양의 정수는 항상 소수들의 곱으로 표현되며, 더욱이 이러한 표현 방법은 소수들의 곱의 순서를 무시하면 유일하기 때문이다. 따라서 정수의 성질을 파악하기 위하여, 먼저 소수의 성질을 파악하는 것이 필요하다. 그러나 실제적으로는 주어진 양의 정수가 소수인지를 판정하는 일은 쉽지 않은 일이다. 이 절에서 우리는 '에라토스테네스의 체'라는 방법을 이용하여 주어진 양의 정수가 소수인지의 여부를 판정하는 법과 소인수분해, 표준분해 등에 대하여 알아보자.

정의 2.2.1

정수 $p\,(>1)$의 양의 약수가 1과 p뿐이면 p를 **소수**(prime)라 하고, 소수가 아닌 정수 $n\,(>1)$을 **합성수**(composite)라 한다. 즉, $1<a<n$, $1<b<n$인 정수 a, b가 존재하여 $n=ab$일 때, n을 합성수라 한다.

보기 2.2.2

$$2,\ 3,\ 5,\ 7,\ 11,\ 13,\ 17,\ 19,\ 23,\ \cdots$$

등은 소수이고, 짝수인 소수는 2뿐이다. 또한

$$4,\ 6,\ 8,\ 9,\ 10,\ 12,\ 14,\ 15,\ 16,\ 18,\ 20,\ 21,\ 22,\ \cdots$$

등은 합성수이다.

정리 2.2.3

a를 임의의 정수라 하고 p를 소수라 하자. 그러면 $(a,\ p)=1$이거나 $(a,\ p)=p$이다. 더욱이

$$p \nmid a \iff (a,\ p)=1$$

이다.

증명 $(a, p) = d$라 하면 $d|p$이고 $d > 0$이다. 따라서 p의 양의 약수는 1과 p뿐이므로 $d = 1$이거나 $d = p$이다. 따라서 $(a, p) = 1$이거나 $(a, p) = p$이다.

먼저 $p \nmid a$라 하자. $(a, p) = p$라 하면 $p|a$가 되어 모순이다. 따라서 위에 의하여 $(a, p) = 1$이다. 다음, $(a, p) = 1$이라 하자. $p|a$라 하면 $a = pb$를 만족하는 $b \in \mathbb{Z}$가 존재한다. 따라서 정리 2.1.10에 의하여 $(a, p) = p > 1$이 되어 모순이다. 따라서 $p \nmid a$이다. ❑

보기 2.2.4

n을 양의 정수라 하고, p를 소수라 하자. $n < p$라 하면 $1 \le i \le n$인 모든 정수 i에 대하여 $p \nmid i$이므로 정리 2.2.3에 의하여 $(i, p) = 1$이다. 따라서 정리 2.1.15에 의하여 $(n!, p) = 1$이고, 따라서 정리 2.2.3에 의하여 $p \nmid n!$이다.

정리 2.2.5

$a_1, a_2, \cdots, a_n \in \mathbb{Z}$이고 p가 소수일 때, $p \mid a_1 a_2 \cdots a_n$이라 하자. 그러면 적당한 $i\,(1 \le i \le n)$에 대하여 $p \mid a_i$이다. 특히 $a \in \mathbb{Z}$, $n \in \mathbb{N}^+$에 대하여 $p \mid a^n$이면 $p \mid a$이다.

증명 모든 $i\,(i = 1, 2, \cdots, n)$에 대하여 $p \nmid a_i$라 하면 정리 2.2.3에 의하여 $(p, a_i) = 1$ $(i = 1, 2, \cdots, n)$이다. 따라서 정리 2.1.15에 의하여 $(p, a_1 a_2 \cdots a_n) = 1$이다. 따라서 정리 2.2.3에 의하여 $p \nmid a_1 a_2 \cdots a_n$가 되어 모순이다. 따라서 적당한 $i\,(1 \le i \le n)$에 대하여 $p \mid a_i$이다. ❑

정리 2.2.6

$a\,(a \in \mathbb{Z})$를 합성수라 할 때, 다음이 성립한다.

(1) $b \le \sqrt{a}$를 만족하는 a의 약수 $b\,(>1)$가 적어도 하나 존재한다(따라서 $d\,(>1)$를 a의 양의 약수 중에서 가장 작은 약수라 하면 $d \le \sqrt{a}$이다).

(2) $p\,(>1)$를 a의 양의 약수 중에서 가장 작은 약수라 하자. 그러면 p는 소수이고 $p \le \sqrt{a}$이다(따라서 모든 합성수 $n\,(>1)$은 적어도 하나의 소수에 의하여 나누어떨어진다).

증명

(1) a가 합성수이므로 $a = bc$를 만족하는 정수 $b, c\,(1 < b \le c < a)$가 존재한다. 따라서

$b\,(>1)$는 a의 약수이고, 또한

$$b^2c = bcb = ab \le ac$$

이므로 $b^2 \le a$, 즉 $b \le \sqrt{a}$이다.

(2) p를 합성수라 하면 $p = dk$를 만족하는 정수 $d, k\,(1<d<p,\ 1<k<p)$가 존재한다. 따라서 $d|p$, $p|a$이므로 정리 2.1.6 (3)에 의하여 $d|a$가 되어 p의 최소성에 모순이다. 따라서 p는 소수이다. 더욱이 (1)에 의하여 $p \le \sqrt{a}$이다. ❑

정리 2.2.7 Euclid

소수는 무수히 많다.

증명 $p_1, p_2, \cdots, p_n$을 임의의 n개의 소수라 하고

$$a = p_1p_2 \cdots p_n + 1$$

이라 하자. $p\,(>1)$를 a의 양의 약수 중에서 가장 작은 약수라 하면 정리 2.2.6 (2)에 의하여 p는 소수이다 (a가 소수이면 $p = a$이다). 또한 $i = 1, 2, \cdots, n$에 대하여

$$a = p_1p_2 \cdots p_n + 1 = p_i(p_1p_2 \cdots p_{i-1}p_{i+1} \cdots p_n) + 1$$

이다. 따라서 정리 2.1.17에 의하여 $i = 1, 2, \cdots, n$에 대하여

$$(a, p_i) = (p_i, 1) = 1$$

이므로 정리 2.2.3에 의하여 $p_i \nmid a$이다. 그러나 $p|a$이므로 $p \ne p_i\,(i = 1, 2, \cdots, n)$이다. 따라서 n개의 소수 $p_1, p_2, \cdots, p_n$으로부터 언제나 $n+1$개의 소수

$$p_1, p_2, \cdots, p_n, p$$

를 얻을 수 있다. 따라서 소수는 무수히 많다. ❑

정리 2.2.8

$n \in \mathbb{Z}\ (n>1)$이라 하고 정수들의 열

$$2,\ 3,\ 4,\ 5,\ \cdots,\ n \tag{2.2.1}$$

을 생각하자. (2.2.1)에서 $p \leq \sqrt{n}$ 인 모든 소수 p에 대하여 p의 배수가 되는 합성수들을 모두 제거한 나머지는 모두 소수이다.

증명 a를 $2 \leq a \leq n$인 임의의 합성수라 하자. $p\,(>1)$를 a의 양의 약수 중에서 가장 작은 약수라 하면 정리 2.2.6 (2)에 의하여 p는 소수이고 $p \leq \sqrt{a}$ 이다. 따라서

$$p \leq \sqrt{a} \leq \sqrt{n}$$

이고, 또한 a는 p의 배수이므로 a는 제거된다. 이 방법을 계속하면 (2.2.1)에서 모든 합성수는 제거된다. ❑

보기 2.2.9

$n = 46$이라 하면 $\sqrt{n} = \sqrt{46} = 6.78\cdots$ 이다. 따라서

$$p \leq \sqrt{n} = \sqrt{46} = 6.78\cdots$$

을 만족하는 소수들은 2, 3, 5뿐이다. 이제 2에서 46까지의 정수 중에서 2의 배수, 3의 배수, 5의 배수들인 합성수를 모두 제거한다.

2, 3, ~~4~~, 5, ~~6~~, 7, ~~8~~, ~~9~~, ~~10~~,
11, ~~12~~, 13, ~~14~~, ~~15~~, ~~16~~, 17, ~~18~~, 19, ~~20~~,
~~21~~, ~~22~~, 23, ~~24~~, ~~25~~, ~~26~~, ~~27~~, ~~28~~, 29, ~~30~~,
31, ~~32~~, ~~33~~, ~~34~~, ~~35~~, ~~36~~, 37, ~~38~~, ~~39~~, ~~40~~,
41, ~~42~~, 43, ~~44~~, ~~45~~, ~~46~~

따라서 정리 2.2.8에 의하여 2에서 46까지의 소수는

2, 3, 5, 7, 11, 13, 17, 19, 23, 29, 31, 37, 41, 43

이다 (이와 같이, 정수 $n\,(>1)$에 대하여 n보다 크지 않은 소수를 모두 구하기 위하여 2, 3, 4, $\cdots$, $n-1$, n을 순서대로 놓고 정리 2.2.8에서와 같이 체(sieve)로 걸러내듯 합성수를 제거하여 소수만이 남도록 하는 방법을 **에라토스테네스의 체** (sieve of Eratosthenes)라 하기도 한다).

다음, 389가 소수임을 보여 보자. $19 < \sqrt{389} < 20$이므로 $p \leq \sqrt{389}$ 인 소수 p는

2, 3, 5, 7, 11, 13, 17, 19

뿐이다. 그런데 389는 이들 소수로서 나누어떨어지지 않는다. 그러므로 정리 2.2.8에 의하여 389는 소수이다.

정리 2.2.10 정수의 기본정리

$n(>1)$을 정수라 할 때, n은 소수 $p_1, p_2, \cdots, p_r$ ($p_1, p_2, \cdots, p_r$는 서로 다를 필요는 없다)에 대하여

$$n = p_1 p_2 \cdots p_r \tag{2.2.2}$$

의 형태로 표시된다. 이때 $p_1, p_2, \cdots, p_r$의 순서를 무시하면 (2.2.2)의 표시는 유일하다 [따라서 (2.2.2)에서 $p_i (1 \leq i \leq r)$가 반복해서 k_i번 나타날 때, 이들을 $p_i^{k_i}$의 형태로 바꾸어 쓰면 (2.2.2)는 서로 다른 소수 $p_1, p_2, \cdots, p_t$와 $k_i \in \mathbb{Z}$ ($k_i > 0$ $(i = 1, 2, \cdots, t)$)에 대하여

$$n = p_1^{k_1} p_2^{k_2} \cdots p_t^{k_t} \tag{2.2.3}$$

의 형태로 표시된다. 더욱이 $p_1^{k_1}, p_2^{k_2}, \cdots, p_t^{k_t}$의 순서를 무시하면 (2.2.3)의 표시는 유일하다. (2.2.3)을 n의 **표준분해**(standard decomposition)라 하고 $p_i (i = 1, 2, \cdots, t)$를 n의 **소인수**(prime factor)라 한다].

증명 n이 소수이면 (2.2.2)는 분명히 성립한다. n이 합성수이면 정리 2.2.6에 의하여 $p_1 \mid n$, $p_1 \leq \sqrt{n}$을 만족하는 소수 p_1이 존재한다. 따라서 $n = p_1 n_1$을 만족하는 $n_1 (1 < n_1 < n)$이 존재한다. n_1이 소수이면 (2.2.2)는 성립한다. n_1이 합성수이면 위와 같은 방법으로 $n_1 = p_2 n_2$를 만족하는 소수 p_2와 정수 $n_2 (1 < n_2 < n_1)$가 존재함을 증명할 수 있다. 따라서

$$n = p_1 n_1 = p_1 p_2 n_2$$

이다. n_2가 소수이면 (2.2.2)는 성립한다. n_2가 합성수이면 다시 위의 방법을 계속한다. 그러나

$$n > n_1 > n_2 > \cdots > 1$$

이므로 이 방법을 무한히 계속할 수는 없다. 따라서 위의 방법을 유한 번 시행하여 소수 $p_1, p_2, \cdots, p_r$에 대하여

$$n = p_1 p_2 \cdots p_r$$

로 표시할 수 있다. 다음, $p_1, p_2, \cdots, p_r$의 순서를 무시할 때, (2.2.2)의 표시가 유일함을 보이자. n이 소수 $q_1, q_2, \cdots, q_s$에 대하여

$$n = q_1 q_2 \cdots q_s \tag{2.2.4}$$

와 같이 (2.2.2)와 다르게 표시된다고 하자. (2.2.2)와 (2.2.4)에서

$$p_1 \le p_2 \le \cdots \le p_r, \ q_1 \le q_2 \le \cdots \le q_s \tag{2.2.5}$$

라 가정하자(실제로, (2.2.2)와 (2.2.4)에서 $p_1, p_2, \cdots, p_r$와 $q_1, q_2, \cdots, q_s$를 크기순으로 나열하고 첨자를 고쳐 쓰면 (2.2.5)를 얻을 수 있으므로 이 가정은 일반성을 잃지 않는다). 그러면

$$p_1 p_2 \cdots p_r = q_1 q_2 \cdots q_s$$

이므로 정리 2.2.5에 의하여 적당한 $i\,(1 \le i \le s)$에 대하여 $p_1 | q_i$이고, 또한 적당한 $j\,(1 \le j \le r)$에 대하여 $q_1 | p_j$이다. 따라서 $q_i = p_1,\ p_j = q_1$이고, (2.2.5)에 의하여

$$q_1 \le q_i = p_1 \le p_j = q_1$$

이므로 $p_1 = q_1$이다. 따라서

$$p_2 p_3 \cdots p_r = q_2 q_3 \cdots q_s$$

이다. 위와 같은 방법으로 $p_2 = q_2$임을 증명할 수 있고, 따라서

$$p_3 p_4 \cdots p_r = q_3 q_4 \cdots q_s$$

이다. 이 방법을 계속한다. $r < s$라 하면 결국

$$1 = q_{r+1} q_{r+2} \cdots q_s$$

가 되어 모순이고, $s < r$이라 하면

$$1 = p_{s+1} p_{s+2} \cdots p_r$$

이 되어 모순이므로 $r = s$가 되어야 한다. 즉, $p_1, p_2, \cdots, p_r$의 순서를 무시하면 (2.2.2)의 표시는 유일하다. ❑

보기 2.2.11

$$35280 = 2^4 \cdot 3^2 \cdot 5 \cdot 7^2$$

정리 2.2.12

$n(>1)$을 정수라 하고

$$n = p_1^{k_1} p_2^{k_2} \cdots p_t^{k_t}$$

을 n의 표준분해라 하자. $d(\geq 1)$를 n의 약수라 하면 d는 $0 \leq l_i \leq k_i (i = 1, 2, \cdots, t)$를 만족하는 정수 $l_1, l_2, \cdots, l_t$에 대하여

$$d = p_1^{l_1} p_2^{l_2} \cdots p_t^{l_t} \tag{2.2.6}$$

의 형태로 표시된다. 또한 n의 모든 양의 약수들의 개수를 $\tau(n)$으로 표시하면

$$\tau(n) = (k_1 + 1)(k_2 + 1) \cdots (k_t + 1) \tag{2.2.7}$$

이다.

증명 $d(\geq 1)$를 n의 약수라 하자. $1 < d < n$인 경우는 $n = dn_1$을 만족하는 정수 $n_1(1 < n_1 < n)$이 존재한다.

$$d = q_1^{\alpha_1} q_2^{\alpha_2} \cdots q_s^{\alpha_s}, \ \ n_1 = r_1^{\beta_1} r_2^{\beta_2} \cdots r_u^{\beta_u}$$

를 d와 n_1의 표준분해라 하면

$$n = p_1^{k_1} p_2^{k_2} \cdots p_j^{k_j} \cdots p_t^{k_t} = q_1^{\alpha_1} q_2^{\alpha_2} \cdots q_i^{\alpha_i} \cdots q_s^{\alpha_s} r_1^{\beta_1} r_2^{\beta_2} \cdots r_u^{\beta_u}$$

이다. 그러므로 n의 표준분해의 유일성에 의하여 $q_i = p_j (1 \leq i \leq s,\ 1 \leq j \leq t)$, $\alpha_i \leq k_j$이어야 한다. 따라서 d는 (2.2.6)의 형태로 표시된다(소인수 $q_1, q_2, \cdots, q_s$ 중에 소인수 p_i $(1 \leq i \leq t)$가 없는 경우는 $p_i^0 = 1$을 추가하면 된다).

다음, $d = 1$ 또는 $d = n$인 경우는 분명히 d는 (2.2.6)의 형태로 표시된다. 역으로, d가 (2.2.6)의 형태로 표시되면 분명히 $d | n$이다. 즉, d는 n의 약수이다.

다음, n의 약수가 (2.2.6)의 형태로 표시되고, 또한 $0 \leq l_i \leq k_i (i = 1, 2, \cdots, t)$를 만족하는 정수 l_i의 개수는 $k_i + 1$개이므로 (2.2.7)이 성립한다. ❑

보기 2.2.13

60의 양의 약수를 모두 구하여 보자. $60 = 2^2 \cdot 3 \cdot 5$이므로 d를 60의 양의 약수라 하면

$$d = 2_1^l \cdot 3_2^l \cdot 5_3^l$$

의 꼴로 표시된다. 따라서 $l_1 = 0, 1, 2$; $l_2 = 0, 1$; $l_3 = 0, 1$을 대입하면

$$d = 1,\ 2,\ 3,\ 4,\ 5,\ 6,\ 10,\ 12,\ 15,\ 20,\ 30,\ 60$$

이다. 더욱이 60의 모든 양의 약수들의 개수 $\tau(60)$은

$$\tau(60) = (2+1)(1+1)(1+1) = 3 \cdot 2 \cdot 2 = 12$$

임을 알 수 있다.

이제 200과 315의 표준분해

$$200 = 2^3 \cdot 5^2, \quad 315 = 3^2 \cdot 5 \cdot 7$$

을 생각하자. 이때 200의 표준분해의 소인수 중에는 소수 3, 7이 없고 315의 표준분해의 소인수 중에는 소수 2가 없으므로 200의 표준분해에 $3^0 = 1$, $7^0 = 1$을 추가하고 315의 표준분해에 $2^0 = 1$을 추가하여

$$200 = 2^3 \cdot 5^2 = 2^3 \cdot 3^0 \cdot 5^2 \cdot 7^0$$
$$315 = 3^2 \cdot 5 \cdot 7 = 2^0 \cdot 3^2 \cdot 5 \cdot 7$$

과 같이 표시하여 200과 315의 표준분해에서 소인수를 통일할 수 있다. 일반적으로 $a_i \in \mathbb{Z}$ $(a_i > 1\ (i = 1, 2, \cdots, n))$라 할 때, $a_1, a_2, \cdots, a_n$의 표준분해 중에서 서로 공통으로 나타나지 않는 소인수 p_i가 있으면 $p_i^0\ (p_i^0 = 1)$을 추가하여

$$\begin{aligned}
a_1 &= p_1^{\alpha_{11}} p_2^{\alpha_{12}} \cdots p_k^{\alpha_{1k}} \cdots p_r^{\alpha_{1r}}, \\
a_2 &= p_1^{\alpha_{21}} p_2^{\alpha_{22}} \cdots p_k^{\alpha_{2k}} \cdots p_r^{\alpha_{2r}}, \\
&\cdots \\
a_i &= p_1^{\alpha_{i1}} p_2^{\alpha_{i2}} \cdots p_k^{\alpha_{ik}} \cdots p_r^{\alpha_{ir}}, \\
&\cdots \\
a_n &= p_1^{\alpha_{n1}} p_2^{\alpha_{n2}} \cdots p_k^{\alpha_{nk}} \cdots p_r^{\alpha_{nr}}
\end{aligned} \tag{2.2.8}$$

과 같이 표시할 수 있다. 이때 $k = 1, 2, \cdots, r$에 대하여

$$l_k = \min\{\alpha_{1k}, \alpha_{2k}, \cdots, \alpha_{ik}, \cdots, \alpha_{nk}\}$$

라 하고

$$d = p_1^{l_1} p_2^{l_2} \cdots p_k^{l_k} \cdots p_r^{l_r} \tag{2.2.9}$$

이라 하자. 그러면 $i = 1, 2, \cdots, n$에 대하여

$$0 \le l_1 \le \alpha_{i1},\ 0 \le l_2 \le \alpha_{i2},\ \cdots,\ 0 \le l_k \le \alpha_{ik},\ \cdots,\ 0 \le l_r \le \alpha_{ir}$$

이므로 분명히 $i = 1, 2, \cdots, n$에 대하여 $d \mid a_i$이다(정리 2.2.12 참조). 임의의 정수 $c(\ne 0)$에 대하여

$$c \mid a_i \,(i = 1, 2, \cdots, n)$$

라 하자. $c > 0$이면 정리 2.2.12에 의하여 $i = 1, 2, \cdots, n$에 대하여

$$0 \le n_1 \le \alpha_{i1},\ 0 \le n_2 \le \alpha_{i2},\ \cdots,\ 0 \le n_k \le \alpha_{ik},\ \cdots,\ 0 \le n_r \le \alpha_{ir}$$

를 만족하는 정수 $n_1, n_2, \cdots, n_r$에 대하여

$$c = p_1^{n_1} p_2^{n_2} \cdots p_k^{n_k} \cdots p_r^{n_r} \tag{2.2.10}$$

의 꼴로 표시된다(이때 a_i의 표준분해 중에서 $p_k^{\alpha_{ik}}(1 \le k \le r)$과 같은 형태의 인수가 나타나지 않으면 (2.2.8)에서 $\alpha_{ik} = 0$, 즉 $p_k^{\alpha_{ik}} = p_k^0 = 1$이고, 또한 (2.2.10)에서 $n_k = 0$, 즉 $p_k^{n_k} = p_k^0 = 1$이 되어 정리 2.2.12의 적용에 무리가 없다). 따라서 $k = 1, 2, \cdots, r$에 대하여 $0 \le n_k \le l_k$이어야 한다. 따라서 $c \mid d$이다. 다음, $c < 0$이면 $-c > 0$이고, 또한 정리 2.1.6 (2)에 의하여 $i = 1, 2, \cdots, n$에 대하여 $-c \mid a_i$이다. 따라서 위의 결과에 의하여 $-c \mid d$이다. 그러므로 $c \mid d$이고, 따라서 $d = (a_1, a_2, \cdots, a_n)$이다.

다음, $k = 1, 2, \cdots, r$에 대하여

$$\beta_k = \max\{\alpha_{1k}, \alpha_{2k}, \cdots, \alpha_{ik}, \cdots, \alpha_{nk}\}$$

라 하고

$$m = p_1^{\beta_1} p_2^{\beta_2} \cdots p_k^{\beta_k} \cdots p_r^{\beta_r}$$

이라 하자. 그러면 $i = 1, 2, \cdots, n$에 대하여

$$\alpha_{i1} \le \beta_1,\ \alpha_{i2} \le \beta_2,\ \cdots,\ \alpha_{ik} \le \beta_k,\ \cdots,\ \alpha_{ir} \le \beta_r$$

이므로 $i = 1, 2, \cdots, n$에 대하여 $a_i | m$이다. 임의의 정수 h에 대하여

$$a_i | h\ (i = 1, 2, \cdots, n)$$

라 하면 $i = 1, 2, \cdots, n$에 대하여 $h = a_i h_i$를 만족하는 정수 h_i가 존재한다. 따라서

$$h = a_i h_i = p_1^{\alpha_{i1}} p_2^{\alpha_{i2}} \cdots p_k^{\alpha_{ik}} \cdots p_r^{\alpha_{ir}} h_i$$

이다. $k = 1, 2, \cdots, r$라 할 때, 적당한 $i\,(1 \le i \le n)$에 대하여 $\beta_k = \alpha_{ik}$이므로 $p_k^{\beta_k} \,\Big|\, h$이다. 또한 정리 2.2.3에 의하여 $(p_i, p_j) = 1\,(i \ne j)$이므로 정리 2.1.15에 의하여

$$(p_i^{\beta_i}, p_j^{\beta_j}) = 1\ (i \ne j)$$

이다. 따라서 정리 2.1.27 (2)에 의하여

$$p_1^{\beta_1} p_2^{\beta_2} \cdots p_r^{\beta_r} \,\Big|\, h,\ \text{즉}\ m | h$$

이다. 따라서 $m = [a_1, a_2, \cdots, a_n]$이다.

보기 2.2.14

$$300 = 2^2 \cdot 3 \cdot 5^2 = 2^2 \cdot 3 \cdot 5^2 \cdot 7^0$$
$$315 = 3^2 \cdot 5 \cdot 7 = 2^0 \cdot 3^2 \cdot 5 \cdot 7$$
$$750 = 2 \cdot 3 \cdot 5^3 = 2 \cdot 3 \cdot 5^3 \cdot 7^0$$

이므로

$$(300, 315, 750) = 2^0 \cdot 3 \cdot 5 \cdot 7^0 = 15$$
$$[300, 315, 750] = 2^2 \cdot 3^2 \cdot 5^3 \cdot 7 = 31500$$

이다.

정리 2.2.15

$4n+3$ 꼴의 소수는 무수히 많다.

| 증명 $4n+3$ 꼴의 소수가 유한개만 존재한다고 하고 이들을 $q_1, q_2, \cdots, q_t$라 하자. 양의 정수

$$a = 4q_1q_2 \cdots q_t - 1 = 4(q_1q_2 \cdots q_t - 1) + 3 \tag{2.2.11}$$

을 생각하자. 정리 2.2.10에 의하여 a는 소수 $p_1, p_2, \cdots, p_r$에 대하여

$$a = p_1p_2 \cdots p_r$$

와 같은 꼴로 표시된다((2.2.2) 참조). 더욱이

$$a = 2(2(q_1q_2 \cdots q_t - 1) + 1) + 1$$

이므로 a는 홀수이다. 따라서 $p_i \neq 2\,(i = 1, 2, \cdots, r)$이고, 또한 2는 짝수인 유일한 소수이므로 $p_i(i = 1, 2, \cdots, r)$는 모두 홀수이다. 따라서 보기 2.1.3에 의하여 $p_i(i = 1, 2, \cdots, r)$는

$$p_i = 4n + 1 \quad \text{또는} \quad p_i = 4n + 3$$

의 꼴로 표시된다. 이때 $p_i = 4n + 1, p_j = 4m + 1$이라 하면

$$\begin{aligned} p_ip_j &= (4n+1)(4m+1) = 16nm + 4n + 4m + 1 \\ &= 4(4nm + n + m) + 1 \end{aligned}$$

이다. 따라서 $p_1, p_2, \cdots, p_r$가 모두 $4n+1$ 꼴의 소수이면 $a = 4k+1$ 꼴이 되어 (2.2.11)에 모순이 된다. 따라서 $p_1, p_2, \cdots, p_r$ 중에서 적어도 하나는, 가령 $p_u(1 \leq u \leq r)$가

$$p_u = 4n + 3$$

꼴이 되어야 한다. 이제 적당한 $i\,(1 \leq i \leq t)$에 대하여 $p_u = q_i$라 가정하면 (2.2.11)에 의하여

$$1 = 4q_1q_2 \cdots q_t - a$$

이고 $p_u | 4q_1q_2 \cdots q_t, p_u | a$ 이므로 정리 2.1.6 (4)에 의하여 $p_u | 1$이어야 한다. 따라서 정리 2.1.6 (7)에 의하여 $p_u = \pm 1$이 되어 모순이다. 따라서 $p_u \neq q_i(i = 1, 2, \cdots, t)$이다. 따라서 t개의 $4n+3$ 꼴의 소수 $q_1, q_2, \cdots, q_t$로부터 $t+1$개의 $4n+3$ 꼴의 소수 $q_1, q_2, \cdots, q_t, p_u$를 얻는다. 따라서 $4n+3$ 꼴의 소수는 무수히 많다. ❑

정리 2.1.1에 의하여 임의의 양의 정수는

$$4n,\ 4n+1,\ 4n+2,\ 4n+3$$

중 어느 하나의 꼴로 표시된다. 이들 중에서 $4n+3$ 꼴의 소수도 무수히 많다(정리 3.3.14 참조). a, b를 양의 정수라 할 때, $an+b$ 꼴의 수가 소수이기 위해서는 $(a, b)=1$이어야 한다. 일반적으로 다음 정리가 성립한다. 증명은 이 책의 정도를 넘으므로 생략한다.

정리 2.2.16 디리클레(Dirichlet)의 정리

서로소인 두 양의 정수 a, b에 대하여

$$an+b \ (n\in\mathbb{Z},\ n\geq 0)$$

꼴의 소수는 무수히 많다.

정리 2.2.17

$k,\ t\in\mathbb{Z}\ (k>0,\ t>0)$라 하고

$$a=t\cdot(k+1)!+2$$

라 하자. 그러면 k개의 연속되는 정수들

$$a,\ a+1,\ a+2,\ a+3,\ \cdots,\ a+(k-1)$$

은 합성수이다.

증명 $i=0, 1, 2, \cdots, k-1$에 대하여

$$\begin{aligned} a+i &= t\cdot(k+1)!+(2+i) \\ &= t\cdot 1\cdot 2\cdot 3\cdot\ \cdots\ \cdot(2+i)\cdot\ \cdots\ \cdot(k+1)+(2+i) \end{aligned}$$

이므로 정리 2.1.7에 의하여 $(2+i)\mid(a+i)$이다. 더욱이 $i=0, 1, 2, \cdots, k-1$에 대하여 $1<2+i<a+i$이므로 $a+i$는 합성수이다. ❑

보기 2.2.18

세 개의 연속되는 정수들

$$(3+1)!+2,\ (3+1)!+3,\ (3+1)!+4\ ;\ \text{즉},\ 26,\ 27,\ 28$$

은 합성수이다. 더욱이 세 개의 연속되는 정수들

$$2 \cdot 4! + 2,\ 2 \cdot 4! + 3,\ 2 \cdot 4! + 4,\ \text{즉},\ 50,\ 51,\ 52$$
$$3 \cdot 4! + 2,\ 3 \cdot 4! + 3,\ 3 \cdot 4! + 4,\ \text{즉},\ 74,\ 75,\ 76$$
$$4 \cdot 4! + 2,\ 4 \cdot 4! + 3,\ 4 \cdot 4! + 4,\ \text{즉},\ 98,\ 99,\ 100$$

등도 모두 합성수이다. 또한 다섯 개의 연속되는 정수들

$$5 \cdot 6! + 2,\ 5 \cdot 6! + 3,\ 5 \cdot 6! + 4,\ 5 \cdot 6! + 5,\ 5 \cdot 6! + 6$$

즉, 3602, 3603, 3604, 3605, 3606은 합성수이다. 더욱이 100만 개의 연속되는 정수들

$$t \cdot (10^6 + 1)! + i\ (t > 0,\ i = 2,\ 3,\ 4,\ \cdots,\ 10^6 + 1)$$

은 모두 합성수이다.

2.2 ❙ 연습문제

01 120보다 작은 모든 소수를 구하라.

02 정리 2.2.8을 이용하여 2003이 소수임을 보여라.

03 다음 정수들을 소수와 합성수로 분류하라.

(1) 221 (2) 233 (3) 509

(4) 2^5-1 (5) 2^6-1 (6) 3^5-1

(7) $2^{2^3}+1$ (8) $2^{2^4}+1$ (9) $2\cdot3\cdot5\cdot7\cdot11+1$

(10) $2\cdot3\cdot5\cdot7\cdot11\cdot13+1$

04 다음 정수들을 소수와 합성수로 분류하라.

(1) 1234 (2) 3456 (3) 5678

(4) 111111 (5) 313632

05 정리 2.2.12를 이용하여 다음 물음에 답하라.

(1) 정수 260과 5678의 모든 양의 약수를 구하라.

(2) 양의 약수의 개수가 각각 6, 15, 20인 최소의 양의 정수를 각각 구하라.

06 위의 문제 4의 결과를 이용하여 다음 각 정수들에 대하여 최대공약수와 최소공배수를 구하라.

(1) 1234, 3456 (2) 3456, 5678 (3) 111111, 313632

(4) 1234, 3456, 5678 (5) 3456, 5678, 111111, 313632

07 $p(\geq 5)$를 소수라 할 때, 다음을 증명하라.

(1) p는 $p=6n+1$ 또는 $6n+5$의 형태로 표시된다.

(2) p^2-1은 12의 배수이다.

(3) p^2-1은 24의 배수이다.

08 (1) 각 양의 정수 n에 대하여 n보다 큰 소수가 존재함을 보여라.

(2) (2011학년도 중등임용시험 17번) p가 소수일 때, $p!+1$을 나누는 소수는 p보다 큼을 보여라.

09 (1) 두 정수 p, $p+2$가 모두 소수인 경우에 이 두 소수의 쌍을 **쌍둥이 소수**(twin primes)라 한다. 120보다 작은 쌍둥이 소수를 모두 구하라(쌍둥이 소수가 무한히 많은가의 여부는 아직까지 밝혀지지 않았다).

(2) 두 정수 p, $p+2\,(p>3)$가 쌍둥이 소수일 때, 이 두 쌍둥이 소수의 합은 12의 배수임을 보여라.

(3) 두 정수 p, $p+3$이 모두 소수인 경우는 $p=2$일 때뿐임을 보여라.

(4) 세 정수 p, $p+2$, $p+4$가 모두 소수인 경우는 $p=3$일 때뿐임을 보여라.

10 (1) $q-p=3$이 되는 소수 p, q를 모두 구하라.

(2) $p(>3)$가 소수일 때, p^2+2는 소수가 아님을 보여라.

11 (1) n이 합성수일 때, 2^n-1은 합성수임을 보여라.

(2) $n(>1)$이 홀수일 때, 2^n+1은 합성수임을 보여라.

12 (1) 정수 4, 6, 8, 10, 20, 30, 100을 두 소수의 합으로 표시하라(4 이상의 짝수는 모두 두 소수의 합으로 표시될 수 있다고 하는 것이 **골드바흐의 추측**(Goldbach's conjecture)이다. 아직까지 일반적인 경우의 증명은 되지 않았다).

(2) 골드바흐의 추측을 이용하면 7 이상의 홀수는 모두 세 소수의 합으로 표시될 수 있다는 추측을 얻을 수 있음을 보이고, 정수 7, 11, 23을 세 소수의 합으로 표시하라.

13 a, b, c를 양의 정수라 할 때, 다음을 증명하라.

(1) $\max\{\min\{a, b\}, \min\{a, c\}\}=\min\{a, \max\{b, c\}\}$

(2) $\min\{\max\{a, b\}, \max\{a, c\}\}=\max\{a, \min\{b, c\}\}$

(3) $[(a, b), (a, c)]=(a, [b, c])$

(4) $([a, b], [a, c])=[a, (b, c)]$

14 $a=945$, $b=1400$, $c=2160$일 때,

$$[(a, b), (a, c)]=(a, [b, c]),\ \ ([a, b], [a, c])=[a, (b, c)]$$

가 성립함을 확인하라.

15 (1) 세 개의 연속되는 합성수들 중에서 가장 작은 것을 구하라.
(2) 네 개의 연속되는 합성수들 중에서 가장 작은 것을 구하라.
(3) 다섯 개의 연속되는 합성수들 중에서 가장 작은 것을 구하라.
(4) 일곱 개의 연속되는 합성수들 중에서 가장 작은 것을 구하라.

16 $a_0 = 1,\ a_1 = 1,\ a_n = a_{n-2} + a_{n-1}\,(n \geq 2)$로 정의되는 양의 정수를 **피보나치 수**(Fibonacci number)라 하고, 피보나치 수들로 이루어진 수열

$$a_0 = 1,\ a_1 = 1,\ a_2 = 1+1 = 2,\ a_3 = 1+2 = 3,\ \cdots,\ a_n = a_{n-2} + a_{n-1},\ \cdots$$

를 **피보나치 수열**(Fibonacci sequence)이라 한다.
(1) 피보나치 수열에서 나타나는 쌍둥이 소수를 구하라.
(2) 피보나치 수열에서 나타나는 세 개의 연속되는 합성수들 중에서 가장 작은 것을 구하라.
(3) 연속되는 두 피보나치 수는 서로소임을 보여라.
(4) $a_0^2 + a_1^2 + \cdots + a_n^2 = a_n a_{n+1}\,(n \geq 0)$이 성립함을 보여라.
(5) (1998학년도 중등임용시험 7번) $a_{n+1}a_{n-1} = a_n^2 + (-1)^{n-1}\,(n \geq 2)$가 성립함을 보여라.

17 정리 2.2.15의 증명과정과 같은 방법으로 $6n+5$ 꼴의 소수가 무수히 많음을 증명하라.

18 정수 $n(>1)$에 대하여 n의 소인수 전체의 집합을 A_n이라 하자. 예를 들어,

$$A_2 = \{2\},\ A_6 = \{2,\ 3\},\ A_9 = \{3\},\ A_{12} = \{2,\ 3\}$$

이다. $m,\ n\,(m>1,\ n>1)$을 정수라 할 때, 다음이 성립함을 증명하라.
(1) $(m,\ n) = 1$이기 위한 필요충분조건은 $A_m \cap A_n = \varnothing$ 인 것이다.
(2) $n | m$이면 $A_n \subset A_m$이다.
(3) $c = mn$이면 $A_c = A_m \cup A_n$이다.
(4) $d = (m,\ n)$이면 $A_d = A_m \cap A_n$이다.
(5) $k = mx + ny\,(x,\ y \in \mathbb{Z},\ k > 0)$이면 $A_m \cap A_n \subset A_k$이다.

2.3 ▌일차부정방정식

정수를 계수로 갖는 방정식의 정수해를 구하는 문제를 **부정방정식** 또는 **디오판토스 방정식**(Diophantine equation)이라 한다.

$a, b, c \in \mathbb{Z}$ (a, b 중에서 적어도 하나는 0이 아니다)라 할 때, x, y를 미지수로 갖는 일차부정방정식

$$ax + by = c$$

의 해를 구하는 문제를 생각하자.

정리 2.3.1

$a, b, c \in \mathbb{Z}$ (a, b 중에서 적어도 하나는 0이 아니다)라 하고 x, y에 관한 일차부정방정식

$$ax + by = c \tag{2.3.1}$$

를 생각하자. $d = (a, b)$라 할 때, (2.3.1)이 해를 갖기 위한 필요충분조건은 $d \mid c$이다. 더욱이 $x = x_0$, $y = y_0$를 (2.3.1)의 한 해라 하면 (2.3.1)의 임의의 해는 $t \in \mathbb{Z}$에 대하여

$$x = x_0 + \frac{b}{d}t, \quad y = y_0 - \frac{a}{d}t \tag{2.3.2}$$

의 형태로 표시된다.

▌증명 $d \mid c$라 하면 $c = dk$를 만족하는 정수 k가 존재한다. 또한 $d = (a, b)$이므로 정리 2.1.11에 의하여 $d = am + bn$을 만족하는 정수 m, n이 존재한다. 따라서

$$c = dk = (am + bn)k = a(mk) + b(nk)$$

이므로 $x = mk$, $y = nk$는 (2.3.1)의 한 해이다.

역으로, (2.3.1)이 한 해 $x = x_0$, $y = y_0$를 갖는다고 하자. $d \mid a$, $d \mid b$이므로 $a = da_1$, $b = db_1$을 만족하는 정수 a_1, b_1이 존재한다. 따라서

$$c = ax_0 + by_0 = da_1x_0 + db_1y_0 = d(a_1x_0 + b_1y_0)$$

이므로 $d \mid c$이다. 다음, $x = \alpha$, $y = \beta$를 (2.3.1)의 임의의 해라 하면

$$ax_0 + by_0 = c = a\alpha + b\beta$$

이므로

$$a(\alpha - x_0) = b(y_0 - \beta)$$

이다. 따라서

$$da_1(\alpha - x_0) = a(\alpha - x_0) = b(y_0 - \beta) = db_1(y_0 - \beta)$$

이므로

$$a_1(\alpha - x_0) = b_1(y_0 - \beta)$$

이고, 따라서(가령, $a \neq 0$라 가정하면 $a_1 \neq 0$이므로)

$$a_1 \mid b_1(y_0 - \beta)$$

이다. 그런데 정리 2.1.14 (2)에 의하여

$$(a_1, b_1) = \left(\frac{a}{d}, \frac{b}{d}\right) = 1$$

이므로 정리 2.1.16에 의하여

$$a_1 \mid (y_0 - \beta)$$

이다. 따라서 $y_0 - \beta = a_1 t$를 만족하는 정수 t가 존재한다. 그러므로

$$\beta = y_0 - a_1 t = y_0 - \frac{a}{d}t$$

이다. 또한

$$a_1(\alpha - x_0) = b_1(y_0 - \beta) = b_1 a_1 t$$

이므로 $\alpha - x_0 = b_1 t$이다. 따라서

$$\alpha = x_0 + b_1 t = x_0 + \frac{b}{d}t$$

이다. 즉, α와 β는 적당한 $t \in \mathbb{Z}$에 대하여 (2.3.2)의 형태로 표시된다. 또한 모든 $t \in \mathbb{Z}$에 대하여

$$a\left(x_0+\frac{b}{d}t\right)+b\left(y_0-\frac{a}{d}t\right)=(ax_0+by_0)+\left(\frac{ab}{d}t-\frac{ba}{d}t\right)=c+0=c$$

이므로 (2.3.2)는 (2.3.1)의 해이다. ❑

보기 2.3.2

일차부정방정식

$$216x+152y=16 \tag{2.3.3}$$

의 해를 구하여 보자. 보기 2.1.19에 의하여 $(216, 152)=8$이고, $8\mid 16$이므로 정리 2.3.1에 의하여 (2.3.3)은 해를 갖는다. 실제로 보기 2.1.19에 의하여

$$216\cdot(-7)+152\cdot 10=8 \tag{2.3.4}$$

이므로 (2.3.4)의 양변에 2를 곱하면

$$216\cdot(-14)+152\cdot 20=16$$

이고, 따라서 $x_0=-14$와 $y_0=20$은 (2.3.3)의 한 정수해이다. 따라서 정리 2.3.1에 의하여 모든 $t\in\mathbb{Z}$에 대하여

$$x=-14+\frac{152}{8}t=-14+19t$$

$$y=20-\frac{216}{8}t=20-27t$$

는 (2.3.3)의 정수해이다.

참고 일차부정방정식 $216x+152y=16$의 정수해를 구한다는 것의 기하적인 의미는 좌표평면 위에서 직선 $216x+152y=16$의 **정수 좌표점(inetegral coordinate point)** 전체를 구한다는 것이다.

일반적으로 정리 2.3.1의 기하적인 의미는 다음과 같다. 일차부정방정식 $ax+by=c$의 해 $x=x_0+\frac{b}{d}t,\ y=y_0-\frac{a}{d}t\,(t\in\mathbb{Z})$에서 점 $\left(\frac{b}{d}t,\ -\frac{a}{d}t\right)$는 좌표평면 위에서 원점을 지나는 직선 $ax+by=0$ 위에 있고, 점 $\left(x_0+\frac{b}{d}t,\ y_0-\frac{a}{d}t\right)$는 직선 $ax+by=0$를 $(x_0,\ y_0)$만큼 평행

이동한 직선 $ax+by=c$ 위에 있다.

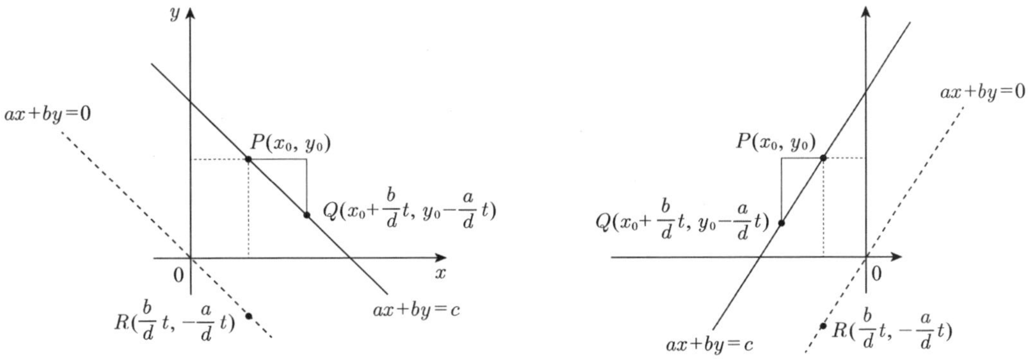

보기 2.3.3

일차부정방정식

$$54x+21y=906 \tag{2.3.5}$$

의 해를 구하여 보자. 정리 2.1.18 (1)을 이용하면

2	54	21	1
	42	12	
1	12	9	3
	9	9	
	3	0	

i	0	1	2	3	4
r_i	**54**	**21**	12	9	**3**
q_i		2	1	1	3
x_i	**5**	**2**	1	**1**	**0**

$$(54,\ 21)=3$$
$$3=(-1)^4\cdot 2\cdot 54+(-1)^5\cdot 5\cdot 21=\ 54\cdot 2\ +\ 21\cdot(-5)$$

이다. 따라서 $3\,|\,906$이므로 (2.3.5)는 정수해를 갖고, 또한

$$\begin{aligned}906&=3\cdot 302=54\cdot(2\cdot 302)+21\cdot(-5\cdot 302)\\&=54\cdot 604+21\cdot(-1510)\end{aligned}$$

이므로 $x_0=604,\ y_0=-1510$은 (2.3.5)의 한 정수해이다. 그러므로 (2.3.5)의 임의의 정수해는

$$x = 604 + \frac{21}{3}t = 604 + 7t,$$

$$y = -1510 - \frac{54}{3}t = -1510 - 18t \ (t \in \mathbb{Z})$$

이다. 이제 (2.3.5)의 해 중에서 그 값이 모두 양의 정수인 해를 구하여 보자. $x > 0$, $y > 0$이 되려면

$$604 + 7t > 0, \quad -1510 - 18t > 0$$

을 동시에 만족시키는 정수 t를 구하면 된다. 이때

$$-\frac{604}{7} < t < -\frac{1510}{18} = -\frac{755}{9}$$

이므로 이러한 범위의 정수 t는 $t = -86, -85, -84$이다. 따라서 일차부정방정식 (2.3.5)의 양의 정수해는

$$x = 2,\ y = 38\ ;\ x = 9,\ y = 20\ ;\ x = 16,\ y = 2$$

이다.

정리 2.3.4

$a_1, a_2, \cdots, a_n \ (n \geq 2)$가 모두는 0이 아닌 정수라 할 때, $x_1, x_2, \cdots, x_n$을 미지수로 갖는 일차부정방정식

$$a_1x_1 + a_2x_2 + \cdots + a_nx_n = c \tag{2.3.6}$$

를 생각하자. $d = (a_1, a_2, \cdots, a_n)$라 할 때, (2.3.6)이 해를 갖기 위한 필요충분조건은 $d \mid c$이다.

❙ 증명 $d \mid c$라 하면 $c = dk$를 만족하는 정수 k가 존재한다. $d = (a_1, a_2, \cdots, a_n)$이므로 정리 2.1.11에 의하여

$$d = a_1m_1 + a_2m_2 + \cdots + a_nm_n$$

을 만족하는 정수 $m_1, m_2, \cdots, m_n$이 존재한다. 따라서

$$c = dk = a_1(m_1k) + a_2(m_2k) + \cdots + a_n(m_nk)$$

이므로 $x_1 = m_1 k$, $x_2 = m_2 k$, $\cdots$, $x_n = m_n k$는 (2.3.6)의 한 해이다.

역으로, (2.3.6)이 한 해 $x_1 = b_1$, $x_2 = b_2$, $\cdots$, $x_n = b_n$을 갖는다고 하면

$$c = a_1 b_1 + a_2 b_2 + \cdots + a_n b_n$$

이다. 따라서 $d \mid a_i\ (i = 1, 2, \cdots, n)$이므로 정리 2.1.6 (4)에 의하여

$$d \mid (a_1 b_1 + a_2 b_2 + \cdots + a_n b_n)$$

즉, $d \mid c$이다. ❑

이제 $a_1, a_2, \cdots, a_n\ (n \geq 2)$가 모두는 0이 아닌 정수라 할 때, $x_1, x_2, \cdots, x_n$을 미지수로 갖는 일차부정방정식 (2.3.6)의 해를 구하는 방법을 알아보자.

$d = (a_1, a_2, \cdots, a_n)$이라 하고 $d \mid c$라 하자. 또한 $d_1 = (a_1, a_2)$라 하고

$$\varepsilon_1 = \frac{a_1}{d_1}, \quad \varepsilon_2 = \frac{a_2}{d_1}$$

라 하자. 그러면 정리 2.1.14 (2)에 의하여 $(\varepsilon_1, \varepsilon_2) = 1$이고, 따라서 정리 2.1.14 (1)에 의하여

$$\varepsilon_1 \lambda_1 + \varepsilon_2 \lambda_2 = 1$$

을 만족하는 정수 λ_1, λ_2가 존재한다. 이제

$$x_1 = \lambda_1 u + \varepsilon_2 v, \quad x_2 = \lambda_2 u - \varepsilon_1 v \tag{2.3.7}$$

라 놓으면

$$\begin{aligned} a_1 x_1 + a_2 x_2 &= a_1 (\lambda_1 u + \varepsilon_2 v) + a_2 (\lambda_2 u - \varepsilon_1 v) \\ &= a_1 \lambda_1 u + a_1 \varepsilon_2 v + a_2 \lambda_2 u - a_2 \varepsilon_1 v \\ &= a_1 \lambda_1 u + a_1 \frac{a_2}{d_1} v + a_2 \lambda_2 u - a_2 \frac{a_1}{d_1} v \\ &= a_1 \lambda_1 u + a_2 \lambda_2 u = (a_1 \lambda_1 + a_2 \lambda_2) u \end{aligned}$$

이다. 따라서 (2.3.7)은

$$(a_1 \lambda_1 + a_2 \lambda_2) u + a_3 x_3 + \cdots + a_n x_n = c \tag{2.3.8}$$

와 같이 변형된다. 그런데 (2.3.7)을 연립하여 풀면

$$u=\varepsilon_1 x_1+\varepsilon_2 x_2, \quad v=\lambda_2 x_1-\lambda_1 x_2$$

이므로 x_1, x_2가 정수일 필요충분조건은 u와 v가 정수인 것이다. 더욱이

$$a_1\lambda_1+a_2\lambda_2=\varepsilon_1 d_1\lambda_1+\varepsilon_2 d_1\lambda_2=(\varepsilon_1\lambda_1+\varepsilon_2\lambda_2)d_1=d_1$$

이고, 또한 정리 2.1.12와 그다음의 설명에 의하여

$$(d_1, a_3, \cdots, a_n)=(a_1, a_2, a_3, \cdots, a_n)=d$$

이다. 따라서 $d \mid c$이므로 정리 2.3.4에 의하여 부정방정식 (2.3.8)은 정수해를 갖는다. 따라서 n개의 미지수 $x_1, x_2, \cdots, x_n$을 갖는 부정방정식 (2.3.6)의 해를 구하려면 $n-1$개의 미지수 $u, x_3, x_4, \cdots, x_n$을 갖는 부정방정식 (2.3.8)의 해를 구하는 문제로 귀착된다. 이와 같은 방법을 다시 (2.3.8)에 적용하면 (2.3.8)의 해를 구하는 것은 $n-2$개의 미지수 $w, x_4, x_5, \cdots, x_n$을 갖는 부정방정식의 해를 구하는 문제로 귀착된다. 이 방법을 계속하면 결국 n개의 미지수 $x_1, x_2, \cdots, x_n$을 갖는 부정방정식 (2.3.6)의 해를 구하는 문제는 미지수가 2개인 부정방정식의 해를 구하는 문제로 귀착된다.

보기 2.3.5

일차부정방정식

$$21x+14y+12z=4 \tag{2.3.9}$$

의 해를 구하여 보자. $(21, 14, 12)=1$이므로 정리 2.3.4에 의하여 (2.3.9)는 정수해를 갖는다. 한편 $(21, 14)=7$이므로 (2.3.9)는

$$7(3x+2y)+12z=4$$

로 변형된다. 따라서 $u=3x+2y$라 놓으면 (2.3.9)는

$$7u+12z=4 \tag{2.3.10}$$

로 변형되고, 이때 $(7, 12)=1$이고 $1 \mid 4$이므로 (2.3.10)은 정수해를 갖는다. 먼저 (2.3.10)의 정수해를 구하자. 정리 2.1.18 (1)을 이용하면

i	0	1	2	3	4	5
r_i	**7**	**12**	7	5	2	**1**
q_i		0	1	1	2	2
x_i	**3**	**5**	3	2	1	**0**

$$(7, 12) = 1 = (-1)^5 \cdot 5 \cdot 7 + (-1)^6 \cdot 3 \cdot 12 = 7 \cdot (-5) + 12 \cdot 3$$

이므로

$$4 = 7 \cdot (-20) + 12 \cdot 12$$

이고, 따라서 (2.3.10)의 해는

$$u = -20 + 12t, \quad z = 12 - 7t \ (t \in \mathbb{Z})$$

이다. 따라서 $u = 3x + 2y$ 이므로

$$3x + 2y = -20 + 12t \ (t \in \mathbb{Z}) \tag{2.3.11}$$

이다. 이때 $(3, 2) = 1$이고 $1 | (-20 + 12t)$이므로 (2.3.11)은 정수해를 갖는다. 한편 $3 \cdot 1 + 2 \cdot (-1) = 1$이므로

$$3(-20 + 12t) + 2(20 - 12t) = -20 + 12t$$

이다. 따라서 정리 2.3.1에 의하여 (2.3.11)의 정수해는

$$x = (-20 + 12t) + 2s, \quad y = (20 - 12t) - 3s \ (s \in \mathbb{Z})$$

이다. 그러므로 일차부정방정식 (2.3.9)의 정수해는

$$\begin{aligned} x &= -20 + 12t + 2s \\ y &= 20 - 12t - 3s \\ z &= 12 - 7t \qquad (s, t \in \mathbb{Z}) \end{aligned}$$

이다.

2.3 연습문제

01 다음 부정방정식의 해를 구하라.

(1) $46x+64y=21$ (2) $16x+26y=-8$ (3) $16x-26y=-318$

(4) $68x+710y=6$ (5) $158x-57y=7$ (6) $172x+20y=1000$

02 다음 부정방정식의 양의 정수해를 구하라.

(1) $5x+3y=52$ (2) $6x+17y=313$ (3) $18x+48y=216$

(4) $20x-40y=100$ (5) $20x+50y=510$ (6) $123x+360y=99$

03 다음 부정방정식의 해를 구하라.

(1) $x+2y+3z=1$ (2) $x+2y+3z=10$ (3) $5x-2y-4z=1$

(4) $5x-2y-4z=10$ (5) $3x+4y+5z=2$ (2008학년도 중등임용시험 7번)

04 부정방정식 $x+y+z=31$과 $x+2y+3z=41$을 동시에 만족하는 모든 양의 정수해를 구하라.

05 피보나치 수열 $a_0=1,\ a_1=1,\ a_n=a_{n-2}+a_{n-1}\,(n\geq 2)$와 임의의 정수 c에 대하여 피보나치 부정방정식 $a_{n+1}x+a_ny=c$가 있다(연습문제 2.2의 문제 16 참조).

(1) 부정방정식 $89x+55y=17$이 피보나치 부정방정식을 만족시킬 때, 자연수 n의 값을 구하고 부정방정식의 일반해를 구하라.

(2) 임의의 정수 c에 대하여 피보나치 부정방정식 $a_{n+1}x+a_ny=c$가 항상 해를 가짐을 보여라.

(3) n이 짝수일 때, 부정방정식 $a_{n+1}x+a_ny=c$의 일반해를 구하라.

(4) n이 홀수일 때, 부정방정식 $a_{n+1}x+a_ny=c$의 일반해를 구하라.

06 (1999학년도 중등임용시험 14번) 다음 조건을 만족하는 정수해 $(x,\ y,\ z)$는 모두 몇 개인가?

$$\begin{cases} x+y-z=10 \\ x>0,\quad y>2,\quad z<3 \end{cases}$$

07 (2009학년도 중등임용시험 모의평가 문제 17번) 절댓값이 10 이하인 두 정수 x, y가 $32x+14y=(32,\ 14)$를 만족시킬 때, $|x|+|y|$의 값을 구하라. (단, $(a,\ b)$는 a와 b의 최대공약수이다.)

2.4 ▌정수론의 여러 가지 함수

정의 2.4.1

$x \in \mathbb{R}$, $a \in \mathbb{Z}$라 할 때, a가 다음 두 조건

(1) $a \leq x$

(2) $b \leq x$를 만족하는 모든 정수 b에 대하여 항상 $b \leq a$이다.

를 만족하면 a를 $[x]$로 표시한다. 즉, $[x]$는 실수 x보다 작거나 같은 정수 중에서 가장 큰 정수를 나타낸다(이 기호를 가우스(Gauss) 기호라 한다). 또한

$$\{x\} = x - [x]$$

로 정의한다. 이때 $[x]$를 x의 **정수부분**(integral part)이라 하고 $\{x\}$를 x의 **소수부분**(decimal part)이라 한다.

보기 2.4.2

$[3] = 3$, $\{3\} = 3 - [3] = 3 - 3 = 0$

$[6.5] = 6$, $\{6.5\} = 6.5 - [6.5] = 6.5 - 6 = 0.5$

$[-3.6] = -4$, $\{-3.6\} = -3.6 - [-3.6] = -3.6 - (-4) = 0.4$

정리 2.4.3

$x, y \in \mathbb{R}$라 할 때, 다음이 성립한다.

(1) $[x] \leq x < [x] + 1$, $x - 1 < [x] \leq x$, $0 \leq \{x\} < 1$

(2) $x \leq y$라 하면 $[x] \leq [y]$이다.

(3) $a \in \mathbb{Z}$에 대하여 $[x + a] = [x] + a$이다.

(4) $[x] + [y] \leq [x + y] \leq [x] + [y] + 1$

(5) $a, b, q, r \in \mathbb{Z}\,(b > 0)$, $a = bq + r$, $0 \leq r < b$라 하자. 그러면 $\left[\dfrac{a}{b}\right] = q$이다. 더욱이 $a \geq b$이면 $\left[\dfrac{a}{b}\right]$는 정수 $1, 2, 3, \cdots, a$ 중에서 b의 배수의 개수와 같다.

(6) $b \in \mathbb{Z}\,(b>0)$라 하면 $\left[\dfrac{[x]}{b}\right]=\left[\dfrac{x}{b}\right]$이다.

(7) $a, b \in \mathbb{Z}\,(a>0)$라 하면 $\left[\dfrac{\left[\dfrac{x}{b}\right]}{a}\right]=\left[\dfrac{x}{ab}\right]$이다.

▌증명 (1), (2)는 정의에 의하여 분명하다.

(3) $x+a=[x]+\{x\}+a=([x]+a)+\{x\}$이고, $0 \le \{x\}<1$이므로 $[x+a]=[x]+a$ 이다.

(4) $$x=[x]+\{x\},\ 0 \le \{x\}<1;\quad y=[y]+\{y\},\ 0 \le \{y\}<1$$

이므로

$$x+y=([x]+[y])+(\{x\}+\{y\}),\quad 0 \le \{x\}+\{y\}<2$$

이다. 따라서 $0 \le \{x\}+\{y\}<1$인 경우는

$$[x]+[y]=[x+y]$$

이고, 또한 $1 \le \{x\}+\{y\}<2$인 경우는

$$[x+y]=[x]+[y]+1$$

이다. 따라서 $[x]+[y] \le [x+y] \le [x]+[y]+1$이다.

(5) $a=bq+r,\ 0 \le r<b$라 하자. 그러면

$$\frac{a}{b}=q+\frac{r}{b},\quad 0 \le \frac{r}{b}<1$$

이므로 $\left[\dfrac{a}{b}\right]=q$이다. 다음, $a \ge b$라 하면

$$a=bq+r<bq+b=b(q+1)$$

이므로 $qb \le a<(q+1)b$이다. 따라서 정수 $1, 2, 3, \cdots, a$ 중에서 b의 배수는 $b, 2b, 3b, \cdots, qb$뿐이다. 즉, $1, 2, 3, \cdots, a$ 중에서 b의 배수의 개수는 $q=\left[\dfrac{a}{b}\right]$개이다.

(6) $x=[x]+\{x\},\ 0 \le \{x\}<1$이고, 또한 정리 2.1.1에 의하여

$$[x]=bq+r,\quad 0 \le r \le b-1<b$$

를 만족하는 정수 q, r가 유일하게 존재하므로

$$x = [x] + \{x\} = bq + (r + \{x\})$$
$$0 \le r + \{x\} < (b-1) + 1 = b$$

이므로 (5)에 의하여 $\left[\dfrac{[x]}{b}\right] = q = \left[\dfrac{x}{b}\right]$이다.

(7) (6)에 의하여 $\left[\dfrac{\left[\frac{x}{b}\right]}{a}\right] = \left[\dfrac{\frac{x}{b}}{a}\right] = \left[\dfrac{x}{ab}\right]$이다. ❑

보기 2.4.4

200부터 500까지의 정수 중에서 3의 배수와 3^2의 배수와 3^3의 배수의 개수는 각각 몇 개씩 있는지 알아보자. 먼저

$$500 = 166 \cdot 3 + 2, \quad 199 = 66 \cdot 3 + 1$$

이므로 정리 2.4.3(5)에 의하여 1부터 500까지의 정수 중에서 3의 배수는

$$\left[\frac{500}{3}\right] = \left[166 + \frac{2}{3}\right] = 166$$

개 존재하고, 1부터 199까지의 정수 중에서 3의 배수는

$$\left[\frac{199}{3}\right] = \left[66 + \frac{1}{3}\right] = 66$$

개 존재한다. 따라서 200부터 500까지의 정수 중에서 3의 배수의 개수는 $166 - 66 = 100$개 존재한다. 더욱이 정리 2.4.3(7)에 의하여

$$\left[\frac{500}{3^2}\right] = \left[\frac{\left[\frac{500}{3}\right]}{3}\right] = \left[\frac{166}{3}\right] = \left[55 + \frac{1}{3}\right] = 55$$

이고, 따라서

$$\left[\frac{500}{3^3}\right] = \left[\frac{\left[\frac{500}{3^2}\right]}{3}\right] = \left[\frac{55}{3}\right] = \left[18 + \frac{1}{3}\right] = 18$$

이다(물론 $500 = 55 \cdot 9 + 5$, $500 = 18 \cdot 27 + 14$이므로 정리 2.4.3(5)에 의하여 직접 $\left[\dfrac{500}{3^2}\right] = 55$, $\left[\dfrac{500}{3^3}\right] = 18$임을 알 수 있다). 같은 방법으로,

$$\left[\frac{199}{3^2}\right]=\left[\frac{66}{3}\right]=22, \quad \left[\frac{199}{3^3}\right]=\left[\frac{22}{3}\right]=7$$

이다. 따라서 다시 정리 2.4.3 (5)에 의하여 1부터 500까지의 정수 중에서 3^2의 배수와 3^3의 배수는 각각 55개와 18개씩 존재하고, 1부터 199까지의 정수 중에서 3^2의 배수와 3^3의 배수는 각각 22개와 7개씩 존재한다. 그러므로 200부터 500까지의 정수 중에서 3^2의 배수는 $55-22=33$개 존재하고, 3^3의 배수는 $18-7=11$개 존재한다.

정리 2.4.5

$n \in \mathbb{Z}\,(n>1)$이라 하고 p를 $n!$의 임의의 소인수라 하자. $n!$의 표준분해를

$$n! = p_1^{k_1} p_2^{k_2} \cdots p_{i-1}^{k_{i-1}} p_i^{k_i} p_{i+1}^{k_{i+1}} \cdots p_t^{k_t}$$

이라 하자. 이때 $p_i = p, k_i = \alpha$라 하자. 즉,

$$n! = p_1^{k_1} p_2^{k_2} \cdots p_{i-1}^{k_{i-1}} p^{\alpha} p_{i+1}^{k_{i+1}} \cdots p_t^{k_t}$$

그러면 $p \le n$이고(따라서 $n!$의 소인수는 n보다 크지 않은 소수들뿐이다), 또한 p의 지수 α는

$$\alpha = \left[\frac{n}{p}\right]+\left[\frac{n}{p^2}\right]+\left[\frac{n}{p^3}\right]+\cdots = \sum_{i=1}^{\infty}\left[\frac{n}{p^i}\right]$$

이다(이때 $p^i > n$이면 $0<\dfrac{n}{p^i}<1$이므로 $\left[\dfrac{n}{p^i}\right]=0$이다).

▌증명 $n<p$라 하면 보기 2.2.4에 의하여 $p \nmid n!$이 되어 모순이다. 그러므로 $p \le n$이다.

$$\begin{aligned} n! = & 1 \cdot 2 \cdot 3 \cdot \cdots \cdot (p-1) \cdot p \cdot (p+1) \cdot \cdots \cdot (2p-1) \cdot 2p \cdot (2p+1) \\ & \cdot \cdots \cdot (3p-1) \cdot 3p \cdot (3p+1) \cdot \cdots \cdot (p^2-1) \cdot p^2 \cdot (p^2+1) \\ & \cdot \cdots \cdot (2p^2-1) \cdot 2p^2 \cdot (2p^2+1) \cdot \cdots \cdot (3p^2-1) \cdot 3p^2 \cdot (3p^2+1) \\ & \cdot \cdots \cdot (p^3-1) \cdot p^3 \cdot (p^3+1) \cdot \cdots \cdot (2p^3-1) \cdot 2p^3 \cdot (2p^3+1) \\ & \cdot \cdots \cdot (3p^3-1) \cdot 3p^3 \cdot (3p^3+1) \cdot \cdots \cdot (n-1) \cdot n \end{aligned}$$

정리 2.4.3 (5)에 의하여 정수 $1, 2, 3, \cdots, n$ 중에서 p의 배수는

$$p,\ 2p,\ 3p,\ \cdots,\ \left[\frac{n}{p}\right]p$$

뿐이다. 또한 정리 2.4.3 (5), (7)에 의하여 p의 배수 중에서 p^2의 배수의 개수는 정수 1, 2, 3, $\cdots$, $\left[\frac{n}{p}\right]$ 중에서 p의 배수의 개수 $\left[\frac{\left[\frac{n}{p}\right]}{p}\right]=\left[\frac{n}{p^2}\right]$과 같으므로 정수 1, 2, 3, $\cdots$, n 중에서 p^2의 배수는

$$p^2,\ 2p^2,\ 3p^2,\ \cdots,\ \left[\frac{n}{p^2}\right]p^2$$

뿐이다. 같은 방법으로 p^2의 배수 중에서 p^3의 배수의 개수는 정수 1, 2, 3, $\cdots$, $\left[\frac{n}{p^2}\right]$ 중에서 p의 배수의 개수 $\left[\frac{\left[\frac{n}{p^2}\right]}{p}\right]=\left[\frac{n}{p^3}\right]$과 같다. 이렇게 계속 생각한다. 그러면 정수 1, 2, 3,$\cdots$, n 중에서 $p^i\,(i\in\mathbb{N}^+)$의 배수의 개수는 $\left[\frac{n}{p^i}\right]$개 있으며 $p^i>n$이면 $0<\frac{n}{p^i}<1$이므로 $\left[\frac{n}{p^i}\right]=0$이다. 가령 p의 배수 $2p^3$ (p^3은 $n!$의 인수이다)에서 p^3의 지수 3은 p의 배수의 개수를 계산할 때 하나 계산되고, p의 배수 중에서 p^2의 배수의 개수를 계산할 때 하나 계산되고, p의 배수 중에서 p^3의 배수의 개수를 계산할 때 하나 계산된다. 따라서 $n!$의 표준분해에서의 p의 지수 α는 p가 $n!=1\cdot 2\cdot 3\cdot\ \cdots\ \cdot n$의 인수로 나타나는 횟수와 같으므로 정리 2.2.3과 정리 2.1.15에 의하여

$$\alpha=\left[\frac{n}{p}\right]+\left[\frac{n}{p^2}\right]+\left[\frac{n}{p^3}\right]+\ \cdots\ =\sum_{i=1}^{\infty}\left[\frac{n}{p^i}\right]$$

이다. ❑

보기 2.4.6

32!의 표준분해에서 3의 지수 α를 구하여 보자. 정리 2.4.3 (7)에 의하여

$$\left[\frac{32}{3}\right]=10,\ \left[\frac{32}{3^2}\right]=\left[\frac{10}{3}\right]=3,\ \left[\frac{32}{3^3}\right]=\left[\frac{3}{3}\right]=1,\ \left[\frac{32}{3^4}\right]=\left[\frac{1}{3}\right]=0$$

이므로

$$\alpha = \left[\frac{32}{3}\right] + \left[\frac{32}{3^2}\right] + \left[\frac{32}{3^3}\right] + \cdots = 10 + 3 + 1 = 14$$

이다. 그러므로 32!은 3^{14}의 배수이지만 $3^{14+k}\,(1 \le k \in \mathbb{Z})$의 배수는 아니다. 즉, 32!을 나누어떨어뜨리는 3의 최대지수(the highest power)는 $\alpha = 14$이다.

다음, 15!을 표준분해하여 보자. 정리 2.4.5에 의하여 15!의 표준분해에서 나타나는 소인수는 15보다 크지 않은 소수들뿐이다. 실제로 15보다 크지 않은 소수들은 2, 3, 5, 7, 11, 13뿐이다. 이제 15!의 표준분해에서 나타나는 이 소인수들의 지수를 각각 α_2, α_3, α_5, α_7, α_{11}, α_{13}이라 하고 이들을 구하면 다음과 같다.

$$\alpha_2 = \left[\frac{15}{2}\right] + \left[\frac{15}{2^2}\right] + \left[\frac{15}{2^3}\right] = 7 + 3 + 1 = 11$$

$$\alpha_3 = \left[\frac{15}{3}\right] + \left[\frac{15}{3^2}\right] = 5 + 1 = 6, \quad \alpha_5 = \left[\frac{15}{5}\right] = 3$$

$$\alpha_7 = \left[\frac{15}{7}\right] = 2, \quad \alpha_{11} = \left[\frac{15}{11}\right] = 1, \quad \alpha_{13} = \left[\frac{15}{13}\right] = 1$$

따라서

$$15! = 2^{11} \cdot 3^6 \cdot 5^3 \cdot 7^2 \cdot 11^1 \cdot 13^1$$

이다.

정리 2.4.7

n, a, b, $\cdots$, c를 양의 정수라 하고

$$n = a + b + \cdots + c$$

라 하자. 그러면

$$\frac{n!}{a!\,b!\,\cdots\,c!} \tag{2.4.1}$$

은 정수이다. 특히 $r \in \mathbb{Z}\,(1 \le r \le n-1)$이라 할 때,

$$\frac{n!}{r!\,(n-r)!} \tag{2.4.2}$$

은 정수이다.

증명 p를 소수라 하고 $n!$, $a!$, $b!$, $\cdots$, $c!$의 표준분해에서 p의 지수를 각각 α, r, s, $\cdots$, t라 하자(정리 2.4.5에 의하여 $p \le n$이다). 즉,

$$\begin{aligned} n! &= \cdots p^{\alpha} \cdots, \\ a! &= \cdots p^{r} \cdots, \\ b! &= \cdots p^{s} \cdots, \\ &\cdots \\ c! &= \cdots p^{t} \cdots \end{aligned}$$

이라 하자($a!$, $b!$, $\cdots$, $c!$은 $n!$의 약수이다. (2.2.6) 참조). 그러면 정리 2.2.3과 정리 2.1.15에 의하여 $a!b! \cdots c!$의 표준분해는

$$a!b! \cdots c! = \cdots p^{r+s+\cdots+t} \cdots$$

의 형태로 표시된다. 따라서 정리 2.4.5와 정리 2.4.3 (4)에 의하여

$$\begin{aligned} r+s+\cdots+t &= \sum_{i=1}^{\infty}\left[\frac{a}{p^i}\right]+\sum_{i=1}^{\infty}\left[\frac{b}{p^i}\right]+\cdots+\sum_{i=1}^{\infty}\left[\frac{c}{p^i}\right] \\ &= \sum_{i=1}^{\infty}\left(\left[\frac{a}{p^i}\right]+\left[\frac{b}{p^i}\right]+\cdots+\left[\frac{c}{p^i}\right]\right) \\ &\le \sum_{i=1}^{\infty}\left[\frac{a}{p^i}+\frac{b}{p^i}+\cdots+\frac{c}{p^i}\right] \\ &= \sum_{i=1}^{\infty}\left[\frac{a+b+\cdots+c}{p^i}\right] = \sum_{i=1}^{\infty}\left[\frac{n}{p^i}\right] = \alpha \end{aligned}$$

이다. 따라서 $a!b! \cdots c!$의 표준분해에서의 p의 지수는 $n!$의 표준분해에서의 p의 지수보다 크지 않다. 따라서 (2.4.1)은 정수이다. 또한 $r+(n-r)=n$이므로 (2.4.2)는 (2.4.1)의 특별한 경우이다. ❑

정의 2.4.8

정의역이 $\mathbb{N}^+$인 함수 $\theta : \mathbb{N}^+ \to \mathbb{Z}$(또는 $\mathbb{R}$)가 다음 조건

(1) $\theta(a) \ne 0$인 $a \in \mathbb{N}^+$가 적어도 하나 존재한다.

(2) $a, b \in \mathbb{N}^+$, $(a, b) = 1$이면 $\theta(ab) = \theta(a)\theta(b)$이다.

를 만족할 때, θ를 곱셈함수(multiplicative function)라 한다.

보기 2.4.9

k를 양의 정수라 할 때, 함수 $\theta : \mathbb{N}^+ \to \mathbb{Z}$를 임의의 $a \in \mathbb{N}^+$에 대하여 $\theta(a) = a^k$으로 정의하자. 그러면 $\theta(1) = 1^k = 1 \neq 0$이고, 또한 $a, b \in \mathbb{N}^+$, $(a, b) = 1$이면

$$\theta(ab) = (ab)^k = a^k b^k = \theta(a)\theta(b)$$

이므로 θ는 곱셈함수이다(실제로, 위의 식은 $(a, b) > 1$인 경우도 성립한다).

다음, $\tau : \mathbb{N}^+ \to \mathbb{Z}$를 임의의 $n \in \mathbb{N}^+$에 대하여 $\tau(n)$가 n의 모든 양의 약수들의 개수(정리 2.2.12 참조)로 정의되는 함수라 하자. 그러면

$$\tau(1) = 1 \neq 0$$

이다. $m, n \in \mathbb{N}^+$, $(m, n) = 1$이라 하자. $m = 1$인 경우는

$$\tau(mn) = \tau(n) = 1 \cdot \tau(n) = \tau(1) \cdot \tau(n) = \tau(m)\tau(n)$$

이고, 또한 $n = 1$인 경우는

$$\tau(mn) = \tau(m) = \tau(m) \cdot 1 = \tau(m)\tau(1) = \tau(m)\tau(n)$$

이다. 다음, $m > 1$, $n > 1$이라 하고 m과 n의 표준분해를 각각

$$m = p_1^{\alpha_1} p_2^{\alpha_2} \cdots p_t^{\alpha_t}, \quad n = q_1^{\beta_1} q_2^{\beta_2} \cdots q_s^{\beta_s}$$

이라 하자. 그러면 정리 2.1.15에 의하여

$$(p_i, q_j) = 1 \ (i = 1, 2, \cdots, t;\ j = 1, 2, \cdots, s)$$

이므로 정리 2.2.3에 의하여 $p_i \neq q_j$이다. 따라서 mn의 표준분해는

$$mn = p_1^{\alpha_1} p_2^{\alpha_2} \cdots p_t^{\alpha_t} q_1^{\beta_1} q_2^{\beta_2} \cdots q_s^{\beta_s}$$

이므로 정리 2.2.12에 의하여

$$\begin{aligned}\tau(mn) &= (\alpha_1 + 1)(\alpha_2 + 1) \cdots (\alpha_t + 1)(\beta_1 + 1)(\beta_2 + 1) \cdots (\beta_s + 1) \\ &= \tau(m)\tau(n)\end{aligned}$$

이다. 그러므로 τ는 곱셈함수이다.

정리 2.4.10

θ, θ_1, θ_2를 곱셈함수라 할 때, 다음이 성립한다.

(1) $\theta(1)=1$

(2) 임의의 $a \in \mathbb{N}^+$에 대하여 함수 $f: \mathbb{N}^+ \to \mathbb{Z}$를 $f(a)=\theta_1(a)\theta_2(a)$로 정의하자. 그러면 f는 곱셈함수이다(이때 f를 $\theta_1\theta_2$로 표시한다. 즉, $f=\theta_1\theta_2$).

증명

(1) 곱셈함수의 조건 (1)에 의하여 $\theta(a) \neq 0$을 만족하는 $a \in \mathbb{N}^+$가 존재한다. 또한 $(a, 1)=1$이므로 곱셈함수의 조건 (2)에 의하여

$$\theta(a)=\theta(a \cdot 1)=\theta(a)\theta(1)$$

이다. 따라서 $\theta(1)=1$이다.

(2) (1)에 의하여

$$f(1)=\theta_1(1)\theta_2(1)=1 \cdot 1=1 \neq 0$$

이다. 또한 $a, b \in \mathbb{N}^+$, $(a, b)=1$이라 하면

$$\begin{aligned} f(ab) &= \theta_1(ab)\theta_2(ab)=\theta_1(a)\theta_1(b)\theta_2(a)\theta_2(b) \\ &= (\theta_1(a)\theta_2(a))(\theta_1(b)\theta_2(b))=f(a)f(b) \end{aligned}$$

이므로 $f=\theta_1\theta_2$는 곱셈함수이다. ❑

n을 양의 정수라 할 때, 앞으로 $\sum_{d|n}$은 n의 모든 양의 약수 d에 대한 합을 의미한다.

정리 2.4.11

θ를 곱셈함수라 하자. 또한 n을 양의 정수라 하고

$$n=p_1^{k_1}p_2^{k_2}\cdots p_t^{k_t}$$

을 n의 표준분해라 하자. 그러면

$$\sum_{d|n}\theta(d)=(1+\theta(p_1)+\theta(p_1^2)+\cdots+\theta(p_1^{k_1})) \cdot (1+\theta(p_2)+\theta(p_2^2)+\cdots+\theta(p_2^{k_2}))$$

$$\cdot \cdots \cdot (1+\theta(p_t)+\theta(p_t^2)+\cdots+\theta(p_t^{k_t})) \qquad (2.4.3)$$

이다(이때 $n=1$이면 (2.4.3)의 우변의 값은 1로 정의한다).

증명 $n=1$인 경우는 정리 2.4.10 (1)에 의하여 $\theta(1)=1$이므로

$$\sum_{d\mid n}\theta(d)=\theta(1)=1=\text{(2.4.3)의 우변 (가정에 의하여)}$$

이다. 따라서 정리는 성립한다. $n>1$이라 하자. $i=1, 2, \cdots, t$에 대하여

$$\theta(p_i^0)=\theta(1)=1 \text{ (정리 2.4.10 (1)에 의하여)}$$

이다. 따라서 (2.4.3)의 우변을 전개하면 θ가 곱셈함수이므로

$$0\le l_1\le k_1,\quad 0\le l_2\le k_2, \cdots,\quad 0\le l_t\le k_t$$

를 만족하는 정수 l_1, l_2, $\cdots$, l_t에 대하여

$$\theta(p_1^{l_1})\theta(p_2^{l_2})\ \cdots\ \theta(p_t^{l_t})=\theta(p_1^{l_1}p_2^{l_2}\ \cdots\ p_t^{l_t})$$

의 형태들의 합이다. 따라서 정리 2.2.12에 의하여 n의 모든 양의 약수 d는

$$d=p_1^{l_1}p_2^{l_2}\ \cdots\ p_t^{l_t}$$

의 형태로 표시되므로 (2.4.3)의 좌변과 우변은 같다. ❑

$a_i\in\mathbb{Z}\,(i=1,2,\cdots,n)$이라 할 때, $a_1\cdot a_2\cdot\cdots\cdot a_n$을 $\prod_{i=1}^{n}a_i$로 표시한다. 즉, $\prod_{i=1}^{n}a_i=a_1\cdot a_2\cdot\cdots\cdot a_n$.

정리 2.4.12

$k(>0)$를 정수라 할 때, 함수 $\sigma_k:\mathbb{N}^+\to\mathbb{Z}$를 임의의 $n\in\mathbb{N}^+$에 대하여 $\sigma_k(n)=\sum_{d\mid n}d^k$으로 정의하자. 그러면

$$n=p_1^{\alpha_1}p_2^{\alpha_2}\ \cdots\ p_t^{\alpha_t}$$

을 n의 표준분해라 할 때,

$$\sigma_k(n) = \frac{p_1^{k(\alpha_1+1)}-1}{p_1^k-1} \cdot \frac{p_2^{k(\alpha_2+1)}-1}{p_2^k-1} \cdot \cdots \cdot \frac{p_t^{k(\alpha_t+1)}-1}{p_t^k-1}$$

$$= \prod_{i=1}^{t} \frac{p_i^{k(\alpha_i+1)}-1}{p_i^k-1} \tag{2.4.4}$$

이다($n=1$이면 (2.4.4)의 우변의 값은 1로 정의한다).

특히 $k=1$인 경우에 $\sigma_1 = \sigma$로 표시하면 $\sigma(n) = \sum_{d \mid n} d$는 n의 모든 양의 약수들의 합이고, 또한

$$\sigma(n) = \frac{p_1^{\alpha_1+1}-1}{p_1-1} \cdot \frac{p_2^{\alpha_2+1}-1}{p_2-1} \cdot \cdots \cdot \frac{p_t^{\alpha_t+1}-1}{p_t-1}$$

$$= \prod_{i=1}^{t} \frac{p_i^{\alpha_i+1}-1}{p_i-1} \tag{2.4.5}$$

이다. 더욱이 σ_k와 σ는 곱셈함수이다.

❙ 증명 함수 $\theta : \mathbb{N}^+ \to \mathbb{Z}$를 임의의 $a \in \mathbb{N}^+$에 대하여 $\theta(a) = a^k$으로 정의하면 보기 2.4.9에 의하여 θ는 곱셈함수이다. 따라서 정리 2.4.11에 의하여

$$\sigma_k(n) = \sum_{d \mid n} d^k = \sum_{d \mid n} \theta(d)$$

$$= (1+\theta(p_1)+\theta(p_1^2)+\cdots+\theta(p_1^{\alpha_1})) \cdot (1+\theta(p_2)+\theta(p_2^2)+\cdots+\theta(p_2^{\alpha_2}))$$

$$\cdot \cdots \cdot (1+\theta(p_t)+\theta(p_t^2)+\cdots+\theta(p_t^{\alpha_t}))$$

$$= (1+p_1^k+p_1^{2k}+\cdots+p_1^{\alpha_1 k}) \cdot (1+p_2^k+p_2^{2k}+\cdots+p_2^{\alpha_2 k})$$

$$\cdot \cdots \cdot (1+p_t^k+p_t^{2k}+\cdots+p_t^{\alpha_t k})$$

$$= \frac{p_1^{k(\alpha_1+1)}-1}{p_1^k-1} \cdot \frac{p_2^{k(\alpha_2+1)}-1}{p_2^k-1} \cdot \cdots \cdot \frac{p_t^{k(\alpha_t+1)}-1}{p_t^k-1}$$

$$= \prod_{i=1}^{t} \frac{p_i^{k(\alpha_i+1)}-1}{p_i^k-1}$$

이다. 다음, $\sigma_k(1) = 1^k = 1 \neq 0$이다. $m,\ n \in \mathbb{N}^+$, $(m,\ n) = 1$이라 하자. $m=1$인 경우는

$$\sigma_k(mn) = \sigma_k(n) = 1 \cdot \sigma_k(n) = \sigma_k(1)\sigma_k(n) = \sigma_k(m)\sigma_k(n)$$

이고, 또한 $n=1$인 경우는

$$\sigma_k(mn)=\sigma_k(m)=\sigma_k(m)\cdot 1=\sigma_k(m)\sigma_k(1)=\sigma_k(m)\sigma_k(n)$$

이다. $m>1$, $n>1$이라 하고 m의 표준분해를 $m=q_1^{\beta_1}q_2^{\beta_2}\cdots q_s^{\beta_s}$이라 하자. 그러면 정리 2.1.15에 의하여

$$(p_i,\ q_j)=1\ (i=1,2,\ \cdots,s\ ;\ j=1,2,\ \cdots,t)$$

이므로 정리 2.2.3에 의하여 $p_i\neq q_j$이다. 따라서 mn의 표준분해는

$$mn=q_1^{\beta_1}q_2^{\beta_2}\cdots q_s^{\beta_s}p_1^{\alpha_1}p_2^{\alpha_2}\cdots p_t^{\alpha_t}$$

이다. 따라서 위의 결과에 의하여

$$\sigma_k(mn)=\prod_{i=1}^{s}\frac{q_i^{k(\beta_i+1)}-1}{q_i^k-1}\cdot\prod_{j=1}^{t}\frac{p_j^{k(\alpha_j+1)}-1}{p_j^k-1}=\sigma_k(m)\sigma_k(n)$$

이므로 σ_k는 곱셈함수이다. 또한 σ는 σ_k에서 $k=1$인 경우이므로 σ도 곱셈함수이다. ❑

보기 2.4.13

60의 모든 양의 약수들의 합 $\sigma(60)$과 60의 모든 양의 약수들의 제곱의 합 $\sigma_2(60)$을 구하여 보자. $60=2^2\cdot 3\cdot 5$이므로

$$\sigma(60)=\frac{2^3-1}{2-1}\cdot\frac{3^2-1}{3-1}\cdot\frac{5^2-1}{5-1}=7\cdot 4\cdot 6=168,$$

$$\sigma_2(60)=\frac{2^{2\cdot 3}-1}{2^2-1}\cdot\frac{3^{2\cdot 2}-1}{3^2-1}\cdot\frac{5^{2\cdot 2}-1}{5^2-1}=21\cdot 10\cdot 26=5460$$

이다. 실제로 보기 2.2.13에 의하여 60의 모든 약수는

$$1,\ 2,\ 3,\ 4,\ 5,\ 6,\ 10,\ 12,\ 15,\ 20,\ 30,\ 60$$

이므로

$$\sigma(60)=1+2+3+4+5+6+10+12+15+20+30+60=168$$

$$\sigma_2(60)=1^2+2^2+3^2+4^2+5^2+6^2+10^2+12^2+15^2+20^2+30^2+60^2=5460$$

임을 확인할 수 있다.

정의 2.4.14

$a \in \mathbb{N}^+$라 할 때, 함수 $\mu : \mathbb{N}^+ \to \mathbb{Z}$를 다음과 같이 정의한다.

(1) $\mu(1) = 1$

(2) $1 < d \in \mathbb{N}^+$에 대하여 $d^2 \mid a$이면 $\mu(a) = 0$이다.

(3) 서로 다른 소수 $p_1, p_2, \cdots, p_k$에 대하여 $a = p_1 p_2 \cdots p_k$이면 $\mu(a) = (-1)^k$이다.

이때 함수 μ를 뫼비우스 함수(Moebius function)라 한다.

보기 2.4.15

$$\mu(2) = (-1)^1 = -1$$
$$\mu(3) = (-1)^1 = -1$$
$$\mu(4) = \mu(2^2) = 0$$
$$\mu(6) = \mu(2 \cdot 3) = (-1)^2 = 1$$
$$\mu(8) = \mu(2^3) = \mu(2^2 \cdot 2) = 0$$
$$\mu(20) = \mu(2^2 \cdot 5) = 0$$
$$\mu(30) = \mu(2 \cdot 3 \cdot 5) = (-1)^3 = -1$$
$$\mu(210) = \mu(2 \cdot 3 \cdot 5 \cdot 7) = (-1)^4 = 1$$
$$\mu(400) = \mu(2^2 \cdot 100) = 0$$
$$\cdots$$

정리 2.4.16

뫼비우스 함수 μ는 곱셈함수이다.

증명 $\mu(1) = 1 \neq 0$이다. $a, b \in \mathbb{N}^+$에 대하여 $(a, b) = 1$이라 하자.

(1) $a = 1$인 경우는

$$\mu(ab) = \mu(b) = 1 \cdot \mu(b) = \mu(a)\mu(b)$$

이다.

(2) $b=1$인 경우는

$$\mu(ab)=\mu(a)=\mu(a)\cdot 1=\mu(a)\mu(b)$$

이다.

(3) $a>1,\ b>1,\ d^2 | a\ (1<d\in\mathbb{N}^+)$인 경우는 정리 2.1.6 (2)에 의하여 $d^2|ab$이므로

$$\mu(ab)=0=0\cdot\mu(b)=\mu(a)\mu(b)$$

이다.

(4) $a>1,\ b>1,\ d^2 | a\ (1<d\in\mathbb{N}^+)$인 경우는 정리 2.1.6 (2)에 의하여 $d^2|ab$이므로

$$\mu(ab)=0=\mu(a)\cdot 0=\mu(a)\mu(b)$$

이다.

(5) 서로 다른 소수 $p_1, p_2, \cdots, p_r$와 $q_1, q_2, \cdots, q_s$에 대하여

$$a=p_1p_2\cdots p_r,\quad b=q_1q_2\cdots q_s$$

로 표시되는 경우를 생각하자. $(a, b)=1$이므로 정리 2.1.15에 의하여 $(p_i, q_j)=1\ (i=1, 2, \cdots, r\ ;\ j=1, 2, \cdots, s)$이다. 따라서 정리 2.2.3에 의하여 $p_i\neq q_j\ (i=1\ 2, \cdots, r\ ;\ j=1, 2, \cdots, s)$이므로

$$\begin{aligned}\mu(ab)&=\mu(p_1p_2\cdots p_rq_1q_2\cdots q_s)=(-1)^{r+s}\\&=(-1)^r(-1)^s=\mu(a)\mu(b)\end{aligned}$$

이다. 따라서 μ는 곱셈함수이다. ❑

정리 2.4.17

θ를 곱셈함수라 하고, μ를 뫼비우스 함수라 하자. n을 양의 정수라 하고

$$n=p_1^{k_1}p_2^{k_2}\cdots p_t^{k_t}$$

을 n의 표준분해라 하자. 그러면

$$\sum_{d|n}\mu(d)\theta(d)=(1-\theta(p_1))(1-\theta(p_2))\cdots(1-\theta(p_t))\tag{2.4.6}$$

이다(이때 $n=1$이면 (2.4.6)의 우변의 값은 1로 정의한다).

▌증명 (1) $n=1$인 경우는 정리 2.4.10 (1)에 의하여 $\theta(1)=1$이므로

$$\sum_{d\mid n}\mu(d)\theta(d)=\mu(1)\theta(1)=1\cdot 1=1=\text{(2.4.6)의 우변 (가정에 의하여)}$$

이다. 따라서 정리는 성립한다. $n>1$이라 하자. 함수 $\alpha:\mathbb{N}^+\to\mathbb{Z}$를 $n\in\mathbb{N}^+$에 대하여 $\alpha(n)=\mu(n)\theta(n)$으로 정의하자. 그러면 정리 2.4.16에 의하여 μ는 곱셈함수이므로 정리 2.4.10 (2)에 의하여 α는 곱셈함수이다. 따라서 정리 2.4.11에 의하여

$$\begin{aligned}\sum_{d\mid n}\mu(d)\theta(d)&=\sum_{d\mid n}\alpha(d)\\&=(1+\alpha(p_1)+\alpha(p_1^2)+\cdots+\alpha(p_1^{k_1}))\\&\quad\cdot(1+\alpha(p_2)+\alpha(p_2^2)+\cdots+\alpha(p_2^{k_2}))\\&\quad\cdot\ \cdots\ \cdot(1+\alpha(p_t)+\alpha(p_t^2)+\cdots+\alpha(p_t^{k_t}))\\&=(1+\mu(p_1)\theta(p_1)+\mu(p_1^2)\theta(p_1^2)+\cdots+\mu(p_1^{k_1})\theta(p_1^{k_1}))\\&\quad\cdot(1+\mu(p_2)\theta(p_2)+\mu(p_2^2)\theta(p_2^2)+\cdots+\mu(p_2^{k_2})\theta(p_2^{k_2}))\\&\quad\cdot\ \cdots\ \cdot(1+\mu(p_t)\theta(p_t)+\mu(p_t^2)\theta(p_t^2)+\cdots+\mu(p_t^{k_t})\theta(p_t^{k_t}))\\&=(1+\mu(p_1)\theta(p_1))(1+\mu(p_2)\theta(p_2))\cdots(1+\mu(p_t)\theta(p_t))\\&=(1-\theta(p_1))(1-\theta(p_2))\cdots(1-\theta(p_t))\end{aligned}$$

이다. ❑

정리 2.4.18

μ를 뫼비우스 함수라 하자. n을 양의 정수라 하고

$$n=p_1^{k_1}p_2^{k_2}\cdots p_t^{k_t}$$

을 n의 표준분해라 하자. 그러면 다음이 성립한다.

(1) $\displaystyle\sum_{d\mid n}\mu(d)=\begin{cases}0 & (n>1)\\ 1 & (n=1)\end{cases}$

(2) $\displaystyle\sum_{d\mid n}\frac{\mu(d)}{d}=\begin{cases}\left(1-\frac{1}{p_1}\right)\left(1-\frac{1}{p_2}\right)\cdots\left(1-\frac{1}{p_t}\right) & (n>1)\\ 1 & (n=1)\end{cases}$

증명 (1) $n=1$이면

$$\sum_{d|n}\mu(d)=\mu(1)=1$$

이다. $n>1$이라 하자. 함수 $\theta:\mathbb{N}^+\to\mathbb{Z}$를 모든 $a\in\mathbb{N}^+$에 대하여 $\theta(a)=1$로 정의하자. 그러면 $a, b\in\mathbb{N}^+$, $(a, b)=1$에 대하여

$$\theta(ab)=1=1\cdot 1=\theta(a)\theta(b)$$

이므로 θ는 곱셈함수이다. 따라서 정리 2.4.17에 의하여

$$\begin{aligned}\sum_{d|n}\mu(d)&=\sum_{d|n}\mu(d)\cdot 1=\sum_{d|n}\mu(d)\theta(d)\\&=(1-\theta(p_1))(1-\theta(p_2))\cdots(1-\theta(p_t))\\&=(1-1)(1-1)\cdots(1-1)=0\end{aligned}$$

이다.

(2) $n=1$이면

$$\sum_{d|n}\frac{\mu(d)}{d}=\frac{\mu(1)}{1}=\mu(1)=1$$

이다. $n>1$이라 하자. 함수 $\theta:\mathbb{N}^+\to\mathbb{R}$를 모든 $a\in\mathbb{N}^+$에 대하여 $\theta(a)=\dfrac{1}{a}$로 정의하자. 그러면 $\theta(1)=\dfrac{1}{1}=1\neq 0$이다. 또한 $a, b\in\mathbb{N}^+$, $(a, b)=1$에 대하여

$$\theta(ab)=\frac{1}{ab}=\frac{1}{a}\cdot\frac{1}{b}=\theta(a)\theta(b)$$

이므로 θ는 곱셈함수이다. 따라서 정리 2.4.17에 의하여

$$\begin{aligned}\sum_{d|n}\frac{\mu(d)}{d}&=\sum_{d|n}\mu(d)\theta(d)\\&=(1-\theta(p_1))(1-\theta(p_2))\cdots(1-\theta(p_t))\\&=\left(1-\frac{1}{p_1}\right)\left(1-\frac{1}{p_2}\right)\cdots\left(1-\frac{1}{p_t}\right)\end{aligned}$$

이다. □

정리 2.4.19 뫼비우스 반전공식(Moebius inversion formula)

μ를 뫼비우스 함수라 하고 $f:\mathbb{N}^+\to\mathbb{Z}$를 임의의 함수라 하자. 함수 $F:\mathbb{N}^+\to\mathbb{Z}$를 임의의 $n\in\mathbb{N}^+$에 대하여

$$F(n)=\sum_{d\mid n}f(d)$$

로 정의하자. 그러면 임의의 $n\in\mathbb{N}^+$에 대하여

$$f(n)=\sum_{d\mid n}\mu(d)F\left(\frac{n}{d}\right)$$

이다.

▎증명 c, d를 양의 정수라 하자. $d\mid n, c\left|\left(\frac{n}{d}\right)\right.$이라 하면 $\frac{n}{d}=cs$를 만족하는 정수 s가 존재한다. 따라서 $n=cds$이므로 $c\mid n$이고, 또한 $\frac{n}{c}=ds$이다. 따라서 $d\left|\left(\frac{n}{c}\right)\right.$이다. 역으로, $c\mid n$, $d\left|\left(\frac{n}{c}\right)\right.$이라 하면 $\frac{n}{c}=dt$를 만족하는 정수 t가 존재한다. 따라서 $n=dct$이므로 $d\mid n$이고, 또한 $\frac{n}{d}=ct$이다. 따라서 $c\left|\left(\frac{n}{d}\right)\right.$이다. 그러므로

$$d\mid n,\quad c\left|\left(\frac{n}{d}\right)\right.\quad\Leftrightarrow\quad c\mid n,\ d\left|\left(\frac{n}{c}\right)\right. \tag{2.4.7}$$

이다. 따라서

$$\begin{aligned}\sum_{d\mid n}\mu(d)F\left(\frac{n}{d}\right)&=\sum_{d\mid n}\mu(d)\left(\sum_{c\mid(\frac{n}{d})}f(c)\right)=\sum_{d\mid n}\left(\sum_{c\mid(\frac{n}{d})}\mu(d)f(c)\right)\\&=\sum_{d\mid n}\sum_{c\mid(\frac{n}{d})}\mu(d)f(c)\\&=\sum_{c\mid n}\sum_{d\mid(\frac{n}{c})}\mu(d)f(c)\end{aligned}$$

$\left(\sum_{d\mid n}\sum_{c\mid(\frac{n}{d})}\right.$는 n의 모든 양의 약수 d와 $\frac{n}{d}$의 모든 양의 약수 c에 대한 합을 의미하고, $\sum_{c\mid n}\sum_{d\mid(\frac{n}{c})}$는 n의 모든 양의 약수 c와 $\frac{n}{c}$의 모든 양의 약수 d에 대한 합을 의미하므로 (2.4.7)에 의하여 합의 순서가 바뀐 것이다.$\left.\right)$

$$= \sum_{c \mid n} \left(\sum_{d \mid (\frac{n}{c})} \mu(d) f(c) \right)$$

$$= \sum_{c \mid n} \left(f(c) \sum_{d \mid (\frac{n}{d})} \mu(d) \right)$$

$$= \sum_{c = n} f(c) \cdot 1$$

(정리 2.4.18 (1)에 의하여 $\frac{n}{c} > 1$이면 $\sum_{d \mid (\frac{n}{c})} \mu(d) = 0$이고 $\frac{n}{c} = 1$,

즉 $n = c$이면 $\sum_{d \mid (\frac{n}{c})} \mu(d) = 1$이므로)

$$= f(n)$$

이다. ❑

정의 2.4.20

n을 임의의 양의 정수라 하자. $0 \le a < n$, $(a, n) = 1$을 만족하는 정수 a의 개수를 $\phi(n)$으로 표시하고(따라서 ϕ는 $\phi : \mathbb{N}^+ \to \mathbb{Z}$인 함수이다), ϕ를 **오일러의 함수**(Euler's function) 또는 **오일러의 ϕ-함수**(Euler's ϕ-function)라 한다. 즉, $\phi(n)$은 0, 1, 2, 3, ⋯, $n-1$ 중에서 n과 서로소인 정수의 개수를 나타낸다.

보기 2.4.21

$$\phi(1) = 1, \quad \phi(2) = 1, \quad \phi(3) = 2, \quad \phi(4) = 2,$$
$$\phi(5) = 4, \quad \phi(6) = 2, \quad \phi(7) = 6, \quad \phi(8) = 4,$$
$$\phi(9) = 6, \quad \phi(10) = 4, \quad \phi(11) = 10, \quad \phi(12) = 4$$

정리 2.4.22

ϕ를 오일러의 함수라 할 때, 모든 양의 정수 n에 대하여

$$\sum_{d \mid n} \phi(d) = n$$

이다.

❙ 증명 $$S=\{a \mid a \in \mathbb{Z},\ 0 \le a < n\}$$

이라 하자. d를 n의 임의의 양의 약수라 하고

$$S_d=\{a \mid a \in S,\ (a,\ n)=d\}$$

라 하자. c를 $c \neq d$인 n의 양의 약수라 하자. $x \in S_d \cap S_c$라 하면 $x \in S_d$, $x \in S_c$이므로 $(x,\ n)=d$, $(x,\ n)=c$이고, 따라서 정의 2.1.8 다음의 설명에 의하여 $d=c$가 되어 모순이다. 따라서 $S_d \cap S_c = \varnothing$이다. 다음, $S_d \subset S$이므로

$$\bigcup_{d|n} S_d \subset S \quad \left(\bigcup_{d|n}\text{는 } n\text{의 모든 양의 약수 } d\text{에 대한 합집합을 의미한다.}\right)$$

이다. $a \in S$라 하자. $(a,\ n)=d$라 하면(정리 2.1.11에 의하여 d는 존재한다.) $a \in S_d$이고, 따라서 $a \in \bigcup_{d \mid n} S_d$, 즉 $S \subset \bigcup_{d \mid n} S_d$이다. 따라서

$$S=\bigcup_{d \mid n} S_d$$

이고, 또한

$$n=|S|=\sum_{d|n}|S_d|$$

이다. $b \in S_d$라 하면 $b \in S$, $(b,\ n)=d$이다. 따라서 정리 2.1.14 (2)에 의하여 $\left(\frac{b}{d},\ \frac{n}{d}\right)=1$이고, 또한 $b=dc$를 만족하는 $c \in \mathbb{Z}$가 존재한다. 따라서

$$\left(c,\ \frac{n}{d}\right)=\left(\frac{b}{d},\ \frac{n}{d}\right)=1$$

이고, 또한 $0 \le b < n$이므로

$$0 \le \frac{b}{d}=c<\frac{n}{d}$$

이다. 역으로,

$$b=dc, \quad \left(c,\ \frac{n}{d}\right)=1, \quad 0 \le c < \frac{n}{d}$$

을 만족하는 정수 c가 존재한다고 하면 정리 2.1.21 (1)에 의하여

$$d = 1 \cdot d = \left(c,\ \frac{n}{d}\right)d = (dc,\ n) = (b,\ n)$$

이고, 또한 $0 \le dc = b < n$이다. 따라서 $b \in S_d$이다. 따라서

$$b \in S_d \iff \text{‘}b = dc,\quad \left(c,\ \frac{n}{d}\right) = 1,\quad 0 \le c < \frac{n}{d}\text{인 정수 }c\text{가 존재’}$$

이다. 따라서 $|S_d| = \phi\left(\frac{n}{d}\right)$이다. 그러므로

$$n = \sum_{d\mid n} \phi\left(\frac{n}{d}\right)$$

이다. 더욱이

$$\frac{n}{d} = t \iff n = td \iff t \mid n$$

이고 $\sum_{d\mid n}$는 n의 모든 양의 약수 d에 대한 합이므로 더하는 순서를 바꾸면 $n = \sum_{t\mid n} \phi(t)$이다. 따라서 t 대신에 다시 d로 바꾸어 쓰면 $n = \sum_{d\mid n} \phi(d)$이다. ❑

보기 2.4.23

보기 2.4.21에 의하여

$$\begin{aligned}\sum_{d\mid 12} \phi(d) &= \phi(1) + \phi(2) + \phi(3) + \phi(4) + \phi(6) + \phi(12) \\ &= 1 + 1 + 2 + 2 + 2 + 4 = 12\end{aligned}$$

이다.

정리 2.4.24

ϕ를 오일러의 함수라 하자. $n(>1)$을 정수라 하고

$$n = p_1^{k_1} p_2^{k_2} \cdots p_t^{k_t}$$

을 n의 표준분해라 하자. 그러면

$$\begin{aligned}\phi(n) &= n\left(1-\frac{1}{p_1}\right)\left(1-\frac{1}{p_2}\right) \cdots \left(1-\frac{1}{p_t}\right)\\ &= \left(p_1^{k_1}-p_1^{k_1-1}\right)\left(p_2^{k_2}-p_2^{k_2-1}\right) \cdots \left(p_t^{k_t}-p_t^{k_t-1}\right)\end{aligned}$$

이다. 특히 p를 임의의 소수라 하고 k를 양의 정수라 할 때,

$$\phi(p^k) = p^k - p^{k-1}, \quad \phi(p) = p-1$$

이다.

▌증명 함수 $F: \mathbb{N}^+ \to \mathbb{Z}$를 $n \in \mathbb{N}^+$에 대하여 $F(n) = n$으로 정의하면(따라서 F는 포함함수이다.) 정리 2.4.22에 의하여

$$F(n) = \sum_{d \mid n} \phi(d)$$

이다. 따라서

$$\begin{aligned}\phi(n) &= \sum_{d \mid n} \mu(d) F\left(\frac{n}{d}\right) \text{ (정리 2.4.19에 의하여)}\\ &= \sum_{d \mid n} \mu(d)\frac{n}{d} = n\sum_{d \mid n}\frac{\mu(d)}{d}\\ &= n\left(1-\frac{1}{p_1}\right)\left(1-\frac{1}{p_2}\right) \cdots \left(1-\frac{1}{p_t}\right) \text{ (정리 2.4.18 (2)에 의하여)}\\ &= p_1^{k_1}p_2^{k_2} \cdots p_t^{k_t}\left(1-\frac{1}{p_1}\right)\left(1-\frac{1}{p_2}\right) \cdots \left(1-\frac{1}{p_t}\right)\\ &= \left(p_1^{k_1}-p_1^{k_1-1}\right)\left(p_2^{k_2}-p_2^{k_2-1}\right) \cdots \left(p_t^{k_t}-p_t^{k_t-1}\right)\end{aligned}$$

이다. ❑

▌보기 2.4.25

$$\begin{aligned}\phi(5) &= 5-1 = 4\\ \phi(125) &= \phi(5^3) = 5^3 - 5^2 = 100\\ \phi(360) &= \phi(2^3 \cdot 3^2 \cdot 5) = (2^3-2^2)(3^2-3)(5-1) = 4 \cdot 6 \cdot 4 = 96\end{aligned}$$

▌보기 2.4.26

오일러의 함수 ϕ는 곱셈함수임을 보이자. 보기 2.4.21에 의하여

$$\phi(1) = 1 \neq 0$$

이다. 이제 a, b를 $(a, b) = 1$인 양의 정수라 하자. $a = 1$인 경우는

$$\phi(ab) = \phi(b) = 1 \cdot \phi(b) = \phi(a)\phi(b)$$

이고, 또한 $b = 1$인 경우는

$$\phi(ab) = \phi(a) = \phi(a) \cdot 1 = \phi(a)\phi(b)$$

이다. 다음, $a > 1$, $b > 1$인 경우를 생각하자.

$$a = p_1^{k_1} p_2^{k_2} \cdots p_t^{k_t}, \quad b = q_1^{l_1} q_2^{l_2} \cdots q_s^{l_s}$$

을 a와 b의 표준분해라 하면 $(a, b) = 1$이므로 정리 2.1.15에 의하여 $(p_i, q_j) = 1$ $(i = 1, 2, \cdots, t\,;\ j = 1, 2, \cdots, s)$이다. 따라서 정리 2.2.3에 의하여 $p_i \neq q_j\,(i = 1, 2, \cdots, t\,;$ $j = 1, 2, \cdots, s)$이므로

$$ab = p_1^{k} p_2^{k_2} \cdots p_t^{k_t} q_1^{l_1} q_2^{l_2} \cdots q_s^{l_s}$$

는 ab의 표준분해이다. 따라서 정리 2.4.24에 의하여

$$\begin{aligned} \phi(ab) &= \left(p_1^{k_1} - p_1^{k_1 - 1}\right)\left(p_2^{k_2} - p_2^{k_2 - 1}\right) \cdots \left(p_t^{k_t} - p_t^{k_t - 1}\right) \\ &\quad \cdot \left(q_1^{l_1} - q_1^{l_1 - 1}\right)\left(q_2^{l_2} - q_2^{l_2 - 1}\right) \cdots \left(q_s^{l_s} - q_s^{l_s - 1}\right) \\ &= \phi(a)\phi(b) \end{aligned}$$

이다. 그러므로 ϕ는 곱셈함수이다.

▌보기 2.4.27

$18900 = 189 \cdot 100$이고, $(189, 100) = 1$이므로

$$\begin{aligned} \phi(18900) &= \phi(189 \cdot 100) = \phi(189)\phi(100) = \phi(3^3 \cdot 7)\phi(2^2 \cdot 5^2) \\ &= (3^3 - 3^2)(7 - 1)(2^2 - 2)(5^2 - 5) = 18 \cdot 6 \cdot 2 \cdot 20 = 4320 \end{aligned}$$

이다. 또한 $18900 = 2^2 \cdot 3^3 \cdot 5^2 \cdot 7$이고, 2^2, 3^3, 5^2, 7은 쌍마다 서로소이므로

$$\begin{aligned}\phi(18900) &= \phi(2^2 \cdot 3^3 \cdot 5^2 \cdot 7)\\ &= (2^2-2)(3^3-3^2)(5^2-5)(7-1) = \phi(2^2)\phi(3^3)\phi(5^2)\phi(7)\end{aligned}$$

임을 알 수 있다. 그러나 $18900 = 63 \cdot 300$이지만 $(63, 300) = 3 \neq 1$인 경우에는

$$\begin{aligned}\phi(63)\phi(300) &= \phi(3^2 \cdot 7)\phi(2^2 \cdot 3 \cdot 5^2)\\ &= (3^2-3)(7-1)(2^2-2)(3-1)(5^2-5)\\ &= 6 \cdot 6 \cdot 2 \cdot 2 \cdot 20 = 2880 \neq 4320 = \phi(18900)\end{aligned}$$

이 됨에 주의하라.

2.4 ❙ 연습문제

01 다음 실수들의 정수부분과 소수부분을 각각 구하라.

(1) $\frac{12}{5}$ (2) -0.26 (3) $\frac{2}{25}$ (4) $-\frac{22}{13}$

(5) $\sqrt{10}$ (6) $-\sqrt{10}$ (7) π (8) $-\pi$

02 다음 등식을 만족시키는 $x \in \mathbb{R}$를 구하라.

(1) $[x]+[x]=[2x]$ (2) $\left[x+\frac{1}{2}\right]+\left[x-\frac{1}{2}\right]=[2x]$

03 (1) 150부터 500까지의 정수 중에서 7의 배수의 개수와 7^2의 배수의 개수를 각각 구하라.

(2) 1000!을 나누어떨어뜨리는 7의 최대지수를 구하라.

(3) 100!이 10^{24}의 배수임을 보여라.

(4) (1994학년도 중등임용시험 11번) $500! \times 200!$이 35^n으로 나누어떨어질 때, 정수 n의 최댓값을 구하라.

04 p를 소수라 하고 $r \in \mathbb{Z}\,(1 \le r \le p-1)$이라 할 때, $\binom{p}{r} = \frac{p!}{r!(p-r)!}$은 p의 배수임을 증명하라.

05 $a,\ n \in \mathbb{Z}\,(a>1,\ n>1)$이라 할 때, a^n+1이 소수이면 a는 짝수임을 보여라.

06 $f,\ g$를 모든 소수 p와 $k \in \mathbb{Z}\,(k>0)$에 대하여 $f(p^k)=g(p^k)$인 곱셈함수라 하면 $f=g$임을 보여라.

07 정수 $n=10000,\ 10!,\ 20!$에 대하여 다음 물음에 답하라.

(1) n을 표준분해하라.

(2) $\tau(n)$과 $\sigma(n)$을 구하라.

(3) $(10000,\ 10!)$, $[10000,\ 10!]$, $(10!,\ 20!)$을 각각 구하라.

08 (1) 정수 $n=21,\ 45,\ 84,\ 180,\ 368$에 대하여

$$\tau(n),\ \sigma(n),\ \sigma_2(n),\ \phi(n),\ \mu(n)$$

를 각각 구하라.

(2) (2005학년도 중등임용시험 10번) 1부터 1008까지의 자연수 중에서 1008과 서로소인 자연수의 개수를 구하라.

09 (1) $n=10184$일 때, $\tau(n)=\tau(n+1)$임을 확인하라.

(2) $\tau(n)=\tau(n+1)$을 만족하는 최소의 양의 정수 n을 구하라.

(3) $\tau(n)=10$을 만족하는 모든 양의 정수 n을 구하라.

(4) $\tau(n)=10$을 만족하는 최소의 양의 정수 n을 구하라.

10 (1) $n=957$일 때, $\sigma(n)=\sigma(n+1)$임을 확인하라.

(2) $\sigma(n)=\sigma(n+1)$을 만족하는 최소의 양의 정수 n을 구하라.

(3) $\sigma(n)=10$을 만족하는 모든 양의 정수 n을 구하라.

(4) $\sigma(n)=12$를 만족하는 최소의 양의 정수 n을 구하라.

11 n을 양의 정수라 할 때, 다음을 증명하라.

(1) $\tau(n)$이 홀수이기 위한 필요충분조건은 $n=a^2\ (a\in\mathbb{Z})$의 꼴인 것이다.

(2) $\sigma(n)$이 홀수이기 위한 필요충분조건은 $n=a^2\ (a\in\mathbb{Z})$의 꼴이거나 또는 $n=2b^2$ $(b\in\mathbb{Z})$의 꼴인 것이다.

12 n을 양의 정수라 할 때, 다음을 증명하라.

(1) $\phi(n)=n \quad \Leftrightarrow \quad n=1$

(2) $\phi(n)=1 \quad \Leftrightarrow \quad n=1$ 또는 $n=2$

(3) n이 합성수이면 $1<\phi(n)<n-1$이다.

(4) 양의 정수 k에 대하여 $\phi(2^k)=2^{k-1},\ \phi(3^k)=2\cdot 3^{k-1}$이다.

13 n을 양의 정수라 할 때, 다음을 증명하라.

(1) $n>2$이면 $2\,|\,\phi(n)$이다.

(2) n이 홀수이면 $\phi(2n)=\phi(n)$이다.

(3) n이 짝수이면 $\phi(2n)=2\phi(n)$이다.

(4) $3\,|\,n$이기 위한 필요충분조건은 $\phi(3n)=3\phi(n)$인 것이다.

14 (1) $\phi(n)$이 홀수가 되는 모든 양의 정수 n을 구하라.

(2) $\phi(n)=14$를 만족하는 양의 정수 n이 존재하지 않음을 보여라.

15 $k, n \in \mathbb{Z}\,(k \geq 1,\ n > 1)$이라 할 때, $n = 2\phi(n)$이기 위한 필요충분조건은 $n = 2^k$의 꼴일 때임을 증명하라.

16 $n(>1)$이 합성수이면 $\phi(n) \leq n - \sqrt{n}$ 이 성립함을 보여라.

17 p, q를 $p > q$인 소수라 할 때, 양의 정수 n, m에 대하여 $\phi(p^n) = \phi(q^m)$이면 $n = 1$임을 보여라.

18 $k, n \in \mathbb{Z}\,(k \geq 1,\ n > 1)$이라 할 때, $\phi(n^k) = n^{k-1}\phi(n)$임을 증명하라.

19 $m, n \in \mathbb{Z}\,(m > 0,\ n > 0)$라 할 때, 다음을 증명하라.

(1) $m \mid n$이면 $\phi(m) \mid \phi(n)$이다.

(2) $(n, m) = d > 1$이면 $\phi(nm) > \phi(n)\phi(m)$이다.

20 $n(>1)$을 정수라 하고 $n = p_1^{k_1} p_2^{k_2} \cdots p_t^{k_t}$을 n의 표준분해라 할 때, 다음을 증명하라.

(1) $\sum_{d \mid n} |\mu(d)| = 2^t$ 이다.

(2) $\sum_{d \mid n} \mu(d)\tau(d) = (-1)^t$ 이다.

(3) n이 짝수이면 $\sum_{d \mid n} \mu(d)\phi(d) = 0$이다.

(4) $n = 24$일 때, (1), (2), (3)을 확인하라.

21 (1) $f(x)$가 곱셈함수이고 함수 $F(n) = \sum_{d \mid n} f(d)$일 때, $F(20) = F(4)F(5)$임을 보여라.

(2) $n(\geq 1)$을 정수라 할 때, 함수 $g(n) = \begin{cases} 1 & (3 \nmid n) \\ -1 & (3 \mid n) \end{cases}$가 곱셈함수임을 보여라.

(3) $F(20) = \sum_{d \mid 20} g(d)$를 구하라.

2.5 ❙ 완전수

정의 2.5.1

n을 양의 정수라 하고 $\sigma(n)$을 n의 모든 양의 약수들의 합이라 하자(정리 2.4.12 참조). n이 $\sigma(n)=2n$을 만족하면 n을 **완전수**(perfect number)라 한다.

실제로 n을 완전수라 하면

$$\sigma(n)=2n,\quad \text{즉}\quad n=\sigma(n)-n$$

이고, 또한 n은 n의 약수이므로 n은 n을 제외한 n의 모든 양의 약수들의 합과 같은 양의 정수이다.

보기 2.5.2

$$\sigma(6)=1+2+3+6=2\cdot 6$$
$$\sigma(28)=1+2+4+7+14+28=2\cdot 28$$

이므로 6과 28은 완전수이다. 그러나

$$\sigma(18)=1+2+3+6+9+18=39\neq 2\cdot 18$$

이므로 18은 완전수가 아니다.

정리 2.5.3

$a, n\in\mathbb{Z}\,(a>1,\ n>1)$이라 할 때, a^n-1이 소수이면 $a=2$이고 n은 소수이다.

증명 a^n-1을 소수라 하자. $a>2$라 하면

$$a^n-1=(a-1)(a^{n-1}+a^{n-2}+\cdots+a+1),\ \text{즉}\ (a-1)\,|\,(a^n-1)$$

이고, 또한 $1<a-1<a^n-1$이므로 a^n-1은 소수가 아니다. 이는 모순이다. 따라서 $a=2$이다. 다음, n을 소수가 아니라 하면 $1<b<n$을 만족하는 n의 약수 b가 존재한다. 따라서

$n = bc$를 만족하는 정수 $c\,(1 < c < n)$가 존재한다. 따라서

$$\begin{aligned} 2^n - 1 &= 2^{bc} - 1 = (2^b)^c - 1 \\ &= (2^b - 1)((2^b)^{c-1} + (2^b)^{c-2} + \cdots + 2^b + 1) \end{aligned}$$

이므로

$$(2^b - 1) \mid (2^n - 1)$$

이고, 또한 $1 < 2^b - 1 < 2^n - 1$이다. 따라서 $2^n - 1$은 소수가 아니다. 이것은 모순이다. 따라서 n은 소수이다. ❑

정의 2.5.4

양의 정수 n에 대하여

$$M_n = 2^n - 1$$

꼴의 정수를 **메르센 수**(Mersenne number)라 한다. 특히 소수 p에 대하여 $M_p = 2^p - 1$ 꼴의 소수를 **메르센 소수**(Mersenne prime)라 한다(M_p가 소수이면 정리 2.5.3에 의하여 p는 소수이어야 한다).

보기 2.5.5

$n = 1$에서 $n = 12$까지의 메르센 수와 $n \geq 2$일 때, 이들의 표준분해는 다음과 같다.

$$\begin{aligned} &M_1 = 2^1 - 1 = 1, \quad M_2 = 2^2 - 1 = 3, \\ &M_3 = 2^3 - 1 = 7, \quad M_4 = 2^4 - 1 = 15 = 3 \cdot 5, \\ &M_5 = 2^5 - 1 = 31, \quad M_6 = 2^6 - 1 = 63 = 3^2 \cdot 7, \\ &M_7 = 2^7 - 1 = 127, \quad M_8 = 2^8 - 1 = 255 = 3 \cdot 5 \cdot 17, \\ &M_9 = 2^9 - 1 = 511 = 7 \cdot 73, \quad M_{10} = 2^{10} - 1 = 1023 = 3 \cdot 11 \cdot 31, \\ &M_{11} = 2^{11} - 1 = 2047 = 23 \cdot 89, \quad M_{12} = 2^{12} - 1 = 4095 = 3^2 \cdot 5 \cdot 7 \cdot 13 \end{aligned}$$

따라서 $M_2 = 3$, $M_3 = 7$, $M_5 = 31$, $M_7 = 127$은 소수이므로 메르센 소수이다.

더욱이 메르센 수 M_n이 소수이면 n이 소수임을 확인할 수 있다. 그러나 $n = 11$은 소수이지

만 M_{11}은 소수가 아니다. 즉, 메르센 수 M_p가 소수이면 정리 2.5.3에 의하여 p는 소수이어야 하지만, 모든 소수 p에 대하여 M_p가 소수는 아님에 주의하라(메르센 소수가 무한히 많은가의 여부는 아직까지 밝혀지지 않았다).

정리 2.5.6

k를 $k>1$인 정수라 할 때, $p=2^k-1$이 소수이면

$$n=2^{k-1}(2^k-1) \tag{2.5.1}$$

은 완전수이다. 더욱이 모든 짝수인 완전수는 (2.5.1)의 꼴로 표시된다.

증명 $p=2^k-1$을 소수라 하자. $k>1$이고, 또한

$$p-2^{k-1}=(2^k-1)-2^{k-1}=2^{k-1}(2-1)-1=2^{k-1}-1>0$$

이므로 $1<2^{k-1}<p$이다. 따라서 정리 2.2.3에 의하여 $(2^{k-1}, p)=1$이다. 따라서 정리 2.4.12에 의하여

$$\begin{aligned}\sigma(n)&=\sigma(2^{k-1}p)=\sigma(2^{k-1})\sigma(p)\\&=\frac{2^{(k-1)+1}-1}{2-1}\cdot\frac{p^2-1}{p-1}=(2^k-1)\cdot\frac{(p-1)(p+1)}{p-1}\\&=(2^k-1)(p+1)=(2^k-1)\cdot 2^k=2\cdot 2^{k-1}(2^k-1)=2n\end{aligned}$$

이므로 n은 완전수이다. 다음, n을 짝수인 완전수라 가정하고 정수 $k(>1)$와 홀수 $m(>1)$에 대하여

$$n=2^{k-1}m$$

의 꼴로 표시된다고 가정하자(정리 2.4.12를 이용하여 $n=2^{k-1}\,(k>1)$인 꼴의 짝수는 완전수가 아님을 확인하여 보라. 또한 (2.5.1)에서 2^k-1은 $2^k-1>1$인 홀수이다). 그러면 $(2, m)=1$이므로 정리 2.1.15에 의하여 $(2^{k-1}, m)=1$이다. 따라서 정리 2.4.12에 의하여

$$\begin{aligned}\sigma(n)&=\sigma(2^{k-1}m)=\sigma(2^{k-1})\sigma(m)\\&=\frac{2^{(k-1)+1}-1}{2-1}\sigma(m)=(2^k-1)\sigma(m)\end{aligned}$$

이다. 또한 n은 완전수이므로

$$\sigma(n) = 2n = 2 \cdot 2^{k-1}m = 2^k m$$

이다. 따라서

$$2^k m = (2^k - 1)\sigma(m)$$

이다. 그러므로 $(2^k - 1) \mid 2^k m$이다. 이때 $(2^k - 1,\ 2^k) = d$라 하면 $d \mid (2^k - 1)$, $d \mid 2^k$이므로 $2^k - 1 = db$, $2^k = dc$를 만족하는 정수 b, c가 존재한다. 따라서

$$dc = 2^k = db + 1,\ \text{즉},\ d(c-b) = dc - db = 1$$

이므로 $d \mid 1$이다. 따라서 정리 2.1.6 (7)에 의하여 $d = 1$, 즉 $(2^k - 1,\ 2^k) = 1$이다. 그러므로 정리 2.1.16에 의하여 $(2^k - 1) \mid m$이고, 따라서 $m = (2^k - 1)q$를 만족하는 양의 정수 q가 존재한다. 그러므로 $q \mid m$이고, 또한

$$m + q = (2^k - 1)q + q = 2^k q - q + q = 2^k q$$

이다. 더욱이 $2^k - 1 > 1$이므로 $q < m$이다. 따라서

$$(2^k - 1)\sigma(m) = 2^k m = 2^k (2^k - 1)q$$

이므로 $\sigma(m) = 2^k q$이다. 따라서 m과 q는 m의 양의 약수이고, 또한 $\sigma(m)$은 m의 모든 양의 약수들의 합이므로

$$2^k q = \sigma(m) \geq m + q = 2^k q$$

이다. 따라서 $\sigma(m) = m + q$이다. 따라서 m과 q는 m의 유일한 양의 약수이다. 따라서 m은 소수이고 $q = 1$이다. 따라서 $m = 2^k - 1$이므로

$$n = 2^{k-1}(2^k - 1)$$

이다. 그러므로 n은 (2.5.1)의 꼴로 표시된다. ❑

$M_p = 2^p - 1$이 메르센 소수이면 정리 2.5.6에 의하여

$$n = 2^{p-1}M_p$$

는 완전수이다. 더욱이 모든 짝수인 완전수 n은 $n = 2^{p-1}M_p$의 꼴로 표시된다.

보기 2.5.7

보기 2.5.5에 의하여

$$M_2 = 2^2 - 1 = 3, \quad M_3 = 2^3 - 1 = 7, \quad M_5 = 2^5 - 1 = 31, \quad M_7 = 2^7 - 1 = 127$$

은 메르센 소수이고, 또한

$$6 = 2(2^2 - 1) = 2M_2, \qquad 28 = 2^2(2^3 - 1) = 2^2 M_3,$$
$$496 = 2^4(2^5 - 1) = 2^4 M_5, \quad 8128 = 2^6(2^7 - 1) = 2^6 M_7$$

이므로 6, 28, 496, 8128은 완전수이다(홀수인 완전수는 아직까지 발견되지 않았으며, 완전수가 무한히 많은가의 여부도 아직까지 밝혀지지 않았다).

정리 2.5.8

양의 정수 m에 대하여 $2^m + 1$이 소수이면 m은 $m = 2^n \ (n \in \mathbb{N})$의 꼴로 표시된다.

증명 $m = 1$이면 $n = 0$에 대하여

$$3 = 2^1 + 1, \quad 1 = 2^0$$

이고, 또한 $m = 2$이면 $n = 1$에 대하여

$$5 = 2^2 + 1, \quad 2 = 2^1$$

이다. $m = 3$이면

$$2^m + 1 = 2^3 + 1 = 8 + 1 = 9$$

이므로 $2^m + 1$은 소수가 아니다. $m > 3$인 m에 대하여 $2^m + 1$이 소수라 하자. m이 홀수인 약수 $d\,(1 < d \le m)$를 갖는다고 하면 $m = db$를 만족하는 정수 $b\,(m > b \ge 1)$가 존재한다. 초항이 1이고 공비가 $r = -2^b$인 등비수열의 d항까지의 합

$$1 + r + r^2 + \cdots + r^{d-1} = \frac{1 - r^d}{1 - r} = \frac{1 - (-2^b)^d}{1 - (-2^b)}$$
$$= \frac{1 - (-1)^d (2^b)^d}{1 + 2^b} = \frac{1 + 2^{db}}{1 + 2^b} = \frac{1 + 2^m}{1 + 2^b}$$

은 정수이다. 따라서 2^b+1은 2^m+1의 약수이고, 또한

$$1 < 2^b + 1 < 2^{db} + 1 = 2^m + 1$$

이므로 2^m+1은 소수가 아니다. 이는 가정에 모순이다. 따라서 1보다 큰 m의 모든 약수는 짝수뿐이다. 그러므로 적당한 $n \in \mathbb{N}$에 대하여 $m = 2^n$으로 표시된다. ❑

정의 2.5.9

$n \in \mathbb{N}$에 대하여

$$F_n = 2^{2^n} + 1$$

꼴의 정수를 **페르마 수**(Fermat number)라 한다. 특히 F_n이 소수이면 F_n을 **페르마 소수**(Fermat prime)라 한다.

보기 2.5.10

$$F_0 = 2^{2^0} + 1 = 3, \quad F_1 = 2^{2^1} + 1 = 5,$$
$$F_2 = 2^{2^2} + 1 = 17, \quad F_3 = 2^{2^3} + 1 = 257, \quad F_4 = 2^{2^4} + 1 = 65537$$

은 모두 소수이므로 F_0, F_1, F_2, F_3, F_4는 모두 페르마 소수이다(페르마 소수가 무한히 많은가의 여부는 아직까지 밝혀지지 않았다. 실제로 지금까지 알려진 페르마 소수는 이들뿐이다).

보기 2.5.11

페르마 수

$$F_5 = 2^{2^5} + 1 = 4294967297$$

을 생각하자. $a = 2^7$, $b = 5$라 하자. 그러면

$$1 + ab = 1 + 2^7 \cdot 5 = 641$$

이다. 또한

$$a - b^3 = 2^7 - 5^3 = 128 - 125 = 3$$

이므로

$$1+ab-b^4=1+(a-b^3)b=1+3b=1+3\cdot 5=16=2^4$$

이다. 따라서

$$\begin{aligned}F_5&=2^{2^5}+1=2^{32}+1=2^4\cdot 2^{28}+1=2^4\cdot (2^7)^4+1\\&=2^4\cdot a^4+1=(1+ab-b^4)a^4+1\\&=(1+ab)a^4+(1-a^4b^4)\\&=(1+ab)a^4+(1+a^2b^2)(1-a^2b^2)\\&=(1+ab)a^4+(1+a^2b^2)(1+ab)(1-ab)\\&=(1+ab)(a^4+(1+a^2b^2)(1-ab))\\&=641\cdot (a^4+(1+a^2b^2)(1-ab))\end{aligned}$$

이다. 따라서 $641 \mid F_5$이고, 또한 $1<641<F_5$이다. 그러므로 F_5는 페르마 소수가 아니다.

정리 2.5.12

페르마 수 F_n에 대하여 다음이 성립한다.

(1) $F_n-1=(F_{n-1}-1)^2\ (n\geq 1)$

(2) $F_n-2=F_{n-1}F_{n-2}\cdots F_2F_1F_0\ (n\geq 1)$

(3) $m>n\geq 0$에 대하여 $(F_m, F_n)=1$이다.

증명

(1)

$$\begin{aligned}F_n-1&=2^{2^n}+1-1=2^{2^n}=2^{2^{n-1}\cdot 2}\\&=\left(2^{2^{n-1}}\right)^2=\left(\left(2^{2^{n-1}}+1\right)-1\right)^2=(F_{n-1}-1)^2\end{aligned}$$

(2)

$$\begin{aligned}F_n-2&=2^{2^n}+1-2=2^{2^n}-1=2^{2^{n-1}\cdot 2}-1\\&=\left(2^{2^{n-1}}\right)^2-1=\left(2^{2^{n-1}}+1\right)\left(2^{2^{n-1}}-1\right)\\&=F_{n-1}\left(\left(2^{2^{n-1}}+1\right)-2\right)\\&=F_{n-1}(F_{n-1}-2)\end{aligned}$$

즉,

$$F_n-2=F_{n-1}(F_{n-1}-2) \tag{2.5.2}$$

이다. 따라서 (2.5.2)를 반복 이용하면

$$\begin{aligned} F_n - 2 &= F_{n-1}(F_{n-1} - 2) \\ &= F_{n-1}F_{n-2}(F_{n-2} - 2) \\ &= F_{n-1}F_{n-2}F_{n-3}(F_{n-3} - 2) \\ &\cdots \\ &= F_{n-1}F_{n-2}F_{n-3} \cdots F_2(F_2 - 2) \\ &= F_{n-1}F_{n-2}F_{n-3} \cdots F_2F_1(F_1 - 2) \\ &= F_{n-1}F_{n-2}F_{n-3} \cdots F_2F_1F_0(F_0 - 2) \end{aligned}$$

이다. 이때

$$F_0 - 2 = 2^{2^0} + 1 - 2 = 2 - 1 = 1$$

이므로

$$F_n - 2 = F_{n-1}F_{n-2}F_{n-3} \cdots F_2F_1F_0$$

이다.

(3) $(F_m, F_n) = d$라 하면 $d \mid F_m$, $d \mid F_n$이고, 또한 (2)에 의하여

$$F_m - 2 = F_{m-1}F_{m-2} \cdots F_{n+1}F_nF_{n-1} \cdots F_2F_1F_0$$

이다. 따라서 정리 2.1.7에 의하여 $d \mid 2$이다. 따라서 $d = 1$ 또는 $d = 2$이다. 그런데 F_m과 F_n은 홀수이므로 $d = 1$이어야 한다. 따라서 $(F_m, F_n) = 1$이다. ❑

2.5 ▌연습문제

01 m, n을 양의 정수라 할 때, 다음을 증명하라.

(1) $m \mid n$ 이면 $M_m \mid M_n$ 이다.

(2) $(m,\ n) = d$ 이면 $(M_m,\ M_n) = M_d$ 이다.

(3) (2009학년도 중등임용시험 17번) $(M_m,\ M_n) = 1$ 이기 위한 필요충분조건은 $(m,\ n) = 1$ 인 것이다.

02 (1) 메르센 수 $M_{651} = 2^{651} - 1$ 의 인수 중에서 메르센 수인 것을 찾아라.

(2) 메르센 수 $M_{11} = 2^{11} - 1$, $M_{13} = 2^{13} - 1$, $M_{23} = 2^{23} - 1$ 은 쌍마다 서로소임을 보여라.

(3) 정수 $2^{18} + 1$ 을 표준분해하라.

03 (1) 페르마 수 $F_{20} = 2^{2^{20}} + 1$ 의 인수 중에서 페르마 수인 것을 찾아라.

(2) 정수 $2^{120} + 1$ 의 인수 중에서 페르마 소수인 것을 찾아라.

(3) 정수 $2^{32} - 1$ 을 표준분해하라.

04 n 을 양의 정수라 할 때, 다음을 증명하라.

(1) $\displaystyle\sum_{d \mid n} \frac{1}{d} = \frac{\sigma(n)}{n}$ 이다.

(2) n 이 완전수이면 $\displaystyle\sum_{d \mid n} \frac{1}{d} = 2$ 이다.

05 n 을 완전수라 하고 $d\,(d \neq n)$ 를 n 의 양의 약수라 할 때, d 는 완전수가 아님을 보여라.

06 $k\,(>1)$ 를 정수라 할 때, $2^k - 1$ 이 소수이면 다음이 성립함을 보여라.

(1) $n = 2^{k-1} + 2^k + 2^{k+1} + \cdots + 2^{2k-2}$ 은 완전수이다. 더욱이 모든 짝수인 완전수는 이와 같은 꼴로 표시된다.

(2) $n = 1 + 2 + 3 + \cdots + (2^k - 1)$ 은 완전수이다. 더욱이 모든 짝수인 완전수는 이와

같은 꼴로 표시된다.

(3) 보기 2.5.7에 의하여 6, 28, 496은 완전수임을 알 수 있다. 이 완전수들을 각각 (1)과 (2)의 꼴로 표시하라.

07 n을 $n=2^{k-1}(2^k-1)\,(k>1)$의 꼴로 표시되는 완전수라 할 때, $\phi(n)=2^{k-1}(2^{k-1}-1)$임을 보여라.

08 n을 양의 정수라 하고 k를 $k \geq 3$인 정수라 할 때, n이 $\sigma(n)=kn$을 만족하면 n을 **k-완전수**(k-perfect number)라 한다.

(1) 672는 3-완전수임을 보여라.

(2) $30240 = 2^5 \cdot 3^3 \cdot 5 \cdot 7$은 4-완전수임을 보여라.

(3) $14182439040 = 2^7 \cdot 3^4 \cdot 5 \cdot 7 \cdot 11^2 \cdot 17 \cdot 19$는 5-완전수임을 보여라.

09 m, n을 양의 정수라 할 때,

$$\sigma(m)-m=n,\ \ \sigma(n)-n=m$$

즉, $\sigma(m)=\sigma(n)=m+n$을 만족하면 이 두 정수의 쌍을 **친화쌍**(amicable pair)이라 한다.

(1) $220=2^2 \cdot 5 \cdot 11$, $284=2^2 \cdot 71$은 친화쌍임을 보여라.

(2) $17296=2^4 \cdot 23 \cdot 47$, $18416=2^4 \cdot 1151$은 친화쌍임을 보여라.

(3) 소수 p는 어떠한 양의 정수와도 친화쌍을 이루지 못함을 보여라.

10 n을 양의 정수라 하자. n이 $\sigma(n)<2n$을 만족하면 n을 **부족수**(deficient number)라 하고, n이 $\sigma(n)>2n$을 만족하면 n을 **초과수**(abundant number)라 한다.

(1) 1부터 20까지의 정수를 완전수, 부족수, 초과수로 분류하라.

(2) n이 $n=2^{k-1}(2^k-1)$ $(k>1)$의 꼴로 표시될 때, 2^k-1이 합성수이면 n은 초과수임을 보여라.

(3) n을 $n=2^{k-1}(2^k-1)$ $(k>1)$의 꼴로 표시되는 완전수라 할 때, $d\,|\,n$ $(1<d<n)$이면 d는 부족수임을 보여라.

2.6 ▌정수의 여러 가지 표현

정리 2.6.1

$b, m \in \mathbb{Z}\,(b > 1, m > 0)$라 하자. 그러면 m은 $1 \le a_n < b$, $0 \le a_i < b\,(i = 0, 1, 2, \cdots, n-1)$을 만족하는 정수 $a_0, a_1, a_2, \cdots, a_n$에 대하여

$$m = a_n b^n + a_{n-1} b^{n-1} + \cdots + a_2 b^2 + a_1 b + a_0 \tag{2.6.1}$$

의 꼴로 유일하게 표시된다.

▌증명 $m < b$이면 $a_0 = m$으로 생각하면 (2.6.1)은 성립한다. $m \ge b$이면 정리 2.1.1에 의하여

$$m = bq_1 + a_0, \quad 0 \le a_0 < b$$

를 만족하는 정수 q_1, a_0가 유일하게 존재한다. $q_1 \ge b$이면 정리 2.1.1에 의하여

$$q_1 = bq_2 + a_1, \quad 0 \le a_1 < b$$

를 만족하는 정수 q_2, a_1이 유일하게 존재한다. $q_2 \ge b$이면 정리 2.1.1에 의하여

$$q_2 = bq_3 + a_2, \quad 0 \le a_2 < b$$

를 만족하는 정수 q_3, a_2가 유일하게 존재한다. $q_3 \ge b$이면 다시 이 방법을 계속한다. 그러나

$$m > q_1 > q_2 > q_3 > \cdots > 0$$

이므로 이 방법은 한없이 계속될 수 없다. 가령 n번 시행한 후에

$$q_{n-1} = bq_n + a_{n-1}, \quad 0 \le a_{n-1} < b$$

를 만족하는 정수 q_n, a_{n-1}이 존재하고, 또한 $0 < q_n < b$라 하자. 이제 $a_n = q_n$이라 하면

$$\begin{aligned} m &= bq_1 + a_0 \\ &= b(bq_2 + a_1) + a_0 \\ &= b^2 q_2 + a_1 b + a_0 \end{aligned}$$

$$
\begin{aligned}
&= b^2(bq_3 + a_2) + a_1 b + a_0 \\
&= b^3 q_3 + a_2 b^2 + a_1 b + a_0 \\
&\quad \cdots \\
&= b^{n-1} q_{n-1} + a_{n-2} b^{n-2} + \cdots + a_2 b^2 + a_1 b + a_0 \\
&= b^{n-1}(bq_n + a_{n-1}) + a_{n-2} b^{n-2} + \cdots + a_2 b^2 + a_1 b + a_0 \\
&= q_n b^n + a_{n-1} b^{n-1} + a_{n-2} b^{n-2} + \cdots + a_2 b^2 + a_1 b + a_0 \\
&= a_n b^n + a_{n-1} b^{n-1} + a_{n-2} b^{n-2} + \cdots + a_2 b^2 + a_1 b + a_0
\end{aligned}
$$

이다. 다음, m이 $1 \le k_t < b$, $0 \le k_i < b$ $(i = 0, 1, 2, \cdots, t-1)$을 만족하는 정수 k_0, k_1, k_2, $\cdots$, k_t에 대하여

$$m = k_t b^t + k_{t-1} b^{t-1} + \cdots + k_2 b^2 + k_1 b + k_0 \tag{2.6.2}$$

와 같이 (2.6.1)과 다르게 표시된다고 하자. 편의상 $n \le t$라 가정하자(이 가정은 일반성을 잃지 않는다). $d_i = a_i - k_i$ $(i = 0, 1, 2, \cdots, n)$이라 하면 $-b < -k_i \le 0$ $(i = 0, 1, 2, \cdots, n)$이므로

$$-b < a_i - k_i = d_i < b \quad (i = 0, 1, 2, \cdots, n)$$

이다. (2.6.1)과 (2.6.2)에 의하여

$$
\begin{aligned}
&k_t b^t + k_{t-1} b^{t-1} + \cdots + k_{n+1} b^{n+1} \\
&\quad = (a_n - k_n) b^n + (a_{n-1} - k_{n-1}) b^{n-1} + \cdots + (a_2 - k_2) b^2 + (a_1 - k_1) b + (a_0 - k_0) \\
&\quad = d_n b^n + d_{n-1} b^{n-1} + \cdots + d_2 b^2 + d_1 b + d_0
\end{aligned}
$$

이므로 정리 2.1.7에 의하여 $b \mid d_0$이다. 따라서 $d_0 = 0$, 즉 $a_0 = k_0$이다. 다음, $d_i \ne 0$인 i $(1 \le i \le n)$가 존재한다고 하고 d_1, d_2, $\cdots$, d_n 중에서 최초로 0이 아닌 정수를 d_r라 하자. 즉, $d_r \ne 0$. 그러면

$$k_t b^t + k_{t-1} b^{t-1} + \cdots + k_{n+1} b^{n+1} = d_n b^n + d_{n-1} b^{n-1} + \cdots + d_{r+1} b^{r+1} + d_r b^r$$

이므로

$$k_t b^{t-r} + k_{t-1} b^{t-1-r} + \cdots + k_{n+1} b^{n+1-r} = d_n b^{n-r} + d_{n-1} b^{n-1-r} + \cdots + d_{r+1} b + d_r$$

이다. 따라서 정리 2.1.7에 의하여 $b \mid d_r$이므로 $d_r = 0$이 되어 모순이다. 따라서 모든 i $(0 \le i$

$\leq n$)에 대하여 $d_i = 0$, 즉 $a_i = k_i$이다. 그러므로

$$k_t b^t + k_{t-1} b^{t-1} + \cdots + k_{n+1} b^{n+1} = 0$$

이다. 따라서 $b > 1$, $k_i \geq 0$ $(i = n+1, n+2, \cdots, t)$이므로

$$k_{n+1} = k_{n+2} = \cdots = k_t = 0$$

이다. 따라서 $1 \leq k_t$이므로 이것은 모순이다. 따라서 $t = n$이어야 한다. 그러므로 (2.6.1)의 표시는 유일하다. ❑

정수 $m(>0)$이 (2.6.1)과 같이 표시될 때, m을

$$m = (a_n a_{n-1} \cdots a_2 a_1 a_0)_b \quad \text{또는} \quad m = a_n a_{n-1} \cdots a_2 a_1 a_{0\,(b)}$$

로 표시하고 **m을 b 진법으로 나타낸다**고 한다. 특히 $b = 10$인 경우는

$$m = (a_n a_{n-1} \cdots a_2 a_1 a_0)_{10}$$

대신에 $m = a_n a_{n-1} \cdots a_2 a_1 a_0$로 표시한다. 또한 컴퓨터에서 정수를 나타낼 때, 주로 2진법, 8진법, 16진법을 사용하는데 정수를 16진법으로 나타낼 때는 (2.6.1)에서 a_i를

$$0, 1, 2, 3, 4, 5, 6, 7, 8, 9, A, B, C, D, E, F$$

와 같은 16개의 숫자와 영문자를 사용하여 표시한다. 이때 A, B, C, D, E, F는 각각 10, 11, 12, 13, 14, 15를 뜻한다.

보기 2.6.2

$$\begin{aligned} 987 &= 6 \cdot 164 + 3 \\ 164 &= 6 \cdot 27 + 2 \\ 27 &= 6 \cdot 4 + 3 \end{aligned} \qquad \begin{array}{r|l} 6 & \underline{987} \\ 6 & \underline{164} \ \cdots\ 3 \\ 6 & \underline{\ \ 27} \ \cdots\ 2 \\ & \ \ \ \ 4 \ \cdots\ 3 \end{array}$$

이므로 987을 6진법으로 나타내면

$$987 = 4 \cdot 6^3 + 3 \cdot 6^2 + 2 \cdot 6 + 3 = (4323)_6$$

이다. 또한 987을 10진법으로 나타내면

$$987 = 9 \cdot 10^2 + 8 \cdot 10 + 7$$

이다. 더욱이 987을 16진법으로 나타내면

$$\begin{aligned} 987 &= 16 \cdot 61 + 11 \\ 61 &= 16 \cdot 3 + 13 \end{aligned} \qquad \begin{array}{r|l} 16 & 987 \\ 16 & 61 \ \cdots\ 11 = B \\ & 3 \ \cdots\ 13 = D \end{array}$$

이므로

$$987 = 3 \cdot 16^2 + 13 \cdot 16 + 11 = (3DB)_{16}$$

이다.

보기 2.6.3

$$\begin{aligned} 107 &= 2 \cdot 53 + 1 \\ 53 &= 2 \cdot 26 + 1 \\ 26 &= 2 \cdot 13 + 0 \\ 13 &= 2 \cdot 6 + 1 \\ 6 &= 2 \cdot 3 + 0 \\ 3 &= 2 \cdot 1 + 1 \end{aligned} \qquad \begin{array}{r|l} 2 & 107 \\ 2 & 53 \ \cdots\ 1 \\ 2 & 26 \ \cdots\ 1 \\ 2 & 13 \ \cdots\ 0 \\ 2 & 6 \ \cdots\ 1 \\ 2 & 3 \ \cdots\ 0 \\ & 1 \ \cdots\ 1 \end{array}$$

이므로 107을 2진법으로 나타내면

$$107 = 1 \cdot 2^6 + 1 \cdot 2^5 + 0 \cdot 2^4 + 1 \cdot 2^3 + 0 \cdot 2^2 + 1 \cdot 2 + 1 = (1101011)_2$$

이다. 더욱이 $107 = (1101011)_2$를 이용하여 107을 4진법, 8진법, 16진법으로 각각 나타내면

$$\begin{aligned} 107 &= 1 \cdot 2^6 + 1 \cdot 2^5 + 0 \cdot 2^4 + 1 \cdot 2^3 + 0 \cdot 2^2 + 1 \cdot 2 + 1 \\ &= 1 \cdot (2^2)^3 + (1 \cdot 2 + 0)(2^2)^2 + (1 \cdot 2 + 0) \cdot 2^2 + (1 \cdot 2 + 1) \\ &= 1 \cdot 4^3 + 2 \cdot 4^2 + 2 \cdot 4 + 3 \\ &= (1223)_4 = (1101011)_2 = (\underbrace{01}_{1}\underbrace{10}_{2}\underbrace{10}_{2}\underbrace{11}_{3})_2 \end{aligned}$$

$$
\begin{aligned}
107 &= 1 \cdot 2^6 + 1 \cdot 2^5 + 0 \cdot 2^4 + 1 \cdot 2^3 + 0 \cdot 2^2 + 1 \cdot 2 + 1 \\
&= 1 \cdot (2^3)^2 + (1 \cdot 2^2 + 0 \cdot 2 + 1) \cdot 2^3 + (0 \cdot 2^2 + 1 \cdot 2 + 1) \\
&= 1 \cdot 8^2 + 5 \cdot 8 + 3 \\
&= (153)_8 = (1101011)_2 = (\underbrace{001}_{1}\,\underbrace{101}_{5}\,\underbrace{011}_{3})_2
\end{aligned}
$$

$$
\begin{aligned}
107 &= 1 \cdot 2^6 + 1 \cdot 2^5 + 0 \cdot 2^4 + 1 \cdot 2^3 + 0 \cdot 2^2 + 1 \cdot 2 + 1 \\
&= (1 \cdot 2^2 + 1 \cdot 2 + 0) \cdot 2^4 + (1 \cdot 2^3 + 0 \cdot 2^2 + 1 \cdot 2 + 1) \\
&= 6 \cdot 16 + 11 \\
&= (6B)_{16} = (1101011)_2 = (\underbrace{0110}_{6}\,\underbrace{1011}_{B})_2
\end{aligned}
$$

이다. 즉, $107 = (1101011)_2 = (1223)_4 = (153)_8 = (6B)_{16}$이다.

2.6 ▌연습문제

01 1부터 20까지의 정수를 각각 2진법, 8진법, 16진법으로 나타내라.

02 정수 47810을 각각 2진법, 8진법, 16진법으로 나타내라.

03 (1) $(101)_2$와 $(101)_5$ 사이의 홀수를 모두 구하라.

(2) $(2002)_8$과 $(ACE)_{16}$ 사이의 짝수의 개수를 구하라.

04 (1) $n = m + 172$이고 $m = (xyz)_5$, $n = (zyx)_7$을 만족하는 양의 정수 m, n을 구하라.

(2) $m = (xyz)_7 = (zyx)_9$를 만족하는 양의 정수 m을 구하라.

05 (1) 8진법으로 나타낼 수 있는 가장 큰 세 자리의 양의 정수를 m이라 하고, 16진법으로 나타낼 수 있는 가장 작은 세 자리의 양의 정수를 n이라 할 때, $|m-n|$을 16진법으로 나타내라.

(2) n진법으로 나타낸 정수 $(559)_n$은 n진법으로 나타낸 정수 $(25)_n$의 제곱과 같다고 할 때, n을 구하라.

06 b, $m \in \mathbb{Z}$ $(b > 1,\ m > 0)$이라 하자. m을 b진법으로 나타낸 것이

$$m = (a_n a_{n-1} \cdots a_2 a_1 a_0)_b$$

라 할 때, 다음에 답하라.

(1) mb^t $(t \in \mathbb{Z},\ t \geq 0)$을 b진법으로 나타내라.

(2) m을 b^t $(t \in \mathbb{Z},\ 0 \leq t \leq n)$으로 나누었을 때의 몫 q와 나머지 r를 각각 구하라.

제3장 합동, 합동식

—— 3.1 합동

—— 3.2 합동식

—— 3.3 이차잉여

3.1 ▎합동

정수론은 여러 종류의 숫자의 관계성을 연구하는 학문이다. 많은 수학자는 어떠한 기준으로 숫자의 관계성을 분류하는 연구를 하여 왔다. 합동의 개념은 독일의 수학자 가우스(C. F. Gauss, 1777~1855)가 1801년에 저술한 《산술논고(Disquistiones Arithmeticae)》의 첫 장에서 처음으로 소개하였는데, 가우스는 "수 m이 수 a와 b의 차를 측정할 수 있다면 a와 b는 m에 관하여 합동이라고 말하고 그렇지 않으면 합동이 아니다."라고 하였다.

정의 3.1.1

m을 양의 정수라 하자. $\mathbb{Z}$ 위의 관계

$$R = \{(a, b) \mid (a, b) \in \mathbb{Z} \times \mathbb{Z},\ m \mid (a-b)\}$$

를 $\mathbb{Z}$ 위의 **법 m에 관한 합동관계** 또는 간단히 **법 m에 관한 합동관계**(congruence relation modulo m)라 한다. 앞으로 R 대신에 기호 $\equiv$로 표시한다. 또한 aRb 대신에 $a \equiv b \pmod{m}$으로 표시하고, **a는 법 m에 관하여 b에 합동**(a is congruent to b modulo m) 또는 **a는 b에 합동**이라 한다(따라서

$$a \equiv b \pmod{m} \ \Leftrightarrow\ aRb \ \Leftrightarrow\ (a, b) \in R \ \Leftrightarrow\ m \mid (a-b)$$

이다). a가 법 m에 관하여 b에 합동이 아닐 때, $a \not\equiv b \pmod{m}$으로 표시한다.

보기 3.1.2

$$4 \equiv 1 \pmod{3},\quad 26 \equiv 2 \pmod{3},\quad 9 \equiv 0 \pmod{3}$$
$$17 \equiv 1 \pmod{4},\quad 6 \equiv -2 \pmod{4},\quad 5 \not\equiv 2 \pmod{4}$$

정리 3.1.3

m을 양의 정수라 하자. $a, b \in \mathbb{Z}$에 대하여 다음 세 주장은 서로 동치이다.

(1) $a \equiv b \pmod{m}$

(2) $a = b + mt$를 만족하는 정수 t가 존재한다.

(3) $$a = mq_1 + r,\ b = mq_2 + r,\ 0 \le r < m$$

를 만족하는 정수 q_1, q_2, r가 존재한다.

▌증명

(1)⇒(2). $a \equiv b \pmod{m}$이라 하면 $m \mid (a-b)$이므로 $a-b=mt$, 즉 $a=b+mt$를 만족하는 정수 t가 존재한다.

(2)⇒(3). $a=b+mt$를 만족하는 정수 t가 존재한다고 하자. 정리 2.1.1에 의하여

$$b = mq + r, \quad 0 \le r < m$$

을 만족하는 정수 q, r가 유일하게 존재한다. 따라서

$$a = b + mt = (mq + r) + mt = m(q+t) + r$$

이다. 이때 $q_1 = q + t$, $q_2 = q$라 하면

$$a = mq_1 + r, \quad b = mq_2 + r, \quad 0 \le r < m$$

이다.

(3)⇒(1). $a = mq_1 + r$, $b = mq_2 + r$, $0 \le r < m$를 만족하는 정수 q_1, q_2, r가 존재한다고 하자. 그러면

$$a - b = (mq_1 + r) - (mq_2 + r) = m(q_1 - q_2)$$

이므로 $m \mid (a-b)$이다. 따라서 $a \equiv b \pmod{m}$이다. ❑

정리 3.1.3에 의하여 다음이 성립한다.

$a \equiv b \pmod{m}$ ⇔ $a-b$는 m에 의하여 나누어떨어진다.
⇔ a를 m으로 나눌 때의 나머지와 b를 m으로 나눌 때의 나머지는 같다.

정리 3.1.4

m을 양의 정수라 할 때, $\mathbb{Z}$ 위의 법 m에 관한 합동관계 $\equiv$는 $\mathbb{Z}$ 위의 동치관계이다. 즉, a, b, $c \in \mathbb{Z}$라 하면 다음이 성립한다.

(1) 모든 $a \in \mathbb{Z}$에 대하여 $a \equiv a \pmod{m}$이다.

(2) $a \equiv b \pmod{m} \ \Rightarrow\ b \equiv a \pmod{m}$

(3) $a \equiv b \pmod{m},\ b \equiv c \pmod{m} \ \Rightarrow\ a \equiv c \pmod{m}$

증명

(1) 정리 2.1.6 (1)에 의하여 임의의 $a \in \mathbb{Z}$에 대하여 $m \mid (a-a)$이므로 $a \equiv a \pmod{m}$이다.

(2) $a \equiv b \pmod{m}$라 하면 $m \mid (a-b)$이고, 또한 $b-a=(-1)(a-b)$이므로 정리 2.1.6 (2)에 의하여 $m \mid (b-a)$이다. 따라서 $b \equiv a \pmod{m}$이다.

(3) $a \equiv b \pmod{m}$, $b \equiv c \pmod{m}$이라 하면 $m \mid (a-b)$, $m \mid (b-c)$이므로 정리 2.1.6 (4)에 의하여 $m \mid (a-c)$이다. 따라서 $a \equiv c \pmod{m}$이다. ❑

$a \equiv b \pmod{m}$, $b \equiv c \pmod{m}$이면 정리 3.1.4 (3)에 의하여 $a \equiv c \pmod{m}$이다. 앞으로 편리를 위하여 이 사실을

$$a \equiv b \equiv c \pmod{m}$$

으로 표시할 때도 있다.

정리 3.1.5

m을 양의 정수라 하고 $a,\ b,\ a_i,\ b_i \in \mathbb{Z}\ (i=1, 2, \cdots, k)$라 하자.

$$a_i \equiv b_i \pmod{m} \quad (i=1, 2, \cdots, k)$$

라 하면 다음이 성립한다.

(1)
$$a_1+a_2+\cdots+a_k \equiv b_1+b_2+\cdots+b_k \pmod{m}$$

특히 $a \equiv b \pmod{m}$이라 할 때, 모든 $n \in \mathbb{N}$과 모든 $c \in \mathbb{Z}$에 대하여

$$na \equiv nb \pmod{m},\ a+c \equiv b+c \pmod{m}$$

이다.

(2)
$$a_1a_2\cdots a_k \equiv b_1b_2\cdots b_k \pmod{m}$$

특히 $a \equiv b \pmod{m}$이라 할 때, 모든 $n \in \mathbb{N}$과 모든 $c \in \mathbb{Z}$에 대하여

$$a^n \equiv b^n \pmod{m},\ ac \equiv bc \pmod{m}$$

이다.

증명 정리 3.1.3에 의하여 $a_i = b_i + mt_i\ (i=1, 2, \cdots, k)$를 만족하는 정수 t_i가 존재한다.

(1) $$\begin{aligned} a_1+a_2+\cdots+a_k &= (b_1+mt_1)+(b_2+mt_2)+\cdots+(b_k+mt_k) \\ &= (b_1+b_2+\cdots+b_k)+m(t_1+t_2+\cdots+t_k) \end{aligned}$$

이므로 정리 3.1.3에 의하여

$$a_1+a_2+\cdots+a_k \equiv b_1+b_2+\cdots+b_k \pmod{m} \tag{3.1.1}$$

이다. 다음, $a \equiv b \pmod{m}$이라 하자. $n \geq 2$인 경우는 (3.1.1)에서 $k=n$, $a_i=a$, $b_i=b\ (i=1, 2, \cdots, n)$으로 생각하면

$$na \equiv nb \pmod{m}$$

가 얻어진다. $n=1$인 경우는 분명히

$$1a = a \equiv b = 1b \pmod{m}$$

이고, $n=0$인 경우는 정리 3.1.4 (1)에 의하여

$$0a = 0 \equiv 0 = 0b \pmod{m}$$

이다. 또한 정리 3.1.4 (1)에 의하여 $c \equiv c \pmod{m}$이므로 (3.1.1)을 이용하면

$$a+c \equiv b+c \pmod{m}$$

이다.

(2) $$a_1a_2\cdots a_k = (b_1+mt_1)(b_2+mt_2)\cdots(b_k+mt_k)$$

의 우변을 전개하면 $b_1b_2\cdots b_k$를 제외한 모든 항은 m의 배수이므로 이들 항을 m으로 묶어서

$$a_1a_2\cdots a_k = b_1b_2\cdots b_k + mt, \quad t \in \mathbb{Z}$$

의 형태로 표시할 수 있다. 따라서 정리 3.1.3에 의하여

$$a_1a_2\cdots a_k \equiv b_1b_2\cdots b_k \pmod{m} \tag{3.1.2}$$

이다. 다음, $a \equiv b \pmod{m}$이라 하자. $n \geq 2$인 경우는 (3.1.2)에서 $k=n$, $a_i=a$, $b_i=b\ (i=1, 2, \cdots, n)$으로 생각하면

$$a^n \equiv b^n \pmod{m}$$

이다. $n=1$인 경우는 분명히

$$a^1 = a \equiv b = b^1 \pmod{m}$$

이고, $n=0$인 경우는 정리 3.1.4 (1)에 의하여

$$a^0 = 1 \equiv 1 = b^0 \pmod{m}$$

이다. 또한 정리 3.1.4 (1)에 의하여 $c \equiv c \pmod{m}$이므로 (3.1.2)를 이용하면

$$ac \equiv bc \pmod{m}$$

이다. ❑

보기 3.1.6

$$a = 1! + 2! + 3! + 4! + 5! + 6! + \cdots + 199! + 200!$$

이라 하자. n을 $n \geq 5$인 정수라 하면

$$5! = 120 \equiv 0 \pmod{15}$$

이므로 정리 3.1.5 (2)에 의하여

$$n! = 5! \cdot 6 \cdot 7 \cdot \cdots \cdot n \equiv 0 \cdot 6 \cdot 7 \cdot \cdots \cdot n = 0 \pmod{15}$$

이다. 따라서 정리 3.1.4 (1)과 정리 3.1.5 (1)에 의하여

$$a \equiv 1! + 2! + 3! + 4! + 0 + 0 + \cdots + 0 = 33 \pmod{15}$$

이다. 또한

$$33 \equiv 3 \pmod{15}$$

이다. 따라서 정리 3.1.4 (3)에 의하여

$$a \equiv 3 \pmod{15}$$

이다. 따라서 $15 \mid (a-3)$, 즉 a를 15로 나눌 때의 나머지는 3이다.

보기 3.1.7

3^{20}을 43으로 나눌 때의 나머지를 구하여 보자.

$$3^4 = 9^2 = 81 \equiv -5 \pmod{43}$$

이므로 정리 3.1.5 (2)에 의하여

$$3^{20} = (3^4)^5 \equiv (-5)^5 = (-25) \cdot 125 \pmod{43}$$

이다. 또한

$$125 \equiv -4 \pmod{43}$$

이므로 정리 3.1.5 (2)에 의하여

$$(-25) \cdot 125 \equiv (-25) \cdot (-4) = 100 \pmod{43}$$

이다. 또한

$$100 \equiv 14 \pmod{43}$$

이므로 정리 3.1.4 (3)에 의하여

$$3^{20} \equiv 4 \pmod{43}$$

이다. 따라서 3^{20}을 43으로 나눌 때의 나머지는 14이다.

보기 3.1.8

$3^{42} \cdot 5^{24} - 4$가 43으로 나누어떨어짐을 보이자. 보기 3.1.7에 의하여 $3^{20} \equiv 14 \pmod{43}$이므로 정리 3.1.5 (2)에 의하여

$$3^{21} = 3^{20} \cdot 3 \equiv 14 \cdot 3 = 42 \equiv -1 \pmod{43}$$

이다. 따라서 다시 정리 3.1.5 (2)에 의하여

$$3^{42} = (3^{21})^2 \equiv (-1)^2 = 1 \pmod{43}$$

이다. 또한 위와 같은 방법으로

$$5^3 = 125 \equiv -4 \pmod{43},$$
$$5^6 = (5^3)^2 \equiv (-4)^2 = 16 \pmod{43},$$
$$5^{12} = (5^6)^2 \equiv (16)^2 = 256 \equiv -2 \pmod{43}$$

이므로

$$5^{24} = (5^{12})^2 \equiv (-2)^2 = 4 \pmod{43}$$

이고, 따라서

$$3^{42} \cdot 5^{24} \equiv 1 \cdot 4 = 4 \pmod{43}$$

이다. 그러므로 $43 \mid (3^{42} \cdot 5^{24} - 4)$, 즉 $3^{42} \cdot 5^{24} - 4$는 43으로 나누어떨어진다.

정리 3.1.9

m을 양의 정수라 하자.

$$f(x) = c_0 + c_1 x + c_2 x^2 + \cdots + c_n x^n$$
$$g(x) = d_0 + d_1 x + d_2 x^2 + \cdots + d_n x^n$$

을 정수를 계수로 갖는 다항식이라 하고, a, $b \in \mathbb{Z}$에 대하여 $a \equiv b \pmod{m}$이라 하자. 그러면 다음이 성립한다.

(1) $f(a) \equiv f(b) \pmod{m}$, 즉

$$c_0 + c_1 a + c_2 a^2 + \cdots + c_n a^n \equiv c_0 + c_1 b + c_2 b^2 + \cdots + c_n b^n \pmod{m}$$

(2) $c_k \equiv d_k \pmod{m}\ (0 \le k \le n)$이라 하면 $f(a) \equiv g(b) \pmod{m}$, 즉

$$c_0 + c_1 a + c_2 a^2 + \cdots + c_n a^n \equiv d_0 + d_1 b + d_2 b^2 + \cdots + d_n b^n \pmod{m}$$

증명

(1) 정리 3.1.5 (2)에 의하여 $k = 1, 2, \cdots, n$에 대하여

$$c_k a^k \equiv c_k b^k \pmod{m}$$

이고, 또한 정리 3.1.4 (1)에 의하여 $c_0 \equiv c_0 \pmod{m}$이다. 따라서 정리 3.1.5 (1)에 의하여

$$\begin{aligned} f(a) &= c_0 + c_1 a + c_2 a^2 + \cdots + c_n a^n \\ &\equiv c_0 + c_1 b + c_2 b^2 + \cdots + c_n b^n = f(b) \pmod{m} \end{aligned}$$

이다.

(2) 정리 3.1.5 (2)에 의하여 $k = 1, 2, \cdots, n$에 대하여

$$c_k a^k \equiv d_k b^k \pmod{m}$$

이므로 정리 3.1.5 (1)에 의하여

$$\begin{aligned} f(a) &= c_0 + c_1 a + c_2 a^2 + \cdots + c_n a^n \\ &\equiv d_0 + d_1 b + d_2 b^2 + \cdots + d_n b^n = g(b) \pmod m \end{aligned}$$

이다. ❑

보기 3.1.10

$f(x) = 7x^5 - 22x^4 + 8x^2 - 3$이라 할 때, $f(23)$을 5로 나눌 때의 나머지를 구하여 보자. $23 \equiv 3 \pmod 5$이므로 정리 3.1.9 (1)에 의하여

$$f(23) \equiv f(3) \pmod 5$$

이다. 더욱이

$$7 \equiv 2 \pmod 5, \quad -22 \equiv -2 \pmod 5, \quad 8 \equiv 3 \pmod 5, \quad -3 \equiv -3 \pmod 5$$

이므로

$$g(x) = 2x^5 - 2x^4 + 3x^2 - 3$$

이라 하면 정리 3.1.9 (2)에 의하여

$$f(23) \equiv f(3) \equiv g(3) \pmod 5$$

이다. 이때

$$3^2 \equiv 4 \pmod 5, \quad 3^4 \equiv 16 \equiv 1 \pmod 5, \quad 3^5 \equiv 3 \pmod 5$$

이므로

$$f(23) \equiv g(3) \equiv 2 \cdot 3 - 2 \cdot 1 + 3 \cdot 4 - 3 = 13 \equiv 3 \pmod 5$$

이다. 따라서 $f(23)$을 5로 나눌 때의 나머지는 3이다.

정리 3.1.11

b를 양의 정수라 하고 a_i $(i = 0, 1, 2, \cdots, n)$를 $0 \le a_i < 10$인 정수라 할 때,

$$b = a_n \cdot 10^n + a_{n-1} \cdot 10^{n-1} + \cdots + a_2 \cdot 10^2 + a_1 \cdot 10 + a_0$$

라 하자.

(1) $c = a_n + a_{n-1} + \cdots + a_2 + a_1 + a_0$라 하면

$$b \equiv c \pmod{3},\quad b \equiv c \pmod{9}$$

이다. 또한 $3 \mid b \;\Leftrightarrow\; 3 \mid c$ (각각 $9 \mid b \;\Leftrightarrow\; 9 \mid c$)이다.

(2) $d = a_0 - a_1 + a_2 - a_3 + \cdots + (-1)^n a_n$이라 하면

$$b \equiv d \pmod{11}$$

이다. 또한 $11 \mid b \;\Leftrightarrow\; 11 \mid d$이다.

증명 $f(x) = a_n x^n + a_{n-1} x^{n-1} + \cdots + a_2 x^2 + a_1 x + a_0$라 하자.

(1) $10 \equiv 1 \pmod{3}$(각각 $10 \equiv 1 \pmod{9}$)이므로 정리 3.1.9 (1)에 의하여

$$b = f(10) \equiv f(1) = c \pmod{3} \tag{3.1.3}$$
$$(\text{각각 } b = f(10) \equiv f(1) = c \pmod{9})$$

이다. 따라서

$$\begin{aligned} 3 \mid b \;&\Leftrightarrow\; b \equiv 0 \pmod{3} \\ &\Leftrightarrow\; c \equiv 0 \pmod{3} \quad ((3.1.3)\text{과 정리 } 3.1.4\,(2),(3)\text{에 의하여}) \\ &\Leftrightarrow\; 3 \mid c \end{aligned}$$

이고, 또한 같은 방법으로 $9 \mid b \;\Leftrightarrow\; 9 \mid c$ 임을 증명할 수 있다.

(2) $10 \equiv -1 \pmod{11}$이므로 정리 3.1.9 (1)에 의하여

$$b = f(10) \equiv f(-1) = d \pmod{11} \tag{3.1.4}$$

이다. 따라서 (1)과 같은 방법으로 (3.1.4)를 이용하면 $11 \mid b \;\Leftrightarrow\; 11 \mid d$ 임을 증명할 수 있다. ❑

보기 3.1.12

$$b = 583461 = 5 \cdot 10^5 + 8 \cdot 10^4 + 3 \cdot 10^3 + 4 \cdot 10^2 + 6 \cdot 10 + 1$$

이고, 또한

$$c = 5 + 8 + 3 + 4 + 6 + 1 = 27$$

$$d = 1 - 6 + 4 - 3 + 8 - 5 = -1$$

이다. 따라서 $3 \mid 27$, $9 \mid 27$이므로 $3 \mid 583461$, $9 \mid 583461$이지만, $11 \nmid (-1)$이므로 $11 \nmid 583461$이다. 실제로 $b = 583461 \equiv -1 \equiv 10 \pmod{11}$이므로 583461을 11로 나눌 때의 나머지는 10이다.

다음, $b = 380919$를 생각하자.

$$c = 3 + 8 + 0 + 9 + 1 + 9 = 30$$
$$d = 9 - 1 + 9 - 0 + 8 - 3 = 22$$

이고, 또한 $3 \mid 30$, $11 \mid 22$이므로 $3 \mid 380919$, $11 \mid 380919$이다. 그러나 $9 \nmid 30$이므로 $9 \nmid 380919$이다. 실제로 $b = 380919 \equiv 30 \equiv 3 \pmod 9$이므로 380919를 9로 나눌 때의 나머지는 3이다.

정리 3.1.13

m, d를 양의 정수라 하고 a, b, $c \in \mathbb{Z}$라 하자. 그러면 다음이 성립한다.

(1) $ac \equiv bc \pmod m$, $(m, c) = 1 \;\Rightarrow\; a \equiv b \pmod m$

(2) $a \equiv b \pmod m$, $d \mid m \;\Rightarrow\; a \equiv b \pmod d$

(3) $a \equiv b \pmod m \;\Leftrightarrow\; ad \equiv bd \pmod{md}$

증명

(1) $ac \equiv bc \pmod m$라 하면 $m \mid (a-b)c$이고, 또한 $(m, c) = 1$이므로 정리 2.1.16에 의하여 $m \mid (a-b)$이다. 따라서 $a \equiv b \pmod m$이다.

(2) $d \mid m$, $m \mid (a-b)$이므로 정리 2.1.6 (3)에 의하여 $d \mid (a-b)$이다. 따라서 $a \equiv b \pmod d$이다.

(3) 정리 2.1.6 (5)에 의하여

$$m \mid (a-b) \;\Leftrightarrow\; md \mid (a-b)d, \text{ 즉 } md \mid (ad - bd)$$

이다. 따라서 $a \equiv b \pmod m \;\Leftrightarrow\; ad \equiv bd \pmod{md}$이다. ❑

정리 3.1.14

m, a, b, $d \in \mathbb{Z}$ $(m > 0,\ d \neq 0)$라 하고 $a \equiv b \pmod m$이라 하자. 그러면 다음이 성립한다.

(1) $(a, m) = (b, m)$
(2) $d \mid a$, $d \mid m$이면 $d \mid b$이다.

▌증명 $a \equiv b \pmod{m}$이므로 정리 3.1.3에 의하여 $a = b + mt$를 만족하는 정수 t가 존재한다. 따라서

(1) 정리 2.1.17에 의하여 $(a, m) = (m, b) = (b, m)$이다.

(2) $d \mid a$, $d \mid m$이면 정리 2.1.6 (2)에 의하여 $d \mid mt$ 이므로 정리 2.1.7에 의하여 $d \mid b$이다.

❑

▌보기 3.1.15

(1) 정리 3.1.13 (1)의 관계식에서 $(m, c) = 1$의 조건은 중요하다. 예를 들어, $84 \equiv 21 \pmod{3}$이고

$$84 = 12 \cdot 7, \quad 21 = 3 \cdot 7, \quad (3, 7) = 1$$

이므로 $12 \equiv 3 \pmod{3}$이다. 그러나 $14 \equiv 2 \pmod{4}$이고

$$14 = 2 \cdot 7, \quad 2 = 2 \cdot 1$$

이지만 $7 \not\equiv 1 \pmod{4}$이다. 이때 $(4, 2) = 2 \neq 1$임에 주의하라.

(2)
$$142 \equiv 2 \pmod{70}$$

이고 $70 = 2 \cdot 5 \cdot 7$이므로 정리 3.1.13 (2)에 의하여

$$\begin{aligned} &142 \equiv 2 \pmod{2}, \quad &142 \equiv 2 \pmod{5}, \quad &142 \equiv 2 \pmod{7}, \\ &142 \equiv 2 \pmod{10}, \quad &142 \equiv 2 \pmod{14}, \quad &142 \equiv 2 \pmod{35} \end{aligned}$$

이다.

(3)
$$45 \equiv 9 \pmod{6}, \quad 8 \equiv 2 \pmod{3}$$

이므로 정리 3.1.14 (1)에 의하여 $(45, 6) = (9, 6) = 3$, $(8, 3) = (2, 3) = 1$이다. 또한 정리 3.1.13 (2)에 의하여

$$\begin{aligned} 45 \equiv 9 \pmod{6} &\iff 15 \equiv 3 \pmod{2} \\ 8 \equiv 2 \pmod{3} &\iff 32 \equiv 8 \pmod{12} \end{aligned}$$

이다.

정리 3.1.16

m_i $(i=1, 2, \cdots, k)$를 양의 정수라 하고 $a, b \in \mathbb{Z}$라 할 때,

$$m = [m_1, m_2, \cdots, m_k]$$

라 하고 $i=1, 2, \cdots, k$에 대하여 $a \equiv b \pmod{m_i}$라 하자. 그러면

$$a \equiv b \pmod{m}$$

이다.

증명 $i=1, 2, \cdots, k$에 대하여 $m_i \mid (a-b)$이므로 최소공배수의 정의에 의하여 $m \mid (a-b)$이다. 따라서 $a \equiv b \pmod{m}$이다. ❑

m을 양의 정수라 하자. 정리 3.1.4에 의하여 $\mathbb{Z}$ 위의 법 m에 관한 합동관계 $\equiv$는 $\mathbb{Z}$ 위의 동치관계이다. $a \in \mathbb{Z}$라 할 때, 동치관계 $\equiv$에 의한 a의 동치류

$$\overline{a} = \{b \mid b \in \mathbb{Z},\ a \equiv b \pmod{m}\}$$

를 **법 m에 관한 a의 잉여류**, 또는 간단히 **잉여류**(residue class)라 한다. 또한 법 m에 관한 각 정수들의 잉여류 전체의 집합을 $\mathbb{Z}_m$으로 표시한다. 즉,

$$\mathbb{Z}_m = \{\overline{a} \mid a \in \mathbb{Z}\}$$

이다.

더욱이 $\equiv$는 $\mathbb{Z}$ 위의 동치관계이므로 정리 1.2.1에 의하여 다음이 성립한다.

(1) 모든 $a \in \mathbb{Z}$에 대하여 $a \in \overline{a}$이다(따라서 $\overline{a} \neq \varnothing$이다).

(2) 임의의 $a, b \in \mathbb{Z}$에 대하여

$$\overline{a} = \overline{b} \quad \Leftrightarrow \quad a \equiv b \pmod{m}$$

이다.

(3) 임의의 $a, b \in \mathbb{Z}$에 대하여 $\overline{a} \cap \overline{b} = \varnothing$이거나 $\overline{a} = \overline{b}$이다.

(4) $\mathbb{Z} = \bigcup_{a \in \mathbb{Z}} \overline{a}$

따라서 $\mathbb{Z}_m$는 $\mathbb{Z}$의 분할이다(정리 1.2.1 다음의 설명 참조).

$0 \le c < b < m$인 임의의 정수 b, c에 대하여 $m \nmid (b-c)$이므로 $b \not\equiv c \pmod{m}$이다. 따라서 위의 설명에 의하여 $\overline{b} \ne \overline{c}$이다. 또한 a를 임의의 정수라 하면 정리 2.1.1에 의하여

$$a = mq + r, \quad 0 \le r < m$$

을 만족하는 정수 q, r가 유일하게 존재한다. 따라서 정리 3.1.3에 의하여 $a \equiv r \pmod{m}$이다. 따라서 위의 설명에 의하여 $\overline{a} = \overline{r}$이다. 그러므로

$$\mathbb{Z}_m = \{\overline{0}, \overline{1}, \overline{2}, \overline{3}, \cdots, \overline{m-1}\}$$

이다. 한편 정수 $r\,(0 \le r < m)$에 대하여

$$\begin{aligned} b \in \overline{r} \quad &\Leftrightarrow \quad r \equiv b \pmod{m} \\ &\Leftrightarrow \quad b \equiv r \pmod{m} \quad (\text{정리 } 3.1.4\,(2)\text{에 의하여}) \\ &\Leftrightarrow \quad \text{적당한 } q \in \mathbb{Z}\text{에 대하여 } b = mq + r \quad (\text{정리 } 3.1.3\text{에 의하여}) \end{aligned}$$

즉,

$$b \in \overline{r} \quad \Leftrightarrow \quad \text{적당한 } q \in \mathbb{Z}\text{에 대하여 } b = mq + r \tag{3.1.5}$$

이므로 잉여류 $\overline{r}$는 m으로 나눌 때 나머지가 r인 정수 전체의 집합이다. 또한

$$b \in \overline{r} \quad \Leftrightarrow \quad r \equiv b \pmod{m} \quad \Leftrightarrow \quad \overline{r} = \overline{b}$$

이다. 따라서

$$\begin{aligned} \overline{0} &= \{\cdots, -2m, -m, 0, m, 2m, \cdots\} \\ &= \overline{m} = \overline{-m} = \overline{2m} = \overline{-2m} = \cdots \\ \overline{1} &= \{\cdots, -2m+1, -m+1, 1, m+1, 2m+1, \cdots\} \\ &= \overline{m+1} = \overline{-m+1} = \overline{2m+1} = \overline{-2m+1} = \cdots \\ \overline{2} &= \{\cdots, -2m+2, -m+2, 2, m+2, 2m+2, \cdots\} \\ &= \overline{m+2} = \overline{-m+2} = \overline{2m+2} = \overline{-2m+2} = \cdots \\ &\cdots \\ \overline{m-1} &= \{\cdots, -m+(m-1), m-1, m+(m-1), 2m+(m-1), \cdots\} \\ &= \overline{m+(m-1)} = \overline{-m+(m-1)} = \overline{2m+(m-1)} = \cdots \end{aligned}$$

즉, 임의의 $q_i \in \mathbb{Z}\ (0 \le i \le m-1)$에 대하여

$$\bar{0} = \overline{q_0 m},\ \ \bar{1} = \overline{q_1 m + 1},\ \ \bar{2} = \overline{q_2 m + 2},\ \ \cdots,\ \ \overline{m-1} = \overline{q_{m-1} m + (m-1)}$$

이고

$$\begin{aligned}\mathbb{Z}_m &= \{\bar{0},\ \bar{1},\ \bar{2},\ \cdots,\ \overline{m-1}\} \\ &= \{\overline{q_0 m},\ \overline{q_1 m+1},\ \overline{q_2 m+2},\ \cdots,\ \overline{q_{m-1} m+(m-1)} \mid q_i \in \mathbb{Z}\quad (0 \le i \le m-1)\}\end{aligned}$$

이다. 특히 $m=1$이면 $\bar{0} = \mathbb{Z}$이므로 $\mathbb{Z}_1 = \mathbb{Z}$로 생각한다.

다음, $b,\ c \in \mathbb{Z}$라 할 때,

$b \equiv c \pmod{m}\ \Leftrightarrow\ b = mq_1 + r,\ c = mq_2 + r,\ 0 \le r < m$를 만족하는 정수 $q_1,\ q_2,\ r$가 존재한다. (정리 3.1.3에 의하여)

$\Leftrightarrow$ 한 정수 $r\,(0 \le r < m)$에 대하여 $b,\ c \in \bar{r}$이다. ((3.1.5)에 의하여)

즉, 한 정수 $r\ (0 \le r < m)$에 대하여

$$b,\ c \in \bar{r}\ \ \Leftrightarrow\ \ b \equiv c \pmod{m} \tag{3.1.6}$$

이다. 따라서 (3.1.6)과 정리 3.1.14 (1)에 의하여 한 정수 $r\ (0 \le r < m)$에 대하여

$$b,\ c \in \bar{r}\ \ \Leftrightarrow\ \ (b,\ m) = (c,\ m) \tag{3.1.7}$$

이다. 이제 $a \in \mathbb{Z}$라 할 때, 위의 설명에 의하여

$$a = mq + r,\quad 0 \le r < m$$

를 만족하는 정수 $q,\ r$가 유일하게 존재하고, 또한 $\bar{a} = \bar{r}$이다. 따라서 (3.1.7)에 의하여 법 m에 관한 a의 잉여류 $\bar{a}$에 속하는 각 정수와 m의 최대공약수들은 모두 같다. 각 잉여류 $\bar{a}$에 속하는 임의의 정수를 **법 m에 관한 a의 잉여** 또는 간단히 **잉여(residue)**라 한다. 각 잉여류에서 잉여를 하나씩 선택하여 이들을 원소로 갖는 집합을 S라 할 때, S를 **법 m에 관한 완전잉여계(complete system of residues modulo m)** 또는 간단히 **완전잉여계**라 한다. 각 잉여류에서 음수가 아닌 가장 작은 잉여를 하나씩 선택하여 만든 완전잉여계 S를 **최소완전잉여계(complete system of the least non-negative residues)**라 한다. 각 잉여류에서 절대치가 가장 작은 잉여를 하나씩 선택하여 만든 완전잉여계 S를 **절대최소완전잉여계(complete system of the absolutely least residues)**라 한다.

보기 3.1.17

(1) 법 $m=3$에 관하여

$$\begin{aligned}\overline{0}&=\{\cdots,-6,-3,0,3,6,\cdots\}=\overline{3}=\overline{-3}=\overline{6}=\overline{-6}=\cdots\\ \overline{1}&=\{\cdots,-5,-2,1,4,7,\cdots\}=\overline{4}=\overline{-2}=\overline{7}=\overline{-5}=\cdots\\ \overline{2}&=\{\cdots,-4,-1,2,5,8,\cdots\}=\overline{5}=\overline{-1}=\overline{8}=\overline{-4}=\cdots\end{aligned}$$

이고,

$$\mathbb{Z}_3=\{\overline{0},\overline{1},\overline{2}\}=\{\overline{3},\overline{4},\overline{5}\}=\{\overline{0},\overline{-2},\overline{-1}\}=\{\overline{6},\overline{-5},\overline{5}\}=\cdots$$

이다. 또한

$$S=\{0,1,2\},\ T=\{3,-5,-1\},\ Q=\{-1,0,1\},\ \cdots$$

등은 완전잉여계이다. 특히 S는 최소완전잉여계이고, Q는 절대최소완전잉여계이다.

(2) 법 $m=6$에 관하여

$$\begin{aligned}\overline{0}&=\{\cdots,-12,-6,0,6,12,\cdots\}=\overline{-6}=\overline{6}=\cdots\\ \overline{1}&=\{\cdots,-11,-5,1,7,13,\cdots\}=\overline{-5}=\overline{7}=\cdots\\ \overline{2}&=\{\cdots,-10,-4,2,8,14,\cdots\}=\overline{-4}=\overline{8}=\cdots\\ \overline{3}&=\{\cdots,-9,-3,3,9,15,\cdots\}=\overline{-3}=\overline{9}=\cdots\\ \overline{4}&=\{\cdots,-8,-2,4,10,16,\cdots\}=\overline{-2}=\overline{10}=\cdots\\ \overline{5}&=\{\cdots,-7,-1,5,11,17,\cdots\}=\overline{-1}=\overline{11}=\cdots\end{aligned}$$

이고,

$$\mathbb{Z}_6=\{\overline{0},\overline{1},\overline{2},\overline{3},\overline{4},\overline{5}\}=\{\overline{-6},\overline{-5},\overline{-4},\overline{9},\overline{10},\overline{11}\}=\cdots$$

이다. 또한

$$\begin{aligned}&S=\{0,1,2,3,4,5\}, &&T=\{-12,-5,-4,3,10,17\},\\ &Q=\{-2,-1,0,1,2,3\}, &&L=\{-3,-2,-1,0,1,2\},\ \cdots\end{aligned}$$

등은 완전잉여계이다. 특히 S는 최소완전잉여계이고, Q와 L은 절대최소완전잉여계이다.

정리 3.1.18

m을 양의 정수라 하고 $a_i \in \mathbb{Z}\ (i=1, 2, \cdots, m)$이라 하자.

$$a_i \not\equiv a_j \pmod{m} \quad (i=1, 2, \cdots, m;\ j=1, 2, \cdots, m\ (i \neq j))$$

라 하고

$$S=\{a_1,\ a_2,\ \cdots,\ a_m\}$$

이라 하자. 그러면 S는 법 m에 관한 완전잉여계이다.

증명 $\bar{r}\ (r \in \mathbb{Z})$를 임의의 잉여류라 하고 $a_i,\ a_j \in \bar{r}\ (i \neq j)$라 하면 (3.1.6)에 의하여

$$a_i \equiv a_j \pmod{m}$$

가 되어 가정에 모순이다. 따라서 $a_1,\ a_2,\ \cdots,\ a_m$은 모두 서로 다른 잉여류에 속한다. 그러나 $|\mathbb{Z}_m|=m$이므로 S는 법 m에 관한 완전잉여계이다. ❑

정리 3.1.19

m을 양의 정수라 하자. $a, b \in \mathbb{Z}$라 하고 $(a, m)=1$이라 하자.

$$S=\{x_1,\ x_2,\ \cdots,\ x_m\}$$

을 법 m에 관한 완전잉여계라 하고

$$T=\{ax_1+b,\ ax_2+b,\ \cdots,\ ax_m+b\}$$

라 하자. 그러면 T도 법 m에 관한 완전잉여계이다.

증명 $m=1$이면 분명히 T는 완전잉여계이다. 이제 $m>1$이라 하자. $a=0$이라 하면

$$1=(a,\ m)=(0,\ m)=m$$

이 되어 모순이다. 따라서 $a \neq 0$이다. $i \neq j\ (i=1, 2, \cdots, m;\ j=1, 2, \cdots, m)$에 대하여

$$ax_i+b \equiv ax_j+b \pmod{m}$$

이라 하면 정리 3.1.5 (1)에 대하여

$$ax_i \equiv ax_j \pmod{m}$$

이다. 따라서 $(a, m) = 1$이므로 정리 3.1.13 (1)에 의하여

$$x_i \equiv x_j \pmod{m}$$

이다. 따라서 (3.1.6)에 의하여 x_i와 x_j $(i \neq j)$는 같은 잉여류에 속하여 모순이다. 따라서 $i \neq j$에 대하여

$$ax_i + b \not\equiv ax_j + b \pmod{m}$$

이므로 정리 3.1.18에 의하여 T는 완전잉여계이다. ❑

m을 양의 정수라 하자. (3.1.7)에 의하여 각 잉여류 $\bar{r}$에 속하는 각 정수와 m의 최대공약수는 모두 같다. 특히 m과 서로소인 잉여들을 포함하는 각 잉여류 중에서 잉여를 하나씩 선택하여 이들을 원소로 갖는 집합을 T라 할 때, T를 **법 m에 관한 기약잉여계(reduced system of residues modulo m)**라 한다.

$$0,\ 1,\ 2,\ \cdots,\ m-1$$

중에서 m과 서로소인 정수를 선택하여 법 m에 관한 기약잉여계 T를 하나 얻을 수 있다. 이때 $|T| = \phi(m)$이다(이때 ϕ는 오일러의 함수이다).

보기 3.1.20

$m = 12$일 때,

$$S = \{1,\ 5,\ 7,\ 11\},\ \ Q = \{-11,\ -7,\ 19,\ 23\},\ \cdots$$

등은 법 12에 관한 기약잉여계이다.

정리 3.1.21

m을 양의 정수라 하고 $t = \phi(m)$이라 하자. $a_i \in \mathbb{Z}$, $(a_i, m) = 1\ (i = 1, 2, \cdots, t)$라 하고

$$T = \{a_1,\ a_2,\ \cdots,\ a_t\}$$

라 하자. 또한 $i \neq j\ (i = 1, 2, \cdots, t;\ j = 1, 2, \cdots, t)$에 대하여

$$a_i \not\equiv a_j \pmod{m}$$

이라 하자. 그러면 T는 법 m에 관한 기약잉여계이다.

❙ 증명 $i \neq j\ (i=1, 2, \cdots, t;\ j=1, 2, \cdots, t)$에 대하여

$$a_i \not\equiv a_j \pmod{m}$$

이므로 (3.1.6)에 의하여 $a_1,\ a_2,\ \cdots,\ a_t$는 각각 서로 다른 잉여류에 속한다. 또한 $(a_i, m)=1$ $(i=1, 2, \cdots, t)$이므로 a_i는 m과 서로소인 잉여들을 포함하는 잉여류에 속한다. 따라서 m과 서로소인 잉여들을 포함하는 잉여류의 개수는 $t=\phi(m)$이므로 T는 기약잉여계이다. ❑

정리 3.1.22

m을 양의 정수라 하고 $a \in \mathbb{Z}$, $(a, m)=1$이라 하자. 또한 $t=\phi(m)$이라 하고

$$T=\{x_1,\ x_2,\ \cdots,\ x_t\}$$

를 법 m에 관한 기약잉여계라 하자. 그러면

$$Q=\{ax_1,\ ax_2,\ \cdots,\ ax_t\}$$

는 법 m에 관한 기약잉여계이다.

❙ 증명 $m=1$이면 분명히 Q는 기약잉여계이다. 이제 $m>1$이라 하자. $a=0$이라 하면

$$1=(a,\ m)=(0,\ m)=m$$

이 되어 모순이다. 그러므로 $a \neq 0$이다. T가 법 m에 관한 기약잉여계이므로 $(x_i,\ m)=1\ (i=1, 2 \cdots, t)$이다. 따라서 $(a,\ m)=1$이므로 정리 2.1.15에 의하여

$$(ax_i,\ m)=1\ (i=1, 2,\ \cdots, t)$$

이다. 따라서 $ax_i\,(i=1, 2,\ \cdots, t)$는 m과 서로소인 잉여들을 포함하는 잉여류에 속한다. $i \neq j\ (i=1, 2,\ \cdots, t;\ j=1, 2,\ \cdots, t)$에 대하여

$$ax_i \equiv ax_j \pmod{m}$$

이라 하면 $(a,\ m)=1$이므로 정리 3.1.13 (1)에 의하여

$$x_i \equiv x_j \pmod{m}$$

이다. 따라서 (3.1.6)에 의하여 이것은 모순이다. 따라서 $i \neq j$ $(i = 1, 2, \cdots, t;\ j = 1, 2, \cdots, t)$에 대하여

$$ax_i \not\equiv ax_j \pmod{m}$$

이다. 그러므로 (3.1.6)에 의하여 $ax_1, ax_2, \cdots, ax_t$는 각각 서로 다른 잉여류에 속한다. 따라서 m과 서로소인 잉여들을 포함하는 잉여류의 개수는 $t = \phi(m)$이므로 Q는 기약잉여계이다.

❑

정리 3.1.23 오일러(Euler)의 정리

m을 양의 정수라 하자. $a \in \mathbb{Z}$, $(a, m) = 1$이라 하고 $t = \phi(m)$이라 하자. 그러면

$$a^t \equiv 1 \pmod{m}$$

이다.

증명 $m = 1$인 경우는 $1 \mid (a^t - 1)$이므로 정리는 성립한다. $m > 1$이라 하자.

$$T = \{x_1, x_2, \cdots, x_t\}$$

를 법 m에 관한 기약잉여계라 하고 $0 < x_i < m$ $(i = 1, 2, \cdots, t)$이라 하자(따라서 T는 0, 1, 2, $\cdots$, $m-1$ 중에서 선택한 기약잉여계이다). 그러면 정리 3.1.22에 의하여

$$Q = \{ax_1, ax_2, \cdots, ax_t\}$$

는 법 m에 관한 기약잉여계이다. 따라서 ax_i $(1 \leq i \leq t)$는 꼭 한 개의 x_j $(1 \leq j \leq t)$와 같은 잉여류에 속한다. 따라서 (3.1.6)에 의하여

$$ax_i \equiv x_j \pmod{m}$$

이다. 따라서 정리 3.1.5 (2)에 의하여

$$ax_1 \cdot ax_2 \cdot \cdots \cdot ax_t \equiv x_1 x_2 \cdots x_t \pmod{m}$$

즉,

$$a^t x_1 x_2 \cdots x_t \equiv x_1 x_2 \cdots x_t \pmod{m}$$

이다. 이때 $(x_i, m)=1\,(i=1, 2, \cdots, t)$이므로 정리 2.1.15에 의하여

$$(x_1 x_2 \cdots x_t,\ m)=1$$

이다. 따라서 정리 3.1.13 (1)에 의하여 $a^t \equiv 1 \pmod{m}$이다. ❑

이제 오일러의 정리는 다음과 같이 일반화된다.

정리 3.1.24

$m_1, m_2, \cdots, m_k$를 양의 정수라 하고 $a \in \mathbb{Z}$, $(a, m_i)=1\,(i=1, 2, \cdots, k)$라 하자. 또한

$$m=[m_1, m_2, \cdots, m_k], \quad t=[\phi(m_1), \phi(m_2), \cdots, \phi(m_k)]$$

라 하자. 그러면

$$a^t \equiv 1 \pmod{m}$$

이다.

증명 $t_i=\phi(m_i)\ (i=1, 2, \cdots, k)$라 하자. 그러면 정리 3.1.23에 의하여

$$a^{t_i} \equiv 1 \pmod{m_i}\ (i=1, 2, \cdots, k)$$

이다. 또한

$$t=[\phi(m_1), \phi(m_2), \cdots, \phi(m_k)]=[t_1, t_2, \cdots, t_k]$$

이므로 $i=1, 2, \cdots, k$에 대하여 $t_i \mid t$이다. 따라서 $t=t_i l_i$를 만족하는 양의 정수 l_i가 존재한다. 따라서 정리 3.1.5 (2)에 의하여 $i=1, 2, \cdots, k$에 대하여

$$a^t=(a^{t_i})^{l_i} \equiv 1^{l_i}=1 \pmod{m_i}$$

이다. 따라서 정리 3.1.16에 의하여

$$a^t \equiv 1 \pmod{m}$$

이다. ❑

보기 3.1.25

(1) $(5, 6) = 1$이고, 또한 $\phi(6) = 2$이므로 $5^2 \equiv 1 \pmod 6$이다.

(2) 정수 5, 6, 9와 7을 생각하자. $(7, 5) = (7, 6) = (7, 9) = 1$이고, $\phi(5) = 4$, $\phi(6) = 2$, $\phi(9) = 6$이므로 정리 3.1.23에 의하여

$$7^4 \equiv 1 \pmod 5, \quad 7^2 \equiv 1 \pmod 6, \quad 7^6 \equiv 1 \pmod 9$$

이다. 이때 $t = [\phi(5), \phi(6), \phi(9)] = [4, 2, 6] = 12$이므로 정리 3.1.5 (2)에 의하여

$$7^{12} \equiv (7^4)^3 \equiv 1^3 \equiv 1 \pmod 5$$
$$7^{12} \equiv (7^2)^6 \equiv 1^6 \equiv 1 \pmod 6$$
$$7^{12} \equiv (7^6)^2 \equiv 1^2 \equiv 1 \pmod 9$$

이고, 더욱이 $m = [5, 6, 9] = 90$이므로 정리 3.1.16에 의하여

$$7^{12} \equiv 1 \pmod{90}$$

이다. 즉, 정리 3.1.24가 성립한다.

정리 3.1.26 페르마(Fermat)의 정리

$a, p \in \mathbb{Z}$라 하자. p를 소수라 하고 $p \nmid a$라 하자. 그러면

$$a^{p-1} \equiv 1 \pmod p$$

이다.

증명 p가 소수이고 $p \nmid a$이므로 정리 2.2.3에 의하여 $(a, p) = 1$이다. 또한 정리 2.4.24에 의하여 $\phi(p) = p - 1$이므로 정리 3.1.23에 의하여

$$a^{p-1} \equiv 1 \pmod p$$

이다. ❑

보기 3.1.27

페르마의 정리(정리 3.1.26)를 이용하여 3^{1137}을 17로 나눌 때의 나머지를 구하여 보자. $17 \nmid 3$이므로

$$3^{17-1} = 3^{16} \equiv 1 \pmod{17}$$

이다. 더욱이 $1137 = 16 \cdot 71 + 1$이므로 위의 결과와 정리 3.1.5 (2)에 의하여

$$3^{1137} = (3^{16})^{71} \cdot 3^1 \equiv 1^{71} \cdot 3^1 = 3 \pmod{17}$$

이다. 따라서 3^{1137}을 17로 나눌 때의 나머지는 3이다.

정리 3.1.28

p를 소수라 하고 $a \in \mathbb{Z}$라 하자. 그러면

$$a^p \equiv a \pmod{p}$$

이다.

증명 $p \nmid a$이면 정리 3.1.26에 의하여 $a^{p-1} \equiv 1 \pmod{p}$이다. 따라서 정리 3.1.5 (2)에 의하여 $a^p \equiv a \pmod{p}$이다. 다음, $p \mid a$이면

$$a^p - a = a(a^{p-1} - 1)$$

이므로 정리 2.1.6 (2)에 의하여 $p \mid (a^p - a)$이다. 따라서

$$a^p \equiv a \pmod{p}$$

이다. □

참고 p를 소수라 할 때, $a \in \mathbb{Z}$, $p \nmid a$라 하면

$$a^{p-1} \equiv 1 \pmod{p} \iff a^p \equiv a \pmod{p}$$

이므로 페르마의 정리(정리 3.1.26)는 정리 3.1.28과 동치이다.

정리 3.1.28에 의하면, p를 소수일 때 모든 정수 a에 대하여 $a^p \equiv a \pmod{p}$이다. 따라서 정수 $m(\geq 2)$에 대하여 $a^m \not\equiv a \pmod{m}$인 정수 a가 존재하면 m은 합성수이다. 이와 같이 페르마의 정리(정리 3.1.26)는 주어진 정수 $m(\geq 2)$이 소수가 아님을 판정하는 데 응용될 수 있다. 이때 a를 작은 정수로 택하면, 예를 들어 $a = 2$와 같이 작은 수로 택하면 계산은 좀 쉬워

질 수 있다. 그러나 이 방법은 다음의 보기 3.1.31에 보이는 바와 같이 a의 거듭제곱이 매우 큰 수가 되어 계산이 복잡해지므로 실제로 효용성은 별로 없다.

보기 3.1.29

정리 3.1.28에 의하여

$$10^7 = 10000000 \equiv 10 \pmod 7$$

이다. 이때 $(7, 10) = 1$이므로 위의 결과와 정리 3.1.13 (1)에 의하여

$$1000000 \equiv 1 \pmod 7$$

이다. 실제로 $7 \nmid 10$이므로 정리 3.1.26에 의하여

$$1000000 = 10^6 \equiv 1 \pmod 7$$

임을 확인할 수 있다. 더욱이 정리 3.1.5 (1)에 의하여

$$999999 \equiv 0 \pmod 7$$

이다. 즉, 999999는 7의 배수이다.

보기 3.1.30

p를 소수라 하고 $a, b \in \mathbb{Z}$라 하자. 그러면 정리 3.1.28에 의하여

$$\begin{aligned} a^p &\equiv a \pmod p, & b^p &\equiv b \pmod p, \\ (a \pm b)^p &\equiv a \pm b \pmod p, & (ab)^p &\equiv ab \pmod p \end{aligned}$$

이다. 따라서 정리 3.1.4 (2), (3)과 정리 3.1.5 (1), (2)에 의하여

$$(a \pm b)^p \equiv a^p \pm b^p \pmod p, \quad (ab)^p \equiv a^p b^p \pmod p$$

이고, 또한

$$a^p \equiv b^p \pmod p \iff a \equiv b \pmod p$$

이다.

보기 3.1.31

정리 3.1.28을 이용하여 221이 소수가 아님을 보여 보자. 221이 소수이면 정리 3.1.28에 의하여

$$2^{221} \equiv 2 \pmod{221}$$

이어야 한다. 그러나 $221 = 8 \cdot 27 + 5$이고 $2^8 = 256 \equiv 35 \pmod{221}$이므로 정리 3.1.5 (2)에 의하여

$$2^{221} = (2^8)^{27} \cdot 2^5 \equiv 35^{27} \cdot 2^5 \pmod{221}$$

이다. 또한

$$35^2 = 1225 \equiv 120 \pmod{221}$$
$$35^3 = 35^2 \cdot 35 \equiv 120 \cdot 35 = 4200 \equiv 1 \pmod{221}$$

이므로 다시 정리 3.1.5 (2)에 의하여

$$2^{221} \equiv 35^{27} \cdot 2^5 = (35^3)^9 \cdot 2^5 \equiv 1^9 \cdot 2^5 = 2^5 = 32 \pmod{221}$$

이 되어 $2^{221} \not\equiv 2 \pmod{221}$이다. 그러므로 221은 소수가 아니다. 실제로 $221 = 13 \cdot 17$이므로 221은 합성수이다.

참고 정리 3.1.28에 의하면, 정수 $m(\geq 2)$에 대하여 $a^m \not\equiv a \pmod{m}$인 정수 a가 존재하면 m은 합성수이다. 그러나 그 역은 성립하지 않는다. 즉, m은 합성수이면서 $a^m \equiv a \pmod{m}$인 정수 a가 존재한다. 이러한 합성수 m을 밑수 a에 대한 **유사소수**(pseudoprime to the base a)라 한다.

또한 페르마의 정리(정리 3.1.26)에 의하면 p가 소수일 때, $(a, p) = 1$인 모든 정수 a에 대하여 $a^{p-1} \equiv 1 \pmod{p}$를 만족한다. 그러나 다음의 보기에 보이는 바와 같이 양의 정수 m이 $(a, m) = 1$인 모든 정수 a에 대하여 $a^{m-1} \equiv 1 \pmod{m}$을 만족하더라도 m은 소수가 아닐 수 있다. 이와 같은 합성수 m은 1910년 미국의 수학자 카마이클(R. D. Carmichael)에 의하여 처음으로 연구되었으므로 그의 이름을 붙여 카마이클 수라고 한다. 즉, 합성수 m이

$$a^{m-1} \equiv 1 \pmod{m}$$

을 만족할 때, m을 **카마이클 수**(Carmichael number)라 한다. 카마이클 수 m을 **절대유사소**

수(absolute pseudoprime)라고 부르기도 하는데, 이는 $(a, m)=1$인 모든 양의 정수 a에 대하여

$$a^{m-1} \equiv 1 \pmod{m} \iff a^m \equiv a \pmod{m}$$

이므로 m은 $(a, m)=1$인 모든 양의 정수 a에 대한 유사소수가 되기 때문이다.

보기 3.1.32

561이 카마이클 수(절대유사소수)임을 보여 보자. 561은 $561=3 \cdot 11 \cdot 17$과 같이 소인수분해되므로 합성수이다. 더욱이 $(a, 561)=1$인 모든 정수 a에 대하여 $(a, 3)=(a, 11)=(a, 17)=1$이므로 정리 3.1.26에 의하여

$$a^2 \equiv 1 \pmod{3}, \quad a^{10} \equiv 1 \pmod{11}, \quad a^{16} \equiv 1 \pmod{17}$$

이다. 따라서 정리 3.1.5 (2)에 의하여

$$a^{560} \equiv (a^2)^{280} \equiv 1^{280} \equiv 1 \pmod{3}$$
$$a^{560} \equiv (a^{10})^{56} \equiv 1^{56} \equiv 1 \pmod{11}$$
$$a^{560} \equiv (a^{16})^{35} \equiv 1^{35} \equiv 1 \pmod{17}$$

이고, 이때 $[3, 11, 17]=3 \cdot 11 \cdot 17=561$이므로 정리 3.1.16에 의하여

$$a^{560} \equiv 1 \pmod{561}$$

이다. 그러므로 561은 카마이클 수이다.

정리 3.1.33

$a_i\ (i=1, 2, \cdots, n)$를 홀수인 정수라 하자. 그러면 다음이 성립한다.

(1) $\dfrac{a_1-1}{2}+\dfrac{a_2-1}{2}+\cdots+\dfrac{a_n-1}{2} \equiv \dfrac{a_1a_2\cdots a_n-1}{2} \pmod{2}$

(2) $\dfrac{a_1^2-1}{8}+\dfrac{a_2^2-1}{8}+\cdots+\dfrac{a_n^2-1}{8} \equiv \dfrac{a_1^2a_2^2\cdots a_n^2-1}{8} \pmod{2}$

증명 a, b를 홀수인 정수라 하자. 그러면 $a=2h+1$, $b=2k+1$을 만족하는 정수 h, k가

존재한다. 따라서

$$ab=(2h+1)(2k+1)=4hk+2h+2k+1=2(2hk+h+k)+1$$

이므로 ab는 홀수이다. 즉, 두 홀수의 곱은 홀수이다. 또한 $a-1$과 $b-1$은 짝수이므로

$$a-1=2c,\quad b-1=2d$$

를 만족하는 정수 c, d가 존재한다. 따라서

$$\begin{aligned}\frac{ab-1}{2}-\left(\frac{a-1}{2}+\frac{b-1}{2}\right)&=\frac{ab-1-(a-1)-(b-1)}{2}\\&=\frac{ab-a-b+1}{2}=(a-1)(b-1)\end{aligned}$$

이므로

$$\frac{ab-1}{2}\equiv\frac{a-1}{2}+\frac{b-1}{2}\pmod 2$$

이다. 따라서 정리 3.1.4(2)에 의하여

$$\frac{a-1}{2}+\frac{b-1}{2}\equiv\frac{ab-1}{2}\pmod 2 \tag{3.1.8}$$

이다. 또한 보기 2.1.3에 의하여

$$a^2=8t+1,\quad b^2=8s+1$$

을 만족하는 정수 t, s가 존재한다. 따라서

$$\begin{aligned}&\frac{a^2b^2-1}{8}-\left(\frac{a^2-1}{8}+\frac{b^2-1}{8}\right)\\&=\frac{a^2b^2-1-(a^2-1)-(b^2-1)}{8}\\&=\frac{a^2b^2-a^2-b^2+1}{8}=\frac{(a^2-1)(b^2-1)}{8}=\frac{8t\cdot 8s}{8}=8ts=2(4ts)\end{aligned}$$

이므로

$$\frac{a^2b^2-1}{8}\equiv\frac{a^2-1}{8}+\frac{b^2-1}{8}\pmod 2$$

이다. 따라서 정리 3.1.4(2)에 의하여

$$\frac{a^2-1}{8}+\frac{b^2-1}{8} \equiv \frac{a^2b^2-1}{8} \pmod 2 \tag{3.1.9}$$

이다.

(1) $a_1, a_2, \cdots, a_n$의 개수 n에 대하여 수학적 귀납법으로 증명한다. (3.1.8)에 의하여

$$\frac{a_1-1}{2}+\frac{a_2-1}{2} \equiv \frac{a_1a_2-1}{2} \pmod 2$$

이므로 $n=2$인 경우에 (1)이 성립한다. $n=k(\geq 2)$인 경우에 (1)이 성립한다고 가정하자. 그러면

$$\frac{a_1-1}{2}+\frac{a_2-1}{2}+\cdots+\frac{a_k-1}{2} \equiv \frac{a_1a_2\cdots a_k-1}{2} \pmod 2$$

이다. 따라서 정리 3.1.5 (1)에 의하여

$$\begin{aligned}\frac{a_1-1}{2}+\frac{a_2-1}{2}+\cdots+\frac{a_k-1}{2}+\frac{a_{k+1}-1}{2}\\ \equiv \frac{a_1a_2\cdots a_k-1}{2}+\frac{a_{k+1}-1}{2} \pmod 2\end{aligned}$$

이다. 이때 $a_1a_2\cdots a_k$가 홀수이므로 (3.1.8)에 의하여

$$\frac{a_1a_2\cdots a_k-1}{2}+\frac{a_{k+1}-1}{2} \equiv \frac{a_1a_2\cdots a_ka_{k+1}-1}{2} \pmod 2$$

이다. 따라서 정리 3.1.4 (3)에 의하여

$$\frac{a_1-1}{2}+\cdots+\frac{a_k-1}{2}+\frac{a_{k+1}-1}{2} \equiv \frac{a_1a_2\cdots a_ka_{k+1}-1}{2} \pmod 2$$

이므로 $n=k+1$인 경우도 (1)이 성립한다. 따라서 (1)은 모든 n에 대하여 성립한다.

(2) $a_1^2, a_2^2, \cdots, a_n^2$의 개수 n에 대하여 수학적 귀납법으로 증명한다. (3.1.9)에 의하여

$$\frac{a_1^2-1}{8}+\frac{a_2^2-1}{8} \equiv \frac{a_1^2a_2^2-1}{8} \pmod 2$$

이므로 $n=2$인 경우에 (2)가 성립한다. $n=k(\geq 2)$인 경우에 (2)가 성립한다고 가정하자. 그러면

$$\frac{a_1^2-1}{8}+\frac{a_2^2-1}{8}+\cdots+\frac{a_k^2-1}{8}\equiv\frac{a_1^2a_2^2\cdots a_k^2-1}{8}\pmod 2$$

이다. 따라서 정리 3.1.5 (1)에 의하여

$$\frac{a_1^2-1}{8}+\frac{a_2^2-1}{8}+\cdots+\frac{a_k^2-1}{8}+\frac{a_{k+1}^2-1}{8}$$
$$\equiv\frac{a_1^2a_2^2\cdots a_k^2-1}{8}+\frac{a_{k+1}^2-1}{8}\pmod 2$$

이다. 이때 $a_1^2a_2^2\cdots a_k^2$과 a_{k+1}^2이 홀수이므로 (3.1.9)에 의하여

$$\frac{a_1^2a_2^2\cdots a_k^2-1}{8}+\frac{a_{k+1}^2-1}{8}\equiv\frac{a_1^2a_2^2\cdots a_k^2a_{k+1}^2-1}{8}\pmod 2$$

이다. 따라서 정리 3.1.4 (3)에 의하여

$$\frac{a_1^2-1}{8}+\frac{a_2^2-1}{8}+\cdots+\frac{a_k^2-1}{8}+\frac{a_{k+1}^2-1}{8}$$
$$\equiv\frac{a_1^2a_2^2\cdots a_k^2a_{k+1}^2-1}{8}\pmod 2$$

이므로 $n=k+1$인 경우도 (2)가 성립한다. 따라서 (2)는 모든 n에 대하여 성립한다.

❑

3.1 ❙ 연습문제

01 다음이 성립하는 정수 $m(\geq 2)$을 모두 구하라.

(1) $5 \equiv 2 \pmod{m}$

(2) $12 \equiv -5 \pmod{m}$

(3) $37 \equiv 1 \pmod{m}$

(4) $540 \equiv -123 \pmod{m}$

02 $x \equiv -10 \pmod{17}$을 만족하는 x $(1 \leq x \leq 100)$를 구하라.

03 $x \equiv 14 \pmod{15}$와 $x \equiv 5 \pmod{8}$을 동시에 만족하는 x $(1 \leq x \leq 120)$를 구하라.

04 다음 정수를 7로 나눌 때의 나머지를 각각 구하라.

(1) 2^{20}

(2) 41^{65}

(3) $2^{20} \cdot 41^{65}$

05 $13^n \equiv 1 \pmod{15}$를 만족하는 가장 작은 양의 정수 n을 구하고, 이를 이용하여 $13^{200} - 1$이 15로 나누어떨어짐을 보여라.

06 $n = 1^5 + 2^5 + 3^5 + \cdots + 99^5 + 100^5$이 4의 배수임을 보여라.

07 $f(x) = 11x^3 + 15x^2 + 9x - 2$라 하자.

(1) $f(2)$를 7로 나누었을 때의 나머지를 구하라.

(2) $f(6)$을 7로 나누었을 때의 나머지를 구하라.

(3) $f(97)$을 11로 나누었을 때의 나머지를 구하라.

08 정리 3.1.11을 이용하여 다음 정수 중에서 3의 배수, 9의 배수, 11의 배수를 각각 찾아라.

(1) 12345234534545

(2) 3666962345345444

(3) 111111111

(4) 111111111111111111

09 b를 양의 정수라 하고 $a_i\ (i=0, 1, 2, \cdots, n)$를 $0 \le a_i < 10$을 만족하는 정수라 할 때,

$$b = a_n \cdot 10^n + a_{n-1} \cdot 10^{n-1} + \cdots + a_2 \cdot 10^2 + a_1 \cdot 10 + a_0$$

라 하자. 정수 $k\ (1 \le k \le n)$에 대하여 다음이 성립함을 보여라.

(1) $b \equiv a_{k-1} \cdot 10^{k-1} + a_{k-2} \cdot 10^{k-2} + \cdots + a_1 \cdot 10 + a_0 \pmod{2^k}$

(2) $b \equiv a_{k-1} \cdot 10^{k-1} + a_{k-2} \cdot 10^{k-2} + \cdots + a_1 \cdot 10 + a_0 \pmod{5^k}$

10 위의 문제 9를 이용하여 정수 $a = 123456789$를 각각 2, 2^2, 2^3, 2^4, 2^5과 5, 5^2, 5^3, 5^4, 5^5으로 나눌 때의 나머지를 구하라.

11 양의 정수 b를 100진법으로 나타낼 때, 즉 $a_i\ (i=0, 1, 2, \cdots, n)$를 $0 \le a_i < 100$을 만족하는 정수라 하고

$$b = a_n \cdot 100^n + a_{n-1} \cdot 100^{n-1} + \cdots + a_2 \cdot 100^2 + a_1 \cdot 100 + a_0$$

라 할 때, b가 101의 배수가 될 필요충분조건을 구하라.

12 p를 소수라 하고 $a, b \in \mathbb{Z}$라 할 때, $(a+b)^p$의 이항전개식을 이용하여

$$(a+b)^p \equiv a^p + b^p \pmod{p}$$

임을 보여라(보기 3.1.30 참조).

13 다음을 증명하라.

(1) 임의의 양의 정수 n에 대하여 $4^n \equiv 4 \pmod{12}$이다.

(2) 임의의 양의 정수 n에 대하여 $9^{n+1} \equiv 8n+9 \pmod{64}$이다.

(3) 임의의 정수 n에 대하여 $n^5 \equiv n \pmod{30}$이다.

14 m과 n을 양의 정수라 하고 $a, b, c, d \in \mathbb{Z}$라 할 때, 다음 명제 중에서 참인 것은 증명하고 거짓인 것은 반례를 들어라.

(1) $a \equiv b \pmod{m}$이면 $a^2 \equiv b^2 \pmod{m^2}$이다.

(2) $a^2 \equiv b^2 \pmod{m}$이면 $a \equiv b \pmod{m}$이다.

(3) $a^2 \equiv 0 \pmod{m^2}$이면 $a \equiv 0 \pmod{m}$이다.

(4) $ab \equiv cd \pmod{m}$, $b \equiv d \pmod{m}$이고 $(b,\ m)=1$이면 $a \equiv c \pmod{m}$이다.

(5) $a \equiv b \pmod{m}$, $a \equiv b \pmod{n}$이고 $(m,\ n)=1$이면 $a \equiv b \pmod{mn}$이다.

(6) $a \equiv b \pmod{m}$, $a \equiv c \pmod{n}$이고 $(m,\ n)=d$이면 $b \equiv c \pmod{d}$이다.

15 법 7과 15에 관하여 다음을 구하라.

(1) 최소완전잉여계

(2) 절대최소완전잉여계

(3) 모든 잉여가 짝수인 완전잉여계

(4) 모든 잉여가 홀수인 기약잉여계

(5) 모든 잉여가 4의 배수인 완전잉여계

(6) 모든 잉여가 3의 거듭제곱인 기약잉여계

16 $m \in \mathbb{Z}\ (m>2)$라 하자. 다음 명제 중에서 참인 것은 증명하고 거짓인 것은 반례를 들어라.

(1) m이 홀수이면 $S=\{2,\ 4,\ 6,\ \cdots,\ 2m\}$은 법 m에 관한 완전잉여계이다.

(2) m이 짝수이면 $S=\{2,\ 4,\ 6,\ \cdots,\ 2m\}$은 법 m에 관한 완전잉여계이다.

(3) m이 홀수이면 $T=\{1^2,\ 2^2,\ 3^2,\ \cdots,\ m^2\}$은 법 m에 관한 완전잉여계이다.

(4) m이 짝수이면 $T=\{1^2,\ 2^2,\ 3^2,\ \cdots,\ m^2\}$은 법 m에 관한 완전잉여계이다.

(5) m이 홀수이고 $R=\{r_1,\ r_2,\ \cdots,\ r_m\}$이 법 m에 관한 완전잉여계이면
$r_1+r_2+\ \cdots\ +r_m \equiv 0 \pmod{m}$이다.

(6) m이 짝수이고 $R=\{r_1,\ r_2,\ \cdots,\ r_m\}$이 법 m에 관한 완전잉여계이면
$r_1+r_2+\ \cdots\ +r_m \equiv 0 \pmod{m}$이다.

17 $m \in \mathbb{Z}\ (m>2)$라 하고 $t=\phi(m)$이라 하자. $\{r_1,\ r_2,\ \cdots,\ r_t\}$를 법 m에 관한 기약잉여계라 할 때, 다음을 증명하라.

(1) $R=\{m-r_1,\ m-r_2,\ \cdots,\ m-r_t\}$도 법 m에 관한 기약잉여계이다.

(2) $m>2$이면 $r_1+r_2+\ \cdots\ +r_t \equiv 0 \pmod{m}$이다.

18 p를 소수라 할 때, 법 p에 관한 잉여류 전체의 집합

$$\mathbb{Z}_p=\{\overline{0},\ \overline{1},\ \overline{2},\ \cdots,\ \overline{p-1}\}$$

위의 덧셈 $\oplus$와 곱셈 $\odot$을 임의의 $\overline{a},\ \overline{b} \in \mathbb{Z}_p$에 대하여

$$\bar{a} \oplus \bar{b} = \overline{a+b}, \quad \bar{a} \odot \bar{b} = \overline{ab}$$

로 정의하면 $\mathbb{Z}_p$는 $\mathbb{Z}_p$ 위의 덧셈 $\oplus$와 곱셈 $\odot$에 대하여 정역이 됨을 증명하라(참고문헌 [1] 참조).

19 위의 문제 18의 증명과정을 참조하면 $p=3$일 때, 정역 $\mathbb{Z}_3 = \{\bar{0}, \bar{1}, \bar{2}\}$에서

$$\bar{0} \oplus \bar{2} = \overline{0+2} = \bar{2}, \quad \bar{2} \oplus \bar{1} = \overline{2+1} = \bar{3} = \bar{0},$$
$$\bar{1} \oplus \bar{0} = \overline{1+0} = \bar{1}, \quad \bar{2} \oplus \bar{2} = \overline{2+2} = \bar{4} = \bar{1}$$

이고

$$\bar{0} \odot \bar{2} = \overline{0 \cdot 2} = \bar{0}, \quad \bar{2} \odot \bar{1} = \overline{2 \cdot 1} = \bar{2},$$
$$\bar{1} \odot \bar{2} = \overline{1 \cdot 2} = \bar{2}, \quad \bar{2} \odot \bar{2} = \overline{2 \cdot 2} = \bar{4} = \bar{1}$$

임을 알 수 있다. 이를 아래와 같이 덧셈표와 곱셈표로 나타낸다.

$\oplus$	$\bar{0}$	$\bar{1}$	$\bar{2}$
$\bar{0}$			$\bar{2}$
$\bar{1}$	$\bar{1}$		
$\bar{2}$		$\bar{0}$	$\bar{1}$

$\odot$	$\bar{0}$	$\bar{1}$	$\bar{2}$
$\bar{0}$			$\bar{0}$
$\bar{1}$			$\bar{2}$
$\bar{2}$		$\bar{2}$	$\bar{1}$

(1) 위의 덧셈표와 곱셈표를 완성하라.

(2) $\bar{1}$와 $\bar{2}$의 덧셈역원 $-\bar{1}$와 $-\bar{2}$는 무엇인가?

(3) 위의 덧셈표와 곱셈표를 이용하여 다음을 계산하라.

(a) $\bar{1} \oplus \bar{1} \oplus (-\bar{2})$ (b) $-\bar{1} \odot (\bar{1} \oplus \bar{1})$ (c) $\bar{2} \odot (\bar{2} \oplus \bar{2})$

20 다음에 답하라.

(1) $m(>2)$을 소수가 아닌 정수라 할 때, 법 m에 관한 잉여류 전체의 집합 $\mathbb{Z}_m$은 문제 18에서와 같이 정의되는 $\mathbb{Z}_m$ 위의 덧셈 $\oplus$와 곱셈 $\odot$에 대하여 정역이 되지 않는다. 그 이유는 무엇인가?

(2) 정역 $\mathbb{Z}_5 = \{\bar{0}, \bar{1}, \bar{2}, \bar{3}, \bar{4}\}$의 덧셈표와 곱셈표를 완성하라.

(3) $m(>2)$을 임의의 정수라 할 때, $\mathbb{Z}_m$의 원소 $\bar{a}$에 대하여

$$\bar{a} \odot \bar{b} = \overline{ab} = \bar{1}, \text{ 즉 } ab \equiv 1 \pmod{m}$$

를 만족하는 $\bar{b} \in \mathbb{Z}_m$가 존재하는 경우에 $\bar{a}$를 $\mathbb{Z}_m$의 **단원**(unit)이라 한다. 또한 $\bar{b}$를 $\bar{a}$의 **곱셈역원**(multiplicative inverse)이라 하고 $\bar{a}^{-1}$로 표시한다. 즉, $\bar{b} = \bar{a}^{-1}$이다. $\mathbb{Z}_3$, $\mathbb{Z}_4$, $\mathbb{Z}_5$의 단원을 모두 구하고 이들 각 단원의 곱셈역원을 구하라.

(4) $\mathbb{Z}_5$에서 다음을 계산하라.

(a) $\bar{1} \oplus \bar{1} \oplus (\bar{2}^{-1})$ (b) $-\bar{1} \odot (\bar{1} \oplus \bar{1})$ (c) $\bar{2} \odot (\bar{2} \oplus \bar{2})$

21 (1) 3^{163}의 마지막 자리의 수를 구하라.

(2) 7^{163}의 마지막 두 자리의 수를 구하라.

(3) (2014학년도 중등임용시험 전공A 기입형 5번) 10과 서로소인 양의 정수 m에 대하여 m^{18}의 마지막 두 자릿수가 21이다. m^{294}의 마지막 두 자리 수를 구하라.

22 (1) $n \geq 2$일 때, 페르마 수 $F_n = 2^{2^n} + 1$의 마지막 자리의 수가 7임을 보여라. (보기 2.5.10과 보기 2.5.11 참조)

(2) 짝수인 완전수 n의 마지막 자리의 수는 6 또는 8임을 보여라. (보기 2.5.7 참조)

23 (1) 8^{103}을 13으로 나눌 때의 나머지를 구하라.

(2) 3^{10000}을 35로 나눌 때의 나머지를 구하라.

(3) $2222^{5555} + 5555^{2222}$을 7로 나눌 때의 나머지를 구하라.

(4) (1992학년도 중등임용시험 4번) 정수 $2^{15} \cdot 14^{10} + 2$를 11로 나누었을 때의 나머지를 구하라.

24 p와 q를 서로 다른 소수라 하고 $a, b \in \mathbb{Z}$라 할 때, 다음을 증명하라.

(1) $p^{q-1} + q^{p-1} \equiv 1 \pmod{pq}$이다.

(2) $a^p \equiv a \pmod{q}$이고 $a^q \equiv a \pmod{p}$이면 $a^{pq} \equiv a \pmod{pq}$이다.

(3) $a^p \equiv b^p \pmod{p}$이면 $a^p \equiv b^p \pmod{p^2}$이다.

25 다음을 증명하라.

(1) a가 홀수이면 $a^2 \equiv 1 \pmod{8}$이다.

(2) 임의의 정수 a에 대하여 $a^4 \equiv 0 \pmod{5}$ 또는 $a^4 \equiv 1 \pmod{5}$이다.

26 $a \in \mathbb{Z}$라 할 때, 다음을 증명하라.

(1) $(a, 7) = 1$이면 $7 \mid (a^6 - 1)$이다.

(2) $(a, 35) = 1$이면 $a^{12} - 1$은 35의 배수이다.

(3) $(a, 42) = 1$이면 $a^6 \equiv 1 \pmod{168}$이다.

27 $a \in \mathbb{Z}$라 할 때, 다음을 증명하라.

(1) $15 \mid (a^{21} - a)$이다.

(2) $a^7 - a$는 42의 배수이다.

(3) $a^{13} \equiv a \pmod{2730}$이다.

28 p를 홀수인 소수라 할 때, 다음을 증명하라.

(1) $1^{p-1} + 2^{p-1} + 3^{p-1} + \cdots + (p-1)^{p-1} \equiv -1 \pmod{p}$이다.

(2) $1^p + 2^p + 3^p + \cdots + (p-1)^p \equiv 0 \pmod{p}$이다.

(3) (2011학년도 중등임용시험 17번) 홀수인 소수 $p(\neq 3)$에 대하여 $3^{p-1} \equiv 1 \pmod{2p}$이다.

29 (1) 양의 정수 $m = p_1 p_2 \cdots p_k$(이때 $p_i\ (i = 1, 2, \cdots, k)$는 서로 다른 소수)에 대하여 $(p_i - 1) \mid (m-1)\ (i = 1, 2, \cdots, k)$이면 m은 카마이클 수임을 보여라. (보기 3.1.32 참조)

(2) 2821, 6601와 10585가 카마이클 수임을 보여라.

30 (1996학년도 중등임용시험 17번) 오늘부터 n^7째 되는 날은 금요일이면 오늘부터 $(n+2)^7$째 되는 날은 무슨 요일인가? (단, n은 자연수)

31 (2019학년도 중등임용시험 3번) 자연수 m에 대하여 집합 T_m을

$$T_m = \{a \in \mathbb{N} \mid a^{\phi(8m)} \equiv 1 \pmod{8m},\ 1 \le a \le 8m\}$$

으로 정의할 때, 집합 T_m의 원소의 개수가 $4\phi(m)$이 되도록 하는 100 이하의 자연수 m의 개수를 구하라.

3.2 ▌합동식

$$f(x) = a_n x^n + a_{n-1} x^{n-1} + \cdots + a_2 x^2 + a_1 x + a_0$$

를 정수를 계수로 갖는 다항식이라 하자. 양의 정수 m에 대하여

$$f(x) \equiv 0 \pmod{m} \tag{3.2.1}$$

을 만족하는 정수 x의 값을 모두 구하는 문제를 생각할 때, (3.2.1)을 **합동식**(congruence)이라 한다. 이때 $m \nmid a_n$이면 n을 합동식 (3.2.1)의 **차수**(degree)라 한다. 또한

$$f(b) \equiv 0 \pmod{m}$$

을 만족하는 정수 b를 합동식 (3.2.1)의 **해**(solution)라 한다.

정수 b를 합동식 (3.2.1)의 해라 하자. 즉,

$$f(b) \equiv 0 \pmod{m}$$

이라 하자.

$$a \equiv b \pmod{m}$$

이라 하면 정리 3.1.9 (1)에 의하여

$$f(a) \equiv f(b) \pmod{m}$$

이다. 따라서 정리 3.1.4 (3)에 의하여

$$f(a) \equiv 0 \pmod{m}$$

이므로 a도 합동식 (3.2.1)의 해이다. 따라서 b가 합동식 (3.2.1)의 해이면 법 m에 관하여 b에 합동인 모든 정수(따라서 b와 같은 잉여류에 속하는 모든 정수)도 합동식 (3.2.1)의 해이다. 이 모든 해를

$$x \equiv b \pmod{m}$$

으로 표시하고 합동식 (3.2.1)의 한 개의 해로 생각한다. 따라서 합동식 (3.2.1)의 해의 개수는 법 m에 관한 완전잉여계에 속하는 잉여 중에서 합동식 (3.2.1)을 만족하는 잉여의 개수와 같다.

보기 3.2.1

합동식

$$f(x) = x^2 + 2x + 3 \equiv 0 \pmod{6} \tag{3.2.2}$$

을 생각하자. 법 6에 관한 최소완전잉여계

$$S = \{0,\ 1,\ 2,\ 3,\ 4,\ 5\}$$

를 생각할 때,

$$\begin{aligned} f(0) &= 0^2 + 2\cdot 0 + 3 = 3 \not\equiv 0 \pmod{6} \\ f(1) &= 1^2 + 2\cdot 1 + 3 = 6 \equiv 0 \pmod{6} \\ f(2) &= 2^2 + 2\cdot 2 + 3 = 11 \not\equiv 0 \pmod{6} \\ f(3) &= 3^2 + 2\cdot 3 + 3 = 18 \equiv 0 \pmod{6} \\ f(4) &= 4^2 + 2\cdot 4 + 3 = 27 \not\equiv 0 \pmod{6} \\ f(5) &= 5^2 + 2\cdot 5 + 3 = 38 \not\equiv 0 \pmod{6} \end{aligned}$$

이므로

$$x \equiv 1 \pmod{6},\ \ x \equiv 3 \pmod{6}$$

은 (3.2.2)의 두 개의 해이다. 더욱이 $6 \nmid 1$이므로 (3.2.2)는 2차 합동식이다.

참고 보기 3.2.1에서의 서로 다른 두 개의 해 $x \equiv 1 \pmod{6}$, $x \equiv 3 \pmod{6}$은 각각 정수 전체의 집합 $\mathbb{Z}$를 법 6에 관한 잉여류 전체의 집합

$$\mathbb{Z}_6 = \{\overline{0},\ \overline{1},\ \overline{2},\ \overline{3},\ \overline{4},\ \overline{5}\}$$

로 분할했을 때, 서로 다른 두 잉여류

$$\begin{aligned} \overline{1} &= \{x \in \mathbb{Z} \mid x \equiv 1 \pmod{6}\} = \{1 + 6t \mid t \in \mathbb{Z}\} = \{\cdots, -11,\ -5,\ 1,\ 7,\ 13,\ \cdots\}, \\ \overline{3} &= \{x \in \mathbb{Z} \mid x \equiv 3 \pmod{6}\} = \{3 + 6t \mid t \in \mathbb{Z}\} = \{\cdots, -9,\ -3,\ 3,\ 9,\ 15,\ \cdots\} \end{aligned}$$

를 의미한다.

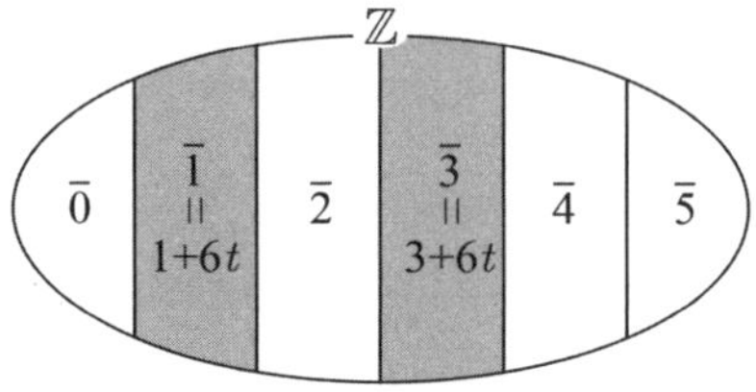

mod 6

$g(x)$를 정수를 계수로 갖는 다항식이라 하고 m_1을 양의 정수라 할 때, 합동식

$$g(x) \equiv 0 \pmod{m_1} \tag{3.2.3}$$

을 생각하자. 합동식 (3.2.1)을 만족하는 모든 정수 x가 합동식 (3.2.3)을 만족하고, 역으로 합동식 (3.2.3)을 만족하는 모든 정수 x가 합동식 (3.2.1)을 만족하면 합동식 (3.2.1)과 합동식 (3.2.3)은 **동치**(equivalent)라 한다.

x에 대한 일차합동식은

$$ax \equiv b \pmod{m},\ a \not\equiv 0 \pmod{m}$$

의 형태로 나타낼 수 있다. 일차합동식을 **선형합동식**(linear congruence)이라고도 하며, 이 합동식의 해는 $ax_0 \equiv b \pmod{m}$을 만족시키는 모든 정수 x_0을 말한다. 더욱이

$$\begin{aligned} ax_0 \equiv b \pmod{m} \ &\Leftrightarrow\ m \mid (ax_0 - b) \\ &\Leftrightarrow\ ax_0 - b = my_0,\ \text{즉}\ ax_0 - my_0 = b \end{aligned}$$

이므로 일차합동식 $ax \equiv b \pmod{m}$의 모든 해를 구하는 문제는 일차부정방정식 $ax - my = b$의 모든 해를 구하는 문제와 동일하다. 이제 일차부정방정식의 해법과 비슷하게 일차합동식의 해의 존재성과 해를 구하는 방법에 대하여 알아보자.

정리 3.2.2

m을 양의 정수라 하자. $a, b \in \mathbb{Z}$라 하고 $(a, m) = d$라 할 때, 합동식

$$ax \equiv b \pmod{m} \tag{3.2.4}$$

를 생각하자. 합동식 (3.2.4)가 해를 갖기 위한 필요충분조건은 $d \mid b$인 것이다.

더욱이 $d \mid b$이면 합동식 (3.2.4)는 d개의 해를 갖는다(따라서 $d = 1$이면 정리 2.1.6 (1)에 의하여 $d \mid b$이므로 합동식 (3.2.4)는 언제나 한 개의 해를 갖는다).

❚ 증명 합동식 (3.2.4)가 해를 갖는다고 하면

$$ac \equiv b \pmod{m}$$

를 만족하는 정수 c가 존재한다. 또한 $d\,|\,a$, $d\,|\,m$이다. 따라서 정리 2.1.6 (2)에 의하여 $d\,|\,ac$이므로 정리 3.1.14 (2)에 의하여 $d\,|\,b$이다. 역으로, $d\,|\,b$라 하자. 보기 3.2.1의 앞의 설명에 의하여 합동식 (3.2.4)의 해의 개수는 법 m에 관한 완전잉여계에 속하는 잉여 중에서 합동식 (3.2.4)를 만족하는 잉여의 개수와 같다. 먼저 $(a,\ m) = d = 1$이라 하자.

$$S = \{x_1,\ x_2,\ \cdots,\ x_m\}$$

을 법 m에 관한 완전잉여계라 하면 정리 3.1.19에 의하여($ax_i = ax_i + 0\ (i = 1, 2, \cdots, m)$으로 생각하여)

$$T = \{ax_1,\ ax_2,\ \cdots,\ ax_m\}$$

도 법 m에 관한 완전잉여계이다. 따라서 $ax_1, ax_2, \cdots, ax_m$ 중에서 꼭 하나만이 b와 같은 잉여류에 속한다. 따라서 (3.1.6)에 의하여 $ax_1,\ ax_2,\ \cdots,\ ax_m$ 중에서 꼭 하나만이 법 m에 관하여 b에 합동이다. 즉, 합동식 (3.2.4)의 해는 오직 하나 존재한다. 다음, $(a,\ m) = d > 1$이라 하고

$$a = a_1 d, \quad b = b_1 d, \quad m = m_1 d \quad (a_1,\ b_1,\ m_1 \in \mathbb{Z})$$

라 하면 정리 3.1.13 (3)에 의하여 합동식 (3.2.4)와 합동식

$$a_1 x \equiv b_1 \pmod{m_1} \tag{3.2.5}$$

는 동치이다. 정리 2.1.14 (2)에 의하여 $(a_1,\ m_1) = 1$이므로 앞의 결과에 의하여 합동식 (3.2.5)는 꼭 하나의 해를 갖는다. $r\ (0 \le r < m_1)$을 합동식 (3.2.5)를 만족하는 법 m_1에 관한 잉여라 하자. 그러면

$$x \equiv r \pmod{m_1} \tag{3.2.6}$$

을 만족하는 모든 정수 x는 합동식 (3.2.5)를 만족하고, 또한 합동식 (3.2.5)를 만족하는 모든 정수 x는 합동식 (3.2.6)을 만족한다. 따라서 (3.2.6)을 만족하는 모든 정수 x는 합동식 (3.2.4)를 만족하고, 또한 합동식 (3.2.4)를 만족하는 모든 정수 x는 (3.2.6)을 만족한다. 이제 법 m에 관한 최소완전잉여계

$$Q = \{0,\ 1,\ 2,\ \cdots,\ m-1\}$$

을 생각하자.

$$m-(r+(d-1)m_1)=m_1d-(r+(d-1)m_1)=m_1-r>0$$

이므로 $r+(d-1)m_1<m$이다. 또한

$$m\le r+m=r+dm_1$$

이다. 따라서 정리 3.1.3에 의하여

$$x\equiv r \pmod{m_1} \quad\Leftrightarrow\quad x=r+tm_1,\ t\in\mathbb{Z}$$

이므로 $0,\ 1,\ 2,\ \cdots,\ m-1$ 중에서 합동식 (3.2.5)를 만족하는 잉여(따라서 합동식 (3.2.4)를 만족하는 잉여)는

$$r,\ r+m_1,\ r+2m_1,\ \cdots,\ r+(d-1)m_1$$

뿐이다. 따라서

$$\begin{aligned}&x\equiv r \pmod{m},\\&x\equiv r+m_1 \pmod{m},\\&x\equiv r+2m_1 \pmod{m},\\&\qquad\cdots,\\&x\equiv r+(d-1)m_1 \pmod{m}\end{aligned}$$

는 합동식 (3.2.4)의 서로 다른 해이다. 그러므로 합동식 (3.2.4)는 d개의 해를 갖는다. ❑

m을 양의 정수라 하고 $a,\ b\in\mathbb{Z}$라 하자. $(a,\ m)=d\,(>1)$이라 하고 $d\mid b$라 할 때, 합동식

$$ax\equiv b \pmod{m} \tag{3.2.7}$$

를 생각하자. 정리 3.2.2의 증명과정에 의하여

$$a=a_1d,\quad b=b_1d,\quad m=m_1d\quad (a_1,\ b_1,\ m_1\in\mathbb{Z})$$

라 하면 $(a_1,\ m_1)=1$이므로 합동식

$$a_1x\equiv b_1 \pmod{m_1} \tag{3.2.8}$$

은 하나의 해를 갖고, 또한 $0\le r<m_1$인 정수 r에 대하여

$$x \equiv r \pmod{m_1}$$

을 (3.2.8)의 해라 하면

$$x \equiv r + km_1 \pmod{m}, \quad k = 0, 1, 2, \cdots, d-1$$

은 합동식 (3.2.7)의 서로 다른 d개의 해이다. 더욱이 임의의 정수 x_0에 대하여

$$x \equiv x_0 \pmod{m_1}$$

을 합동식 (3.2.8)의 해라 하면 $S = \{0, 1, 2, \cdots, m_1 - 1\}$이 법 m_1에 관한 최소완전잉여계이므로 $0 \le r < m_1$인 정수 r에 대하여 $r \equiv x_0 \pmod{m_1}$이고, 따라서 $x \equiv r \pmod{m_1}$이 합동식 (3.2.8)의 해이므로 합동식 (3.2.7)의 서로 다른 d개의 해를 위와 같이 구할 수 있다. 그러므로 합동식 (3.2.7)의 해를 구하는 것은 합동식 (3.2.8)의 해를 구하는 것에 귀착된다.

보기 3.2.3

합동식

$$4x \equiv 2 \pmod{6} \tag{3.2.9}$$

의 해를 구하여 보자. $(4, 6) = 2$이고 $2 \mid 2$이므로 정리 3.2.2에 의하여 (3.2.9)는 서로 다른 2개의 해를 가진다. 실제로 $x \equiv 2 \pmod{6}$와 $x \equiv 5 \pmod{6}$이 (3.2.9)의 서로 다른 두 개의 해이다. 따라서 합동식 (3.2.9)의 해집합은 법 6에 관한 잉여류 전체의 집합 $\mathbb{Z}_6 = \{\overline{0}, \overline{1}, \overline{2}, \overline{3}, \overline{4}, \overline{5}\}$에서 서로 다른 두 잉여류 $\overline{2}$와 $\overline{5}$의 합집합

$$\begin{aligned}\overline{2} \cup \overline{5} &= \{x \mid x = 2 + 6t, t \in \mathbb{Z}\} \cup \{x \mid x = 5 + 6t, t \in \mathbb{Z}\} \\ &= \{\cdots, -13, -10, -7, -4, -1, 2, 5, 8, 11, 13, 16, \cdots\}\end{aligned}$$

이다. 한편 $(4, 6) = 2$이므로 정리 3.1.13 (3)에 의하여 (3.2.9)는

$$2x \equiv 1 \pmod{3} \tag{3.2.10}$$

과 동치이다. 정리 3.2.2에 의하여 합동식 (3.2.10)은 유일한 해 $x \equiv 2 \pmod{3}$을 갖고, 그 해집합은 법 3에 관한 잉여류 전체의 집합 $\mathbb{Z}_3 = \{\overline{0}, \overline{1}, \overline{2}\}$에서 잉여류 $\overline{2}$, 즉

$$\begin{aligned}\overline{2} &= \{x \mid x = 2 + 3t, \ t \in \mathbb{Z}\} \\ &= \{\cdots, -13, -10, -7, -4, -1, 2, 5, 8, 11, 13, 16, \cdots\}\end{aligned}$$

이므로 합동식 $4x \equiv 2 \pmod 6$과 합동식 $2x \equiv 1 \pmod 3$의 해집합은 서로 같음을 알 수 있다.

정수 전체의 집합 $\mathbb{Z}$는 법 6에 관한 잉여류 전체의 집합 $\mathbb{Z}_6 = \{\overline{0}, \overline{1}, \overline{2}, \overline{3}, \overline{4}, \overline{5}\}$와 법 3에 관한 잉여류 전체의 집합 $\mathbb{Z}_3 = \{\overline{0}, \overline{1}, \overline{2}\}$로 각각 분할할 수 있다.

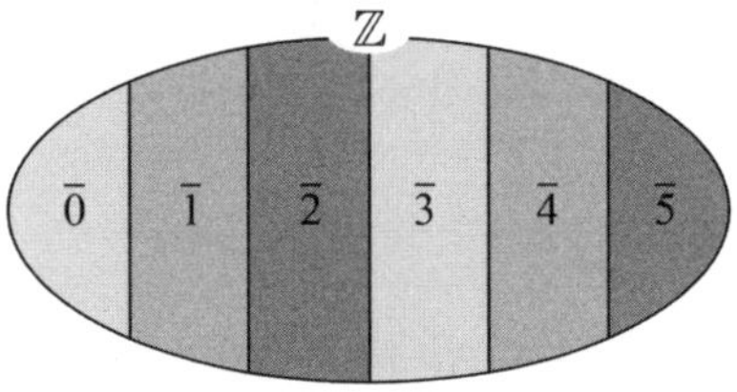

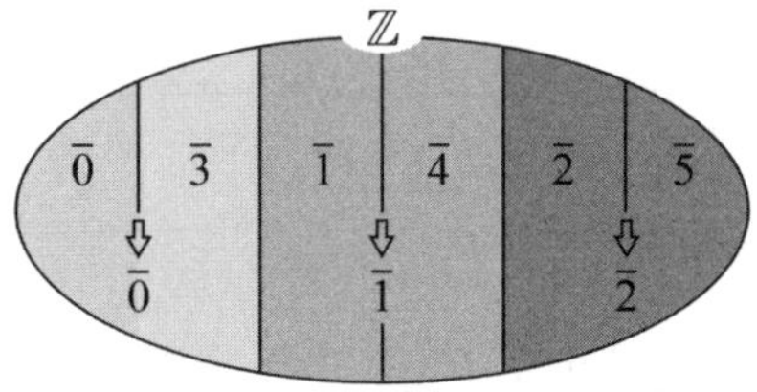

이때 법 6에 관한 잉여류 전체의 집합 $\mathbb{Z}_6 = \{\overline{0}, \overline{1}, \overline{2}, \overline{3}, \overline{4}, \overline{5}\}$를 그림에서와 같이 $\{\overline{0} \cup \overline{3}, \overline{1} \cup \overline{4}, \overline{2} \cup \overline{5}\}$로 다시 분할하면 이는 법 3에 관한 잉여류 전체의 집합

$$\mathbb{Z}_3 = \{\,\overline{0} = \overline{0} \cup \overline{3},\ \overline{1} = \overline{1} \cup \overline{4},\ \overline{2} = \overline{2} \cup \overline{5}\,\}$$

가 된다. 혼란을 피하기 위하여 법 m에 관한 잉여류 전체의 집합 $\mathbb{Z}_m$에서의 잉여류 $\overline{a}$를 $[a]_m$으로 표시하면

$$[0]_3 = [0]_6 \cup [3]_6, \quad [1]_3 = [1]_6 \cup [4]_6, \quad [2]_3 = [2]_6 \cup [5]_6$$

가 된다. 따라서 합동식 (3.2.9)의 해를 법 3에 관한 최소완전잉여계 $\{0, 1, 2\}$에서 구하면 $x \equiv 2 \pmod 3$이다. 그러나 원래의 합동식 (3.2.9)는 법 6에 관하여 주어졌으므로 (3.2.9)의 모든 해를 법 6에 관한 최소완전잉여계 $\{0, 1, 2, 3, 4, 5\}$에서 서로 합동이 아닌 두 개의 해

$$x \equiv 2 \pmod 6, \quad x \equiv 5 \pmod 6$$

로 구해야 한다.

---

m을 양의 정수라 하고 $a, b \in \mathbb{Z}$, $(a, m) = 1$이라 할 때, 합동식

$$ax \equiv b \pmod m \tag{3.2.11}$$

의 해를 구하는 방법을 알아보자.

먼저 m이 비교적 작은 수일 때는 법 m에 관한 완전잉여계의 각 잉여를 직접 (3.2.11)에 대입해 봄으로써 그 해를 쉽게 찾을 수 있다. 그러나 m이 큰 수일 때는 이 방법으로 합동식 (3.2.11)의 해를 구하기는 쉽지 않다.

다음, 정리 3.1.23을 이용하여 합동식 (3.2.11)의 해를 구하는 방법을 생각하자. $\phi(m) \geq 1$이므로 $\phi(m)-1 \geq 0$이고, 따라서 $a^{\phi(m)-1} \in \mathbb{Z}$이다. 또한 $(a, m)=1$이므로 정리 3.1.23에 의하여 $a^{\phi(m)} \equiv 1 \pmod{m}$이다. 따라서 정리 3.1.5 (2)에 의하여

$$a(a^{\phi(m)-1}b) = a^{\phi(m)}b \equiv 1 \cdot b = b \pmod{m}$$

이므로 $x \equiv a^{\phi(m)-1}b \pmod{m}$는 합동식 (3.2.11)의 해이다. 그러나 이 방법도 m이 큰 수일 때는

$$a^{\phi(m)-1}b \equiv r \pmod{m}, \quad 0 \leq r < m$$

을 만족하는 r를 구할 때, 계산이 복잡한 경우가 많으므로 실용성이 그다지 크지 않다.

다음, $(a, m)=1$이므로 정리 3.2.2에 의하여 $ac \equiv 1 \pmod{m}$인 정수 $c(\neq 0)$가 존재한다. 따라서

$$c \equiv r \pmod{m}, \quad 1 \leq r < m$$

을 만족하는 r를 구하면 정리 3.1.4 (2), (3)과 정리 3.1.5 (2)에 의하여

$$ar \equiv ac \equiv 1 \pmod{m}$$

이다 (이와 같은 정수 r을 **법 m에 관한 a의 역원**이라 한다). 따라서 법 m에 관한 a의 역원 r을 쉽게 구할 수 있는 경우에는

$$\begin{aligned} ax \equiv b \pmod{m} \;&\Rightarrow\; (ar)x \equiv br \pmod{m} \\ &\Rightarrow\; x \equiv br \pmod{m} \end{aligned}$$

과 같이 합동식 (3.2.11)의 해를 구할 수 있다.

마지막으로, 유클리드의 호제법 또는 정리 2.1.18을 이용하여 합동식 (3.2.11)의 해를 구하는 방법을 생각하자. $(a, m)=1$이므로 유클리드의 호제법 또는 정리 2.1.18을 이용하여

$$1 = ax_0 + my_0$$

를 만족하는 $x_0,\ y_0 \in \mathbb{Z}$를 구한다. 그러면

$$b = a(x_0 b) + m(y_0 b)$$

이므로 정리 3.1.3과 정리 3.1.4 (2)에 의하여

$$a(x_0 b) \equiv b \pmod{m}$$

이다. 따라서 $x \equiv x_0 b \pmod{m}$은 합동식 (3.2.11)의 해이다.

보기 3.2.4

(1) 합동식 $6x \equiv 7 \pmod{8}$의 해를 구하여 보자. $(6, 8) = 2$, $2 \nmid 7$이므로 정리 3.2.2에 의하여 이 합동식은 해를 갖지 않는다.

(2) 합동식 $7x \equiv 5 \pmod{10}$의 해를 구하여 보자. $(7, 10) = 1$이므로 정리 3.2.2에 의하여 이 합동식은 유일한 해를 갖는다. 실제로 법 10에 관한 7의 역원이 3이므로

$$\begin{aligned} 7x \equiv 5 \pmod{10} &\Rightarrow 3 \cdot 7x \equiv 3 \cdot 5 \pmod{10} \\ &\Rightarrow 21x \equiv 15 \pmod{10} \\ &\Rightarrow x \equiv 5 \pmod{10} \end{aligned}$$

이고, 따라서 합동식 $7x \equiv 5 \pmod{10}$의 해는 $x \equiv 5 \pmod{10}$이다.

(3) 합동식

$$75x \equiv 24 \pmod{252} \tag{3.2.12}$$

의 해를 구하여 보자. $(75, 252) = 3$이고, 또한 $3 \mid 24$이므로 합동식 (3.2.12)는 3개의 해를 갖는다. 더욱이

$$75 = 25 \cdot 3, \quad 24 = 8 \cdot 3, \quad 252 = 84 \cdot 3$$

이므로 합동식 (3.2.12)와 합동식

$$25x \equiv 8 \pmod{84} \tag{3.2.13}$$

는 동치이다. 더욱이 $(25, 84) = 1$이므로 합동식 (3.2.13)은 하나의 해를 갖는다. 이제 합동식 (3.2.13)의 해를 정리 2.1.18 (1)을 이용하여 구하자. 정리 2.1.18 (1)에 의하여 표를 작성하면

i	0	1	2	3	4	5
r_i	**84**	**21**	9	7	2	**1**
q_i		3	2	1	3	2
x_i	37	11	4	3	**1**	**0**

이므로

$$\begin{aligned} 1 = (84,\ 25) &= (-1)^5 \cdot 11 \cdot 84 + (-1)^6 \cdot 37 \cdot 25 \\ &= 84 \cdot (-11) + 25 \cdot 37 \end{aligned}$$

이다. 따라서

$$8 = 84 \cdot (-11 \cdot 8) + 25 \cdot (37 \cdot 8)$$

이므로 정리 3.1.3과 정리 3.1.4 (2)에 의하여

$$25 \cdot (37 \cdot 8) \equiv 8 \pmod{84}$$

이다. 따라서

$$x \equiv 37 \cdot 8 \equiv 296 \equiv 44 \pmod{84}$$

즉, $x \equiv 44 \pmod{84}$는 합동식 (3.2.13)의 해이다. 그러므로 합동식 (3.2.12)의 서로 다른 세 개의 해는 다음과 같다.

$$\begin{aligned} &x \equiv 44 \pmod{252} \\ &x \equiv 44 + 84 = 128 \pmod{252} \\ &x \equiv 44 + 2 \cdot 84 = 212 \pmod{252} \end{aligned}$$

이제 합동식 (3.2.13)의 해가 $x \equiv 44 \pmod{84}$임을 정리 3.1.23을 이용한 방법으로 확인하여 보자.

$$\phi(84) = \phi(2^2 \cdot 3 \cdot 7) = (2^2 - 2)(3 - 1)(7 - 1) = 2 \cdot 2 \cdot 6 = 24$$

이므로 $x \equiv 25^{\phi(84)-1} \cdot 8 = 25^{23} \cdot 8 \pmod{84}$가 (3.2.13)의 해이다. 그런데

$$25^2 \equiv 37 \pmod{84},\ \ 25^3 = 25^2 \cdot 25 \equiv 37 \cdot 25 = 925 \equiv 1 \pmod{84}$$

이므로 정리 3.1.5 (2)에 의하여

$$25^{23} = (25^3)^7 \cdot 25^2 \equiv 1^7 \cdot 25^2 = 625 \equiv 37 \pmod{84}$$

이다. 따라서

$$x \equiv 25^{23} \cdot 8 \equiv 37 \cdot 8 = 296 \equiv 44 \pmod{84}$$

즉, $x \equiv 44 \pmod{84}$가 합동식 (3.2.13)의 해임을 확인할 수 있다.

보기 3.2.5

합동식

$$-148x \equiv 36 \pmod{476} \tag{3.2.14}$$

의 해를 구하여 보자. $(-148,\ 476) = (148,\ 476) = 4,\ 4 \mid 36$이므로 합동식 (3.2.14)는 4개의 해를 갖는다. 또한

$$148 = 37 \cdot 4, \quad 36 = 9 \cdot 4, \quad 476 = 119 \cdot 4$$

이므로

$$\begin{aligned} -148x \equiv 36 \pmod{476} \ &\Leftrightarrow\ 148x \equiv -36 \pmod{476} \\ &\Leftrightarrow\ 37x \equiv -9 \pmod{119} \end{aligned} \tag{3.2.15}$$

이다. 또한 $(37, 119) = 1$이므로 합동식 (3.2.15)는 한 개의 해를 갖는다. 이제 합동식 (3.2.15)의 해를 정리 2.1.18 (1)을 이용하여 구하자. 정리 2.1.18 (1)에 의하여 표를 작성하면

i	0	1	2	3	4	5	6
r_i	**119**	**37**	8	5	3	2	**1**
q_i		3	4	1	1	1	2
x_i	45	14	3	2	1	**1**	**0**

이므로

$$\begin{aligned} 1 &= (119, 37) = (-1)^6 \cdot 14 \cdot 119 + (-1)^7 \cdot 45 \cdot 37 \\ &= 119 \cdot 14 + 37 \cdot (-45) \end{aligned}$$

이다. 따라서

$$-9 = 119 \cdot (14 \cdot (-9)) + 37 \cdot ((-45) \cdot (-9))$$

이므로 정리 3.1.3과 정리 3.1.4 (2)에 의하여

$$37 \cdot ((-45) \cdot (-9)) \equiv -9 \pmod{119}$$

이다. 따라서

$$x \equiv (-45) \cdot (-9) \equiv 405 \equiv 48 \pmod{119}$$

즉, $x \equiv 48 \pmod{119}$는 합동식 (3.2.15)의 해이다. 그러므로 합동식 (3.2.14)의 서로 다른

네 개의 해는

$$x \equiv 48 \pmod{476}$$
$$x \equiv 48 + 119 = 167 \pmod{476}$$
$$x \equiv 48 + 2 \cdot 119 = 286 \pmod{476}$$
$$x \equiv 48 + 3 \cdot 119 = 405 \pmod{476}$$

이다.

$m_1,\ m_2,\ \cdots,\ m_k$를 양의 정수라 하고 $f(x)$를 정수를 계수로 갖는 다항식이라 하자. k개의 합동식

$$\begin{cases} f(x) \equiv 0 \pmod{m_1} \\ f(x) \equiv 0 \pmod{m_2} \\ \qquad \cdots \\ f(x) \equiv 0 \pmod{m_k} \end{cases} \tag{3.2.16}$$

를 동시에 만족하는 정수 x의 값을 구하는 문제를 생각할 때, (3.2.16)을 **연립합동식**이라 한다.

정리 3.2.6 중국인의 나머지 정리(Chinese Remainder Theorem)

$m_1,\ m_2,\ \cdots,\ m_k$를 쌍마다 서로소인 양의 정수라 하고 $b_i \in \mathbb{Z}\ (i = 1,\ 2,\ \cdots,\ k)$라 할 때, 연립합동식

$$\begin{cases} x \equiv b_1 \pmod{m_1} \\ x \equiv b_2 \pmod{m_2} \\ \qquad \cdots \\ x \equiv b_k \pmod{m_k} \end{cases} \tag{3.2.17}$$

을 생각하자. $i = 1,\ 2,\ \cdots,\ k$에 대하여

$$M_i = m_1 m_2 \cdots m_{i-1} m_{i+1} \cdots m_k$$

로 정의하자. 그러면 $i = 1,\ 2,\ \cdots,\ k$에 대하여

$$M_i a_i \equiv 1 \pmod{m_i}$$

를 만족하는 정수 a_i가 존재한다. 또한

$$M = M_1 a_1 b_1 + M_2 a_2 b_2 + \cdots + M_k a_k b_k$$

라 하자. 그러면 연립합동식 (3.2.17)을 동시에 만족하는 모든 정수들 x는

$$x \equiv M \pmod{m_1 m_2 \cdots m_k} \tag{3.2.18}$$

를 만족하는 정수 x들이다.

▎증명 $m_1, m_2, \cdots, m_k$가 쌍마다 서로소이므로 정리 2.1.15에 의하여 $i = 1, 2, \cdots, k$에 대하여 $(M_i, m_i) = 1$이다. 따라서 정리 3.2.2에 의하여 합동식

$$M_i x \equiv 1 \pmod{m_i} \quad (i = 1, 2, \cdots, k)$$

는 한 개의 해

$$x \equiv a_i \pmod{m_i}$$

를 갖는다. 따라서 $i = 1, 2, \cdots, k$에 대하여 $M_i a_i \equiv 1 \pmod{m_i}$이다. $i \neq j$ $(i = 1, 2, \cdots, k;$ $j = 1, 2, \cdots, k)$에 대하여 $m_i \mid M_j$이고, 또한

$$\begin{aligned} M - M_i a_i b_i &= (M_1 a_1 b_1 + M_2 a_2 b_2 + \cdots + M_i a_i b_i + \cdots + M_k a_k b_k) - M_i a_i b_i \\ &= M_1 a_1 b_1 + M_2 a_2 b_2 + \cdots + M_{i-1} a_{i-1} b_{i-1} \\ &\qquad + M_{i+1} a_{i+1} b_{i+1} + \cdots + M_k a_k b_k \end{aligned}$$

이므로 정리 2.1.6 (4)에 의하여 $m_i \mid (M - M_i a_i b_i)$이다. 따라서

$$M \equiv M_i a_i b_i \pmod{m_i}$$

이다. 따라서 $M_i a_i \equiv 1 \pmod{m_i}$이므로 정리 3.1.5 (2)에 의하여

$$M_i a_i b_i \equiv 1 \cdot b_i = b_i \pmod{m_i}$$

이고, 따라서 정리 3.1.4 (3)에 의하여

$$M \equiv b_i \pmod{m_i} \tag{3.2.19}$$

이다. 그러므로 (3.2.19)와 정리 3.1.4 (2), (3)에 의하여 연립합동식 (3.2.17)은 연립합동식

$$\begin{cases} x \equiv M \pmod{m_1} \\ x \equiv M \pmod{m_2} \\ \quad\cdots \\ x \equiv M \pmod{m_k} \end{cases} \tag{3.2.20}$$

과 동치이다. 따라서 연립합동식 (3.2.17)을 만족하는 모든 정수는 연립합동식 (3.2.20)을 만족하고, 또한 연립합동식 (3.2.20)을 만족하는 모든 정수는 연립합동식 (3.2.17)을 만족한다. 또한 $m_1, m_2, \cdots, m_k$가 쌍마다 서로소이므로 정리 2.1.27(1)에 의하여

$$[m_1, m_2, \cdots, m_k] = m_1 m_2 \cdots m_k$$

이다. 따라서 정리 3.1.16과 정리 3.1.13(2)에 의하여 연립합동식 (3.2.20)과 합동식 (3.2.18)은 동치이다. 그러므로 연립합동식 (3.2.17)과 합동식 (3.2.18)은 동치이다. 즉, 연립합동식 (3.2.17)을 만족하는 모든 정수들은 합동식 (3.2.18)을 만족하고, 또한 합동식 (3.2.18)을 만족하는 모든 정수들은 연립합동식 (3.2.17)을 만족한다. ❑

보기 3.2.7

연립합동식

$$\begin{cases} x \equiv b_1 \pmod{3} \\ x \equiv b_2 \pmod{4} \\ x \equiv b_3 \pmod{7} \end{cases} \tag{3.2.21}$$

의 해를 구하여 보자. 3, 4, 7은 쌍마다 서로소이다. 정리 3.2.6의 기호에 따르면

$$M_1 = 4 \cdot 7 = 28, \quad M_2 = 3 \cdot 7 = 21, \quad M_3 = 3 \cdot 4 = 12$$

이고

$$\begin{cases} M_1 a_1 \equiv 1 \pmod{3} \\ M_2 a_2 \equiv 1 \pmod{4} \\ M_3 a_3 \equiv 1 \pmod{7} \end{cases} \Rightarrow \begin{cases} a_1 \equiv 1 \pmod{3} \\ a_2 \equiv 1 \pmod{4} \\ 5a_3 \equiv 1 \pmod{7} \end{cases} \Rightarrow \begin{cases} a_1 = 1 \\ a_2 = 1 \\ a_3 = 3 \end{cases}$$

이므로

$$M = M_1 a_1 b_1 + M_2 a_2 b_2 + M_3 a_3 b_3 = 28 b_1 + 21 b_2 + 36 b_3$$

이다. 따라서 연립합동식 (3.2.21)의 해는 $x \equiv M \pmod{3 \cdot 4 \cdot 7}$, 즉

$$x \equiv 28 b_1 + 21 b_2 + 36 b_3 \pmod{84}$$

로 주어진다. 실제로 $b_1 = 2$, $b_2 = 1$, $b_3 = 6$인 경우, 연립합동식

$$\begin{cases} x \equiv 2 \pmod{3} \\ x \equiv 1 \pmod{4} \\ x \equiv 6 \pmod{7} \end{cases}$$

의 해는

$$x \equiv 28 \cdot 2 + 21 \cdot 1 + 36 \cdot 6 = 293 \equiv 41 \pmod{84}$$

이다. 따라서 세 정수 3, 4, 7로 나눌 때의 나머지가 각각 2, 1, 6인 정수 x는 $x \equiv 41 \pmod{84}$이다.

보기 3.2.8

(1) 연립합동식

$$\begin{cases} x \equiv 2 \pmod{3} \\ 3x \equiv 2 \pmod{10} \end{cases} \tag{3.2.22}$$

의 해를 구하여 보자. 합동식 $3x \equiv 2 \pmod{10}$의 해는 $x \equiv 4 \pmod{10}$이므로 연립합동식 (3.2.22)의 해를 구하려면 연립합동식

$$\begin{cases} x \equiv 2 \pmod{3} \\ x \equiv 4 \pmod{10} \end{cases} \tag{3.2.23}$$

의 해를 구하면 된다. 이제 $(3, 10) = 1$이므로 정리 3.2.6을 이용하면

$$M_1 = 10, \quad M_2 = 3$$

이고

$$\begin{cases} M_1 a_1 \equiv 1 \pmod{3} \\ M_2 a_2 \equiv 1 \pmod{10} \end{cases} \Rightarrow \begin{cases} a_1 \equiv 1 \pmod{3} \\ 3a_2 \equiv 1 \pmod{10} \end{cases} \Rightarrow \begin{cases} a_1 = 1 \\ a_2 = 7 \end{cases}$$

이므로

$$M = M_1 a_1 b_1 + M_2 a_2 b_2 = 10 \cdot 1 \cdot 2 + 3 \cdot 7 \cdot 4 = 104$$

이다. 따라서 연립합동식 (3.2.23)의 해는

$$x \equiv 104 \equiv 14 \pmod{30}$$

이다. 그러므로 연립합동식 (3.2.22)의 해는 $x \equiv 14 \pmod{30}$이다.

(2) 연립합동식

$$\begin{cases} x \equiv 2 \pmod{6} \\ x \equiv 4 \pmod{8} \end{cases} \tag{3.2.24}$$

의 해를 구하여 보자. $(6, 8) = 2 \neq 1$이므로 정리 3.2.6을 이용하여 연립합동식 (3.2.24)의 해를 구할 수 없다. 이러한 경우에는 다음과 같은 방법으로 그 해를 구할 수 있다. 정리 3.1.3에 의하여

$$x \equiv 2 \pmod{6} \iff x = 2 + 6t, \quad t \in \mathbb{Z} \tag{3.2.25}$$

이므로 합동식 $x \equiv 4 \pmod{8}$에 $x = 2 + 6t$를 대입하면

$$2 + 6t \equiv 4 \pmod{8}$$

즉, $6t \equiv 2 \pmod{8}$을 얻는다. 그런데 정리 3.1.13 (3)에 의하여

$$6t \equiv 2 \pmod{8} \iff 3t \equiv 1 \pmod{4}$$

이고, 합동식 $3t \equiv 1 \pmod{4}$의 해는 $t \equiv 3 \pmod{4}$이므로

$$t = 3 + 4s, \quad s \in \mathbb{Z}$$

이다. 따라서 (3.2.25)에 의하여

$$x = 2 + 6t = 2 + 6(3 + 4s) = 20 + 24s, \ s \in \mathbb{Z}$$

이다. 그러므로 정리 3.1.3에 의하여 연립합동식 (3.2.24)의 해는

$$x \equiv 20 \pmod{24}$$

이다.

이제부터 $f(x)$를 정수를 계수로 갖는 다항식이라 하고 m을 양의 정수라 할 때, 일반적인 합동식 $f(x) \equiv 0 \pmod{m}$에 대하여 알아보도록 하자. 정리 3.2.19에 의하면 m이 쌍마다 서로소인 양의 정수 $m_1, m_2, \cdots, m_k$에 대하여 $m = m_1 m_2 \cdots m_k$일 때, 합동식 $f(x) \equiv 0 \pmod{m}$과 연립합동식 (3.2.16)은 동치이다. 따라서 합동식 $f(x) \equiv 0 \pmod{m}$의 해를 구하는 문제는 합동식 $f(x) \equiv 0 \pmod{m_i}$ $(i = 1, 2, \cdots, k)$의 해를 구하는 문제로 귀착되고, 이는 또다시

$$f(x) \equiv 0 \pmod{p^n} \quad (p\text{는 소수, } n \in \mathbb{N}^+)$$

꼴의 합동식의 해를 구하는 문제로 귀착된다(자세한 설명은 3.2절의 끝부분에 있다).

먼저 합동관계의 기본적인 성질을 이용하여 합동식 $f(x) \equiv 0 \pmod{m}$을 좀 더 간소화하는 방법에 대해 알아보자.

정리 3.2.9

m을 양의 정수라 하고

$$f(x) = a_n x^n + a_{n-1}x^{n-1} + \cdots + a_{k+1}x^{k+1} + a_k x^k + \cdots + a_2 x^2 + a_1 x + a_0$$

를 정수를 계수로 갖는 다항식이라 할 때, k를

$$m \nmid a_k, \ m \mid a_i \quad (i = k+1, k+2, \cdots, n)$$

을 만족하는 정수라 하고

$$g(x) = a_k x^k + a_{k-1}x^{k-1} + \cdots + a_2 x^2 + a_1 x + a_0$$

라 하자. 그러면 합동식 $f(x) \equiv 0 \pmod{m}$과 합동식 $g(x) \equiv 0 \pmod{m}$은 동치이다. 즉,

$$f(x) \equiv 0 \pmod{m} \iff g(x) \equiv 0 \pmod{m}$$

이다. 더욱이 모든 $i = 0, 1, 2, \cdots, n$에 대하여 $m \mid a_i$이면 모든 정수 x에 대하여

$$f(x) \equiv 0 \pmod{m}$$

이 만족된다.

▌증명 $m \nmid a_k$, $m \mid a_i$ $(i = k+1, k+2, \cdots, n)$이라 하면 정리 2.1.6 (4)에 의하여 모든 정수 x에 대하여

$$m \mid (a_n x^n + a_{n-1}x^{n-1} + \cdots + a_{k+1}x^{k+1})$$

이므로 모든 정수 x에 대하여

$$a_n x^n + a_{n-1}x^{n-1} + \cdots + a_{k+1}x^{k+1} \equiv 0 \pmod{m}$$

이다. 따라서 정리 3.1.5 (1)에 의하여

$$f(x) \equiv 0 \pmod{m} \iff g(x) \equiv 0 \pmod{m}$$

가 성립한다. 더욱이 모든 $i = 0, 1, 2, \cdots, n$에 대하여 $m \mid a_i$이면 정리 2.1.6 (4)에 의하여 모든 정수 x에 대하여 $m \mid f(x)$이다. 따라서 모든 정수 x에 대하여

$$f(x) \equiv 0 \pmod{m}$$

이 만족된다. ❑

$$f(x) = a_n x^n + a_{n-1} x^{n-1} + \cdots + a_2 x^2 + a_1 x + a_0$$

와 같이 최고차 항의 계수가 1인 다항식을 모닉다항식(monic polynomial)이라 한다.

정리 3.2.10

p를 소수라 하고

$$f(x) = a_n x^n + a_{n-1} x^{n-1} + \cdots + a_2 x^2 + a_1 x + a_0$$

를 정수를 계수로 갖는 다항식이라 할 때, $n \geq p$라 하고

$$a_n \not\equiv 0 \pmod{p}$$

라 하자. 그러면 모든 정수 x에 대하여 n차 합동식

$$f(x) \equiv 0 \pmod{p} \tag{3.2.26}$$

가 만족되거나, 또는 정수를 계수로 갖는 모닉다항식 $g(x)$가 존재하여 n차 합동식 (3.2.26)은 p보다 낮은 차수의 합동식

$$g(x) \equiv 0 \pmod{p}$$

와 동치이다.

증명 $f(x)$를 다항식 $x^p - x$로 나눌 때의 몫을 $q(x)$, 나머지를 $r(x)$라 하면 $q(x)$와 $r(x)$는 정수를 계수로 갖는 다항식으로서

$$f(x) = (x^p - x) q(x) + r(x),$$
$$r(x) = 0 \text{ 또는 } \deg r(x) < p \quad (\deg r(x)\text{는 } r(x)\text{의 차수이다})$$

의 형태로 표시된다(참고문헌 [1] 참조). 한편 정리 3.1.28에 의하여 모든 정수 x에 대하여 $x^p \equiv x \pmod{p}$이므로 정리 3.1.5 (1)에 의하여 모든 정수 x에 대하여

$$x^p - x \equiv 0 \pmod p$$

가 만족된다. 따라서 정리 3.1.5 (2)에 의하여 모든 정수 x에 대하여

$$(x^p - x)q(x) \equiv 0 \pmod p \tag{3.2.27}$$

가 만족된다. 그러므로 $r(x) = 0$이면 모든 정수 x에 대하여 합동식 (3.2.26)이 만족된다. $r(x) \neq 0$이면

$$r(x) = b_m x^m + b_{m-1} x^{m-1} + \cdots + b_2 x^2 + b_1 x + b_0, \ m < p$$

라 하자. $i = 0, 1, 2, \cdots, m$에 대하여 $p \mid b_i$이면 정리 3.2.9에 의하여 모든 정수 x에 대하여 합동식

$$r(x) \equiv 0 \pmod p$$

가 만족된다. 따라서 (3.2.27)과 정리 3.1.5 (1)에 의하여 모든 정수 x에 대하여 합동식 (3.2.26)이 만족된다. 다음, 적당한 $i\,(0 \le i \le m)$에 대하여 $p \nmid b_i$라 하자. (3.2.27)과 정리 3.1.5 (1)에 의하여 모든 정수 x에 대하여

$$f(x) = (x^p - x)q(x) + r(x) \equiv r(x) \pmod p \tag{3.2.28}$$

이다. 따라서 (3.2.28)과 정리 3.1.4 (2), (3)에 의하여 합동식 (3.2.26)과 합동식

$$r(x) \equiv 0 \pmod p$$

는 동치이다. k를

$$p \nmid b_k, \quad p \mid b_i \quad (i = k+1, k+2, \cdots, m)$$

을 만족하는 정수라 하자. 그러면 정리 2.2.3에 의하여 $(b_k, p) = 1$이므로 정리 3.2.2에 의하여 합동식

$$b_k x \equiv 1 \pmod p$$

는 한 개의 해를 갖는다. 따라서

$$b_k b \equiv 1 \pmod p \tag{3.2.29}$$

를 만족하는 정수 $b\,(0 < b < p)$가 존재한다. 따라서 $(b, p) = 1$이므로 정리 3.1.5 (2)와 정리 3.1.13 (1)에 의하여 합동식

$$r(x) \equiv 0 \pmod p$$

와 합동식

$$\begin{aligned} br(x) &= bb_m x^m + bb_{m-1} x^{m-1} + \cdots + bb_k x^k + \cdots + bb_2 x^2 + bb_1 x + bb_0 \\ &\equiv 0 \pmod p \end{aligned} \tag{3.2.30}$$

는 동치이다. 더욱이 $p \mid b_i$ $(i = k+1, k+2, \cdots, m)$이므로 정리 2.1.6 (2)에 의하여 $p \mid bb_i$ $(i = k+1, k+2, \cdots, m)$이고, 또한 정리 2.1.15에 의하여 $(bb_k, p) = 1$이므로 정리 2.2.3에 의하여 $p \nmid bb_k$이다. 따라서 정리 3.2.9에 의하여 합동식 (3.2.30)과 합동식

$$bb_k x^k + bb_{k-1} x^{k-1} + \cdots + bb_2 x^2 + bb_1 x + bb_0 \equiv 0 \pmod p \tag{3.2.31}$$

는 동치이다. (3.2.29)와 정리 3.1.5 (2)에 의하여 모든 정수 x에 대하여

$$-bb_k x^k \equiv -x^k \pmod p$$

이므로 정리 3.1.5 (1)과 정리 3.1.4 (2), (3)에 의하여 합동식 (3.2.31)과 합동식

$$bb_{k-1} x^{k-1} + bb_{k-2} x^{k-2} + \cdots + bb_2 x^2 + bb_1 x + bb_0 \equiv -x^k \pmod p \tag{3.2.32}$$

는 동치이다. 이제

$$g(x) = x^k + bb_{k-1} x^{k-1} + \cdots + bb_2 x^2 + bb_1 x + bb_0$$

라 하면 정리 3.1.5 (1)에 의하여 합동식 (3.2.32)와 합동식

$$g(x) = x^k + bb_{k-1} x^{k-1} + \cdots + bb_2 x^2 + bb_1 x + bb_0 \equiv 0 \pmod p \tag{3.2.33}$$

는 동치이다($g(x)$는 모닉다항식이다). 따라서 합동식 (3.2.26)은 k $(k \le m < p)$차 합동식 (3.2.33)과 동치이다. ❑

정리 3.2.11 라그랑주(Lagrange)의 정리

p를 소수라 하고

$$f(x) = a_n x^n + a_{n-1} x^{n-1} + \cdots + a_2 x^2 + a_1 x + a_0$$

를 정수를 계수로 갖는 다항식이라 할 때, $a_n \not\equiv 0 \pmod p$라 하자. 그러면 n차 합동식

$$f(x) \equiv 0 \pmod{p} \tag{3.2.34}$$

는 기껏해야 n개의 해를 갖는다.

▌증명 합동식 (3.2.34)의 차수 n에 대하여 수학적 귀납법으로 증명한다. $n=0$이면 합동식 (3.2.34)는 해를 갖지 않는다. $n=1$이면 가정에 의하여

$$a_1 \not\equiv 0 \pmod{p}$$

즉, $p \nmid a_1$이므로 정리 2.2.3에 의하여 $(a_1, p)=1$이다. 또한 정리 3.1.5 (1)에 의하여 합동식 (3.2.34), 즉

$$a_1 x + a_0 \equiv 0 \pmod{p}$$

는 합동식

$$a_1 x \equiv -a_0 \pmod{p} \tag{3.2.35}$$

와 동치이다. 따라서 정리 3.2.2에 의하여 합동식 (3.2.35)는 하나의 해만을 가지므로 (3.2.34)도 하나의 해만을 갖는다. 따라서 $n=0, 1$인 경우에 정리가 성립한다. 이제 $n=k(\geq 1)$인 경우에 정리가 성립한다고 가정하고 $n=k+1$인 경우를 생각하자. 그러면 합동식 (3.2.34)는 해를 갖지 않든가(이 경우에 분명히 정리가 성립한다) 또는 적어도 하나의 해를 갖는다.

$$x \equiv a \pmod{p}$$

를 합동식 (3.2.34)의 한 해라 가정하자. 또한 $f(x)$를 $x-a$로 나눌 때의 몫을 $q(x)$, 나머지를 r라 하면 $q(x)$는 정수를 계수로 갖는 k차 다항식이고 r는 정수로서

$$f(x) = (x-a)q(x) + r$$

의 형태로 표시된다(참고문헌 [1] 참조).

$$q(x) = b_k x^k + b_{k-1} x^{k-1} + \cdots + b_2 x^2 + b_1 x + b_0$$

라 하자. 그러면

$$\begin{aligned} f(x) &= a_{k+1} x^{k+1} + a_k x^k + \cdots + a_2 x^2 + a_1 x + a_0 \\ &= (x-a)q(x) + r \end{aligned}$$

$$= (x-a)(b_k x^k + b_{k-1} x^{k-1} + \cdots + b_2 x^2 + b_1 x + b_0) + r$$
$$= b_k x^{k+1} + (b_{k-1} - ab_k) x^k + \cdots$$

이므로 $b_k = a_{k+1}$이고, 또한 가정에 의하여 $a_{k+1} \not\equiv 0 \pmod{p}$이므로 $p \nmid a_{k+1}$, 즉 $p \nmid b_k$이다. 그러므로 합동식

$$q(x) \equiv 0 \pmod{p} \tag{3.2.36}$$

는 k차 합동식이다. 따라서 귀납법 가정에 의하여 합동식 (3.2.36)은 기껏해야 k개의 해를 갖는다. 또한

$$r = (a-a)q(a) + r = f(a) \equiv 0 \pmod{p}$$

이므로 정리 3.1.5 (1)에 의하여 모든 정수 x에 대하여

$$f(x) = (x-a)q(x) + r \equiv (x-a)q(x) \pmod{p}$$

이다. 따라서

$$x \equiv b \pmod{p}$$

를 $x \equiv a \pmod{p}$와 다른 합동식 (3.2.34)의 해라 하면

$$f(b) \equiv 0 \pmod{p}$$

이고, 또한

$$f(b) \equiv (b-a)q(b) \pmod{p}$$

이므로 정리 3.1.4 (2), (3)에 의하여

$$(b-a)q(b) \equiv 0 \pmod{p}$$

이다. 더욱이 $b \not\equiv a \pmod{p}$이므로 $p \nmid (b-a)$이고, 따라서 정리 2.2.3에 의하여 $(b-a,\ p) = 1$이다. 그러므로 정리 3.1.13 (1)에 의하여

$$q(b) \equiv 0 \pmod{p}$$

이다. 즉, $x \equiv b \pmod{p}$는 합동식 (3.2.36)의 해이다. 따라서 합동식 (3.2.34)는 기껏해야 $k+1$개의 해를 갖는다. ❑

정리 3.2.12

p를 소수라 하고

$$f(x) = a_n x^n + a_{n-1}x^{n-1} + \cdots + a_2 x^2 + a_1 x + a_0$$

를 정수를 계수로 갖는 다항식이라 할 때, 합동식

$$f(x) \equiv 0 \pmod{p} \tag{3.2.37}$$

가 n보다 많은 해를 갖는다고 하자. 그러면 모든 $i = 0, 1, 2, \cdots, n$에 대하여 $p \mid a_i$이다.

증명 $p \nmid a_k$, $p \mid a_i$ $(i = k+1, k+2, \cdots, n)$을 만족하는 정수 k가 존재한다고 하고

$$g(x) = a_k x^k + a_{k-1} x^{k-1} + \cdots + a_2 x^2 + a_1 x + a_0$$

라 하자. 그러면 정리 3.2.9에 의하여 합동식 (3.2.37)과 k차 합동식

$$g(x) \equiv 0 \pmod{p} \tag{3.2.38}$$

는 동치이다. 그러나 정리 3.2.11에 의하여 합동식 (3.2.38)은 기껏해야 $k(\le n)$개의 해를 갖는다. 이것은 모순이다. 따라서 모든 $i = 0, 1, 2, \cdots, n$에 대하여 $p \mid a_i$이다. ❑

정리 3.2.13

p를 소수라 하고, d를 $d \mid (p-1)$인 양의 정수라 하자. 그러면 합동식

$$x^d - 1 \equiv 0 \pmod{p} \tag{3.2.39}$$

는 꼭 d개의 해를 갖는다.

증명 $d \mid (p-1)$이므로 $p - 1 = dk$를 만족하는 양의 정수 k가 존재한다.

$$f(x) = x^{d(k-1)} + x^{d(k-2)} + \cdots + x^{2d} + x^d + 1$$

이라 하자. 그러면

$$\begin{aligned} x^{p-1} - 1 &= (x^d - 1)(x^{d(k-1)} + x^{d(k-2)} + \cdots + x^{2d} + x^d + 1) \\ &= (x^d - 1) f(x) \end{aligned}$$

이다. 또한 $p \nmid 1$이고

$$d(k-1) = dk - d = p - 1 - d$$

이므로 정리 3.2.11에 의하여 $p-1-d$차 합동식

$$f(x) \equiv 0 \pmod{p} \tag{3.2.40}$$

는 기껏해야 $p-1-d$개의 해를 갖는다. 한편 $p \nmid a$ $(a = 1, 2, \cdots, p-1)$이므로 정리 3.1.26에 의하여

$$x \equiv a \pmod{p}, \quad a = 1, 2, \cdots, p-1 \tag{3.2.41}$$

은 합동식

$$x^{p-1} \equiv 1 \pmod{p} \tag{3.2.42}$$

의 해이고, 정리 3.1.5 (1)에 의하여 합동식 (3.2.42)는 합동식

$$x^{p-1} - 1 \equiv 0 \pmod{p} \tag{3.2.43}$$

와 동치이므로 (3.2.41)은 합동식 (3.2.43)의 해이다. 또한 $p \nmid 1$이므로 정리 3.2.11에 의하여 합동식 (3.2.43)은 기껏해야 $p-1$개의 해를 갖는다. 따라서 합동식 (3.2.43)의 해는 (3.2.41)의 $p-1$개뿐이다. 이제

$$x \equiv a \pmod{p}$$

를 합동식 (3.2.43)의 해이나 합동식 (3.2.40)의 해가 아니라 하자. 그러면

$$a^{p-1} - 1 \equiv 0 \pmod{p}, \quad f(a) \not\equiv 0 \pmod{p}$$

이므로

$$(a^d - 1) f(a) = a^{p-1} - 1 \equiv 0 \pmod{p}$$

즉, $p \mid (a^d - 1) f(a)$이고, 또한 $p \nmid f(a)$이다. 따라서 p가 소수이므로 정리 2.2.3에 의하여 $(f(a), p) = 1$이다. 따라서 정리 2.1.16에 의하여 $p \mid (a^d - 1)$, 즉

$$a^d - 1 \equiv 0 \pmod{p}$$

이므로 $x \equiv a \pmod{p}$는 합동식 (3.2.39)의 해이다. 따라서

(합동식 (3.2.43)의 해의 개수) − (합동식 (3.2.40)의 해의 개수)

$$\geq (p-1)-(p-1-d)=d$$

이므로 합동식 (3.2.39)는 적어도 d개 이상의 해를 갖는다. 그런데 $p \nmid 1$이므로 정리 3.2.11에 의하여 합동식 (3.2.39)는 기껏해야 d개의 해를 갖는다. 따라서 합동식 (3.2.39)는 꼭 d개의 해를 갖는다. ❑

보기 3.2.14

정리 3.1.28에 의하여 모든 정수 x에 대하여 $x^3 \equiv x \pmod 3$이므로 3차 합동식

$$x^3 - x \equiv 0 \pmod 3 \tag{3.2.44}$$

은 3개의 해

$$x \equiv 0 \pmod 3, \quad x \equiv 1 \pmod 3, \quad x \equiv 2 \pmod 3$$

을 갖는다. 또한 (3.2.44)와 정리 3.1.5 (2)에 의하여 모든 정수 x에 대하여

$$(x^3 - x)x^2 \equiv 0 \pmod 3$$

이므로 5차 합동식 $x^5 - x^3 \equiv 0 \pmod 3$도 3개의 해

$$x \equiv 0 \pmod 3, \quad x \equiv 1 \pmod 3, \quad x \equiv 2 \pmod 3$$

을 갖는다. 다음, 3차 합동식 $f(x) = x^3 - 1 \equiv 0 \pmod 5$는

$$f(0) = -1 \not\equiv 0 \pmod 5,\ f(1) = 0 \equiv 0 \pmod 5,\ f(2) = 7 \not\equiv 0 \pmod 5,$$
$$f(3) = 26 \not\equiv 0 \pmod 5,\ f(4) = 63 \not\equiv 0 \pmod 5$$

이므로 한 개의 해 $x \equiv 1 \pmod 5$만을 갖고, 2차 합동식

$$g(x) = x^2 + 2 \equiv 0 \pmod 5$$

는

$$g(0) = 2 \not\equiv 0 \pmod 5,\ g(1) = 3 \not\equiv 0 \pmod 5,\ g(2) = 6 \not\equiv 0 \pmod 5,$$
$$g(3) = 11 \not\equiv 0 \pmod 5,\ g(4) = 18 \not\equiv 0 \pmod 5$$

이므로 해가 존재하지 않는다. 이상에 보이듯이 합동식의 법 p가 소수일 때, 정리 3.2.11이 성립함을 확인할 수 있다. 그러나 p가 소수가 아닐 때는 정리 3.2.11이 성립하지 않는다. 예를 들어, $p = 6$일 때, 2차 합동식

$$h(x) = x^2 + x \equiv 0 \pmod{6} \tag{3.2.45}$$

을 생각하면

$$h(0) = 0 \equiv 0 \pmod{6}, \qquad h(1) = 2 \not\equiv 0 \pmod{6},$$
$$h(2) = 6 \equiv 0 \pmod{6}, \qquad h(3) = 12 \equiv 0 \pmod{6},$$
$$h(4) = 20 \not\equiv 0 \pmod{6}, \qquad h(5) = 30 \equiv 0 \pmod{6}$$

이므로 2차 합동식 (3.2.45)는 4개의 해

$$x \equiv 0 \pmod{6}, \ x \equiv 2 \pmod{6}, \ x \equiv 3 \pmod{6}, \ x \equiv 5 \pmod{6}$$

을 갖는다.

보기 3.2.15

$$f(x) = 3x^9 - 2x^8 + 5x^7 + 7x^5 + 14x^4 + x^3 + 2x^2 - 5x - 4$$

라 할 때, 9차 합동식

$$f(x) \equiv 0 \pmod{7} \tag{3.2.46}$$

을 생각하자. 정리 3.2.10의 증명과정에 따르면 $f(x)$를 다항식 $x^7 - x$로 나눌 때의 나머지를 $r(x)$라 할 때,

$$r(x) = 7x^5 + 14x^4 + 4x^3 - 4$$

이므로 9차 합동식 (3.2.46)은 합동식

$$7x^5 + 14x^4 + 4x^3 - 4 \equiv 0 \pmod{7} \tag{3.2.47}$$

과 동치이다. 또한 $7 | 7$, $7 | 14$이므로 정리 3.2.9에 의하여 합동식 (3.2.47)은 3차 합동식

$$4x^3 - 4 \equiv 0 \pmod{7} \tag{3.2.48}$$

과 동치이다($7 \nmid 4$, $4 \cdot 2 = 8 \equiv 1 \pmod{7}$임에 유의하라(정리 3.2.10의 증명과정을 참고하라)). 더욱이 $(2, 7) = 1$이므로 정리 3.1.5 (2)와 정리 3.1.13 (1)에 의하여 합동식 (3.2.48)은 합동식

$$2(4x^3 - 4) = 8(x^3 - 1) \equiv 0 \pmod{7} \tag{3.2.49}$$

과 동치이고, 또한 $(8, 7) = 1$이므로 합동식 (3.2.49)는 합동식

$$g(x) = x^3 - 1 \equiv 0 \pmod{7} \qquad (3.2.50)$$

과 동치이다. 그러므로 합동식 (3.2.46)은 합동식 (3.2.50)과 동치이다. 따라서 정리 3.2.10이 성립함을 확인할 수 있다. 더욱이 $3 \mid (7-1)$이므로 정리 3.2.13에 의하여 합동식 (3.2.50)은 3개의 해를 갖는다. 실제로

$$\begin{aligned}
&g(0) = -1 \not\equiv 0 \pmod{7}, && g(1) = 0 \equiv 0 \pmod{7},\\
&g(2) = 7 \equiv 0 \pmod{7}, && g(3) = 26 \not\equiv 0 \pmod{7},\\
&g(4) = 63 \equiv 0 \pmod{7}, && g(5) = 124 \not\equiv 0 \pmod{7},\\
&g(6) = 215 \not\equiv 0 \pmod{7}
\end{aligned}$$

이므로

$$x \equiv 1 \pmod{7},\ x \equiv 2 \pmod{7},\ x \equiv 4 \pmod{7} \qquad (3.2.51)$$

은 합동식 (3.2.50)의 해이다. 따라서 합동식 (3.2.46)은 3개의 해 (3.2.51)을 갖는다.

정리 3.2.16 윌슨(Wilson)의 정리

p를 소수라 하자. 그러면

$$1 \cdot 2 \cdot 3 \cdot \cdots \cdot (p-1) + 1 \equiv 0 \pmod{p}$$

즉, $(p-1)! \equiv -1 \pmod{p}$이다.

증명 먼저 $p = 2$이면

$$1 + 1 = 2 \equiv 0 \pmod{2}$$

이므로 정리는 성립한다. 이제 $p \geq 3$이라 하고

$$f(x) = (x-1)(x-2) \cdots (x-(p-1)) - (x^{p-1} - 1) \qquad (3.2.52)$$

이라 하자. (3.2.52)의 우변을 전개하면 $f(x)$는

$$f(x) = a_{p-2}x^{p-2} + a_{p-3}x^{p-3} + \cdots + a_2x^2 + a_1x + a_0$$

의 꼴로 표시되므로 $f(x)$는 정수를 계수로 갖는 $p-2$차 다항식이다. 정리 3.1.5 (1)에 의하여

합동식

$$x^{p-1} \equiv 1 \pmod{p} \tag{3.2.53}$$

와 합동식

$$x^{p-1} - 1 \equiv 0 \pmod{p} \tag{3.2.54}$$

는 동치이고, 또한 정리 3.1.5 (2)에 의하여 합동식 (3.2.54)와 합동식

$$-(x^{p-1} - 1) \equiv 0 \pmod{p} \tag{3.2.55}$$

는 동치이다. 합동식

$$f(x) = (x-1)(x-2) \cdots (x-(p-1)) - (x^{p-1} - 1) \equiv 0 \pmod{p} \tag{3.2.56}$$

를 생각하자. $p \nmid a$ $(a = 1, 2, \cdots, p-1)$이므로 정리 3.1.26에 의하여

$$x \equiv 1 \pmod{p}, \quad x \equiv 2 \pmod{p}, \quad \cdots, \quad x \equiv p-1 \pmod{p} \tag{3.2.57}$$

는 합동식 (3.2.53)의 해이고, 따라서 (3.2.57)은 합동식 (3.2.55)의 해이다. 더욱이 $x = 1, 2, \cdots, p-1$에 대하여

$$(x-1)(x-2) \cdots (x-(p-1)) = 0$$

이므로 (3.2.57)은 합동식 (3.2.56)의 해이다. 즉, $p-2$차 다항식 $f(x)$에 대하여 합동식 $f(x) \equiv 0 \pmod{p}$는 $p-1$개의 해를 가지므로 정리 3.2.12에 의하여 모든 $i = 0, 1, 2, \cdots, p-2$에 대하여 $p \mid a_i$이고, 따라서 정리 2.1.6 (4)에 의하여 모든 정수 x에 대하여 $p \mid f(x)$이다. 따라서 모든 정수 x에 대하여 합동식 (3.2.56)이 만족된다. 특히 $x = 0$에 대하여 합동식 (3.2.56)이 만족되므로

$$(-1)(-2) \cdots (-(p-1)) - (-1) \equiv 0 \pmod{p}$$

이다. 이때 $p \ge 3$이므로 $p-1$은 짝수이고, 따라서

$$1 \cdot 2 \cdot 3 \cdot \cdots \cdot (p-1) + 1 \equiv 0 \pmod{p}$$

이다. 더욱이 정리 3.1.5 (1)에 의하여

$$(p-1)! = 1 \cdot 2 \cdot 3 \cdot \cdots \cdot (p-1) \equiv -1 \pmod{p}$$

이다. ❑

보기 3.2.17

$p\,(>2)$를 소수라 하자. 정리 3.2.16에 의하여

$$(p-1)(p-2)! = (p-1)! \equiv -1 \equiv p-1 \pmod{p}$$

이고, $(p-1,\, p)=1$이므로 정리 3.1.13 (1)에 의하여

$$(p-2)! \equiv 1 \pmod{p}$$

이다(2011학년도 중등임용시험 17번). 예를 들어, $p=7$이면

$$1\cdot 2\cdot 3\cdot 4\cdot 5\cdot 6+1=721\equiv 0 \pmod{7}$$

즉, $6!\equiv -1 \pmod{7}$이고, 또한

$$5!=1\cdot 2\cdot 3\cdot 4\cdot 5=120\equiv 1 \pmod{7}$$

임을 확인할 수 있다.

보기 3.2.18

$p\,(>2)$를 소수라 하자.

$$0\equiv\ -p \pmod{p}$$

이므로 정리 3.1.5 (1)에 의하여 모든 정수 a에 대하여

$$a\equiv\ -p+a=\ -(p-a) \pmod{p}$$

이다. 따라서 정리 3.1.5 (2)에 의하여

$$\begin{aligned}
&1\cdot 3\cdot 5\cdot\ \cdots\ \cdot(p-4)(p-2)\\
&\quad\equiv\ (-(p-1))(-(p-3))(-(p-5))\cdots(-(p-(p-4)))(-(p-(p-2)))\\
&\quad\equiv (-(p-1))(-(p-3))(-(p-5))\cdots(-4)(-2)\\
&\quad\equiv (-1)^{\frac{p-1}{2}}\cdot 2\cdot 4\cdot\ \cdots\ \cdot(p-5)(p-3)(p-1) \pmod{p}
\end{aligned}$$

이다. 따라서

$$\begin{aligned}
&1^2\cdot 3^2\cdot 5^2\cdot\ \cdots\ \cdot(p-4)^2(p-2)^2\\
&\quad=(1\cdot 3\cdot 5\cdot\ \cdots\ \cdot(p-4)(p-2))(1\cdot 3\cdot 5\cdot\ \cdots\ \cdot(p-4)(p-2))
\end{aligned}$$

$$\equiv (-1)^{\frac{p-1}{2}} \cdot 2 \cdot 4 \cdot \cdots \cdot (p-5)(p-3)(p-1)(1 \cdot 3 \cdot 5 \cdot \cdots \cdot (p-4)(p-2))$$

(정리 3.1.5 (2)에 의하여)

$$\equiv (-1)^{\frac{p-1}{2}} \cdot 1 \cdot 2 \cdot 3 \cdot 4 \cdot \cdots \cdot (p-5)(p-4)(p-3)(p-2)(p-1)$$

$$\equiv (-1)^{\frac{p-1}{2}} (p-1)! \pmod{p}$$

이다. 또한 정리 3.2.16에 의하여 $(p-1)! \equiv -1 \pmod{p}$이므로 정리 3.1.5 (2)에 의하여

$$(-1)^{\frac{p-1}{2}}(p-1)! \equiv (-1)^{\frac{p-1}{2}}(-1) = (-1)^{\frac{p+1}{2}} \pmod{p}$$

이다. 따라서 정리 3.1.4 (3)에 의하여

$$1^2 \cdot 3^2 \cdot 5^2 \cdot \cdots \cdot (p-4)^2(p-2)^2 \equiv (-1)^{\frac{p+1}{2}} \pmod{p}$$

이다. 예를 들어, $p = 11$이면

$$1^2 \cdot 3^2 \cdot 5^2 \cdot 7^2 \cdot 9^2 = 893025 \equiv (-1)^{\frac{11+1}{2}} = (-1)^6 = 1 \pmod{11}$$

이다.

정리 3.2.19

$m_1, m_2, \cdots, m_k$를 쌍마다 서로소인 양의 정수라 하고

$$m = m_1 m_2 \cdots m_k$$

라 하자. $f(x)$를 정수를 계수로 갖는 다항식이라 할 때, 합동식

$$f(x) \equiv 0 \pmod{m} \tag{3.2.58}$$

과 연립합동식

$$\begin{cases} f(x) \equiv 0 \pmod{m_1} \\ f(x) \equiv 0 \pmod{m_2} \\ \quad \cdots \\ f(x) \equiv 0 \pmod{m_k} \end{cases} \tag{3.2.59}$$

는 동치이다. 더욱이 $i = 1, 2, \cdots, k$에 대하여

$$f(x) \equiv 0 \pmod{m_i}$$

의 해의 개수를 t_i라 하면 합동식 (3.2.58)의 해의 개수 t는

$$t = t_1 t_2 \cdots t_k$$

이다.

❚ 증명 정리 3.1.13 (2)에 의하여 합동식 (3.2.58)을 만족하는 정수 x는 연립합동식 (3.2.59)를 만족한다. 또한 정리 2.1.27 (1)에 의하여

$$[m_1, m_2, \cdots, m_k] = m_1 m_2 \cdots m_k$$

이므로 정리 3.1.16에 의하여 연립합동식 (3.2.59)를 만족하는 정수 x는 합동식 (3.2.58)을 만족한다. 따라서 합동식 (3.2.58)과 연립합동식 (3.2.59)는 동치이다. 이제 $i = 1, 2, \cdots, k$에 대하여

$$x \equiv b_i \pmod{m_i} \tag{3.2.60}$$

를 합동식

$$f(x) \equiv 0 \pmod{m_i} \tag{3.2.61}$$

의 t_i개의 해 중의 하나라 하자. 그러면

$$\begin{cases} x \equiv b_1 \pmod{m_1} \\ x \equiv b_2 \pmod{m_2} \\ \quad \cdots \\ x \equiv b_k \pmod{m_k} \end{cases} \tag{3.2.62}$$

와 같은 형태의 $t = t_1 t_2 \cdots t_k$개의 연립합동식이 존재한다. 그러므로 연립합동식 (3.2.59)를 만족하는 정수 x는 t개의 연립합동식 (3.2.62) 중의 하나를 만족하고, 또한 연립합동식 (3.2.62)를 만족하는 정수 x는 연립합동식 (3.2.59)를 만족한다. $i = 1, 2, \cdots, k$에 대하여

$$M_i = m_1 m_2 \cdots m_{i-1} m_{i+1} \cdots m_k$$

로 정의하자. 그러면 정리 3.2.6에 의하여 $i = 1, 2, \cdots, k$에 대하여

$$M_i a_i \equiv 1 \pmod{m_i}$$

를 만족하는 정수 a_i가 존재하고, 또한 연립합동식 (3.2.62)의 해는

$$x \equiv M_1a_1b_1 + M_2a_2b_2 + \cdots + M_ka_kb_k \pmod{m}$$

이다. $i = 1, 2, \cdots, k$에 대하여

$$x \equiv c_i \pmod{m_i}$$

를 (3.2.60)과 다른 합동식 (3.2.61)의 해라 하자. 각 $i = 1, 2, \cdots, k$에 대하여

$$\begin{aligned} M_1a_1b_1 + \cdots + M_{i-1}a_{i-1}b_{i-1} + M_ia_ib_i + M_{i+1}a_{i+1}b_{i+1} + \cdots + M_ka_kb_k \\ \equiv M_1a_1b_1 + \cdots + M_{i-1}a_{i-1}b_{i-1} + M_ia_ic_i \\ + M_{i+1}a_{i+1}b_{i+1} + \cdots + M_ka_kb_k \pmod{m} \end{aligned}$$

이라 하면 정리 3.1.5 (1)에 의하여

$$M_ia_i(b_i - c_i) \equiv 0 \pmod{m}$$

이다. 따라서 $m = m_i(m_1m_2 \cdots m_{i-1}m_{i+1} \cdots m_k)$이므로 정리 3.1.13 (2)에 의하여

$$M_ia_i(b_i - c_i) \equiv 0 \pmod{m_i} \tag{3.2.63}$$

이다. 즉, $m_i \mid M_ia_i(b_i - c_i)$. 또한 $M_ia_i \equiv 1 \pmod{m_i}$이므로 정리 3.1.14 (1)에 의하여

$$(M_ia_i, m_i) = (1, m_i) = 1$$

이다. 따라서 정리 2.1.16에 의하여 $m_i \mid (b_i - c_i)$이므로

$$b_i \equiv c_i \pmod{m_i}$$

이다. 이것은 모순이다. 그러므로

$$\begin{aligned} M_1a_1b_1 + \cdots + M_{i-1}a_{i-1}b_{i-1} + M_ia_ib_i + M_{i+1}a_{i+1}b_{i+1} + \cdots + M_ka_kb_k \\ \not\equiv M_1a_1b_1 + \cdots + M_{i-1}a_{i-1}b_{i-1} + M_ia_ic_i \\ + M_{i+1}a_{i+1}b_{i+1} + \cdots + M_ka_kb_k \pmod{m} \end{aligned}$$

이다. 또한 $i \neq j$ $(j = 1, 2, 3, \cdots, k)$에 대하여 $m_i \mid M_j$이므로 정리 2.1.6 (2)에 의하여 $m_i \mid M_ja_j(b_j - c_j)$. 즉,

$$M_ja_j(b_j - c_j) \equiv 0 \pmod{m_i}$$

이다. 따라서 일반적으로

$$\begin{aligned}&M_1a_1b_1+M_2a_2b_2+\cdots+M_ia_ib_i+\cdots+M_ka_kb_k\\&\quad\equiv M_1a_1c_1+M_2a_2c_2+\cdots+M_ia_ic_i+\cdots+M_ka_kc_k\pmod{m}\end{aligned}$$

이라 하면 정리 3.1.5 (1)에 의하여

$$\begin{aligned}&M_1a_1(b_1-c_1)+M_2a_2(b_2-c_2)+\cdots+M_ja_j(b_j-c_j)+\cdots\\&\qquad+M_ia_i(b_i-c_i)+\cdots+M_ka_k(b_k-c_k)\equiv 0\pmod{m}\end{aligned}$$

이고, 따라서 정리 3.1.13 (2)에 의하여

$$\begin{aligned}&M_1a_1(b_1-c_1)+M_2a_2(b_2-c_2)+\cdots+M_ja_j(b_j-c_j)+\cdots\\&\qquad+M_ia_i(b_i-c_i)+\cdots+M_ka_k(b_k-c_k)\equiv 0\pmod{m_i}\end{aligned}$$

이므로 정리 3.1.5 (1)에 의하여 (3.2.63)이 얻어진다. 따라서 위의 설명에서와 같이 모순이 유도된다. 따라서

$$\begin{aligned}&M_1a_1b_1+M_2a_2b_2+\cdots+M_ia_ib_i+\cdots+M_ka_kb_k\\&\quad\not\equiv M_1a_1c_1+M_2a_2c_2+\cdots+M_ia_ic_i+\cdots+M_ka_kc_k\pmod{m}\end{aligned}$$

이다. 그러므로 합동식 (3.2.58)의 해의 개수는 t이다. ❑

보기 3.2.20

합동식

$$x^4-33x^3+8x-26\equiv 0\pmod{35}\tag{3.2.64}$$

의 해를 구하여 보자. $35=5\cdot 7$, $(5, 7)=1$이므로 정리 3.2.19에 의하여 합동식 (3.2.64)는 연립합동식

$$\begin{cases}x^4-33x^3+8x-26\equiv 0\pmod{5}\\x^4-33x^3+8x-26\equiv 0\pmod{3}\end{cases}\tag{3.2.65}$$

과 동치이다. 따라서 합동식 (3.2.64)의 해를 구하려면 연립합동식 (3.2.65)의 해를 구하면 된다. 그런데 법 5에 관한 잉여 0, 1, 2, 3, 4 중에서 $x=1$, $x=4$만이 합동식

$$x^4-33x^3+8x-26\equiv 0\pmod{5}\tag{3.2.66}$$

를 만족하므로 합동식 (3.2.66)은 두 개의 해

$$x \equiv 1 \pmod{5}, \ \ x \equiv 4 \pmod{5}$$

를 갖는다. 또한 법 7에 관한 잉여 0, 1, 2, 3, 4, 5, 6 중에서 $x=3$, $x=5$, $x=6$만이 합동식

$$x^4 - 33x^3 + 8x - 26 \equiv 0 \pmod{7} \tag{3.2.67}$$

을 만족하므로 합동식 (3.2.67)은 세 개의 해

$$x \equiv 3 \pmod{7}, \quad x \equiv 5 \pmod{7}, \quad x \equiv 6 \pmod{7}$$

을 갖는다. 따라서 합동식 (3.2.64)는 $2 \cdot 3 = 6$개의 해를 갖는다. 이제 이 6개의 해를 구하려면 $b_1 = 1,\ 4\ ;\ b_2 = 3,\ 5,\ 6$에 대하여 다음 연립합동식

$$\begin{cases} x \equiv b_1 \pmod{5} \\ x \equiv b_2 \pmod{7} \end{cases} \tag{3.2.68}$$

의 해를 구하면 된다. 이제 $(5, 7) = 1$이므로 정리 3.2.6을 이용하면

$$M_1 = 7, \ \ M_2 = 5$$

이고

$$\begin{cases} M_1 a_1 \equiv 1 \pmod{5} \\ M_2 a_2 \equiv 1 \pmod{7} \end{cases} \Rightarrow \begin{cases} 2a_1 \equiv 1 \pmod{5} \\ 5a_2 \equiv 1 \pmod{7} \end{cases} \Rightarrow \begin{cases} a_1 = 3 \\ a_2 = 3 \end{cases}$$

이므로 연립합동식 (3.2.68)의 해는

$$x \equiv M_1 a_1 b_1 + M_2 a_2 b_2 = 7 \cdot 3 \cdot b_1 + 5 \cdot 3 \cdot b_2 = 21b_1 + 15b_2 \pmod{35}$$

이다. 따라서 합동식 (3.2.64)의 해는 $b_1 = 1,\ 4\ ;\ b_2 = 3,\ 5,\ 6$을 대입하여

$$\begin{aligned}
x &\equiv 21 \cdot 1 + 15 \cdot 3 \equiv 31 \pmod{35} \\
x &\equiv 21 \cdot 1 + 15 \cdot 5 \equiv 26 \pmod{35} \\
x &\equiv 21 \cdot 1 + 15 \cdot 6 \equiv 6 \pmod{35} \\
x &\equiv 21 \cdot 4 + 15 \cdot 3 \equiv 24 \pmod{35} \\
x &\equiv 21 \cdot 4 + 15 \cdot 5 \equiv 19 \pmod{35} \\
x &\equiv 21 \cdot 4 + 15 \cdot 6 \equiv 34 \pmod{35}
\end{aligned}$$

이다.

$f(x)$를 실수를 계수로 갖는 다항식이라 하자. a를 실수라 할 때, a에 관한 $f(x)$의 테일러 급수(Taylor series)는

$$f(x)=f(a)+f'(a)(x-a)+\frac{f''(a)}{2!}(x-a)^2+\frac{f'''(a)}{3!}(x-a)^3 + \cdots + \frac{f^{(n)}(a)}{n!}(x-a)^n+\cdots \qquad (3.2.69)$$

이다. (3.2.69)에서 $h=x-a$라 하면 $x=a+h$이므로

$$f(a+h)=f(a)+f'(a)h+\frac{f''(a)}{2!}h^2+\frac{f'''(a)}{3!}h^3+\cdots+\frac{f^{(n)}(a)}{n!}h^n+\cdots$$

이다.

$f(x)$를 정수를 계수로 갖는 다항식이라 하고

$$f(x)=a_nx^n+a_{n-1}x^{n-1}+\cdots+a_2x^2+a_1x+a_0$$

라 하자. 그러면

$$\begin{aligned}
f'(x)&=na_nx^{n-1}+(n-1)a_{n-1}x^{n-2}+\cdots+2a_2x+a_1,\\
f''(x)&=n(n-1)a_nx^{n-2}+(n-1)(n-2)a_{n-1}x^{n-3}+\cdots+2\cdot 1\cdot a_2,\\
&\cdots\\
f^{(k)}(x)&=n(n-1)(n-2)\cdots(n-k+1)a_nx^{n-k}\\
&\quad+(n-1)(n-2)\cdots(n-k)a_{n-1}x^{n-k-1}+\cdots\\
&\quad+k(k-1)\cdot\cdots\cdot 2\cdot 1\cdot a_k,\\
&\cdots\\
f^{(n)}(x)&=n(n-1)(n-2)\cdot\cdots\cdot 2\cdot 1\cdot a_n,\\
f^{(n+1)}(x)&=0,\\
f^{(n+2)}(x)&=0,\\
&\cdots
\end{aligned}$$

이다. 따라서 a를 정수라 할 때, $f(x)$의 테일러 급수는

$$f(x)=f(a)+f'(a)(x-a)+\frac{f''(a)}{2!}(x-a)^2+\frac{f'''(a)}{3!}(x-a)^3$$

$$+ \cdots + \frac{f^{(k)}(a)}{k!}(x-a)^k + \cdots + \frac{f^{(n)}(a)}{n!}(x-a)^n \qquad (3.2.70)$$

이다. (3.2.70)에서 $h = x - a$라 하면 $x = a + h$이므로

$$f(a+h) = f(a) + f'(a)h + \frac{f''(a)}{2!}h^2 + \frac{f'''(a)}{3!}h^3$$
$$+ \cdots + \frac{f^{(k)}(a)}{k!}h^k + \cdots + \frac{f^{(n)}(a)}{n!}h^n \qquad (3.2.71)$$

이다. 더욱이 $k = 2, 3, \cdots, n$에 대하여

$$\begin{aligned}\frac{f^{(k)}(a)}{k!} &= \frac{n(n-1)(n-2)\cdots(n-k+1)}{k!}a_n a^{n-k} \\ &\quad + \frac{(n-1)(n-2)\cdots(n-k)}{k!}a_{n-1}a^{n-k-1} \\ &\quad + \frac{(n-2)(n-3)\cdots(n-k-1)}{k!}a_{n-2}a^{n-k-2} \\ &\quad + \cdots + \frac{k(k-1)(k-2)\cdot\cdots\cdot 2\cdot 1}{k!}a_k \\ &= \frac{n!}{k!(n-k)!}a_n a^{n-k} + \frac{(n-1)!}{k!((n-1)-k)!}a_{n-1}a^{n-k-1} \\ &\quad + \frac{(n-2)!}{k!((n-2)-k)!}a_{n-2}a^{n-k-2} + \cdots + \frac{k!}{k!}a_k\end{aligned}$$

이므로 정리 2.4.7에 의하여 $\frac{f^{(k)}(a)}{k!}$는 정수이다.

m을 양의 정수라 하고

$$m = p_1^{n_1} p_2^{n_2} \cdots p_k^{n_k}$$

을 m의 표준분해라 하자. 그러면 정리 2.2.3과 정리 2.1.15에 의하여 $i \neq j$ $(i = 1, 2, \cdots, k$ $; j = 1, 2, \cdots, k)$에 대하여

$$(p_i^{n_i}, p_j^{n_j}) = 1$$

이다. 따라서 정리 3.2.19에 의하여 합동식

$$f(x) \equiv 0 \pmod{m} \qquad (3.2.72)$$

과 연립합동식

$$\begin{cases} f(x) \equiv 0 \pmod{p_1^{n_1}} \\ f(x) \equiv 0 \pmod{p_2^{n_2}} \\ \quad \cdots \\ f(x) \equiv 0 \pmod{p_k^{n_k}} \end{cases}$$

은 동치이다. 따라서 합동식 (3.2.72)의 해를 구하는 문제는 소수 p와 $n \in \mathbb{N}^+$에 대하여 합동식

$$f(x) \equiv 0 \pmod{p^n} \tag{3.2.73}$$

의 해를 구하는 문제로 귀착된다.

이제 합동식 (3.2.73)의 해를 구하는 방법을 알아보자. 합동식 (3.2.73)이 한 해 $x \equiv c \pmod{p^n}$를 가지면 $f(c) \equiv 0 \pmod{p^n}$이다. 따라서 정리 3.1.13 (2)에 의하여 모든 r $(1 \le r < n)$에 대하여 $f(c) \equiv 0 \pmod{p^r}$이므로

$$x \equiv c \pmod{p^r}$$

은 합동식 $f(x) \equiv 0 \pmod{p^r}$의 해이고, 특히 $x \equiv c \pmod{p}$는 합동식

$$f(x) \equiv 0 \pmod{p} \tag{3.2.74}$$

의 해이다. 그러므로 합동식 (3.2.73)의 해를 구하기 위해서는 먼저 (3.2.74)의 해를 구하고, 이 해 중에서 $f(x) \equiv 0 \pmod{p^2}$의 해를 구하고, 또 그 해 중에서 $f(x) \equiv 0 \pmod{p^3}$의 해를 구하고, 이렇게 순차적으로 계속하여 $f(x) \equiv 0 \pmod{p^r}$의 해를 구한 후에 $f(x) \equiv 0 \pmod{p^{r+1}}$의 해를 구하는 방법으로 (3.2.73)의 해를 구해야 한다. 이에 대하여 좀 더 자세히 알아보자.

합동식 $f(x) \equiv 0 \pmod{p^r}$의 한 해를

$$x \equiv x_r \pmod{p^r}$$

이라 하자. 그러면 정리 3.1.3에 의하여 $x = x_r + p^r t_r$을 만족하는 정수 t_r가 존재한다. 따라서 합동식

$$f(x) \equiv 0 \pmod{p^{r+1}}$$

에 $x = x_r + p^r t_r$을 대입하고 (3.2.71)에서 $a = x_r$, $h = p^r t_r$로 생각하면

$$f(x_r + p^r t_r) = f(x_r) + f'(x_r)p^r t_r + \frac{f''(x_r)}{2!}p^{2r}t_r^2 + \frac{f'''(x_r)}{3!}p^{3r}t_r^3$$
$$+ \cdots + \frac{f^{(k)}(x_r)}{k!}p^{kr}t_r^k + \cdots + \frac{f^{(n)}(x_r)}{n!}p^{nr}t_r^n \equiv 0 \pmod{p^{r+1}}$$

이다. 이때 $k = 2, 3, \cdots, n$에 대하여 $kr \geq r+1$이므로 $p^{r+1} \mid p^{kr}$이고, 따라서

$$\frac{f^{(k)}(x_r)}{k!}p^{kr}t_r^k \equiv 0 \pmod{p^{r+1}}$$

이므로 정리 3.1.5 (1)에 의하여

$$f(x_r) + f'(x_r)p^r t_r \equiv 0 \pmod{p^{r+1}}$$

이다. 또한 $x \equiv x_r \pmod{p^r}$가 합동식 $f(x) \equiv 0 \pmod{p^r}$의 해이므로 $f(x_r) \equiv 0 \pmod{p^r}$, 즉 $p^r \mid f(x_r)$이다. 따라서 정리 3.1.13 (3)에 의하여

$$\frac{f(x_r)}{p^r} + f'(x_r)t_r \equiv 0 \pmod{p}$$

이다. 따라서 정리 3.1.5 (1)에 의하여

$$f'(x_r)t_r \equiv -\frac{f(x_r)}{p^r} \pmod{p} \tag{3.2.75}$$

이다. 그러므로 합동식

$$f(x) \equiv 0 \pmod{p^{r+1}} \tag{3.2.76}$$

의 해는 다음과 같이 분류된다.

정리 3.2.21

p를 소수라 하고 $r \in \mathbb{N}^+$이라 하자. $f(x)$를 정수를 계수로 갖는 다항식이라 할 때, $x \equiv x_r \pmod{p^r}$가 합동식 $f(x) \equiv 0 \pmod{p^r}$의 해이면 다음이 성립한다.

(1) $(f'(x_r), p) = 1$이면 합동식 (3.2.75)의 해를 $t_r \equiv b_r \pmod{p}$이라 할 때,

$$x_{r+1} = x_r + p^r b_r \quad (b_r \in \mathbb{Z})$$

라 하면 $x \equiv x_{r+1} \pmod{p^{r+1}}$는 합동식 (3.2.76)의 유일한 해이다.

(2) $(f'(x_r), p) = p$이고 $p^{r+1} \mid f(x_r)$이면 합동식 (3.2.76)은 서로 다른 p개의 해

$$x \equiv x_r + p^r k \pmod{p^{r+1}} \quad (k = 0, 1, 2, \cdots, p-1)$$

를 갖는다(이 p개의 해는 법 p^r에 관하여는 서로 합동임에 유의하라).

(3) $(f'(x_r), p) = p$이고 $p^{r+1} \nmid f(x_r)$이면 합동식 (3.2.76)의 해

$$x \equiv x_{r+1} \pmod{p^{r+1}}$$

중에서 $x_{r+1} \equiv x_r \pmod{p^r}$을 만족하는 해는 없다.

증명 $x \equiv x_r \pmod{p^r}$가 합동식 $f(x) \equiv 0 \pmod{p^r}$의 해라 하고

$$x = x_r + p^r t_r \quad (t_r \in \mathbb{Z})$$

이라 하자 그러면 $f(x_r) \equiv 0 \pmod{p^r}$이고 정리 3.2.21의 위의 설명에 의하여 합동식 (3.2.75)를 얻는다.

(1) $(f'(x_r), p) = 1$이라 하면 정리 3.2.2에 의하여 합동식 (3.2.75)는 유일한 해를 갖는다. 그 해를 $t_r \equiv b_r \pmod{p}$라 하면 정리 3.1.3에 의하여

$$t_r = b_r + pt_{r+1}$$

을 만족하는 $t_{r+1} \in \mathbb{Z}$이 존재한다. 그러므로 $x_{r+1} = x_r + p^r b_r$ $(b_r \in \mathbb{Z})$라 하면

$$\begin{aligned} x &= x_r + p^r t_r = x_r + p^r (b_r + pt_{r+1}) \\ &= x_r + p^r b_r + p^{r+1} t_{r+1} = x_{r+1} + p^{r+1} t_{r+1} \end{aligned}$$

이고, 따라서

$$f(x_{r+1} + p^{r+1} t_{r+1}) = f(x_r + p^r b_r) \equiv 0 \pmod{p^{r+1}}$$

이다. 따라서 (3.2.71)에서 $a = x_{r+1}$, $h = p^{r+1} t_{r+1}$로 생각하면

$$f(x_{r+1} + p^{r+1} t_{r+1}) = f(x_{r+1}) + f'(x_{r+1}) p^{r+1} t_{r+1} + \frac{f''(x_{r+1})}{2!} p^{2(r+1)} t_{r+1}^2$$

$$+\frac{f'''(x_{r+1})}{3!}p^{3(r+1)}t_{r+1}^3+\cdots+\frac{f^{(k)}(x_{r+1})}{k!}p^{k(r+1)}t_{r+1}^k$$
$$+\cdots+\frac{f^{(n)}(x_{r+1})}{n!}p^{n(r+1)}t_{r+1}^n\equiv 0 \pmod{p^{r+1}}$$

이다. 따라서 $k=1,2,3,\cdots,n$에 대하여

$$\frac{f^{(k)}(x_{r+1})}{k!}p^{k(r+1)}t_{r+1}^k\equiv 0 \pmod{p^{r+1}}$$

이므로 정리 3.1.5 (1)에 의하여

$$f(x_{r+1})\equiv 0 \pmod{p^{r+1}}$$

이다. 그러므로 $x\equiv x_{r+1} \pmod{p^{r+1}}$은 합동식 (3.2.76)의 유일한 해이다.

(2) $(f'(x_r), p)=p$이고 $p^{r+1} \mid f(x_r)$라 하면 $p \,\Big|\, \left(-\dfrac{f(x_r)}{p^r}\right)$이므로 정리 3.2.2에 의하여 합동식 (3.2.75)는 p개의 해를 갖는다. 실제로 $p \mid f'(x_r)$이므로

$$f'(x_r)\equiv 0 \pmod p,\quad \frac{f(x_r)}{p^r}\equiv 0 \pmod p$$

이고, 따라서 합동식 (3.2.75)는 p개의 해

$$t_r\equiv 0,1,2,\cdots,p-1 \pmod p$$

를 갖는다. 그러므로 합동식 (3.2.76)은 서로 다른 p개의 해

$$x\equiv x_r+p^rk \pmod{p^{r+1}}\quad (k=0,1,2,\cdots,p-1)$$

를 갖는다

(3) $(f'(x_r), p)=p$이고 $p^{r+1}\nmid f(x_r)$이라 하면 $p\mid f'(x_r)$이지만 $p \nmid \left(-\dfrac{f(x_r)}{p^r}\right)$이므로 $f'(x_r)\equiv 0 \pmod p$, $\dfrac{f(x_r)}{p^r}\not\equiv 0 \pmod p$이다. 따라서 합동식 (3.2.75)는 해를 갖지 않는다. 그러므로 합동식 (3.2.76)의 해

$$x\equiv x_{r+1} \pmod{p^{r+1}}$$

중에서 $x_{r+1}\equiv x_r \pmod{p^r}$을 만족하는 해는 없다. ❑

보기 3.2.22

합동식

$$f(x) = x^4 + 5x^2 + 8x + 1 \equiv 0 \pmod{3^3}$$

의 해를 구하여 보자. 합동식

$$f(x) = x^4 + 5x^2 + 8x + 1 \equiv 0 \pmod{3}$$

은 한 개의 해

$$x \equiv 1 \pmod{3}$$

을 갖는다. 따라서 $x = 1 + 3t_1$을 만족하는 정수 t_1이 존재한다. 또한

$$f'(x) = 4x^3 + 10x + 8$$

이므로 $f'(1) = 22$이고 $f(1) = 15$이다. 따라서 $(f'(1), 3) = (22, 3) = 1$이므로

$$\begin{aligned} & f(1) + f'(1) \cdot 3t_1 \equiv 0 \pmod{3^2} \\ \Rightarrow\ & f'(1) \cdot t_1 \equiv -\frac{f(1)}{3} \pmod{3} \\ \Rightarrow\ & 22t_1 \equiv -5 \pmod{3} \\ \Rightarrow\ & t_1 \equiv 1 \pmod{3} \end{aligned}$$

이다. 그러므로 $t_1 = 1 + 3t_2$를 만족하는 정수 t_2가 존재하고, 따라서

$$x = 1 + 3t_1 = 1 + 3(1 + 3t_2) = 4 + 3^2 t_2$$

이다. 따라서 정리 3.2.21 (1)에 의하여

$$x \equiv 4 \pmod{3^2}$$

은 합동식 $f(x) \equiv 0 \pmod{3^2}$의 해이다. 다음, $f'(4) = 304$, $(304, 3) = 1$이고 $f(4) = 369$이므로

$$\begin{aligned} & f(4) + f'(4) \cdot 3^2 t_2 \equiv 0 \pmod{3^3} \\ \Rightarrow\ & f'(4) \cdot t_2 \equiv -\frac{f(4)}{3^2} \pmod{3} \\ \Rightarrow\ & 304t_2 \equiv -41 \pmod{3} \end{aligned}$$

$$\Rightarrow\ t_2 \equiv 1 \pmod{3}$$

이다. 따라서 $t_2 = 1 + 3t_3$를 만족하는 정수 t_3가 존재한다. 따라서

$$x = 1 + 3t_1 = 4 + 3^2 t_2 = 4 + 3^2(1 + 3t_3) = 13 + 3^3 t_3$$

이므로 정리 3.2.21 (1)에 의하여

$$x \equiv 13 \pmod{3^3}$$

은 합동식 $f(x) = x^4 + 5x^2 + 8x + 1 \equiv 0 \pmod{3^3}$의 해이다.

보기 3.2.23

합동식

$$f(x) = x^2 + x + 1 \equiv 0 \pmod{3^n} \quad (n \geq 2,\ n \in \mathbb{Z})$$

의 해를 구하여 보자. 합동식

$$f(x) = x^2 + x + 1 \equiv 0 \pmod{3}$$

은 한 개의 해

$$x \equiv 1 \pmod{3}$$

을 갖는다. 따라서 $x = 1 + 3t_1$을 만족하는 정수 t_1이 존재한다. 또한

$$f'(x) = 2x + 1$$

이므로 $f'(1) = 3$이고 $f(1) = 3$이다. 따라서 $(f'(1), 3) = 3$이고 $3^2 \nmid f(1)$이므로 정리 3.2.21 (3)에 의하여 합동식 $f(x) \equiv 0 \pmod{3^2}$의 해 중에서

$$x \equiv 1 \pmod{3}$$

을 만족하는 해는 존재하지 않는다. 따라서 합동식 $f(x) = x^2 + x + 1 \equiv 0 \pmod{3^n}$ $(n \geq 2)$의 해는 존재하지 않는다.

보기 3.2.24

합동식

$$f(x) = x^2 + 4x + 4 \equiv 0 \pmod{3^3}$$

의 해를 구하여 보자. 합동식

$$f(x) = x^2 + 4x + 4 \equiv 0 \pmod{3}$$

은 한 개의 해

$$x \equiv 1 \pmod{3}$$

을 갖는다. 따라서 $x = 1 + 3t_1$을 만족하는 정수 t_1이 존재한다. 또한

$$f'(x) = 2x + 4$$

이므로 $f'(1) = 6$이고 $f(1) = 9$이다. 따라서 $(f'(1), 3) = (22, 3) = 3$이고 $3^2 \mid f(1)$이므로 정리 3.2.21 (2)에 의하여 합동식 $f(x) \equiv 0 \pmod{3^2}$은 서로 다른 3개의 해를 갖는다. 실제로

$$\begin{aligned} & f(1) + f'(1) \cdot 3t_1 \equiv 0 \pmod{3^2} \\ \Rightarrow\ & f'(1) \cdot t_1 \equiv -\frac{f(1)}{3} \pmod{3} \\ \Rightarrow\ & 6t_1 \equiv -3 \pmod{3} \\ \Rightarrow\ & t_1 \equiv 0, 1, 2 \pmod{3} \end{aligned}$$

이므로 합동식 $f(x) \equiv 0 \pmod{3^2}$은 서로 다른 3개의 해

$$\begin{aligned} x &\equiv 1 \pmod{3^2} \\ x &\equiv 1 + 3 \equiv 4 \pmod{3^2} \\ x &\equiv 1 + 2 \cdot 3 \equiv 7 \pmod{3^2} \end{aligned}$$

를 갖는다. 이때 $f'(1) = 6$, $f'(4) = 12$이고 $f(1) = 9$, $f(4) = 36$이다. 따라서

$$(f'(1), 3) = (f'(4), 3) = 3\text{이고 } 3^3 \nmid f(1),\ 3^3 \nmid f(4)$$

이므로 정리 3.2.21 (3)에 의하여 합동식 $f(x) \equiv 0 \pmod{3^3}$의 해 중에서

$$x \equiv 1 \pmod{3^2},\quad x \equiv 4 \pmod{3^2}$$

을 만족하는 해는 존재하지 않는다. 그러나 $f'(7)=18$, $f(7)=81$이므로

$$(f'(7),\ 3)=3\text{이고 } 3^3 \mid f(7)$$

이다. 그러므로 정리 3.2.21 (2)에 의하여 합동식 $f(x)=x^2+4x+4\equiv 0 \pmod{3^3}$은 서로 다른 3개의 해

$$x\equiv 7 \pmod{3^3}$$
$$x\equiv 7+3^2\equiv 16 \pmod{3^3}$$
$$x\equiv 7+2\cdot 3^2\equiv 25 \pmod{3^3}$$

를 갖는다.

3.2 ❙ 연습문제

01 $f(x)=8x^4+4x^2+2x+3$, $g(x)=4x^2+3x+1$일 때, 다음 합동식의 차수를 구하라.

(1) $f(x)\equiv 0 \pmod 8$
(2) $g(x)\equiv 0 \pmod 8$
(3) $f(x)+g(x)\equiv 0 \pmod 8$
(4) $f(x)g(x)\equiv 0 \pmod 8$

02 다음 합동식을 풀라.

(1) $5x\equiv 2 \pmod{26}$
(2) $9x\equiv -9 \pmod{30}$
(3) $18x\equiv 30 \pmod{42}$
(4) $34x\equiv 60 \pmod{98}$
(5) $17x\equiv 9 \pmod{276}$
(6) $36x\equiv 8 \pmod{102}$
(7) $-81x\equiv 179 \pmod{337}$
(8) $1215x\equiv 560 \pmod{2755}$

03 다음 부정방정식을 합동식을 이용하여 풀라.

(1) $9x+16y=35$
(2) $9x+10y=11$
(3) $47x-111y=89$
(4) $12x+25y=331$

04 다음 연립합동식을 풀라.

(1) $\begin{cases} x\equiv 2 \pmod 6 \\ x\equiv 3 \pmod 7 \end{cases}$
(2) $\begin{cases} 3x\equiv 7 \pmod{11} \\ 5x\equiv 2 \pmod{17} \end{cases}$
(3) $\begin{cases} x-2\equiv 0 \pmod 4 \\ x+2\equiv 0 \pmod 6 \end{cases}$
(4) $\begin{cases} 3x\equiv 8 \pmod{12} \\ 6x\equiv -9 \pmod{19} \end{cases}$
(5) $\begin{cases} x\equiv 5 \pmod 2 \\ x\equiv 1 \pmod 3 \\ x\equiv 2 \pmod 5 \end{cases}$
(6) $\begin{cases} x\equiv 4 \pmod 7 \\ 2x\equiv 2 \pmod 9 \\ 4x\equiv 2 \pmod{10} \end{cases}$
(7) $\begin{cases} 8x\equiv 4 \pmod{22} \\ 3x\equiv 5 \pmod{25} \end{cases}$ (2003학년도 중등임용시험 6번)

05 (1) 3, 4, 5로 나눌 때의 나머지가 각각 1, 2, 3인 정수 x를 모두 구하라.

(2) 5, 7, 11로 나눌 때의 나머지가 항상 3인 정수 x를 모두 구하라.

(3) 3, 4, 7로 나눌 때의 나머지가 항상 1 또는 2인 정수 x를 모두 구하라.

06 m_1, m_2를 양의 정수라 하고 a_1, a_2, b_1, $b_2 \in \mathbb{Z}$라 할 때, 연립합동식

$$\begin{cases} a_1 x \equiv b_1 \pmod{m_1} \\ a_2 x \equiv b_2 \pmod{m_2} \end{cases}$$

가 유일한 해를 갖기 위한 조건을 구하라.

07 (1) m, n을 양의 정수라 하고 a, $b \in \mathbb{Z}$라 하자. $(m, n) = d$라 할 때, 연립합동식

$$\begin{cases} x \equiv a \pmod{m} \\ x \equiv b \pmod{n} \end{cases}$$

가 해를 갖기 위한 필요충분조건은 $a \equiv b \pmod{d}$임을 증명하라.

(2) (2012학년도 중등임용시험 17번)

연립합동식 $\begin{cases} x \equiv 4 \pmod{28} \\ x \equiv 6 \pmod{36} \end{cases}$의 정수해가 존재하는지 조사하라.

08

$$2 \mid n,\ \ 3 \mid (n+1),\ \ 4 \mid (n+2),\ \ 5 \mid (n+3),\ \ 6 \mid (n+4)$$

를 동시에 만족하는 양의 정수 $n\,(>2)$ 중에서 최소인 것을 구하라.

09 모든 정수 a에 대하여 $a^{14} + 12a^2 \equiv 0 \pmod{13}$임을 보여라.

10 다음 각 합동식과 동치인 6차 이하의 합동식 $g(x) \equiv 0 \pmod{7}$ ($g(x)$는 정수를 계수로 갖는 모닉다항식)을 구하라.

(1) $8x^{11} + x^7 - 2 \equiv 0 \pmod{7}$

(2) $x^{15} + 6x^{10} - 3x + 4 \equiv 0 \pmod{7}$

(3) $15x^{20} - 6x^{13} + x^7 + 8x \equiv 2 \pmod{7}$

11 위의 문제 10의 각 합동식의 해를 구하라.

12 (1) $m = 5,\ 7,\ 11,\ 13$일 때, 합동식 $x^3 \equiv 1 \pmod{m}$의 해의 개수를 구하라.

(2) $m = 35,\ 143,\ 455,\ 1001$일 때, 합동식 $x^3 \equiv 1 \pmod{m}$의 해의 개수를 구하라.

13 (1) 정리 3.2.16의 역이 성립함을 보여라. 즉, p를 1보다 큰 양의 정수라 할 때, $(p-1)! \equiv -1 \pmod{p}$이면 p는 소수임을 증명하라.

(2) (1)을 이용하여 13이 소수임을 보여라. 이 방법으로 주어진 양의 정수가 소수인지 아닌지 판정하는 것은 과연 편리한 방법일까?

14 (1) $m,\ r \in \mathbb{Z}$라 하고 $0 < r < m$라 할 때,

$$(m-1)(m-2)\cdots(m-r) \equiv (-1)^r r! \pmod{m}$$

임을 증명하라.

(2) $m \in \mathbb{Z}$가 $m \geq 6$인 합성수이면 $(m-1)! \equiv 0 \pmod{m}$임을 증명하라.

15 $p\,(>2)$를 소수라 할 때, 다음을 증명하라.

(1) $1^2 \cdot 3^2 \cdot \cdots \cdot (p-4)^2(p-2)^2 \equiv 2^2 \cdot 4^2 \cdot \cdots \cdot (p-3)^2(p-1)^2 \pmod{p}$

(2) $2^2 \cdot 4^2 \cdot 6^2 \cdot \cdots \cdot (p-3)^2(p-1)^2 \equiv (-1)^{\frac{p+1}{2}} \pmod{p}$

(3) $p=11$일 때, (1)과 (2)가 성립함을 직접 계산하여 확인하라.

16 (1) p를 소수라 하고 r를 $0 < r < p$인 정수라 할 때,

$$(p-r)!(r-1)! \equiv (-1)^r \pmod{p}$$

임을 증명하라.

(2) $p=7$일 때, (1)이 성립함을 직접 계산하여 확인하라.

17 다음 정수를 31로 나눌 때의 나머지를 구하라.

(1) 30! (2) 29! (3) $2 \cdot 28!$ (4) 28! (5) $7! \cdot 23!$

(6) $24 \cdot 25 \cdot 26 \cdot 27 \cdot 28 \cdot 29 \cdot 30$

(7) $32 \cdot 33 \cdot 34 \cdot 35 \cdot 36 \cdot 37 \cdot 38 \cdot 23!$

18 (1) p를 소수라 하고 $r\ (0 < r < p)$를 정수라 할 때, $r! \equiv (-1)^r \pmod{p}$이면

$$(p-r-1)! \equiv -1 \pmod{p}$$

임을 증명하라.

(2) (1)을 만족하는 p와 r를 찾아라.

19 p를 소수라 할 때, $p+2$가 소수이기 위한 필요충분조건은

$$4((p-1)!+1)+p \equiv 0 \pmod{p+2}$$

임을 증명하라.

20 다음 합동식을 풀라.

(1) $x^2+x+7 \equiv 0 \pmod{15}$ (2) $5x^2+7x-3 \equiv 0 \pmod{35}$

(3) $x^2+1 \equiv 0 \pmod{65}$ (4) $6x^3+27x^2+17x+20 \equiv 0 \pmod{30}$

(5) $11x+1 \equiv 0 \pmod{210}$ (6) $x^2+3x+2 \equiv 0 \pmod{385}$

21 다음 합동식을 풀라.

(1) $x^4+7x+4 \equiv 0 \pmod{27}$ (2) $x^3+x^2+1 \equiv 0 \pmod{81}$

(3) $3x^3+3x+6 \equiv 0 \pmod{175}$ (4) $x^4+2x+36 \equiv 0 \pmod{875}$

22 m을 양의 정수라 하고 $a, b, c, d, r, s \in \mathbb{Z}$라 할 때, 연립일차합동식

$$\begin{cases} ax+by \equiv r \pmod{m} \\ cx+dy \equiv s \pmod{m} \end{cases}$$

은 $(ad-bc,\ m)=1$일 때, 법 m에 관하여 유일한 해를 가짐을 증명하라.

23 다음 연립합동식을 풀라.

(1) $\begin{cases} 3x+2y \equiv 4 \pmod{8} \\ 2x+5y \equiv 3 \pmod{8} \end{cases}$ (2) $\begin{cases} 2x+4y \equiv -2 \pmod{11} \\ 3x+7y \equiv \ \ 6 \pmod{11} \end{cases}$

24 (2006학년도 중등임용시험 11번) K 고등학교의 전체 학생을 같은 인원수의 9팀으로 나누면 1명이 남고, 같은 인원수의 10팀으로 나누면 2명이 남으며, 같은 인원수의 11팀으로 나누면 10명이 남는다. K 고등학교 전체 학생 수 x가 $x \equiv a \pmod{990}$을 만족할 때, 정수 a의 값을 구하라(단, $0 \le a < 990$).

25 (2010학년도 중등임용시험 21번) 다음 중에서 옳은 것을 모두 고르라.

(1) 부정방정식 $7x+31y=2$의 정수해가 존재한다.

(2) 합동식 $6x \equiv 22 \pmod{32}$의 정수해는 법 32에 대하여 1개뿐이다.

26 정수 a, b, c와 $m(>1)$에 대하여 다음을 증명하라.

(1) $(a, b)=1$이고 $x=x_0$, $y=y_0$이 일차부정방정식 $ax+by=c$의 한 해, 즉, $ax_0+by_0=c$라 할 때, 합동식 $ax+by \equiv c \pmod{m}$의 임의의 해는 $t \in \mathbb{Z}$에 대하여

$$\begin{cases} x \equiv x_0 - bt \pmod{m} \\ y \equiv y_0 + at \pmod{m} \end{cases}$$

의 꼴로 표현된다.

(2) $(a, b)=1$일 때, 합동식 $ax+by \equiv c \pmod{m}$는 m개의 해를 갖는다.

(3) $(a, b, m)=d$이고 $d \nmid c$일 때, 합동식 $ax+by \equiv c \pmod{m}$는 법 m에 관하여 해를 갖지 못한다.

(4) $(a, b, m)=d$이고 $d \mid c$일 때, 합동식 $ax+by \equiv c \pmod{m}$는 법 m에 관하여 md개의 해를 갖는다.

27 합동식 $4x+12y \equiv 2 \pmod{6}$을 풀라.

28 (2020학년도 중등임용시험 7번)

(1) 합동방정식 $x \equiv 25^{99} \pmod{19 \cdot 13}$과 연립합동방정식 $\begin{cases} x \equiv a \pmod{19} \\ x \equiv b \pmod{13} \end{cases}$이 동치가 되도록 하는 정수 a, b의 값을 각각 구하라(단, $0 \le a < 19$, $0 \le b < 13$).

(2) 합동방정식 $x \equiv 25^{99} \pmod{19 \cdot 13}$ 정수해 x의 값을 구하라(단, $0 \le x < 247$).

3.3 ❙ 이차잉여

이 절에서는 이차합동식에 대하여 알아보자. p가 소수이고 $a, b, c \in \mathbb{Z}$일 때 이차합동식

$$ax^2 + bx + c \equiv 0 \pmod{p} \tag{3.3.1}$$

의 해를 구하여 보자. $p|a$이면 합동식 (3.3.1)은 $bx + c \equiv 0 \pmod{p}$와 동치이므로 $p \nmid a$이다. 또한 $p = 2$이면 합동식 (3.3.1)은 간단하게 해결되므로 $p \neq 2$라 가정하자. 그러면 $p \nmid a$이고 $p \neq 2$이므로 $p \nmid 4a$이고, 따라서 정리 2.2.3에 의하여 $(p, 4a) = 1$이다. 그러므로 정리 3.1.5 (2)와 정리 3.1.13 (1)에 의하여 합동식 (3.3.1)은

$$4a(ax^2 + bx + c) \equiv 0 \pmod{p}$$

와 동치이다. 또한

$$4a(ax^2 + bx + c) = (2ax + b)^2 - (b^2 - 4ac)$$

이므로 정리 3.1.4 (2), (3)과 정리 3.1.5 (1)에 의하여 합동식 (3.3.1)은

$$(2ax + b)^2 \equiv (b^2 - 4ac) \pmod{p} \tag{3.3.2}$$

와 동치이다. 이제 $y = 2ax + b$, $d = b^2 - 4ac$라 놓으면 합동식 (3.3.2)는

$$y^2 \equiv d \pmod{p} \tag{3.3.3}$$

이 되고, 따라서 합동식 (3.3.1)과 합동식 (3.3.3)은 동치이므로 합동식 (3.3.1)의 해를 구하는 문제는 간단한 형태의 합동식 (3.3.3)의 해를 구하는 문제로 단순화하여 생각할 수 있다.

❙ 보기 3.3.1

이차합동식

$$3x^2 + 2x + 5 \equiv 0 \pmod{13} \tag{3.3.4}$$

를 생각하자. 13은 홀수인 소수이고 $13 \nmid 3$이므로 $13 \nmid 4 \cdot 3$이다. 따라서 $(13,\ 4 \cdot 3) = 1$이므로 합동식 (3.3.4)는

$$4 \cdot 3(3x^2 + 2x + 5) = (2 \cdot 3x + 2)^2 - (2^2 - 4 \cdot 3 \cdot 5) \equiv 0 \pmod{13}$$

즉,

$$(6x+2)^2 \equiv -56 \equiv 9 \pmod{13}$$

와 동치이다. 그러므로 $y=6x+2$라 놓으면 합동식 (3.3.4)는 합동식

$$y^2 \equiv 9 \pmod{13} \tag{3.3.5}$$

와 동치이다. 한편 합동식 (3.3.5)는 $y \equiv \pm 3 \pmod{13}$을 해로 갖는다. 따라서 이차합동식 (3.3.4)의 해는

$$6x+2 \equiv 3 \pmod{13} \Rightarrow 6x \equiv 1 \pmod{13} \Rightarrow x \equiv 11 \pmod{13}$$
$$6x+2 \equiv -3 \pmod{13} \Rightarrow 6x \equiv 8 \pmod{13} \Rightarrow x \equiv 10 \pmod{13}$$

이므로 서로 다른 두 개의 해 $x \equiv 10 \pmod{13}$와 $x \equiv 11 \pmod{13}$을 갖는다.

이제부터 이차잉여와 이차비잉여를 정의하고 이차잉여와 이차비잉여를 판정하는 방법을 알아보면서 이차합동식의 해의 존재 여부와 해의 개수를 판정하는 효율적인 방법에 대하여 살펴보자.

정의 3.3.2

양의 정수 $m(>2)$과 $(a, m)=1$인 $a \in \mathbb{Z}$에 대하여 이차합동식

$$x^2 \equiv a \pmod{m} \tag{3.3.6}$$

를 생각하자. 합동식 (3.3.6)이 해를 가지면 a를 법 m에 관한 **이차잉여(quadratic residue modulo m)**라 하고, 또한 합동식 (3.3.6)이 해를 갖지 않으면 a를 법 m에 관한 **이차비잉여(quadratic nonresidue modulo m)**라 한다.

법 m에 관한 이차잉여와 이차비잉여는 $(a, m)=1$인 $a \in \mathbb{Z}$에 대해서만 생각한다. 만일 $b \in \mathbb{Z}$에 대하여

$$a \equiv b \pmod{m}$$

이면 정리 3.1.4 (2), (3)에 의하여 두 합동식 $x^2 \equiv a \pmod{m}$와 $x^2 \equiv b \pmod{m}$는 서로 동치이므로 a와 b는 법 m에 관하여 동시에 이차잉여이거나 동시에 이차비잉여이다. 따라서 법

m에 관한 이차잉여와 이차비잉여를 논할 때는 법 m에 관한 적당한 기약잉여계, 예를 들어, 법 m에 관한 최소완전잉여계

$$S = \{0,\ 1,\ 2,\ \cdots,\ m-1\}$$

중에서 m과 서로소인 정수들을 선택하여 얻어지는 가장 작은 양의 정수들로 구성된 기약잉여계

$$T = \{\, s \in S \mid (s,\ m) = 1\,\}$$

에 속하는 정수에 대해서만 생각하면 된다.

보기 3.3.3

법 10에 관한 기약잉여계

$$T = \{1,\ 3,\ 7,\ 9\}$$

를 생각하자. T에 속하는 정수 중에서 합동식

$$x^2 \equiv 1 \pmod{10}\text{과}\ \ x^2 \equiv 9 \pmod{10}$$

은 각각 법 10에 관하여 두 개의 해

$$x \equiv \pm 1 \pmod{10}\text{과}\ \ x \equiv \pm 3 \pmod{10}$$

을 갖는다. 따라서 1과 9는 법 10에 관한 이차잉여이다. 그러나 합동식

$$x^2 \equiv 3 \pmod{10}\text{과}\ \ x^2 \equiv 7 \pmod{10}$$

은 모두 법 10에 관하여 해를 갖지 않는다. 따라서 3과 7은 법 10에 관한 이차비잉여이다. 더욱이 10과 서로소인 두 정수 21과 543을 생각하면

$$21 \equiv 1 \pmod{10}\text{이고}\quad 543 \equiv 3 \pmod{10}$$

이므로 21은 법 10에 관한 이차잉여이지만 543은 법 10에 관한 이차비잉여이다.

참고 이차합동식 (3.3.6)의 해의 존재 여부와 해를 구하는 문제는 정리 3.2.19와 정리 3.2.21의 위의 설명에 의하여 $p(\neq 2)$가 소수이고 $p \nmid a$일 때, 이차합동식

$$x^2 \equiv a \pmod{p}$$

의 해의 존재 여부와 해를 구하는 문제로 귀착된다(정리 3.3.33 참조).

정리 3.3.4

$p(\neq 2)$를 소수라 하고 $a \in \mathbb{Z}$, $(a, p) = 1$이라 할 때, a를 법 p에 관한 이차잉여라 하자. 그러면 합동식

$$x^2 \equiv a \pmod{p} \tag{3.3.7}$$

는 두 개의 해를 갖는다.

증명 a가 법 p에 관한 이차잉여이므로 합동식 (3.3.7)은 적어도 하나의 해

$$x \equiv b \pmod{p}$$

를 갖는다. 또한

$$(-b)^2 = b^2 \equiv a \pmod{p}$$

이므로 $x \equiv -b \pmod{p}$도 합동식 (3.3.7)의 해이다. 이제

$$b \equiv -b \pmod{p}$$

라 하면 정리 3.1.5 (1)에 의하여

$$2b \equiv 0 \pmod{p}$$

이다. $p \neq 2$이므로 정리 2.2.3에 의하여 $(2, p) = 1$이고, 따라서 정리 3.1.13 (1)에 의하여 $b \equiv 0 \pmod{p}$이다. 따라서 정리 3.1.5 (2)에 의하여 $b^2 \equiv 0 \pmod{p}$이고, 또한 $b^2 \equiv a \pmod{p}$이므로 정리 3.1.4 (2), (3)에 의하여 $a \equiv 0 \pmod{p}$이다. 그러나 $(a, p) = 1$이므로 정리 2.2.3에 의하여 $p \nmid a$이고, 따라서 $a \not\equiv 0 \pmod{p}$이므로 이는 모순이다. 따라서

$$b \not\equiv -b \pmod{p}$$

이다. 그러므로 $x \equiv -b \pmod{p}$와 $x \equiv b \pmod{p}$는 합동식 (3.3.7)의 서로 다른 해이다. 더욱이 정리 3.1.5 (1)에 의하여 합동식 (3.3.7)과 합동식

$$x^2 - a \equiv 0 \pmod{p} \tag{3.3.8}$$

는 동치이고, 또한 $1 \not\equiv 0 \pmod{p}$이므로 정리 3.2.11에 의하여 (3.3.8)은 기껏해야 두 개의 해를 갖는다. 따라서 합동식 (3.3.7)은 두 개의 해를 갖는다. ❑

정리 3.3.5

$p(\neq 2)$를 소수라 하고, S를 법 p에 관한 기약잉여계라 하자. 그러면 S는 법 p에 관하여 각각

$$1^2,\ 2^2,\ 3^2,\ \cdots,\ \left(\frac{p-1}{2}\right)^2 \tag{3.3.9}$$

에 합동인 $\frac{p-1}{2}$개의 법 p에 관한 이차잉여와 $\frac{p-1}{2}$개의 법 p에 관한 이차비잉여로 구성된다.

❙ 증명

$$T=\left\{-\frac{p-1}{2},\ \cdots,\ -2,\ -1,\ 1,\ 2,\ \cdots,\ \frac{p-1}{2}\right\}$$

이라 하자. 그러면 정리 2.4.24에 의하여 $|T|=p-1=\phi(p)$이다. 또한 $a\in T$라 하면 $p\nmid a$이므로 정리 2.2.3에 의하여 $(a,p)=1$이다. 따라서

$$1,\ 2,\ \cdots,\ \frac{p-1}{2},\ -1,\ -2,\ \cdots,\ -\frac{p-1}{2}$$

은 모두 p와 서로소이며 이들 중 어느 둘도 법 p에 관하여 합동이 아니므로 정리 3.1.21에 의하여 T도 법 p에 관한 기약잉여계이다. 한편 T에 속하는 모든 정수들을 제곱하면 (3.3.9)의 정수들이 된다. 따라서 (3.3.9)의 각 정수는 모두 법 p와 서로소이고, 이들은 모두 법 p에 관한 이차잉여이다. 또한 정리 3.1.5 (1), (2)에 의하여 $c, d\in T$에 대하여

$$\begin{aligned} & c^2\equiv d^2 \pmod p \\ \Leftrightarrow\ & (c-d)(c+d)=c^2-d^2\equiv 0 \pmod p \\ \Leftrightarrow\ & c-d\equiv 0 \pmod p \text{ 또는 } c+d\equiv 0 \pmod p \\ \Leftrightarrow\ & c\equiv d \pmod p \text{ 또는 } c\equiv -d \pmod p \end{aligned}$$

이므로 (3.3.9)의 정수들 중 어느 둘도 법 p에 관하여 합동이 아니다. 따라서 (3.3.9)의 각 정수는 법 p에 관하여 T에 속하는 꼭 하나의 원소와 합동이다. 그러므로 T는 법 p에 관하여 (3.3.9)의 각 정수와 합동인 $\frac{p-1}{2}$개의 법 p에 관한 이차잉여를 포함하고, 그 외의 나머지 $\frac{p-1}{2}$개의 원소는 법 p에 관한 이차비잉여이다. 더욱이 법 p에 관한 기약잉여계 S의 각 원소는 T에 속하는 꼭 하나의 원소들과 법 p에 관하여 합동이므로 정리가 성립한다. ❑

보기 3.3.6

법 7에 관한 기약잉여계

$$S = \{1,\ 2,\ 3,\ 4,\ 5,\ 6\}$$

을 생각하자. $\dfrac{7-1}{2} = 3$이므로 정리 3.3.5에 의하여 S의 원소 중 세 개는 법 7에 관한 이차잉여이고 나머지 세 개는 법 7에 관한 이차비잉여이다. 실제로

$$1^2 \equiv 1 \pmod{7},\ \ 2^2 \equiv 4 \pmod{7},\ \ 3^2 = 9 \equiv 2 \pmod{7},$$
$$4^2 = 16 \equiv 2 \pmod{7},\ \ 5^2 = 25 \equiv 4 \pmod{7},\ \ 6^2 = 36 \equiv 1 \pmod{7}$$

이므로 합동식

$$x^2 \equiv 1 \pmod{7},\ x^2 \equiv 2 \pmod{7},\ x^2 \equiv 4 \pmod{7}$$

은 각각 두 개씩의 해

$$x \equiv 1 \pmod{7}, \quad x \equiv -1 \equiv 6 \pmod{7}$$
$$x \equiv 3 \pmod{7}, \quad x \equiv -3 \equiv 4 \pmod{7}$$
$$x \equiv 2 \pmod{7}, \quad x \equiv -2 \equiv 5 \pmod{7}$$

을 가짐을 확인할 수 있고, 따라서 1, 2, 4는 법 7에 관한 이차잉여이다. 또한 합동식

$$x^2 \equiv 3 \pmod{7},\ x^2 \equiv 5 \pmod{7},\ x^2 \equiv 6 \pmod{7}$$

은 해가 존재하지 않으므로 3, 5, 6은 법 7에 관한 이차비잉여이다.

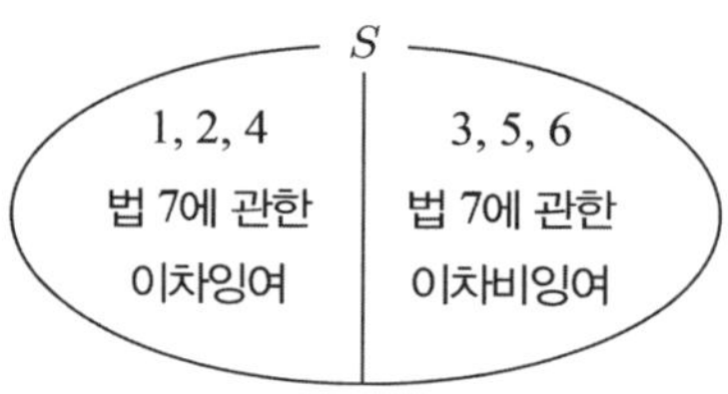

다음, 법 8에 관한 기약잉여계

$$T = \{1,\ 3,\ 5,\ 7\}$$

을 생각하자. 합동식

$$x^2 \equiv 1 \pmod{8}$$

은 법 8에 관하여 네 개의 해

$$x \equiv 1 \pmod 8, \quad x \equiv -1 \equiv 7 \pmod 8$$
$$x \equiv 3 \pmod 8, \quad x \equiv -3 \equiv 5 \pmod 8$$

을 갖는다. 따라서 1는 법 8에 관한 이차잉여이다. 그러나 합동식

$$x^2 \equiv 3 \pmod 8, \quad x^2 \equiv 5 \pmod 8, \quad x^2 \equiv 7 \pmod 8$$

의 해는 존재하지 않는다. 따라서 3, 5, 7은 법 8에 관한 이차비잉여이다. 즉, 법 8에 관한 기약잉여계 T에는 법 8에 관하여 한 개의 이차잉여와 세 개의 이차비잉여가 존재한다. 그러므로 정리 3.3.4와 정리 3.3.5는 법 $p(\neq 2)$가 소수일 때 성립함에 유의하라.

정리 3.3.7 오일러의 판정법(Euler's criterion)

$p(\neq 2)$를 소수라 하고 $a \in \mathbb{Z}$, $(a, p) = 1$이라 하자. 그러면 다음이 성립한다.

(1) a가 법 p에 관한 이차잉여이기 위한 필요충분조건은

$$a^{\frac{p-1}{2}} \equiv 1 \pmod p \tag{3.3.10}$$

인 것이다.

(2) a가 법 p에 관한 이차비잉여이기 위한 필요충분조건은

$$a^{\frac{p-1}{2}} \equiv -1 \pmod p \tag{3.3.11}$$

인 것이다.

▌증명

(1) a를 법 p에 관한 이차잉여라 하면

$$b^2 \equiv a \pmod p$$

를 만족하는 정수 b가 존재한다. 따라서 정리 3.1.14 (1)에 의하여

$$(b^2, p) = (a, p) = 1$$

이므로 정리 2.1.15에 의하여 $(b, p) = 1$이다. 따라서 정리 2.2.3에 의하여 $p \nmid b$이므로 정리 3.1.26에 의하여

$$b^{p-1} \equiv 1 \pmod{p}$$

이다. 또한 정리 3.1.4 (2)에 의하여 $a \equiv b^2 \pmod{p}$이므로 정리 3.1.5 (2)에 의하여

$$a^{\frac{p-1}{2}} \equiv (b^2)^{\frac{p-1}{2}} = b^{p-1} \pmod{p}$$

이다. 그러므로 정리 3.1.4 (3)에 의하여

$$a^{\frac{p-1}{2}} \equiv 1 \pmod{p}$$

이다. 즉, (3.3.10)이 성립한다.

역으로, (3.3.10)이 성립한다고 하면 정리 3.1.5 (1)에 의하여

$$a^{\frac{p-1}{2}} - 1 \equiv 0 \pmod{p} \tag{3.3.12}$$

이다. 따라서 a는 합동식

$$x^{\frac{p-1}{2}} - 1 \equiv 0 \pmod{p} \tag{3.3.13}$$

를 만족한다. 한편 정리 3.2.11에 의하여 합동식 (3.3.13)은 기껏해야 $\frac{p-1}{2}$개의 해를 갖는다. 또한 정리 3.3.5에 의하여 법 p에 관한 기약잉여계

$$S = \{1, 2, 3, \cdots, p-1\}$$

에는 $\frac{p-1}{2}$개의 법 p에 관한 이차잉여가 있고, 위의 결과에 의하여 이들은 모두 (3.3.10) (따라서 (3.3.12))를 만족한다. 따라서 합동식 (3.3.13)의 해의 개수는 $\frac{p-1}{2}$개이고, 따라서 S에 속하는 법 p에 관한 한 이차잉여 c에 대하여

$$a \equiv c \pmod{p}$$

이므로 a는 법 p에 관한 이차잉여이다.

(2) 정리 2.2.3에 의하여 $p \nmid a$이므로 정리 3.1.26에 의하여

$$a^{p-1} \equiv 1 \pmod{p}$$

이다. 따라서 정리 3.1.5 (1)에 의하여

$$\left(a^{\frac{p-1}{2}} - 1\right)\left(a^{\frac{p-1}{2}} + 1\right) = a^{p-1} - 1 \equiv 0 \pmod{p}$$

이므로

$$p \,\Big|\, \left(a^{\frac{p-1}{2}}-1\right)\left(a^{\frac{p-1}{2}}+1\right)$$

이다. 이때

$$p \,\Big|\, \left(a^{\frac{p-1}{2}}-1\right), \quad p \,\Big|\, \left(a^{\frac{p-1}{2}}+1\right)$$

이라 하면

$$a^{\frac{p-1}{2}}-1=pt_1, \quad a^{\frac{p-1}{2}}+1=pt_2$$

를 만족하는 정수 t_1, t_2가 존재하고, 따라서

$$2=pt_2-pt_1=p(t_2-t_1)$$

이므로 $p\,|\,2$이다. 그러나 $p \neq 2$이므로 이것은 모순이다. 따라서 정리 2.2.5에 의하여

$$p \,\Big|\, \left(a^{\frac{p-1}{2}}-1\right)\text{이고 } p \nmid \left(a^{\frac{p-1}{2}}+1\right)$$

이든가

$$p \nmid \left(a^{\frac{p-1}{2}}-1\right)\text{이고 } p \,\Big|\, \left(a^{\frac{p-1}{2}}+1\right) \tag{3.3.14}$$

이어야 한다. 이제 a를 법 p에 관한 이차비잉여라 하면 (1)에 의하여

$$a^{\frac{p-1}{2}} \not\equiv 1 \pmod{p}$$

이므로 (3.3.14)가 성립해야 한다. 따라서

$$a^{\frac{p-1}{2}}+1 \equiv 0 \pmod{p} \tag{3.3.15}$$

이므로 정리 3.1.5 (1)에 의하여 (3.3.11)이 성립한다. 역으로, (3.3.11)이 성립한다고 하면 정리 3.1.5 (1)에 의하여 (3.3.15)가 성립하므로 (3.3.14)가 성립한다. 따라서 (1)에 의하여 a는 법 p에 관한 이차비잉여이다. ❑

보기 3.3.8

$(6, 5) = (7, 5) = 1$이고

$$6^{\frac{5-1}{2}} = 6^2 = 36 \equiv 1 \pmod{5}$$

이므로 6은 법 5에 관한 이차잉여이고, 또한

$$7^{\frac{5-1}{2}} = 7^2 = 49 \equiv -1 \pmod{5}$$

이므로 7은 법 5에 관한 이차비잉여이다. 따라서 정리 3.3.4에 의하여 합동식

$$x^2 \equiv 6 \pmod{5}$$

는 두 개의 해를 갖지만, 합동식

$$x^2 \equiv 7 \pmod{5}$$

는 해를 갖지 않는다. 실제로 합동식 $x^2 \equiv 6 \equiv 1 \pmod{5}$의 두 해는 $x \equiv 1 \pmod{5}$와 $x \equiv -1 \equiv 4 \pmod{5}$임을 쉽게 알 수 있다.

정의 3.3.9

$p(\neq 2)$를 소수라 하고 $a \in \mathbb{Z}$, $(a, p) = 1$이라 할 때,

$$\left(\frac{a}{p}\right) = \begin{cases} 1 & (a\text{가 법 } p\text{에 관한 이차잉여인 경우}) \\ -1 & (a\text{가 법 } p\text{에 관한 이차비잉여인 경우}) \end{cases}$$

로 정의하고 $\left(\frac{a}{p}\right)$를 르장드르 기호(Legendre symbol)라 한다.

보기 3.3.10

보기 3.3.8과 보기 3.3.6에 의하여

$$\left(\frac{6}{5}\right) = 1,$$

$$\left(\frac{7}{5}\right) = -1$$

$$\left(\frac{1}{7}\right)=\left(\frac{2}{7}\right)=\left(\frac{4}{7}\right)=1$$
$$\left(\frac{3}{7}\right)=\left(\frac{5}{7}\right)=\left(\frac{6}{7}\right)=-1$$

이다.

정리 3.3.11

$p(\neq 2)$를 소수라 하고 $a, b \in \mathbb{Z}$, $(a, p)=(b, p)=1$이라 하자. 그러면 다음이 성립한다.

(1) $\left(\frac{a}{p}\right) \equiv a^{\frac{p-1}{2}} \pmod{p}$

(2) $a \equiv b \pmod{p}$이면 $\left(\frac{a}{p}\right)=\left(\frac{b}{p}\right)$이다.

(3) $\left(\frac{ab}{p}\right)=\left(\frac{a}{p}\right)\left(\frac{b}{p}\right)$. 특히 $\left(\frac{a^2}{p}\right)=1$, $\left(\frac{a^2b}{p}\right)=\left(\frac{b}{p}\right)$이다.

❙ 증명

(1) a가 법 p에 관한 이차잉여이면 정리 3.3.7 (1)에 의하여

$$a^{\frac{p-1}{2}} \equiv 1=\left(\frac{a}{p}\right) \pmod{p}$$

이고, 또한 a가 법 p에 관한 이차비잉여이면 정리 3.3.7 (2)에 의하여

$$a^{\frac{p-1}{2}} \equiv -1=\left(\frac{a}{p}\right) \pmod{p}$$

이다. 따라서 정리 3.1.4 (2)에 의하여 어느 경우이든지

$$\left(\frac{a}{p}\right) \equiv a^{\frac{p-1}{2}} \pmod{p}$$

이다.

(2) $a \equiv b \pmod{p}$이면 정리 3.1.4 (2), (3)에 의하여 두 합동식 $x^2 \equiv a \pmod{p}$와 $x^2 \equiv b \pmod{p}$는 서로 동치이므로 $\left(\frac{a}{p}\right)=\left(\frac{b}{p}\right)$이다.

(3) $(a, p)=(b, p)=1$이므로 정리 2.1.15에 의하여 $(ab, p)=1$이다. 따라서 (1)에 의하여

$$\left(\frac{ab}{p}\right) \equiv (ab)^{\frac{p-1}{2}} = a^{\frac{p-1}{2}} b^{\frac{p-1}{2}} \pmod p$$

이다. 또한 (1)과 정리 3.1.4 (2)와 정리 3.1.5 (2)에 의하여

$$a^{\frac{p-1}{2}} b^{\frac{p-1}{2}} \equiv \left(\frac{a}{p}\right)\left(\frac{b}{p}\right) \pmod p$$

이다. 그러므로 정리 3.1.4 (3)에 의하여

$$\left(\frac{ab}{p}\right) \equiv \left(\frac{a}{p}\right)\left(\frac{b}{p}\right) \pmod p$$

이다. 그런데 르장드르 기호는 1 또는 -1을 취하므로

$$\left(\frac{ab}{p}\right) \neq \left(\frac{a}{p}\right)\left(\frac{b}{p}\right)$$

라 하면 다음 두 가지 경우

$$1 \equiv -1 \pmod p \text{ 또는 } -1 \equiv 1 \pmod p$$

가 일어나므로

$$p \mid 2 \text{ 또는 } p \mid -2$$

이어야 한다. 그러나 $p > 2$이므로 이것은 모순이다. 따라서

$$\left(\frac{ab}{p}\right) = \left(\frac{a}{p}\right)\left(\frac{b}{p}\right)$$

이다. 특히 정리 2.1.15에 의하여 $(a^2, p) = (a^2b, p) = 1$이므로

$$\left(\frac{a^2}{p}\right) = \left(\frac{a}{p}\right)\left(\frac{a}{p}\right) = \left(\frac{a}{p}\right)^2 = 1, \quad \left(\frac{a^2b}{p}\right) = \left(\frac{a^2}{p}\right)\left(\frac{b}{p}\right) = 1 \cdot \left(\frac{b}{p}\right) = \left(\frac{b}{p}\right)$$

이다. □

정리 3.3.12

$p(\neq 2)$를 소수라 할 때, 다음이 성립한다.

(1) $\left(\frac{1}{p}\right) = 1$

(2) $\left(\frac{-1}{p}\right)=(-1)^{\frac{p-1}{2}}$

증명 $(1, p)=(-1, p)=1$이다.

(1) $1^2 \equiv 1 \pmod{p}$이므로 1은 법 p에 관한 이차잉여이다. 따라서 $\left(\frac{1}{p}\right)=1$이다.

(2) 정리 3.3.11 (1)에 의하여

$$\left(\frac{-1}{p}\right) \equiv (-1)^{\frac{p-1}{2}} \pmod{p}$$

이고, 또한

$$\left(\frac{-1}{p}\right) = \pm 1, \quad (-1)^{\frac{p-1}{2}} = \pm 1$$

이다. 따라서

$$1 \equiv -1 \pmod{p} \text{ 또는 } -1 \equiv 1 \pmod{p}$$

라 하면 $p \mid 2$가 되어 모순이므로 $\left(\frac{-1}{p}\right)=(-1)^{\frac{p-1}{2}}$이다. ❑

보기 3.3.13

13은 소수이고 $(-68, 13)=(-17, 13)=(2, 13)=(3, 13)=1$이므로

$$\begin{aligned}\left(\frac{-68}{13}\right)&=\left(\frac{-17\cdot 2^2}{13}\right)\\&=\left(\frac{-17}{13}\right) \quad (\text{정리 } 3.3.11\ (3)\text{에 의하여})\\&=\left(\frac{3^2}{13}\right) \quad (-17 \equiv 9 \pmod{13}\text{이므로 정리 } 3.3.11\ (2)\text{에 의하여})\\&=1 \quad (\text{정리 } 3.3.11\ (3)\text{에 의하여})\end{aligned}$$

이다. 따라서 -68은 법 13에 관한 이차잉여이다. 그러므로 정리 3.3.4에 의하여 합동식

$$x^2 \equiv -68 \pmod{13}$$

은 두 개의 해를 갖는다. 실제로

$$x^2 \equiv -68 \equiv 10 \pmod{13}$$

이므로 그 두 개의 해는 $x \equiv 6 \pmod{13}$과 $x \equiv -6 \equiv 7 \pmod{13}$임을 확인할 수 있다.

보기 3.3.14

소수 11에 대하여 $\left(\frac{1}{11}\right)$, $\left(\frac{2}{11}\right)$, $\left(\frac{3}{11}\right)$, $\cdots$, $\left(\frac{10}{11}\right)$을 모두 구하여 보자. 먼저 정리 3.3.12 (1), (2)에 의하여

$$\left(\frac{1}{11}\right)=1, \quad \left(\frac{-1}{11}\right)=(-1)^{\frac{11-1}{2}}=(-1)^5=-1$$

이고, 따라서

$$\left(\frac{2}{11}\right)=\left(\frac{-9}{11}\right)=\left(\frac{-1\cdot 3^2}{11}\right)=\left(\frac{-1}{11}\right)=-1$$

$$\left(\frac{3}{11}\right)=\left(\frac{-8}{11}\right)=\left(\frac{-1}{11}\right)\left(\frac{2\cdot 2^2}{11}\right)=-\left(\frac{2}{11}\right)=-(-1)=1$$

$$\left(\frac{4}{11}\right)=\left(\frac{2^2}{11}\right)=1$$

$$\left(\frac{5}{11}\right)=\left(\frac{16}{11}\right)=\left(\frac{4^2}{11}\right)=1$$

$$\left(\frac{6}{11}\right)=\left(\frac{-5}{11}\right)=\left(\frac{-1}{11}\right)\left(\frac{5}{11}\right)=-1\cdot 1=-1$$

$$\left(\frac{7}{11}\right)=\left(\frac{-4}{11}\right)=\left(\frac{-1\cdot 2^2}{11}\right)=\left(\frac{-1}{11}\right)=-1$$

$$\left(\frac{8}{11}\right)=\left(\frac{-3}{11}\right)=\left(\frac{-1}{11}\right)\left(\frac{3}{11}\right)=-1\cdot 1=-1$$

$$\left(\frac{9}{11}\right)=\left(\frac{3^2}{11}\right)=1$$

$$\left(\frac{10}{11}\right)=\left(\frac{-1}{11}\right)=-1$$

이다. 따라서 기약잉여계 $S=\{1, 2, 3, \cdots, 10\}$에서 법 11에 관한 이차잉여는 1, 3, 4, 5, 9이고, 법 11에 관한 이차비잉여는 2, 6, 7, 8, 10이다.

정리 2.2.15에서는 $4n+3$ 꼴의 소수는 무수히 많다는 것을 증명하였다. 다음 정리에서는 법 p(p는 소수)에 관한 이차잉여를 이용하여 $4n+1$ 꼴의 소수는 무수히 많음을 증명하자.

정리 3.3.15

$4n+1$ 꼴의 소수는 무수히 많다.

▌증명 $4n+1$ 꼴의 소수가 유한개만 존재한다고 하고 이들을 $q_1, q_2, \cdots, q_t$라 하자. 양의 정수

$$a=(2q_1q_2 \cdots q_t)^2+1$$

을 생각하자. 정리 2.2.10에 의하여 a는 소수 $p_1, p_2, \cdots, p_r$에 대하여

$$a=p_1p_2 \cdots p_r$$

와 같은 형태로 표시된다((2.2.2) 참조). 또한

$$a=(2q_1q_2 \cdots q_t)^2+1=2(2(q_1q_2 \cdots q_t)^2)+1$$

이므로 a는 홀수이다. 따라서 $p_1, p_2, \cdots, p_r$는 모두 홀수이어야 한다. 이제 $p=p_1$이라 하면 p는 홀수인 소수이고, 또한 $p \mid a$이므로

$$(2q_1q_2 \cdots q_t)^2 \equiv -1 \pmod{p}$$

이다. 따라서 $(-1, p)=1$이므로 -1은 법 p에 관한 이차잉여이다. 따라서 정리 3.3.12 (2)에 의하여

$$1=\left(\frac{-1}{p}\right)=(-1)^{\frac{p-1}{2}}$$

이다. 따라서 적당한 정수 n에 대하여

$$\frac{p-1}{2}=2n, \quad 즉 \quad p=4n+1$$

이므로 적당한 i $(1 \le i \le t)$에 대하여 $p=q_i$이다. 따라서

$$p \mid a, \ \ p \mid (2q_1q_2 \cdots q_t)^2$$

이므로 정리 2.1.7에 의하여 $p \mid 1$이다. 이것은 모순이다. 그러므로 $4n+1$ 꼴의 소수는 무수히 많다. ❏

정리 3.3.16

$p(\neq 2)$를 소수라 하자. 그러면

$$\left(\frac{1}{p}\right)+\left(\frac{2}{p}\right)+\left(\frac{3}{p}\right)+\cdots+\left(\frac{p-1}{p}\right)=0$$

이다.

증명 정리 3.3.5에 의하여 법 p에 관한 기약잉여계

$$S=\{1,\ 2,\ 3,\ \cdots,\ p-1\}$$

에 속하는 잉여 중에서 $\frac{p-1}{2}$개는 법 p에 관한 이차잉여이고, $\frac{p-1}{2}$개는 법 p에 관한 이차비잉여이다. 따라서

$$\left(\frac{1}{p}\right)+\left(\frac{2}{p}\right)+\left(\frac{3}{p}\right)+\cdots+\left(\frac{p-1}{p}\right)$$

은 $\frac{p-1}{2}$개의 1과 $\frac{p-1}{2}$개의 -1의 합이므로 그 값은 0이다. ❏

정리 3.3.17

$p(\neq 2)$를 소수라 하고 $a \in \mathbb{Z}$, $(a,\ p)=1$이라 할 때,

$$t=\frac{p-1}{2}, \quad \alpha=\sum_{i=1}^{t}\left[\frac{2ai}{p}\right]$$

라 하자. 그러면

$$\left(\frac{a}{p}\right)=(-1)^{\alpha}$$

이다. 더욱이 $ai\ (i=1,\ 2,\ \cdots,\ t)$를 $q_i,\ r_i \in \mathbb{Z}$에 대하여

$$ai=pq_i+r_i, \quad 0<r_i<p \tag{3.3.16}$$

와 같은 형태로 표시할 때($(a, p) = (i, p) = 1$이므로 정리 2.1.15에 의하여 $1 = (ai, p)$이고, 따라서 정리 2.2.3에 의하여 $p \nmid ai$이다. 따라서 $r_i \neq 0$이다), $t < r_i < p$를 만족하는 ai의 개수를 n이라 하면

$$\left(\frac{a}{p}\right) = (-1)^n$$

이다.

증명 정리에 의하여 $\phi(p) = p - 1$이다. 법 p에 관한 기약잉여계

$$S = \{-t, \cdots, -2, -1, 1, 2, 3, \cdots, t\}$$

를 생각하자. 그러면 정리 3.1.22에 의하여

$$T = \{a \cdot (-t), \cdots, a \cdot (-2), a \cdot (-1), a \cdot 1, a \cdot 2, \cdots, a \cdot t\}$$

는 법 p에 관한 기약잉여계이다. $i = 1, 2, \cdots, t$에 대하여 δ_i를 1 또는 -1을 나타내는 기호라 하자. 즉, $\delta_i = 1$ 또는 $\delta_i = -1$이다. 그러면 $i = 1, 2, \cdots, t$에 대하여

$$ai \equiv \delta_i k_i \pmod{p}, \quad \delta_i k_i \in S \tag{3.3.17}$$

를 만족하는 정수 k_i $(1 \le k_i \le t)$가 존재한다. 따라서 정리 3.1.5 (2)에 의하여 $i = 1, 2, \cdots, t$에 대하여

$$a(-i) = -ai \equiv -\delta_i k_i \pmod{p}$$

이다. 그러므로

$$Q = \{-\delta_t k_t, \cdots, -\delta_2 k_2, -\delta_1 k_1, \delta_1 k_1, \delta_2 k_2, \cdots, \delta_t k_t\}$$

는 법 p에 관한 기약잉여계이고, 또한 $Q = S$이다. 따라서 $k_1, k_2, \cdots, k_t$는 $1, 2, \cdots, t$의 순서를 바꾼 것과 같으므로 (3.3.17)과 정리 3.1.5 (2)에 의하여

$$a^t \cdot 1 \cdot 2 \cdot \cdots \cdot t \equiv \delta_1 \delta_2 \cdots \delta_t k_1 k_2 \cdots k_t \pmod{p}$$

이다. 이때 $i = 1, 2, \cdots, t$에 대하여 $p \nmid i$이므로 정리 2.2.3에 의하여 $(i, p) = 1$이다. 따라서 정리 2.1.15에 의하여 $(1 \cdot 2 \cdot \cdots \cdot t, p) = 1$이고, 또한

$$1 \cdot 2 \cdot \cdots \cdot t = k_1 k_2 \cdots k_t$$

이므로 정리 3.1.13 (1)에 의하여

$$a^{\frac{p-1}{2}} = a^t \equiv \delta_1\delta_2 \cdots \delta_t \pmod p$$

이다. 따라서 정리 3.3.11 (1)과 정리 3.1.4 (3)에 의하여

$$\left(\frac{a}{p}\right) \equiv \delta_1\delta_2 \cdots \delta_t \pmod p$$

이다. 따라서 $\left(\frac{a}{p}\right) = \pm 1$, $\delta_1\delta_2 \cdots \delta_t = \pm 1$이고, $p \nmid 2$, $p \nmid (-2)$이므로

$$\left(\frac{a}{p}\right) = \delta_1\delta_2 \cdots \delta_t \tag{3.3.18}$$

이다. 한편 (3.3.16)에 의하여 $i = 1, 2, \cdots, t$에 대하여

$$\frac{ai}{p} = q_i + \frac{r_i}{p}, \quad 0 < \frac{r_i}{p} < 1$$

이고, 따라서

$$\left\{\frac{ai}{p}\right\} = \left\{\frac{r_i}{p}\right\}$$

이다. $i = 1, 2, \cdots, t$에 대하여 $\alpha_i = \left[\frac{2ai}{p}\right]$라 하자. 그러면 정리 2.4.3 (3)에 의하여

$$\begin{aligned}\alpha_i &= \left[\frac{2ai}{p}\right] = \left[2\left(\left[\frac{ai}{p}\right] + \left\{\frac{ai}{p}\right\}\right)\right] = \left[2\left[\frac{ai}{p}\right] + 2\left\{\frac{ai}{p}\right\}\right] \\ &= 2\left[\frac{ai}{p}\right] + \left[2\left\{\frac{ai}{p}\right\}\right] = 2\left[\frac{ai}{p}\right] + \left[2\left\{\frac{r_i}{p}\right\}\right]\end{aligned}$$

이다. 또한 (3.3.16)과 정리 3.1.3에 의하여 $i = 1, 2, \cdots, t$에 대하여

$$ai \equiv r_i \pmod p$$

이고, 따라서 정리 3.1.4 (2), (3)에 의하여

$$r_i \equiv \delta_i k_i \pmod p \tag{3.3.19}$$

이다. 이제 법 p에 관한 기약잉여계

$$L = \{1, 2, 3, \cdots, t, t+1, \cdots, p-1\}$$

을 생각하자. 먼저

$$0 < r_i \le t = \frac{p-1}{2} < \frac{p}{2}$$

인 경우는 $0 < \frac{r_i}{p} < \frac{1}{2}$이므로 $\left[2\left\{\frac{r_i}{p}\right\}\right] = 0$이고, 따라서 α_i는 짝수이다. 또한

$$1 \le k_i \le t = \frac{p-1}{2} < \frac{p}{2}$$

이므로 (3.3.19)에서 $\delta_i = 1$, $r_i = k_i$이어야 한다. 따라서

$$\delta_i = 1 = (-1)^{\alpha_i}$$

이다. 다음,

$$t = \frac{p-1}{2} < \frac{p}{2} < r_i < p$$

인 경우는 $\frac{1}{2} < \frac{r_i}{p} < 1$이므로 $\left[2\left\{\frac{r_i}{p}\right\}\right] = 1$이고, 따라서 α_i는 홀수이다. 또한

$$1 \le k_i \le t = \frac{p-1}{2} < \frac{p}{2}$$

이므로 (3.3.19)에서 $\delta_i = -1$, $k_i = p - r_i$이어야 한다. 따라서

$$\delta_i = -1 = (-1)^{\alpha_i}$$

이다. 그러므로 (3.3.18)에 의하여

$$\begin{aligned}\left(\frac{a}{p}\right) &= (-1)^{\alpha}_1(-1)^{\alpha}_2 \cdots (-1)^{\alpha}_t \\ &= (-1)^{\alpha_1+\alpha_2+\cdots+\alpha_t} = (-1)^{\alpha}\end{aligned}$$

이다. 마지막으로, $0 < r_i \le t$인 경우는 $\delta_i = 1$이므로 (3.3.18)에서 이들 δ_i를 제거해도 좋다. 또한 $t < r_i < p$인 경우는 $\delta_i = -1$이고 이들의 개수가 n이므로

$$\left(\frac{a}{p}\right) = (-1)^n$$

이다. ❑

보기 3.3.18

$p=11$, $a=8$이라 하면 $(8, 11)=1$이고,

$$t=\frac{p-1}{2}=\frac{11-1}{2}=5$$

$$\alpha=\sum_{i=1}^{5}\left[\frac{2ai}{p}\right]=\left[\frac{16}{11}\right]+\left[\frac{32}{11}\right]+\left[\frac{48}{11}\right]+\left[\frac{64}{11}\right]+\left[\frac{80}{11}\right]$$

$$=1+2+4+5+7=19$$

이므로

$$\left(\frac{8}{11}\right)=(-1)^{19}=-1$$

이다. 또한

$$8\cdot 1=8=11\cdot 0+8, 5<8<11$$
$$8\cdot 2=16=11\cdot 1+5, 0<5\le 5$$
$$8\cdot 3=24=11\cdot 2+2, 0<2<5$$
$$8\cdot 4=32=11\cdot 2+10, 5<10<11$$
$$8\cdot 5=40=11\cdot 3+7, 5<7<11$$

이므로

$$\left(\frac{8}{11}\right)=(-1)^{3}=-1$$

이다.

정리 3.3.19

$p(\neq 2)$를 소수라 하고 a를 $(a, p)=1$인 홀수라 하자. 그러면 $t=\frac{p-1}{2}$이라 할 때,

$$\left(\frac{2a}{p}\right)=(-1)^{\sum_{i=1}^{t}\left[\frac{ai}{p}\right]+\frac{p^2-1}{8}}$$

이다(보기 2.1.3 참조).

증명 a가 홀수이므로 $a+p$는 짝수이다. 따라서 $(a+p,\ p)=(2,\ p)=1$이므로 정리 2.1.15에 의하여 $(2(a+p),\ p)=(2a,\ p)=1$이다. 또한

$$\left(2\cdot\frac{a+p}{2},\ p\right)=(a+p,\ p)=1$$

이므로 정리 2.1.15에 의하여 $\left(\frac{a+p}{2},\ p\right)=1$이다. 따라서

$$2(a+p)=2a+2p\equiv 2a\ (\mathrm{mod}\ p)$$

이므로 정리 3.3.11 (2)에 의하여

$$\left(\frac{2a}{p}\right)=\left(\frac{2a+2p}{p}\right)$$

이다. 그러므로

$$\begin{aligned}\left(\frac{2a}{p}\right)&=\left(\frac{2a+2p}{p}\right)=\left(\frac{4\cdot\frac{a+p}{2}}{p}\right)\\&=\left(\frac{\frac{a+p}{2}}{p}\right)\quad(\text{정리 3.3.11 (3)에 의하여})\\&=(-1)^{\sum_{i=1}^{t}\left[\frac{2\cdot\frac{a+p}{2}\cdot i}{p}\right]}\quad(\text{정리 3.3.17에 의하여})\\&=(-1)^{\sum_{i=1}^{t}\left[\frac{(a+p)i}{p}\right]}=(-1)^{\sum_{i=1}^{t}\left[\frac{ai}{p}+i\right]}\\&=(-1)^{\sum_{i=1}^{t}\left(\left[\frac{ai}{p}\right]+i\right)}\quad(\text{정리 2.4.3 (3)에 의하여})\\&=(-1)^{\sum_{i=1}^{t}\left[\frac{ai}{p}\right]+\sum_{i=1}^{t}i}=(-1)^{\sum_{i=1}^{t}\left[\frac{ai}{p}\right]+\frac{t(t+1)}{2}}\end{aligned}$$

이다. 따라서

$$\begin{aligned}\frac{t(t+1)}{2}&=\frac{t^2+t}{2}=\frac{\left(\frac{p-1}{2}\right)^2+\frac{p-1}{2}}{2}\\&=\frac{(p-1)^2+2(p-1)}{8}=\frac{p^2-1}{8}\end{aligned}$$

이므로

$$\left(\frac{2a}{p}\right) = (-1)^{\sum_{i=1}^{t}\left[\frac{ai}{p}\right] + \frac{p^2-1}{8}}$$

이다. □

정리 3.3.20

$p(\neq 2)$를 소수라 하고 $t = \frac{p-1}{2}$이라 하자. 그러면 다음이 성립한다.

(1) $\left(\frac{2}{p}\right) = (-1)^{\frac{p^2-1}{8}}$ (보기 2.1.3 참조).

(2) a를 홀수라 하고 $(a, p) = 1$이라 하면

$$\left(\frac{a}{p}\right) = (-1)^{\sum_{i=1}^{t}\left[\frac{ai}{p}\right]}$$

이다.

증명 (1) 정리 3.3.19에서 $a = 1$로 생각하면 $\sum_{i=1}^{t}\left[\frac{i}{p}\right] = 0$이므로

$$\left(\frac{2}{p}\right) = \left(\frac{2 \cdot 1}{p}\right) = (-1)^{\sum_{i=1}^{t}\left[\frac{1 \cdot i}{p}\right] + \frac{p^2-1}{8}} = (-1)^{\frac{p^2-1}{8}}$$

이다.

(2)

$$\begin{aligned}\left(\frac{a}{p}\right)\left(\frac{2}{p}\right) &= \left(\frac{2a}{p}\right) \quad (\text{정리 3.3.11 (3)에 의하여}) \\ &= (-1)^{\sum_{i=1}^{t}\left[\frac{ai}{p}\right] + \frac{p^2-1}{8}} \quad (\text{정리 3.3.19에 의하여}) \\ &= (-1)^{\sum_{i=1}^{t}\left[\frac{ai}{p}\right]}(-1)^{\frac{p^2-1}{8}}\end{aligned}$$

이므로 (1)에 의하여

$$\left(\frac{a}{p}\right) = (-1)^{\sum_{i=1}^{t}\left[\frac{ai}{p}\right]}$$

이다. □

정리 3.3.21

$p(\neq 2)$를 소수라 하자. 그러면

$$\left(\frac{2}{p}\right)=1 \iff p\equiv 1 \pmod 8 \text{ 또는 } p\equiv 7 \pmod 8$$

이고

$$\left(\frac{2}{p}\right)=-1 \iff p\equiv 3 \pmod 8 \text{ 또는 } p\equiv 5 \pmod 8$$

이다.

증명 $p\neq 2$인 소수 p는 모두 홀수이므로 p는 적당한 정수 k에 대하여

$$p=8k+1,\quad p=8k+3,\quad p=8k+5,\quad p=8k+7$$

과 같은 꼴로 표시된다. 따라서

$$p=8k+1 \Rightarrow \frac{p^2-1}{8}=\frac{(8k+1)^2-1}{8}=8k^2+2k=2(4k^2+k)$$

$$p=8k+7 \Rightarrow \frac{p^2-1}{8}=\frac{(8k+7)^2-1}{8}=8k^2+14k+6=2(4k^2+7k+3)$$

이고

$$p=8k+3 \Rightarrow \frac{p^2-1}{8}=\frac{(8k+3)^2-1}{8}=8k^2+6k+1=2(4k^2+3k)+1$$

$$p=8k+5 \Rightarrow \frac{p^2-1}{8}=\frac{(8k+5)^2-1}{8}=8k^2+10k+3=2(4k^2+5k+1)+1$$

이다. 따라서 정리 3.1.3과 정리 3.3.20 (1)에 의하여

$$p\equiv 1 \pmod 8 \Rightarrow \left(\frac{2}{p}\right)=(-1)^{\frac{p^2-1}{8}}=(-1)^{2(4k^2+k)}=1$$

$$p\equiv 7 \pmod 8 \Rightarrow \left(\frac{2}{p}\right)=(-1)^{\frac{p^2-1}{8}}=(-1)^{2(4k^2+7k+3)}=1$$

이고

$$p \equiv 3 \pmod 8 \;\Rightarrow\; \left(\frac{2}{p}\right) = (-1)^{\frac{p^2-1}{8}} = (-1)^{2(4k^2+3k)+1} = -1$$

$$p \equiv 5 \pmod 8 \;\Rightarrow\; \left(\frac{2}{p}\right) = (-1)^{\frac{p^2-1}{8}} = (-1)^{2(4k^2+5k+1)+1} = -1$$

이다. 역으로, $\left(\frac{2}{p}\right) = 1$이라 할 때, $p \equiv 3 \pmod 8$ 또는 $p \equiv 5 \pmod 8$라 하면 위의 결과에 의하여 $\left(\frac{2}{p}\right) = -1$이 되어 모순이다. 또한 $\left(\frac{2}{p}\right) = -1$이라 할 때, $p \equiv 1 \pmod 8$ 또는 $p \equiv 7 \pmod 8$이라 하면 위의 결과에 의하여 $\left(\frac{2}{p}\right) = 1$이 되어 모순이다. 그러므로 정리가 성립한다.

❑

보기 3.3.22

$17 \equiv 1 \pmod 8$, $23 \equiv 7 \pmod 8$이므로 $\left(\frac{2}{17}\right) = \left(\frac{2}{23}\right) = 1$이고, 또한 $11 \equiv 3 \pmod 8$, $61 \equiv 5 \pmod 8$이므로 $\left(\frac{2}{11}\right) = \left(\frac{2}{61}\right) = -1$이다.

정리 3.3.23

$8n+7$ 꼴의 소수는 무수히 많다.

증명 $8n+7$ 꼴의 소수가 유한개만 존재한다고 하고 이들을 $q_1, q_2, \cdots, q_t$라 하자. 양의 정수

$$a = (4q_1q_2 \cdots q_t)^2 - 2$$

를 생각하자. $b = 8(q_1q_2 \cdots q_t)^2 - 1$이라 하면

$$a = (4q_1q_2 \cdots q_t)^2 - 2 = 2(8(q_1q_2 \cdots q_t)^2 - 1) = 2b$$

이고, 정리 2.2.10에 의하여 b는 소수 $p_1, p_2, \cdots, p_r$에 대하여

$$b = p_1p_2 \cdots p_r$$

와 같은 꼴로 표시되므로((2.2.2) 참조)

$$a = 2b = 2p_1 p_2 \cdots p_r$$

이다. 따라서 b가 홀수이므로 $p_i\,(i = 1, 2, \cdots, r)$는 홀수이고, 또한 $p_i \mid a$이다. 따라서 $i = 1, 2, \cdots, r$에 대하여 $p_i \neq 2$, $(2, p_i) = 1$이고, 또한

$$(4q_1 q_2 \cdots q_t)^2 \equiv 2 \pmod{p_i}$$

이므로

$$\left(\frac{2}{p_i}\right) = 1$$

이다. 따라서 정리 3.3.21에 의하여

$$p_i \equiv 1 \pmod 8 \text{ 또는 } p_i \equiv 7 \pmod 8$$

이다. 그러므로 정리 3.1.3에 의하여 $k_i, h_i \in \mathbb{Z}$에 대하여

$$p_i = 8k_i + 1 \text{ 또는 } p_i = 8h_i + 7$$

로 표시된다. $8n+1$ 꼴의 수들의 곱은 다시 $8n+1$ 꼴의 수이므로 a의 홀수인 인수 $p_1, p_2, \cdots, p_r$가 모두 $8k_i + 1$ 꼴의 소수이면 a는 적당한 정수 k에 대하여

$$a = 16k + 2$$

로 표시된다. 따라서

$$16(q_1 q_2 \cdots q_t)^2 - 2 = a = 16k + 2$$

즉,

$$16((q_1 q_2 \cdots q_t)^2 - k) = 4$$

이므로 $4((q_1 q_2 \cdots q_t)^2 - k) = 1$이 되어 모순이다. 따라서 적당한 $i\,(1 \le i \le r)$에 대하여 p_i는 $p_i = 8h_i + 7$ 꼴의 소수이어야 한다. 그러므로 적당한 $j\,(1 \le j \le t)$에 대하여 $p_i = q_j$이다. 따라서 $p_i \mid (4q_1 q_2 \cdots q_t)^2$이고, 또한 $p_i \mid a$이므로 정리 2.1.7에 의하여 $p_i \mid 2$이다. 그러나 p_i가 홀수이므로 이것은 모순이다. 따라서 $8n+7$ 꼴의 소수는 무수히 많다. ❑

$p(\neq 2)$와 $q(\neq 2)$를 서로 다른 두 소수라 하면 $(p, q) = 1$이므로 르장드르 기호 $\left(\frac{q}{p}\right)$와

$\left(\frac{p}{q}\right)$가 정의된다. 이 경우에 $\left(\frac{q}{p}\right)$와 $\left(\frac{p}{q}\right)$ 사이에는 어떤 연관성이 있는가? 이 둘 사이의 관련성은 1783년 오일러에 의하여 제기되었으며 르장드르에 의하여 불완전하게 증명이 이루어졌다. 그 후, 가우스는 1795년에 그러한 관련성에 대한 연구를 독립적으로 시작하였으며 1798년에 마침내 완전한 증명을 완성하였다. 가우스는 그의 평생 동안 8가지의 다른 증명을 제시하였다. 참고로, $\left(\frac{q}{p}\right)$와 $\left(\frac{p}{q}\right)$ 사이의 상호 관련성의 결과는 두 이차합동식

$$x^2 \equiv q \pmod p \text{와 } x^2 \equiv p \pmod q$$

사이의 해의 존재성에 대한 문제와 연관된다.

정리 3.3.24 이차잉여의 상반법칙(quadratic reciprocity law)

$p(\neq 2)$와 $q(\neq 2)$를 서로 다른 소수라 하자. 그러면

$$\left(\frac{q}{p}\right) = (-1)^{\frac{p-1}{2}\cdot\frac{q-1}{2}}\left(\frac{p}{q}\right)$$

이다.

증명 $t = \frac{p-1}{2}$, $s = \frac{q-1}{2}$이라 하고

$$A = \{(i,\, j) \mid i,\, j \in \mathbb{Z},\ 1 \le i \le t,\ 1 \le j \le s\}$$

라 하자. 그러면 $|A| = ts$이다. 또한 $(i,\, j) \in A$이면 $pj \neq qi$이다. 왜냐하면 $pj = qi$라 하면 $q \mid pj$이고, 또한 $(q,\, p) = 1$이므로 정리 2.1.16에 의하여 $q \mid j$이어야 한다. 그러나

$$1 \le j \le s = \frac{q-1}{2} < q$$

이므로 이것은 모순이 되기 때문이다. 따라서

$$B = \{(i,\, j) \mid (i,\, j) \in A,\ qi < pj\}, \quad C = \{(i,\, j) \mid (i,\, j) \in A,\ pj < qi\}$$

라 하면

$$B \cap C = \varnothing, \quad A = B \cup C$$

이다. 따라서 $|B| = m$, $|C| = n$이라 하면

$$ts = |A| = |B| + |C| = m + n$$

이다. 이제 $j\,(1 \le j \le s)$를 잠시 고정시키자. 그러면

$$qi < pj \iff i < \frac{pj}{q}$$

이고, 또한

$$\frac{pj}{q} \le \frac{p}{q} \cdot s = \frac{p}{q} \cdot \frac{q-1}{2} = \frac{p}{2} \cdot \frac{q-1}{q} < \frac{p}{2},$$
$$t = \frac{p-1}{2} < \frac{p}{2} < \frac{p+1}{2} = \frac{p-1}{2} + 1 = t + 1$$

이므로

$$\left[\frac{pj}{q}\right] \le t$$

이다. 따라서

$$(i, j) \in B \iff i \le \left[\frac{pj}{q}\right]$$

이므로 j를 고정시킬 때,

$$(1, j),\ (2, j),\ \cdots,\ \left(\left[\frac{pj}{q}\right], j\right)$$

는 B에 속하고 이들의 개수는 $\left[\frac{pj}{q}\right]$이다. 그러므로

$$m = |B| = \sum_{j=1}^{s}\left[\frac{pj}{q}\right]$$

이다. 같은 방법으로 생각하면

$$n = |C| = \sum_{i=1}^{t}\left[\frac{qi}{p}\right]$$

임을 증명할 수 있다. 따라서 정리 3.3.20 (2)에 의하여

$$\left(\frac{p}{q}\right) = (-1)^{\sum_{i=1}^{s}\left[\frac{pi}{q}\right]} = (-1)^m, \quad \left(\frac{q}{p}\right) = (-1)^{\sum_{i=1}^{t}\left[\frac{qi}{p}\right]} = (-1)^n$$

이다. 또한 $\left(\frac{p}{q}\right)=1$ 또는 $\left(\frac{p}{q}\right)=-1$이므로 $\left(\frac{p}{q}\right)\left(\frac{p}{q}\right)=1$이다. 그러므로

$$\begin{aligned}\left(\frac{q}{p}\right)&=1\cdot\left(\frac{q}{p}\right)=\left(\frac{p}{q}\right)\left(\frac{p}{q}\right)\left(\frac{q}{p}\right)=\left(\frac{p}{q}\right)(-1)^m(-1)^n\\&=\left(\frac{p}{q}\right)(-1)^{m+n}=\left(\frac{p}{q}\right)(-1)^{ts}\\&=(-1)^{\frac{p-1}{2}\cdot\frac{q-1}{2}}\left(\frac{p}{q}\right)\end{aligned}$$

이다. ❑

정리 3.3.25

$p(\neq 2)$와 $q(\neq 2)$를 서로 다른 소수라 하자. 그러면 다음이 성립한다.

(1) $m\in\mathbb{Z}$에 대하여 $p=4m+1$ 또는 $q=4m+1$이면

$$\left(\frac{q}{p}\right)=\left(\frac{p}{q}\right)$$

이다.

(2) $m, n\in\mathbb{Z}$에 대하여 $p=4m+3$이고 $q=4n+3$이면

$$\left(\frac{q}{p}\right)=-\left(\frac{p}{q}\right)$$

이다.

증명

(1) $p=4m+1$이라 하면 $p-1=4m$이므로

$$\frac{p-1}{2}\cdot\frac{q-1}{2}=2m\cdot\frac{q-1}{2}=\text{짝수}$$

이고, 따라서 정리 3.3.24에 의하여

$$\left(\frac{q}{p}\right)=(-1)^{\frac{p-1}{2}\cdot\frac{q-1}{2}}\left(\frac{p}{q}\right)=\left(\frac{p}{q}\right)$$

이다. $q=4m+1$인 경우도 같은 방법으로 증명된다.

(2) $p=4m+3$이고 $q=4n+3$이라 하면

$$\frac{p-1}{2}\cdot\frac{q-1}{2}=\frac{4m+3-1}{2}\cdot\frac{4n+3-1}{2}=(2m+1)(2n+1)$$
$$=2(2mn+m+n)+1=\text{홀수}$$

이므로 정리 3.3.24에 의하여

$$\left(\frac{q}{p}\right)=(-1)^{\frac{p-1}{2}\cdot\frac{q-1}{2}}\left(\frac{p}{q}\right)=-\left(\frac{p}{q}\right)$$

이다. ❑

보기 3.3.26

$\left(\frac{-76}{43}\right)$을 다음과 같이 두 가지 방법으로 구하여 보자.

$$\left(\frac{-76}{43}\right)=\left(\frac{(-1)\cdot 2^2\cdot 19}{43}\right)$$
$$=\left(\frac{-1}{43}\right)\left(\frac{19}{43}\right)\quad (\text{정리 3.3.11 (3)에 의하여})$$
$$=(-1)^{\frac{43-1}{2}}\left(\frac{19}{43}\right)\quad (\text{정리 3.3.12 (2)에 의하여})$$
$$=-\left(\frac{19}{43}\right)=\left(\frac{43}{19}\right)\quad (\text{정리 3.3.25 (2)에 의하여})$$
$$=\left(\frac{5}{19}\right)\quad (43\equiv 5 \pmod{19}\text{이므로 정리 3.3.11 (2)에 의하여})$$
$$=\left(\frac{19}{5}\right)\quad (\text{정리 3.3.25 (1)에 의하여})$$
$$=\left(\frac{2^2}{5}\right)\quad (19\equiv 4 \pmod{5}\text{이므로 정리 3.3.11 (2)에 의하여})$$
$$=1\quad (\text{정리 3.3.11 (3)에 의하여})$$

이다. 또한

$$\left(\frac{-76}{43}\right)=\left(\frac{10}{43}\right)\quad (-76\equiv 10 \pmod{43}\text{이므로 정리 3.3.11 (2)에 의하여})$$
$$=\left(\frac{2\cdot 5}{43}\right)=\left(\frac{2}{43}\right)\left(\frac{5}{43}\right)$$

$$= (-1)^{\frac{43^2-1}{8}} \left(\frac{43}{5}\right) \text{(정리 3.3.20 (1)과 정리 3.3.25 (1)에 의하여)}$$
$$= -\left(\frac{3}{5}\right) = -\left(\frac{5}{3}\right) = -\left(\frac{2}{3}\right)$$
$$= -(-1)^{\frac{3^2-1}{8}} = -(-1) = 1$$

이다. 더욱이 위의 결과에 의하여 -76은 법 43에 관한 이차잉여이므로 정리 3.3.4에 의하여 합동식

$$x^2 \equiv -76 \pmod{43}$$

은 두 개의 해를 갖는다.

보기 3.3.27

$p(>5)$를 소수라 할 때, 5가 법 p에 관한 이차잉여가 되기 위한 필요충분조건을 구하여 보자. 먼저 정리 2.1.1에 의하여

$$p = 5a + r, \quad 1 \le r < 5$$

를 만족하는 두 정수 a, r가 유일하게 존재한다. 따라서 $p \equiv r \pmod 5$이다. 또한 $5 = 4 \cdot 1 + 1$이므로 정리 3.3.25 (1)에 의하여 $\left(\frac{5}{p}\right) = \left(\frac{p}{5}\right)$이다. 따라서 정리 3.3.11 (2)에 의하여

$$\left(\frac{5}{p}\right) = \left(\frac{p}{5}\right) = \left(\frac{r}{5}\right)$$

이다. 한편 법 5에 관한 기약잉여계 $S = \{1, 2, 3, 4\}$를 생각할 때,

$$\left(\frac{1}{5}\right) = 1 = \left(\frac{2^2}{5}\right) = \left(\frac{4}{5}\right)$$

이므로 정리 3.3.5에 의하여 $\left(\frac{r}{5}\right) = 1$이기 위한 필요충분조건은 $r = 1$ 또는 $r = 4$인 것이다. 그러므로 $\left(\frac{5}{p}\right) = 1$이기 위한 필요충분조건은

$$p \equiv 1 \pmod 5 \text{ 또는 } p \equiv 4 \pmod 5$$

인 것이다. 즉, 5가 법 p에 관한 이차잉여가 되기 위한 필요충분조건은

$$p = 5n + 1 \text{ 또는 } p = 5n + 4 \ (n \in \mathbb{Z})$$

인 것이다.

이제 르장드르 기호의 정의와 성질들은 다음과 같이 확장된다.

정의 3.3.28

$P(>2)$를 홀수라 하고 P가 소수 p_i ($p_i > 2$, $i = 1, 2, \cdots, r$)에 대하여

$$P = p_1 p_2 \cdots p_r$$

로 표시된다고 하자(이때 $p_1, p_2, \cdots, p_r$는 서로 다를 필요는 없다. ((2.2.2) 참조). $a \in \mathbb{Z}$, $(a, P) = 1$이라 할 때(따라서 정리 2.1.15에 의하여 $(a, p_i) = 1$ ($i = 1, 2, \cdots, r$)이다),

$$\left(\frac{a}{P}\right) = \left(\frac{a}{p_1}\right)\left(\frac{a}{p_2}\right) \cdots \left(\frac{a}{p_r}\right) \tag{3.3.20}$$

로 정의하고 $\left(\frac{a}{P}\right)$를 야코비 기호(Jacobi's symbol)라 한다.

(3.3.20)에서 $i = 1, 2, \cdots, r$에 대하여

$$\left(\frac{a}{p_i}\right) = 1 \text{ 또는 } \left(\frac{a}{p_i}\right) = -1$$

이므로

$$\left(\frac{a}{P}\right) = 1 \text{ 또는 } \left(\frac{a}{P}\right) = -1$$

이다. 또한 P가 홀수인 소수이면 야코비 기호 $\left(\frac{a}{P}\right)$는 르장드르 기호와 일치한다. 그러나 P가 소수가 아닌 경우에 $\left(\frac{a}{P}\right) = 1$이라 해서 합동식

$$x^2 \equiv a \pmod{P}$$

가 해를 갖는 것은 아님에 주의하라. 예를 들어, 정리 3.3.21에 의하여 $\left(\frac{2}{3}\right) = -1$이므로

$$\left(\frac{2}{9}\right)=\left(\frac{2}{3}\right)\left(\frac{2}{3}\right)=1$$

이지만 합동식 $x^2 \equiv 2 \pmod 9$는 해를 갖지 않는다. 왜냐하면 $\left(\frac{2}{3}\right) = -1$이므로 합동식 $x^2 \equiv 2 \pmod 3$은 해를 갖지 않기 때문이다(정리 3.3.33 참조).

정리 3.3.29

$P(>2)$를 홀수라 하고 $a, b \in \mathbb{Z}$, $(a, P)=(b, P)=1$이라 하자. 그러면 다음이 성립한다.

(1) $a \equiv b \pmod P$이면 $\left(\frac{a}{P}\right)=\left(\frac{b}{P}\right)$이다.

(2) $\left(\frac{ab}{P}\right)=\left(\frac{a}{P}\right)\left(\frac{b}{P}\right)$. 특히 $\left(\frac{a^2}{P}\right)=1$, $\left(\frac{a^2b}{P}\right)=\left(\frac{b}{P}\right)$이다.

증명 P가 소수 $p_i\,(i=1, 2, \cdots, r)$에 대하여

$$P=p_1p_2\cdots p_r$$

로 표시된다고 하자.

(1) $a \equiv b \pmod P$라 하자. 그러면 정리 2.1.15에 의하여 $i=1, 2, \cdots, r$에 대하여 $(a, p_i)=(b, p_i)=1$이므로 정리 3.1.13 (2)에 의하여

$$a \equiv b \pmod{p_i}$$

이다. 따라서 정리 3.3.11 (2)에 의하여 $i=1, 2, \cdots, r$에 대하여 $\left(\frac{a}{p_i}\right)=\left(\frac{b}{p_i}\right)$이므로

$$\left(\frac{a}{P}\right)=\left(\frac{a}{p_1}\right)\left(\frac{a}{p_2}\right)\cdots\left(\frac{a}{p_r}\right)=\left(\frac{b}{p_1}\right)\left(\frac{b}{p_2}\right)\cdots\left(\frac{b}{p_r}\right)=\left(\frac{b}{P}\right)$$

이다.

(2) 정리 2.1.15에 의하여 $(ab, P)=1$이므로 정리 3.3.11 (3)에 의하여

$$\begin{aligned}\left(\frac{ab}{P}\right)&=\left(\frac{ab}{p_1}\right)\left(\frac{ab}{p_2}\right)\cdots\left(\frac{ab}{p_r}\right)=\left(\frac{a}{p_1}\right)\left(\frac{b}{p_1}\right)\left(\frac{a}{p_2}\right)\left(\frac{b}{p_2}\right)\cdots\left(\frac{a}{p_r}\right)\left(\frac{b}{p_r}\right)\\&=\left(\left(\frac{a}{p_1}\right)\left(\frac{a}{p_2}\right)\cdots\left(\frac{a}{p_r}\right)\right)\left(\left(\frac{b}{p_1}\right)\left(\frac{b}{p_2}\right)\cdots\left(\frac{b}{p_r}\right)\right)=\left(\frac{a}{P}\right)\left(\frac{b}{P}\right)\end{aligned}$$

이다. 특히 정리 2.1.15에 의하여 $(a^2,\ P)=(a^2b,\ P)=1$이므로

$$\left(\frac{a^2}{P}\right)=\left(\frac{a}{P}\right)\left(\frac{a}{P}\right)=\left(\frac{a}{P}\right)^2=1$$

$$\left(\frac{a^2b}{P}\right)=\left(\frac{a^2}{P}\right)\left(\frac{b}{P}\right)=1\cdot\left(\frac{b}{P}\right)=\left(\frac{b}{P}\right)$$

이다. ❑

정리 3.3.30

$P(>2)$를 홀수라 할 때, 다음이 성립한다.

(1) $\left(\frac{1}{P}\right)=1$

(2) $\left(\frac{-1}{P}\right)=(-1)^{\frac{P-1}{2}}$

(3) $\left(\frac{2}{P}\right)=(-1)^{\frac{P^2-1}{8}}$

증명 분명히 $(1,\ P)=(-1,\ P)=(2,\ P)=1$이다. P가 소수 $p_i\,(i=1,\ 2,\ \cdots,\ r)$에 대하여

$$P=p_1p_2\cdots p_r$$

로 표시된다고 하자.

(1) 정리 3.3.12 (1)에 의하여

$$\left(\frac{1}{P}\right)=\left(\frac{1}{p_1}\right)\left(\frac{1}{p_2}\right)\cdots\left(\frac{1}{p_r}\right)=1\cdot1\cdot\ \cdots\ \cdot1=1$$

이다.

(2) 정리 3.3.12 (2)에 의하여

$$\begin{aligned}\left(\frac{-1}{P}\right)&=\left(\frac{-1}{p_1}\right)\left(\frac{-1}{p_2}\right)\cdots\left(\frac{-1}{p_r}\right)\\&=(-1)^{\frac{p_1-1}{2}}(-1)^{\frac{p_2-1}{2}}\cdots(-1)^{\frac{p_r-1}{2}}\\&=(-1)^{\frac{p_1-1}{2}+\frac{p_2-1}{2}+\cdots+\frac{p_r-1}{2}}\end{aligned}$$

이다. 또한 정리 3.1.33 (1)과 정리 3.1.3에 의하여

$$\frac{p_1-1}{2}+\frac{p_2-1}{2}+\cdots+\frac{p_r-1}{2}=\frac{p_1p_2\cdots p_r-1}{2}+2t=\frac{P-1}{2}+2t$$

를 만족하는 정수 t가 존재한다. 따라서

$$\left(\frac{-1}{P}\right)=(-1)^{\frac{P-1}{2}+2t}=(-1)^{\frac{P-1}{2}}(-1)^{2t}=(-1)^{\frac{P-1}{2}}$$

이다.

(3) 정리 3.3.20 (1)에 의하여

$$\begin{aligned}\left(\frac{2}{P}\right)&=\left(\frac{2}{p_1}\right)\left(\frac{2}{p_2}\right)\cdots\left(\frac{2}{p_r}\right)\\&=(-1)^{\frac{p_1^2-1}{8}}(-1)^{\frac{p_2^2-1}{8}}\cdots(-1)^{\frac{p_r^2-1}{8}}\\&=(-1)^{\frac{p_1^2-1}{8}+\frac{p_2^2-1}{8}+\cdots+\frac{p_r^2-1}{8}}\end{aligned}$$

이다. 또한 정리 3.1.33 (2)와 정리 3.1.3에 의하여

$$\frac{p_1^2-1}{8}+\frac{p_2^2-1}{8}+\cdots+\frac{p_r^2-1}{8}=\frac{p_1^2p_2^2\cdots p_r^2-1}{8}+2t=\frac{P^2-1}{8}+2t$$

를 만족하는 정수 t가 존재한다. 따라서

$$\left(\frac{2}{P}\right)=(-1)^{\frac{P^2-1}{8}+2t}=(-1)^{\frac{P^2-1}{8}}(-1)^{2t}=(-1)^{\frac{P^2-1}{8}}$$

이다. □

정리 3.3.31

$P(>2)$와 $Q(>2)$를 홀수라 하고 $(P, Q)=1$이라 하자. 그러면

$$\left(\frac{Q}{P}\right)=(-1)^{\frac{P-1}{2}\cdot\frac{Q-1}{2}}\left(\frac{P}{Q}\right)$$

이다.

▌증명 P와 Q가 각각 소수 $p_i(>2\ (i=1, 2, \cdots, t))$와 소수 $q_j(>2\,(j=1,2, \cdots, s))$에 대하여

$$P=p_1p_2\cdots p_t, \quad Q=q_1q_2\cdots q_s$$

로 표시된다고 하자. 그러면 정리 2.1.15에 의하여 $(p_i, q_j)=1\,(i=1, 2, \cdots, t;\ j=1, 2, \cdots, s)$이다. 따라서

$$\begin{aligned}\left(\frac{Q}{P}\right) &= \left(\frac{Q}{p_1}\right)\left(\frac{Q}{p_2}\right)\cdots\left(\frac{Q}{p_t}\right)=\prod_{i=1}^{t}\left(\frac{Q}{p_i}\right)\\ &=\prod_{i=1}^{t}\left(\frac{q_1q_2\cdots q_s}{p_i}\right)\\ &=\prod_{i=1}^{t}\left(\frac{q_1}{p_i}\right)\left(\frac{q_2}{p_i}\right)\cdots\left(\frac{q_s}{p_i}\right)\text{(정리 3.3.11 (3)에 의하여)}\\ &=\prod_{i=1}^{t}\prod_{j=1}^{s}\left(\frac{q_j}{p_i}\right)\\ &=\prod_{i=1}^{t}\prod_{j=1}^{s}(-1)^{\frac{p_i-1}{2}\cdot\frac{q_j-1}{2}}\left(\frac{p_i}{q_j}\right)\text{(정리 3.3.23에 의하여)}\\ &=\left(\prod_{i=1}^{t}\prod_{j=1}^{s}(-1)^{\frac{p_i-1}{2}\cdot\frac{q_j-1}{2}}\right)\left(\prod_{i=1}^{t}\prod_{j=1}^{s}\left(\frac{p_i}{q_j}\right)\right)\end{aligned}$$

이다. 또한 정리 2.1.15에 의하여 $(p_i, Q)=1$이므로 정리 3.3.29 (2)에 의하여

$$\prod_{i=1}^{t}\prod_{j=1}^{s}\left(\frac{p_i}{q_j}\right)=\prod_{i=1}^{t}\left(\frac{p_i}{Q}\right)=\left(\frac{P}{Q}\right)$$

이다. 더욱이 정리 3.1.33 (1)과 정리 3.1.3에 의하여

$$\sum_{i=1}^{t}\frac{p_i-1}{2}=\frac{p_1p_2\cdots p_t-1}{2}+2k=\frac{P-1}{2}+2k,$$

$$\sum_{j=1}^{s}\frac{q_i-1}{2}=\frac{q_1q_2\cdots q_s-1}{2}+2l=\frac{Q-1}{2}+2l$$

을 만족하는 정수 k, l이 존재하므로

$$\frac{p_i-1}{2}\cdot\frac{q_j-1}{2}$$

$$= \sum_{i=1}^{t} \frac{p_i - 1}{2} \sum_{j=1}^{s} \frac{q_j - 1}{2} = \sum_{i=1}^{t} \frac{p_i - 1}{2}\left(\frac{Q-1}{2} + 2l\right)$$

$$= \left(\frac{Q-1}{2} + 2l\right) \sum_{i=1}^{t} \frac{p_i - 1}{2} = \left(\frac{Q-1}{2} + 2l\right)\left(\frac{P-1}{2} + 2k\right)$$

$$= \frac{P-1}{2} \cdot \frac{Q-1}{2} + 2\left(\frac{P-1}{2}l + \frac{Q-1}{2}k + 2lk\right)$$

$$= \frac{P-1}{2} \cdot \frac{Q-1}{2} + 2N \left(N = \frac{P-1}{2}l + \frac{Q-1}{2}k + 2lk\right)$$

이다. 따라서

$$\prod_{i=1}^{t} \prod_{j=1}^{s} (-1)^{\frac{p_i-1}{2} \cdot \frac{q_j-1}{2}}$$

$$= (-1)^{\sum_{i=1}^{t}\sum_{j=1}^{s} \frac{p_i-1}{2} \cdot \frac{q_j-1}{2}} = (-1)^{\frac{P-1}{2} \cdot \frac{Q-1}{2} + 2N}$$

$$= (-1)^{\frac{P-1}{2} \cdot \frac{Q-1}{2}} (-1)^{2N} = (-1)^{\frac{P-1}{2} \cdot \frac{Q-1}{2}}$$

이다. 그러므로

$$\left(\frac{Q}{P}\right) = (-1)^{\frac{P-1}{2} \cdot \frac{Q-1}{2}} \left(\frac{P}{Q}\right)$$

이다. ❑

보기 3.3.32

합동식 $x^2 \equiv 315 \pmod{439}$가 해를 갖는지 조사하여 보자. 439는 소수이고, 315는 홀수이다. 또한 $(315, 439) = 1$이다. 따라서

$$\left(\frac{315}{439}\right) = (-1)^{\frac{439-1}{2} \cdot \frac{315-1}{2}} \left(\frac{439}{315}\right) \text{(정리 3.3.31에 의하여)}$$

$$= -\left(\frac{439}{315}\right)$$

$$= -\left(\frac{124}{315}\right) (439 \equiv 124 \pmod{315}\text{이므로 정리 3.3.29 (1)에 의하여})$$

$$= -\left(\frac{2^2 \cdot 31}{315}\right)$$

$$= -\left(\frac{31}{315}\right) \text{(정리 3.3.29 (2)에 의하여)}$$

$$= -(-1)^{\frac{315-1}{2}\cdot\frac{31-1}{2}}\left(\frac{315}{31}\right) \text{(정리 3.3.31에 의하여)}$$

$$= \left(\frac{315}{31}\right)$$

$$= \left(\frac{5}{31}\right) (315 \equiv 5 \pmod{31}\text{이므로 정리 3.3.11 (2)에 의하여})$$

$$= (-1)^{\frac{31-1}{2}\cdot\frac{5-1}{2}}\left(\frac{31}{5}\right) \text{(정리 3.3.24에 의하여)}$$

$$= \left(\frac{31}{5}\right) = \left(\frac{1}{5}\right) (31 \equiv 1 \pmod{5}\text{이므로 정리 3.3.11 (2)에 의하여})$$

$$= 1 \text{ (정리 3.3.12 (1)에 의하여)}$$

이므로 정리 3.3.4에 의하여 합동식 $x^2 \equiv 315 \pmod{439}$은 두 개의 해를 갖는다.

정리 3.3.33

$p(\neq 2)$를 소수라 하고 $a, n \in \mathbb{Z}\,(n \geq 1)$, $(a, p) = 1$이라 하자. 그러면 합동식

$$x^2 \equiv a \pmod{p^n} \tag{3.3.21}$$

이 해를 갖기 위한 필요충분조건은 $\left(\frac{a}{p}\right) = 1$인 것이다. 더욱이 $\left(\frac{a}{p}\right) = 1$이면 합동식 (3.3.21)은 두 개의 해를 갖는다.

증명 합동식 (3.3.21)이 해

$$x \equiv x_1 \pmod{p^n}$$

을 갖는다고 하면 정리 3.1.13 (2)에 의하여

$$x \equiv x_1 \pmod{p}$$

는 합동식

$$x^2 \equiv a \pmod{p} \tag{3.3.22}$$

의 해이므로 $\left(\frac{a}{p}\right) = 1$이다. 역으로, $\left(\frac{a}{p}\right) = 1$이라 하면 합동식 (3.3.22)는 적어도 하나의 해

$$x \equiv x_1 \pmod{p} \tag{3.3.23}$$

를 갖는다. 따라서

$$x_1^2 \equiv a \pmod{p}$$

이므로 정리 3.1.14 (1)에 의하여

$$(x_1^2,\ p) = (a,\ p) = 1$$

이다. 따라서 정리 2.1.15에 의하여 $(x_1,\ p) = 1$이다. 이제 $f(x) = x^2 - a$라 하자. 정리 3.1.5 (1)에 의하여 합동식 (3.3.22)는 합동식

$$f(x) = x^2 - a \equiv 0 \pmod{p} \tag{3.3.24}$$

와 동치이다. 따라서 (3.3.23)은 합동식 (3.3.24)의 해이다. 한편 $f'(x) = 2x$이고, 또한 $(2,\ p) = 1$이므로 정리 2.1.15에 의하여

$$(f'(x_1),\ p) = (2x_1,\ p) = 1$$

이다. 따라서 정리 3.2.21 (1)에 의하여 x_1으로부터 합동식

$$f(x) = x^2 - a \equiv 0 \pmod{p^n} \tag{3.3.25}$$

의 해

$$x \equiv x_n \pmod{p^n} \tag{3.3.26}$$

을 얻을 수 있다. 그런데 정리 3.1.5 (1)에 의하여 합동식 (3.3.25)와 합동식 (3.3.21)은 동치이므로 (3.3.26)은 합동식 (3.3.21)의 해이다. 다음, 위의 설명과 정리 3.3.4에 의하여 합동식 (3.3.21)이 해를 가지면 (3.3.21)은 두 개의 해를 갖는다. ❑

보기 3.3.34

합동식

$$x^2 \equiv 18 \pmod{7^3} \tag{3.3.27}$$

의 해를 구하여 보자. $(18,\ 7) = 1$이고 $18 \equiv 4 \pmod{7}$이다. 따라서

$$\left(\frac{18}{7}\right) = \left(\frac{4}{7}\right) = \left(\frac{2^2}{7}\right) = 1$$

이므로 합동식

$$x^2 \equiv 18 \pmod{7} \tag{3.3.28}$$

은 해를 갖는다. 실제로

$$x \equiv 2 \pmod{7} \tag{3.3.29}$$

과

$$x \equiv 5 \pmod{7} \tag{3.3.30}$$

은 합동식 (3.3.28)의 해이다(정리 3.3.4 참조). $f(x) = x^2 - 18$이라 하자. 그러면 (3.3.29)와 (3.3.30)은 합동식

$$f(x) = x^2 - 18 \equiv 0 \pmod{7}$$

의 해이다. 보기 3.2.22에서와 같은 방법으로 (3.3.29)로부터 합동식

$$f(x) = x^2 - 18 \equiv 0 \pmod{7^3} \tag{3.3.31}$$

의 해를 구하자. $f'(x) = 2x$이고, 또한 (3.3.29)에 의하여 $x = 2 + 7t_1$을 만족하는 정수 t_1이 존재한다. 따라서 $(f'(2), 7) = (4, 7) = 1$이고 $f(2) = -14$이므로

$$\begin{aligned}
& f(2) + f'(2) \cdot 7t_1 \equiv 0 \pmod{7^2} \\
& \Rightarrow\ f'(2) \cdot t_1 \equiv -\frac{f(2)}{7} \pmod{7} \\
& \Rightarrow\ 4t_1 \equiv 2 \pmod{7} \\
& \Rightarrow\ t_1 \equiv 4 \pmod{7}
\end{aligned}$$

이다. 그러므로 $t_1 = 4 + 7t_2$를 만족하는 정수 t_2가 존재하고, 따라서

$$x = 2 + 7t_1 = 2 + 7(4 + 7t_2) = 30 + 7^2 t_2$$

이다. 따라서 정리 3.2.21 (1)에 의하여

$$x \equiv 30 \pmod{7^2}$$

은 합동식 $f(x) \equiv 0 \pmod{7^2}$의 해이다. 다음, $f'(30) = 60$, $(60, 7) = 1$이고 $f(30) = 882 = 2 \cdot 3^2 \cdot 7^2$이므로

$$f(30) + f'(30) \cdot 7^2 t_2 \equiv 0 \pmod{7^3}$$
$$\Rightarrow f'(30) \cdot t_2 \equiv -\frac{f(30)}{7^2} \pmod{7}$$
$$\Rightarrow 60t_2 \equiv -18 \pmod{7}$$
$$\Rightarrow 4t_2 \equiv -4 \pmod{7}$$
$$\Rightarrow t_2 \equiv -1 \equiv 6 \pmod{7}$$

이다. 따라서 $t_2 = 6 + 7t_3$를 만족하는 정수 t_3가 존재한다. 따라서

$$x = 30 + 7^2 t_2 = 30 + 7^2(6 + 7t_3) = 324 + 7^3 t_3$$

이므로

$$x \equiv 324 \pmod{7^3}$$

은 합동식 (3.3.31)(따라서 합동식 (3.3.27))의 해이다. 더욱이

$$(-324)^2 = (324)^2 \equiv 18 \pmod{7^3}$$

이고, 또한

$$-324 \not\equiv 324 \pmod{7^3}$$

이므로

$$x \equiv -324 \equiv 19 \pmod{7^3} \tag{3.3.32}$$

도 합동식 (3.3.27)의 해이다. 실제로 (3.3.32)는 (3.3.30)으로부터 위와 같은 방법으로 구할 수 있다(직접 확인해 보라).

정리 3.3.35

a를 홀수라 하자. 그러면 다음이 성립한다.

(1) 합동식

$$x^2 \equiv a \pmod{2} \tag{3.3.33}$$

는 언제나 하나의 해를 갖는다.

(2) 합동식

$$x^2 \equiv a \pmod{2^2} \tag{3.3.34}$$

이 해를 갖기 위한 필요충분조건은

$$a \equiv 1 \pmod 4$$

인 것이다. 더욱이 합동식 (3.3.34)가 해를 가지면 (3.3.34)는 두 개의 해를 갖는다.

(3) $n \geq 3$에 대하여 합동식

$$x^2 \equiv a \pmod{2^n} \tag{3.3.35}$$

이 해를 갖기 위한 필요충분조건은

$$a \equiv 1 \pmod 8$$

인 것이다. 더욱이 합동식 (3.3.35)가 해를 가지면 (3.3.35)는 네 개의 해를 갖는다.

▌증명

(1) $a^2 - a = a(a-1)$이고, $a-1$은 짝수이므로 $2 \mid (a^2 - a)$이다. 따라서

$$a^2 \equiv a \pmod 2$$

이므로

$$x \equiv a \pmod 2$$

는 합동식 (3.3.33)의 해이다. 이때 a는 홀수이고, 또한 짝수의 제곱은 짝수이므로 합동식 (3.3.33)은 짝수인 해를 가질 수 없다. 따라서 합동식 (3.3.33)은 하나의 해를 갖는다.

(2) a가 홀수이므로 $(a, 2) = 1$이다. 따라서 정리 2.1.15에 의하여 $(a, 4) = 1$이다. 합동식 (3.3.34)가

$$x \equiv x_1 \pmod 4$$

를 한 해로 갖는다고 하면 $x_1^2 \equiv a \pmod 4$이다. 그러므로 정리 3.1.14 (1)에 의하여 $(x_1^2, 4) = (a, 4) = 1$이고, 따라서 정리 2.1.15에 의하여 $(x_1, 2) = 1$이다. 즉, x_1은 홀수이므로 보기 2.1.3에 의하여 정수 k에 대하여 $x_1^2 = 8k+1$의 꼴로 표시된다. 따라서 $8k+1 \equiv a \pmod 4$이므로 정리 3.1.5 (1)에 의하여

$$8k \equiv a - 1 \pmod 4$$

이다. 그러므로 정리 3.1.14 (2)에 의하여 $4 \mid (a-1)$이고, 따라서

$$a \equiv 1 \pmod 4$$

이다. 역으로, $a \equiv 1 \pmod 4$라 하면 정리 3.1.3에 의하여 $a = 1 + 4t$를 만족하는 정수 t가 존재한다. 또한 x_1을 홀수라 하면 보기 2.1.3에 의하여 정수 k에 대하여 $x_1^2 = 8k+1$의 꼴로 표시되므로

$$x_1^2 - a = (8k+1) - (1+4t) = 4(2k-t)$$

이다. 따라서 $4 \mid (x_1^2 - a)$이므로

$$x_1^2 \equiv a \pmod 4$$

이다. 따라서 모든 홀수는 합동식 (3.3.34)를 만족한다. 그러나 모든 짝수들의 제곱은 짝수이고 a는 홀수이므로 모든 짝수들은 합동식 (3.3.34)를 만족할 수 없다. 또한 보기 2.1.3 ((2.1.4)와 (2.1.6) 참조)에 의하여 모든 홀수는 $4q+1$과 $4q+3$의 꼴로 표시되고 이들은 서로 법 4에 관하여 합동이 아니다. 따라서

$$x \equiv 1 \pmod 4, \quad x \equiv 3 \pmod 4$$

는 합동식 (3.3.34)의 해이다.

(3) a가 홀수이므로 $(a, 2) = 1$이다. 따라서 정리 2.1.15에 의하여 $(a, 2^n) = 1$이다. 합동식 (3.3.35)가

$$x \equiv x_1 \pmod{2^n}$$

을 한 해로 갖는다고 하면 $x_1^2 \equiv a \pmod{2^n}$이다. 그러므로 정리 3.1.14 (1)에 의하여 $(x_1^2, 2^n) = (a, 2^n) = 1$이고, 따라서 정리 2.1.15에 의하여 $(x_1, 2) = 1$이다. 따라서 x_1은 홀수이므로 보기 2.1.3에 의하여 정수 k에 대하여 $x_1^2 = 8k+1$의 꼴로 표시된다. 따라서 $8k+1 \equiv a \pmod{2^n}$이므로 정리 3.1.5 (1)에 의하여

$$8k \equiv a-1 \pmod{2^n}$$

이다. 그러므로 정리 3.1.14 (2)에 의하여 $8 \mid (a-1)$이고, 따라서

$$a \equiv 1 \pmod 8$$

이다. 역으로, $a \equiv 1 \pmod 8$이라 하면 정리 3.1.3에 의하여 $a = 1 + 8t$를 만족하는 정수

t가 존재한다. n에 대하여 수학적 귀납법으로 정리를 증명하자. 먼저, $n=3$인 경우를 생각하자. x_1을 홀수라 하면 보기 2.1.3에 의하여 정수 k에 대하여 $x_1^2=8k+1$의 꼴로 표시되므로

$$x_1^2-a=(8k+1)-(1+8t)=8(k-t)$$

이다. 따라서 $8\mid(x_1^2-a)$이므로

$$x_1^2 \equiv a \pmod{2^3}$$

이다. 따라서 모든 홀수는 합동식 (3.3.35)를 만족한다. 그러나 모든 짝수들의 제곱은 짝수이고 a는 홀수이므로 모든 짝수들은 합동식 (3.3.35)를 만족할 수 없다. 또한 모든 홀수는

$$8q+1, \quad 8q+3, \quad 8q+5, \quad 8q+7$$

의 꼴로 표시되고 이들은 서로 법 8에 관하여 합동이 아니다. 따라서

$$x \equiv 1,\ 3,\ 5,\ 7 \pmod 8$$

은 합동식 (3.3.35)의 해이다. 다음, $n \ge 3$인 경우 합동식

$$x^2 \equiv a \pmod{2^n}$$

이 $x \equiv b \pmod{2^n}$을 해로 갖는다고 가정하자. 그러면 $b^2 \equiv a \pmod{2^n}$이므로 정리 3.1.3에 의하여 $b^2=a+2^nk$를 만족하는 정수 k가 존재한다. 이때 a가 홀수이므로 b^2도 홀수이고, 따라서 b는 홀수이다. 따라서 $(b, 2)=1$이므로 정리 3.2.2에 의하여 합동식 $bx \equiv -k \pmod 2$는 하나의 해 $x \equiv c \pmod 2$를 갖는다. 따라서 $bc \equiv -k \pmod 2$, 즉 $bc+k \equiv 0 \pmod 2$이므로 정리 3.1.3에 의하여

$$bc+k=2t$$

를 만족하는 정수 t가 존재한다. 또한

$$2n-2=(n+1)+(n-3) \ge n+1$$

이다. 이제

$$x_1=b+2^{n-1}c$$

라 하자. 그러면

$$\begin{aligned} x_1^2 &= (b+2^{n-1}c)^2 = b^2 + 2^n bc + 2^{2n-2}c^2 \\ &= a + 2^n k + 2^n bc + 2^{2n-2}c^2 = a + 2^n(k+bc) + 2^{2n-2}c^2 \\ &= a + 2^n \cdot 2t + 2^{n+1} \cdot 2^{n-3}c^2 = a + 2^{n+1}(t + 2^{n-3}c^2) \end{aligned}$$

이므로 정리 3.1.3에 의하여

$$x_1^2 \equiv a \pmod{2^{n+1}}$$

이다. 따라서 $x \equiv x_1 \pmod{2^{n+1}}$은 합동식

$$x^2 \equiv a \pmod{2^{n+1}}$$

의 해이다. 그러므로 모든 $n(\geq 3)$에 대하여 합동식 (3.3.35)는 해를 갖는다.

이제 $b_1 (0 \leq b_1 < 2^n)$을 합동식 (3.3.35)의 하나의 해라 하고 $b_2 (0 \leq b_2 < 2^n)$를 합동식 (3.3.35)의 임의의 해라 하면 정리 3.1.4 (2), (3)에 의하여

$$b_2^2 \equiv b_1^2 \pmod{2^n}$$

이다. 따라서 정리 3.1.5 (1)에 의하여

$$(b_2+b_1)(b_2-b_1) = b_2^2 - b_1^2 \equiv 0 \pmod{2^n}$$

이다. 또한 a가 홀수이므로 위의 설명에서와 같은 방법으로 b_1과 b_2가 홀수임을 증명할 수 있다. 따라서 $\frac{1}{2}(b_2+b_1)$과 $\frac{1}{2}(b_2-b_1)$은 정수이다. 그러므로 정리 3.1.13 (3)에 의하여

$$\frac{1}{2}(b_2+b_1) \cdot \frac{1}{2}(b_2-b_1) \equiv 0 \pmod{2^{n-2}}$$

이다. 또한

$$\frac{1}{2}(b_2+b_1) + \frac{1}{2}(b_2-b_1) = b_2$$

이므로 $\frac{1}{2}(b_2+b_1)$과 $\frac{1}{2}(b_2-b_1)$은 둘 다 홀수이거나 둘 다 짝수일 수는 없다. 따라서 $\frac{1}{2}(b_2+b_1)$이 홀수이고 $\frac{1}{2}(b_2-b_1)$이 짝수이거나, $\frac{1}{2}(b_2+b_1)$이 짝수이고 $\frac{1}{2}(b_2-b_1)$이 홀수여야 한다. $\frac{1}{2}(b_2+b_1)$이 홀수인 경우는

$$\left(\frac{1}{2}(b_2+b_1),\ 2\right) = 1$$

이므로 정리 2.1.15에 의하여 $\left(\frac{1}{2}(b_2+b_1),\ 2^{n-2}\right)=1$이다. 따라서 정리 3.1.13 (1)에 의하여

$$\frac{1}{2}(b_2-b_1)\equiv 0 \pmod{2^{n-2}}$$

이다. 그러므로 정리 3.1.13 (3)에 의하여 $b_2-b_1\equiv 0 \pmod{2^{n-1}}$이고, 따라서 정리 3.1.5 (1)에 의하여

$$b_2\equiv b_1 \pmod{2^{n-1}}$$

이다. 또한 $\frac{1}{2}(b_2-b_1)$이 홀수인 경우는 $\left(\frac{1}{2}(b_2-b_1),\ 2^{n-2}\right)=1$이므로 정리 3.1.13 (1)에 의하여

$$\frac{1}{2}(b_2+b_1)\equiv 0 \pmod{2^{n-2}}$$

이다. 그러므로 정리 3.1.13 (3)에 의하여 $b_2+b_1\equiv 0 \pmod{2^{n-1}}$이고, 따라서 정리 3.1.5 (1)에 의하여

$$b_2\equiv -b_1 \pmod{2^{n-1}}$$

이다. 따라서 정리 3.1.3에 의하여 정수 $t_1,\ t_2$에 대하여

$$b_2=b_1+2^{n-1}t_1 \quad \text{또는} \quad b_2=-b_1+2^{n-1}t_2$$

의 꼴로 표시된다. 이때 $0\le b_1<2^n,\ 0\le b_2<2^n$이므로

$$-2^n< b_2-b_1=2^{n-1}t_1<2^n$$

이고, 따라서 $t_1=0,\ 1,\ -1$이어야 한다. 그러므로

$$b_2=b_1 \ \text{또는}\ b_2=b_1+2^{n-1} \ \text{또는}\ b_2=b_1-2^{n-1}$$

이다. 또한

$$0\le b_2+b_1=2^{n-1}t_2<2\cdot 2^n=2^{n+1}$$

이므로 $t_2=0,\ 1,\ 2,\ 3$이어야 한다. 따라서

$$b_2 = -b_1 \quad \text{또는} \quad b_2 = -b_1 + 2^{n-1}$$
$$\text{또는} \quad b_2 = -b_1 + 2^n \quad \text{또는} \quad b_2 = -b_1 + 2^{n-1} \cdot 3$$

이다. 이때 $b_1 - 2^{n-1}$은 법 2^n에 관하여 $b_1 + 2^{n-1}$에 합동이고, $-b_1 + 2^n$은 법 2^n에 관하여 $-b_1$에 합동이고, $-b_1 + 2^{n-1} \cdot 3$은 법 2^n에 관하여 $-b_1 + 2^{n-1}$에 합동이다. 또한

$$b_1, \quad -b_1, \quad b_1 + 2^{n-1}, \quad -b_1 + 2^{n-1}$$

은 법 2^n에 관하여 합동이 아니다. 따라서 합동식 (3.3.35)는 네 개의 해

$$x \equiv b_1 \pmod{2^n}, \quad x \equiv -b_1 \pmod{2^n},$$
$$x \equiv b_1 + 2^{n-1} \pmod{2^n}, \quad x \equiv -b_1 + 2^{n-1} \pmod{2^n}$$

을 갖는다. ❑

보기 3.3.36

(1) $5 \equiv 1 \pmod 4$이므로 정리 3.3.35 (2)에 의하여 합동식

$$x^2 \equiv 5 \pmod{2^2}$$

은 두 개의 해를 갖는다. 실제로 합동식 $x^2 \equiv 5 \pmod{2^2}$의 두 개의 해는

$$x \equiv 1 \pmod 4, \quad x \equiv 3 \pmod 4$$

이다.

(2) $5 \not\equiv 1 \pmod 8$이므로 정리 3.3.35 (3)에 의하여 합동식

$$x^2 \equiv 5 \pmod{2^3}$$

은 해를 갖지 않는다.

(3) $41 \equiv 1 \pmod 8$이므로 정리 3.3.35 (3)에 의하여 합동식

$$x^2 \equiv 41 \pmod{2^6}$$

은 4개의 해를 갖는다. 실제로 그 4개의 해를 구하여 보자. $41 \equiv 1 \pmod 8$이므로

$$x^2 \equiv 41 \pmod{2^6} \iff x^2 \equiv 1 \pmod{2^6}$$

이다. 더욱이 보기 2.1.3에 의하여 모든 홀수들의 제곱은 $8k+1\ (k \in \mathbb{Z})$의 꼴로 표시되므

로 모든 홀수들은 합동식

$$x^2 \equiv 1 \pmod{2^3}$$

을 만족하고, 또한 모든 홀수들은 $t_3 \in \mathbb{Z}$에 대하여 $1+4t_3$ 또는 $3+4t_3$의 꼴로 표시되므로 $x=1+4t_3$와 $x=3+4t_3$는 합동식

$$x^2 \equiv 41 \pmod{2^3}$$

을 만족한다. 먼저 $x=1+4t_3$ 꼴의 정수들 중에서 합동식 $x^2 \equiv 41 \pmod{2^4}$을 만족하는 x를 구하자.

$$\begin{aligned} &1+8t_3+16t_3^2=(1+4t_3)^2 \equiv 41 \pmod{2^4} \\ &\Rightarrow\ 8t_3+16t_3^2 \equiv 40 \pmod{2^4}\ \Rightarrow\ 8t_3 \equiv 40 \pmod{2^4} \\ &\Rightarrow\ t_3 \equiv 5 \equiv 1 \pmod{2}\ \text{(정리 3.1.13 (3)에 의하여)} \end{aligned}$$

이므로 $t_3=1+2t_4$를 만족하는 $t_4 \in \mathbb{Z}$가 존재하고, 따라서

$$x=1+4t_3=1+4(1+2t_4)=5+8t_4$$

이다. 이들 x 중에서 합동식 $x^2 \equiv 41 \pmod{2^5}$을 만족하는 x를 구하자.

$$\begin{aligned} &25+80t_4+64t_4^2=(5+8t_4)^2 \equiv 41 \pmod{2^5} \\ &\Rightarrow\ 80t_4+64t_4^2 \equiv 16 \pmod{2^5}\ \Rightarrow\ 80t_4 \equiv 16 \pmod{2^5} \\ &\Rightarrow\ 5t_4 \equiv 1 \pmod{2}\ \text{(정리 3.1.13 (3)에 의하여)} \\ &\Rightarrow\ t_4 \equiv 1 \pmod{2} \end{aligned}$$

이므로 $t_4=1+2t_5$를 만족하는 $t_5 \in \mathbb{Z}$가 존재하고, 따라서

$$x=5+8t_4=5+8(1+2t_5)=13+16t_5$$

이다. 또 이들 x 중에서 합동식 $x^2 \equiv 41 \pmod{2^6}$을 만족하는 x를 구하자.

$$\begin{aligned} &169+416t_5+16^2t_5^2=(13+16t_5)^2 \equiv 41 \pmod{2^6} \\ &\Rightarrow\ 416t_5+16^2t_5^2 \equiv -128 \equiv 0 \pmod{2^6} \\ &\Rightarrow\ 416t_5 \equiv 0 \pmod{2^6}\ \Rightarrow\ t_5 \equiv 0 \pmod{2} \end{aligned}$$

이다. 그러므로 $t_5 = 2t_6$를 만족하는 $t_6 \in \mathbb{Z}$가 존재하고, 따라서

$$x = 13 + 16t_5 = 13 + 16 \cdot 2t_6 = 13 + 32t_6$$

이다. 같은 방법으로, $x = 3 + 4t_3$의 형태의 정수들 중에서 합동식

$$x^2 \equiv 41 \pmod{2^6}$$

을 만족하는 x를 구하면 $t_6 \in \mathbb{Z}$에 대하여 $x = 19 + 32t_6$이다. 따라서

$$\begin{aligned} x &\equiv 13 \pmod{2^6} \\ x &\equiv 19 \pmod{2^6} \\ x &\equiv 13 + 32 = 45 \equiv -19 \pmod{2^6} \\ x &\equiv 19 + 32 = 51 \equiv -13 \pmod{2^6} \end{aligned}$$

은 합동식 $x^2 \equiv 41 \pmod{2^6}$의 해이다.

정리 3.3.37

m을 양의 정수라 하고

$$m = 2^n p_1^{n_1} p_2^{n_2} \cdots p_t^{n_t}$$

을 m의 표준분해라 하자. $a \in \mathbb{Z}$, $(a, m) = 1$이라 할 때, 합동식

$$x^2 \equiv a \pmod{m} \tag{3.3.36}$$

이 해를 갖기 위한 필요충분조건은

(1) $\left(\dfrac{a}{p_1}\right) = 1$, $\left(\dfrac{a}{p_2}\right) = 1$, $\cdots$, $\left(\dfrac{a}{p_t}\right) = 1$인 동시에

(2) $n = 2$이면 $a \equiv 1 \pmod{2^2}$이고, 또한 $n \geq 3$이면 $a \equiv 1 \pmod{2^3}$

인 것이다. 더욱이 조건 (1)과 (2)가 주어질 때, 합동식 (3.3.36)은 $n = 0$ 또는 1이면 2^t개의 해를 갖고, $n = 2$이면 2^{t+1}개의 해를 갖고, $n \geq 3$이면 2^{t+2}개의 해를 갖는다.

증명 정리 3.1.5 (1)에 의하여 합동식 (3.3.36)과 합동식

$$x^2 - a \equiv 0 \pmod{m} \tag{3.3.37}$$

은 서로 동치이다.

$$(a,\ m) = (a,\ 2^n p_1^{n_1} p_2^{n_2} \cdots p_t^{n_t}) = 1$$

이므로 정리 2.1.15에 의하여 $(a,\ 2) = (a,\ p_i) = 1\ (i = 1,\ 2,\ \cdots,\ t)$이고, 또한 2^n, $p_1^{n_1}$, $p_2^{n_2}$, $\cdots$, $p_t^{n_t}$은 쌍마다 서로소이고 $p_i \neq 2\ (i = 1,\ 2,\ \cdots,\ t)$이다. 따라서 정리 3.2.19에 의하여 합동식 (3.3.37)과 연립합동식

$$\begin{cases} x^2 - a \equiv 0 \pmod{2^n} \\ x^2 - a \equiv 0 \pmod{p_1^{n_1}} \\ \qquad\cdots \\ x^2 - a \equiv 0 \pmod{p_t^{n_t}} \end{cases} \tag{3.3.38}$$

은 서로 동치이다. 따라서 합동식 (3.3.36)이 해를 가지면 연립합동식 (3.3.38)은 해를 갖는다. 그러므로 $n = 2$이면 정리 3.1.5 (1)과 정리 3.3.35 (2)에 의하여

$$a \equiv 1 \pmod{2^2}$$

이고, 또한 $n \geq 3$이면 정리 3.1.5 (1)과 정리 3.3.35 (3)에 의하여

$$a \equiv 1 \pmod{2^3}$$

이다. 더욱이 정리 3.1.5 (1)과 정리 3.3.33에 의하여

$$\left(\frac{a}{p_i}\right) = 1, \quad (i = 1,\ 2,\ \cdots,\ t)$$

이다. 역으로, 조건 (1)과 (2)가 만족된다고 하자. 그러면 정리 3.3.35와 조건 (2)와 정리 3.1.5 (1)에 의하여 모든 $n(\geq 1)$에 대하여 합동식

$$x^2 - a \equiv 0 \pmod{2^n} \tag{3.3.39}$$

은 해를 갖고, 또한 정리 3.3.33과 조건 (1)과 정리 3.1.5 (1)에 의하여 합동식

$$x^2 - a \equiv 0 \pmod{p_i^{n_i}} \quad (i = 1,\ 2,\ \cdots,\ t) \tag{3.3.40}$$

은 해를 갖는다. 그러므로 정리 3.2.19에 의하여 합동식 (3.3.37)(따라서 합동식 (3.3.36))은 해를 갖는다. 더욱이 정리 3.3.33과 조건 (1)에 의하여 합동식 (3.3.40)은 두 개의 해를 갖는다. 그러므로 $n = 2$이면 정리 3.3.35 (2)와 정리 3.1.5 (1)에 의하여 합동식 (3.3.39)는 두 개

의 해를 가지므로 정리 3.2.19 에 의하여 합동식 (3.3.37)(따라서 합동식 (3.3.36))은 2^{t+1}개의 해를 갖고, 또한 $n \geq 3$이면 정리 3.3.35 (3)과 정리 3.1.5 (1)에 의하여 합동식 (3.3.39)는 네 개의 해를 가지므로 정리 3.2.19에 의하여 합동식(따라서 합동식 (3.3.36))은 2^{t+2}개의 해를 갖는다. 다음, $n=0$이면 $2^0 = 1$이므로 정리 3.2.19에 의하여 합동식 (3.3.37)(따라서 합동식 (3.3.36))은 2^t개의 해를 갖는다. 또한 $n=1$이면 정리 3.3.35 (1)과 정리 3.1.5 (1)에 의하여 합동식 (3.3.39)는 하나의 해를 가지므로 정리 3.2.19에 의하여 합동식 (3.3.37)(따라서 합동식 (3.3.36))은 2^t개의 해를 갖는다. ❑

3.3 ▌연습문제

01 $p=5,\ 13,\ 23$일 때, 법 p에 관한 기약잉여계 $\{1,\ 2,\ 3,\ \cdots,\ p-1\}$에 속하는 정수 중에서 법 p에 관한 이차잉여와 이차비잉여를 각각 구하라.

02 $p\,(\neq 2)$를 소수라 할 때, 다음을 증명하라.

(1) 법 p에 관한 두 이차잉여의 곱은 법 p에 관한 이차잉여이다.

(2) 법 p에 관한 두 이차비잉여의 곱은 법 p에 관한 이차잉여이다.

(3) 법 p에 관한 이차잉여와 이차비잉여의 곱은 법 p에 관한 이차비잉여이다.

(4) 법 p에 관한 세 이차잉여의 곱은 법 p에 관한 이차잉여이다.

(5) 법 p에 관한 세 이차비잉여의 곱은 법 p에 관한 이차비잉여이다.

03 정리 3.3.11과 정리 3.3.12를 이용하여 다음 물음에 답하라.

(1) 소수 17에 대하여 르장드르 기호의 값 $\left(\frac{1}{17}\right),\ \left(\frac{2}{17}\right),\ \left(\frac{3}{17}\right),\ \cdots,\ \left(\frac{16}{17}\right)$을 모두 구하라.

(2) 소수 $p(\neq 2)$에 대하여

$$\left(\frac{1}{p}\right)\left(\frac{2}{p}\right)\left(\frac{3}{p}\right)\cdots\left(\frac{p-1}{p}\right)=\begin{cases} 1 & (p\equiv 1 \pmod 4)\text{인 경우}) \\ -1 & (p\equiv 3 \pmod 4)\text{인 경우}) \end{cases}$$

임을 증명하라.

04 다음 르장드르 기호의 값을 구하라(17, 19, 23, 61, 97, 113, 383, 773은 모두 소수이다).

(1) $\left(\frac{-35}{17}\right)$ (2) $\left(\frac{11}{19}\right)$ (3) $\left(\frac{-4}{23}\right)$

(4) $\left(\frac{21}{61}\right)$ (5) $\left(\frac{85}{97}\right)$ (6) $\left(\frac{371}{113}\right)$

(7) $\left(\frac{-219}{383}\right)$ (8) $\left(\frac{461}{773}\right)$

05 다음 2차 합동식이 해를 갖는지 조사하라(53, 97, 227, 313은 모두 소수이다).

(1) $x^2\equiv 97 \pmod{53}$ (2) $x^2\equiv 53 \pmod{97}$

(3) $x^2 \equiv 5 \pmod{227}$ (4) $x^2 \equiv -5 \pmod{227}$

(5) $x^2 \equiv 189 \pmod{313}$ (6) $x^2 \equiv -189 \pmod{313}$

06 2차 다항식 $f(x) = 2x^2 + 3x + 1$과 소수 5를 생각하자.

(1) $g(x)$를 $g(x) = x^2 + 2ax + b$ ($a, b \in \mathbb{Z}$) 꼴의 2차 모닉다항식이라 할 때, 2차 합동식 $f(x) \equiv 0 \pmod 5$와 동치인 2차 합동식 $g(x) \equiv 0 \pmod 5$를 하나 구하라.

(2) (1)에서의 $g(x)$를 $g(x) = (x+a)^2 + c$ ($a, c \in \mathbb{Z}$)의 꼴로 변형하여 합동식 $g(x) \equiv 0 \pmod 5$와 동치인 합동식

$$(x+a)^2 \equiv -c \pmod 5$$

를 구하라(따라서 이 합동식은 합동식 $f(x) \equiv 0 \pmod 5$와 동치이다).

(3) (2)에서의 합동식 $(x+a)^2 \equiv -c \pmod 5$에서 $-c$가 법 5에 관한 이차잉여인지 이차비잉여인지 판별하여 합동식 $f(x) \equiv 0 \pmod 5$가 해를 갖는지 조사하고, 해를 갖는 경우에 그 해를 구하라.

07 위의 문제 6과 같은 방법을 사용하여 다음 2차 합동식이 해를 갖는지 조사하고, 해를 갖는 경우에 그 해를 구하라.

(1) $3x^2 - 2x - 2 \equiv 0 \pmod 5$ (2) $3x^2 + x + 4 \equiv 0 \pmod 7$

(3) $5x^2 - 6x + 2 \equiv 0 \pmod{13}$ (4) $5x^2 + 6x + 1 \equiv 0 \pmod{23}$

(5) (2004학년도 중등임용시험 6번) 다음 두 이차합동식의 해가 존재하는지 판별하라.

㉠ $x^2 \equiv 97 \pmod{101}$ ㉡ $x^2 + 2x \equiv 28 \pmod{89}$

08 $p(\neq 2)$가 소수일 때, 합동식 $x^2 \equiv -1 \pmod p$가 해를 갖기 위한 필요충분조건은 $p \equiv 1 \pmod 4$임을 보여라.

09 $p(\neq 2)$가 소수일 때, $\left(\dfrac{-2}{p}\right) = 1$이기 위한 필요충분조건은

$$p \equiv 1 \pmod 8 \text{ 또는 } p \equiv 3 \pmod 8$$

임을 보여라.

10 $p(>3)$를 소수라 할 때, 다음을 증명하라.

(1) 3이 법 p에 관한 이차잉여이기 위한 필요충분조건은 $p \equiv 1 \pmod{12}$ 또는 $p \equiv 11 \equiv -1 \pmod{12}$인 것이다.

(2) 3이 법 p에 관한 이차비잉여이기 위한 필요충분조건은 $p \equiv 5 \pmod{12}$ 또는 $p \equiv 7 \equiv -5 \pmod{12}$인 것이다.

11 $p(>3)$를 소수라 할 때, 다음을 증명하라.

(1) -3이 법 p에 관한 이차잉여이기 위한 필요충분조건은 $p \equiv 1 \pmod 6$인 것이다.

(2) -3이 법 p에 관한 이차비잉여이기 위한 필요충분조건은 $p \equiv 5 \pmod 6$인 것이다.

12 $p(>3)$를 소수라 하고 n을 임의의 양의 정수라 하자.

(1) p가 $p = 4^n + 1$의 꼴이면 3은 법 p에 관한 이차비잉여임을 보여라.

(2) p가 3보다 큰 메르센 소수이면 3은 법 p에 관한 이차비잉여임을 보여라.

13 $6n+1$ 꼴의 소수는 무수히 많음을 증명하라.

14 (1) $p(\neq 2)$와 $q(\neq 2)$를 서로 다른 소수라 하고 $p = q + 4a$ $(a \in \mathbb{Z})$라 할 때, $\left(\frac{p}{q}\right) = \left(\frac{a}{q}\right) = \left(\frac{a}{p}\right)$임을 보여라.

(2) (1)에서 $a = 3,\ 7$일 때, $p = q + 4a$를 만족하는 소수 $p,\ q$를 찾아내어 $\left(\frac{p}{q}\right) = \left(\frac{a}{q}\right) = \left(\frac{a}{p}\right)$가 성립함을 직접 확인하라.

15 합동식 $x^2 \equiv 10 \pmod p$가 해를 갖는 소수 $p(>5)$를 모두 구하라.

16 (1) $p(\neq 2)$를 $p = 4m+1$ $(m \in \mathbb{Z})$ 꼴의 소수라 할 때, 합동식

$$x^2 \equiv -1 \pmod p$$

의 해가 $x \equiv \pm(1 \cdot 2 \cdot 3 \cdot \cdots \cdot 2m) \pmod p$임을 정리 3.2.16을 이용하여 증명하라.

(2) $p(\neq 2)$를 $p = 4m+3$ $(m \in \mathbb{Z})$ 꼴의 소수라 하고 $a \in \mathbb{Z}$, $(a,\ p) = 1$이라 하자. 합동식 $x^2 \equiv a \pmod p$가 해를 가질 때, 그 해는

$$x \equiv \pm a^{m+1} \pmod{p}$$

임을 증명하라.

17 위의 문제 16을 이용하여 다음 합동식의 해를 구하라.

(1) $x^2 \equiv -1 \pmod{13}$ (2) $x^2 \equiv 16 \pmod{17}$

(3) $x^2 \equiv -1 \pmod{29}$ (4) $x^2 \equiv -1 \pmod{31}$

(5) $x^2 \equiv -2 \pmod{43}$ (6) $x^2 \equiv 7 \pmod{103}$

18 $p(\geq 5)$가 소수일 때, 법 p에 관한 기약잉여계 S에 속하는 법 p에 관한 이차잉여들의 모든 합은 p로 나누어떨어짐을 보여라.

19 $p(\neq 2)$를 소수라 하고 $a, b, r \in \mathbb{Z}$, $(a, p) = (b, p) = 1$이라 할 때, a를 법 p에 관한 이차잉여라 하자.

(1) $ab \equiv 1 \pmod{p}$이면 b도 법 p에 관한 이차잉여임을 보여라.

(2) $ab \equiv r \pmod{p}$라 할 때, b가 법 p에 관한 이차잉여이기 위한 필요충분조건을 구하라.

20 $p(\neq 2)$를 소수라 하고 $a \in \mathbb{Z}$, $(a, p) = 1$이라 할 때, 다음을 증명하라.

(1) $p \equiv 1 \pmod{4}$이면 a와 $-a$는 동시에 법 p에 관한 이차잉여이든지 동시에 법 p에 관한 이차비잉여이다.

(2) $p \equiv 3 \pmod{4}$이면 a와 $-a$ 중 어느 하나만 법 p에 관한 이차잉여이다.

21 다음 야코비 기호의 값을 구하라.

(1) $\left(\frac{7}{15}\right)$ (2) $\left(\frac{-7}{15}\right)$ (3) $\left(\frac{-23}{81}\right)$ (4) $\left(\frac{317}{105}\right)$

(5) $\left(\frac{-41}{219}\right)$ (6) $\left(\frac{21}{221}\right)$ (7) $\left(\frac{114}{385}\right)$ (8) $\left(\frac{631}{1099}\right)$

22 다음 합동식이 해를 갖는지 조사하고, 해를 갖는 경우에는 그 해의 개수를 구하라.

(1) $x^2 \equiv 14 \pmod{125}$ (2) $x^2 \equiv 13 \pmod{32}$

(3) $x^2 \equiv 49 \pmod{64}$ (4) $x^2 \equiv 2 \pmod{15}$

(5) $x^2 \equiv 219 \pmod{383}$ (6) $x^2 \equiv -41 \pmod{219}$

(7) $x^2 \equiv 89 \pmod{1000}$ (8) $x^2 \equiv 49 \pmod{1200}$

(9) $x^2 + 44 \equiv 0 \pmod{111}$ (2011학년도 중등임용시험 18번)

23 다음 합동식의 해를 구하라.

(1) $x^2 \equiv 17 \pmod{2^8}$ (2) $x^2 \equiv 7 \pmod{3^4}$

(3) $x^2 \equiv 23 \pmod{7^3}$ (4) $x^2 \equiv 9 \pmod{2^2 \cdot 7}$

(5) $x^2 \equiv 4 \pmod{3^2 \cdot 5}$ (6) $x^2 \equiv 89 \pmod{2^3 \cdot 5^3}$

24 다음 합동식이 해를 갖도록 정수 a의 값을 정하고, 그 합동식의 해를 구하라.

(1) $x^2 \equiv a \pmod{2^4}$ $(1 \le a \le 16)$ (2) $x^2 \equiv a \pmod{2^5}$ $(1 \le a \le 32)$

25 합동식 $x^2 \equiv 9 \pmod{2^3 \cdot 3 \cdot 5^2}$의 해를 구하라.

26 (2010학년도 중등임용시험 21번) 합동식 $x^2 + 10x + 20 \equiv 0 \pmod{17 \cdot 23}$의 정수해가 존재하는 조사하라.

27 (2012학년도 중등임용시험 17번) 부정방정식 $x^2 + 2x + 5 - 65y^2 = 2011$의 정수해가 존재하는지 조사하라.

28 (2013학년도 중등임용시험 16번) 홀수인 소수 p에 대하여 $-2p$가 $935 (= 5 \times 11 \times 17)$의 이차잉여일 때, -11, 5, 17이 각각 p의 이차잉여인지 조사하라.

29 (2014학년도 중등임용시험 전공A 서술형 3번) 현대대수학과 혼합형 문제
다항식환 $\mathbb{Z}_{2014}[x]$에서 $f(x) = x^2 - \overline{14}$를 두 일차식의 곱 $f(x) = (\bar{a}x + \bar{b})(\bar{c}x + \bar{d})$로 나타낼 수 없음을 증명하라.

30 (2015학년도 중등임용시험 전공A 서술형 4번) 다음 삼차 합동방정식에 대하여 $\mathbb{Z}_{2015}$에 속하는 해의 개수를 풀이 과정과 함께 써라.

$$x^3 - 8 \equiv 0 \pmod{2015} \quad (\text{참고: } 2015 = 5 \times 13 \times 31)$$

31 (1) p를 $p=4m+1$ 꼴의 소수라 하고 $1 \le k \le p-1$인 자연수 k에 대하여 $a_k = k! \times (p-k)!$라 할 때, $\left(\dfrac{a_k}{p}\right) = \left(\dfrac{k}{p}\right)$임을 보여라.

(2) (2017학년도 중등임용시험 전공A 13번) $1 \le k \le 2016$인 자연수 k에 대하여 $a_k = k! \times (2017-k)!$일 때, 르장드르 기호(Legendre symbol)의 합 $\displaystyle\sum_{k=3}^{2014} \left(\frac{a_k}{2017}\right)$의 값을 풀이 과정과 함께 써라(참고: 2017은 소수이다).

제4장 원시근, 지수

4.1 ▌원시근

$m(>1)$을 정수라 하고 $a \in \mathbb{Z}$, $(a, m)=1$이라 할 때, $t=\phi(m)$이라 하면 정리 3.1.23(오일러의 정리)에 의하여

$$a^t \equiv 1 \pmod{m} \tag{4.1.1}$$

이다. 따라서 (4.1.1)을 만족하는 양의 정수 t는 적어도 하나 존재한다. 예를 들어, $(9, 5)=1$, $\phi(5)=4$이므로 정리 3.1.23에 의하여

$$9^4 \equiv 1 \pmod{5}$$

이다. 그러나 $\phi(5)=4$보다 작은 정수 2에 대해서도

$$9^2 \equiv 1 \pmod{5}$$

가 성립한다. 이와 같이 $\phi(m)$이 (4.1.1)을 만족하는 양의 정수 중에서 가장 작은 정수가 아닐 수 있다. 그러나 정수의 정렬성 원리에 의하여 (4.1.1)을 만족하는 가장 작은 양의 정수 n $(1 \le n \le \phi(m))$이 존재한다.

정의 4.1.1

$m(>1)$을 정수라 하고 $a \in \mathbb{Z}$, $(a, m)=1$이라 할 때,

$$a^n \equiv 1 \pmod{m}$$

을 만족하는 가장 작은 양의 정수 n을 **법 m에 관한 a의 위수**(order of a modulo m)라 하고, $n=\text{ord}_m a$로 표시한다(이때 (4.1.1)에 의하여 $1 \le n \le \phi(m)$이다).

▌보기 4.1.2

$(4, 7)=1$이고

$$4^1 = 4 \not\equiv 1 \pmod{7},\ \ 4^2 = 16 \not\equiv 1 \pmod{7},\ \ 4^3 = 64 \equiv 1 \pmod{7}$$

이므로 법 7에 관한 4의 위수는 3이다. 즉, $\text{ord}_7 4 = 3$이다.

정리 4.1.3

$m(>1)$을 정수라 하고 $a \in \mathbb{Z}$, $(a, m)=1$이라 할 때, $\operatorname{ord}_m a = n$이라 하자. 그러면 $k \in \mathbb{N}$에 대하여

$$a^k \equiv 1 \pmod{m}$$

일 필요충분조건은 $n \mid k$인 것이다. 특히 $n \mid \phi(m)$이다.

증명 $\operatorname{ord}_m a = n$이므로

$$a^n \equiv 1 \pmod{m} \tag{4.1.2}$$

이다. $n \mid k$라 하면 $k = nt$를 만족하는 정수 t가 존재한다. 따라서 (4.1.2)와 정리 3.1.5 (2)에 의하여

$$a^k = a^{nt} = (a^n)^t \equiv 1^t = 1 \pmod{m}$$

이다. 역으로, $a^k \equiv 1 \pmod{m}$이라 하자. 그러면 정리 2.1.1에 의하여

$$k = nq + r, \quad 0 \le r < n$$

을 만족하는 $q, r \in \mathbb{N}$이 유일하게 존재하고, 따라서 (4.1.2)와 정리 3.1.5 (2)에 의하여

$$a^k = a^{nq+r} = (a^n)^q a^r \equiv 1^q \cdot a^r = a^r \pmod{m}$$

이므로 정리 3.1.4 (2), (3)에 의하여

$$a^r \equiv 1 \pmod{m}$$

이다. 그러므로 n의 최소성에 의하여 $r=0$이고, 따라서 $n \mid k$이다. 특히 정리 3.1.23과 위의 결과에 의하여 $n \mid \phi(m)$이다. ❑

보기 4.1.4

$(2, 17)=1$이고 $\phi(17)=16$이므로 정리 3.1.23에 의하여

$$2^{16} \equiv 1 \pmod{17}$$

이다. 따라서 정리 4.1.3에 의하여 법 17에 관한 2의 위수는 16의 약수이다. 실제로 16의 약수는 1, 2, 4, 8, 16이고,

$$2^1 = 2 \not\equiv 1 \pmod{17}, \quad 2^2 = 4 \not\equiv 1 \pmod{17},$$
$$2^4 = 16 \not\equiv 1 \pmod{17}, \quad 2^8 = 256 \equiv 1 \pmod{17}$$

이므로 법 17에 관한 2의 위수는 8이다. 즉, $\mathrm{ord}_{17}2 = 8$이다.

정리 4.1.5

$m(>1)$을 정수라 하고 $a, b \in \mathbb{Z}$, $(a, m) = (b, m) = 1$이라 할 때,

$$a \equiv b \pmod{m}$$

이면 $\mathrm{ord}_m a = \mathrm{ord}_m b$이다.

증명 $\mathrm{ord}_m a = n$, $\mathrm{ord}_m b = k$라 하자. 그러면 $a \equiv b \pmod{m}$이므로 정리 3.1.5 (2)에 의하여

$$a^n \equiv b^n \pmod{m}, \quad a^k \equiv b^k \pmod{m}$$

이다. 또한

$$a^n \equiv 1 \pmod{m}, \quad b^k \equiv 1 \pmod{m}$$

이므로 정리 3.1.4 (2), (3)에 의하여

$$a^k \equiv 1 \pmod{m}, \quad b^n \equiv 1 \pmod{m}$$

이다. 따라서 정리 4.1.3에 의하여 $n \mid k$, $k \mid n$이므로 정리 2.1.6 (8)에 의하여 $n = k$이다. ❑

정리 4.1.6

$m(>1)$을 정수라 하고 $a \in \mathbb{Z}$, $(a, m) = 1$이라 할 때, $\mathrm{ord}_m a = n$이라 하자. 그러면 $k, l \in \mathbb{N}$에 대하여

$$a^k \equiv a^l \pmod{m} \iff k \equiv l \pmod{n}$$

인 것이다. 더욱이 $k \not\equiv l \pmod{n}$이면

$$a^k \not\equiv a^l \pmod{m}$$

이고, 따라서 $1=a^0, a, a^2, \cdots, a^{n-1}$ (또는 $a, a^2, a^3, \cdots, a^n$)은 법 m에 관하여 서로 합동이 아니다.

증명 편의상 $k \geq l$이라 가정하고 $a^k \equiv a^l \pmod{m}$이라 하자. 그러면 $(a, m)=1$이므로 정리 2.1.15에 의하여 $(a^l, m)=1$이다. 따라서

$$a^{k-l} \cdot a^l = a^k \equiv a^l = 1 \cdot a^l \pmod{m}$$

이므로 정리 3.1.13 (1)에 의하여 $a^{k-l} \equiv 1 \pmod{m}$이다. 그러므로 정리 4.1.3에 의하여 $n \mid (k-l)$이고, 따라서

$$k \equiv l \pmod{n}$$

이다. 역으로, $k \equiv l \pmod{n}$이라 하자. 그러면 정리 3.1.3에 의하여 $k = l + nt$를 만족하는 $t \in \mathbb{N}$가 존재한다. 따라서

$$a^n \equiv 1 \pmod{m}$$

이므로 정리 3.1.5 (2)에 의하여

$$a^k = a^{l+nt} = a^l (a^n)^t \equiv a^l \cdot 1^t = a^l \pmod{m}$$

이다. 나머지는 위의 결과에 의하여 분명하다. ❑

보기 4.1.7

보기 4.1.2에 의하여 $\mathrm{ord}_7 4 = 3$이고, 또한

$$16 \equiv 1 \pmod{3}$$

이므로 정리 4.1.6에 의하여

$$4^{16} \equiv 4^1 = 4 \pmod{7}$$

이다. 더욱이 정리 4.1.5에 의하여 $\mathrm{ord}_7 4^{16} = \mathrm{ord}_7 4 = 3$이다.

정리 4.1.8

$m(>1)$을 정수라 하고 $a,\ k \in \mathbb{Z}\,(k \ge 0)$, $(a,\ m)=1$이라 할 때, $\mathrm{ord}_m a = n$이라 하자. 그러면

$$\mathrm{ord}_m a^k = \frac{n}{(k,\ n)}$$

이다. 특히

$$\mathrm{ord}_m a^k = n \iff (k,\ n) = 1$$

이다.

❙ 증명 $\mathrm{ord}_m a^k = l$이라 하자. $d=(k,\ n)$이라 하면 $k = dt$, $n = ds$를 만족하는 $t,\ s \in \mathbb{N}$가 존재하고, 따라서 정리 2.1.14 (2)에 의하여 $(t,\ s)=1$이다. 한편

$$a^n \equiv 1 \pmod{m}$$

이므로 정리 3.1.5 (2)에 의하여

$$(a^k)^s = (a^{dt})^{\frac{n}{d}} = (a^n)^t \equiv 1^t = 1 \pmod{m}$$

이다. 따라서 정리 4.1.3에 의하여 $l \mid s$이다. 또한

$$a^{kl} = (a^k)^l \equiv 1 \pmod{m}$$

이므로 정리 4.1.3에 의하여 $n \mid kl$, 즉 $ds \mid dtl$이다. 따라서 정리 2.1.6 (5)에 의하여 $s \mid tl$이다. 이때 $(t,\ s)=1$이므로 정리 2.1.16에 의하여 $s \mid l$이다. 그러므로 정리 2.1.6 (8)에 의하여

$$l = s = \frac{n}{d} = \frac{n}{(k,\ n)}$$

이다. 그 외의 나머지는 분명하다. ❑

정리 4.1.9

$m(>1)$을 정수라 하고 $a \in \mathbb{Z}$, $(a,\ m)=1$이라 할 때, $\mathrm{ord}_m a = n$이라 하자. 그러면 다음 정수들

$$1 = a^0,\ a,\ a^2,\ \cdots,\ a^{n-1}$$

중에서 법 m에 관한 위수가 n인 정수는 $\phi(n)$개 존재한다.

▎증명 $(a, m) = 1$이므로 정리 2.1.15에 의하여 $i = 0, 1, 2, \cdots, n-1$에 대하여 $(a^i, m) = 1$이다 ($(a^0, m) = (1, m) = 1$이다). 또한 정리 4.1.8에 의하여 $\text{ord}_m a^i = n$일 필요충분조건은 $(i, n) = 1$인 것이다. 따라서 정수

$$1 = a^0,\ a^1,\ a^2,\ \cdots,\ a^{n-1}$$

중에서 법 m에 관한 위수가 n인 정수는 $\phi(n)$개 존재한다. ❑

정리 4.1.10

$p(\neq 2)$를 소수라 하고 $a \in \mathbb{Z}$, $(a, p) = 1$이라 할 때, $\text{ord}_p a = d$라 하면 $d \mid (p-1)$이고, 또한 법 p에 관하여 위수가 d인 서로 합동이 아닌 정수는 $\phi(d)$개 존재한다.

▎증명 정리 4.1.6에 의하여

$$1 = a^0,\ a^1,\ a^2,\ \cdots,\ a^{d-1} \tag{4.1.3}$$

은 법 p에 관하여 서로 합동이 아니다. 또한 정리 4.1.9에 의하여 (4.1.3)의 정수들 중에서 법 p에 관한 위수가 d인 정수는 $\phi(d)$개 존재한다. 또한 정리 4.1.3에 의하여 $d \mid \phi(p)$, 즉 $d \mid (p-1)$이다. 합동식

$$x^d \equiv 1 \pmod{p} \tag{4.1.4}$$

를 생각하자. 그러면 정리 3.2.13에 의하여 합동식 (4.1.4)는 꼭 d개의 해를 갖는다. 더욱이

$$a^d \equiv 1 \pmod{p}$$

이므로 정리 3.1.5 (2)에 의하여 임의의 $k \in \mathbb{N}$에 대하여

$$(a^k)^d = (a^d)^k \equiv 1^k = 1 \pmod{p}$$

이고, 따라서 a^k은 합동식 (4.1.4)의 해이다. 그러므로 (4.1.3)의 정수들은 합동식 (4.1.4)의 법 p에 관하여 서로 합동이 아닌 d개의 해이다. 이제 $b \in \mathbb{Z}$, $(b, p) = 1$이라 하고 $\text{ord}_p b = d$라 하자. 그러면

$$b^d \equiv 1 \pmod{p}$$

이므로 b는 합동식 (4.1.4)의 해이다. 따라서 적당한 i $(0 \le i \le d-1)$에 대하여

$$b \equiv a^i \pmod{p}$$

이다. 따라서 정리 4.1.5에 의하여 $d = \text{ord}_p b = \text{ord}_p a^i$이므로 법 p에 관하여 위수가 d인 서로 합동이 아닌 정수는 $\phi(d)$개 존재한다. ❑

보기 4.1.11

(1) 보기 4.1.4에 의하여 $\text{ord}_{17} 2 = 8$이다. 따라서 정리 4.1.8에 의하여

$$\text{ord}_{17} 2^5 = \frac{8}{(5,\ 8)} = \frac{8}{1} = 8, \quad \text{ord}_{17} 2^6 = \frac{8}{(6,\ 8)} = \frac{8}{2} = 4$$

이다. 더욱이

$$2^5 = 32 \equiv 15 \pmod{17}, \quad 2^6 = 64 \equiv 13 \pmod{17}$$

이므로 정리 4.1.5에 의하여

$$\text{ord}_{17} 15 = \text{ord}_{17} 2^5 = 8, \quad \text{ord}_{17} 13 = \text{ord}_{17} 2^6 = 4$$

이다.

(2) $(3,\ 7) = 1$, $\phi(7) = 6$이고

$$3^1 \equiv 3 \pmod{7},\ 3^2 \equiv 2 \pmod{7},\ 3^3 \equiv 6 \pmod{7},$$
$$3^4 \equiv 4 \pmod{7},\ 3^5 \equiv 5 \pmod{7},\ 3^6 \equiv 1 \pmod{7}$$

이므로 법 7에 관한 3의 위수는 6, 즉 $\text{ord}_7 3 = 6$이다. 또한 정리 4.1.6에 의하여

$$1 = 3^0,\ 3^1,\ 3^2,\ 3^3,\ 3^4,\ 3^5$$

은 법 7에 관하여 서로 합동이 아니고, 따라서 정리 3.1.21에 의하여

$$T = \{1 = 3^0,\ 3^1,\ 3^2,\ 3^3,\ 3^4,\ 3^5\}$$

은 법 7에 관한 기약잉여계이다. 더욱이 정리 4.1.5와 정리 4.1.8에 의하여

$$\text{ord}_7 2 = \text{ord}_7 3^2 = \frac{6}{(2,\ 6)} = \frac{6}{2} = 3, \quad \text{ord}_7 4 = \text{ord}_7 3^4 = \frac{6}{(4,\ 6)} = \frac{6}{2} = 3,$$

$$\text{ord}_7 5 = \text{ord}_7 3^5 = \frac{6}{(5,\ 6)} = \frac{6}{1} = 6, \quad \text{ord}_7 6 = \text{ord}_7 3^3 = \frac{6}{(3,\ 6)} = \frac{6}{3} = 2$$

이다. 따라서 법 7에 관한 기약잉여계

$$S = \{1,\ 2,\ 3,\ 4,\ 5,\ 6\}$$

의 각 원소 a의 법 7에 관한 위수를 구하면 다음과 같다.

a	1	2	3	4	5	6
$\text{ord}_7 a$	1	3	6	3	6	2

한편 법 7에 관한 기약잉여계

$$T = \{1 = 3^0,\ 3^1,\ 3^2,\ 3^3,\ 3^4,\ 3^5\}$$

의 원소 중에서 법 7에 관하여 위수가 6인 것은 3과 3^5 두 개, 즉 $\phi(6) = 2$개뿐이고, 따라서 법 7에 관하여 위수가 6인 서로 합동이 아닌 정수는

$$a \equiv 3 \pmod 7, \quad b \equiv 3^5 \equiv 5 \pmod 7$$

인 a와 b로 $\phi(6) = 2$개 존재함을 확인할 수 있다. 더욱이 $\phi(7) = 7 - 1 = 6$의 약수 1, 2, 3을 생각할 때, 법 7에 관하여

위수가 1인 서로 합동이 아닌 정수는 $c \equiv 1 \pmod 7$인 c로 $\phi(1) = 1$개,
위수가 2인 서로 합동이 아닌 정수는 $d \equiv 6 \pmod 7$인 d로 $\phi(2) = 1$개,
위수가 3인 서로 합동이 아닌 정수는 각각 $h \equiv 2 \pmod 7$, $k \equiv 4 \pmod 7$인 h와 k로 $\phi(3) = 2$개

존재함을 확인할 수 있다(정리 4.1.9와 정리 4.1.10 참조).

정리 4.1.12

$m(>1)$을 정수라 하고 $a,\ k,\ l \in \mathbb{Z}$ $(k > 0,\ l > 0)$, $(a,\ m) = 1$이라 할 때, $\text{ord}_m a = kl$이면 $\text{ord}_m a^k = l$이다.

증명 $\text{ord}_m a^k = t$라 하면

$$a^{kt} = (a^k)^t \equiv 1 \pmod m$$

이고, $\text{ord}_m a = kl$이므로 정리 4.1.3에 의하여 $kl \mid kt$이다. 그러므로 정리 2.1.6 (5)에 의하여 $l \mid t$이다. 또한

$$(a^k)^l = a^{kl} \equiv 1 \pmod{m}$$

이므로 정리 4.1.3에 의하여 $t \mid l$이다. 따라서 정리 2.1.6 (8)에 의하여 $t = l$이다. 즉, $\text{ord}_m a^k = l$이다. ❑

정리 4.1.13

$m(>1)$을 정수라 하고 $a, b \in \mathbb{Z}$, $(a, m) = (b, m) = 1$이라 하자(따라서 정리 2.1.15에 의하여 $(ab, m) = 1$이다). 그러면 $\text{ord}_m a = k$, $\text{ord}_m b = l$이라 할 때, $(k, l) = 1$이면 $\text{ord}_m ab = kl$이다.

▌증명 $\text{ord}_m ab = n$이라 하면 정리 3.1.5 (2)에 의하여

$$a^{nk}b^{nk} = (ab)^{nk} = ((ab)^n)^k \equiv 1^k = 1 \pmod{m},$$
$$a^{nl}b^{nl} = (ab)^{nl} = ((ab)^n)^l \equiv 1^l = 1 \pmod{m}$$

이고, 또한

$$a^{nk}b^{nk} = (a^k)^n b^{nk} 1^n \cdot b^{nk} = b^{nk} \pmod{m},$$
$$a^{nl}b^{nl} = a^{nl}(b^l)^n \equiv a^{nl} \cdot 1^n = a^{nl} \pmod{m}$$

이다. 따라서 정리 3.1.4 (2), (3)에 의하여

$$b^{nk} \equiv 1 \pmod{m}, \quad a^{nl} \equiv 1 \pmod{m}$$

이다. 따라서 정리 4.1.3에 의하여 $l \mid nk$, $k \mid nl$이다. 따라서 정리 2.1.16에 의하여 $l \mid n$, $k \mid n$이고, 따라서 정리 2.1.27 (2)에 의하여 $kl \mid n$이다. 또한 정리 3.1.5 (2)에 의하여

$$(ab)^{kl} = a^{kl}b^{kl} = (a^k)^l(b^l)^k \equiv 1^l \cdot 1^k = 1 \pmod{m}$$

이다. 따라서 정리 4.1.3에 의하여 $n \mid kl$이다. 그러므로 정리 2.1.6 (8)에 의하여 $n = kl$이다. 즉, $\text{ord}_m ab = kl$이다. ❑

보기 4.1.14

보기 4.1.11 (2)에 의하여 $\text{ord}_7 3 = 6 = 1 \cdot 6 = 2 \cdot 3$이고, 또한

$$\text{ord}_7 3^1 = 6,\ \text{ord}_7 3^6 = 1,\ \text{ord}_7 3^2 = 3,\ \text{ord}_7 3^3 = 2$$

이므로 정리 4.1.12가 성립함을 확인할 수 있다.

다음, 보기 4.1.11 (2)에 의하여 $\text{ord}_7 4 = 3$, $\text{ord}_7 6 = 2$이고 $(3, 2) = 1$이므로 정리 4.1.13에 의하여

$$\text{ord}_7 24 = \text{ord}_7 (4 \cdot 6) = 3 \cdot 2 = 6$$

이다. 실제로 $24 \equiv 3 \pmod 7$이므로 정리 4.1.5에 의하여 $\text{ord}_7 24 = \text{ord}_7 3 = 6$임을 확인할 수 있다.

정의 4.1.15

$m(>1)$을 정수라 하고 $a \in \mathbb{Z}$, $(a, m) = 1$이라 할 때, 법 m에 관한 a의 위수가 $\phi(m)$이면 a를 법 m에 관한 원시근(primitive root modulo m)이라 한다.

보기 4.1.16

$(3, 5) = 1$, $\phi(5) = 4$이고

$$3^1 \equiv 3 \pmod 5,\ 3^2 \equiv 4 \pmod 5,$$
$$3^3 \equiv 2 \pmod 5,\ 3^4 \equiv 1 \pmod 5$$

이다. 따라서 $\text{ord}_5 3 = 4 = \phi(5)$이므로 3은 법 5에 관한 원시근이다. 또한 $a \in \mathbb{Z}$라 할 때,

$$a \equiv 3 \pmod 5$$

이면 정리 4.1.5에 의하여 $\text{ord}_5 a = 4 = \phi(5)$이므로 a도 법 5에 관한 원시근이다. 또한 정리 4.1.8에 의하여

$$\text{ord}_5 3^3 = \frac{4}{(3, 4)} = \frac{4}{1} = 4 = \phi(5)$$

이므로 3^3도 법 5에 관한 원시근이다. 이때 $3^3 \equiv 2 \not\equiv 3 \pmod 5$이므로 3과 3^3(따라서 3과

2)은 법 5에 관하여 서로 합동이 아닌 원시근이고, 정리 4.1.10에 의하여 법 5에 관하여 서로 합동이 아닌 원시근의 개수는 $\phi(\phi(5)) = \phi(4) = 2$개뿐이다.

다음, 보기 4.1.11 (2)에 의하여 3과 5는 법 7에 관하여 서로 합동이 아닌 원시근이고, 정리 4.1.10에 의하여 법 7에 관하여 서로 합동이 아닌 원시근의 개수는 $\phi(\phi(7)) = \phi(6) = 2$개뿐이다.

정리 4.1.17

$m(>1)$을 정수라 할 때, 법 m에 관한 원시근이 존재한다고 하자. 그러면 법 m에 관하여 서로 합동이 아닌 원시근의 개수는 $\phi(\phi(m))$개이다.

증명 $a \in \mathbb{Z}$, $(a, m) = 1$이라 하고 a를 법 m에 관한 원시근이라 하자. 그러면 $(a, m) = 1$이므로 정리 2.1.15에 의하여 $i = 0, 1, 2, \cdots, \phi(m) - 1$에 대하여 $(a^i, m) = 1$이다 ($(a^0, m) = (1, m) = 1$이다). 또한 정리 4.1.6에 의하여

$$1 = a^0,\ a,\ a^2,\ \cdots,\ a^{\phi(m)-1}$$

은 법 m에 관하여 서로 합동이 아니다. 따라서

$$S = \{1 = a^0,\ a,\ a^2,\ \cdots,\ a^{\phi(m)-1}\}$$

은 법 m에 관한 기약잉여계이다. 또한 정리 4.1.9에 의하여 다음 정수들

$$1 = a^0,\ a,\ a^2,\ \cdots,\ a^{\phi(m)-1}$$

중에서 법 m에 관한 원시근은 $\phi(\phi(m))$개 존재한다. 이제 $b \in \mathbb{Z}$, $(b, m) = 1$이라 하면 적당한 정수 i $(0 \le i \le \phi(m) - 1)$에 대하여

$$b \equiv a^i \pmod{m}$$

이다. 따라서 정리 4.1.5에 의하여 $\mathrm{ord}_m b = \mathrm{ord}_m a^i$이므로 b가 법 m에 관한 원시근이면 a^i도 법 m에 관한 원시근이다. 따라서 법 m에 관하여 서로 합동이 아닌 원시근의 개수는 $\phi(\phi(m))$개다. ❑

보기 4.1.18

$(2, 11) = 1$, $\phi(11) = 10$이고

$$2^1 \equiv 2 \pmod{11},\ 2^2 \equiv 4 \pmod{11},\ 2^3 \equiv 8 \pmod{11},$$
$$2^4 \equiv 5 \pmod{11},\ 2^5 \equiv 10 \pmod{11},\ 2^6 \equiv 9 \pmod{11},$$
$$2^7 \equiv 7 \pmod{11},\ 2^8 \equiv 3 \pmod{11},\ 2^9 \equiv 6 \pmod{11},$$
$$2^{10} \equiv 1 \pmod{11}$$

이다. 따라서 $\mathrm{ord}_{11}2 = 10 = \phi(11)$이므로 2는 법 11에 관한 원시근이다. 또한 $\phi(\phi(11)) = \phi(10) = 4$이므로 정리 4.1.17에 의하여 법 11에 관하여 서로 합동이 아닌 원시근은 4개 존재한다. 실제로 정리 4.1.6에 의하여 $1 = 2^0,\ 2,\ 2^2,\ \cdots,\ 2^9$은 법 11에 관하여 서로 합동이 아니므로

$$S = \{1 = 2^0,\ 2,\ 2^2,\ 2^3,\ 2^4,\ 2^5,\ 2^6,\ 2^7,\ 2^8,\ 2^9\}$$

은 법 11에 관한 기약잉여계이고, 더욱이

$$(2,\ 10) = 2,\quad (3,\ 10) = 1,\quad (4,\ 10) = 2,\quad (5,\ 10) = 5,$$
$$(6,\ 10) = 2,\quad (7,\ 10) = 1,\quad (8,\ 10) = 2,\quad (9,\ 10) = 1$$

이므로 정리 4.1.8에 의하여 법 11에 관한 기약잉여계 S의 각 원소 2^i $(0 \le i \le 10)$의 법 11에 관한 위수는 다음과 같다.

2^i	$1 = 2^0$	2	2^2	2^3	2^4	2^5	2^6	2^7	2^8	2^9
$\mathrm{ord}_{11}2^i$	1	10	5	10	5	2	5	10	5	10

따라서 $2,\ 2^3,\ 2^7,\ 2^9$은 법 11에 관하여 서로 합동이 아닌 원시근이다. 더욱이 정리 4.1.5에 의하여 법 11에 관한 기약잉여계

$$T = \{1,\ 2,\ 3,\ 4,\ 5,\ 6,\ 7,\ 8,\ 9,\ 10\}$$

의 각 원소 a의 법 11에 관한 위수는 다음과 같다.

a	1	2	3	4	5	6	7	8	9	10
$\mathrm{ord}_{11}a$	1	10	5	5	5	10	10	10	5	2

따라서 2, 6, 7, 8도 법 11에 관하여 서로 합동이 아닌 원시근이다. (2002학년도 중등임용시험 5번)

정리 4.1.19

m, n을 양의 정수라 할 때, 다음이 성립한다.

(1) $m > 2$, $n > 2$라 하고 $(m, n) = 1$이라 하자. 그러면 법 mn에 관한 원시근은 존재하지 않는다.

(2) $m > 1$이라 하고

$$m = p_1^{k_1} p_2^{k_2} \cdots p_i^{k_i} p_{i+1}^{k_{i+1}} \cdots p_j^{k_j} \cdots p_t^{k_t} \tag{4.1.5}$$

을 m의 표준분해라 하자. m의 소인수 중에서 2보다 큰 소인수의 개수가 두 개 이상이면 법 m에 관한 원시근은 존재하지 않는다.

(3) $p(> 2)$를 소수라 하고 $m = 2^n p^k$ $(n \geq 2,\ k \geq 1)$이라 하자. 그러면 법 m에 관한 원시근은 존재하지 않는다.

(4) $m = 2^n$ $(n > 2)$이면 법 m에 관한 원시근은 존재하지 않는다.

증명 a를 정수라 하자.

(1) $(a, mn) = 1$이라 하자. 그러면 정리 2.1.15에 의하여 $(a, m) = 1$, $(a, n) = 1$이다. 또한 $(m, n) = 1$이므로 정리 2.1.24에 의하여 $[m, n] = mn$이다. 따라서 $t = [\phi(m), \phi(n)]$이라 하면 정리 3.1.24에 의하여

$$a^t \equiv 1 \pmod{mn}$$

이다. 또한

$$\begin{aligned} t &= \frac{\phi(m)\phi(n)}{(\phi(m), \phi(n))} \quad \text{(정리 2.1.24에 의하여)} \\ &= \frac{\phi(mn)}{(\phi(m), \phi(n))} \quad \text{(보기 2.4.26에 의하여 } \phi\text{는 곱셈함수이므로)} \\ &\leq \frac{\phi(mn)}{2} \quad \text{(연습문제 2.4의 문제 13 (1)에 의하여 } \phi(m)\text{과 } \phi(n)\text{은 짝수이므로 } 2 \mid (\phi(m), \phi(n))\text{이고, 따라서 } (\phi(m), \phi(n)) \geq 2\text{이기 때문에)} \\ &< \phi(mn) \end{aligned}$$

이다. 따라서 a는 법 mn에 관한 원시근이 아니다.

(2) 편리를 위하여 (4.1.5)에서 $p_i > 2$, $p_j > 2$라 하고

$$b = p_1^{k_1} p_2^{k_2} \cdots p_i^{k_i}, \qquad c = p_{i+1}^{k_{i+1}} p_{i+2}^{k_{i+2}} \cdots p_j^{k_j} \cdots p_t^{k_t}$$

라 하자. 그러면 정리 2.2.3과 정리 2.1.15에 의하여 $(b, c)=1$이고, 또한 $b>2$, $c>2$이므로 (1)에 의하여 법 $m=bc$에 관한 원시근은 존재하지 않는다.

(3) $(2, p)=1$이므로 정리 2.1.15에 의하여 $(2^n, p^k)=1$이다. 또한 $2^n>2$, $p^k>2$이다. 그러므로 (1)에 의하여 법 $m=2^n p^k$에 관한 원시근은 존재하지 않는다.

(4) $m=2^n\ (n>2)$라 하고 $(a, m)=(a, 2^n)=1$이라 하자. 이제

$$a^{2^{n-2}} \equiv 1 \pmod{2^n} \tag{4.1.6}$$

이 성립함을 n에 대하여 수학적 귀납법으로 증명하자. 정리 2.1.15에 의하여 $(a, 2)=1$이다. 따라서 a는 홀수이다. 따라서 보기 2.1.3에 의하여 정수 q에 대하여

$$a^2 = 8q+1 = 2^3 q + 1$$

로 표시된다. 따라서 정리 3.1.3에 의하여

$$a^{2^{3-2}} = a^2 \equiv 1 \pmod{2^3}$$

이므로 $n=3$인 경우는 (4.1.6)이 성립한다. $n=k\ (k \geq 3)$인 경우에 (4.1.6)이 성립한다고 가정하자. 즉,

$$a^{2^{k-2}} \equiv 1 \pmod{2^k}$$

이다. 그러면 정리 3.1.3에 의하여

$$a^{2^{k-2}} = 2^k b + 1$$

을 만족하는 정수 b가 존재한다. 따라서

$$\begin{aligned} a^{2^{(k+1)-2}} &= a^{2^{k-1}} = a^{2 \cdot 2^{k-2}} = (a^{2^{k-2}})^2 = (2^k b+1)^2 \\ &= (2^k b)^2 + 2(2^k b) + 1 = 2^{2k} b^2 + 2^{k+1} b + 1 \\ &= 2^{k+1}(2^{k-1} b^2 + b) + 1 \end{aligned}$$

이므로 정리 3.1.3 에 의하여

$$a^{2^{(k+1)-2}} \equiv 1 \pmod{2^{k+1}}$$

이다. 따라서 $n=k+1\ (k \geq 3)$인 경우에도 (4.1.6)은 성립한다. 그러므로 모든 $n(>2)$에 대하여 (4.1.6)은 성립한다. 그러나 정리 2.4.24에 의하여

$$\phi(m) = \phi(2^n) = 2^n - 2^{n-1} = 2^{n-1}(2-1) = 2^{n-1}$$

이므로 법 $m = 2^n$ $(n > 2)$에 관한 원시근은 존재하지 않는다. □

보기 4.1.20

$m = 8$이라 할 때, $8 = 2^3$이므로 정리 4.1.19 (4)에 의하여 법 8에 관한 원시근은 존재하지 않는다. 실제로 $m(> 1)$을 정수라 하고 $a \in \mathbb{Z}$, $(a, m) = 1$이라 할 때, a가 법 m에 관한 원시근이면 정리 4.1.5에 의하여

$$g \equiv a \pmod{m}$$

를 만족하는 모든 정수 g도 법 m에 관한 원시근이므로 법 m에 관한 원시근이 존재하는지의 여부를 알기 위해서는 법 m에 관한 적당한 기약잉여계 S의 원소 중에서 법 m에 관한 원시근이 존재하는지 조사하면 된다. 그런데 $m = 8$일 때, $\phi(8) = 4$이고 법 8에 관한 기약잉여계

$$S = \{1,\ 3,\ 5,\ 7\}$$

의 각 원소 a의 법 8에 관한 위수는 다음과 같다.

a	1	3	5	7
$\mathrm{ord}_8 a$	1	2	2	2

따라서 S의 원소 중에서 법 8에 관한 위수가 $\phi(8) = 4$인 원소는 존재하지 않으므로 법 8에 관한 원시근은 존재하지 않는다.

다음, $m = 15750$이라 할 때, 15750의 표준분해는

$$15750 = 2 \cdot 3^2 \cdot 5^3 \cdot 7$$

이다. 즉, 15750의 표준분해에서 나타나는 소인수 중에서 2보다 큰 소인수는 두 개 이상 나타난다. 따라서 정리 4.1.19 (2)에 의하여 법 15750에 관한 원시근은 존재하지 않는다.

정리 4.1.21

$m(> 1)$과 $n(> 0)$을 정수라 하고 $p(> 2)$를 소수라 할 때, 다음이 성립한다.

(1) $m = 2$ 또는 $m = 4$이면 법 m에 관한 원시근이 존재한다.

(2) $m = p^n$ 꼴이면 법 m에 관한 원시근이 존재한다.

(3) $m = 2p^n$ 꼴이면 법 m에 관한 원시근이 존재한다.

▌증명

(1) $(1, 2)=1$, $\phi(2)=1$이고

$$1^1 \equiv 1 \pmod 2$$

이므로 1은 법 2에 관한 원시근이다. 또한 $(3, 4)=1$, $\phi(4)=2$이고

$$3^1 \not\equiv 1 \pmod 4, \quad 3^2 \equiv 1 \pmod 4$$

이므로 3은 법 4에 관한 원시근이다.

(2) 먼저 법 p에 관한 원시근이 존재함을 보이자. 법 p에 관한 기약잉여계

$$S=\{1, 2, \cdots, p-1\}$$

을 생각하자. $a \in S$라 하면 $(a, p)=1$이다. 또한 $\phi(p)=p-1$이므로 d를 법 p에 관한 a의 위수라 하면 정리 4.1.3에 의하여 $d \mid (p-1)$이다. 이제 $p-1$의 양의 약수들을 $d_1, d_2, \cdots, d_r$라 하고, $i=1, 2, \cdots, r$에 대하여 $\psi(d_i)$를 S에 속하는 정수 중에서 법 p에 관한 위수가 d_i인 정수들의 개수를 나타낸다고 하자. 그러면

$$\sum_{i=1}^{r} \psi(d_i)=p-1$$

이다. ϕ를 오일러의 함수라 할 때, 정리 2.4.22에 의하여

$$\sum_{i=1}^{r} \phi(d_i)=p-1$$

이다. 또한 모든 $i=1, 2, \cdots, r$에 대하여 $\phi(d_i)>0$이다. $\psi(d_i)>0$이라 하면 정리 4.1.10에 의하여 법 p에 관한 위수가 d_i인 $\phi(d_i)$개의 서로 합동이 아닌 정수가 존재하고, 또한 이들 각 정수들은 S에 속하는 서로 다른 꼭 하나의 정수와 합동이므로 정리 4.1.5에 의하여 S는 법 p에 관한 위수가 d_i인 $\phi(d_i)$개의 정수들을 포함한다. 따라서 $\psi(d_i)=\phi(d_i)$이다. 따라서 적당한 정수 $i\,(1 \le i \le r)$에 대하여 $\psi(d_i)=0$이라 하면

$$p-1=\sum_{i=1}^{r} \psi(d_i) < \sum_{i=1}^{r} \phi(d_i)=p-1$$

이 되어 모순이다. 따라서 모든 $i=1, 2, \cdots, r$에 대하여 $\psi(d_i)>0$이다. 특히 $p-1$은 $p-1$의 약수이므로 $\psi(p-1)>0$이다. 따라서 S에는 법 p에 관한 위수가 $\phi(p)=p-1$인 정수가 적어도 하나 존재한다. 그러므로 법 p에 관한 원시근은 존재한다.

다음, g를 법 p에 관한 원시근이라 하면

$$g^{p-1} = g^{\phi(p)} \equiv 1 \pmod{p}$$

이다. 또한

$$g + p \equiv g \pmod{p}$$

이므로 정리 4.1.5에 의하여 $g+p$도 법 p에 관한 원시근이다. 한편

$$g^{p-1} \not\equiv 1 \pmod{p^2} \tag{4.1.7}$$

이든가

$$g^{p-1} \equiv 1 \pmod{p^2} \tag{4.1.8}$$

이다. (4.1.8)이 성립한다고 하자. 이항정리에 의하여 적당한 정수 k에 대하여

$$\begin{aligned}(g+p)^{p-1} &= g^{p-1} + (p-1)g^{p-2}p + p^2k \\ &= g^{p-1} - pg^{p-2} + p^2(g^{p-2} + k)\end{aligned}$$

로 표시된다. 따라서 정리 3.1.5 (1)에 의하여

$$\begin{aligned}(g+p)^{p-1} &= g^{p-1} - pg^{p-2} + p^2(g^{p-2} + k) \\ &\equiv 1 - pg^{p-2} + p^2(g^{p-2} + k) \pmod{p^2}\end{aligned}$$

이므로

$$(g+p)^{p-1} - 1 \equiv -pg^{p-2} \pmod{p^2}$$

이다. 이때 $p^2 \mid ((g+p)^{p-1} - 1)$이라 하면 정리 3.1.14 (2)에 의하여

$$p^2 \mid (-pg^{p-2}), \text{ 즉 } p \mid g^{p-2}$$

이다. 그러나 $(g, p) = 1$이므로 정리 2.1.15에 의하여 $(g^{p-2}, p) = 1$이고, 따라서 정리 2.2.3에 의하여 $p \nmid g^{p-2}$이므로 이것은 모순이다. 그러므로

$$p^2 \nmid ((g+p)^{p-1} - 1)$$

즉,

$$(g+p)^{p-1} \not\equiv 1 \pmod{p^2}$$

이다. 따라서 (4.1.7)이 성립하는 경우는 $\gamma = g$로 생각하고 (4.1.8)이 성립하는 경우는 $\gamma = g + p$로 생각하면 γ는

$$\gamma^{p-1} \not\equiv 1 \pmod{p^2}$$

을 만족하는 법 p에 관한 원시근이다. 이제 $n \geq 2$인 모든 정수 n에 대하여

$$\gamma^{p^{n-2}(p-1)} \not\equiv 1 \pmod{p^n} \qquad (4.1.9)$$

이 성립함을 수학적 귀납법으로 증명하자. $n = 2$인 경우는 분명히 (4.1.9)가 성립한다. $n = k$에 대하여 (4.1.9)가 성립한다고 가정하자. 즉,

$$\gamma^{p^{k-2}(p-1)} \not\equiv 1 \pmod{p^k} \qquad (4.1.10)$$

이라 가정하자. 그러면 $(\gamma, p) = 1$이므로 정리 2.1.15에 의하여 $(\gamma, p^{k-1}) = 1$이고, 또한 정리 2.4.24에 의하여

$$\phi(p^{k-1}) = p^{k-1} - p^{k-2} = p^{k-2}(p-1)$$

이다. 따라서 정리 3.1.23에 의하여

$$\gamma^{p^{k-2}(p-1)} \equiv 1 \pmod{p^{k-1}}$$

이다. 그러므로 정리 3.1.3에 의하여

$$\gamma^{p^{k-2}(p-1)} = 1 + bp^{k-1}$$

을 만족하는 정수 b가 존재한다. 이때 $p \mid b$라 하면 (4.1.10)에 모순이다. 따라서 $p \nmid b$이다. 이항정리에 의하여 적당한 정수 h에 대하여

$$\begin{aligned}\gamma^{p^{k-1}(p-1)} &= \left(\gamma^{p^{k-2}(p-1)}\right)^p = (1 + bp^{k-1})^p \\ &= 1 + pbp^{k-1} + hp^{k+1} = 1 + bp^k + hp^{k+1}\end{aligned}$$

로 표시된다. 따라서 정리 3.1.3에 의하여

$$\gamma^{p^{k-1}(p-1)} \equiv 1 + bp^k \pmod{p^{k+1}}$$

이다. 따라서 정리 3.1.5 (2)에 의하여

$$\gamma^{p^{k-1}(p-1)} - 1 \equiv bp^k \pmod{p^{k+1}}$$

이다. 이때 $p^{k+1} \mid \left(\gamma^{p^{k-1}(p-1)}-1\right)$이라 하면 정리 3.1.14 (2)에 의하여

$$p^{k+1} \mid bp^k, \text{ 즉 } p \mid b$$

가 되어 모순이다. 따라서 $p^{k+1} \nmid \left(\gamma^{p^{k-1}(p-1)}-1\right)$이므로

$$\gamma^{p^{k-1}(p-1)} \not\equiv 1 \pmod{p^{k+1}}$$

이다. 즉, (4.1.9)는 $n=k+1$인 경우도 성립한다. 따라서 (4.1.9)는 모든 $n \geq 2$에 대하여 성립한다. 더욱이 정리 2.1.15에 의하여 $(\gamma,\ p^n)=1$이다.

이제 법 p^n에 관한 γ의 위수를 t라 하자. 그러면 정리 2.4.24에 의하여

$$\phi(p^n)=p^n-p^{n-1}=p^{n-1}(p-1)$$

이므로 $t=p^{n-1}(p-1)$임을 보이면 증명은 끝난다. 정리 4.1.3에 의하여

$$t \mid p^{n-1}(p-1)$$

이므로 $p^{n-1}(p-1)=t\alpha$를 만족하는 정수 α가 존재한다. 또한

$$\gamma^t \equiv 1 \pmod{p^n}$$

이므로 정리 3.1.13 (2)에 의하여

$$\gamma^t \equiv 1 \pmod{p}$$

이다. 따라서 법 p에 관한 γ의 위수는 $p-1$이므로 정리 4.1.3에 의하여

$$(p-1) \mid t$$

이다. 그러므로 $t=(p-1)\beta$를 만족하는 정수 β가 존재하고, 따라서

$$p^{n-1}(p-1)=t\alpha=(p-1)\beta\alpha$$

이므로 $p^{n-1}=\beta\alpha$이다. 따라서 적당한 정수 $s\ (0 \leq s \leq n-1)$에 대하여 $\beta=p^s$으로 표시된다. 즉,

$$t=p^s(p-1)$$

이다. 이때 $s \leq n-2$라 가정하면

$$\gamma^{p^s(p-1)}=\gamma^t \equiv 1 \pmod{p^n}$$

이므로 정리 3.1.5 (2)에 의하여

$$\gamma^{p^{n-2}(p-1)} = \left(\gamma^{p^s(p-1)}\right)^{p^{n-2-s}} \equiv 1 \pmod{p^n}$$

이 되어 (4.1.9)에 모순이다. 따라서 $s = n-1$이다. 즉,

$$t = p^{n-1}(p-1)$$

이다.

(3) (2)에 의하여 법 p^n에 관한 원시근 g가 존재한다. g를 홀수라 하면 모든 양의 정수 t에 대하여 g^t이 홀수이므로

$$g^t \equiv 1 \pmod{2}$$

이다. 또한 $(p, 2) = 1$이므로 정리 2.1.15에 의하여 $(p^n, 2) = 1$이다. 따라서

$$g^t \equiv 1 \pmod{p^n}$$

이라 하면

$$2 \mid (g^t - 1), \quad p^n \mid (g^t - 1)$$

이므로 정리 2.1.27 (2)에 의하여

$$2p^n \mid (g^t - 1)$$

이다. 그러므로

$$g^t \equiv 1 \pmod{2p^n}$$

이다. 역으로, $g^t \equiv 1 \pmod{2p^n}$이라 하면

$$2p^n \mid (g^t - 1)$$

이므로 $p^n \mid (g^t - 1)$이고, 따라서

$$g^t \equiv 1 \pmod{p^n}$$

이다. 그러므로

$$g^t \equiv 1 \pmod{p^n} \iff g^t \equiv 1 \pmod{2p^n}$$

이다. 따라서 법 p^n에 관한 원시근 g의 위수가 $\phi(p^n)$이므로 법 $2p^n$에 관한 g의 위수도

$\phi(p^n)$이다. 따라서 정리 2.4.24에 의하여

$$\phi(2p^n) = (2-1)(p^n - p^{n-1}) = p^n - p^{n-1} = \phi(p^n)$$

이므로 법 $2p^n$에 관한 g의 위수는 $\phi(2p^n)$이다. 따라서 g는 법 $2p^n$에 관한 원시근이다. 다음, g가 짝수이면 $g+p^n$은 홀수이고, 또한

$$g + p^n \equiv g \pmod{p^n}$$

이므로 정리 4.1.5에 의하여 $g+p^n$은 법 p^n에 관한 원시근이다. 따라서 위의 결과에 의하여 $g+p^n$은 법 $2p^n$에 관한 원시근이다. ❑

정리 4.1.22

$m(>1)$과 $n(>0)$을 정수라 하고 $p(>2)$를 소수라 하자. 그러면 법 m에 관한 원시근이 존재할 필요충분조건은 m이

$$2,\ 4,\ p^n,\ 2p^n$$

꼴의 정수 중 어느 하나인 것이다.

❙증명 m의 표준분해는 다음과 같이 여러 가지 경우가 일어난다.

(1) m의 표준분해가 2보다 큰 소인수를 2개 이상 포함하는 경우

(2) m의 표준분해가 2보다 큰 소인수 p를 하나만 포함하는 경우는 다음 세 가지 경우가 일어난다.

(i) $m = p^n$ $(n \ge 1)$인 경우

(ii) $m = 2p^n$ $(n \ge 1)$인 경우

(iii) $m = 2^n p^k$ $(n \ge 2,\ k \ge 1)$인 경우

(3) m의 표준분해가 2보다 큰 소인수를 포함하지 않는 경우는 다음 세 가지 경우가 일어난다.

(i) $m = 2$인 경우

(ii) $m = 2^2 = 4$인 경우

(iii) $m = 2^n$ $(n > 2)$인 경우

따라서 정리 4.1.19와 정리 4.1.21에 의하여 결과가 얻어진다. ❑

4.1 ❙ 연습문제

01 (1) 법 9에 관한 기약잉여계 $S=\{1,\ 2,\ 4,\ 5,\ 7,\ 8\}$의 각 원소의 법 9에 관한 위수를 구하라.

(2) 법 15에 관한 기약잉여계 $T=\{1,\ 2,\ 4,7,8,11,13,14\}$의 각 원소의 법 15에 관한 위수를 구하라.

02 (1) 법 27에 관한 2의 위수를 구하라.

(2) (1)을 이용하여 법 27에 관한 2^3, 2^9, 2^{40}, 5, 13의 위수를 각각 구하라.

(3) (1), (2)를 이용하여 법 27에 관한 $2^9\cdot 13$의 위수를 구하라.

03 (1) $m(>1)$을 정수라 하고 $a,\ b\in\mathbb{Z}$라 할 때, $ab\equiv 1\ (\mathrm{mod}\ m)$이면 $\mathrm{ord}_m a=\mathrm{ord}_m b$임을 증명하라.

(2) $m=9$일 때, 위의 문제 1 (1)을 이용하여 (1)이 성립하는 예를 하나 들라.

04 (1) $m,\ n$을 $(m,\ n)=1$인 양의 정수라 하고 $a\in\mathbb{Z}$, $(a,\ m)=(a,\ n)=1$이라 할 때, $\mathrm{ord}_m a=h$, $\mathrm{ord}_n a=k$이면 $\mathrm{ord}_{mn} a=[h,\ k]$임을 증명하라.

(2) $m=3,\ n=5$일 때, $\mathrm{ord}_3 2=h$와 $\mathrm{ord}_5 2=k$를 구하고 위의 문제 1 (2)를 이용하여 (1)이 성립함을 확인하라.

(3) (2009학년도 중등임용시험 모의평가 문제 18번) 정수의 곱셈에서 법 m에 대한 3의 위수(order of 3 modulo m)를 $\mathrm{ord}_m 3$으로 나타낸다. $r=\mathrm{ord}_5 3$, $s=\mathrm{ord}_7 3$, $t=\mathrm{ord}_{35} 3$일 때, 세 수 $r,\ s,\ t$의 곱 rst의 값을 구하라.

05 $p(\neq 2)$를 소수라 하고 $a\in\mathbb{Z}$, $(a,\ p)=1$이라 할 때, 법 p에 관한 a의 위수가 2이기 위한 필요충분조건은 $a\equiv -1\ (\mathrm{mod}\ p)$임을 보여라.

06 $p(\geq 7)$를 소수라 하고 $a\in\mathbb{Z}$, $(a,\ p)=1$이라 할 때, 법 p에 관한 a의 위수가 3이면 법 p에 관한 $a+1$의 위수는 6임을 보여라.

07 $m(>1)$을 정수라 할 때, m이 소수이기 위한 필요충분조건은 $(a, m)=1$이고 법 m에 관한 a의 위수가 $m-1$인 $a\in\mathbb{Z}$가 존재하는 것임을 보여라.

08 (1) $p, q\ (p\neq 2,\ q\neq 2)$를 소수라 하고 $a\in\mathbb{Z}$라 할 때, $q\mid(a^p-1)$이면 $q\mid(a-1)$이든가 $q=2kp+1\ (k\in\mathbb{Z})$의 꼴로 표시됨을 보여라.

(2) $p(\neq 2)$를 소수라 할 때, 메르센 수 $M_p=2^p-1$의 소인수는 모두 $2kp+1\ (k\in\mathbb{Z})$의 꼴로 표시됨을 보여라.

(3) (2)를 이용하여 메르센 수 $M_{11}=2^{11}-1=2047$를 표준분해하라.

09 $F_n=2^{2^n}+1\ (n\in\mathbb{Z})$을 페르마 소수라 할 때, 다음을 증명하라.

(1) 2는 법 F_1에 관한 원시근이다.

(2) $n>1$이면 2는 법 F_n에 관한 원시근이 될 수 없다.

10 (1) 다음 정수 m 중에서 법 m에 관한 원시근을 갖는 것을 골라라.

$$m=12,\ 16,\ 18,\ 36,\ 105,\ 108,\ 198,\ 529,\ 592,\ 1058,\ 1085,\ 2002$$

(2) (1)에서 법 m에 관한 원시근이 존재하는 경우에 법 m에 관하여 서로 합동이 아닌 원시근의 개수를 구하라.

11 $m=6,\ 9,\ 10,\ 13,\ 17,\ 19,\ 23$을 생각하자.

(1) 정리 4.1.21을 이용하여 법 m에 관한 원시근이 존재함을 확인하고, 정리 4.1.17을 이용하여 법 m에 관하여 서로 합동이 아닌 원시근의 개수를 구하라.

(2) $1,\ 2,\ \cdots,\ m$ 중에서 m과 서로소인 정수를 선택하여 만든 기약잉여계 S를 생각하고, S의 원소 중에서 작은 것부터 차례로 거듭제곱하여 법 m에 관한 가장 작은 원시근을 찾아라.

(3) (2)와 정리 4.1.5와 정리 4.1.8을 이용하여 S의 각 원소의 위수를 구하라.

(4) (3)을 이용하여 S의 원소 중에서 법 m에 관하여 서로 합동이 아닌 원시근을 모두 찾아라.

(5) (4)에서 구한 원시근의 개수가 (1)의 결과와 같은지 확인하라.

12 $p(\neq 2)$를 소수라 하고 $a, b\in\mathbb{Z},\ (a, p)=(b, p)=1$이라 할 때, a와 b를 법 p에 관한 원시근이라 하면 적당한 홀수 k에 대하여 $b\equiv a^k \pmod p$임을 증명하라.

13 $m(>1)$을 정수라 하고 $a, b \in \mathbb{Z}$, $ab \equiv 1 \pmod{m}$이라 할 때, 다음을 증명하라.

(1) a가 법 m에 관한 원시근이면 b도 법 m에 관한 원시근이다.

(2) $b \equiv a^{\phi(m)-1} \pmod{m}$이다.

14 $p(\neq 2)$를 소수라 하고 $a, b \in \mathbb{Z}$, $(a, p) = (b, p) = 1$이라 할 때, a와 b를 법 p에 관한 원시근이라 하면 ab는 법 p에 관한 원시근이 아님을 증명하라.

15 (1) $p(\neq 2)$를 소수라 하고 $a \in \mathbb{Z}$, $(a, p) = 1$이라 할 때, a가 법 p에 관한 원시근이면 $a^{\frac{p-1}{2}} \equiv -1 \pmod{p}$임을 증명하라.

(2) (1)의 결과를 다음과 같이 일반화하여 보자. 즉, $m \geq 3$, $a, m \in \mathbb{Z}$, $(a, m) = 1$이라 할 때, a가 법 m에 관한 원시근이면 $a^{\frac{\phi(m)}{2}} \equiv -1 \pmod{m}$임을 증명하라.

16 (2009학년도 중등임용시험 18번) 원시근과 관련된 다음 명제 중 옳은 것을 모두 고르라.

(ㄱ) 19는 원시근을 갖는다.

(ㄴ) 3은 8의 원시근이다.

(ㄷ) 1보다 큰 정수 m의 원시근 g와 양의 정수 i, j에 대하여 $g^i \equiv g^j \pmod{m}$이면 $i \equiv j \pmod{\phi(m)}$이다.

17 (2012학년도 중등임용시험 16번) 정수 x_0과 27은 서로소이고, 모든 자연수 n에 대하여

$$x_n \equiv 16x_{n-1} \pmod{27}, \quad 0 \leq x_n \leq 27$$

이 성립할 때, $x_n \equiv x_0 \pmod{27}$이 되는 최소의 자연수 n의 값을 구하라(단, 2는 법 27에 관한 원시근이다).

18 (2012학년도 중등임용시험 17번) 홀수인 소수 p에 대하여 합동식 $x^4 \equiv -1 \pmod{p}$의 정수해가 존재하기 위한 필요충분조건은 $p \equiv 1 \pmod{8}$임을 증명하라.

19 (2016학년도 중등임용시험 전공A 13번) 정수 23은 법 89에 대한 원시근이고, 89는 소수이다. 정수 $a = 23^{41}$에 대하여 $a^n \equiv 23 \pmod{89}$를 만족하는 가장 작은 양의 정수 n의 값을 풀이 과정과 함께 써라.

4.2 ▌지수

법 $m(>2)$에 관한 원시근이 g가 존재한다고 하면 정리 4.1.6에 의하여

$$1 = g^0,\ g,\ g^2,\ \cdots,\ g^{\phi(m)-1}$$

은 법 m에 관하여 서로 합동이 아니므로

$$S = \{1 = g^0,\ g,\ g^2,\ \cdots,\ g^{\phi(m)-1}\}$$

은 법 m에 관한 기약잉여계이다. 따라서 a를 $(a,\ m) = 1$인 임의의 정수라 하면 적당한 정수 $k\ (0 \le k < \phi(m))$에 대하여

$$a \equiv g^k \pmod{m}$$

이다. 따라서 다음 정의를 생각할 수 있다.

정의 4.2.1

$m(>2)$을 정수라 하고 g를 법 m에 관한 원시근이라 하자. $a \in \mathbb{Z},\ (a,\ m) = 1$이라 할 때,

$$a \equiv g^k \pmod{m}, \quad 0 \le k < \phi(m)$$

을 만족하는 정수 k를 **법 m에 관한 g를 밑으로 하는 a의 지수(the index of a modulo m to base g)**, 또는 간단히 **법 m에 관한 a의 지수**라 하고 $k = \text{ind}_g a$로 표시한다. 즉,

$$\text{ind}_g a = k \iff a \equiv g^k \pmod{m}, \quad 0 \le k < \phi(m)$$

이다. 또한 혼란이 없을 때, $\text{ind}_g a$에서 g를 생략하여 간단히 $\text{ind}\, a$로 표시할 때도 있다.

지수의 개념과 용어, 기호 $\text{ind}\, a$는 가우스에 의하여 그의 저서 《산술논고》에서 처음으로 소개되었으며, 지수의 개념은 법 m에 관한 원시근이 존재하고 $a,\ b \in \mathbb{Z},\ (a,\ m) = (b,\ m) = 1$이라 할 때,

$$ax^k \equiv b \pmod{m}\ (k > 1), \quad a^x \equiv b \pmod{m}$$

꼴의 합동식의 해의 존재 여부 판정과 해가 존재하는 경우에 그 해를 구하는 데 유용하게 활용된다(보기 4.2.5와 보기 4.2.6 참조).

보기 4.2.2

보기 4.1.16에 의하여 3과 2는 법 5에 관한 원시근이고,

$$(1, 5) = (2, 5) = (3, 5) = (4, 5) = 1, \quad \phi(5) = 4$$

이다. 이때

$$1 \equiv 3^0 \pmod 5,\ \ 2 \equiv 3^3 \pmod 5,\ \ 3 \equiv 3^1 \pmod 5,\ \ 4 \equiv 3^2 \pmod 5$$

이므로

$$0 = \mathrm{ind}_3 1, 3 = \mathrm{ind}_3 2, 1 = \mathrm{ind}_3 3, 2 = \mathrm{ind}_3 4$$

이고, 또한

$$1 \equiv 2^0 \pmod 5,\ \ 2 \equiv 2^1 \pmod 5,\ \ 3 \equiv 2^3 \pmod 5,\ \ 4 \equiv 2^2 \pmod 5$$

이므로

$$0 = \mathrm{ind}_2 1, 1 = \mathrm{ind}_2 2, 3 = \mathrm{ind}_2 3, 2 = \mathrm{ind}_2 4$$

이다.

다음 정리에 보이는 바와 같이 지수 $\mathrm{ind}_g a$는 로그(logarithm)와 매우 유사한 성질을 가진다. 하지만 지수 $\mathrm{ind}_g a$를 다룰 때에 $\mathrm{mod}\ \phi(m)$으로 법(modulo)이 변함에 주의하여야 한다.

정리 4.2.3

$m(>2)$을 정수라 하고 g를 법 m에 관한 원시근이라 하자. 그러면 $a, b \in \mathbb{Z}$, $(a, m) = (b, m) = 1$이라 할 때, 다음이 성립한다.

(1) $\mathrm{ind}_g 1 = 0$

(2) $\mathrm{ind}_g g = 1$

(3) $\mathrm{ind}_g(ab) \equiv \mathrm{ind}_g a + \mathrm{ind}_g b \pmod{\phi(m)}$

(4) 정수 $n(\geq 0)$에 대하여

$$\text{ind}_g a^n \equiv n\,\text{ind}_g a \pmod{\phi(m)}$$

이다.

(5) $a \equiv b \pmod{m} \iff \text{ind}_g a = \text{ind}_g b$

❚ 증명

(1) $(1, m) = 1$이고 $1 \equiv g^0 \pmod{m}$이므로 $\text{ind}_g 1 = 0$이다.

(2) $(g, m) = 1$이고 $g \equiv g^1 \pmod{m}$이므로 $\text{ind}_g g = 1$이다.

(3) $(a, m) = (b, m) = 1$이므로 정리 2.1.15에 의하여 $(ab, m) = 1$이다.

$$\text{ind}_g a = k, \quad \text{ind}_g b = l$$

이라 하면

$$a \equiv g^k \pmod{m}, \quad b \equiv g^l \pmod{m}$$

이므로 정리 3.1.5 (2)에 의하여

$$ab \equiv g^k g^l = g^{k+l} \pmod{m}$$

이다. 이때 정리 2.1.1에 의하여

$$k + l = \phi(m)q + r, \quad 0 \le r < \phi(m)$$

을 만족하는 정수 q, r가 존재하므로 정리 3.1.3에 의하여

$$k + l \equiv r \pmod{\phi(m)}$$

이고, 따라서 정리 4.1.6에 의하여

$$g^{k+l} \equiv g^r \pmod{m}$$

이다. 그러므로 정리 3.1.4 (3)에 의하여

$$ab \equiv g^r \pmod{m}$$

이다. 따라서

$$\text{ind}_g (ab) = r$$

이므로 정리 3.1.4 (2)에 의하여

$$\text{ind}_g(ab) = r \equiv k + l = \text{ind}_g a + \text{ind}_g b \pmod{\phi(m)}$$

이다.

(4) $(a, m) = 1$이므로 정리 2.1.15에 의하여 $(a^n, m) = 1$이다. $\text{ind}_g a = k$라 하면

$$a \equiv g^k \pmod{m}$$

이므로 정리 3.1.5 (2)에 의하여

$$a^n \equiv (g^k)^n = g^{nk} \pmod{m}$$

이다. 이때 정리 2.1.1에 의하여

$$nk = \phi(m)q + r, \quad 0 \le r < \phi(m)$$

을 만족하는 정수 q, r가 존재하므로 정리 3.1.3에 의하여

$$nk \equiv r \pmod{\phi(m)}$$

이고, 따라서 정리 4.1.6에 의하여

$$g^{nk} \equiv g^r \pmod{m}$$

이다. 그러므로 정리 3.1.4 (3)에 의하여

$$a^n \equiv g^r \pmod{m}$$

이다. 따라서

$$\text{ind}_g a^n = r$$

이므로 정리 3.1.4 (2)에 의하여

$$\text{ind}_g a^n = r \equiv nk = n\,\text{ind}_g a \pmod{\phi(m)}$$

이다.

(5) $a \equiv b \pmod{m}$이라 하자. $\text{ind}_g a = k$, $\text{ind}_g b = l$이라 하면

$$a \equiv g^k \pmod{m}, \quad 0 \le k < \phi(m)$$
$$b \equiv g^l \pmod{m}, \quad 0 \le l < \phi(m)$$

이므로 정리 3.1.4 (2), (3)에 의하여

$$g^k \equiv g^l \pmod{m}$$

이다. 따라서 정리 4.1.6에 의하여

$$k \equiv l \pmod{\phi(m)}$$

이므로 $\phi(m) \mid (k-l)$이다. 이때 $0 \le |k-l| < \phi(m)$이므로 $k-l=0$, 즉 $k=l$이고, 따라서 $\mathrm{ind}_g a = \mathrm{ind}_g b$이다. 역으로, $\mathrm{ind}_g a = \mathrm{ind}_g b = t$라 하면

$$a \equiv g^t \pmod{m}, \quad b \equiv g^t \pmod{m}$$

이므로 정리 3.1.4 (2), (3)에 의하여 $a \equiv b \pmod{m}$이다. ❑

보기 4.2.4

보기 4.2.2에 의하여 3은 법 5에 관한 원시근이고,

$$0 = \mathrm{ind}_3 1, \quad 3 = \mathrm{ind}_3 2, \quad 1 = \mathrm{ind}_3 3, \quad 2 = \mathrm{ind}_3 4$$

이다. 또한 $\phi(5) = 4$이다. 먼저 $\mathrm{ind}_3 2 = 3$을 이용하여 $\mathrm{ind}_3 4 = 2$임을 확인하여 보자. 정리 4.2.3 (4)에 의하여

$$\mathrm{ind}_3 4 = \mathrm{ind}_3 2^2 \equiv 2\,\mathrm{ind}_3 2 = 2 \cdot 3 = 6 \equiv 2 \pmod{4}$$

이고

$$0 \le \mathrm{ind}_3 4 < \phi(5) = 4$$

이므로 $\mathrm{ind}_3 4 = 2$이다. 또한

$$12 \equiv 2 \pmod{5}$$

이므로 정리 4.2.3 (5)에 의하여 $\mathrm{ind}_3 12 = \mathrm{ind}_3 2 = 3$이다. 이제 $\mathrm{ind}_3 12 = 3$임을 정리 4.2.3 (3)을 이용하여 확인하여 보자.

$$\mathrm{ind}_3 12 = \mathrm{ind}_3 (3 \cdot 4) \equiv \mathrm{ind}_3 3 + \mathrm{ind}_3 4 = 1 + 2 = 3 \pmod{4}$$

이고 $0 \le \mathrm{ind}_3 12 < \phi(5) = 4$이므로 $\mathrm{ind}_3 12 = 3$이다.

보기 4.2.5

지수를 이용하여 합동식

$$3x^4 \equiv 5 \pmod{11} \tag{4.2.1}$$

의 해를 구하여 보자. 보기 4.1.18에 의하여 2, 6, 7, 8은 법 11에 관한 원시근이고, 또한 $\phi(11) = 10$, $(3, 11) = (5, 11) = 1$이다. 더욱이

$$\begin{aligned} &2^0 \equiv 1 \pmod{11}, \quad 2^1 \equiv 2 \pmod{11}, \quad 2^2 \equiv 4 \pmod{11}, \\ &2^3 \equiv 8 \pmod{11}, \quad 2^4 \equiv 5 \pmod{11}, \quad 2^5 \equiv 10 \pmod{11}, \\ &2^6 \equiv 9 \pmod{11}, \quad 2^7 \equiv 7 \pmod{11}, \quad 2^8 \equiv 3 \pmod{11}, \\ &2^9 \equiv 6 \pmod{11} \end{aligned}$$

이므로 다음과 같은 법 11에 관한 2를 밑으로 하는 지수표를 얻는다.

a	1	2	3	4	5	6	7	8	9	10
$\operatorname{ind}_2 a$	0	1	8	2	4	9	7	3	6	5

이제

$$\begin{aligned} 3x^4 \equiv 5 \pmod{11} &\Leftrightarrow \operatorname{ind}_2(3x^4) = \operatorname{ind}_2 5 \quad (\text{정리 4.2.3 (5)에 의하여}) \\ &\Leftrightarrow \operatorname{ind}_2 3 + 4\operatorname{ind}_2 x \equiv \operatorname{ind}_2(3x^4) = \operatorname{ind}_2 5 \pmod{10} \\ &\quad\ (\text{정리 4.2.3 (3), (4)에 의하여}) \end{aligned}$$

이므로 합동식 (4.2.1)과 합동식

$$\operatorname{ind}_2 3 + 4\operatorname{ind}_2 x \equiv \operatorname{ind}_2 5 \pmod{10} \tag{4.2.2}$$

은 동치이다. 따라서 위의 지수표에 의하여 $\operatorname{ind}_2 3 = 8$, $\operatorname{ind}_2 5 = 4$이므로

$$8 + 4\operatorname{ind}_2 x \equiv 4 \pmod{10}$$

이다. 그러므로 정리 3.1.5 (1)에 의하여 합동식 (4.2.2)는 합동식

$$4\operatorname{ind}_2 x \equiv -4 \pmod{10} \tag{4.2.3}$$

과 동치이고, 따라서 정리 3.1.13 (3)에 의하여 합동식 (4.2.3)은 합동식

$$2\operatorname{ind}_2 x \equiv -2 \pmod{5} \tag{4.2.4}$$

와 동치이다. 또한 정리 3.1.13 (1)과 정리 3.1.5 (2)에 의하여 합동식 (4.2.4)는 합동식

$$\operatorname{ind}_2 x \equiv -1 \pmod{5} \tag{4.2.5}$$

와 동치이므로 정리 3.1.4 (3)에 의하여 합동식 (4.2.5)는 합동식

$$\operatorname{ind}_2 x \equiv 4 \pmod{5}$$

와 동치이다. 따라서

$$4 \equiv 9 \pmod{5}$$

이고, 또한 4, 9는 법 10에 관하여 서로 합동이 아니므로

$$\operatorname{ind}_2 x = 4 \text{ 또는 } \operatorname{ind}_2 x = 9$$

이다. 그러므로 위의 지수표에 의하여 $x = 5$ 또는 $x = 6$이다. 따라서 합동식 (4.2.1)의 해는

$$x \equiv 5 \pmod{11}, \quad x \equiv 6 \pmod{11}$$

이다. 한편 법 11에 관한 원시근 6, 7, 8을 밑으로 하는 지수표는 다음과 같다.

a	1	2	3	4	5	6	7	8	9	10
$\operatorname{ind}_6 a$	0	9	2	8	6	1	3	7	4	5
$\operatorname{ind}_7 a$	0	3	4	6	2	7	1	9	8	5
$\operatorname{ind}_8 a$	0	7	6	4	8	3	9	1	2	5

이제 법 11에 관한 원시근 6을 밑으로 하는 지수표를 이용하여 위와 같은 방법으로 합동식 (4.2.1)의 해를 구하여 보자.

$$\begin{aligned}
3x^4 \equiv 5 \pmod{11} &\Leftrightarrow \operatorname{ind}_6(3x^4) = \operatorname{ind}_6 5 \\
&\Leftrightarrow \operatorname{ind}_6 3 + 4\operatorname{ind}_6 x \equiv \operatorname{ind}_6(3x^4) = \operatorname{ind}_6 5 \pmod{10} \\
&\Leftrightarrow 2 + 4\operatorname{ind}_6 x \equiv 6 \pmod{10} \\
&\Leftrightarrow 4\operatorname{ind}_6 x \equiv 4 \pmod{10} \\
&\Leftrightarrow 2\operatorname{ind}_6 x \equiv 2 \pmod{5} \\
&\Leftrightarrow \operatorname{ind}_6 x \equiv 1 \pmod{5}
\end{aligned}$$

이다. 따라서

$$1 \equiv 6 \pmod{5}$$

이고, 또한 1, 6은 법 10에 관하여 서로 합동이 아니므로

$$\text{ind}_6 x = 1 \text{ 또는 } \text{ind}_6 x = 6$$

이다. 그러므로 법 11에 관한 원시근 6을 밑으로 하는 지수표에 의하여 $x = 6$ 또는 $x = 5$이다. 따라서 합동식 (4.2.1)의 해는

$$x \equiv 6 \pmod{11}, \quad x \equiv 5 \pmod{11}$$

이므로 법 11에 관한 원시근 2를 밑으로 하는 지수표를 이용하여 얻어진 해와 일치함을 알 수 있다. 물론 법 11에 관한 원시근 7, 8을 밑으로 하는 지수표를 이용해도 같은 결과를 얻을 수 있다.

보기 4.2.6

법 11에 관한 원시근 2를 밑으로 하는 지수표

a	1	2	3	4	5	6	7	8	9	10
$\text{ind}_2 a$	0	1	8	2	4	9	7	3	6	5

를 이용하여 다음 합동식

(1) $7x \equiv 5 \pmod{11}$, (2) $x \equiv 3^{50} \pmod{11}$, (3) $6^x \equiv 7 \pmod{11}$

의 해를 각각 구하여 보자.

(1)
$$\begin{aligned} 7x \equiv 5 \pmod{11} &\Leftrightarrow \text{ind}\, 7x = \text{ind}\, 5 \\ &\Leftrightarrow \text{ind}\, 7 + \text{ind}\, x \equiv \text{ind}\, 7x = \text{ind}\, 5 \pmod{10} \\ &\Leftrightarrow \text{ind}\, x \equiv \text{ind}\, 5 - \text{ind}\, 7 = 4 - 7 = -3 \equiv 7 \pmod{10} \end{aligned}$$

이므로 합동식 $7x \equiv 5 \pmod{11}$의 해는 $x \equiv 7 \pmod{11}$이다.

(2)
$$\begin{aligned} & x \equiv 3^{50} \pmod{11} \\ \Leftrightarrow\ & \text{ind}\, x = \text{ind}\, 3^{50} \equiv 50\, \text{ind}\, 3 = 50 \cdot 8 = 400 \equiv 0 \pmod{10} \end{aligned}$$

이므로 합동식 $x \equiv 3^{50} \pmod{11}$의 해는 $x \equiv 1 \pmod{11}$이다. 실제로 정리 3.1.26에 의하여 $3^{10} \equiv 1 \pmod{11}$이므로

$$3^{50} = (3^{10})^5 \equiv 1^5 = 1 \pmod{11}$$

임을 확인할 수 있다.

(3)

$$\begin{aligned} & 6^x \equiv 7 \pmod{11} \\ \Leftrightarrow\ & x \operatorname{ind} 6 \equiv \operatorname{ind} 6^x = \operatorname{ind} 7 = 7 \pmod{10} \\ \Leftrightarrow\ & 9x \equiv 7 \pmod{10} \end{aligned}$$

이다. 따라서 합동식 $6^x \equiv 7 \pmod{11}$의 해와 합동식 $9x \equiv 7 \pmod{10}$의 해는 일치하고, 그 해는 $x \equiv 3 \pmod{10}$이다.

정리 4.2.7

$m(>2)$을 정수라 하고 법 m에 관한 원시근이 존재한다고 하자. $a \in \mathbb{Z}$, $(a, m) = 1$이라 하고 n을 양의 정수라 할 때, $d = (n, \phi(m))$이라 하자. 그러면 합동식

$$x^n \equiv a \pmod{m} \tag{4.2.6}$$

이 해를 갖기 위한 필요충분조건은

$$a^{\frac{\phi(m)}{d}} \equiv 1 \pmod{m}$$

인 것이다. 더욱이 합동식 (4.2.6)이 해를 가지면 이 합동식은 d개의 해를 갖는다.

증명 g를 법 m에 관한 원시근이라 하자. 그러면

$$\begin{aligned} x^n \equiv a \pmod{m} \ &\Leftrightarrow\ \operatorname{ind}_g x^n = \operatorname{ind}_g a \quad (\text{정리 } 4.2.3\,(5)\text{에 의하여}) \\ &\Leftrightarrow\ n \operatorname{ind}_g x \equiv \operatorname{ind}_g x^n = \operatorname{ind}_g a \pmod{\phi(m)} \\ &\qquad (\text{정리 } 4.2.3\,(4)\text{에 의하여}) \end{aligned}$$

이므로 합동식 (4.2.6)과 합동식

$$n \operatorname{ind}_g x \equiv \operatorname{ind}_g a \pmod{\phi(m)} \tag{4.2.7}$$

은 동치이다. $X = \operatorname{ind}_g x$로 생각하면 정리 3.2.2에 의하여 합동식 (4.2.7)이 해를 갖기 위한 필요충분조건은 $d \mid \operatorname{ind}_g a$인 것이고, 또한 합동식 (4.2.7)이 해를 가지면 d개의 해를 갖는다. $\phi(m) = dk$라 하면

$$\begin{aligned} d \mid \mathrm{ind}_g a &\Leftrightarrow dk \mid k\,\mathrm{ind}_g a \\ &\Leftrightarrow \phi(m) \mid k\,\mathrm{ind}_g a \\ &\Leftrightarrow k\,\mathrm{ind}_g a \equiv 0 \pmod{\phi(m)} \\ &\Leftrightarrow \mathrm{ind}_g a^k \equiv 0 \pmod{\phi(m)} \quad (\text{정리 } 4.2.3\,(4)\text{에 의하여}) \\ &\Leftrightarrow \mathrm{ind}_g a^k = 0 \quad (0 \le \mathrm{ind}_g a^k < \phi(m)\text{이므로}) \\ &\Leftrightarrow a^{\frac{\phi(m)}{d}} = a^k \equiv g^0 = 1 \pmod{m} \end{aligned}$$

이다. ❑

보기 4.2.8

지수를 이용하여 합동식

$$x^3 \equiv 5 \pmod{13} \tag{4.2.8}$$

의 해를 구하여 보자.

$$\begin{aligned} &2^0 \equiv 1 \pmod{13}, && 2^1 \equiv 2 \pmod{13}, && 2^2 \equiv 4 \pmod{13}, \\ &2^3 \equiv 8 \pmod{13}, && 2^4 \equiv 3 \pmod{13}, && 2^5 \equiv 6 \pmod{13}, \\ &2^6 \equiv 12 \pmod{13}, && 2^7 \equiv 11 \pmod{13}, && 2^8 \equiv 9 \pmod{13}, \\ &2^9 \equiv 5 \pmod{13}, && 2^{10} \equiv 10 \pmod{13}, && 2^{11} \equiv 7 \pmod{13}, \\ &2^{12} \equiv 1 \pmod{13} \end{aligned}$$

이므로 2는 법 13에 관한 원시근이고, 따라서 법 13에 관한 2를 밑으로 하는 다음과 같은 지수표를 얻는다.

a	1	2	3	4	5	6	7	8	9	10	11	12
$\mathrm{ind}_2 a$	0	1	4	2	9	5	11	3	8	10	7	6

이때

$$(5,\, 13) = 1, \ \ (3, \phi(13)) = (3,\, 12) = 3$$

이고, 또한

$$5^{\frac{12}{3}} = 5^4 = 625 \equiv 1 \pmod{13}$$

이므로 합동식 (4.2.8)은 세 개의 해를 갖는다. 정리 4.2.3 (4), (5)에 의하여

$$x^3 \equiv 5 \pmod{13} \;\Leftrightarrow\; 3\,\text{ind}\,x \equiv \text{ind}\,x^3 = \text{ind}\,5 = 9 \pmod{12}$$

이고, 또한 정리 3.1.13 (3)에 의하여

$$3\,\text{ind}\,x \equiv 9 \pmod{12} \;\Leftrightarrow\; \text{ind}\,x \equiv 3 \pmod{4}$$

이다. 따라서 $3 \equiv 7 \equiv 11 \pmod{4}$이고, 또한 3, 7, 11은 법 12에 관하여 서로 합동이 아니므로

$$\text{ind}\,x = 3 \;\text{ 또는 }\; \text{ind}\,x = 7 \;\text{ 또는 }\; \text{ind}\,x = 11$$

이다. 따라서

$$x = 8 \;\text{ 또는 }\; x = 11 \;\text{ 또는 }\; x = 7$$

이므로 합동식 (4.2.8)의 해는

$$x \equiv 7 \pmod{13}, \quad x \equiv 8 \pmod{13}, \quad x \equiv 11 \pmod{13}$$

이다.

4.2 ❙ 연습문제

01 (1) 2와 5는 법 9에 관하여 서로 합동이 아닌 원시근이다(연습문제 4.1에서 문제 11 (4) 참조). 법 9에 관한 각 원시근 2, 5를 밑으로 하는 지수표를 만들라.

(2) (1)에서 구한 지수표를 이용하여 법 9에 관하여

$$\text{ind}_2 13,\ \text{ind}_2(-2),\ \text{ind}_2(-26),\ \text{ind}_5 17,\ \text{ind}_5 17^5$$

을 구하라.

02 $m(>2)$을 정수라 하고 g와 h를 법 m에 관한 원시근이라 하자. 그러면 $a \in \mathbb{Z}$, $(a, m) = 1$이라 할 때, 다음이 성립함을 증명하라.

(1) $\text{ind}_g a \equiv (\text{ind}_g h)(\text{ind}_h a) \pmod{\phi(m)}$

(2) $(\text{ind}_g h)(\text{ind}_h g) \equiv 1 \pmod{\phi(m)}$

(3) 위의 문제 1의 결과를 이용하여 (1), (2)의 관계식을 확인하여 보라.

03 $m(>2)$을 정수라 하고 g와 h를 법 m에 관한 원시근이라 하자. a를 $(a, m) = 1$이고 $a \not\equiv 1 \pmod{m}$인 정수라 할 때, $gh \equiv 1 \pmod{m}$이면

$$a + \text{ind}_h a = \phi(m)$$

이 성립함을 증명하라.

04 다음은 법 17에 관한 원시근 3을 밑으로 하는 지수표이다.

a	1	2	3	4	5	6	7	8	9	10	11	12	13	14	15	16
$\text{ind}_2 a$	0	14	1	12	5	15	11	10	2	3	7	13	4	9	6	8

(1) 6은 $3 \cdot 6 \equiv 1 \pmod{17}$을 만족하는 법 17에 관한 원시근이다. 위의 문제 3을 이용하여 법 17에 관한 원시근 6을 밑으로 하는 지수표를 만들라.

(2) 위의 지수표를 이용하여 다음 합동식의 해를 구하라.

(i) $x^{12} \equiv 13 \pmod{17}$ (ii) $8x^5 \equiv 10 \pmod{17}$

(iii) $9x^8 \equiv 8 \pmod{17}$　　(iv) $7^x \equiv 7 \pmod{17}$

(3) 위의 지수표를 이용하여 3^{3^3}을 17로 나눌 때의 나머지를 구하라.

05 $p(\neq 2)$를 소수라 하고 g를 법 p에 관한 원시근이라 할 때,

$$\mathrm{ind}_g(-1) = \mathrm{ind}_g(p-1) = \frac{p-1}{2}$$

임을 증명하라.

06 $p(>3)$를 소수라 하고 2를 법 p에 관한 원시근이라 할 때, $\mathrm{ind}_2(p-1) = r$이면 $\mathrm{ind}_2(p-2) = r+1$임을 보여라.

07 $m(>2)$을 정수라 하고 g를 법 m에 관한 원시근이라 하자. $a, b \in \mathbb{Z}$, $(a, m) = 1$이라 할 때, 합동식 $a^x \equiv b \pmod{m}$이 해를 갖기 위한 필요충분조건을 구하라.

08 $\mathrm{ind}_5 45 \equiv 45 \pmod{96}$이라는 사실을 이용하여 다음 합동식이 몇 개의 해를 갖는지 조사하라.

(1) $x^7 \equiv 45 \pmod{97}$　　(2) $x^8 \equiv 45 \pmod{97}$

(3) $x^9 \equiv 45 \pmod{97}$

09 다음 합동식이 몇 개의 해를 갖는지 조사하라.

(1) $x^{60} \equiv 79 \pmod{97}$　　(2) $x^{55} \equiv 17 \pmod{97}$

(3) $x^{15} \equiv 46 \pmod{97}$　　(4) $3x^{12} \equiv 31 \pmod{41}$

(5) $7x^7 \equiv 11 \pmod{41}$　　(6) $5x^{30} \equiv 37 \pmod{41}$

10 교재의 뒷부분에 있는 지수표를 사용하여 다음 합동식의 해를 구하라.

(1) $4x^9 \equiv 7 \pmod{13}$　　(2) $2^x \equiv 7 \pmod{13}$

(3) $x^7 \equiv 17 \pmod{23}$　　(4) $13x^{18} \equiv 3 \pmod{25}$

(5) $x^9 \equiv 2 \pmod{29}$　　(6) $x^2 \equiv 4 \pmod{3^2 \cdot 5}$

11 (2010학년도 중등임용시험 22번) 정수 2는 법 29에 대한 원시근이다. 1보다 크거나 같고 28보다 작거나 같은 정수 중 합동식 $x^4 \equiv 1 \pmod{29}$의 해를 모두 곱한 값을 m이라 할 때, $2^k \equiv m \pmod{29}$를 만족시키는 최소의 양의 정수 k를 구하라.

12 (2013학년도 중등임용시험 15번) 정수 3은 법 50에 대한 원시근이다. 1보다 크거나 같고 25보다 작거나 같은 정수 중 합동식 $x^{12} \equiv -9 \pmod{50}$의 해를 모두 더한 값은?

13 (2015학년도 중등임용시험 전공A 서술형 4번) 정리 4.2.7을 이용하여 풀라.
다음 삼차 합동방정식에 대하여 $\mathbb{Z}_{2015}$에 속하는 해의 개수를 풀이 과정과 함께 써라.

$$x^3 - 8 \equiv 0 \pmod{2015} \quad (\text{참고: } 2015 = 5 \times 13 \times 31)$$

14 (2018학년도 중등임용시험 13번) 합동식

$$x^{n+5} - x^n - x^5 + 1 \equiv 0 \pmod{131}$$

의 법 131에 대한 해의 개수가 5가 되도록 하는 130 이하의 자연수 n의 개수를 구하라.

15 (1) 임의의 자연수 n, m에 대하여 $S_n = \{x \in \mathbb{Z}_m \mid x^n \equiv 1 \pmod{m}\}$이라 할 때, 자연수 a, b에 대하여 $S_a \cap S_b = S_{(a,\, b)}$임을 보여라.

(2) (2021학년도 임용 기출 전공 A 11번) 합동방정식

$$(x^{10} - 1)(x^{10} + x^5 + 1)(x^{36} - 1) \equiv 0 \pmod{61}$$

의 법 61에 대한 해의 개수를 구하라.

제5장 부정방정식

5.1 부정방정식 $x^2 + y^2 = z^2$

5.2 Fermat의 마지막 정리

5.3 제곱수들의 합

5.4 연분수, Pell의 방정식

5.1 부정방정식 $x^2+y^2=z^2$

부정방정식

$$x^2+y^2=z^2 \tag{5.1.1}$$

을 생각하자.

$$3^2+4^2=5^2$$

이므로 $x=3,\ y=4,\ z=5$는 부정방정식 (5.1.1)의 한 정수해이다. 또한

$$(-3)^2+4^2=5^2;$$
$$(-3)^2+(-4)^2=(-5)^2;$$
$$\cdots$$

이므로

$$x=-3,\ y=4,\ z=5;$$
$$x=-3,\ y=-4,\ z=-5;$$
$$\cdots$$

등도 부정방정식 (5.1.1)의 정수해이다. 따라서 부정방정식 (5.1.1)의 정수해를 구하는 문제는 (5.1.1)의 양의 정수해를 구하는 문제로 제한하여도 일반성을 잃지 않는다.

정의 5.1.1

부정방정식 (5.1.1)을 만족하는 세 양의 정수 $a,\ b,\ c$, 즉

$$a^2+b^2=c^2$$

을 만족하는 세 양의 정수 $a,\ b,\ c$를 **피타고라스의 세 수(Pythagorean triple)**라 한다. 특히 $(a,\ b)=1$을 만족하는 피타고라스의 세 수 $a,\ b,\ c$를 부정방정식 (5.1.1)의 **원시해 (primitive solution)**라 한다.

양의 정수 $a,\ b,\ c$를 피타고라스의 세 수라 하고 $(a,\ b)=d$라 하자. 그러면 $a=da_1,\ b=$

db_1을 만족하는 양의 정수 a_1, b_1이 존재한다. 따라서

$$c^2 = a^2 + b^2 = (da_1)^2 + (db_1)^2 = d^2(a_1^2 + b_1^2)$$

이므로 $d^2 \mid c^2$이다. 따라서 연습문제 2.1의 문제 2 (1)에 의하여 $d \mid c$이므로 $c = dc_1$을 만족하는 양의 정수 c_1이 존재한다. 그러므로

$$a_1^2 + b_1^2 = \left(\frac{a}{d}\right)^2 + \left(\frac{b}{d}\right)^2 = \frac{a^2 + b^2}{d^2} = \frac{c^2}{d^2} = \left(\frac{c}{d}\right)^2 = c_1^2$$

이고, 또한 정리 2.1.14 (2)에 의하여

$$(a_1,\ b_1) = \left(\frac{a}{d},\ \frac{b}{d}\right) = 1$$

이므로 a_1, b_1, c_1은 부정방정식 (5.1.1)의 원시해이다. 역으로, a, b, c를 부정방정식 (5.1.1)의 원시해라 하면 임의의 양의 정수 k에 대하여 ak, bk, ck는 양의 정수이고, 또한

$$(ak)^2 + (bk)^2 = (a^2 + b^2)k^2 = c^2k^2 = (ck)^2$$

이므로 ak, bk, ck는 피타고라스의 세 수이다. 따라서 정의 5.1.1 앞의 설명에 의하여 부정방정식 (5.1.1)의 정수해를 구하는 문제는 (5.1.1)의 원시해를 구하는 문제로 제한하여도 일반성을 잃지 않는다.

정리 5.1.2

양의 정수 a, b, c가 부정방정식

$$x^2 + y^2 = z^2$$

의 원시해일 때, 다음이 성립한다.
(1) $(a,\ b,\ c) = (a,\ c) = (b,\ c) = 1$
(2) a, b 중에서 하나는 짝수이고 다른 하나는 홀수이다.

❙ 증명 가정에 의하여 $a^2 + b^2 = c^2$, $(a,\ b) = 1$이다.

(1) 먼저 정리 2.1.12에 의하여

$$(a,\ b,\ c) = ((a,\ b),\ c) = (1,\ c) = 1$$

이다. 다음, $(a, c) = d > 1$이라 하면 $d \mid a$, $d \mid c$이고, 또한 $p \mid d$를 만족하는 소수 p가 존재한다((2.2.2) 참조). 따라서 정리 2.1.6 (3), (4)에 의하여

$$p \mid (c^2 - a^2), \text{ 즉 } p \mid b^2$$

이므로 정리 2.2.5에 의하여 $p \mid b$이다. 따라서 $b = pb_1$, $d = pd_1$을 만족하는 정수 b_1, d_1이 존재하므로

$$\begin{aligned} 1 &= (a, b, c) = (a, c, b) \\ &= ((a, c), b) \quad (\text{정리 } 2.1.12\text{에 의하여}) \\ &= (d, b) = (pd_1, pb_1) \\ &= p(d_1, b_1) \quad (\text{정리 } 2.1.21\,(1)\text{에 의하여}) \\ &\geq p \end{aligned}$$

가 되어 모순이다. 따라서 $d = 1$, 즉 $(a, c) = 1$이다. 같은 방법으로, $(b, c) = 1$임을 증명할 수 있다.

(2) a, b를 둘 다 짝수라 하면 $2 \mid a$, $2 \mid b$이므로 $(a, b) \geq 2$가 되어 $(a, b) = 1$이라는 사실에 모순이다. 따라서 a와 b는 동시에 짝수일 수는 없다. 다음, a, b를 둘 다 홀수라 하면 보기 2.1.3과 정리 3.1.3에 의하여

$$a^2 \equiv 1 \pmod 4, \quad b^2 \equiv 1 \pmod 4$$

이므로 정리 3.1.5 (1)에 의하여

$$c^2 = a^2 + b^2 \equiv 2 \pmod 4$$

이다. 그러나 보기 2.1.3과 정리 3.1.3에 의하여

$$c^2 \equiv 0 \pmod 4 \text{ 또는 } c^2 \equiv 1 \pmod 4$$

이어야 하므로 이것은 모순이다. 따라서 a와 b 중에서 하나는 짝수이고 다른 하나는 홀수이다. ❑

정리 5.1.3

a, b, c, n을 양의 정수라 하고 $(a, b) = 1$, $ab = c^n$이라 하면 $a = a_1^n$, $b = b_1^n$을 만족하는 양의 정수 a_1, b_1이 존재한다.

❙ 증명 $a=1$인 경우는

$$a=1=1^n, \quad b=1\cdot b=ab=c^n$$

이므로 $a_1=1,\ b_1=c$로 생각하면 되고, 또한 $b=1$인 경우는

$$a=a\cdot 1=ab=c^n, \quad b=1=1^n$$

이므로 $a_1=c,\ b_1=1$로 생각하면 정리는 성립한다. $a>1,\ b>1$인 경우는 $c>1$이다.

$$a=p_1^{k_1}p_2^{k_2}\cdots p_s^{k_s}, \quad b=q_1^{h_1}q_2^{h_2}\cdots q_t^{h_t}, \quad c=r_1^{l_1}r_2^{l_2}\cdots r_u^{l_u}$$

을 a, b, c의 표준분해라 하면 $(a, b)=1$이므로 정리 2.1.15에 의하여

$$(p_i,\ q_j)=1 \quad (i=1, 2, \cdots, s\ ;\ j=1, 2, \cdots, t)$$

이다. 따라서 $p_1, p_2, \cdots, p_s, q_1, q_2, \cdots, q_t$는 모두 다른 소수이고, 또한

$$r_1^{nl_1}r_2^{nl_2}\cdots r_u^{nl_u}=c^n=ab=p_1^{k_1}p_2^{k_2}\cdots p_s^{k_s}q_1^{h_1}q_2^{h_2}\cdots q_t^{h_t}$$

이다. 따라서 정리 2.2.10에 의하여 $u=s+t$이고, $r_1, r_2, \cdots, r_u$는 $p_1, p_2, \cdots, p_s, q_1, q_2, \cdots, q_t$의 순서를 바꾼 것이다. 따라서 $p_i=r_j\ (i=1, 2, \cdots, s;\ 1\le j\le u)$라 하면

$$p_i^{k_i}=r_j^{nl_j}=p_i^{nl_j}, \text{ 즉 } k_i=nl_j$$

이므로 $\dfrac{k_i}{n}$는 양의 정수이다. 또한 $q_i=r_j\ (i=1, 2, \cdots, t;\ 1\le j\le u)$라 하면

$$q_i^{h_i}=r_j^{nl_j}=q_i^{nl_j}, \text{ 즉 } h_i=nl_j$$

이므로 $\dfrac{h_i}{n}$는 양의 정수이다. 따라서

$$a_1=p_1^{\frac{k_1}{n}}p_2^{\frac{k_2}{n}}\cdots p_s^{\frac{k_s}{n}}, \quad b_1=q_1^{\frac{h_1}{n}}q_2^{\frac{h_2}{n}}\cdots q_t^{\frac{h_t}{n}}$$

이라 하면 a_1과 b_1은 양의 정수이고, 또한 $a=a_1^n,\ b=b_1^n$이다. ❑

정리 5.1.4

부정방정식

$$x^2 + y^2 = z^2 \tag{5.1.2}$$

을 생각하자. a, b, c가 부정방정식 (5.1.2)의 원시해일 필요충분조건은

$$\begin{cases} a = h^2 - k^2 \\ b = 2hk \\ c = h^2 + k^2 \end{cases} \tag{5.1.3}$$

또는

$$\begin{cases} a = 2hk \\ b = h^2 - k^2 \\ c = h^2 + k^2 \end{cases} \tag{5.1.4}$$

이고 $(h, k) = 1$, $h > k \ge 1$을 만족하는 정수 h, k가 존재하고, h와 k 중에서 하나는 짝수이고 다른 하나는 홀수인 것이다.

❙ 증명 a, b, c를 부정방정식 (5.1.2)의 원시해라 하자. 그러면 $(a, b) = 1$이고, 또한 정리 5.1.2에 의하여 $(a, c) = (b, c) = 1$이고 a와 b 중에서 하나는 짝수이고 다른 하나는 홀수이다. 먼저 b가 짝수인 경우는

$$(a, b) = (b, c) = 1$$

이므로 a와 c는 모두 홀수이다. 따라서 $c + a$와 $c - a$는 모두 짝수이다(보기 2.1.3 참조). 또한 a, b, c는 모두 양의 정수이고, $c^2 = a^2 + b^2$이므로 $c > a$이다. 따라서

$$s = \frac{c + a}{2}, \quad t = \frac{c - a}{2}$$

라 하면 s와 t는 모두 양의 정수이다. $u = \dfrac{b}{2}$라 하면 u는 양의 정수이고,

$$u^2 = \left(\frac{b}{2}\right)^2 = \frac{c^2 - a^2}{2^2} = \frac{(c + a)(c - a)}{2^2} = \left(\frac{c + a}{2}\right)\left(\frac{c - a}{2}\right) = st$$

이다. 또한

$$s + t = \frac{c + a}{2} + \frac{c - a}{2} = c, \quad s - t = \frac{c + a}{2} - \frac{c - a}{2} = a$$

이다. 따라서 $(s, t) = d > 1$이라 하면 $d \mid s$, $d \mid t$이므로 정리 2.1.6 (4)에 의하여

$$d \mid (s+t), \quad d \mid (s-t), \text{ 즉 } d \mid c, \ d \mid a$$

이고, 또한 $(a, c) = 1$이므로 $d \mid 1$이 되어 모순이므로 $(s, t) = 1$이다. 그러므로 정리 5.1.3에 의하여 $s = h^2$, $t = k^2$을 만족하는 양의 정수 h, k가 존재한다. 따라서

$$\begin{aligned} a &= s - t = h^2 - k^2 \\ b &= 2u = 2\sqrt{st} = 2\sqrt{h^2k^2} = 2hk \\ c &= s + t = h^2 + k^2 \end{aligned}$$

이므로 (5.1.3)이 얻어진다. 또한

$$h^2 - k^2 = s - t = a > 0, \text{ 즉 } h^2 > k^2$$

이고 h와 k가 양의 정수이므로 $h > k \geq 1$이다. 더욱이

$$(h^2, k^2) = (s, t) = 1$$

이므로 정리 2.1.15에 의하여 $(h, k) = 1$이다. 따라서 h와 k는 둘 다 짝수일 수는 없다. 또한 h와 k가 둘 다 홀수라 하면 보기 2.1.3에 의하여 h^2과 k^2은 홀수이고, 따라서

$$a = s - t = h^2 - k^2$$

이므로 a는 짝수가 되어 모순이다. 그러므로 h와 k 중에서 하나는 짝수이고, 다른 하나는 홀수이다. 다음, b가 홀수이면 a는 짝수이어야 하므로 위의 증명과정에서 a와 b를 바꾸어 생각하면 (5.1.4)와 나머지 결과가 얻어진다.

역으로, (5.1.3)과 $(h, k) = 1$, $h > k \geq 1$을 만족하고 h와 k 중에서 하나는 짝수이고 하나는 홀수인 정수 h, k가 존재한다고 하자. 그러면 a, b, c는 양의 정수이고, 또한

$$\begin{aligned} a^2 + b^2 &= (h^2 - k^2)^2 + (2hk)^2 = h^4 - 2h^2k^2 + k^4 + 4h^2k^2 \\ &= h^4 + 2h^2k^2 + k^4 = (h^2 + k^2)^2 = c^2 \end{aligned}$$

이다. 다음, h^2과 k^2 중에서 하나는 짝수이고, 다른 하나는 홀수이므로

$$a = h^2 - k^2$$

은 홀수이다(보기 2.1.3 참조).

$$(a, b) = (h^2 - k^2, 2hk) = d > 1$$

이라 하면 $d|a$, $d|2hk$이다. 또한 $d>1$이므로 $p|d$인 소수 p가 존재하고, 따라서 정리 2.1.6 (3)에 의하여 $p|a$, $p|2hk$이다. 이때 a가 홀수이므로 $p \neq 2$이고, 따라서 정리 2.2.3에 의하여 $(p, 2)=1$이므로 정리 2.1.16에 의하여 $p|hk$이다. 따라서 정리 2.2.5에 의하여 $p|h$ 또는 $p|k$이다. $p|h$(각각 $p|k$)이면 정리 2.1.6 (2)에 의하여 $p|h^2$(각각 $p|k^2$)이고, 또한 $p|a$ 이므로

$$a = h^2 - k^2 = pt$$

를 만족하는 정수 t가 존재한다. 따라서 $p|h^2$ (각각 $p|k^2$)이면 정리 2.1.7에 의하여 $p|k^2$(각각 $p|h^2$)이다. 그러므로 정리 2.2.5에 의하여 $p|k$(각각 $p|h$)이고, 따라서 $(h, k)=1$이므로 $p|1$이 되어 모순이다. 따라서 $d=1$이어야 한다. 즉, $(a, b)=1$이다. 따라서 a, b, c는 부정방정식 (5.1.2)의 원시해이다. (5.1.4)의 경우는 위의 증명과정에서 a와 b를 바꾸어 생각하면 같은 결과를 얻는다. ❑

보기 5.1.5

다음은 부정방정식

$$x^2 + y^2 = z^2$$

의 원시해의 일부를 나타내는 도표이다.

h	k	$a=h^2-k^2$	$b=2hk$	$c=h^2+k^2$
2	1	3	4	5
3	2	5	12	13
4	1	15	8	17
4	3	7	24	25
5	2	21	20	29
5	4	9	40	41
6	1	35	12	37
6	5	11	60	61
7	2	45	28	53
7	4	33	56	65
7	6	13	84	85

5.1 ❙ 연습문제

01 (1) $0 < z < 30$일 때, 부정방정식 $x^2 + y^2 = z^2$의 원시해를 모두 구하라.

(2) $0 < z < 30$일 때, 부정방정식 $x^2 + y^2 = z^2$의 원시해가 아닌 양의 정수해를 모두 구하라.

02 (1) 부정방정식 $x^2 + y^2 = z^2$의 원시해 중에서 $x = 40$인 것을 모두 구하라.

(2) 부정방정식 $x^2 + y^2 = z^2$의 원시해 중에서 $y = 60$인 것을 모두 구하라.

(3) 부정방정식 $x^2 + y^2 = z^2$의 양의 정수해 중에서 $x = 16$인 것을 모두 구하라.

03 양의 정수 a, b, c를 부정방정식 $x^2 + y^2 = z^2$의 원시해라 할 때, 다음을 증명하라.

(1) a와 b 중에서 꼭 하나만이 3의 배수이다.

(2) a와 b 중에서 꼭 하나만이 4의 배수이다.

(3) a, b, c 중에서 꼭 하나만이 5의 배수이다.

04 양의 정수 α, β, γ를 피타고라스의 세 수라 할 때, 다음을 증명하라.

(1) $\alpha\beta$는 12의 배수이다.

(2) $\alpha\beta\gamma$는 60의 배수이다.

05 α, β, γ를 양의 정수라 할 때, α, β, γ가 피타고라스의 세 수일 필요충분조건은

$$\begin{cases} \alpha = d(h^2 - k^2) \\ \beta = 2dhk \\ \gamma = d(h^2 + k^2) \end{cases} \quad \text{또는} \quad \begin{cases} \alpha = 2dhk \\ \beta = d(h^2 - k^2) \\ \gamma = d(h^2 + k^2) \end{cases}$$

이고 $(h, k) = 1$, $h > k \geq 1$을 만족하는 양의 정수 h, k, d가 존재하고, h와 k 중에서 하나는 짝수이고 다른 하나는 홀수인 것임을 증명하라.

06 연속한 세 양의 정수가 피타고라스의 세 수인 것은 3, 4, 5뿐임을 보여라.

07 직각삼각형 중에서 세 변의 길이가 모두 정수 값인 직각삼각형을 **피타고라스의 삼각형**(Pythagorean triangle)이라 한다.

(1) n, m을 양의 정수라 할 때, $n+(n+1)=m^2$이면 $n+1$과 n은 각각 피타고라스의 삼각형의 빗변과 다른 한 변을 나타냄을 보여라.

(2) 피타고라스의 삼각형의 세 변의 곱은 60의 배수이다.

(3) 보기 5.1.5의 도표를 이용하여 같은 넓이를 갖는 서로 다른 두 피타고라스의 삼각형을 찾아라.

(4) 피타고라스의 삼각형 중에서 둘레의 길이가 넓이와 같은 삼각형을 모두 찾아라.

08 (1) 같은 넓이를 갖고 빗변의 길이가 같은 두 피타고라스의 삼각형은 합동임을 보여라.

(2) 피타고라스의 삼각형의 내접원의 반지름의 길이 r는 항상 정수임을 보여라.

09 (1) 부정방정식 $x^2+y^2=z^2$의 원시해 중에서 $z-y=2$를 만족하는 해를 모두 구하라.

(2) 부정방정식 $x^2+(x+1)^2=2y^2$의 정수해는 존재하지 않음을 보여라.

10 (1) 양의 정수 a, $a+1$, c가 피타고라스의 세 수이면

$$3a+2c+1, \quad 3a+2c+2, \quad 4a+3c+2$$

도 피타고라스의 세 수임을 보여라.

(2) 피타고라스의 삼각형에서 빗변과 다른 한 변과의 길이의 차가 1이라 하자. 그러면 세 변의 길이는 k를 양의 정수라 할 때,

$$2k+1, \quad 2k^2+2k, \quad 2k^2+2k+1$$

의 꼴로 주어짐을 보여라.

5.2 Fermat의 마지막 정리

프랑스의 수학자 Fermat는 1637년경에 다음 정리가 성립한다고 주장하였으나 증명은 발표하지 않았다.

정리 5.2.1 Fermat의 마지막 정리

정수 $n(\geq 3)$에 대하여 부정방정식

$$x^n + y^n = z^n$$

의 양의 정수해는 존재하지 않는다.

그동안 Fermat의 마지막 정리를 증명하려고 수많은 수학자들이 노력하였다. 1993년에 이르러 영국의 수학자 Andrew Wiles에 의하여 Fermat의 마지막 정리는 증명되었다.

정리 5.2.2

부정방정식

$$x^4 + y^4 = z^2 \tag{5.2.1}$$

의 양의 정수해는 존재하지 않는다.

증명 부정방정식 (5.2.1)이 양의 정수해 α, β, γ를 갖는다고 가정하고 $(\alpha, \beta) = d$라 하자. 그러면 $\alpha = dx_1$, $\beta = dy_1$을 만족하는 양의 정수 x_1, y_1이 존재하므로

$$\gamma^2 = \alpha^4 + \beta^4 = (dx_1)^4 + (dy_1)^4 = d^4(x_1^4 + y_1^4)$$

이다. 따라서 $d^4 \mid \gamma^2$이므로 연습문제 2.1의 문제 2 (1)에 의하여 $d^2 \mid \gamma$이다. 따라서 $\gamma = d^2 z_1$을 만족하는 양의 정수 z_1이 존재하고, 따라서

$$x_1^4 + y_1^4 = \frac{\gamma^2}{d^4} = \frac{(d^2 z_1)^2}{d^4} = z_1^2$$

이다. 또한 정리 2.1.14 (2)에 의하여

$$x_1^4 + y_1^4 = \frac{\gamma^2}{d^4} = \frac{(d^2 z_1)^2}{d^4} = z_1^2$$

이다. 또한 정리 2.1.14 (2)에 의하여

$$(x_1,\ y_1) = \left(\frac{\alpha}{d},\ \frac{\beta}{d}\right) = 1$$

이다. 따라서 x_1, y_1, z_1은 $(x_1, y_1) = 1$을 만족하는 (5.2.1)의 양의 정수해이다. 이제 a, b, c를 $(a, b) = 1$을 만족하는 부정방정식 (5.2.1)의 양의 정수해라 하자. 그러면 정리 2.1.15에 의하여 $(a^2, b^2) = 1$이고, 또한

$$(a^2)^2 + (b^2)^2 = a^4 + b^4 = c^2$$

이다. 따라서 a^2, b^2, c는 부정방정식

$$X^2 + Y^2 = z^2$$

의 원시해이다. 따라서 정리 5.1.4에 의하여

$$\begin{cases} a^2 = h^2 - k^2 \\ b^2 = 2hk \\ c\ = h^2 + k^2 \end{cases}$$

이고 $(h, k) = 1$, $h > k \geq 1$을 만족하는 정수 h, k가 존재하고, h와 k 중에서 하나는 짝수이고 다른 하나는 홀수이다(경우에 따라서는 a와 b를 바꾸어 생각하면 된다). 따라서

$$a^2 + k^2 = h^2$$

이고, 또한

$$\begin{aligned} 1 &= (h,\ k) \\ &= (h^2,\ k^2) \quad (\text{정리 2.1.15에 의하여}) \\ &= (k^2,\ a^2) \quad (h^2 = k^2 \cdot 1 + a^2 \text{ 이므로 정리 2.1.17에 의하여}) \end{aligned}$$

이다. 따라서 정리 2.1.15에 의하여 $(a, k) = 1$이다. 그러므로 a, k, h는 부정방정식

$$x^2 + y^2 = z^2 \tag{5.2.2}$$

의 원시해이다. h와 k 중에서 하나는 짝수이고 다른 하나는 홀수이고, 또한

$$a^2 = h^2 - k^2$$

이므로 a는 홀수이다(보기 2.1.3 참조). 따라서 정리 5.1.2 (2)에 의하여 k는 짝수이므로 h는 홀수이다. 따라서 a, k, h가 부정방정식 (5.2.2)의 원시해이므로 정리 5.1.4에 의하여

$$\begin{cases} a = s^2 - t^2 \\ k = 2st \\ h = s^2 + t^2 \end{cases}$$

이고 $(s, t) = 1$, $s > t \geq 1$을 만족하는 정수 s, t가 존재하고, s와 t 중에서 하나는 짝수이고 다른 하나는 홀수이다. 또한

$$(h, 2k) = 1, \quad b^2 = h(2k)$$

이므로 정리 5.1.3에 의하여

$$h = c_1^2, \quad 2k = u^2$$

을 만족하는 양의 정수 c_1, u가 존재한다. 이때 u는 짝수이어야 하므로 $u = 2v$를 만족하는 양의 정수 v가 존재하고, 따라서

$$v^2 = \left(\frac{u}{2}\right)^2 = \frac{u^2}{4} = \frac{2k}{4} = \frac{k}{2} = \frac{2st}{2} = st$$

이다. 그러므로 정리 5.1.3에 의하여

$$s = a_1^2, \quad t = b_1^2$$

을 만족하는 양의 정수 a_1, b_1이 존재한다. 따라서

$$a_1^4 + b_1^4 = s^2 + t^2 = h = c_1^2$$

이고, 또한

$$1 = (s, t) = (a_1^2, b_1^2)$$

이므로 정리 2.1.15에 의하여 $(a_1, b_1) = 1$이다. 더욱이

$$0 < c_1 \leq c_1^4 = h^2 < h^2 + k^2 = c$$

이다. 따라서 a_1, b_1, c_1은

$$(a_1, b_1) = 1, \quad 0 < c_1 < c$$

를 만족하는 부정방정식 (5.2.1)의 양의 정수해이다. 다시, 위와 같은 방법으로 a_1, b_1, c_1으로부터

$$(a_2, b_2) = 1, \quad 0 < c_2 < c_1$$

을 만족하는 부정방정식 (5.2.1)의 양의 정수해 a_2, b_2, c_2를 얻을 수 있다. 이 방법을 계속하면

$$c > c_1 > c_2 > c_3 > \cdots > 0$$

를 만족하는 양의 정수들의 무한수열

$$c, c_1, c_2, c_3, \cdots$$

를 얻을 수 있다. 이것은 모순이다. 따라서 부정방정식 (5.2.1)의 양의 정수해는 존재하지 않는다. ❑

정리 5.2.3

부정방정식

$$x^4 + y^4 = z^2 \tag{5.2.3}$$

의 정수해는 $a, b \in \mathbb{Z}$에 대하여

$$x = 0, \quad y = b, \quad z = \pm b^2 \tag{5.2.4}$$

또는

$$x = a, \quad y = 0, \quad z = \pm a^2 \tag{5.2.5}$$

의 꼴이다.

▌증명 a, b, c를 부정방정식 (5.2.3)의 정수해라 하자. a, b, c를 모두 0이 아니라 하면

$$|a|^4 + |b|^4 = a^4 + b^4 = c^2 = |c|^2$$

이므로 부정방정식 (5.2.3)은 양의 정수해 $|a|$, $|b|$, $|c|$를 갖게 되어 정리 5.2.2에 모순이다. 따라서 a, b, c 중에서 적어도 하나는 0이 되어야 한다. 따라서 $x = 0$이면 $y = b$, $z = \pm b^2$ $(b \in \mathbb{Z})$에 대하여

$$0^4 + b^4 = b^4 = (\pm b^2)^2$$

이므로 (5.2.4)는 부정방정식 (5.2.3)의 정수해이다. 또한 $y=0$이면 $x=a,\ z=\pm a^2 (a \in \mathbb{Z})$에 대하여

$$a^4 + 0^4 = a^4 = (\pm a^2)^2$$

이므로 (5.2.5)는 부정방정식 (5.2.3)의 정수해이다. 다음, $z=0$이면 $x=0,\ y=0,\ z=0$만이 부정방정식 (5.2.3)의 정수해이고, 이 경우는 (5.2.4)의 경우에 포함된다. ❑

정리 5.2.4

부정방정식

$$x^4 + y^4 = z^4 \tag{5.2.6}$$

의 양의 정수해는 존재하지 않는다.

▌증명 부정방정식 (5.2.6)이 양의 정수해 $a,\ b,\ c$를 갖는다고 하면

$$a^4 + b^4 = c^4 = (c^2)^2$$

이므로 부정방정식

$$X^4 + Y^4 = Z^2$$

은 양의 정수해 $a,\ b,\ c^2$을 갖게 되어 정리 5.2.2에 모순이다. 따라서 부정방정식 (5.2.6)은 양의 정수해를 갖지 않는다. ❑

정리 5.2.5

부정방정식

$$x^4 + y^4 = z^4 \tag{5.2.7}$$

의 정수해는 $a,\ b \in \mathbb{Z}$에 대하여

$$x=0, \quad y=b, \quad z=\pm b \tag{5.2.8}$$

또는

$$x=a, \quad y=0, \quad z=\pm a \tag{5.2.9}$$

의 꼴이다.

▌증명 a, b, c를 부정방정식 (5.2.7)의 정수해라 하자. a, b, c를 모두 0이 아니라 하면

$$|a|^4 + |b|^4 = a^4 + b^4 = c^4 = |c|^4$$

이므로 부정방정식 (5.2.7)은 양의 정수해 $|a|$, $|b|$, $|c|$를 갖게 되어 정리 5.2.4에 모순이다. 따라서 a, b, c 중에서 적어도 하나는 0이 되어야 한다. 따라서 $x=0$이면 $y=b$, $z=\pm b$ $(b \in \mathbb{Z})$에 대하여

$$0^4 + b^4 = b^4 = (\pm b)^4$$

이므로 (5.2.8)은 부정방정식 (5.2.7)의 정수해이다. 또한 $y=0$이면 $x=a$, $z=\pm a$ $(a \in \mathbb{Z})$에 대하여

$$a^4 + 0^4 = a^4 = (\pm a)^4$$

이므로 (5.2.9)는 부정방정식 (5.2.7)의 정수해이다. 다음, $z=0$이면 $x=0$, $y=0$, $z=0$만이 부정방정식 (5.2.7)의 정수해이고, 이 경우는 (5.2.8)의 경우에 포함된다. ❏

5.2 ❙ 연습문제

01 n이 양의 정수일 때, 부정방정식 $x^{4n}+y^{4n}=z^{4n}$의 양의 정수해는 존재하지 않음을 증명하라.

02 부정방정식 $(x^2+1)^4+(y^2+2)^4=(z+4)^2$의 정수해는 존재하지 않음을 보여라.

03 p를 소수라 하고 $a,\ b,\ c\in\mathbb{Z}$라 할 때, 다음을 증명하라.

(1) $a^p+b^p=c^p$이면 $a+b\equiv c \pmod{p}$이다.

(2) $a^{p-1}+b^{p-1}=c^{p-1}$이면 $abc\equiv 0 \pmod{p}$이다.

04 부정방정식 $x^4-y^4=z^2$의 양의 정수해는 존재하지 않음을 증명하라.

05 위의 문제 4를 이용하여 피타고라스의 삼각형의 넓이는 정수의 제곱으로 나타낼 수 없음을 보여라.

5.3 ❙ 제곱수들의 합

정의 5.3.1

n을 정수라 할 때, n이 정수 a에 대하여 $n = a^2$으로 표시되면 n을 **제곱수(square)**라 한다.

이제부터

$$1 = 0^2 + 1^2$$
$$2 = 1^2 + 1^2$$
$$3 = 1^2 + 1^2 + 1^2$$
$$4 = 0^2 + 2^2$$
$$5 = 1^2 + 2^2$$
$$6 = 1^2 + 1^2 + 2^2$$
$$7 = 1^2 + 1^2 + 1^2 + 2^2$$

과 같이 정수를 여러 개의 제곱수들의 합으로 표시하는 방법을 연구하자.

정리 5.3.2

m과 n을 양의 정수라 할 때, m과 n이 두 제곱수들의 합으로 표시되면 mn도 두 제곱수들의 합으로 표시된다.

❙ 증명 $a,\ b,\ c,\ d \in \mathbb{Z}$에 대하여

$$m = a^2 + b^2, \quad n = c^2 + d^2$$

이라 하면

$$mn = (a^2 + b^2)(c^2 + d^2) = (ac + bd)^2 + (ad - bc)^2$$

이므로 mn도 두 제곱수들의 합이다. ❑

보기 5.3.3

13과 17은

$$13 = 2^2 + 3^2, \quad 17 = 1^2 + 4^2$$

과 같이 두 제곱수들의 합으로 표시된다. 따라서 정리 5.3.2에 의하여 $221 = 13 \cdot 17$은 두 제곱수들의 합으로 표시할 수 있다. 실제로 정리 5.3.2의 증명과정을 이용하면

$$\begin{aligned} 221 &= 13 \cdot 17 = (2^2 + 3^2)(1^2 + 4^2) \\ &= (2 \cdot 1 + 3 \cdot 4)^2 + (2 \cdot 4 - 3 \cdot 1)^2 = 14^2 + 5^2 \ (= 196 + 25) \end{aligned}$$

이므로 221은 두 제곱수들의 합이다.

정리 5.3.4

p를 $p = 4k + 3$ ($k \in \mathbb{Z}$) 꼴의 정수라 하면 p는 두 제곱수들의 합으로 표시할 수 없다.

증명 보기 2.1.3에 의하여 $a \in \mathbb{Z}$에 대하여

$$a^2 \equiv 0 \pmod 4 \text{ 또는 } a^2 \equiv 1 \pmod 4$$

이다. 따라서 정리 3.1.5 (1)에 의하여 $a, b \in \mathbb{Z}$에 대하여

$$a^2 + b^2 \equiv 0 \pmod 4 \text{ 또는 } a^2 + b^2 \equiv 1 \pmod 4 \text{ 또는 } a^2 + b^2 \equiv 2 \pmod 4$$

이다. 또한 $p \equiv 3 \pmod 4$이므로 $a, b \in \mathbb{Z}$에 대하여 $p = a^2 + b^2$이라 하면 정리 3.1.4 (2), (3)에 의하여

$$3 \equiv 0 \pmod 4 \text{ 또는 } 3 \equiv 1 \pmod 4 \text{ 또는 } 3 \equiv 2 \pmod 4$$

가 되어 모순이다. 따라서 p는 두 제곱수들의 합으로 표시할 수 없다. □

정리 5.3.5

$p(> 2)$를 소수라 할 때, p가 두 제곱수들의 합으로 표시되기 위한 필요충분조건은

$$p \equiv 1 \pmod 4$$

인 것이다.

증명 $p \equiv 1 \pmod 4$라 하자. 그러면 $4 \mid (p-1)$이므로 $p-1=4d$, 즉 $\frac{p-1}{2}=2d$를 만족하는 양의 정수 d가 존재한다. 따라서 정리 3.3.12 (2)에 의하여

$$\left(\frac{-1}{p}\right)=(-1)^{\frac{p-1}{2}}=(-1)^{2d}=1$$

이므로 -1은 법 p에 관한 이차잉여이다. 그러므로

$$a^2 \equiv -1 \pmod p$$

를 만족하는 정수 $a\,(1 \le a \le p-1)$가 존재하고 (실제로 a를 법 p에 관한 최소완전잉여계에서 선택한다), 따라서

$$a^2+1=pm$$

을 만족하는 정수 m이 존재한다. 더욱이 $m \ge 1$이고, 또한

$$pm=a^2+1 \le (p-1)^2+1 < p^2$$

이므로 $1 \le m < p$, 즉 $1 \le m \le p-1$이다. 따라서 $x=a,\ y=1$은 부정방정식

$$x^2+y^2=pm \quad (1 \le m \le p-1)$$

의 정수해이다. 그러므로 적당한 정수 $m\,(1 \le m \le p-1)$에 대하여 부정방정식

$$x^2+y^2=pm$$

은 정수해 $x=a,\ y=b$를 갖는다. 따라서 $m=1$이면

$$a^2+b^2=p$$

가 되어 p는 두 제곱수들의 합이다. 다음, $m>1$인 경우를 생각하자.

$$s \equiv a \pmod m, \quad -\frac{m}{2} < s \le \frac{m}{2} \tag{5.3.1}$$

$$t \equiv b \pmod m, \quad -\frac{m}{2} < t \le \frac{m}{2} \tag{5.3.2}$$

를 만족하는 정수 $s,\ t$가 존재한다(실제로 $s,\ t$는 법 m에 관한 절대최소완전잉여계에서 선택한다). 따라서 정리 3.1.5에 의하여

$$s^2+t^2 \equiv a^2+b^2=pm \pmod m$$

이고, 또한 $pm \equiv 0 \pmod{m}$이므로 정리 3.1.4 (3)에 의하여

$$s^2 + t^2 \equiv 0 \pmod{m}$$

이다. 그러므로

$$s^2 + t^2 = mm_1$$

을 만족하는 정수 $m_1 (\geq 0)$이 존재한다. $m_1 = 0$이라 하면 $s = t = 0$이고, 따라서 정리 3.1.4 (2)에 의하여

$$a \equiv 0 \pmod{m}, \ \ b \equiv 0 \pmod{m}$$

이다. 그러므로 정리 3.1.5에 의하여

$$a^2 + b^2 \equiv 0 \pmod{m}$$

이고, 또한

$$a = mh, \ \ b = mk$$

를 만족하는 정수 h, k가 존재한다. 따라서

$$pm = a^2 + b^2 = (mh)^2 + (mk)^2 = m^2(h^2 + k^2)$$

이므로 $m^2 \mid pm$, 즉 $m \mid p$가 되어 $1 < m < p$라는 사실에 모순이다. 따라서 $m_1 \geq 1$이다. 더욱이

$$pm^2 m_1 = (pm)(mm_1) = (a^2 + b^2)(s^2 + t^2) = (as + bt)^2 + (at - bs)^2$$

이고, 또한 (5.3.1), (5.3.2)와 정리 3.1.5에 의하여

$$\begin{aligned} as + bt &\equiv a^2 + b^2 = pm \equiv 0 \pmod{m}, \\ at - bs &\equiv ab - ba = 0 \pmod{m} \end{aligned}$$

이다. 따라서 $\dfrac{as + bt}{m}$와 $\dfrac{at - bs}{m}$는 정수이고, 또한

$$\left(\frac{as + bt}{m}\right)^2 + \left(\frac{at - bs}{m}\right)^2 = \frac{(as + bt)^2 + (at - bs)^2}{m^2} = \frac{pm^2 m_1}{m^2} = pm_1$$

이다. 더욱이 (5.3.1)과 (5.3.2)에 의하여

$$mm_1 = s^2 + t^2 \le \frac{m^2}{4} + \frac{m^2}{4} = \frac{m^2}{2}$$

이므로

$$1 \le m_1 \le \frac{m}{2} < m$$

이다. 따라서

$$a_1 = \frac{as+bt}{m}, \quad b_1 = \frac{at-bs}{m}$$

라 하면 a_1, b_1은 부정방정식

$$x^2 + y^2 = pm_1 \quad (1 \le m_1 < m)$$

의 정수해이다. 이제 $m_1 = 1$이면

$$a_1^2 + b_1^2 = p$$

가 되어 p는 두 제곱수들의 합으로 표시된다. 다음, $m_1 > 1$이면 다시 위와 같은 방법으로 a_1, b_1으로부터 부정방정식

$$x^2 + y^2 = pm_2 \quad (1 \le m_2 < m_1)$$

의 정수해 a_2, b_2를 얻을 수 있다. 이 방법을 계속하면

$$m > m_1 > m_2 > \cdots \ge 1$$

이므로 유한번(n번) 시행한 후에

$$a_n^2 + b_n^2 = p$$

를 만족하는 정수 a_n, b_n을 얻을 수 있다. 따라서 p는 두 제곱수들의 합으로 표시된다. 역으로, p가 두 제곱수들의 합으로 표시된다고 하자. p가 홀수이므로 보기 2.1.3에 의하여 $k \in \mathbb{Z}$에 대하여

$$p = 4k+1 \text{ 또는 } p = 4k+3$$

의 꼴로 표시된다. 그러나 정리 5.3.4에 의하여 $p = 4k+3$인 경우는 일어날 수 없으므로 $p = 4k+1$의 형태로 표시된다. 즉, $p \equiv 1 \pmod 4$이다. ❑

보기 5.3.6

29는 $29=4\cdot 7+1$ 꼴의 소수이므로 두 제곱수들의 합으로 표시된다. 실제로

$$\begin{aligned}29 &= 2^2+5^2=(-2)^2+5^2=2^2+(-5)^2\\ &=(-2)^2+(-5)^2=5^2+2^2=\cdots\end{aligned}$$

이다. 그러나 23은 $23=4\cdot 5+3$ 꼴의 소수이므로 두 제곱수들의 합으로 표시할 수 없다.

정리 5.3.7

$n,\ m,\ c\in\mathbb{Z}\ (n>1,\ m>1)$이라 하자. 그러면 다음이 성립한다.

(1) $n=c^2$이면 n은 두 제곱수들의 합으로 표시된다.

(2) $p_1,\ p_2,\ \cdots,\ p_t$를 서로 다른 소수라 할 때,

$$n=mc^2,\quad m=p_1p_2\cdots p_t$$

로 표시된다고 하자. 그러면 n이 두 제곱수들의 합으로 표시되기 위한 필요충분조건은 $i=1,\ 2,\ \cdots,\ t$에 대하여 $p_i=2$ 또는 $p_i\equiv 1\ (\mathrm{mod}\ 4)$인 것이다.

증명 (1) $n=c^2$이면 $n=c^2=0^2+c^2$이므로 n은 두 제곱수들의 합으로 표시된다.

(2) $i=1,\ 2,\ \cdots,\ t$에 대하여 $p_i=2$ 또는 $p_i\equiv 1\ (\mathrm{mod}\ 4)$라 하자. $p_i=2$이면

$$p_i=2=1^2+1^2$$

이므로 p_i는 두 제곱수들의 합이고, 또한 $p_i\equiv 1\ (\mathrm{mod}\ 4)$이면 정리 5.3.5에 의하여 p_i는 두 제곱수들의 합으로 표시된다. 그러므로 정리 5.3.2에 의하여

$$m=p_1p_2\cdots p_t=a^2+b^2$$

을 만족하는 정수 $a,\ b$가 존재하고, 따라서

$$n=mc^2=p_1p_2\cdots p_tc^2=(a^2+b^2)c^2=(ac)^2+(bc)^2$$

이므로 n은 두 제곱수들의 합으로 표시된다. 역으로, n을 두 제곱수들의 합으로 표시할 수 있다고 가정하자. 즉, $n=a^2+b^2$을 만족하는 두 정수 $a,\ b$가 존재한다고 가정하자. $(a,\ b)=d$라 하면 $a=d\alpha,\ b=d\beta$를 만족하는 정수 $\alpha,\ \beta$가 존재하고, 또한 정리

2.1.14 (2)에 의하여

$$(\alpha,\ \beta) = \left(\frac{a}{d},\ \frac{b}{d}\right) = 1$$

이다. 따라서

$$d^2(\alpha^2 + \beta^2) = (d\alpha)^2 + (d\beta)^2 = a^2 + b^2 = n = mc^2$$

이다. $d = 1$이면 $d^2 \mid c^2$이다. $d > 1$이면

$$d = q_1^{k_1} q_2^{k_2} \cdots q_u^{k_u}$$

를 d의 표준분해라 하자. 그러면

$$\begin{aligned} & q_1^{2k_1} q_2^{2k_2} \cdots q_{i-1}^{2k_{i-1}} q_i^{2k_i} q_{i+1}^{2k_{i+1}} \cdots q_u^{2k_u} (\alpha^2 + \beta^2) \\ &= d^2(\alpha^2 + \beta^2) = p_1 p_2 \cdots p_{j-1} p_j p_{j+1} \cdots p_t c^2 \end{aligned}$$

이다. 따라서 $i\,(1 \le i \le u)$에 대하여 $q_i \neq p_j\ (j = 1,\ 2,\ \cdots,\ t)$라 하면 $(q_i,\ p_j) = 1$이므로 정리 2.1.15에 의하여

$$(q_i^{2k_i},\ p_1 p_2 \cdots p_t) = 1$$

이고, 또한 $q_i^{2k_i} \mid p_1 p_2 \cdots p_t c^2$이므로 정리 2.1.16에 의하여 $q_i^{2k_i} \mid c^2$이다. 다음, 적당한 $j\,(1 \le j \le t)$에 대하여 $q_i = p_j$라 하자. $p_j \nmid (\alpha^2 + \beta^2)$이라 하면 p_j는 $\alpha^2 + \beta^2$의 인수가 아니다. 따라서

$$c = g_1^{l_1} g_2^{l_2} \cdots g_s^{l_s}$$

를 c의 표준분해라 하면

$$\begin{aligned} & q_1^{2k_1} q_2^{2k_2} \cdots q_{i-1}^{2k_{i-1}} q_i^{2k_i - 1} q_{i+1}^{2k_{i+1}} \cdots q_u^{2k_u} (\alpha^2 + \beta^2) \\ &= p_1 p_2 \cdots p_{j-1} p_{j+1} \cdots p_t g_1^{2l_1} g_2^{2l_2} \cdots g_s^{2l_s} \end{aligned}$$

이므로 정리 2.2.10에 의하여 적당한 $r\ (1 \le r \le s)$에 대하여

$$q_i = g_r, \quad 2k_i - 1 = 2l_r$$

이고, 이것은 모순이다. 따라서 $p_j \mid (\alpha^2 + \beta^2)$이므로 $\alpha^2 + \beta^2 = p_j h$를 만족하는 정수 h가

존재한다. 그러므로

$$q_1^{2k_1}q_2^{2k_2}\cdots q_{i-1}^{2k_{i-1}}q_i^{2k_i}q_{i+1}^{2k_{i+1}}\cdots q_u^{2k_u}h = p_1p_2\cdots p_{j-1}p_{j+1}\cdots p_t c^2$$

즉, $q_i^{2k_i} \mid p_1p_2\cdots p_{j-1}p_{j+1}\cdots p_t c^2$이고, 또한 정리 2.1.15에 의하여

$$(q_i^{2k_i},\ p_1p_2\cdots p_{j-1}p_{j+1}\cdots p_t) = 1$$

이므로 정리 2.1.16에 의하여 $q_i^{2k_i} \mid c^2$이다. 즉, 어느 경우이든 $q_i^{2k_i} \mid c^2$이다. 또한 $(q_i, q_j) = 1(i, j = 1, 2, \cdots, u;\ i \neq j)$이므로 정리 2.1.15에 의하여

$$\left(q_i^{2k_i},\ q_j^{2k_j}\right) = 1$$

이다. 따라서 $q_1^{2k_1}, q_2^{2k_2}, \cdots, q_u^{2k_u}$는 쌍마다 서로소이므로 정리 2.1.27(2)에 의하여 $q_1^{2k_1}q_2^{2k_2}\cdots q_u^{2k_u} \mid c^2$, 즉 $d^2 \mid c^2$이다. 따라서 $i = 1, 2, \cdots, t$에 대하여

$$\begin{aligned}\alpha^2 + \beta^2 &= m\frac{c^2}{d^2} = p_i(p_1p_2\cdots p_{i-1}p_{i+1}\cdots p_t)\frac{c^2}{d^2} \\ &= p_i w \left(w = p_1p_2\cdots p_{i-1}p_{i+1}\cdots p_t\frac{c^2}{d^2}\right)\end{aligned}$$

이고, 또한 정리 2.2.3에 의하여 $(\alpha, p_i) = 1$ 또는 $(\alpha, p_i) = p_i$이다. 이때 $(\alpha, p_i) = p_i$라 하면 $p_i \mid \alpha$이므로 정리 2.1.6(2)에 의하여 $p_i \mid \alpha^2$이다. 따라서 정리 2.1.7에 의하여 $p_i \mid \beta^2$이고, 또한 정리 2.2.5에 의하여 $p_i \mid \beta$이다. 따라서 $(\alpha, \beta) = 1$이므로 $p_i \mid 1$이 되어 모순이다. 따라서 $(\alpha, p_i) = 1$이다. 따라서 정리 3.2.2에 의하여 합동식

$$\alpha\alpha_1 \equiv 1 \pmod{p_i}$$

을 만족하는 정수 α_1이 존재한다. 그러므로 정리 3.1.5(2)에 의하여

$$(\alpha\alpha_1)^2 \equiv 1^2 = 1 \pmod{p_i}$$

이고, 따라서

$$-(\alpha\alpha_1)^2 \equiv -1 \pmod{p_i}$$

이다. 더욱이

$$\alpha^2 + \beta^2 \equiv 0 \pmod{p_i}$$

이다. 그러므로 정리 3.1.5 (2)에 의하여

$$(\alpha\alpha_1)^2 + (\beta\alpha_1)^2 = (\alpha^2 + \beta^2)\alpha_1^2 \equiv 0 \cdot \alpha_1^2 = 0 \pmod{p_i}$$

이고, 따라서 정리 3.1.5 (1)에 의하여

$$(\beta\alpha_1)^2 \equiv -1 \pmod{p_i}$$

이다. 그러므로 -1은 법 p_i에 관한 이차잉여이다. i $(1 \leq i \leq t)$에 대하여 p_i를 $p_i > 2$인 소수라 하면 p_i는 홀수이고, 따라서 보기 2.1.3에 의하여 $q \in \mathbb{Z}$에 대하여

$$p_i = 4q + 1 \text{ 또는 } p_i = 4q + 3$$

의 꼴로 표시된다. $p_i = 4q + 3$인 경우는 $p_i = p$라 할 때, 정리 3.3.12 (2)에 의하여

$$1 = \left(\frac{-1}{p}\right) = (-1)^{\frac{p-1}{2}} = (-1)^{\frac{(4q+3)-1}{2}} = (-1)^{2q+1} = -1$$

이 되어 모순이다. 따라서 $p_i = 4q + 1$, 즉 $p_i \equiv 1 \pmod 4$이다. ❑

▌보기 5.3.8

정수 49는 $49 = 7^2 = 0^2 + 7^2$이므로 두 제곱수들의 합으로 표시할 수 있다. 또한 98은 $98 = 2 \cdot 7^2$이므로 정리 5.3.7 (2)에 의하여 두 제곱수들의 합으로 표시할 수 있다. 실제로

$$98 = 2 \cdot 7^2 = (1+1) \cdot 7^2 = 7^2 + 7^2$$

이다. 그러나 19는 $19 \equiv 3 \pmod 4$인 소수이므로 정리 5.3.5에 의하여 두 제곱수들의 합으로 표시할 수 없고, 또한 38은 $38 = 2 \cdot 19 \cdot 1^2$이므로 정리 5.3.7 (2)에 의하여 두 제곱수들의 합으로 표시할 수 없다. 다음, 정수

$$n = 2 \cdot 5 \cdot 13 \cdot 17 \cdot 6^2$$

을 생각하자. 5, 13, 17은 2보다 큰 소수이고,

$$5 \equiv 1 \pmod 4, \quad 13 \equiv 1 \pmod 4, \quad 17 \equiv 1 \pmod 4$$

이므로 정리 5.3.7 (2)에 의하여 n은 두 제곱수들의 합으로 표시할 수 있다. 실제로

$$2 = 1^2 + 1^2, \quad 5 = 1^2 + 2^2, \quad 13 = 2^2 + 3^2, \quad 17 = 1^2 + 4^2$$

이고, 또한 임의의 정수 a, b, c, d에 대한 항등식

$$(a^2 + b^2)(c^2 + d^2) = (ac + bd)^2 + (ad - bc)^2$$

을 반복해서 이용하면

$$2 \cdot 5 = (1^2 + 1^2)(1^2 + 2^2) = (1 + 2)^2 + (2 - 1)^2 = 3^2 + 1^2,$$
$$13 \cdot 17 = (2^2 + 3^2)(1^2 + 4^2) = (2 + 12)^2 + (8 - 3)^2 = 14^2 + 5^2$$

이므로

$$\begin{aligned} n &= 2 \cdot 5 \cdot 13 \cdot 17 \cdot 6^2 = (3^2 + 1^2)(14^2 + 5^2) \cdot 6^2 \\ &= \left((42 + 5)^2 + (15 - 14)^2\right) \cdot 6^2 = (47^2 + 1^2) \cdot 6^2 \\ &= (47 \cdot 6)^2 + (1 \cdot 6)^2 = 282^2 + 6^2 \end{aligned}$$

와 같이 n을 두 제곱수들의 합으로 표시할 수 있음을 확인할 수 있다. 다음,

$$\begin{aligned} m &= 2^3 \cdot 5 \cdot 7^4 \cdot 13^2 \cdot 17^3 \\ &= 2 \cdot 5 \cdot 17 \cdot (2^2 \cdot 7^4 \cdot 13^2 \cdot 17^2) \\ &= 2 \cdot 5 \cdot 17 \cdot (2 \cdot 7^2 \cdot 13 \cdot 17)^2 \end{aligned}$$

이므로 정리 5.3.7 (2)에 의하여 m도 두 제곱수들의 합으로 표시할 수 있다. 그러나 $l = 5 \cdot 13 \cdot 23 \cdot 8^2$을 생각하면

$$23 \equiv 3 \pmod 4$$

이므로 정리 5.3.7 (2)에 의하여 l은 두 제곱수들의 합으로 표시할 수 없다.

정수 n이 두 제곱수들의 합으로 $n = a^2 + b^2$과 같이 표시되면 $n = 0^2 + a^2 + b^2$이므로 n은 세 제곱수들의 합으로 표시된다. 그러나 보기 5.3.8에 의하여 19와 38은 두 제곱수들의 합으로 표시할 수 없지만

$$19 = 1^2 + 3^2 + 3^2, \quad 38 = 1^2 + 1^2 + 6^2$$

과 같이 세 제곱수들의 합으로 표시된다.

정리 5.3.9

$m,\ n(m \geq 0, n \geq 0)$을 정수라 할 때, $4^n(8m+7)$ 꼴의 정수는 세 제곱수들의 합으로 표시할 수 없다.

| 증명 먼저, $n=0$인 경우, 즉 $8m+7$ 꼴의 정수가 세 제곱수들의 합으로 표시할 수 없음을 보이자. 세 정수 $a,\ b,\ c$에 대하여

$$8m+7=a^2+b^2+c^2$$

꼴로 표시된다고 하자. 그러면 보기 2.1.3에 의하여

$$a^2 \equiv 0,\ 1,\ \text{또는}\ 4 \pmod 8$$
$$b^2 \equiv 0,\ 1,\ \text{또는}\ 4 \pmod 8$$
$$c^2 \equiv 0,\ 1,\ \text{또는}\ 4 \pmod 8$$

이므로 정리 3.1.5 (1)에 의하여

$$a^2+b^2+c^2 \equiv 0,\ 1,\ 2,\ 3,\ 4,\ 5,\ \text{또는}\ 6 \pmod 8$$

이고, 또한

$$a^2+b^2+c^2=8m+7 \equiv 7 \pmod 8$$

이다. 따라서 정리 3.1.4 (2), (3)에 의하여 $i=0,\ 1,\ 2,\ 3,\ 4,\ 5,\ 6$에 대하여

$$7 \equiv i \pmod 8$$

이 되어 모순이므로 $8m+7$ 꼴의 정수는 세 제곱수들의 합으로 표시할 수 없다. 다음, $n \geq 1$인 경우

$$4^n(8m+7)=a^2+b^2+c^2$$

으로 표시할 수 있는 세 정수 $a,\ b,\ c$가 존재한다고 하자. 그러면

$$a^2+b^2+c^2 \equiv 0 \pmod 4$$

이고, 또한 보기 2.1.3에 의하여

$$a^2 \equiv 0\ \text{또는}\ 1 \pmod 4;\quad b^2 \equiv 0\ \text{또는}\ 1 \pmod 4;\quad c^2 \equiv 0\ \text{또는}\ 1 \pmod 4$$

이므로 정리 3.1.5 (1)과 정리 3.1.4 (2), (3)에 의하여

$$a^2 \equiv 0 \pmod 4, \quad b^2 \equiv 0 \pmod 4, \quad c^2 \equiv 0 \pmod 4)$$

이어야 한다. 따라서 a, b, c는 모두 짝수이어야 한다. 그러므로

$$a = 2a_1, \quad b = 2b_1, \quad c = 2c_1$$

을 만족하는 정수 a_1, b_1, c_1이 존재하고, 따라서

$$4^n(8m+7) = a^2 + b^2 + c^2 = (2a_1)^2 + (2b_1)^2 + (2c_1)^2 = 4(a_1^2 + b_1^2 + c_1^2)$$

이므로

$$4^{n-1}(8m+7) = a_1^2 + b_1^2 + c_1^2$$

이다. $n-1 \geq 1$이면, 다시 위와 같은 방법으로

$$4^{n-2}(8m+7) = a_2^2 + b_2^2 + c_2^2$$

을 만족하는 정수 a_2, b_2, c_2가 존재한다. 다시 $n-2 \geq 1$이면, 위와 같은 방법을 유한번(n번) 계속하여

$$8m + 7 = a_n^2 + b_n^2 + c_n^2$$

을 만족하는 정수 a_n, b_n, c_n이 존재한다. 그러나 이것은 $8m+7$ 꼴의 정수는 세 제곱수들의 합으로 표시할 수 없다는 위의 결과에 모순이 된다. 그러므로 $4^n(8m+7)$ 꼴의 정수는 세 제곱수들의 합으로 표시할 수 없다. ❑

보기 5.3.10

$$7 = 8 \cdot 0 + 7, \qquad 15 = 8 \cdot 1 + 7,$$
$$28 = 4^1(8 \cdot 0 + 7), \qquad 496 = 4^2(8 \cdot 3 + 7)$$

이므로 7, 15, 28, 496은 세 제곱수들의 합으로 표시할 수 없다.

정리 5.3.11

m과 n을 양의 정수라 할 때, m과 n이 네 제곱수들의 합으로 표시되면 mn도 네 제곱수들의 합으로 표시된다.

❙ 증명 $a_i, b_i \in \mathbb{Z}\ (i = 1, 2, 3, 4)$에 대하여

$$m = a_1^2 + a_2^2 + a_3^2 + a_4^2, \quad n = b_1^2 + b_2^2 + b_3^2 + b_4^2$$

이라 하면

$$\begin{aligned} mn &= (a_1^2 + a_2^2 + a_3^2 + a_4^2)(b_1^2 + b_2^2 + b_3^2 + b_4^2) \\ &= (a_1b_1 + a_2b_2 + a_3b_3 + a_4b_4)^2 + (a_1b_2 - a_2b_1 + a_3b_4 - a_4b_3)^2 \\ &\quad + (a_1b_3 - a_2b_4 - a_3b_1 + a_4b_2)^2 + (a_1b_4 + a_2b_3 - a_3b_2 - a_4b_1)^2 \end{aligned}$$

이므로 mn도 네 제곱수들의 합이다. ❑

❙ 보기 5.3.12

$$30 = 1^2 + 2^2 + 3^2 + 4^2, \quad 71 = 1^2 + 3^2 + 5^2 + 6^2$$

이므로

$$\begin{aligned} 2130 = 30 \cdot 71 &= (1^2 + 2^2 + 3^2 + 4^2)(1^2 + 3^2 + 5^2 + 6^2) \\ &= (1 + 6 + 15 + 24)^2 + (3 - 2 + 18 - 20)^2 \\ &\quad + (5 - 12 - 3 + 12)^2 + (6 + 10 - 9 - 4)^2 \\ &= 46^2 + (-1)^2 + 2^2 + 3^2 \end{aligned}$$

이다.

정리 5.3.13

$p(>2)$를 소수라 할 때, 다음 조건

$$a^2 + b^2 + 1 = pk,$$

$$0 \le a \le \frac{p-1}{2}, \quad 0 \le b \le \frac{p-1}{2}, \quad 1 \le k < p$$

를 만족하는 정수 a, b, k가 존재한다 (따라서 $pk = a^2 + b^2 + 1^2 + 0^2$이므로 pk는 네 제곱수들의 합으로 표시된다).

| 증명 다음 두 집합

$$S=\left\{1+0^2,\ 1+1^2,\ 1+2^2,\ 1+3^2,\ \cdots,\ 1+\left(\frac{p-1}{2}\right)^2\right\}$$

$$T=\left\{-0^2,\ -1^2,\ -2^2,\ -3^2,\ \cdots,\ -\left(\frac{p-1}{2}\right)^2\right\}$$

을 생각하자. $1+i^2,\ 1+j^2 \in S\left(i,\ j=0,\ 1,\ 2,\ \cdots,\ \frac{p-1}{2};\ i \neq j\right)$에 대하여

$$1+i^2 \equiv 1+j^2 \pmod p$$

라 하면 정리 3.1.5 (1)에 의하여

$$(i+j)(i-j)=i^2-j^2 \equiv 0 \pmod p$$

이고, 따라서 $p \mid (i+j)(i-j)$이다. 또한 $0<i+j<p-1<p$이므로 정리 2.2.3에 의하여 $(i+j,\ p)=1$이다. 따라서 정리 2.1.16에 의하여 $p \mid (i-j)$, 즉

$$i \equiv j \pmod p$$

이다. 그러나 i와 j는 법 p에 관한 최소완전잉여계에 속하는 잉여이므로 이것은 모순이다. 따라서

$$1+i^2 \not\equiv 1+j^2 \pmod p$$

이다. 같은 방법으로, $-i^2,\ -j^2 \in T\left(i,\ j=0,\ 1,\ 2,\ \cdots,\ \frac{p-1}{2};\ i \neq j\right)$에 대하여 $-i^2 \not\equiv -j^2 \pmod p$임을 증명할 수 있다. 또한 $S \cap T=\varnothing$이고, 따라서

$$|\,S \cup T\,| = |\,S\,| + |\,T\,| = \left(\frac{p-1}{2}+1\right)+\left(\frac{p-1}{2}+1\right)=p+1$$

이다. 그러므로 적당한 $1+a^2 \in S$와 적당한 $-b^2 \in T$는 법 p에 관한 같은 잉여류에 속해야 한다. 즉,

$$1+a^2 \equiv -b^2 \pmod p$$

이다. 따라서 정리 3.1.5 (1)에 의하여

$$a^2+b^2+1 \equiv 0 \pmod p$$

이므로 $a^2+b^2+1=pk$를 만족하는 정수 k가 존재한다. 또한 $1+a^2 \in S,\ -b^2 \in T$이므로

$$0 \le a \le \frac{p-1}{2}, \quad 0 \le b \le \frac{p-1}{2}$$

이고, 따라서

$$pk = a^2 + b^2 + 1 \le \left(\frac{p-1}{2}\right)^2 + \left(\frac{p-1}{2}\right)^2 + 1 = \frac{(p-1)^2}{2} + 1 < p^2$$

이다. 그러므로 $1 \le k < p$이다. ❑

보기 5.3.14

$p = 13$이라 하면

$$\frac{p-1}{2} = \frac{13-1}{2} = 6$$

이다. 이제 정리 5.3.13의 증명과정에서와 같이

$$\begin{aligned} S &= \{1+0^2,\ 1+1^2,\ 1+2^2,\ 1+3^2,\ 1+4^2,\ 1+5^2,\ 1+6^2\} \\ &= \{1,\ 2,\ 5,\ 10,\ 17,\ 26,\ 37\}, \\ T &= \{-0^2,\ -1^2,\ -2^2,\ -3^2,\ -4^2,\ -5^2,\ -6^2\} \\ &= \{0,\ -1,\ -4,\ -9,\ -16,\ -25,\ -36\} \end{aligned}$$

을 생각하면 $1+3^2 = 10 \in S$, $-4^2 = -16 \in T$이고

$$1+3^2 = 10 \equiv -16 = -4^2 \pmod{13}$$

이므로 $1+3^2+4^2 \equiv 0 \pmod{13}$이다. 따라서 $1+3^2+4^2 = 26 = 13 \cdot 2$이고, 또한 $13 \cdot 2$는

$$13 \cdot 2 = 1^2 + 3^2 + 4^2 = 0^2 + 1^2 + 3^2 + 4^2$$

과 같이 네 제곱수들의 합으로 표시된다.

정리 5.3.15

임의의 소수 p는 네 제곱수들의 합으로 표시된다.

증명 $p = 2$인 경우는

$$p = 2 = 0^2 + 0^2 + 1^2 + 1^2$$

이므로 정리는 성립한다. $p > 2$라 하고,

$$S = \{h \mid h(1 \le h < p)\text{는 } hp\text{가 네 제곱수들의 합으로 표시되는 정수}\}$$

라 하자. 그러면 정리 5.3.13에 의하여 $S \ne \varnothing$이므로 정수의 정렬성 원리에 의하여 S는 최소 원소 k를 갖는다. 따라서 $k\ (1 \le k < p)$는 적당한 정수 a, b, c, d에 대하여

$$kp = a^2 + b^2 + c^2 + d^2$$

과 같이 표시할 수 있는 정수 중에서 가장 작은 정수이다. 이제 $k = 1$임을 보이자. k를 짝수라 하면 kp는 짝수이므로 보기 2.1.3에 의하여 a, b, c, d는 모두 짝수이든가, a, b, c, d는 모두 홀수이든가, 또는 a, b, c, d 중에서 둘은 짝수이고 둘은 홀수이어야 한다. 그러므로

$$a \equiv b \pmod 2, \quad c \equiv d \pmod 2$$

라 가정해도 일반성을 잃지 않는다(필요하면, a, b, c, d의 순서를 바꾸어 생각하면 된다). 따라서

$$\frac{a-b}{2}, \ \frac{a+b}{2}, \ \frac{c-d}{2}, \ \frac{c+d}{2}$$

는 모두 정수이고, 또한

$$\begin{aligned}&\left(\frac{a-b}{2}\right)^2 + \left(\frac{a+b}{2}\right)^2 + \left(\frac{c-d}{2}\right)^2 + \left(\frac{c+d}{2}\right)^2 \\ &\quad = \frac{2a^2 + 2b^2 + 2c^2 + 2d^2}{4} = \frac{a^2 + b^2 + c^2 + d^2}{2} = \frac{kp}{2} = \left(\frac{k}{2}\right)p\end{aligned}$$

이다. 따라서 $\frac{k}{2}$는 $1 \le \frac{k}{2} < k < p$인 정수이므로 $\frac{k}{2} \in S$가 되어 k의 최소성에 모순이다. 그러므로 k는 홀수이어야 한다. $1 < k$라 하자. 그러면 $k \ge 3$이어야 한다. 이제

$$a \equiv s \pmod k, \ |s| < \frac{k}{2}; \qquad b \equiv t \pmod k, \ |t| < \frac{k}{2};$$
$$c \equiv u \pmod k, \ |u| < \frac{k}{2}; \qquad d \equiv v \pmod k, \ |v| < \frac{k}{2}$$

를 만족하는 정수 s, t, u, v를 선택하자(실제로 s, t, u, v를 법 k에 관한 절대최소완전잉여계에서 선택한다). 그러면 정리 3.1.5에 의하여

$$a^2+b^2+c^2+d^2 \equiv s^2+t^2+u^2+v^2 \pmod{k}$$

이다. 또한 $a^2+b^2+c^2+d^2 = kp \equiv 0 \pmod{k}$이므로 정리 3.1.4 (2), (3)에 의하여

$$s^2+t^2+u^2+v^2 \equiv 0 \pmod{k}$$

이다. 따라서 $s^2+t^2+u^2+v^2 \geq 0$이므로

$$s^2+t^2+u^2+v^2 = nk$$

를 만족하는 정수 $n(\geq 0)$이 존재한다. $n=0$이면 $s=t=u=v=0$이어야 하므로 $k \mid a$, $k \mid b$, $k \mid c$, $k \mid d$이고, 따라서

$$a = ka_1, \quad b = kb_1, \quad c = kc_1, \quad d = kd_1$$

을 만족하는 정수 a_1, b_1, c_1, d_1이 존재한다. 따라서

$$\begin{aligned} kp &= a^2+b^2+c^2+d^2 = (ka_1)^2+(kb_1)^2+(kc_1)^2+(kd_1)^2 \\ &= k^2(a_1^2+b_1^2+c_1^2+d_1^2) \end{aligned}$$

이므로 $k \mid p$이고, 이것은 $1<k<p$라는 사실에 모순이다. 그러므로 $n \geq 1$이고, 또한

$$1 \leq nk = s^2+t^2+u^2+v^2 < \frac{k^2}{4}+\frac{k^2}{4}+\frac{k^2}{4}+\frac{k^2}{4} = k^2$$

이다. 즉, $1 \leq n < k$이다.

$$\begin{aligned} &\alpha = as+bt+cu+dv, \quad \beta = at-bs+cv-du, \\ &\gamma = au-bv-cs+dt, \quad \delta = av+bu-ct-ds \end{aligned}$$

라 하자. 그러면 정리 3.1.4 (2), (3)과 정리 3.1.5에 의하여

$$\alpha = as+bt+cu+dv \equiv a^2+b^2+c^2+d^2 \equiv 0 \pmod{k}$$

이고, 또한

$$\begin{aligned} &\beta = at-bs+cv-du \equiv ab-ba+cd-dc = 0 \pmod{k}, \\ &\gamma = au-bv-cs+dt \equiv ac-bd-ca+db = 0 \pmod{k}, \\ &\delta = av+bu-ct-ds \equiv ad+bc-cb-da = 0 \pmod{k} \end{aligned}$$

이다. 따라서 $\frac{\alpha}{k}$, $\frac{\beta}{k}$, $\frac{\gamma}{k}$, $\frac{\delta}{k}$는 모두 정수이다. 또한

$$\begin{aligned} k^2np &= (kp)(nk) = (a^2+b^2+c^2+d^2)(s^2+t^2+u^2+v^2) \\ &= (as+bt+cu+dv)^2 + (at-bs+cv-du)^2 \\ &\quad + (au-bv-cs+dt)^2 + (av+bu-ct-ds)^2 \\ &= \alpha^2+\beta^2+\gamma^2+\delta^2 \end{aligned}$$

이다(정리 5.3.11의 증명과정에서의 항등식 참조). 그러므로

$$np = \left(\frac{\alpha}{k}\right)^2 + \left(\frac{\beta}{k}\right)^2 + \left(\frac{\gamma}{k}\right)^2 + \left(\frac{\delta}{k}\right)^2$$

이고, 따라서 n은 $1 \le n < k < p$인 정수이므로 $n \in S$가 되어 k의 최소성에 모순이다. 따라서 $k=1$이어야 한다. 즉, p는 네 제곱수들의 합으로 표시된다. ❑

정리 5.3.16 Lagrange

모든 양의 정수 n은 네 제곱수들의 합으로 표시된다.

증명 $n=1$이면 $n=1=0^2+0^2+0^2+1^2$이므로 정리는 성립한다. $n>1$이라 하면 n은 소수 $p_1, p_2, \cdots, p_r$에 대하여

$$n = p_1 p_2 \cdots p_r$$

의 꼴로 표시되므로((2.2.2) 참조), 정리 5.3.15와 정리 5.3.11에 의하여 n은 네 제곱수들의 합으로 표시된다. ❑

5.3 ▎연습문제

01 1부터 50까지의 정수를 생각하자.

(1) 두 제곱수들의 합으로 표시할 수 있는 정수를 모두 구하라.

(2) 두 제곱수들의 합으로 표시할 수 없지만 세 제곱수들의 합으로 표시할 수 있는 정수를 모두 구하라.

(3) 세 제곱수들의 합으로 표시할 수 없는 정수를 모두 찾아 네 제곱수들의 합으로 표시하라.

02 다음 정수 중에서 두 제곱수들의 합으로 표시할 수 있는 정수를 모두 찾아서 이들을 두 제곱수들의 합으로 표시하라.

$$152,\ 377,\ 459,\ 888,\ 1472,\ 3690,\ 6966,\ 10048,\ 332514$$

03 n을 양의 정수라 할 때, 다음 명제 중에서 참인 것은 증명하고 거짓인 것은 반례를 들라.

(1) $5 \mid n$이고 $5^2 \nmid n$이면 부정방정식 $x^2+y^2=n$의 해는 존재하지 않는다.

(2) $7 \mid n$이고 $7^2 \nmid n$이면 부정방정식 $x^2+y^2=n$의 해는 존재하지 않는다.

04 n을 양의 정수라 할 때, $n \equiv 3 \pmod 9$ 또는 $n \equiv 6 \pmod 9$이면 n은 두 제곱수들의 합으로 표시할 수 없음을 보여라.

05 양의 정수 m과 n이 두 제곱수들의 합으로 표시될 때, $m \mid n$이면 $\dfrac{n}{m}$도 두 제곱수들의 합으로 표시할 수 있음을 보여라.

06 100부터 150까지의 정수 중에서 세 제곱수들의 합으로 표시할 수 없는 정수를 모두 찾아라.

07 $a,\ b,\ c,\ d \in \mathbb{Z}$라 할 때, 다음을 증명하라.

(1) $4 \mid (a^2+b^2+c^2)$이면 $a,\ b,\ c$는 모두 짝수이다.

(2) $8 \mid (a^2+b^2+c^2+d^2)$이면 $a,\ b,\ c,\ d$는 모두 짝수이다.

08 각 정수 53, 105, 459, 18179를 네 제곱수들의 합으로 표시하라.

09 $n^2+(n+1)^2+(n+2)^2=m^2$을 만족하는 정수 n, m은 존재하지 않음을 보여라.

10 m을 짝수라 할 때, $(x, y, z)=1$을 만족하는 부정방정식

$$x^2+y^2+z^2=m^2$$

의 해는 존재하지 않음을 보여라.

11 (2008학년도 중등임용시험 11번) 정수 x, y, z에 관한 합동식 $x^2+y^2\equiv 3z^2 \pmod 4$의 해집합은 $\{(x, y, z) \mid x\equiv y\equiv z\equiv 0 \pmod 2\}$임을 보여라.

5.4 ▌연분수, Pell의 방정식

α를 정수가 아닌 실수라 하자. q_1을 α보다 작은 정수 중에서 가장 큰 정수라 하자.

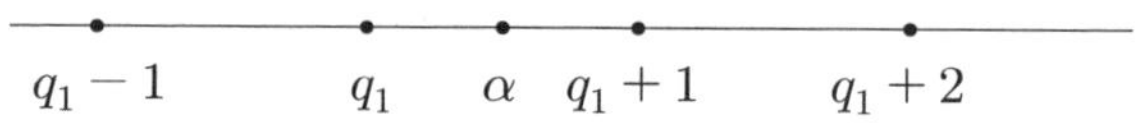

α_2를 일차방정식 $(\alpha - q_1)x = 1$의 해라 하자. 즉, $(\alpha - q_1)\alpha_2 = 1$. 그러면 $0 < \alpha - q_1 < 1$ 이므로

$$\alpha = q_1 + \frac{1}{\alpha_2}, \quad \alpha_2 > 1$$

이다. α_2가 정수가 아니면 q_2를 α_2보다 작은 정수 중에서 가장 큰 정수라 하고, α_3를 일차방정식 $(\alpha_2 - q_2)x = 1$의 해라 하자. 즉, $(\alpha_2 - q_2)\alpha_3 = 1$이다. 그러면 $0 < \alpha_2 - q_2 < 1$이므로

$$\alpha_2 = q_2 + \frac{1}{\alpha_3}, \quad \alpha_3 > 1$$

이다. 다시 α_3가 정수가 아니면 q_3를 α_3보다 작은 정수 중에서 가장 큰 정수라 하자. α_4를 일차방정식 $(\alpha_3 - q_3)x = 1$의 해라 하자. 즉, $(\alpha_3 - q_3)\alpha_4 = 1$이다. 그러면 $0 < \alpha_3 - q_3 < 1$이므로

$$\alpha_3 = q_3 + \frac{1}{\alpha_4}, \quad \alpha_4 > 1$$

이다. 다시 α_4가 정수가 아니면 위의 방법을 계속하여 α를 다음과 같은 형태로 표시할 수 있다 (이때 이 식을 연분수(continued fraction)라 한다).

$$\alpha = q_1 + \frac{1}{\alpha_2} = q_1 + \cfrac{1}{q_2 + \cfrac{1}{\alpha_3}}$$

$$= q_1 + \cfrac{1}{q_2 + \cfrac{1}{q_3 + \cfrac{1}{\alpha_4}}} = q_1 + \cfrac{1}{q_2 + \cfrac{1}{q_3 + \cfrac{1}{q_4 + \cfrac{1}{\alpha_5}}}} = \cdots$$

α가 무리수이면 분명히 α, α_2, α_3, α_4, α_5, $\cdots$는 모두 정수가 아니고 위의 연분수는 한없이 계속된다. 이제 α를 유리수라 하고

$$\alpha = \frac{a}{b} \quad (a,\, b \in \mathbb{Z}\ (b > 0),\ (a,\, b) = 1)$$

이라 하자. 그러면 (2.1.10)에 의하여

$$\begin{array}{lll}
a = bq_1 + r_2, & 0 < r_2 < b, & \dfrac{a}{b} = q_1 + \dfrac{r_2}{b}; \\
b = r_2 q_2 + r_3, & 0 < r_3 < r_2, & \dfrac{b}{r_2} = q_2 + \dfrac{r_3}{r_2}; \\
r_2 = r_3 q_3 + r_4, & 0 < r_4 < r_3, & \dfrac{r_2}{r_3} = q_3 + \dfrac{r_4}{r_3}; \\
 & \cdots & \\
r_{n-2} = r_{n-1} q_{n-1} + r_n, & 0 < r_n < r_{n-1}, & \dfrac{r_{n-2}}{r_{n-1}} = q_{n-1} + \dfrac{r_n}{r_{n-1}}; \\
r_{n-1} = r_n q_n, & \dfrac{r_{n-1}}{r_n} = q_n &
\end{array}$$

이므로

$$\begin{aligned}
\alpha &= \frac{a}{b} = q_1 + \frac{r_2}{b} = q_1 + \cfrac{1}{\cfrac{b}{r_2}} = q_1 + \cfrac{1}{q_2 + \cfrac{r_3}{r_2}} \\
&= q_1 + \cfrac{1}{q_2 + \cfrac{1}{\cfrac{r_2}{r_3}}} = q_1 + \cfrac{1}{q_2 + \cfrac{1}{q_3 + \cfrac{r_4}{r_3}}} = \cdots
\end{aligned}$$

이다. 따라서 α는

$$\alpha = \frac{a}{b} = q_1 + \cfrac{1}{q_2 + \cfrac{1}{q_3 + \cfrac{1}{\ddots + \cfrac{1}{q_n}}}} \tag{5.4.1}$$

과 같이 연분수로 표시할 수 있다. 더욱이 $\frac{a}{b}$에서 $b>0$이라 가정하였으므로 $q_1<0$, $q_1=0$, $q_1>0$의 세 가지 경우가 있을 수 있다. 그러나 $0<r_3<r_2<b$이므로 $0<b-r_3=r_2q_2$이다. 따라서 $q_2>0$이다. 또한 $0<r_4<r_3<r_2$이므로 $0<r_2-r_4=r_3q_3$이다. 따라서 $q_3>0$이다. 이와 같은 방법을 계속하면

$$q_2>0,\ q_3>0,\ \cdots,\ q_n>0$$

임을 알 수 있다.

(5.4.1)과 같이 $q_1, q_2, q_3, \cdots, q_n$이 모두 정수이고 $q_2\ge 1$, $q_3\ge 1$, $\cdots$, $q_n\ge 1$일 때, 연분수

$$q_1+\cfrac{1}{q_2+\cfrac{1}{q_3+\cfrac{1}{\ddots+\cfrac{1}{q_n}}}}$$

을 유한 단순연분수(finite simple continued fraction)라 하고

$$\langle q_1, q_2, q_3, \cdots, q_n\rangle$$

으로 표시한다.

유리수 α가 (5.4.1)과 같이 유한 단순연분수로 표시될 때, $q_n\ge 2$ $(n\ge 2)$인 경우는 q_n을 $(q_n-1)+\frac{1}{1}$로 나타낼 수 있다(이때 $q_n-1\ge 1$이다). 따라서 α를

$$\alpha=\langle q_1, q_2, \cdots, q_{n-1}, q_n\rangle=\langle q_1, q_2, \cdots, q_{n-1}, q_n-1, 1\rangle$$

과 같이 두 가지 방법으로 표시할 수 있다.

$(a, b)=1$, $b>0$이라 하자. $\frac{a}{b}$가 (5.4.1)과 같이 유한 단순연분수로 표시될 때,

$$\beta_1=q_1,\ \beta_2=q_1+\frac{1}{q_2},\ \beta_3=q_1+\cfrac{1}{q_2+\cfrac{1}{q_3}},\ \cdots$$

로 표시하고, 또한 정수 $i\,(>1)$에 대하여

$$\begin{cases} P_i = q_i P_{i-1} + P_{i-2}, & P_0 = 1,\ P_1 = q_1 \\ Q_i = q_i Q_{i-1} + Q_{i-2}, & Q_0 = 0,\ Q_1 = 1 \end{cases} \tag{5.4.2}$$

로 표시하자. 그러면

$$\beta_1 = q_1 = \frac{q_1}{1} = \frac{P_1}{Q_1},$$

$$\beta_2 = q_1 + \frac{1}{q_2} = \frac{q_2 q_1 + 1}{q_2} = \frac{q_2 q_1 + 1}{q_2 \cdot 1 + 0} = \frac{q_2 P_1 + P_0}{q_2 Q_1 + Q_0} = \frac{P_2}{Q_2},$$

$$\begin{aligned} \beta_3 &= q_1 + \cfrac{1}{q_2 + \cfrac{1}{q_3}} = \frac{\left(q_2 + \frac{1}{q_3}\right) q_1 + 1}{q_2 + \frac{1}{q_3}} = \frac{\left(q_2 + \frac{1}{q_3}\right) P_1 + P_0}{\left(q_2 + \frac{1}{q_3}\right) Q_1 + Q_0} \\ &= \frac{(q_3 q_2 + 1) P_1 + q_3 P_0}{(q_3 q_2 + 1) Q_1 + q_3 Q_0} = \frac{q_3 (q_2 P_1 + P_0) + P_1}{q_3 (q_2 Q_1 + Q_0) + Q_1} \\ &= \frac{q_3 P_2 + P_1}{q_3 Q_2 + Q_1} = \frac{P_3}{Q_3}, \\ &\cdots \end{aligned}$$

$$\beta_n = \frac{q_n P_{n-1} + P_{n-2}}{q_n Q_{n-1} + Q_{n-2}} = \frac{P_n}{Q_n} = \frac{a}{b} \tag{5.4.3}$$

이다 (정리 5.4.2 (3)과 그다음의 설명 참조). 이 사실을 다음과 같이 도표로 표시하면 편리하다.

i	0	1	2	3	$\cdots$	$i-2$	$i-1$	i	$\cdots$	$n-1$	n
q_i		q_1	q_2	q_3	$\cdots$	q_{i-2}	q_{i-1}	q_i	$\cdots$	q_{n-1}	q_n
P_i	1	$\boldsymbol{q_1}$	P_2	P_3	$\cdots$	P_{i-2}	P_{i-1}	P_i	$\cdots$	P_{n-1}	$\boldsymbol{a}$
Q_i	0	1	Q_2	Q_3	$\cdots$	Q_{i-2}	Q_{i-1}	Q_i	$\cdots$	Q_{n-1}	$\boldsymbol{b}$

따라서 $\beta_1,\ \beta_2,\ \beta_3,\ \cdots,\ \beta_n = \dfrac{a}{b}$의 값을 위의 도표를 사용하여 구할 수 있다.

보기 5.4.1

기약분수 $\dfrac{84}{25}$를 유한 단순연분수로 표시하여 보자.

$$
\begin{aligned}
84 &= 25 \cdot 3 + 9, & q_1 &= 3 \\
25 &= 9 \cdot 2 + 7, & q_2 &= 2 \\
9 &= 7 \cdot 1 + 2, & q_3 &= 1 \\
7 &= 2 \cdot 3 + 1, & q_4 &= 3 \\
2 &= 1 \cdot 2, & q_5 &= 2
\end{aligned}
\qquad
\begin{array}{c|cc|c}
3 & 84 & 25 & 2 \\
1 & \underline{75} & \underline{18} & 3 \\
 & 9 & 7 & \\
2 & \underline{7} & \underline{6} & \\
 & 2 & 1 & \\
 & \underline{2} & & \\
 & 0 & &
\end{array}
$$

이므로

$$\frac{84}{25} = 3 + \cfrac{1}{2 + \cfrac{1}{1 + \cfrac{1}{3 + \cfrac{1}{2}}}} = \langle 3,\ 2,\ 1,\ 3,\ 2 \rangle$$

또는

$$\frac{84}{25} = 3 + \cfrac{1}{2 + \cfrac{1}{1 + \cfrac{1}{3 + \cfrac{1}{1 + \cfrac{1}{1}}}}} = \langle 3,\ 2,\ 1,\ 3,\ 1,\ 1 \rangle$$

이다. 또한 점화식 (5.4.2)에 의하여

$$
\begin{aligned}
&P_0 = 1,\ P_1 = 3, & &Q_0 = 0,\ Q_1 = 1, \\
&P_2 = q_2 P_1 + P_0 = 2 \cdot 3 + 1 = 7, & &Q_2 = q_2 Q_1 + Q_0 = 2 \cdot 1 + 0 = 2, \\
&P_3 = q_3 P_2 + P_1 = 1 \cdot 7 + 3 = 10, & &Q_3 = q_3 Q_2 + Q_1 = 1 \cdot 2 + 1 = 3, \\
&P_4 = q_4 P_3 + P_2 = 3 \cdot 10 + 7 = 37, & &Q_4 = q_4 Q_3 + Q_2 = 3 \cdot 3 + 2 = 11, \\
&P_5 = q_5 P_4 + P_3 = 2 \cdot 37 + 10 = 84, & &Q_5 = q_5 Q_4 + Q_3 = 2 \cdot 11 + 3 = 25
\end{aligned}
$$

이므로 다음 도표를 얻는다.

i	0	1	2	3	4	5
q_i		3	2	1	3	2
P_i	**1**	**3**	7	10	37	**84**
Q_i	**0**	**1**	2	3	11	**25**

더욱이

$$\beta_2 = 3 + \frac{1}{2} = \frac{P_2}{Q_2} = \frac{7}{2}, \qquad \beta_3 = 3 + \cfrac{1}{2 + \cfrac{1}{1}} = \frac{P_3}{Q_3} = \frac{10}{3},$$

$$\beta_4 = 3 + \cfrac{1}{2 + \cfrac{1}{1 + \cfrac{1}{3}}} = \frac{P_4}{Q_4} = \frac{37}{11}, \qquad \beta_5 = 3 + \cfrac{1}{2 + \cfrac{1}{1 + \cfrac{1}{3 + \cfrac{1}{2}}}} = \frac{P_5}{Q_5} = \frac{84}{25}$$

이다.

정리 5.4.2

(5.4.2)에서의 점화식

$$P_i = q_i P_{i-1} + P_{i-2}, \quad P_0 = 1, \quad P_1 = q_1,$$
$$Q_i = q_i Q_{i-1} + Q_{i-2}, \quad Q_0 = 0, \quad Q_1 = 1$$

에 대하여 다음이 성립한다.

(1) $i > 0$인 정수 i에 대하여 $P_i Q_{i-1} - Q_i P_{i-1} = (-1)^i$이다.

(2) $i > 1$인 정수 i에 대하여 $\beta_i = \dfrac{P_i}{Q_i}$라 할 때,

$$\beta_i - \beta_{i-1} = \frac{(-1)^i}{Q_i Q_{i-1}}$$

이다.

(3) $i > 0$인 정수 i에 대하여 $(P_i, Q_i) = 1$이다 (따라서 $\dfrac{P_i}{Q_i}$는 기약분수이다).

증명 (1) 각 i에 대하여 $k_i = P_i Q_{i-1} - Q_i P_{i-1}$이라 하자. 그러면 $i > 1$인 i에 대하여

$$\begin{aligned} k_i &= P_i Q_{i-1} - Q_i P_{i-1} \\ &= (q_i P_{i-1} + P_{i-2}) Q_{i-1} - (q_i Q_{i-1} + Q_{i-2}) P_{i-1} \\ &= -(P_{i-1} Q_{i-2} - Q_{i-1} P_{i-2}) = -k_{i-1} \end{aligned}$$

이다. 또한 $i=1$인 경우는

$$k_1 = P_1Q_0 - Q_1P_0 = q_1 \cdot 0 - 1 \cdot 1 = -1\,(=(-1)^1)$$

이다. 따라서

$$\begin{aligned} k_i &= -k_{i-1} = (-1)^2 k_{i-2} = (-1)^3 k_{i-3} \\ &= \cdots = (-1)^{i-1} k_{i-(i-1)} = (-1)^{i-1} k_1 = (-1)^{i-1}(-1) \\ &= (-1)^i \end{aligned}$$

이다.

(2)
$$\begin{aligned} \beta_i - \beta_{i-1} &= \frac{P_i}{Q_i} - \frac{P_{i-1}}{Q_{i-1}} = \frac{P_iQ_{i-1} - Q_iP_{i-1}}{Q_iQ_{i-1}} \\ &= \frac{(-1)^i}{Q_iQ_{i-1}} \quad ((1)\text{에 의하여}) \end{aligned}$$

이다.

(3) $d=(P_i, Q_i)$라 하면 $d \mid P_i$, $d \mid Q_i$이므로 정리 2.1.6 (2)에 의하여

$$d \mid P_iQ_{i-1}, \quad d \mid Q_iP_{i-1}$$

이다. 따라서 정리 2.1.6 (4)에 의하여

$$d \mid (P_iQ_{i-1} - Q_iP_{i-1})$$

이다. 따라서 (1)에 의하여

$$P_iQ_{i-1} - Q_iP_{i-1} = (-1)^i = \pm 1$$

이므로 $d \mid (\pm 1)$이다. 그러므로 정리 2.1.6 (2)에 의하여 $d \mid 1$이다. 따라서 정리 2.1.6 (7)에 의하여 $d=1$이다. ❑

$a, b, c, d \in \mathbb{Z}$ $(b>0,\ d>0)$라 하고

$$\frac{a}{b} = \frac{c}{d}, \quad (a, b) = 1, \quad (c, d) = 1$$

이라 하자. 그러면 $ad = bc$이므로 $b \mid ad$, $d \mid bc$이고, 따라서 정리 2.1.16에 의하여 $b \mid d$, $d \mid b$이므로 정리 2.1.6 (8)에 의하여 $b = \pm d$이다. 그런데 $b > 0$, $d > 0$이므로 $b = d$이고, 따라서

$a=c$이다. 그러므로 (5.4.3)에서와 같이

$$\frac{P_n}{Q_n}=\frac{a}{b}, \quad (a, b)=1$$

이라 하면 정리 5.4.2 (3)에 의하여 $(P_n, Q_n)=1$이므로 위의 설명에 의하여

$$a=P_n, \quad b=Q_n \tag{5.4.4}$$

이다.

보기 5.4.3

보기 5.4.1 에서의 도표를 이용하여 정리 5.4.2 를 확인하여 보자.

i	0	1	2	3	4	5
q_i		3	2	1	3	2
P_i	**1**	**3**	7	10	37	**84**
Q_i	**0**	**1**	2	3	11	**25**

(1)

$$\begin{aligned}
P_1Q_0-Q_1P_0 &= 3\cdot 0-1\cdot 1=-1=(-1)^1\\
P_2Q_1-Q_2P_1 &= 7\cdot 1-2\cdot 3=1=(-1)^2\\
P_3Q_2-Q_3P_2 &= 10\cdot 2-3\cdot 7=-1=(-1)^3\\
P_4Q_3-Q_4P_3 &= 37\cdot 3-11\cdot 10=1=(-1)^4\\
P_5Q_4-Q_5P_4 &= 84\cdot 11-25\cdot 37=-1=(-1)^5
\end{aligned}$$

(2) $\beta_1=\frac{P_1}{Q_1}=\frac{3}{1}$, $\beta_2=\frac{P_2}{Q_2}=\frac{7}{2}$, $\beta_3=\frac{P_3}{Q_3}=\frac{10}{3}$, $\beta_4=\frac{P_4}{Q_4}=\frac{37}{11}$, $\beta_5=\frac{P_5}{Q_5}=\frac{84}{25}$라 하면

$$\begin{aligned}
\beta_2-\beta_1 &= \frac{7}{2}-\frac{3}{1}=\frac{7\cdot 1-3\cdot 2}{2\cdot 1}=\frac{1}{2\cdot 1}=\frac{(-1)^2}{Q_2Q_1}\\
\beta_3-\beta_2 &= \frac{10}{3}-\frac{7}{2}=\frac{10\cdot 2-7\cdot 3}{3\cdot 2}=\frac{-1}{3\cdot 2}=\frac{(-1)^3}{Q_3Q_2}\\
\beta_4-\beta_3 &= \frac{37}{11}-\frac{10}{3}=\frac{37\cdot 3-10\cdot 11}{11\cdot 3}=\frac{1}{11\cdot 3}=\frac{(-1)^4}{Q_4Q_3}
\end{aligned}$$

$$\beta_5 - \beta_4 = \frac{84}{25} - \frac{37}{11} = \frac{84 \cdot 11 - 37 \cdot 25}{25 \cdot 11} = \frac{-1}{25 \cdot 11} = \frac{(-1)^5}{Q_5 Q_4}$$

이다. 또한

(3) $$(P_1, Q_1) = (3, 1) = 1, \ (P_2, Q_2) = (7, 2) = 1, \ (P_3, Q_3) = (10, 3) = 1,$$
$$(P_4, Q_4) = (37, 11) = 1, \ (P_5, Q_5) = (84, 25) = 1$$

이다.

이제 유한 단순연분수를 이용하여 일차합동식의 해를 구하는 방법을 알아보자. 즉, m을 양의 정수라 하고 $a, b \in \mathbb{Z}$, $(a, m) = 1$이라 할 때, 합동식

$$ax \equiv b \pmod{m} \tag{5.4.5}$$

의 해를 구하는 방법을 다음 정리를 통하여 알아보자.

정리 5.4.4

m을 양의 정수라 하고 $a, b \in \mathbb{Z}(a > 0)$라 하자. $(a, m) = 1$이라 하고, $\frac{m}{a}$이

$$\frac{m}{a} = q_1 + \cfrac{1}{q_2 + \cfrac{1}{q_3 + \cfrac{\ddots}{ + \cfrac{1}{q_n}}}} = \langle q_1, q_2, q_3, \cdots, q_n \rangle$$

과 같이 연분수로 표시된다고 할 때, (5.4.2)에서의 점화식

$$P_i = q_i P_{i-1} + P_{i-2}, \quad P_0 = 1, \quad P_1 = q_1$$

을 생각하자. 그러면 합동식

$$ax \equiv b \pmod{m}$$

의 해는

$$x \equiv (-1)^{n-1} P_{n-1} b \pmod{m}$$

이다.

▌증명 $(a, m) = 1$이므로 정리 3.2.2에 의하여 합동식 $ax \equiv b \pmod{m}$는 한 개의 해를 갖는다. (5.4.2)에서의 점화식

$$Q_i = q_i Q_{i-1} + Q_{i-2}, \quad Q_0 = 0, \quad Q_1 = 1$$

을 생각하자. 그러면 (5.4.3)에 의하여 $\dfrac{P_n}{Q_n} = \dfrac{m}{a}$이고, 또한 정리 5.4.2 (1)에 의하여

$$P_i Q_{i-1} - Q_i P_{i-1} = (-1)^i$$

이다. 따라서 (5.4.4)에 의하여 $P_n = m$, $Q_n = a$이므로

$$mQ_{n-1} - aP_{n-1} = (-1)^n = -(-1)^{n-1}$$

이다. 즉,

$$mQ_{n-1} = aP_{n-1} - (-1)^{n-1}$$

이다. 따라서 $m \mid (aP_{n-1} - (-1)^{n-1})$이므로

$$aP_{n-1} \equiv (-1)^{n-1} \pmod{m}$$

이다. 그러므로 정리 3.1.5 (2)에 의하여

$$\begin{aligned} a(-1)^{n-1}P_{n-1}b &= aP_{n-1}(-1)^{n-1}b \\ &\equiv (-1)^{n-1}(-1)^{n-1}b = b \pmod{m} \end{aligned}$$

이고, 따라서

$$x \equiv (-1)^{n-1}P_{n-1}b \pmod{m}$$

는 합동식 $ax \equiv b \pmod{m}$의 해이다. ❑

▌보기 5.4.5

합동식

$$25x \equiv 8 \pmod{84} \tag{5.4.6}$$

의 해를 정리 5.4.4를 이용하여 구하여 보자. $(25, 84) = 1$이므로 합동식 (5.4.6)은 하나의 해를 갖는다. 보기 5.4.1에 의하여 $\frac{84}{25} = \langle 3, 2, 1, 3, 2 \rangle$이고

i	0	1	2	3	4	5
q_i		3	2	1	3	2
P_i	1	3	7	10	37	84

이므로 합동식 (5.4.6)의 해는

$$x \equiv (-1)^{5-1} P_{5-1} \cdot 8 \equiv 37 \cdot 8 = 296 \pmod{84}$$

이다. 더욱이

$$296 \equiv 44 \pmod{84}$$

이므로 합동식 (5.4.6)의 해는 $x \equiv 44 \pmod{84}$이다.

보기 5.4.6

합동식

$$148x \equiv 36 \pmod{476} \tag{5.4.7}$$

의 해를 구하여 보자. $(148, 476) = 4, 4 \mid 36$이므로 합동식 (5.4.7)은 4개의 해를 갖는다. 또한

$$148 = 37 \cdot 4, \quad 36 = 9 \cdot 4, \quad 476 = 119 \cdot 4$$

이므로 합동식 (5.4.7)과 합동식

$$37x \equiv 9 \pmod{119} \tag{5.4.8}$$

는 동치이다. 또한 $(37, 119) = 1$이므로 합동식 (5.4.8)은 한 개의 해를 갖는다. 이제 합동식 (5.4.8)의 해를 정리 5.4.4를 이용하여 구하자. $\frac{119}{37}$는 기약분수이고, 점화식

$$P_i = q_i P_{i-1} + P_{i-2}, \quad P_0 = 1, \quad P_1 = q_1$$

를 이용하면 다음 표를 얻는다.

i	0	1	2	3	4	5	6
r_i	**119**	**37**	8	5	3	2	1
q_i		3	4	1	1	1	2
P_i	**1**	**3**	13	16	29	45	119

따라서 $\dfrac{119}{37} = \langle 3,\ 4,\ 1,\ 1,\ 1,\ 2 \rangle$이고, 합동식 (5.4.8)의 해는

$$x \equiv (-1)^{6-1} P_{6-1} \cdot 9 = -45 \cdot 9 = -405 \equiv 71 \pmod{119}$$

즉, $x \equiv 71 \pmod{119}$이다. 그러므로 합동식 (5.4.7)의 해는

$$\begin{aligned} &x \equiv 71 \pmod{476} \\ &x \equiv 71 + 119 = 190 \pmod{476} \\ &x \equiv 71 + 2 \cdot 119 = 309 \pmod{476} \\ &x \equiv 71 + 3 \cdot 119 = 428 \pmod{476} \end{aligned}$$

이다.

지금까지 유한 연분수에 대하여 간단히 알아보았다. α를 정수가 아닌 실수라 할 때, α를 유한 단순연분수로 나타내는 과정을 정의 2.4.1의 가우스 기호를 사용하여 다시 정리하면 다음과 같다.

먼저, $\alpha_1 = \alpha$, $q_1 = [\alpha_1]$라 하고 α_2를 일차방정식 $(\alpha_1 - q_1)x = 1$의 해라 하자. 즉, $\alpha_2 = \dfrac{1}{\alpha_1 - q_1}$라 하자. α_2가 정수가 아니면 $q_2 = [\alpha_2]$라 하고 α_3를 일차방정식 $(\alpha_2 - q_2)x = 1$의 해라 하자. 즉, $\alpha_3 = \dfrac{1}{\alpha_2 - q_2}$이라 하자. α_3가 정수가 아니면 위의 방법을 계속한다. 이렇게 하여 다음과 같은 점화식

$$\alpha_1 = \alpha,\ q_k = [\alpha_k],\ \alpha_{k+1} = \frac{1}{\alpha_k - q_k}\ (k \geq 1)$$

을 얻을 수 있고, 따라서 α가 유리수이면 (5.4.1)과 같은 α의 유한 단순연분수 $\langle q_1,\ q_2,\ q_3,\ \cdots,\ q_n \rangle$을 얻는다.

이제 무한 연분수에 대하여 알아보도록 하자.

$$q_1,\ q_2,\ q_3,\ \cdots,\ q_n,\ \cdots$$

을 정수들의 수열이라 하고 $q_i \geq 1$ $(i = 2,\ 3,\ \cdots,\ n,\ \cdots)$이라 할 때, 연분수

$$q_1 + \cfrac{1}{q_2 + \cfrac{1}{q_3 + \cfrac{1}{q_4 + \cfrac{1}{\ddots}}}}$$

을 무한 단순연분수(infinite simple continued fraction)라 하고,

$$\langle q_1,\ q_2,\ q_3,\ q_4,\ \cdots \rangle$$

로 표시한다. 또한 $n \geq 1$에 대하여 유한 단순연분수 $\langle q_1,\ q_2,\ q_3,\ \cdots,\ q_n \rangle$을

$$\beta_n = \langle q_1,\ q_2,\ q_3,\ \cdots,\ q_n \rangle$$

으로 표시할 때, 수열

$$\beta_1,\ \beta_2,\ \beta_3,\ \cdots,\ \beta_n,\ \cdots$$

의 극한을 무한 단순연분수 $\langle q_1,\ q_2,\ q_3,\ q_4,\ \cdots \rangle$의 값으로 정의한다. 즉,

$$\langle q_1,\ q_2,\ q_3,\ q_4,\ \cdots \rangle = \lim_{n \to \infty} \beta_n = \lim_{n \to \infty} \langle q_1,\ q_2,\ q_3,\ \cdots,\ q_n \rangle.$$

이제 $i = 2,\ 3,\ \cdots,\ n,\ \cdots$에 대하여 (5.4.2)에서의 점화식

$$\begin{cases} P_i = q_i P_{i-1} + P_{i-2}, & P_0 = 1,\ P_1 = q_1 \\ Q_i = q_i Q_{i-1} + Q_{i-2}, & Q_0 = 0,\ Q_1 = 1 \end{cases}$$

을 생각할 때, 보기 5.4.1 앞의 설명에 의하여 $i = 1,\ 2,\ 3,\ \cdots$에 대하여

$$\beta_i = \langle q_1,\ q_2,\ q_3,\ \cdots,\ q_i \rangle = \frac{P_i}{Q_i}$$

이다. 또한

$$Q_2 = q_2 Q_1 + Q_0 = q_2 \cdot 1 + 0 = q_2 \geq 1 = Q_1,$$
$$Q_3 = q_3 Q_2 + Q_1 > q_3 Q_2 \geq 1 \cdot Q_2 = Q_2,$$

$$Q_4 = q_4 Q_3 + Q_2 > q_4 Q_3 \geq 1 \cdot Q_3 = Q_3,$$
$$\cdots$$

이다. 따라서

$$1 = Q_1 \leq Q_2 < Q_3 < Q_4 < \cdots < Q_i < Q_{i+1} < Q_{i+2} < \cdots \tag{5.4.9}$$

이다. 더욱이 $i = 1, 2, 3, \cdots$에 대하여

$$\begin{aligned}\beta_{i+2} - \beta_i &= (\beta_{i+2} - \beta_{i+1}) + (\beta_{i+1} - \beta_i) \\ &= \frac{(-1)^{i+2}}{Q_{i+2}Q_{i+1}} + \frac{(-1)^{i+1}}{Q_{i+1}Q_i} \quad (\text{정리 } 5.4.2\,(2)\text{에 의하여}) \\ &= \frac{Q_i(-1)^{i+2} + Q_{i+2}(-1)^{i+1}}{Q_{i+2}Q_{i+1}Q_i} \\ &= \frac{(-1)^{i+1}(Q_{i+2} - Q_i)}{Q_{i+2}Q_{i+1}Q_i}\end{aligned}$$

이고, 또한 $Q_i \geq 1 (i = 1, 2, 3, \cdots)$, $Q_{i+2} - Q_i > 0$이므로

$$\beta_{i+2} - \beta_i > 0, \text{ 즉 } \beta_{i+2} > \beta_i \ (i = 2k+1 \ (k = 0, 1, 2, 3, \cdots)),$$
$$\beta_{i+2} - \beta_i < 0, \text{ 즉 } \beta_{i+2} < \beta_i \ (i = 2k \ (k = 1, 2, 3, 4, \cdots))$$

이다. 즉,

$$\beta_1 < \beta_3 < \beta_5 < \beta_7 < \cdots \tag{5.4.10}$$

$$\beta_2 > \beta_4 > \beta_6 > \beta_8 > \cdots \tag{5.4.11}$$

이다. 또한 정리 5.4.2 (2)에 의하여 $i = 2, 3, 4, \cdots$에 대하여

$$\beta_i - \beta_{i-1} = \frac{(-1)^i}{Q_i Q_{i-1}}$$

이다. 따라서 $k = 1, 2, 3, \cdots$에 대하여

$$\beta_{2k} - \beta_{2k-1} > 0, \text{ 즉 } \beta_{2k} > \beta_{2k-1}$$

이다. 따라서 (5.4.10)과 (5.4.11)을 결합하면 항상

$$\beta_{2k} > \beta_{2n-1} \quad (k = 1, 2, 3, \cdots;\ n = 1, 2, 3, \cdots)$$

이다. 즉,

$$\beta_1 < \beta_3 < \beta_5 < \cdots < \beta_{2n-1} < \cdots < \beta_{2k} < \cdots < \beta_6 < \beta_4 < \beta_2 \quad (5.4.12)$$

이다. 따라서 수열 β_1, β_3, β_5, β_7, $\cdots$은 위로 유계인 단조증가수열이므로 수열 β_1, β_3, β_5, β_7, $\cdots$은 수렴한다. 즉,

$$\lim_{n\to\infty}\beta_{2n-1} = l \leq \beta_2$$

를 만족하는 실수 l이 존재한다. 또한 수열 β_2, β_4, β_6, β_8, $\cdots$은 아래로 유계인 단조감소수열이므로 수열 β_2, β_4, β_6, β_8, $\cdots$는 수렴한다. 즉,

$$\lim_{n\to\infty}\beta_{2n} = t \geq \beta_1$$

을 만족하는 실수 t가 존재한다. 따라서

$$\begin{aligned} 0 \leq t-l &= \lim_{n\to\infty}(\beta_{2n}-\beta_{2n-1}) \\ &= \lim_{n\to\infty}\frac{(-1)^{2n}}{Q_{2n}Q_{2n-1}} \quad (\text{정리 } 5.4.2\,(2)\text{에 의하여}) \\ &= \lim_{n\to\infty}\frac{1}{Q_{2n}Q_{2n-1}} \leq \lim_{n\to\infty}\frac{1}{Q_{2n-1}^2} = 0 \end{aligned}$$

이므로 $t = l$이다. 따라서 수열 β_1, β_2, β_3, β_4, $\cdots$는 수렴한다. 즉, 무한 단순연분수 $\langle q_1, q_2, q_3, q_4, \cdots\rangle$의 값은 존재한다.

정리 5.4.7

임의의 무한 단순연분수의 값은 무리수이다.

증명 γ를 무한 단순연분수 $\langle q_1, q_2, q_3, q_4, \cdots\rangle$의 값이라 하자. 즉,

$$\gamma = \langle q_1, q_2, q_3, q_4, \cdots\rangle = \lim_{n\to\infty}\beta_n = \lim_{n\to\infty}\frac{P_n}{Q_n}$$

이다. γ를 유리수라 하면 $\gamma = \frac{a}{b}$를 만족하는 정수 a, b $(b>0)$가 존재한다. 모든 양의 정수 n에 대하여

$$\beta_n < \gamma < \beta_{n+1} \, (n\text{은 홀수}) \text{ 또는 } \beta_{n+1} < \gamma < \beta_n \, (n\text{은 짝수})$$

이다((5.4.12)를 참조). 따라서 모든 양의 정수 n에 대하여

$$\begin{aligned} 0 < | \gamma - \beta_n | &< | \beta_{n+1} - \beta_n | \\ &= \left| \frac{(-1)^{n+1}}{Q_{n+1}Q_n} \right| \text{ (정리 5.4.2 (2)에 의하여)} \\ &= \frac{1}{Q_{n+1}Q_n} \end{aligned}$$

이다. 따라서

$$0 < \left| \frac{a}{b} - \frac{P_n}{Q_n} \right| = \left| \frac{a}{b} - \beta_n \right| < \frac{1}{Q_{n+1}Q_n} \tag{5.4.13}$$

이다. 따라서 (5.4.13)의 양변에 양수 bQ_n을 곱하면

$$0 < | aQ_n - bP_n | < \frac{b}{Q_{n+1}}$$

이다. (5.4.9)에 의하여 $\lim_{n \to \infty} Q_n = \infty$이므로 $b < Q_{n+1}$을 만족하는 양의 정수 n을 선택할 수 있고, 따라서

$$0 < | aQ_n - bP_n | < 1$$

을 만족하는 양의 정수 n이 존재한다. 그러나 $| aQ_n - bP_n |$은 양의 정수이므로 이것은 모순이다. 따라서 γ는 무리수이다. ❑

정리 5.4.8

$\langle q_1, q_2, q_3, q_4, \cdots \rangle$와 $\langle h_1, h_2, h_3, h_4, \cdots \rangle$를 두 무한 단순연분수라 하고

$$\langle q_1, q_2, q_3, q_4, \cdots \rangle = \langle h_1, h_2, h_3, h_4, \cdots \rangle$$

라 하면 모든 양의 정수 n에 대하여 $q_n = h_n$이다(따라서 서로 다른 두 무한 단순연분수는 서로 다른 값을 갖는다).

증명 $\gamma = \langle q_1, q_2, q_3, q_4, \cdots \rangle$라 하면 보기 5.4.1 앞의 설명에 의하여

$$\beta_1 = \frac{P_1}{Q_1} = \frac{q_1}{1} = q_1 < \gamma < \beta_2 = \frac{P_2}{Q_2} = q_1 + \frac{1}{q_2}$$

이고, 또한 $q_2 \geq 1$이므로 $0 < \frac{1}{q_2} \leq 1$이다. 따라서

$$q_1 < \gamma < q_1 + \frac{1}{q_2} \leq q_1 + 1$$

이므로 $[\gamma] = q_1$이다. 그러므로 $q_1 = [\gamma] = h_1$이고, 따라서

$$\begin{aligned} q_1 + \frac{1}{\langle q_2, q_3, q_4, q_5, \cdots \rangle} &= \langle q_1, q_2, q_3, q_4, \cdots \rangle = \gamma \\ &= \langle h_1, h_2, h_3, h_4, \cdots \rangle = h_1 + \frac{1}{\langle h_2, h_3, h_4, h_5, \cdots \rangle} \end{aligned}$$

이므로 $\langle q_2, q_3, q_4, q_5, \cdots \rangle = \langle h_2, h_3, h_4, h_5, \cdots \rangle$이다. 다시, 위와 같은 방법으로

$$q_2 = [\langle q_2, q_3, q_4, q_5, \cdots \rangle] = [\langle h_2, h_3, h_4, h_5, \cdots \rangle] = h_2$$

임을 증명할 수 있다. 이 방법을 계속하여

$$q_n = h_n \quad (n = 1, 2, 3, \cdots)$$

임을 증명할 수 있다. ❑

$$\langle q_1, q_2, \cdots, q_m, h_1, h_2, \cdots, h_n, h_1, h_2, \cdots, h_n, \cdots \rangle$$

과 같이 $h_1, h_2, \cdots, h_n$이 반복해서 나타나는 무한 단순연분수를 **순환 단순연분수**(periodic simple continued fraction)라 하고

$$\langle q_1, q_2, \cdots, q_m, \overline{h_1, h_2, \cdots, h_n} \rangle$$

으로 표시한다. 이때 $h_1, h_2, \cdots, h_n$을 **순환마디**(period)라 하고, n을 순환마디의 **길이**(length)라 한다. 특히 $q_1, q_2, \cdots, q_n$을 양의 정수라 할 때,

$$\langle q_1, q_2, \cdots, q_n, q_1, q_2, \cdots, q_n, \cdots \rangle = \langle \overline{q_1, q_2, \cdots, q_n} \rangle$$

과 같은 순환 단순연분수를 **순수 순환 단순연분수**(purely periodic simple continued fraction)라 한다.

보기 5.4.9

순환 단순연분수 $\gamma = \langle 5, 3, \overline{1, 4} \rangle$의 값을 구하여 보자. $x = \langle \overline{1, 4} \rangle$라 하면

$$\begin{aligned} x &= \langle \overline{1, 4} \rangle = \langle 1, 4, 1, 4, 1, 4, \cdots \rangle \\ &= 1 + \cfrac{1}{4 + \cfrac{1}{1 + \cfrac{1}{4 + \ddots}}} \\ &= 1 + \cfrac{1}{4 + \cfrac{1}{\left(1 + \cfrac{1}{4 + \cfrac{1}{1 + \cfrac{1}{4 + \ddots}}}\right)}} \\ &= 1 + \cfrac{1}{4 + \cfrac{1}{x}} = 1 + \cfrac{1}{\cfrac{4x+1}{x}} \\ &= 1 + \frac{x}{4x+1} = \frac{5x+1}{4x+1} \end{aligned}$$

이다. 따라서

$$x(4x+1) = 5x+1, \text{ 즉 } 4x^2 - 4x - 1 = 0$$

이므로

$$x = \frac{4 \pm \sqrt{32}}{8} = \frac{1 \pm \sqrt{2}}{2}$$

이다. 이때 $x > 0$이므로

$$x = \frac{1 + \sqrt{2}}{2}$$

이다. 따라서

$$\begin{aligned} \gamma &= \langle 5, 3, \overline{1, 4} \rangle \\ &= \langle 5, 3, 1, 4, 1, 4, 1, 4, \cdots \rangle \end{aligned}$$

$$= 5+\cfrac{1}{3+\cfrac{1}{1+\cfrac{1}{4+\cfrac{1}{1+\cfrac{1}{4+\ddots}}}}}$$

$$= 5+\frac{1}{3+\frac{1}{x}} = 5+\frac{1}{\frac{3x+1}{x}}$$

$$= 5+\frac{x}{3x+1} = 5+\frac{\frac{1+\sqrt{2}}{2}}{3\cdot\frac{1+\sqrt{2}}{2}+1}$$

$$= 5+\frac{1+\sqrt{2}}{5+3\sqrt{2}} = 5+\frac{-1+2\sqrt{2}}{7}$$

$$= \frac{34+2\sqrt{2}}{7}$$

이다.

$q_1, q_2, \cdots, q_n$ ($q_i > 0$ $(i=2, 3, \cdots, n)$)을 정수라 하고 $\alpha(>0)$를 무리수라 할 때,

$$q_1+\cfrac{1}{q_2+\cfrac{1}{q_3+\cfrac{1}{\ddots+\cfrac{1}{q_n+\cfrac{1}{\alpha}}}}}$$

을 $\langle q_1, q_2, \cdots, q_n, \alpha\rangle$로 표시한다.

정리 5.4.10

모든 무리수는 무한 단순연분수로 유일하게 표시된다.

증명 γ를 임의의 무리수라 하고

$$q_1 = [\gamma], \quad \gamma_2 = \frac{1}{\gamma - q_1}$$

이라 하자. 그러면 γ가 무리수이므로 $0 < \gamma - q_1 < 1$이다. 따라서 $\gamma_2 > 1$이고, 또한

$$\gamma = q_1 + \frac{1}{\gamma_2}$$

이다. 더욱이 γ_2는 무리수이다. 다음,

$$q_2 = [\gamma_2], \quad \gamma_3 = \frac{1}{\gamma_2 - q_2}$$

이라 하면 $q_2 = [\gamma_2] \geq 1$이고, 더욱이 γ_2는 무리수이므로 $0 < \gamma_2 - q_2 < 1$이다. 따라서 $\gamma_3 > 1$ 이고, 또한

$$\gamma_2 = q_2 + \frac{1}{\gamma_3}$$

이다. 분명히 γ_3는 무리수이다. 다음,

$$q_3 = [\gamma_3], \quad \gamma_4 = \frac{1}{\gamma_3 - q_3}$$

이라 하면 $q_3 = [\gamma_3] \geq 1$이고, 더욱이 γ_3는 무리수이므로 $0 < \gamma_3 - q_3 < 1$이다. 따라서 $\gamma_4 > 1$ 이고, 또한

$$\gamma_3 = q_3 + \frac{1}{\gamma_4}$$

이다. 분명히 γ_4는 무리수이다. 이 방법을 계속하여, $i = 2, 3, 4, \cdots$에 대하여

$$q_i = [\gamma_i] \geq 1, \quad \gamma_{i+1} = \frac{1}{\gamma_i - q_i} \quad \left(\text{따라서 } \gamma_i = q_i + \frac{1}{\gamma_{i+1}}\right)$$

을 얻을 수 있다. 따라서 무한 단순연분수

$$\langle q_1, q_2, q_3, q_4, \cdots \rangle = q_1 + \cfrac{1}{q_2 + \cfrac{1}{q_3 + \cfrac{1}{q_4 + \cfrac{1}{\ddots}}}}$$

를 얻을 수 있다. 또한

$$\gamma = q_1 + \cfrac{1}{q_2 + \cfrac{1}{q_3 + \cfrac{1}{q_4 + \ddots + \cfrac{1}{q_n + \cfrac{1}{\gamma_{n+1}}}}}}$$

이다. 즉,

$$\gamma = \langle q_1, q_2, q_3, \cdots, q_n, \gamma_{n+1} \rangle$$

이다. 보기 5.4.1 앞의 설명에서와 같이 유한 단순연분수 $\langle q_1, q_2, q_3, \cdots, q_n, q_{n+1} \rangle$로부터

$$\beta_{n+1} = \frac{q_{n+1}P_n + P_{n-1}}{q_{n+1}Q_n + Q_{n-1}} = \frac{P_{n+1}}{Q_{n+1}}$$

을 구하는 방법과 같은 방법으로 점화식 (5.4.2)를 사용하여 (이때는 q_{n+1}을 γ_{n+1}로 바꾸어 생각한다)

$$\gamma = \langle q_1, q_2, q_3, \cdots, q_n, \gamma_{n+1} \rangle = \frac{\gamma_{n+1}P_n + P_{n-1}}{\gamma_{n+1}Q_n + Q_{n-1}} \tag{5.4.14}$$

임을 증명할 수 있다. 따라서

$$\begin{aligned}
0 \le |\gamma - \beta_n| &= \left| \frac{\gamma_{n+1}P_n + P_{n-1}}{\gamma_{n+1}Q_n + Q_{n-1}} - \frac{P_n}{Q_n} \right| \\
&= \left| \frac{Q_n(\gamma_{n+1}P_n + P_{n-1}) - P_n(\gamma_{n+1}Q_n + Q_{n-1})}{(\gamma_{n+1}Q_n + Q_{n-1})Q_n} \right| \\
&= \left| \frac{Q_nP_{n-1} - P_nQ_{n-1}}{(\gamma_{n+1}Q_n + Q_{n-1})Q_n} \right| = \left| \frac{P_nQ_{n-1} - Q_nP_{n-1}}{(\gamma_{n+1}Q_n + Q_{n-1})Q_n} \right| \\
&= \left| \frac{(-1)^n}{(\gamma_{n+1}Q_n + Q_{n-1})Q_n} \right| \ (\text{정리 5.4.2 (1)에 의하여}) \\
&< \frac{1}{|(q_{n+1}Q_n + Q_{n-1})Q_n|} \ \left(\begin{array}{c} 1 \le q_{n+1} < \gamma_{n+1}\text{이므로} \\ ((5.4.9)\text{를 참조}) \end{array} \right) \\
&= \frac{1}{Q_{n+1}Q_n} \ (\text{점화식 (5.4.2)와 (5.4.9)에 의하여})
\end{aligned}$$

$$< \frac{1}{Q_n^2} \text{ ((5.4.9)에 의하여)}$$

이다. 따라서 (5.4.9)에 의하여 $\lim_{n \to \infty} \frac{1}{Q_n^2} = 0$이므로

$$\gamma = \lim_{n \to \infty} \beta_n = \langle q_1, q_2, q_3, q_4, \cdots \rangle$$

이다. 더욱이 정리 5.4.8에 의하여 $\gamma = \langle q_1, q_2, q_3, q_4, \cdots \rangle$와 같은 표시는 유일하다. ❑

$\gamma = \langle q_1, q_2, q_3, q_4, \cdots \rangle$를 무리수 γ의 무한 단순연분수라 하고, P_n, $Q_n (n = 1, 2, 3, \cdots)$을 (5.4.2)에서의 점화식이라 할 때, 정리 5.4.10의 증명과정에 의하여

$$\left| \gamma - \frac{P_n}{Q_n} \right| < \frac{1}{Q_{n+1} Q_n} < \frac{1}{Q_n^2} \tag{5.4.15}$$

이다.

보기 5.4.11

무리수 $\sqrt{11}$을 무한 단순연분수로 표시하여 보자.

$$q_1 = 3 = [\sqrt{11}], \gamma_2 = \frac{1}{\sqrt{11} - 3} = \frac{\sqrt{11} + 3}{2} = 3 + \frac{\sqrt{11} - 3}{2}$$

$$q_2 = 3 = [\gamma_2], \gamma_3 = \frac{1}{\gamma_2 - 3} = \frac{2}{\sqrt{11} - 3} = \sqrt{11} + 3 = 6 + (\sqrt{11} - 3)$$

$$q_3 = 6 = [\gamma_3], \gamma_4 = \frac{1}{\gamma_3 - 6} = \frac{1}{\sqrt{11} - 3} = \frac{\sqrt{11} + 3}{2} = 3 + \frac{\sqrt{11} - 3}{2}$$

$$q_4 = 3 = [\gamma_4], \gamma_5 = \frac{1}{\gamma_4 - 3} = \frac{2}{\sqrt{11} - 3} = \sqrt{11} + 3 = 6 + (\sqrt{11} - 3)$$

$$q_5 = 6 = [\gamma_5], \gamma_6 = \frac{1}{\gamma_5 - 6} = \frac{1}{\sqrt{11} - 3} = \frac{\sqrt{11} + 3}{2} = 3 + \frac{\sqrt{11} - 3}{2}$$

$$\cdots\cdots\cdots\cdots$$

이므로 $\sqrt{11} = \langle 3, 3, 6, 3, 6, \cdots \rangle = \langle 3, \overline{3, 6} \rangle$이다.

보기 5.4.12

무리수 e를 무한 단순연분수로 표시하여 보자.

$$q_1 = 2 = [e],\ \gamma_2 = \frac{1}{e-2} = \frac{1}{0.7182818280\cdots} = 1.3922111920\cdots$$

$$q_2 = 1 = [\gamma_2], \gamma_3 = \frac{1}{\gamma_2 - 1} = \frac{1}{0.3922111920\cdots} = 2.5496467725\cdots$$

$$q_3 = 2 = [\gamma_3], \gamma_4 = \frac{1}{\gamma_3 - 2} = \frac{1}{0.5496467725\cdots} = 1.8193502627\cdots$$

$$q_4 = 1 = [\gamma_4], \gamma_5 = \frac{1}{\gamma_4 - 1} = \frac{1}{0.8193502627\cdots} = 1.22047925571\cdots$$

위의 방법을 계속하여 다음과 같은 무한 단순연분수를 얻을 수 있다. 즉,

$$e = \langle 2, 1, 2, 1, 1, 4, 1, 1, 6, 1, 1, 8, \cdots \rangle$$

이다.

참고 보기 5.4.12에 보이는 것처럼 임의의 무리수를 무한 단순연분수로 완벽하게 표시하는 것이 불가능할 수도 있다. 그러면 어떠한 무리수가 무한 단순연분수로 완벽하게 표시할 수 있을까?

정의 5.4.13

γ를 무리수라 할 때, γ가 정수를 계수로 갖는 이차방정식

$$ax^2 + bx + c = 0\ \ (a \neq 0)$$

의 근이면 γ를 **이차무리수**(quadratic irrational number)라 한다.

d를 제곱수가 아닌 양의 정수라 하자. $\sqrt{d}$가 유리수이면 $(a, b) = 1$을 만족하는 양의 정수 a, b에 대하여

$$\sqrt{d} = \frac{a}{b}$$

로 표시된다. 따라서

$$d = \frac{a^2}{b^2}, \text{ 즉 } a^2 = db^2$$

이다. 따라서 $a \mid db^2$ 이다. 또한 $(a,\ b) = 1$이므로 정리 2.1.15에 의하여 $(a,\ b^2) = 1$이다. 따라서 정리 2.1.16에 의하여 $a \mid d$이다. 따라서 $d = ac$를 만족하는 정수 c가 존재하여

$$a^2 = db^2 = acb^2$$

이고, 또한 $a \neq 0$이므로 $a = cb^2$이다. 따라서 $\frac{a}{b} = bc$이므로

$$d = (\sqrt{d}\,)^2 = \left(\frac{a}{b}\right)^2 = (bc)^2$$

이 되어 d는 제곱수이다. 이것은 모순이다. 따라서 $\sqrt{d}$ 는 무리수이다.

정리 5.4.14

γ를 실수라 할 때, 다음 세 주장은 서로 동치이다.

(1) γ는 이차무리수이다.

(2) 제곱수가 아닌 양의 정수 d와 $t \mid (d - s^2)$을 만족하는 정수 $s,\ t(t \neq 0)$에 대하여

$$\gamma = \frac{s + \sqrt{d}}{t}$$

로 표시된다.

(3) 유리수 $u,\ v(v \neq 0)$와 제곱수가 아닌 양의 정수 d에 대하여

$$\gamma = u + v\sqrt{d}$$

로 표시된다.

증명

(1)⇒(2). γ를 이차무리수라 하자. 그러면 γ는 정수를 계수로 갖는 이차방정식 $ax^2 + bx + c = 0$ $(a \neq 0)$의 근이다. 따라서

$$\gamma = \frac{-b + \sqrt{b^2 - 4ac}}{2a} \text{ 또는 } \gamma = \frac{-b - \sqrt{b^2 - 4ac}}{2a} = \frac{b + \sqrt{b^2 - 4ac}}{-2a}$$

이고, 또한 b^2-4ac는 제곱수가 아닌 양의 정수이다(실제로 b^2-4ac가 제곱수이면 γ가 유리수가 되어 모순이고, b^2-4ac가 음수이면 γ가 복소수가 되어 모순이다).

$$h=-b,\ k=2a,\ l=b^2-4ac \text{ 또는 } h=b,\ k=-2a,\ l=b^2-4ac$$

라 하면 $h,\ k\ (k\neq 0)$는 정수이고, l은 제곱수가 아닌 양의 정수이고, 또한

$$\gamma=\frac{h+\sqrt{l}}{k}$$

이다. 따라서

$$s=h|k|,\quad t=k|k|,\quad d=k^2l$$

이라 하면 $s,\ t,\ d\ (t\neq 0,\ d>0)$는 정수이고, 또한

$$\gamma=\frac{h+\sqrt{l}}{k}=\frac{h|k|+\sqrt{k^2l}}{k|k|}=\frac{s+\sqrt{d}}{t}$$

이다. 더욱이 d는 제곱수가 아닌 양의 정수이다(d가 제곱수이면 γ는 유리수가 되어 모순이다). 또한

$$d-s^2=k^2l-(h|k|)^2=k^2(l-h^2)=\pm t(l-h^2)$$

이므로 $t\mid(d-s^2)$이다.

(2)$\Rightarrow$(3). 제곱수가 아닌 양의 정수 d와 $t\mid(d-s^2)$을 만족하는 정수 $s,\ t\ (t\neq 0)$에 대하여

$$\gamma=\frac{s+\sqrt{d}}{t}$$

로 표시된다고 하자. $u=\frac{s}{t},\ v=\frac{1}{t}$이라 하면 $u,\ v\ (v\neq 0)$는 유리수이고, 또한

$$\gamma=\frac{s+\sqrt{d}}{t}=\frac{s}{t}+\frac{1}{t}\sqrt{d}=u+v\sqrt{d}$$

이다.

(3)$\Rightarrow$(1). 유리수 $u,\ v\ (v\neq 0)$와 제곱수가 아닌 양의 정수 d에 대하여 $\gamma=u+v\sqrt{d}$로 표시된다고 하자. γ를 유리수라 하면 $v\neq 0$이므로

$$\sqrt{d}=\frac{\gamma-u}{v}$$

이다. 따라서 $\sqrt{d}$는 유리수이고 이것은 정의 5.4.13 다음의 설명에 의하여 모순이다. 그러므로 γ는 무리수이다. $s=u-v\sqrt{d}$라 하면 γ와 s는 이차방정식

$$(x-\gamma)(x-s)=0,\ \text{즉}\ \ x^2-(\gamma+s)x+\gamma s=0$$

의 근이다. 또한

$$\gamma+s=2u,\quad \gamma s=(u+v\sqrt{d})(u-v\sqrt{d})=u^2-v^2d$$

이므로 $\gamma+s$와 γs는 유리수이다. 따라서 정수 a, b, c $(a\neq 0)$에 대하여

$$\gamma+s=\frac{-b}{a},\quad \gamma s=\frac{c}{a}$$

로 표시할 수 있다. 따라서 γ와 s는 이차방정식

$$x^2-\left(\frac{-b}{a}\right)x+\frac{c}{a}=0,\quad \text{즉}\ \ ax^2+bx+c=0$$

의 근이다. 따라서 γ는 이차무리수이다. ❑

정리 5.4.15

모든 순환 단순연분수의 값은 이차무리수이다(보기 5.4.9 참조).

❙증명 순환 단순연분수 $\gamma=\langle q_1, q_2, \cdots, q_m, \overline{h_1, h_2, \cdots, h_n}\rangle$를 생각하자. 정리 5.4.7에 의하여 γ는 무리수이다.

$$\alpha=\langle\overline{h_1, h_2, \cdots, h_n}\rangle$$

라 하면 정리 5.4.7에 의하여 α는 무리수이고, 또한

$$\alpha=\langle\overline{h_1, h_2, \cdots, h_n}, \alpha\rangle$$

이다. α에 대하여 (5.4.2)에서와 같은 점화식 P_i, Q_i $(i=1, 2, 3, \cdots)$을 생각할 때, (5.4.14)에 의하여

$$\alpha=\langle\overline{h_1, h_2, \cdots, h_n}, \alpha\rangle=\frac{\alpha P_n+P_{n-1}}{\alpha Q_n+Q_{n-1}}$$

이다. 따라서 $\alpha(\alpha Q_n+Q_{n-1})=\alpha P_n+P_{n-1}$, 즉

$$Q_n\alpha^2+(Q_{n-1}-P_n)\alpha-P_{n-1}=0$$

이다. 따라서 α는 정수를 계수로 갖는 이차방정식

$$Q_n x^2+(Q_{n-1}-P_n)x-P_{n-1}=0$$

의 근이다. 그러므로 α는 이차무리수이다. 따라서 정리 5.4.14에 의하여 유리수 u, $v\,(v\neq 0)$와 제곱수가 아닌 양의 정수 d에 대하여

$$\alpha=u+v\sqrt{d}$$

로 표시된다. 또한

$$\gamma=\langle q_1,\,q_2,\,\cdots,\,q_m,\,\alpha\rangle$$

이다. γ에 대하여 (5.4.2)에서와 같은 점화식 P_i, Q_i $(i=1,\,2,\,3,\,\cdots)$을 생각할 때, (5.4.14)에 의하여

$$\gamma=\frac{\alpha P_m+P_{m-1}}{\alpha Q_m+Q_{m-1}}$$

이다. 따라서

$$\begin{aligned}\gamma&=\frac{\alpha P_m+P_{m-1}}{\alpha Q_m+Q_{m-1}}=\frac{(u+v\sqrt{d})P_m+P_{m-1}}{(u+v\sqrt{d})Q_m+Q_{m-1}}\\&=\frac{(uP_m+P_{m-1})+vP_m\sqrt{d}}{(uQ_m+Q_{m-1})+vQ_m\sqrt{d}}\\&=\frac{((uP_m+P_{m-1})+vP_m\sqrt{d})((uQ_m+Q_{m-1})-vQ_m\sqrt{d})}{((uQ_m+Q_{m-1})+vQ_m\sqrt{d})((uQ_m+Q_{m-1})-vQ_m\sqrt{d})}\\&=\frac{(uP_m+P_{m-1})(uQ_m+Q_{m-1})-v^2dP_mQ_m}{(uQ_m+Q_{m-1})^2-(vQ_m)^2d}\\&\quad+\frac{vP_m(uQ_m+Q_{m-1})-vQ_m(uP_m+P_{m-1})}{(uQ_m+Q_{m-1})^2-(vQ_m)^2d}\sqrt{d}\end{aligned}$$

이고, 또한

$$\frac{(uP_m+P_{m-1})(uQ_m+Q_{m-1})-v^2dP_mQ_m}{(uQ_m+Q_{m-1})^2-(vQ_m)^2d},$$

$$\frac{vP_m(uQ_m+Q_{m-1})-vQ_m(uP_m+P_{m-1})}{(uQ_m+Q_{m-1})^2-(vQ_m)^2d}$$

은 유리수이다. 따라서 정리 5.4.14에 의하여 γ는 이차무리수이다. ❑

d를 제곱수가 아닌 양의 정수라 하자. u, v를 유리수라 할 때, 실수

$$\alpha = u + v\sqrt{d}$$

를 생각하자. $v \neq 0$이면 정리 5.4.14에 의하여 α는 이차무리수이다. 또한 $v=0$이면 $\alpha = u + v\sqrt{d} = u + 0\sqrt{d} = u$이므로 α는 유리수이다.

$$\overline{\alpha} = u - v\sqrt{d}$$

라 할 때, $\overline{\alpha}$를 α의 켤레(conjugate)라 한다.

이제 유리수 u_1, u_2, v_1, v_2에 대하여

$$\alpha = u_1 + v_1\sqrt{d}, \quad \beta = u_2 + v_2\sqrt{d}$$

라 하자.

$$u_1 + v_1\sqrt{d} = \alpha = \beta = u_2 + v_2\sqrt{d}$$

라 하면 $(v_1 - v_2)\sqrt{d} = u_2 - u_1$이다. $v_1 - v_2 \neq 0$이라 하면 $\sqrt{d} = \dfrac{u_2 - u_1}{v_1 - v_2}$이므로 $\sqrt{d}$는 유리수이다. 그러나 정의 5.4.13 다음의 설명에 의하여 $\sqrt{d}$는 무리수이므로 이것은 모순이다. 따라서 $v_1 - v_2 = 0$, 즉 $v_1 = v_2$이다. 그러므로 $u_1 = u_2$이고, 따라서

$$u_1 + v_1\sqrt{d} = u_2 + v_2\sqrt{d} \quad \Leftrightarrow \quad u_1 = u_2,\ v_1 = v_2 \tag{5.4.16}$$

이다. 특히 $\alpha = u_1 + v_1\sqrt{d} = 0$이면 $0 = 0 + 0\sqrt{d}$이므로

$$\alpha = u_1 + v_1\sqrt{d} = 0 \quad \Leftrightarrow \quad u_1 = v_1 = 0 \tag{5.4.17}$$

이다. 더욱이

$$\alpha + \beta = (u_1 + v_1\sqrt{d}) + (u_2 + v_2\sqrt{d}) = (u_1 + u_2) + (v_1 + v_2)\sqrt{d}$$

이므로

$$\begin{aligned}\overline{\alpha+\beta} &= (u_1+u_2)-(v_1+v_2)\sqrt{d} \\ &= (u_1-v_1\sqrt{d})+(u_2-v_2\sqrt{d})=\overline{\alpha}+\overline{\beta}\end{aligned}$$

이고, 또한

$$\alpha-\beta=(u_1+v_1\sqrt{d})-(u_2+v_2\sqrt{d})=(u_1-u_2)+(v_1-v_2)\sqrt{d}$$

이므로

$$\begin{aligned}\overline{\alpha-\beta} &= (u_1-u_2)-(v_1-v_2)\sqrt{d} \\ &= (u_1-v_1\sqrt{d})-(u_2-v_2\sqrt{d})=\overline{\alpha}-\overline{\beta}\end{aligned}$$

이다. 따라서

$$\overline{\alpha\pm\beta}=\overline{\alpha}\pm\overline{\beta} \tag{5.4.18}$$

이다. 다음,

$$\alpha\beta=(u_1+v_1\sqrt{d})(u_2+v_2\sqrt{d})=(u_1u_2+v_1v_2d)+(u_1v_2+v_1u_2)\sqrt{d}$$

이므로

$$\begin{aligned}\overline{\alpha\beta} &= (u_1u_2+v_1v_2d)-(u_1v_2+v_1u_2)\sqrt{d} \\ &= (u_1-v_1\sqrt{d})(u_2-v_2\sqrt{d})=\overline{\alpha}\,\overline{\beta}\end{aligned}$$

이다. 즉

$$\overline{\alpha\beta}=\overline{\alpha}\,\overline{\beta} \tag{5.4.19}$$

이다. 또한 $\beta\neq 0$이라 할 때,

$$\begin{aligned}\frac{\alpha}{\beta} &= \frac{u_1+v_1\sqrt{d}}{u_2+v_2\sqrt{d}}=\frac{(u_1+v_1\sqrt{d})(u_2-v_2\sqrt{d})}{(u_2+v_2\sqrt{d})(u_2-v_2\sqrt{d})} \\ &= \frac{(u_1u_2-v_1v_2d)+(v_1u_2-u_1v_2)\sqrt{d}}{u_2^2-v_2^2d} \\ &= \frac{u_1u_2-v_1v_2d}{u_2^2-v_2^2d}+\frac{v_1u_2-u_1v_2}{u_2^2-v_2^2d}\sqrt{d}\end{aligned}$$

이므로

$$\overline{\left(\frac{\alpha}{\beta}\right)} = \frac{u_1u_2 - v_1v_2 d}{u_2^2 - v_2^2 d} - \frac{v_1u_2 - u_1v_2}{u_2^2 - v_2^2 d}\sqrt{d}$$
$$= \frac{(u_1u_2 - v_1v_2 d) - (v_1u_2 - u_1v_2)\sqrt{d}}{u_2^2 - v_2^2 d}$$
$$= \frac{(u_1 - v_1\sqrt{d})(u_2 + v_2\sqrt{d})}{(u_2 - v_2\sqrt{d})(u_2 + v_2\sqrt{d})} = \frac{u_1 - v_1\sqrt{d}}{u_2 - v_2\sqrt{d}} = \frac{\overline{\alpha}}{\overline{\beta}}$$

이다. 즉

$$\overline{\left(\frac{\alpha}{\beta}\right)} = \frac{\overline{\alpha}}{\overline{\beta}} \tag{5.4.20}$$

이다. 특히 유리수 h, k, s, t에 대하여

$$\gamma = \frac{\alpha h + k}{\alpha s + t}$$

라 하면

$$\overline{\gamma} = \overline{\left(\frac{\alpha h + k}{\alpha s + t}\right)} = \frac{\overline{\alpha h + k}}{\overline{\alpha s + t}} \quad ((5.4.20)\text{에 의하여})$$
$$= \frac{\overline{\alpha h} + \overline{k}}{\overline{\alpha s} + \overline{t}} \quad ((5.4.18)\text{에 의하여})$$
$$= \frac{\overline{\alpha}\,\overline{h} + \overline{k}}{\overline{\alpha}\,\overline{s} + \overline{t}} \quad ((5.4.19)\text{에 의하여})$$
$$= \frac{\overline{\alpha}\, h + k}{\overline{\alpha}\, s + t}$$

이다. 즉

$$\gamma = \frac{\alpha h + k}{\alpha s + t} \;\Rightarrow\; \overline{\gamma} = \frac{\overline{\alpha}\, h + k}{\overline{\alpha}\, s + t} \tag{5.4.21}$$

이다.

정리 5.4.16

모든 이차무리수는 순환 단순연분수로 표시된다.

증명 γ를 이차무리수라 하자. 그러면 정리 5.4.14에 의하여 제곱수가 아닌 양의 정수 d와 $t_1 \mid (d-s_1^2)$을 만족하는 정수 s_1, $t_1 (t_1 \neq 0)$에 대하여

$$\gamma = \frac{s_1 + \sqrt{d}}{t_1}$$

로 표시된다. $\gamma = \gamma_1$이라 하고 $q_1 = [\gamma_1]$이라 하자. 또한 $i = 1, 2, 3, \cdots$에 대하여

$$q_i = [\gamma_i], \quad \gamma_i = \frac{s_i + \sqrt{d}}{t_i},$$

$$s_{i+1} = q_i t_i - s_i, \quad t_{i+1} = \frac{d - s_{i+1}^2}{t_i}$$

과 같이 귀납적으로 정의하자. 이제 모든 $i = 1, 2, 3, \cdots$에 대하여 s_i와 t_i는 $t_i \neq 0$, $t_i \mid (d - s_i^2)$을 만족하는 정수임을 수학적 귀납법으로 증명하자. $i = 1$인 경우에는 분명하다. $i = k$에 대하여 주장이 성립한다고 하면

$$s_{k+1} = q_k t_k - s_k$$

는 정수이고, 또한 $t_k \mid (d - s_i^2)$이다. 따라서

$$\begin{aligned} t_{k+1} &= \frac{d - s_{k+1}^2}{t_k} = \frac{d - (q_k t_k - s_k)^2}{t_k} \\ &= \frac{d - (q_k t_k)^2 + 2 q_k t_k s_k - s_k^2}{t_k} \\ &= \frac{d - s_k^2}{t_k} - q_k^2 t_k + 2 q_k s_k \end{aligned}$$

이므로 t_{k+1}은 정수이다. $t_{k+1} = 0$이라 하면 $d - s_{k+1}^2 = 0$, 즉 $d = s_{k+1}^2$이 되어 d가 제곱수가 아니라는 사실에 모순이다. 따라서 $t_{k+1} \neq 0$이다. 또한

$$t_k = \frac{d - s_{k+1}^2}{t_{k+1}}$$

이므로 $t_{k+1} \mid (d - s_{k+1}^2)$이다. 따라서 모든 i에 대하여 주장은 성립한다. 그러므로 정리 5.4.14에 의하여 모든 $i = 1, 2, 3, \cdots$에 대하여 γ_i는 이차무리수이다. 더욱이

$$\begin{aligned}\gamma_i - q_i &= \frac{s_i + \sqrt{d}}{t_i} - q_i = \frac{s_i + \sqrt{d} - q_i t_i}{t_i} \\ &= \frac{\sqrt{d} - (q_i t_i - s_i)}{t_i} = \frac{\sqrt{d} - s_{i+1}}{t_i} \\ &= \frac{(\sqrt{d} - s_{i+1})(\sqrt{d} + s_{i+1})}{t_i(\sqrt{d} + s_{i+1})} = \frac{d - s_{i+1}^2}{t_i t_{i+1} \gamma_{i+1}} \\ &= \frac{t_i t_{i+1}}{t_i t_{i+1} \gamma_{i+1}} = \frac{1}{\gamma_{i+1}}\end{aligned}$$

이므로

$$\gamma_{i+1} = \frac{1}{\gamma_i - q_i}$$

이다. 그러므로 $i = 1, 2, 3, \cdots$에 대하여

$$q_i = [\gamma_i], \quad \gamma_{i+1} = \frac{1}{\gamma_i - q_i} > 1$$

이다. 따라서 정리 5.4.10의 증명과정에 의하여

$$\gamma = \langle q_1, q_2, q_3, q_4, \cdots \rangle$$

이고(이때 $q_i \ge 1$ $(i = 2, 3, 4, \cdots)$이다), 또한

$$\gamma = \langle q_1, q_2, q_3, q_4, \cdots \rangle = \langle q_1, q_2, q_3, \cdots, q_{n-1}, \gamma_n \rangle, \quad n \ge 2$$

이다. P_n, Q_n을 (5.4.2)에서의 점화식이라 하면 (5.4.14)에 의하여

$$\gamma = \frac{\gamma_n P_{n-1} + P_{n-2}}{\gamma_n Q_{n-1} + Q_{n-2}}$$

이고,

$$\gamma_n = \frac{s_n + \sqrt{d}}{t_n} = \frac{s_n}{t_n} + \frac{1}{t_n}\sqrt{d}$$

로 표시되므로 (5.4.21)에 의하여

$$\overline{\gamma} = \frac{\overline{\gamma_n} P_{n-1} + P_{n-2}}{\overline{\gamma_n} Q_{n-1} + Q_{n-2}}$$

이다. 따라서

$$\overline{\gamma}(\overline{\gamma_n} Q_{n-1} + Q_{n-2}) = \overline{\gamma_n} P_{n-1} + P_{n-2},$$
$$\overline{\gamma_n}(\overline{\gamma} Q_{n-1} - P_{n-1}) = -\overline{\gamma} Q_{n-2} + P_{n-2}$$

이다. 이때 $\overline{\gamma} Q_{n-1} - P_{n-1} = 0$이라 하면 $\overline{\gamma} = \dfrac{P_{n-2}}{Q_{n-2}}$이고 $\dfrac{P_{n-2}}{Q_{n-2}}$는 유리수이므로 $\overline{\gamma}$는 유리수이다. 그러나

$$\gamma = \frac{s_1 + \sqrt{d}}{t_1} = \frac{s_1}{t_1} + \frac{1}{t_1}\sqrt{d}$$

이므로

$$\overline{\gamma} = \frac{s_1}{t_1} - \frac{1}{t_1}\sqrt{d} = \frac{s_1}{t_1} + \left(-\frac{1}{t_1}\right)\sqrt{d}, \quad -\frac{1}{t_1} \neq 0$$

이고, 따라서 정리 5.4.14에 의하여 $\overline{\gamma}$는 이차무리수이다. 이것은 모순이다. 그러므로 $\overline{\gamma} Q_{n-1} - P_{n-1} \neq 0$이다. 따라서 $\beta_n = \dfrac{P_n}{Q_n}$이라 하면

$$\overline{\gamma_n} = \frac{-\overline{\gamma} Q_{n-2} + P_{n-2}}{\overline{\gamma} Q_{n-1} - P_{n-1}} = -\frac{\overline{\gamma} Q_{n-2} - P_{n-2}}{\overline{\gamma} Q_{n-1} - P_{n-1}}$$
$$= -\frac{Q_{n-2}}{Q_{n-1}}\left(\frac{\overline{\gamma} - \dfrac{P_{n-2}}{Q_{n-2}}}{\overline{\gamma} - \dfrac{P_{n-1}}{Q_{n-1}}}\right) = -\frac{Q_{n-2}}{Q_{n-1}}\left(\frac{\overline{\gamma} - \beta_{n-2}}{\overline{\gamma} - \beta_{n-1}}\right)$$

이다. 한편 정리 5.4.7 앞의 설명에 의하여

$$\gamma = \lim_{n\to\infty} \beta_{n-1} = \lim_{n\to\infty} \beta_{n-2}$$

이고, 또한 $\gamma \neq \overline{\gamma}$이므로

$$\lim_{n\to\infty} \frac{\overline{\gamma} - \beta_{n-2}}{\overline{\gamma} - \beta_{n-1}} = 1$$

이다. 따라서 충분히 큰 양의 정수 N에 대하여 $n > N$이면

$$\frac{\overline{\gamma} - \beta_{n-2}}{\overline{\gamma} - \beta_{n-1}} > 0$$

이고, 또한 (5.4.9)에 의하여 $\dfrac{Q_{n-2}}{Q_{n-1}} > 0$이므로 $n > N$이면 $\overline{\gamma_n} < 0$이다. 더욱이 $n \ge 2$에 대하여

$$1 < \gamma_n = \frac{s_n + \sqrt{d}}{t_n} = \frac{s_n}{t_n} + \frac{1}{t_n}\sqrt{d}$$

이므로 $n > N$이면

$$0 < \gamma_n - \overline{\gamma_n} = \left(\frac{s_n}{t_n} + \frac{1}{t_n}\sqrt{d}\right) - \left(\frac{s_n}{t_n} - \frac{1}{t_n}\sqrt{d}\right) = \frac{2\sqrt{d}}{t_n}$$

이다. 그러므로

$$n > N \;\Rightarrow\; t_n \ge 1$$

이다. 따라서 $n > N$이면

$$1 \le t_n \le t_n t_{n+1} = d - s_{n+1}^2 \le d, \quad 0 \le s_{n+1}^2 < s_{n+1}^2 + t_n t_{n+1} = d$$

이므로

$$1 \le t_n \le d, \quad -\sqrt{d} < s_{n+1} < \sqrt{d}$$

이다. 이때 d가 고정된 양의 정수이고, 또한 t_n과 s_{n+1}이 정수이므로 모든 $n > N$에 대하여 유한개의 서로 다른 순서쌍 $(t_n,\, s_n)$이 존재한다. 따라서

$$t_m = t_{m+l}, \quad s_m = s_{m+l}$$

을 만족하는 정수 $m(> N)$과 양의 정수 l이 존재하므로

$$\gamma_{m+l} = \frac{s_{m+l} + \sqrt{d}}{t_{m+l}} = \frac{s_m + \sqrt{d}}{t_m} = \gamma_m$$

이다. 그러므로

$$\begin{aligned}\gamma &= \langle q_1, q_2, \cdots, q_{m-1}, \gamma_m \rangle, \\ \gamma_m &= \langle q_m, q_{m+1}, \cdots, q_{m+l-1}, \gamma_{m+l} \rangle \\ &= \langle q_m, q_{m+1}, \cdots, q_{m+l-1}, \gamma_m \rangle\end{aligned}$$

이고, 따라서

$$\begin{aligned}\gamma &= \langle q_1, q_2, \cdots, q_{m-1}, \gamma_m \rangle \\ &= \langle q_1, q_2, \cdots, q_{m-1}, q_m, q_{m+1}, \cdots, q_{m+l-1}, \gamma_m \rangle \\ &= \langle q_1, q_2, \cdots, q_{m-1}, q_m, q_{m+1}, \cdots, q_{m+l-1}, q_m, q_{m+1}, \cdots, q_{m+l-1}, \gamma_m \rangle \\ &= \langle q_1, q_2, \cdots, q_{m-1}, \overline{q_m, q_{m+1}, \cdots, q_{m+l-1}} \rangle\end{aligned}$$

이다. 즉, γ는 순환 단순연분수이다. ❑

참고 정리 5.4.15와 정리 5.4.16에 의하여 모든 이차무리수의 집합과 모든 순환 단순연분수의 집합은 일대일대응이다.

보기 5.4.17

$$\gamma = \frac{2+\sqrt{3}}{3}$$

이라 하면 정리 5.4.14에 의하여 γ는 이차무리수이다. 이제 정리 5.4.16의 증명과정과 같은 방법으로 γ를 순환 단순연분수로 표시하여 보자.

$$s_1 = 2, \quad t_1 = 3, \quad d = 3$$

으로 생각하면

$$d - s_1^2 = 3 - 2^2 = -1$$

이므로 $t_1 \nmid (d - s_1^2)$이다. 그러나

$$\gamma = \frac{2+\sqrt{3}}{3} = \frac{6+3\sqrt{3}}{9} = \frac{6+\sqrt{27}}{9}$$

이고, 또한 27은 제곱수가 아닌 양의 정수이다. 이제

$$s_1 = 6, \quad t_1 = 9, \quad d = 27$$

로 생각하면

$$d - s_1^2 = 27 - 6^2 = -9$$

이므로 $t_1 \mid (d - s_1^2)$이다. $\gamma = \gamma_1$이라 하자.

$$\begin{aligned}
&q_1 = [\gamma_1] = 1, \quad s_2 = q_1 t_1 - s_1 = 1 \cdot 9 - 6 = 3,\\
&\quad t_2 = \frac{d - s_2^2}{t_1} = \frac{27 - 3^2}{9} = 2, \quad \gamma_2 = \frac{s_2 + \sqrt{d}}{t_2} = \frac{3 + \sqrt{27}}{2},\\
&q_2 = [\gamma_2] = 4, \quad s_3 = q_2 t_2 - s_2 = 4 \cdot 2 - 3 = 5,\\
&\quad t_3 = \frac{d - s_3^2}{t_2} = \frac{27 - 5^2}{2} = 1, \quad \gamma_3 = \frac{s_3 + \sqrt{d}}{t_3} = 5 + \sqrt{27},\\
&q_3 = [\gamma_3] = 10, \quad s_4 = q_3 t_3 - s_3 = 10 \cdot 1 - 5 = 5,\\
&\quad t_4 = \frac{d - s_4^2}{t_3} = \frac{27 - 5^2}{1} = 2, \quad \gamma_4 = \frac{s_4 + \sqrt{d}}{t_4} = \frac{5 + \sqrt{27}}{2},\\
&q_4 = [\gamma_4] = 5, \quad s_5 = q_4 t_4 - s_4 = 5 \cdot 2 - 5 = 5,\\
&\quad t_5 = \frac{d - s_5^2}{t_4} = \frac{27 - 5^2}{2} = 1, \quad \gamma_5 = \frac{s_5 + \sqrt{d}}{t_5} = 5 + \sqrt{27},\\
&q_5 = [\gamma_5] = 10, \quad s_6 = q_5 t_5 - s_5 = 10 \cdot 1 - 5 = 5,\\
&\quad t_6 = \frac{d - s_6^2}{t_5} = \frac{27 - 5^2}{1} = 2, \quad \gamma_6 = \frac{s_6 + \sqrt{d}}{t_6} = \frac{5 + \sqrt{27}}{2},\\
&q_6 = [\gamma_6] = 5, \quad s_7 = q_6 t_6 - s_6 = 5 \cdot 2 - 5 = 5,\\
&\qquad\qquad \cdots
\end{aligned}$$

이므로

$$\gamma = \langle 1, 4, 10, 5, 10, 5, \cdots \rangle = \langle 1, 4, \overline{10, 5} \rangle$$

이다.

정리 5.4.18

γ를 이차무리수라 할 때, γ가 순수 순환 단순연분수로 표시될 필요충분조건은 $\gamma > 1$이고

$-1 < \overline{\gamma} < 0$인 것이다(이때 $\overline{\gamma}$는 γ의 켤레이다).

▌증명 $\gamma > 1$, $-1 < \overline{\gamma} < 0$이라 가정하자. $\gamma = \gamma_1$이라 하면 정리 5.4.16의 증명과정과 같은 방법으로(같은 기호를 사용한다) $i = 1, 2, 3, \cdots$에 대하여

$$q_i = [\,\gamma_i\,],\ \ \gamma_i = \frac{s_i + \sqrt{d}}{t_i},\quad s_{i+1} = q_i t_i - s_i,\quad t_{i+1} = \frac{d - s_{i+1}^2}{t_i}$$

과 같이 귀납적으로 정의하면

$$\frac{1}{\gamma_{i+1}} = \gamma_i - q_i \tag{5.4.22}$$

이고, 또한

$$\gamma_{m+l} = \gamma_m$$

을 만족하는 양의 정수 m, l이 존재한다. $\gamma_1 = \gamma > 1$이므로 $q_1 = [\,\gamma_1\,] \geq 1$이다. 따라서 $q_i \geq 1 \ \ (i = 1, 2, 3, \cdots\ )$이다. 더욱이 $i = 1, 2, 3, \cdots$에 대하여

$$\begin{aligned}
\frac{1}{\overline{\gamma_{i+1}}} &= \frac{\overline{1}}{\overline{\gamma_{i+1}}} \quad (1 = 1 + 0\sqrt{d}\text{이므로}) \\
&= \overline{\left(\frac{1}{\gamma_{i+1}}\right)} \quad ((5.4.20)\text{에 의하여}) \\
&= \overline{\gamma_i - q_i} \quad ((5.4.22)\text{에 의하여}) \\
&= \overline{\gamma_i} - \overline{q_i} \quad ((5.4.18)\text{에 의하여}) \\
&= \overline{\gamma_i} - q_i
\end{aligned}$$

이다. 즉,

$$\frac{1}{\overline{\gamma_{i+1}}} = \overline{\gamma_i} - q_i \tag{5.4.23}$$

이다. 이제 모든 $i = 1, 2, 3, \cdots$에 대하여

$$-1 < \overline{\gamma_i} < 0 \quad (\overline{\gamma_i}\text{는 } \gamma_i\text{의 켤레이다})$$

임을 수학적 귀납법으로 증명하자.

$$-1 < \overline{\gamma} = \overline{\gamma_1} < 0$$

이므로 $i = 1$인 경우는 주장이 성립한다. $i = k$인 경우에 주장이 성립한다고 가정하자. 즉,

$$-1 < \overline{\gamma_k} < 0$$

이라 가정하자. 그러면 $q_k \geq 1$이므로 (5.4.23)에 의하여 $\dfrac{1}{\overline{\gamma_{k+1}}} < -1$이고, 따라서 $-1 < \overline{\gamma_{k+1}} < 0$이다. 그러므로 모든 $i = 1, 2, 3, \cdots$에 대하여

$$-1 < \overline{\gamma_i} < 0$$

이다. 따라서 (5.4.23)에 의하여 모든 $i = 1, 2, 3, \cdots$에 대하여

$$-1 < \overline{\gamma_i} = \frac{1}{\overline{\gamma_{i+1}}} + q_i < 0, \text{ 즉 } 0 < -\frac{1}{\overline{\gamma_{i+1}}} - q_i < 1$$

이다. 그러므로 모든 $i = 1, 2, 3, \cdots$에 대하여

$$q_i = \left[-\frac{1}{\overline{\gamma_{i+1}}}\right]$$

이고, 따라서 $\overline{\gamma_{m+l}} = \overline{\gamma_m}$이므로

$$q_{m-1} = \left[-\frac{1}{\overline{\gamma_m}}\right] = \left[-\frac{1}{\overline{\gamma_{m+l}}}\right] = q_{m+l-1}$$

이다. 그러므로 (5.4.22)에 의하여

$$\gamma_{m-1} = \frac{1}{\gamma_m} + q_{m-1} = \frac{1}{\gamma_{m+l}} + q_{m+l-1} = \gamma_{m+l-1}$$

이고, 따라서 $\overline{\gamma_{m-1}} = \overline{\gamma_{m+l-1}}$이므로

$$q_{m-2} = \left[-\frac{1}{\overline{\gamma_{m-1}}}\right] = \left[-\frac{1}{\overline{\gamma_{m+l-1}}}\right] = q_{m+l-2}$$

이다. 그러므로 (5.4.22)에 의하여

$$\gamma_{m-2} = \frac{1}{\gamma_{m-1}} + q_{m-2} = \frac{1}{\gamma_{m+l-1}} + q_{m+l-2} = \gamma_{m+l-2}$$

이다. 이 방법을 계속하면

$$\gamma_1 = \gamma_{m-(m-1)} = \gamma_{m+l-(m-1)} = \gamma_{l+1}$$

임을 증명할 수 있다. 따라서

$$\begin{aligned}\gamma = \gamma_1 &= \langle q_1, q_2, q_3, \cdots, q_l, \gamma_{l+1} \rangle \\ &= \langle q_1, q_2, q_3, \cdots, q_l, \gamma_1 \rangle \\ &= \langle \overline{q_1, q_2, q_3, \cdots, q_l} \rangle\end{aligned}$$

이다. 그러므로 γ는 순수 순환 단순연분수로 표시된다. 역으로, γ가

$$\gamma = \langle \overline{q_1, q_2, q_3, \cdots, q_n} \rangle$$

와 같이 순수 순환 단순연분수로 표시된다고 하자. 그러면 정리 5.4.8에 의하여 γ는 이차무리수이고, 또한

$$\gamma = \langle q_1, q_2, q_3, \cdots, q_n, q_1, q_2, q_3, \cdots, q_n, \cdots \rangle = \langle q_1, q_2, q_3, \cdots, q_n, \gamma \rangle$$

이다. 따라서 $q_1 = [\gamma]$이므로

$$1 \le q_1 < \gamma$$

이고, 또한 (5.4.14)에 의하여

$$\gamma = \frac{\gamma P_n + P_{n-1}}{\gamma Q_n + Q_{n-1}}$$

이다. 그러므로

$$\gamma(\gamma Q_n + Q_{n-1}) = \gamma P_n + P_{n-1}$$

즉,

$$Q_n \gamma^2 + (Q_{n-1} - P_n)\gamma - P_{n-1} = 0$$

이다. 따라서 γ는 정수를 계수로 갖는 이차방정식

$$f(x) = Q_n x^2 + (Q_{n-1} - P_n)x - P_{n-1} = 0 \qquad (5.4.24)$$

의 근이다. (5.4.21)에 의하여

$$\bar{\gamma} = \frac{\bar{\gamma} P_n + P_{n-1}}{\bar{\gamma} Q_n + Q_{n-1}}$$

이다. 그러므로

$$\bar{\gamma}(\bar{\gamma} Q_n + Q_{n-1}) = \bar{\gamma} P_n + P_{n-1}$$

즉,

$$Q_n \bar{\gamma}^2 + (Q_{n-1} - P_n)\bar{\gamma} - P_{n-1} = 0$$

이다. 따라서 $\bar{\gamma}$도 이차방정식 (5.4.24)의 해이다. 또한 $q_i \geq 1 (i = 1, 2, 3, \cdots)$이므로 점화식 (5.4.2)에 의하여

$$P_i > 0 \quad (i = 0, 1, 2, 3, \cdots) \quad (\text{특히 } P_0 = 1, \; P_1 = q_1 \text{이다}),$$
$$Q_0 = 0, \; 1 = Q_1 \leq Q_2 < Q_3 < Q_4 < \cdots \quad ((5.4.9)\text{를 참조})$$

이다. 따라서

$$f(0) = -P_{n-1} < 0$$

이다. 다음, $n = 1$인 경우는

$$f(-1) = Q_1 - Q_0 + P_1 - P_0 = 1 - 0 + q_1 - 1 = q_1 > 0$$

이고, 또한 $n \geq 2$인 경우는

$$\begin{aligned} f(-1) &= Q_n - Q_{n-1} + P_n - P_{n-1} \\ &= q_n Q_{n-1} + Q_{n-2} - Q_{n-1} + q_n P_{n-1} + P_{n-2} - P_{n-1} \\ &= Q_{n-1}(q_n - 1) + P_{n-1}(q_n - 1) + Q_{n-2} + P_{n-2} \\ &= (Q_{n-1} + P_{n-1})(q_n - 1) + Q_{n-2} + P_{n-2} \\ &\geq Q_{n-2} + P_{n-2} > 0 \end{aligned}$$

이다. 따라서 이차방정식 (5.4.24)의 한 근은 -1과 0 사이에 있다.

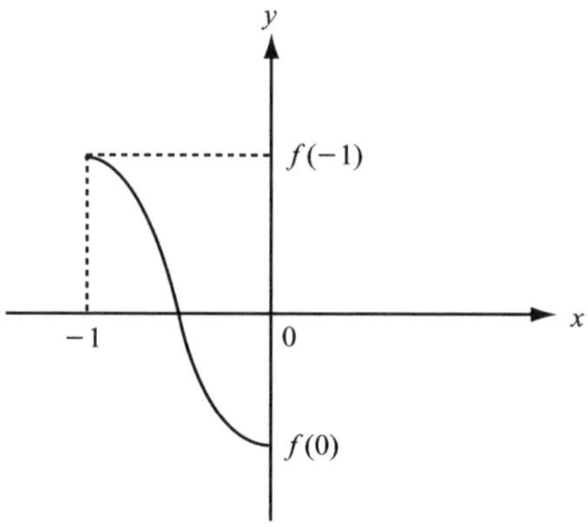

또한 γ가 이차무리수이므로 정리 5.4.14에 의하여 $\gamma \neq \overline{\gamma}$이다. 따라서 γ와 $\overline{\gamma}$가 이차방정식 (5.4.24)의 근이고 $\gamma > 1$이므로 $-1 < \overline{\gamma} < 0$이다. ❑

보기 5.4.19

$\gamma = 1 + \sqrt{3}$이라 하면 정리 5.4.14에 의하여 γ는 이차무리수이고, 또한

$$\gamma > 1, \quad -1 < \overline{\gamma} = 1 - \sqrt{3} < 0$$

이므로 γ는 순수 순환 단순연분수로 표시된다. 보기 5.4.17에서와 같이 γ를 순환 단순연분수로 표시하여 보자.

$$\gamma = 1 + \sqrt{3} = \frac{1 + \sqrt{3}}{1}$$

이다. $s_1 = 1$, $t_1 = 1$, $d = 3$으로 생각하면

$$d - s_1^2 = 3 - 1^2 = 2$$

이므로 $t_1 \mid (d - s_1^2)$이다. $\gamma = \gamma_1$이라 하자.

$$\begin{aligned}
q_1 &= [\gamma_1] = 2, \quad s_2 = q_1 t_1 - s_1 = 2 \cdot 1 - 1 = 1, \\
&t_2 = \frac{d - s_2^2}{t_1} = \frac{3 - 1^2}{1} = 2, \quad \gamma_2 = \frac{s_2 + \sqrt{d}}{t_2} = \frac{1 + \sqrt{3}}{2}, \\
q_2 &= [\gamma_2] = 1, \quad s_3 = q_2 t_2 - s_2 = 1 \cdot 2 - 1 = 1, \\
&t_3 = \frac{d - s_3^2}{t_2} = \frac{3 - 1^2}{2} = 1, \quad \gamma_3 = \frac{s_3 + \sqrt{d}}{t_3} = 1 + \sqrt{3},
\end{aligned}$$

$$q_3 = [\gamma_3] = 2, \quad s_4 = q_3 t_3 - s_3 = 2 \cdot 1 - 1 = 1,$$
$$t_4 = \frac{d - s_4^2}{t_3} = \frac{3 - 1^2}{1} = 2, \quad \gamma_4 = \frac{s_4 + \sqrt{d}}{t_4} = \frac{1 + \sqrt{3}}{2},$$
$$q_4 = [\gamma_4] = 1,$$
$$\cdots$$

이므로 $\gamma = \langle 2, 1, 2, 1, \cdots \rangle = \langle \overline{2, 1} \rangle$이다.

순수 순환 단순연분수 $\langle \overline{q_1, q_2, q_3, \cdots, q_n} \rangle$을 생각할 때,

$$\begin{aligned} \langle \overline{q_1, q_2, q_3, \cdots, q_n} \rangle &= \langle q_1, q_2, q_3, \cdots, q_n, q_1, q_2, q_3, \cdots, q_n, q_1, \cdots \rangle \\ &= \langle q_1, \overline{q_2, q_3, \cdots, q_n, q_1} \rangle \end{aligned}$$

즉,

$$\langle \overline{q_1, q_2, q_3, \cdots, q_n} \rangle = \langle q_1, \overline{q_2, q_3, \cdots, q_n, q_1} \rangle \tag{5.4.25}$$

이다.

정리 5.4.20

d를 제곱수가 아닌 양의 정수라 하고 $q_1 = [\sqrt{d}]$라 하면

$$\sqrt{d} = \langle q_1, \overline{q_2, q_3, \cdots, q_{n-1}, 2q_1} \rangle$$

와 같이 표시된다.

▌증명

$$\gamma = [\sqrt{d}] + \sqrt{d}$$

라 하면 정리 5.4.14에 의하여 γ는 이차무리수이다. d가 제곱수가 아닌 양의 정수이므로 $d \geq 2$이다. 따라서 $\gamma > 1$이고, 또한 정리 2.4.3 (3)에 의하여

$$[\gamma] = [\sqrt{d}] + [\sqrt{d}] = 2[\sqrt{d}] = 2q_1$$

이다. $\bar{\gamma} = [\sqrt{d}] - \sqrt{d}$이므로 $-1 < \bar{\gamma} < 0$이다. 따라서 정리 5.4.18에 의하여 γ는

$$\gamma = \langle \overline{2q_1, q_2, q_3, \cdots, q_{n-1}, q_n} \rangle$$

와 같이 표시된다(정리 5.4.18의 증명과정을 참조). 따라서

$$\begin{aligned}\sqrt{d} = \gamma - [\sqrt{d}\,] &= \langle\, \overline{2q_1, q_2, q_3, \cdots, q_{n-1}, q_n}\,\rangle - q_1 \\ &= \langle\, 2q_1, \overline{q_2, q_3, \cdots, q_n, 2q_1}\,\rangle - q_1 \quad ((5.4.25)\text{에 의하여}) \\ &= \langle\, q_1, \overline{q_2, q_3, \cdots, q_n, 2q_1}\,\rangle\end{aligned}$$

이다. □

보기 5.4.21

$\sqrt{8}$을 순환 단순연분수로 표시하여 보자. $d=8$은 제곱수가 아닌 양의 정수이다.

$$\sqrt{8} = \frac{0+\sqrt{8}}{1}$$

이다. 이제 $s_1 = 0,\ t_1 = 1,\ d = 8$로 생각하면

$$d - s_1^2 = 8 - 0^2 = 8$$

이므로 $t_1 \mid (d - s_1^2)$이다. $\gamma = \gamma_1 = \sqrt{8}$이라 하자.

$$\begin{aligned}
&q_1 = [\gamma_1] = 2, \quad s_2 = q_1 t_1 - s_1 = 2 \cdot 1 - 0 = 2,\\
&\qquad t_2 = \frac{d - s_2^2}{t_1} = \frac{8-2^2}{1} = 4, \quad \gamma_2 = \frac{s_2 + \sqrt{d}}{t_2} = \frac{2+\sqrt{8}}{4},\\
&q_2 = [\gamma_2] = 1, \quad s_3 = q_2 t_2 - s_2 = 1 \cdot 4 - 2 = 2,\\
&\qquad t_3 = \frac{d - s_3^2}{t_2} = \frac{8-2^2}{4} = 1, \quad \gamma_3 = \frac{s_3 + \sqrt{d}}{t_3} = 2 + \sqrt{8},\\
&q_3 = [\gamma_3] = 4, \quad s_4 = q_3 t_3 - s_3 = 4 \cdot 1 - 2 = 2,\\
&\qquad t_4 = \frac{d - s_4^2}{t_3} = \frac{8-2^2}{1} = 4, \quad \gamma_4 = \frac{s_4 + \sqrt{d}}{t_4} = \frac{2+\sqrt{8}}{4},\\
&q_4 = [\gamma_4] = 1, \quad s_5 = q_4 t_4 - s_4 = 1 \cdot 4 - 2 = 2,\\
&\qquad t_5 = \frac{d - s_5^2}{t_4} = \frac{8-2^2}{4} = 1, \quad \gamma_5 = \frac{s_5 + \sqrt{d}}{t_5} = 2 + \sqrt{8},\\
&q_5 = [\gamma_5] = 4,\\
&\qquad \cdots
\end{aligned}$$

이므로 $\sqrt{8} = \langle 2, \overline{1, 4} \rangle$이다.

참고 γ을 임의의 무리수라 할 때 $\frac{a}{b} < \gamma < \frac{a+1}{b}$를 만족시키는 정수 a, b $(b > 0)$에 대하여 $\left| r - \frac{a}{b} \right| < \frac{1}{b}$을 얻을 수 있다. 여기서 유리수 $\frac{a}{b}$는 무리수 γ의 근삿값의 역할을 한다. 또한 γ의 연분수 전개에서 얻어진 $\frac{P_n}{Q_n}$도 무리수 γ의 근삿값의 역할을 한다.

정리 5.4.22

$\gamma = \langle q_1, q_2, q_3, q_4, \cdots \rangle$를 무리수 γ의 무한 단순연분수라 하자. P_n, Q_n $(n = 1, 2, 3, \cdots)$을 (5.4.2)에서의 점화식이라 하고 a, b $(1 \leq b < Q_{n+1})$를 정수라 하자. 그러면

$$| Q_n\gamma - P_n | \leq | b\gamma - a |$$

가 성립한다.

증명 연립일차방정식

$$\begin{cases} P_n x + P_{n+1} y = a \\ Q_n x + Q_{n+1} y = b \end{cases} \tag{5.4.26}$$

를 생각하자.

$$\begin{aligned} \begin{vmatrix} P_n & P_{n+1} \\ Q_n & Q_{n+1} \end{vmatrix} &= P_n Q_{n+1} - P_{n+1} Q_n \\ &= -(P_{n+1} Q_n - Q_{n+1} P_n) \\ &= -(-1)^{n+1} \quad (\text{정리 } 5.4.2\,(1)\text{에 의하여}) \\ &= (-1)^n \neq 0 \end{aligned}$$

이므로 연립일차방정식 (5.4.26)은 꼭 하나의 해 $x = s$, $y = t$를 갖는다. 실제로

$$s = \frac{\begin{vmatrix} a & P_{n+1} \\ b & Q_{n+1} \end{vmatrix}}{(-1)^n} = (-1)^n (aQ_{n+1} - bP_{n+1}),$$

$$t = \frac{\begin{vmatrix} P_n & a \\ Q_n & b \end{vmatrix}}{(-1)^n} = (-1)^n(bP_n - aQ_n)$$

이다. 따라서 s와 t는 정수이다. 먼저 $s=0$, 즉

$$(-1)^n(aQ_{n+1} - bP_{n+1}) = 0$$

이라 하면 $aQ_{n+1} = bP_{n+1}$이다. 따라서 $Q_{n+1} \mid bP_{n+1}$이고, 또한 정리 5.4.2 (3)에 의하여 $(P_{n+1}, Q_{n+1}) = 1$이므로 정리 2.1.16에 의하여 $Q_{n+1} \mid b$, 즉 $b \geq Q_{n+1}$이 되어 모순이다. 따라서

$$s = (-1)^n(aQ_{n+1} - bP_{n+1}) \neq 0$$

이다. 다음, $t=0$, 즉

$$(-1)^n(bP_n - aQ_n) = 0$$

이라 하면 $bP_n = aQ_n$이다. 따라서 $Q_n \mid bP_n$이고, 또한 정리 5.4.2 (3)에 의하여 $(P_n, Q_n) = 1$이므로 정리 2.1.16에 의하여 $Q_n \mid b$이다. 그러므로 (5.4.9)에 의하여 $b \geq Q_n \geq 1$이고, 또한

$$P_n s = a, \quad Q_n s = b$$

이므로

$$s = \frac{b}{Q_n} \geq 1$$

이다. 따라서

$$|b\gamma - a| = |Q_n s\gamma - P_n s| = s\,|Q_n\gamma - P_n| \geq |Q_n\gamma - P_n|$$

이므로 $t=0$인 경우는 정리가 성립한다. 다음, $t \neq 0$인 경우를 생각하자. $t < 0$이라 하면

$$Q_n s = b - Q_{n+1}t, \quad 1 \leq b < Q_{n+1}$$

이므로 $Q_n s > 0$이고, 또한 (5.4.9)에 의하여 $Q_n \geq 1$이므로 $s > 0$이어야 한다. $t > 0$이라 하면 $b < Q_{n+1}$이므로 $b < Q_{n+1}t$이다. 따라서

$$Q_n s = b - Q_{n+1}t < 0$$

이므로 $s < 0$이어야 한다. 또한 (5.4.12)에 의하여

$$\beta_n = \frac{P_n}{Q_n} < \gamma < \beta_{n+1} = \frac{P_{n+1}}{Q_{n+1}} \quad (n\text{은 홀수}) \tag{5.4.27}$$

이든가

$$\beta_n = \frac{P_n}{Q_n} > \gamma > \beta_{n+1} = \frac{P_{n+1}}{Q_{n+1}} \quad (n\text{은 짝수}) \tag{5.4.28}$$

이므로 (5.4.27)의 경우는

$$P_n < \gamma Q_n,\ \ \gamma Q_{n+1} < P_{n+1};\ \text{즉,}$$
$$0 < \gamma Q_n - P_n,\ \ \gamma Q_{n+1} - P_{n+1} < 0$$

이고, (5.4.28)의 경우는

$$P_n > \gamma Q_n,\ \ \gamma Q_{n+1} > P_{n+1};\ \text{즉,}$$
$$0 > \gamma Q_n - P_n,\ \ \gamma Q_{n+1} - P_{n+1} > 0$$

이다. 따라서 어느 경우이든지 $\gamma Q_n - P_n$과 $\gamma Q_{n+1} - P_{n+1}$은 서로 다른 부호를 갖는다. 그러므로 다음 네 가지 경우가 일어난다.

(1) $t > 0,\ \gamma Q_n - P_n > 0$이면 $s < 0,\ \gamma Q_{n+1} - P_{n+1} < 0$이다.

(2) $t > 0,\ \gamma Q_n - P_n < 0$이면 $s < 0,\ \gamma Q_{n+1} - P_{n+1} > 0$이다.

(3) $t < 0,\ \gamma Q_n - P_n > 0$이면 $s > 0,\ \gamma Q_{n+1} - P_{n+1} < 0$이다.

(4) $t < 0,\ \gamma Q_n - P_n < 0$이면 $s > 0,\ \gamma Q_{n+1} - P_{n+1} > 0$이다.

따라서 (1)과 (4)의 경우는

$$s(\gamma Q_n - P_n) < 0, \quad t(\gamma Q_{n+1} - P_{n+1}) < 0$$

이고, 또한 (2)와 (3)의 경우는

$$s(\gamma Q_n - P_n) > 0, \quad t(\gamma Q_{n+1} - P_{n+1}) > 0$$

이다. 그러므로 $s(\gamma Q_n - P_n)$과 $t(\gamma Q_{n+1} - P_{n+1})$은 언제나 같은 부호를 갖는다.
따라서

$$\begin{aligned}|b\gamma - a| &= |(Q_n s + Q_{n+1}t)\gamma - (P_n s + P_{n+1}t)| \\ &= |s(Q_n\gamma - P_n) + t(Q_{n+1}\gamma - P_{n+1})| \\ &= |s(Q_n\gamma - P_n)| + |t(Q_{n+1}\gamma - P_{n+1})| > |s(Q_n\gamma - P_n)| \\ &\quad (|t(Q_{n+1}\gamma - P_{n+1})| > 0\text{이므로}) \\ &= |s||Q_n\gamma - P_n| \geq |Q_n\gamma - P_n| \ (|s| \geq 1\text{이므로})\end{aligned}$$

이다. ❑

정리 5.4.23

$\gamma = \langle q_1, q_2, q_3, q_4, \cdots \rangle$를 무리수 γ의 무한 단순연분수라 하자. P_n, Q_n $(n = 1, 2, 3, \cdots)$을 (5.4.2)에서의 점화식이라 하고 a, b $(1 \leq b < Q_{n+1})$를 정수라 하자. 그러면 유리수 $\dfrac{a}{b}$에 대하여

$$\left| \gamma - \frac{P_n}{Q_n} \right| \leq \left| \gamma - \frac{a}{b} \right|$$

가 성립한다.

증명 (5.4.9)에 의하여 $Q_n < Q_{n+1}$이므로 $1 \leq b \leq Q_n < Q_{n+1}$이다. 따라서

$$\left| \gamma - \frac{P_n}{Q_n} \right| > \left| \gamma - \frac{a}{b} \right|$$

라 하면

$$|Q_n\gamma - P_n| = Q_n \left| \gamma - \frac{P_n}{Q_n} \right| > b \left| \gamma - \frac{a}{b} \right| = |b\gamma - a|$$

이다. 이것은 정리 5.4.22에 의하여 모순이다. 따라서

$$\left| \gamma - \frac{P_n}{Q_n} \right| \leq \left| \gamma - \frac{a}{b} \right|$$

이다. ❑

정리 5.4.24

$\gamma = \langle q_1, q_2, q_3, q_4, \cdots \rangle$를 무리수 γ의 무한 단순연분수라 하자. P_n, $Q_n (n=1, 2, 3, \cdots)$을 (5.4.2)에서의 점화식이라 하고 a, b를

$$b \geq 1, \quad (a, b) = 1, \quad \left| \gamma - \frac{a}{b} \right| < \frac{1}{2b^2}$$

을 만족하는 정수라 하자. 그러면

$$\frac{a}{b} = \frac{P_n}{Q_n}$$

을 만족하는 정수 n이 적어도 하나 존재한다.

증명 모든 $n = 1, 2, 3, \cdots$에 대하여 $\frac{a}{b} \neq \frac{P_n}{Q_n}$이라 하자. 그러면

$$bP_n \neq aQ_n, \quad \text{즉} \quad bP_n - aQ_n \neq 0$$

이다. 따라서

$$1 \leq |bP_n - aQ_n|$$

이고, 또한 (5.4.9)에 의하여

$$1 \leq Q_n \leq b < Q_{n+1}$$

을 만족하는 정수 n이 유일하게 존재한다. 그러므로

$$\begin{aligned} |Q_n\gamma - P_n| &\leq |b\gamma - a| \quad (\text{정리 5.4.22에 의하여}) \\ &= b\left| \gamma - \frac{a}{b} \right| < b \cdot \frac{1}{2b^2} = \frac{1}{2b} \end{aligned}$$

이고, 따라서

$$\left| \gamma - \frac{P_n}{Q_n} \right| = \frac{1}{Q_n} |Q_n\gamma - P_n| < \frac{1}{2bQ_n}$$

이다. 그러므로

$$\begin{aligned}\frac{1}{bQ_n} &\le \left|\frac{bP_n - aQ_n}{bQ_n}\right| = \left|\frac{P_n}{Q_n} - \frac{a}{b}\right| \\ &= \left|\left(\frac{P_n}{Q_n} - \gamma\right) + \left(\gamma - \frac{a}{b}\right)\right| \le \left|\frac{P_n}{Q_n} - \gamma\right| + \left|\gamma - \frac{a}{b}\right| \\ &= \left|\gamma - \frac{P_n}{Q_n}\right| + \left|\gamma - \frac{a}{b}\right| < \frac{1}{2bQ_n} + \frac{1}{2b^2}\end{aligned}$$

이다. 따라서 위의 부등식의 양변에 bQ_n을 곱하면

$$1 < \frac{1}{2} + \frac{Q_n}{2b}$$

이므로 $\frac{1}{2} < \frac{Q_n}{2b}$, 즉 $b < Q_n$이다. 이것은 모순이다. 따라서 적당한 n에 대하여

$$\frac{a}{b} = \frac{P_n}{Q_n}$$

이다. ❑

참고 1657년 2월에 페르마는 다음의 문제를 발표하였다.

"d가 완전제곱이 아닌 양의 정수일 때, dy^2+1이 완전제곱이 되게 하는 양의 정수 y를 구하여라. 예를 들면, $3 \cdot 1^2 + 1 = 2^2$, $5 \cdot 4^2 + 1 = 9^2$과 같은 수들은 dy^2+1을 완전제곱이 되게 한다. 만일 일반적인 법칙을 구할 수 없다면 $61y^2+1=x^2$과 $109y^2+1=x^2$을 만족시키는 최소의 양의 정수 y를 구하라."

오일러는 $\sqrt{d}$를 무한 연분수로 바꿈으로써 $x^2 - dy^2 = 1$의 최소의 양의 정수해를 구하는 한 과정을 만들었다. 그러나 이 문제의 완전한 증명은 라그랑주(Lagrange)가 1768년 $\sqrt{d}$의 연분수 전개에서 나온다는 것을 발견하였다. 그런데 잘못된 참고문헌 때문에 이 방정식은 아무 관계도 없는 영국의 수학자 펠(Pell)의 이름이 붙여졌다. 제대로 말하면 조직적으로 이 식을 다룬 최초의 사람이 페르마이기 때문에 "페르마 방정식"이라고 말해야 한다.

정의 5.4.25

d, $k(d \neq 0)$를 정수라 할 때,

$$x^2 - dy^2 = k \tag{5.4.29}$$

와 같은 형태의 부정방정식을 Pell의 **방정식**(Pell's equation)이라 한다.

$x = a,\ y = b\ (a > 0,\ b > 0)$를 Pell의 방정식 (5.4.29)의 양의 정수해라 할 때,

$$(-a)^2 - db^2 = a^2 - db^2 = k,$$
$$a^2 - d(-b)^2 = a^2 - db^2 = k,$$
$$(-a)^2 - d(-b)^2 = a^2 - db^2 = k$$

이므로 (5.4.29)의 정수해를 구하는 문제는 (5.4.29)의 양의 정수해를 구하는 문제로 제한하여도 일반성을 잃지 않는다.

참고 $d(\neq 0)$가 제곱수인 정수라 할 때, Pell의 방정식은 다소 직접적인 방법으로 해결할 수 있다. 예를 들어, Pell의 방정식 $x^2 - 9y^2 = 13$은

$$(x-3y)(x+3y) = 13$$

의 형식으로 전환할 수 있다. 이때 $13 = (\pm 1) \cdot (\pm 13)$이므로 $x - 3y$ 또는 $x + 3y$가 각각 ± 1또는 ± 13의 경우로 나누어서 해를 구할 수 있다. 실제로 해를 구하면

$$\begin{cases} x = 7 \\ y = 2, \end{cases} \begin{cases} x = 7 \\ y = -2, \end{cases} \begin{cases} x = -7 \\ y = 2 \end{cases} \text{ 또는 } \begin{cases} x = -7 \\ y = -2 \end{cases}$$

이다. 참고로, Pell의 방정식 $x^2 - 9y^2 = 10$은

$$(x-3y)(x+3y) = 10$$

의 형식으로 전환할 수 있지만, 해는 존재하지 않는다. 일반적으로 Pell의 방정식 $x^2 - dy^2 = k$에서 d는 제곱수가 아닌 양의 정수인 경우만 고려한다.

정리 5.4.26

d를 제곱수가 아닌 양의 정수라 하고

$$\sqrt{d} = \langle q_1, q_2, q_3, q_4, \cdots \rangle$$

를 무리수 $\sqrt{d}$의 무한 단순연분수라 하자. P_n, $Q_n(n=1, 2, 3, \cdots)$을 (5.4.2)에서의 점화식이라 할 때, $x=a$, $y=b$를 Pell의 방정식

$$x^2-dy^2=1$$

의 양의 정수해라 하면 적당한 n에 대하여 $a=P_n$, $b=Q_n$이다.

증명 $1=a^2-db^2=(a-b\sqrt{d})(a+b\sqrt{d})$이므로

$$\frac{a}{b}-\sqrt{d}=\frac{a-b\sqrt{d}}{b}=\frac{1}{b(a+b\sqrt{d})}>0$$

이고, 또한

$$a-b\sqrt{d}>0,\ \text{즉}\ a>b\sqrt{d}$$

이다. 따라서 $\sqrt{d}>1$이므로

$$0<\left|\sqrt{d}-\frac{a}{b}\right|=\frac{a}{b}-\sqrt{d}=\frac{1}{b(a+b\sqrt{d})}<\frac{\sqrt{d}}{b(b\sqrt{d}+b\sqrt{d})}=\frac{1}{2b^2}$$

이다. 또한 $(a, b)=c>1$이라 하면 $a=a_1c$, $b=b_1c$를 만족하는 정수 a_1, b_1이 존재한다. 따라서

$$1=a^2-db^2=(a_1c)^2-d(b_1c)^2=c^2(a_1^2-db_1^2)$$

이므로 $c^2\mid 1$이 되어 모순이다. 그러므로 $(a, b)=1$이어야 한다. 따라서 정리 5.4.24에 의하여 적당한 n에 대하여

$$\frac{a}{b}=\frac{P_n}{Q_n}$$

이다. 따라서 정리 5.4.2 다음의 설명에 의하여 $a=P_n$, $b=Q_n$이다. ❑

정리 5.4.27

d를 제곱수가 아닌 양의 정수라 하고

$$\sqrt{d}=\langle q_1, q_2, q_3, q_4, \cdots\rangle$$

를 무리수 $\sqrt{d}$의 무한 단순연분수라 하자. P_n, Q_n $(n=1, 2, 3, \cdots)$을 (5.4.2)에서의 점화식이라 하자. 그러면

$$|k| < 1+2\sqrt{d}$$

를 만족하는 적당한 k에 대하여 $x = P_n$, $y = Q_n$은 Pell의 방정식

$$x^2 - dy^2 = k$$

의 하나의 정수해이다.

▌증명 (5.4.15)에 의하여

$$\left|\frac{P_n}{Q_n} - \sqrt{d}\right| = \left|\sqrt{d} - \frac{P_n}{Q_n}\right| < \frac{1}{Q_n^2}$$

이다. 따라서 (5.4.9)에 의하여 $Q_n \geq 1$이므로

$$|P_n - Q_n\sqrt{d}| < \frac{1}{Q_n}$$

이다. 그러므로

$$\begin{aligned} |P_n + Q_n\sqrt{d}| &= \left|\left(P_n - Q_n\sqrt{d}\right) + 2Q_n\sqrt{d}\right| \\ &\leq |P_n - Q_n\sqrt{d}| + |2Q_n\sqrt{d}| < \frac{1}{Q_n} + 2Q_n\sqrt{d} \\ &\leq Q_n + 2Q_n\sqrt{d} \ \left(Q_n \geq 1 \geq \frac{1}{Q_n}\text{이므로}\right) \\ &= \left(1+2\sqrt{d}\right)Q_n \end{aligned}$$

이다. 따라서

$$P_n^2 - dQ_n^2 = k$$

라 하면 k는 정수이고, 또한

$$\begin{aligned} |k| &= |P_n^2 - dQ_n^2| = |(P_n - \sqrt{d}\,Q_n)(P_n + \sqrt{d}\,Q_n)| \\ &= |P_n - \sqrt{d}\,Q_n|\,|P_n + \sqrt{d}\,Q_n| \end{aligned}$$

$$< \frac{1}{Q_n}(1+2\sqrt{d})\,Q_n = 1+2\sqrt{d}$$

이다. ❑

d를 제곱수가 아닌 양의 정수라 하자. $\gamma = \sqrt{d}$라 하면

$$\gamma = \sqrt{d} = 0 + 1\sqrt{d}$$

이므로 정리 5.4.14에 의하여 γ는 이차무리수이다. 또한

$$\gamma = \sqrt{d} = \frac{0+\sqrt{d}}{1}$$

이다. $s_1 = 0$, $t_1 = 1$로 생각하면

$$d - s_1^2 = d - 0^2 = d$$

이므로 $t_1 \mid (d - s_1^2)$이다. $\gamma = \gamma_1$이라 하고 $q_1 = [\,\gamma_1\,]$이라 하자. 이제 정리 5.4.16의 증명과정과 같은 방법으로(같은 기호를 사용한다) $n = 1, 2, 3, \cdots$에 대하여

$$q_n = [\,\gamma_n\,], \quad \gamma_n = \frac{s_n + \sqrt{d}}{t_n},$$

$$s_{n+1} = q_n t_n - s_n, \quad t_{n+1} = \frac{d - s_{n+1}^2}{t_n}$$

과 같이 귀납적으로 정의하면 s_n과 t_n은 $t_n \neq 0$, $t_n \mid (d - s_n^2)$을 만족하는 정수이고, 또한

$$\frac{1}{\gamma_{n+1}} = \gamma_n - q_n \quad \left(\text{따라서 } \gamma_n = q_n + \frac{1}{\gamma_{n+1}}\right)$$

이다. 더욱이 P_n, Q_n을 (5.4.2)에서의 점화식이라 하면 정리 5.4.16의 증명과정에 의하여 $n = 1, 2, 3, \cdots$에 대하여

$$\gamma = \langle q_1, q_2, q_3, \cdots, q_n, \gamma_{n+1} \rangle = \frac{\gamma_{n+1} P_n + P_{n-1}}{\gamma_{n+1} Q_n + Q_{n-1}}$$

이다. 따라서

$$\gamma_{n+1} = \frac{s_{n+1} + \sqrt{d}}{t_{n+1}}$$

이므로

$$\sqrt{d} = \gamma = \frac{\gamma_{n+1} P_n + P_{n-1}}{\gamma_{n+1} Q_n + Q_{n-1}} = \frac{\dfrac{s_{n+1} + \sqrt{d}}{t_{n+1}} P_n + P_{n-1}}{\dfrac{s_{n+1} + \sqrt{d}}{t_{n+1}} Q_n + Q_{n-1}}$$

$$= \frac{(s_{n+1} + \sqrt{d}) P_n + t_{n+1} P_{n-1}}{(s_{n+1} + \sqrt{d}) Q_n + t_{n+1} Q_{n-1}}$$

이다. 따라서

$$\sqrt{d}((s_{n+1} + \sqrt{d}) Q_n + t_{n+1} Q_{n-1}) = (s_{n+1} + \sqrt{d}) P_n + t_{n+1} P_{n-1},$$

$$s_{n+1} Q_n \sqrt{d} + d Q_n + t_{n+1} Q_{n-1} \sqrt{d} = s_{n+1} P_n + P_n \sqrt{d} + t_{n+1} P_{n-1},$$

$$(d Q_n - s_{n+1} P_n - t_{n+1} P_{n-1}) + (s_{n+1} Q_n + t_{n+1} Q_{n-1} - P_n) \sqrt{d} = 0$$

이다. 따라서 (5.4.16)에 의하여

$$d Q_n - s_{n+1} P_n - t_{n+1} P_{n-1} = 0, \quad s_{n+1} Q_n + t_{n+1} Q_{n-1} - P_n = 0$$

이므로

$$d Q_n = s_{n+1} P_n + t_{n+1} P_{n-1} \tag{5.4.30}$$

$$P_n = s_{n+1} Q_n + t_{n+1} Q_{n-1} \tag{5.4.31}$$

이다. (5.4.30)의 양변에 $-Q_n$을 곱하고 (5.4.31)의 양변에 P_n을 곱하면

$$-d Q_n^2 = -s_{n+1} P_n Q_n - t_{n+1} Q_n P_{n-1} \tag{5.4.32}$$

$$P_n^2 = s_{n+1} P_n Q_n + t_{n+1} P_n Q_{n-1} \tag{5.4.33}$$

이므로 (5.4.31)과 (5.4.32)의 양변을 더하면

$$P_n^2 - d Q_n^2 = (P_n Q_{n-1} - Q_n P_{n-1}) t_{n+1}$$

이다. 그러므로 정리 5.4.2 (1)에 의하여

$$P_n^2 - d Q_n^2 = (-1)^n t_{n+1} \tag{5.4.34}$$

이다. 또한 정리 5.4.20과 정리 5.4.10에 의하여 $\sqrt{d}$는

$$\sqrt{d} = \langle\, q_1, \overline{q_2, q_3, \cdots, q_l, q_{l+1}}\,\rangle, \quad q_1 = [\,\sqrt{d}\,], \quad q_{l+1} = 2q_1$$

의 꼴로 표시된다(l은 순환마디의 길이이다). 이제 $l \mid n$이라 하면 $n = k$를 만족하는 양의 정수 k가 존재한다. 또한

$$\gamma_2 = \langle\, \overline{q_2, q_3, \cdots, q_l, q_{l+1}}\,\rangle$$

이므로

$$\gamma_2 = \gamma_{l+2} = \gamma_{2l+2} = \gamma_{3l+2} = \cdots = \gamma_{kl+2} = \cdots$$

이다. 따라서

$$\frac{s_{kl+2}}{t_{kl+2}} + \frac{1}{t_{kl+2}}\sqrt{d} = \frac{s_{kl+2} + \sqrt{d}}{t_{kl+2}} = \gamma_{kl+2} = \gamma_2$$
$$= \frac{s_2 + \sqrt{d}}{t_2} = \frac{s_2}{t_2} + \frac{1}{t_2}\sqrt{d}$$

이다. 그러므로 (5.4.16)에 의하여

$$\frac{s_{kl+2}}{t_{kl+2}} = \frac{s_2}{t_2}, \quad \frac{1}{t_{kl+2}} = \frac{1}{t_2}$$

이고, 따라서

$$t_{kl+2} = t_2, \quad s_{kl+2} = s_2$$

이다. 더욱이 $s_1 = 0, \ t_1 = 1$이므로

$$s_2 = q_1 t_1 - s_1 = q_1 \cdot 1 - 0 = q_1, \quad t_2 = \frac{d - s_2^2}{t_1} = \frac{d - q_1^2}{1} = d - q_1^2$$

이다. 따라서

$$t_{kl+2} = d - q_1^2, \quad s_{kl+2} = q_1$$

이다. 그러므로

$$d - q_1^2 = t_{kl+2} = \frac{d - s_{kl+2}^2}{t_{kl+1}} = \frac{d - q_1^2}{t_{kl+1}}$$

이고, 따라서 $t_{kl+1}=1$, 즉 $t_{n+1}=1$이다. 역으로, $t_{n+1}=1$이라 하자. 그러면

$$\gamma_{n+1}=\frac{s_{n+1}+\sqrt{d}}{t_{n+1}}=\frac{s_{n+1}+\sqrt{d}}{1}=s_{n+1}+\sqrt{d}$$

이다. 따라서 정리 2.4.3 (3)에 의하여

$$q_{n+1}=[\gamma_{n+1}]=[s_{n+1}+\sqrt{d}]=s_{n+1}+[\sqrt{d}]=s_{n+1}+q_1$$

이므로

$$s_{n+1}+\sqrt{d}=\gamma_{n+1}=q_{n+1}+\frac{1}{\gamma_{n+2}}=(s_{n+1}+q_1)+\frac{1}{\gamma_{n+2}}$$

이다. 그러므로 $\sqrt{d}=q_1+\dfrac{1}{\gamma_{n+2}}$이고, 따라서

$$q_1+\frac{1}{\gamma_2}=\gamma_1=\gamma=\sqrt{d}=q_1+\frac{1}{\gamma_{n+2}}$$

이므로 $\gamma_2=\gamma_{n+2}$이다. 따라서 적당한 정수 k에 대하여

$$n=kl, \text{ 즉 } l\mid n$$

이다. 따라서

$$t_{n+1}=1 \iff l\mid n \tag{5.4.35}$$

이다. 그러므로 (5.4.34)와 (5.4.35)에 의하여

$$P_n^2-dQ_n^2=(-1)^n \iff l\mid n \tag{5.4.36}$$

이다.

정리 5.4.28

d를 제곱수가 아닌 양의 정수라 하고

$$\sqrt{d}=\langle q_1, \overline{q_2, q_3, \cdots, q_l, 2q_1}\rangle, \quad q_1=[\sqrt{d}]$$

를 $\sqrt{d}$의 순환 단순연분수라 하자 [따라서 순환마디의 길이는 l이다 (정리 5.4.20 참조)]. 또한 P_n, Q_n $(n=1, 2, 3, \cdots)$을 (5.4.2)에서의 점화식이라 하자. 그러면 다음이 성립

한다.

(1) l이 짝수이면 Pell의 방정식 $x^2-dy^2=1$의 모든 양의 정수해 $k=1, 2, 3, \cdots$에 대하여

$$x=P_{kl}, \quad y=Q_{kl}$$

이다.

(2) l이 홀수이면 Pell의 방정식 $x^2-dy^2=1$의 모든 양의 정수해 $h=1, 2, 3, \cdots$에 대하여

$$x=P_{2hl}, \quad y=Q_{2hl}$$

이다.

증명 $x=a$, $y=b$를 Pell의 방정식 $x^2-dy^2=1$의 임의의 양의 정수해라 하면 정리 5.4.26에 의하여 적당한 n에 대하여

$$a=P_n, \quad b=Q_n$$

이다. 또한 (5.4.36)에 의하여 $x=P_n$, $y=Q_n$이 Pell의 방정식 $x^2-dy^2=1$의 양의 정수해일 필요충분조건은

$$(-1)^n=1, \quad l \mid n$$

인 것이다. 더욱이 $(-1)^n=1$, $l \mid n$일 필요충분조건은 n이 짝수이고 $n=kl$을 만족하는 양의 정수 k가 존재하는 것이다. 따라서 l이 짝수이면 $k=1, 2, 3, \cdots$에 대하여 $n=kl$은 짝수이므로 (1)이 성립한다. 또한 l이 홀수이면 $h=1, 2, 3, \cdots$에 대하여 $n=2hl$은 짝수이므로 (2)가 성립한다. ❑

보기 5.4.29

보기 5.4.21에 의하여 $\sqrt{8}=\langle 2, \overline{1, 4}\rangle$이다. 따라서 순환마디의 길이는 2이므로 Pell의 방정식

$$x^2-8y^2=1$$

의 모든 양의 정수해는 $k=1, 2, 3, \cdots$에 대하여

$$x=P_{2k}, \quad y=Q_{2k}$$

이다. 실제로 (5.4.2)에서의 점화식

$$P_n = q_n P_{n-1} + P_{n-2},\ P_0 = 1,\ P_1 = q_1,$$
$$Q_n = q_n Q_{n-1} + Q_{n-2},\ Q_0 = 0,\ Q_1 = 1$$

을 생각하자. 그러면

$$q_1 = 2,\ q_2 = 1,\ q_3 = 4,$$
$$q_4 = 1,\ q_5 = 4,\ q_6 = 1,$$
$$\cdots$$

이므로

$$\begin{aligned}
&P_1 = q_1 = 2, && Q_1 = 1,\\
&P_2 = q_2 P_1 + P_0 = 1 \cdot 2 + 1 = 3, && Q_2 = q_2 Q_1 + Q_0 = 1 \cdot 1 + 0 = 1,\\
&P_3 = q_3 P_2 + P_1 = 4 \cdot 3 + 2 = 14, && Q_3 = q_3 Q_2 + Q_1 = 4 \cdot 1 + 1 = 5,\\
&P_4 = q_4 P_3 + P_2 = 1 \cdot 14 + 3 = 17, && Q_4 = q_4 Q_3 + Q_2 = 1 \cdot 5 + 1 = 6,\\
&P_5 = q_5 P_4 + P_3 = 4 \cdot 17 + 14 = 82, && Q_5 = q_5 Q_4 + Q_3 = 4 \cdot 6 + 5 = 29,\\
&P_6 = q_6 P_5 + P_4 = 1 \cdot 82 + 17 = 99, && Q_6 = q_6 Q_5 + Q_4 = 1 \cdot 29 + 6 = 35,
\end{aligned}$$
$$\cdots$$

이다. 따라서

$$\begin{cases} x = P_2 = 3 \\ y = Q_2 = 1 \end{cases},\quad \begin{cases} x = P_4 = 17 \\ y = Q_4 = 6 \end{cases},\quad \begin{cases} x = P_6 = 99 \\ y = Q_6 = 35 \end{cases},\quad \cdots$$

등은 Pell의 방정식 $x^2 - 8y^2 = 1$의 양의 정수해이다.

---

d를 제곱수가 아닌 양의 정수라 하자. $x = a,\ y = b$가 Pell의 방정식

$$x^2 - dy^2 = 1 \tag{5.4.37}$$

의 양의 정수해이고, $x = a',\ y = b'$이 Pell의 방정식 (5.4.37)의 임의의 양의 정수해이면 언제나

$$a < a',\quad b < b'$$

일 때, $x = a,\ y = b$를 Pell의 방정식 (5.4.37)의 **기본해(fundamental solution)**라 한다.

실제로 Pell의 방정식의 기본해를 구하는 것은 그리 쉬운 문제가 아니다. $\sqrt{d}$의 순환 단순연

분수

$$\sqrt{d} = \langle q_1, \overline{q_2, q_3, \cdots, q_l, 2q_1} \rangle$$

를 생각하자(정리 5.4.20 참조). P_n, Q_n을 (5.4.2)에서의 점화식이라 하자. $q_n \geq 1\,(n=1, 2, 3, \cdots)$이므로

$$\begin{aligned} P_2 &= q_2 P_1 + P_0 = q_2 q_1 + 1 > q_2 q_1 \geq q_1 = P_1 \geq 1, \\ P_3 &= q_3 P_2 + P_1 > q_3 P_2 \geq P_2, \\ P_4 &= q_4 P_3 + P_2 > q_4 P_3 \geq P_3, \\ &\cdots \end{aligned}$$

이다. 따라서

$$P_1 < P_2 < P_3 < P_4 < \cdots$$

이다. 또한 (5.4.9)에 의하여

$$1 = Q_1 \leq Q_2 < Q_3 < Q_4 < \cdots$$

이다. 따라서 정리 5.4.28에 의하여 l이 짝수이면

$$x = P_l, \quad y = Q_l$$

는 Pell의 방정식 (5.4.37)의 기본해이고, 또한 l이 홀수이면

$$x = P_{2l}, \quad y = Q_{2l}$$

은 Pell의 방정식 (5.4.37)의 기본해이다. 또한

$$1 + dy^2 = x^2 \tag{5.4.38}$$

이므로 (5.4.38)에 $y = 1, 2, 3, \cdots$을 계속 대입하여 $1 + dy^2$이 제곱수가 되는 양의 정수 $x = a$, $y = b$를 구하면 $x = a$, $y = b$는 Pell의 방정식 (5.4.37)의 기본해이다.

정리 5.4.30

d를 제곱수가 아닌 양의 정수라 하자. x_1, y_1을 Pell의 방정식

$$x^2 - dy^2 = 1 \tag{5.4.39}$$

의 기본해라 하고, x_n, y_n $(n=1,\ 2,\ 3,\ \cdots)$을

$$x_n + y_n\sqrt{d} = \left(x_1 + y_1\sqrt{d}\right)^n$$

을 만족하는 정수라 하자. 그러면 x_n, y_n $(n=1,\ 2,\ 3,\ \cdots)$은 Pell의 방정식 (5.4.39)의 양의 정수해이다.

증명

$$\begin{aligned}\left(x_1 + y_1\sqrt{d}\right)^2 &= x_1^2 + 2x_1y_1\sqrt{d} + y_1^2 d \\ &= \left(x_1^2 + y_1^2 d\right) + 2x_1y_1\sqrt{d}\,, \\ \left(x_1 + y_1\sqrt{d}\right)^3 &= x_1^3 + 3x_1^2y_1\sqrt{d} + 3x_1y_1^2 d + y_1^3 d\sqrt{d} \\ &= \left(x_1^3 + 3x_1y_1^2 d\right) + \left(3x_1^2y_1 + y_1^3 d\right)\sqrt{d}\,, \\ &\cdots\end{aligned}$$

이므로

$$\begin{aligned} &x_2 = x_1^2 + y_1^2 d, \qquad y_2 = 2x_1y_1, \\ &x_3 = x_1^2 + 3x_1y_1^2 d, \quad y_3 = 3x_1^2y_1 + y_1^3 d, \\ &\cdots \end{aligned}$$

이다. 따라서 x_n, y_n $(n=1,\ 2,\ 3,\ \cdots)$은 양의 정수이다.

$$\alpha_1 = x_1 + y_1\sqrt{d}$$

라 하면 α_1의 켤레 $\overline{\alpha_1}$는 $\overline{\alpha_1} = x_1 - y_1\sqrt{d}$ 이므로

$$\begin{aligned}\left(x_1 - y_1\sqrt{d}\right)^n &= \overline{\alpha_1}^{\,n} = \overline{\alpha_1^n} \qquad ((5.4.19)\text{에 의하여}) \\ &= \overline{x_n + y_n\sqrt{d}} = x_n - y_n\sqrt{d}\end{aligned}$$

이다. 따라서

$$\begin{aligned} x_n^2 - dy_n^2 &= \left(x_n + y_n\sqrt{d}\right)\left(x_n - y_n\sqrt{d}\right) \\ &= \left(x_1 + y_1\sqrt{d}\right)^n\left(x_1 - y_1\sqrt{d}\right)^n \\ &= \left(\left(x_1 + y_1\sqrt{d}\right)\left(x_1 - y_1\sqrt{d}\right)\right)^n \\ &= \left(x_1^2 - dy_1^2\right)^n = 1^n = 1 \end{aligned}$$

이므로 x_n, y_n은 Pell의 방정식 (5.4.39)의 양의 정수해이다. □

정리 5.4.31

d를 제곱수가 아닌 양의 정수라 하자. x_1, y_1을 Pell의 방정식

$$x^2 - dy^2 = 1 \tag{5.4.40}$$

의 기본해라 하고, x_n, y_n $(n = 1, 2, 3, \cdots)$을

$$x_n + y_n\sqrt{d} = \left(x_1 + y_1\sqrt{d}\right)^n$$

을 만족하는 정수라 하자(정리 5.4.30의 증명과정 참조). $x = u$, $y = v$를 Pell의 방정식 (5.4.40)의 임의의 양의 정수해라 하면 적당한 n에 대하여

$$u = x_n, \quad v = y_n$$

이다.

증명 $x = u$, $y = v$를

$$u = x_n, \quad v = y_n$$

과 같이 표시할 수 있는 양의 정수 n이 존재하지 않는 Pell의 방정식 (5.4.40)의 양의 정수해라 하자. 그러면 $x_1 \geq 1$, $y_1 \geq 1$, $\sqrt{d} > 1$이므로

$$x_1 + y_1\sqrt{d} > 1$$

이다. 따라서 n을 크게 하면 $\left(x_1 + y_1\sqrt{d}\right)^n$의 값은 한없이 커지므로

$$u + v\sqrt{d} \leq \left(x_1 + y_1\sqrt{d}\right)^{n+1} = x_{n+1} + y_{n+1}\sqrt{d}$$

를 만족하는 가장 작은 양의 정수 n이 존재한다. 이때

$$u + v\sqrt{d} = x_{n+1} + y_{n+1}\sqrt{d}$$

라 하면 (5.4.16)에 의하여 $u = x_{n+1}$, $v = y_{n+1}$이 되어 모순이므로

$$u + v\sqrt{d} < \left(x_1 + y_1\sqrt{d}\right)^{n+1}$$

이다. 따라서 n의 최소성에 의하여

$$x_n + y_n\sqrt{d} = \left(x_1 + y_1\sqrt{d}\right)^n \le u + v\sqrt{d}$$

이다. 이때

$$x_n + y_n\sqrt{d} = u + v\sqrt{d}$$

라 하면 (5.4.16)에 의하여 $u = x_n$, $v = y_n$이 되어 모순이다. 따라서

$$x_n + y_n\sqrt{d} < u + v\sqrt{d} < \left(x_1 + y_1\sqrt{d}\right)^{n+1}$$

이다. 따라서

$$\begin{aligned}\left(x_1 + y_1\sqrt{d}\right)^{n+1} &= \left(x_1 + y_1\sqrt{d}\right)^n\left(x_1 + y_1\sqrt{d}\right)\\ &= \left(x_n + y_n\sqrt{d}\right)\left(x_1 + y_1\sqrt{d}\right)\end{aligned}$$

이므로

$$x_n + y_n\sqrt{d} < u + v\sqrt{d} < \left(x_n + y_n\sqrt{d}\right)\left(x_1 + y_1\sqrt{d}\right) \tag{5.4.41}$$

이다. 정리 5.4.30에 의하여

$$1 = x_n^2 - dy_n^2 = \left(x_n - y_n\sqrt{d}\right)\left(x_n + y_n\sqrt{d}\right)$$

이고 $x_n + y_n\sqrt{d} > 1$이므로 $x_n - y_n\sqrt{d} > 0$이다. 부등식 (5.4.41)의 양변에 $x_n - y_n\sqrt{d}$를 곱하면

$$\begin{aligned}\left(x_n - y_n\sqrt{d}\right)\left(x_n + y_n\sqrt{d}\right) &< \left(x_n - y_n\sqrt{d}\right)\left(u + v\sqrt{d}\right)\\ &< \left(x_n - y_n\sqrt{d}\right)\left(x_n + y_n\sqrt{d}\right)\left(x_1 + y_1\sqrt{d}\right)\end{aligned}$$

이다. 따라서 $\left(x_n - y_n\sqrt{d}\right)\left(x_n + y_n\sqrt{d}\right) = x_n^2 - dy_n^2 = 1$이므로

$$1 < \left(x_n - y_n\sqrt{d}\right)\left(u + v\sqrt{d}\right) < x_1 + y_1\sqrt{d}$$

이다. 또한

$$\begin{aligned}\left(x_n - y_n\sqrt{d}\right)\left(u + v\sqrt{d}\right) &= ux_n + vx_n\sqrt{d} - uy_n\sqrt{d} - vdy_n\\ &= (ux_n - vdy_n) + (vx_n - uy_n)\sqrt{d}\end{aligned}$$

이므로

$$a = ux_n - vdy_n, \quad b = vx_n - uy_n$$

이라 하면

$$(x_n - y_n\sqrt{d})(u + v\sqrt{d}) = a + b\sqrt{d}$$

이다. 따라서

$$\begin{aligned} a^2 - db^2 &= (ux_n - vdy_n)^2 - d(vx_n - uy_n)^2 \\ &= u^2x_n^2 - 2duvx_ny_n + d^2v^2y_n^2 \\ &\quad - dv^2x_n^2 + 2duvx_ny_n - du^2y_n^2 \\ &= u^2x_n^2 + d^2v^2y_n^2 - dv^2x_n^2 - du^2y_n^2 \\ &= (u^2 - dv^2)x_n^2 - (u^2 - dv^2)dy_n^2 \\ &= (u^2 - dv^2)(x_n^2 - dy_n^2) \\ &= 1 \cdot 1 \text{ (가정과 정리 5.4.30에 의하여)} \\ &= 1 \end{aligned}$$

이다. 따라서 $x = a,\ y = b$는

$$1 < a + b\sqrt{d} < x_1 + y_1\sqrt{d} \tag{5.4.42}$$

를 만족하는 Pell의 방정식 (5.4.40)의 정수해이다. 그러므로

$$0 < \frac{1}{a + b\sqrt{d}} < 1$$

이다. 따라서

$$\begin{aligned} \frac{1}{a + b\sqrt{d}} &= \frac{a - b\sqrt{d}}{(a + b\sqrt{d})(a - b\sqrt{d})} = \frac{a - b\sqrt{d}}{a^2 - db^2} \\ &= \frac{a - b\sqrt{d}}{1} = a - b\sqrt{d} \end{aligned}$$

이므로 $0 < a - b\sqrt{d} < 1$이고, 또한 $0 > -(a - b\sqrt{d}) > -1$이다. 따라서

$$\begin{aligned} 2a &= (a + b\sqrt{d}) + (a - b\sqrt{d}) > 1 + 0 = 1, \\ 2b\sqrt{d} &= (a + b\sqrt{d}) - (a - b\sqrt{d}) > 1 - 1 = 0 \end{aligned}$$

이므로 $a>0$, $b>0$이다. 따라서 x_1, y_1이 Pell의 방정식 (5.4.40)의 기본해이므로 $x_1<a$, $y_1<b$이어야 한다. 그러므로

$$x_1+y_1\sqrt{d}<a+b\sqrt{d}$$

이고, 이것은 부등식 (5.4.42)에 모순이다. 따라서 적당한 양의 정수 n에 대하여

$$u=x_n, \quad v=y_n$$

으로 표시되어야 한다. ❑

보기 5.4.32

보기 5.4.29에 의하여

$$\begin{cases} x=3 \\ y=1 \end{cases}, \quad \begin{cases} x=17 \\ y=6 \end{cases}, \quad \begin{cases} x=99 \\ y=35 \end{cases}, \quad \cdots$$

등은 Pell의 방정식

$$x^2-8y^2=1 \tag{5.4.43}$$

의 양의 정수해이다. 실제로 $x_1=3$, $y_1=1$은 Pell의 방정식 (5.4.43)의 기본해이다. 더욱이

$$\begin{aligned} x_2+y_2\sqrt{8} &= (3+1\sqrt{8})^2=(3+\sqrt{8})^2 \\ &= 9+6\sqrt{8}+8=17+6\sqrt{8}, \\ x_3+y_3\sqrt{8} &= (3+1\sqrt{8})^3=(3+\sqrt{8})^3 \\ &= 27+27\sqrt{8}+72+8\sqrt{8} \\ &= 99+35\sqrt{8}, \\ &\cdots \end{aligned}$$

이므로

$$\begin{cases} x_2=17 \\ y_2=6 \end{cases}, \quad \begin{cases} x_3=99 \\ y_3=35 \end{cases}, \quad \cdots$$

이다.

보기 5.4.33

Pell의 방정식

$$x^2 - 15y^2 = 1 \tag{5.4.44}$$

의 기본해를 구하여 보자.

$$x^2 = 15y^2 + 1$$

이므로 $15y^2 + 1$에 $y = 1, 2, 3, \cdots$을 차례로 대입하면

$$15y^2 + 1 = 16,\ 61,\ 136,\ \cdots$$

이다. 이때 $16 = 4^2$이고, 또한

$$4^2 - 15 \cdot 1^2 = 16 - 15 = 1$$

이므로 $x_1 = 4$, $y_1 = 1$은 Pell의 방정식 (5.4.44)의 기본해이다. 더욱이

$$\begin{aligned} x_2 + y_2\sqrt{15} &= (4 + 1\sqrt{15})^2 = (4 + \sqrt{15})^2 \\ &= 16 + 8\sqrt{15} + 15 = 31 + 8\sqrt{15}, \\ x_3 + y_3\sqrt{15} &= (4 + 1\sqrt{15})^3 = (4 + \sqrt{15})^3 \\ &= 64 + 48\sqrt{15} + 180 + 15\sqrt{15} \\ &= 244 + 63\sqrt{15}, \\ &\cdots \end{aligned}$$

이므로

$$\begin{cases} x = 4 \\ y = 1 \end{cases},\quad \begin{cases} x = 31 \\ y = 8 \end{cases},\quad \begin{cases} x = 244 \\ y = 63 \end{cases},\quad \cdots$$

등은 Pell의 방정식 (5.4.44)의 양의 정수해이다.

5.4 ▎연습문제

01 다음 유리수들을 유한 단순연분수로 표시하라.

(1) $\frac{51}{22}$ (2) $\frac{7}{18}$ (3) $-\frac{63}{25}$

(4) $\frac{19}{51}$ (5) $\frac{172}{51}$

02 다음 유한 단순연분수들을 유리수로 표시하라.

(1) $\langle 5, 1, 2 \rangle$ (2) $\langle 0, 5, 1, 2 \rangle$ (3) $\langle 10, 2, 3, 1, 3 \rangle$

(4) $\langle 10, 2, 3, 1 \rangle$ (5) $\langle 0, 1, 1, 99, 1 \rangle$ (6) $\langle -3, 1, 1, 1, 1, 3 \rangle$

03 $a, b, c, d \in \mathbb{Z}\,(b > 0,\ c > 0,\ d > 0)$라 하고 $c > d$라 할 때, 다음이 성립함을 보여라.

(1) $\langle a, c \rangle < \langle a, d \rangle$ (2) $\langle a, b, c \rangle > \langle a, b, d \rangle$

04 $a, b, c, d \in \mathbb{Z}\,(b > 0,\ c > 0,\ d > 0)$라 할 때, 다음이 성립함을 보여라.

(1) $\langle a, b \rangle > \langle a, b+d \rangle$ (2) $\langle a, b, c \rangle < \langle a, b, c+d \rangle$

05 $\alpha(>1)$를 유리수라 할 때, $\alpha = \langle q_1, q_2, q_3, \cdots, q_n \rangle$이면

$$\frac{1}{\alpha} = \langle 0, q_1, q_2, q_3, \cdots, q_n \rangle$$

임을 보여라.

06 정리 5.4.4를 이용하여 다음 합동식을 풀라.

(1) $5x \equiv 2 \pmod{13}$ (2) $26x \equiv 12 \pmod{108}$

(3) $613x \equiv 417 \pmod{3830}$ (4) $417x \equiv 102 \pmod{3828}$

07 다음 무한 단순연분수의 값을 구하라.

(1) $\langle 1, 1, 1, 1, \cdots \rangle$ (2) $\langle 2, 1, 1, 1, \cdots \rangle$ (3) $\langle 2, 2, 2, 2, \cdots \rangle$

(4) $\langle \overline{1, 2} \rangle$ (5) $\langle 1, 2, \overline{3, 1} \rangle$ (6) $\langle 0, \overline{1, 2, 3} \rangle$

08 다음 무리수를 무한 단순연분수로 표시하라.

(1) $\sqrt{2}$ (2) $\sqrt{2}-1$ (3) $\sqrt{3}$

(4) $\dfrac{1}{\sqrt{3}}$ (5) $\sqrt{13}$ (6) $\dfrac{1+\sqrt{13}}{2}$

(7) $\dfrac{3+\sqrt{7}}{2}$ (8) $\dfrac{5+\sqrt{37}}{4}$

09 정수 d가 아래와 같이 주어질 때, dy^2+1에 $y=1, 2, 3, \cdots$을 차례로 대입하는 방식으로 부정방정식 $x^2-dy^2=1$의 기본해를 찾아라.

(1) $d=7$ (2) $d=11$

(3) $d=18$ (4) $d=30$

10 다음 부정방정식의 양의 정수해 중에서 $y<250$인 해를 모두 구하라.

(1) $x^2-y^2=1$ (2) $x^2-3y^2=1$

(3) $x^2-5y^2=1$ (4) $x^2-7y^2=1$

11 $\sqrt{23}$, $\sqrt{33}$, $\sqrt{41}$, $\sqrt{74}$를 무한 단순연분수로 표시하고, 이를 이용하여 다음 부정방정식의 기본해를 구하라.

(1) $x^2-23y^2=1$ (2) $x^2-33y^2=1$

(3) $x^2-41y^2=1$ (4) $x^2-74y^2=1$

12 d를 제곱수가 아닌 양의 정수라 하자. Pell의 방정식 $x^2-dy^2=1$일 때, 다음 물음에 답하라.

(1) $d=0$일 때, 부정방정식의 해를 모두 구하라.

(2) $d\le -2$일 때, 부정방정식의 해를 모두 구하라.

(3) $d=-1$일 때, 부정방정식의 해를 모두 구하라.

13 d를 제곱수가 아닌 양의 정수라 하자. Pell의 방정식 $x^2-dy^2=1$의 두 정수해를 $\begin{cases} x=x_1 \\ y=y_1 \end{cases}$과 $\begin{cases} x=x_2 \\ y=y_2 \end{cases}$라 하자.

$$a+b\sqrt{d}=(x_1+y_1\sqrt{d})(x_2+y_2\sqrt{d})$$

일 때, $\begin{cases} x = a \\ y = b \end{cases}$가 부정방정식 $x^2 - dy^2 = 1$의 해임을 보여라.

14 d를 제곱수가 아닌 양의 정수라 하자. x_1, y_1을 Pell의 방정식 $x^2 - dy^2 = 1$의 기본해라 하고 $z = x_1 + y_1\sqrt{d}$라 하자.

(1) $x_1 = \dfrac{z + \overline{z}}{2}$, $y_1 = \dfrac{z - \overline{z}}{2\sqrt{d}}$임을 보여라.

(2) $x_n = \dfrac{z^n + \overline{z}^n}{2}$, $y_n = \dfrac{z^n - \overline{z}^n}{2\sqrt{d}}$ $(n = 1, 2, \cdots)$은 Pell의 방정식 $x^2 - dy^2 = 1$의 정수해임을 보여라.

(3) 부정방정식 $x^2 - 2y^2 = 1$의 기본해가 $x_1 = 3$, $y_1 = 2$일 때, 두 개의 정수해를 더 구하라.

15 d를 제곱수가 아닌 양의 정수라 하자. x_1, y_1을 Pell의 방정식 $x^2 - dy^2 = -1$의 기본해라 하고 $z = x_1 + y_1\sqrt{d}$라 하자.

(1) $x_n = \dfrac{z^{2n-1} + \overline{z}^{2n-1}}{2}$, $y_n = \dfrac{z^{2n-1} - \overline{z}^{2n-1}}{2\sqrt{d}}$ $(n = 1, 2, \cdots)$은

Pell의 방정식 $x^2 - dy^2 = -1$의 정수해임을 보여라.

(2) 부정방정식 $x^2 - 2y^2 = -1$의 기본해가 $x_1 = 1$, $y_1 = 1$일 때, 정수해를 하나 더 구하라.

(3) ${}_nC_{k-1} = 2 \cdot {}_nC_k + {}_nC_{k+1}$를 만족시키는 양의 정수 n을 모두 구하라(이때 $k < n$이다).

16 양의 정수 d가 $d \equiv 3 \pmod 4$를 만족시킬 때, Pell의 방정식 $x^2 - dy^2 = -1$이 해를 가지지 않음을 보여라.

17 부정방정식 $x^2 + y^2 - 1 = 4xy$의 최소 양의 정수해를 구하라.

연습문제 풀이

2.1 ▌ 연습문제

01 40의 양의 약수는 1, 2, 4, 5, 8, 10, 20, 40이고, 72의 양의 약수는 1, 2, 3, 4, 6, 8, 9, 12, 18, 24, 36, 72이다. 따라서 40과 72의 양의 공약수는 1, 2, 4, 8이다(따라서 -1, -2, -4, -8은 음의 공약수이다).

02 (1) $a|b$라 하면 $b=ah$를 만족하는 $h\in\mathbb{Z}$가 존재한다. 따라서 $b^n=a^nh^n$이므로 $a^n|b^n$이다. 역으로 $a^n|b^n$이라 하면 $b^n=a^nu$를 만족하는 $u\in\mathbb{Z}$가 존재한다. $(a, b)=d$라 하자. 그러면 $a=ds$, $b=dt$를 만족하는 정수 s, t가 존재하므로 $(s, t)=\left(\frac{a}{d}, \frac{b}{d}\right)=1$이고, 따라서 $(s, t^n)=1$이다. 또한 $d^nt^n=b^n=a^nu=d^ns^nu$이므로 $t^n=s^nu$이다. 따라서 $s|t^n$, 즉 $s|t^n\cdot 1$이므로 $s|1$이다. 그러므로 $s=\pm 1$이고, 따라서 $a=\pm d$이므로 $b=dt=\pm at=a\cdot(\pm t)$이다. 따라서 $a|b$이다.

(2) 정리 2.1.6 (4)에 의하여 분명하다.

(3) (1)에 의하여 $a^n|b^n$, $a^n|d^n$이므로 (2)에 의하여 결과가 얻어진다.

03 (1) $c|(a, b)$라 하자. 그러면 정의 2.1.8에 의하여 $(a, b)|a$, $(a, b)|b$이므로 정리 2.1.6 (3)에 의하여 $c|a$, $c|b$이다. 역은 정의 2.1.8의 결과이다.

(2) $[a, b]|c$라 하자. 그러면 정의 2.1.23에 의하여 $a|[a, b]$, $b|[a, b]$이므로 정리 2.1.6 (3)에 의하여 $a|c$, $b|c$이다. 역은 정의 2.1.23의 결과이다.

04 (1) 정리 2.1.16과 정리 2.1.6 (2)의 결과이다.

(2) $ab|c$라 하면 $c=abk=a(bk)=b(ak)$를 만족하는 $k\in\mathbb{Z}$가 존재하므로 $a|c$, $b|c$이다. 역으로, $a|c$, $b|c$라 가정하자. 그러면 정리 2.1.6 (5)에 의하여 $ab|bc$, $ab|ac$이다. 따라서 $bc=abu$, $ac=abv$를 만족하는 $u, v\in\mathbb{Z}$가 존재한다. 또한 $(a, b)=1$이므로 정리 2.1.14 (1)에 의하여 $as+bt=1$을 만족하는 $s, t\in\mathbb{Z}$가 존재한다. 따라서 $acs+bct=c$, 즉

$$c=acs+bct=abvs+abut=ab(vs+ut)$$

이다. 그러므로 $ab|c$이다.

05 (1) 정리 2.1.1에 의하여 모든 정수 a는

$$a=2q, \quad a=2q+1 \ (q \in \mathbb{Z})$$

과 같이 두 가지 꼴로 표시된다. 따라서 $a=2q$와 같이 표시되는 경우는

$$a(a+1)=2q(2q+1)$$

이고, $a=2q+1$과 같이 표시되는 경우는

$$a(a+1)=(2q+1)(2q+2)=2(2q+1)(q+1)$$

이므로 (1)이 성립한다.

(2) 정리 2.1.1에 의하여 모든 정수 a는

$$a=3q, \quad a=3q+1, \quad a=3q+2 \ (q \in \mathbb{Z})$$

와 같이 세 가지 꼴로 표시된다. 따라서 $a=3q$와 같이 표시되는 경우는

$$a(a+1)(a+2)=3q(3q+1)(3q+2)$$

이고, $a=3q+1$과 같이 표시되는 경우는

$$a(a+1)(a+2)=(3q+1)(3q+2)(3q+3)=3(3q+1)(3q+2)(q+1)$$

이고, $a=3q+2$와 같이 표시되는 경우는

$$a(a+1)(a+2)=(3q+2)(3q+3)(3q+4)=3(3q+2)(q+1)(3q+4)$$

이므로 $3 \mid a(a+1)(a+2)$이다. 더욱이 (1)과 정리 2.1.6 (2)에 의하여

$$2 \mid a(a+1)(a+2)$$

이고, 또한 $(2, 3)=1$이므로 정리 2.1.27 (2)에 의하여 $6 \mid a(a+1)(a+2)$이다.

(3) 정리 2.1.1에 의하여 모든 정수 a는

$$a=4q, \quad a=4q+1, \quad a=4q+2, \quad a=4q+3 \ (q \in \mathbb{Z})$$

와 같이 네 가지 꼴로 표시된다. 따라서 $a=4q$와 같이 표시되는 경우는

$$\begin{aligned} a(a+1)(a+2)(a+3) &= 4q(4q+1)(4q+2)(4q+3) \\ &= 8q(4q+1)(2q+1)(4q+3) \end{aligned}$$

이고, $a=4q+1$과 같이 표시되는 경우는

$$\begin{aligned} a(a+1)(a+2)(a+3) &= (4q+1)(4q+2)(4q+3)(4q+4) \\ &= 8(4q+1)(2q+1)(4q+3)(q+1) \end{aligned}$$

이고, $a=4q+2$와 같이 표시되는 경우는

$$\begin{aligned} a(a+1)(a+2)(a+3) &= (4q+2)(4q+3)(4q+4)(4q+5) \\ &= 8(2q+1)(4q+3)(q+1)(4q+5) \end{aligned}$$

이고, $a=4q+3$과 같이 표시되는 경우는

$$\begin{aligned}a(a+1)(a+2)(a+3)&=(4q+3)(4q+4)(4q+5)(4q+6)\\&=8(4q+3)(q+1)(4q+5)(2q+3)\end{aligned}$$

이므로 $8\,|\,a(a+1)(a+2)(a+3)$이다. 더욱이 (2)와 정리 2.1.6 (2)에 의하여

$$6\,|\,a(a+1)(a+2)(a+3)$$

이고, 또한 $[6,8]=24$이다. 따라서 위의 문제 3의 (2)에 의하여

$$24\,|\,a(a+1)(a+2)(a+3)$$

이다.

(4) 연속한 네 정수를 $a-1$, a, $a+1$, $a+2$라 하자. 그러면

$$\begin{aligned}(a-1)a(a+1)(a+2)+1&=((a-1)(a+2))a(a+1)+1\\&=((a^2+a)-2)(a^2+a)+1\\&=(a^2+a)^2-2(a^2+a)+1\\&=((a^2+a)-1)^2=(a(a+1)-1)^2\end{aligned}$$

이다. 이때 (1)에 의하여 $a(a+1)$은 짝수이므로 $a(a+1)-1$은 홀수이다. 따라서 (4)가 성립한다.

06 (1)

$$n^3+5n=(n^3-n)+6n=(n-1)n(n+1)+6n$$

이다. 이때 위의 문제 5의 (2)에 의하여 $6\,|\,(n-1)n(n+1)$이므로 정리 2.1.7에 의하여 $6\,|\,(n^3+5n)$이다.

(2)

$$\begin{aligned}n(n+1)(2n+1)&=n(n+1)((n+2)+(n-1))\\&=n(n+1)(n+2)+(n-1)n(n+1)\end{aligned}$$

이고, 또한 위의 문제 5의 (2)에 의하여

$$6\,|\,n(n+1)(n+2),\quad 6\,|\,(n-1)n(n+1)$$

이다. 따라서 정리 2.1.7에 의하여 $6\,|\,n(n+1)(2n+1)$이다.

(3) $19^2=361$이므로

$$\begin{aligned}19^{2n}-1=361^n-1&=(361-1)(361^{n-1}+361^{n-2}+\cdots+361+1)\\&=360(361^{n-1}+361^{n-2}+\cdots+361+1)\end{aligned}$$

이다. 따라서 (3)이 성립한다.

07 (1) $c\,|\,a$이므로 $a=ck$를 만족하는 $k\in\mathbb{Z}$가 존재한다. 따라서 $(ck,b)=(a,b)=1$이므로 정리 2.1.15에 의하여 $(c,b)=1$이다.

(2) $c\mid(a+b)$, $c\mid(a-b)$이므로 정리 2.1.6 (4)에 의하여

$$c\mid((a+b)+(a-b)),\quad c\mid((a+b)+(a-b)\cdot(-1)),$$

즉 $c\mid 2a$, $c\mid 2b$이다. 따라서 최대공약수의 정의에 의하여 $c\mid(2a, 2b)$이고, 또한 정리 2.1.21 (1)에 의하여 $(2a, 2b)=2(a, b)$이므로 $c\mid 2(a, b)$이다. 이때 c가 홀수이므로 $(c, 2)=1$이고, 따라서 정리 2.1.16에 의하여 $c\mid(a, b)$이다.

08 (1) $n=ak+b\ (k\in\mathbb{Z})$라 하면 정리 2.1.17에 의하여

$$(a, ak+b)=(a, n)=(n, a)=(a, b)$$

이다. 또한 위에 의하여

$$(a+bk, b)=(b, bk+a)=(b, a)=(a, b)$$

이므로 (1)이 성립한다.

(2) (1)에서 $k=1$인 경우이다.

(3) $(a, b)=1$이면 (2)에 의하여

$$(a+b, a)=(a, a+b)=(a, b)=1,\quad (a+b, b)=(a, b)=1$$

이므로 정리 2.1.15에 의하여 $(a+b, ab)=1$이다. 역으로, $(a+b, ab)=1$이라 하면 정리 2.1.15에 의하여 $(a+b, b)=1$이므로 (2)에 의하여 $(a, b)=1$이다.

09 (1) $(314, 159)=1$, $[314, 159]=314\cdot 159=49926$.

(2) $(-1558, 3854)=82$, $[-1558, 3854]=\dfrac{1558\cdot 3854}{82}=73226$.

(3) $(3054, 12378)=6$, $[3054, 12378]=\dfrac{3054\cdot 12378}{6}=6300402$.

(4) $(39, 42, 54)=3$, $[39, 42, 54]=4914$.

(5) $(49, -210, -350)=7$, $[49, -210, -350]=7350$.

(6) $(26, 33, 65, 79)=1$, $[26, 33, 65, 79]=338910$.

10 (1) $a=4s$, $b=4t$라 하면 $s>t>0$이고, 정리 2.1.14 (2)에 의하여 $(s, t)=1$이다. 또한 $16st=ab=384$이므로 $st=24$이다. 따라서 $(s, t)=1$, $st=24$를 만족하는 $s, t\ (s>t>0)$는 $s=24$, $t=1$과 $s=8$, $t=3$이므로 구하고자 하는 a, b는 $a=96$, $b=4$; $a=32$, $b=12$이다.

(2) 정리 2.1.24에 의하여 $(a, b)=\dfrac{ab}{[a, b]}=\dfrac{360}{120}=3$이므로 (1)과 같은 방법으로 구하면 $a=120$, $b=3$; $a=24$, $b=15$이다.

(3) $(a, b)=d$라 하고 $a=ds$, $b=dt$라 하자 그러면 $s>t>0$이고, 정리 2.1.14 (2)에 의하여 $(s, t)=1$이다. 한편 $d(s+t)=ds+dt=a+b=141$이고, 또한 정리 2.1.24에 의하여

$$840=[a, b]=\frac{ab}{d}=\frac{d^2st}{d}=dst$$

이므로 정리 2.1.21 (1)에 의하여

$$(141,\ 840)=(d(s+t),\ dst)=d(s+t,\ st)$$

이다. 이때 위의 문제 8의 (3)에 의하여 $(s+t,\ st)=1$이므로 $d=(141,\ 840)=3$이다. 따라서

$$s+t=47,\quad st=280\ (s>t>0)$$

이므로 이 두 식을 연립하여 풀면 $s=40,\ t=7$이다. 그러므로 구하고자 하는 $a,\ b$는 $a=3\cdot 40=120,\ b=3\cdot 7=21$이다.

(4) $a=29s,\ b=29t$라 하면 $s>t>0$이고, 정리 2.1.14 (2)에 의하여 $(s,\ t)=1$이다. 또한 정리 2.1.24에 의하여

$$29^2 st=ab=(a,\ b)[a,\ b]=29\cdot 290$$

이므로 $st=10$이다. 따라서 $(s,\ t)=1,\ st=10$을 만족하는 $s,\ t\ (s>t>0)$는 $s=10,\ t=1$과 $s=5,\ t=2$이므로 구하고자 하는 $a,\ b$는 $a=290,\ b=29$; $a=145,\ b=58$이다.

11 (1) $a+b=100,\ (a,\ b)=3$을 만족하는 정수 $a,\ b$가 존재한다고 하자. 그러면 $a=3s,\ b=3t$인 정수 $s,\ t$가 존재하고, 따라서

$$3(s+t)=3s+3t=a+b=100$$

이어야 한다. 따라서 $3\mid 100$이어야 하므로 이는 모순이다. 그러므로 $a+b=100,\ (a,\ b)=3$을 만족하는 정수 $a,\ b$는 존재하지 않는다.

(2) $s,t\in\mathbb{Z}\ (t>0)$이라 하자. $a+b=s,\ (a,\ b)=t$를 만족하는 정수 $a,\ b$가 존재한다고 하면 $a=tx,\ b=ty$를 만족하는 정수 $x,\ y$가 존재하고, 또한

$$t(x+y)=tx+ty=a+b=s$$

이다. 따라서 $t\mid s$이다. 역으로, $t\mid s$라 하자. 그러면 $s=tu$를 만족하는 정수 u가 존재한다. 따라서 $a=s-t,\ b=t$라 놓으면 위의 문제 8의 (1)과 정리 2.1.10에 의하여

$$(a,\ b)=(s-t,\ t)=(s+t(-1),\ t)=(s,\ t)=t$$

이고, 또한 $a+b=s-t+t=s$이다.

(3) $s\mid t$라 하자. 그러면 $t=sr$를 만족하는 정수 r가 존재한다. 따라서 $a=t,\ b=s$라 놓으면 정리 2.1.10에 의하여 $(a,\ b)=(t,\ s)=s$이고, 또한 정리 2.1.24에 의하여 $[a,\ b]=\dfrac{|ab|}{(a,\ b)}=\dfrac{ts}{s}=t$이다. 역은 분명하다.

12 서로소인 것은 (1), (3), (5), (6)이고, 쌍마다 서로소인 것은 (3), (6)이다.

13 (1) $n=dk\ (d\ge 1)$이라 하면 $k\ge 1$이다. $k=1$인 경우는 $n=d$이므로 정리 2.1.6 (1)에 의하여 $(a^d-1)\mid(a^n-1)$이다. 다음, $k\ge 2$인 경우는

$$a^n - 1 = (a^d)^k - 1 = (a^d - 1)(a^{d(k-1)} + a^{d(k-2)} + \cdots + a^d + 1)$$

이므로 $(a^d - 1) \mid (a^n - 1)$이다.

(2) $n = dk$ ($d \geq 1$, k는 홀수)라 하면 $k \geq 1$이다. $k = 1$인 경우는 $n = d$이므로 정리 2.1.6 (1)에 의하여 $(a^d + 1) \mid (a^n + 1)$이다. 다음, $k \geq 3$인 경우는

$$a^n + 1 = (a^d)^k + 1 = (a^d + 1)(a^{d(k-1)} - a^{d(k-2)} + a^{d(k-3)} - \cdots + a^{2d} - a^d + 1)$$

이므로 $(a^d + 1) \mid (a^n + 1)$이다.

14 $m = 1$ 또는 $n = 1$이면 $d = (m, n) = 1$이다. 따라서 $n = 1$이면

$$(a^m - 1) = (a - 1)(a^{m-1} + a^{m-2} + \cdots + a + 1)$$

이므로 정리 2.1.10에 의하여 $(a^m - 1,\ a^n - 1) = a^d - 1$이다. 또한 $m = 1$인 경우도 같은 방법으로 $(a^m - 1,\ a^n - 1) = a^d - 1$임을 증명할 수 있다.

다음, $m > 1$, $n > 1$이라 하자. $a > 1$이고 $d > 0$이므로 $a^d - 1 \geq 1$이다. 또한 $d \mid m$, $d \mid n$이므로 위의 문제 13의 (1)에 의하여

$$(a^d - 1) \mid (a^m - 1), \quad (a^d - 1) \mid (a^n - 1)$$

이다. 한편 $d = (m, n)$이므로 정리 2.1.11에 의하여 $d = ms + nt$를 만족하는 정수 s, t가 존재한다. 이때 $s > 0$, $t > 0$이라 하면 $d \leq m$, $d \leq n$이므로

$$d = ms + nt \geq m + n \geq d + d = 2d$$

가 되어 모순이다. 따라서 s, t가 모두 양의 정수일 수는 없다. 또한 분명히 s, t가 모두 음의 정수이거나 s, t 중에서 하나는 음의 정수이고 나머지는 0일 수는 없다. 따라서 다음 네 가지 경우가 일어난다.

(1) $s > 0,\ t < 0$; (2) $s > 0,\ t = 0$; (3) $s = 0,\ t > 0$; (4) $s < 0,\ t > 0$

이제 (1)의 경우, 즉 $s > 0$, $t < 0$이라 가정하고 $r = -t$라 하자. 그러면

$$d = ms - nr,\ s \geq 1,\ r \geq 1$$

이므로

$$a^{ms} - 1 = a^{nr+d} - 1 = a^{nr}a^d - 1 = (a^{nr} - 1)a^d + a^d - 1$$

이고, 따라서

$$\begin{aligned}&(a^m - 1)(a^{m(s-1)} + a^{m(s-2)} + \cdots + a^m + 1)\\ &= (a^n - 1)(a^{n(r-1)} + a^{n(r-2)} + \cdots + a^n + 1)a^d + (a^d - 1)\end{aligned}$$

이다. 그러므로 $c \mid (a^m - 1)$, $c \mid (a^n - 1)$ $(0 \neq c \in \mathbb{Z})$라 하면 정리 2.1.6 (2)와 정리 2.1.7에 의하여 $c \mid (a^d - 1)$이어야 한다. 따라서 정의 2.1.8에 의하여

$$(a^m-1,\ a^n-1)=a^d-1$$

이다. 다음, (2)의 경우는

$$d=ms \geq m \geq d$$

이므로 $m=d$이어야 한다. 또한 $n=dk$를 만족하는 양의 정수 k가 존재한다. 따라서

$$(a^n-1)=(a^{dk}-1)=(a^d-1)(a^{d(k-1)}+a^{d(k-2)}+\ \cdots\ +a^d+1)$$

이므로 정리 2.1.10에 의하여

$$(a^m-1,\ a^n-1)=(a^d-1,\ a^n-1)=(a^n-1,\ a^d-1)=a^d-1$$

이다. 나머지 경우도 같은 방법으로 증명할 수 있다.

15 (1) 1, 2, 3, 4, 6, 12는 12의 약수이므로 위의 문제 13의 (1)에 의하여

$$3^1-1=2,\quad 3^2-1=8,\quad 3^3-1=26,$$
$$3^4-1=80,\ 3^6-1=728,\ 3^{12}-1=531440$$

은 $3^d-1\ (d\geq 1)$ 꼴의 $3^{12}-1=531440$의 약수들이다.

(2) $180=12\cdot 15$이므로 위의 문제 13의 (2)에 의하여 $3^{12}+1=531442$는 $3^{180}+1$의 약수이다.

(3) $(6,9)=3$, $(11,13)=1$, $(9,12)=3$이므로 위의 문제 14에 의하여

$$(2^6-1,\ 2^9-1)=2^3-1=7,\ (2^{11}-1,\ 2^{13}-1)=2^1-1=1,$$
$$(3^9-1,\ 3^{12}-1)=3^3-1=26$$

이다.

16 (1) $(159, 314)=1$; $x=79$, $y=-40$. (2) $(299,-247)=13$; $x=5$, $y=6$.
(3) $(-963, 657)=9$; $x=15$, $y=22$. (4) $(12378, 3054)=6$; $x=132$, $y=-535$.
문제의 각 등식을 만족하는 정수 x, y는 위에서 구한 것 외의 여러 가지가 있다(2.4절을 참조).

17 (1) 유클리드의 호제법을 이용하여 159와 314의 최대공약수를 구하면 $(159, 314)=1$이고 $1=159\cdot 79+314\cdot(-40)$이므로

$$3=159\,(79\cdot 3)+314\,(-40\cdot 3)$$

이다. 따라서 구하고자 하는 x, y는 $x=79\cdot 3=237$, $y=-40\cdot 3=-120$이다. 같은 방법으로, (2) $x=14$, $y=16$, (3) $x=27$, $y=-33$이다(각 등식을 만족하는 정수 x, y는 위에서 구한 것 외의 여러 가지가 있다).

18 (1) $(a, b)=[a, b]$라 하자. 그러면

$$a \mid [a, b],\ b \mid [a, b] \text{이고 } (a, b) \mid a,\ (a, b) \mid b$$

이므로 정리 2.1.6(3)에 의하여 $a|b$, $b|a$이다. 따라서 정리 2.1.6(8)에 의하여 $a = \pm b$이다. 역은 분명하다.

(2) 정리 2.1.21(1)과 정리 2.1.24에 의하여

$$k(a, b)[ka, kb] = (ka, kb)[ka, kb] = |kakb| = k^2|ab| = k^2(a, b)[a, b]$$

이므로 $[ka, kb] = k[a, b]$이다.

19 (1) $(a+b, a-b) = d$라 하자. 그러면 $d \mid (a+b)$, $d \mid (a-b)$이고

$$2a = (a+b) + (a-b),\ 2b = (a+b) + (a-b)(-1)$$

이므로 정리 2.1.6(4)에 의하여 $d|2a$, $d \mid 2b$이다. 그러므로 정의 2.1.8에 의하여 $d \mid (2a, 2b)$이다. 이때 $(a, b) = 1$이므로 정리 2.1.21(1)에 의하여 $(2a, 2b) = 2(a, b) = 2$이다. 따라서 $d \mid 2$, $d > 0$이므로 $d = 1$ 또는 $d = 2$이다.

(2) $(2a+b, a+2b) = d$라 하자. 그러면 $d \mid (2a+b), d \mid (a+2b)$이고

$$3a = (2a+b) \cdot 2 + (a+2b)(-1),\ 3b = (2a+b)(-1) + (a+2b) \cdot 2$$

이므로 정리 2.1.6(4)에 의하여 $d|3a$, $d|3b$이다. 그러므로 $d \mid (3a, 3b)$이고, 또한 $(3a, 3b) = 3(a, b) = 3$이므로 $d \mid 3$이다. 그러므로 $d = 1$ 또는 $d = 3$이다.

(3) $(a+b, a^2+b^2) = d$라 하자. 그러면 $d \mid (a+b), d \mid (a^2+b^2)$이고

$$2a^2 = (a^2+b^2) + (a^2-b^2) = (a^2+b^2) + (a+b)(a-b),$$
$$2b^2 = (a^2+b^2) + (b^2-a^2) = (a^2+b^2) + (a+b)(b-a)$$

이므로 정리 2.1.6(4)에 의하여 $d|2a^2$, $d|2b^2$이다. 따라서 $d \mid (2a^2, 2b^2)$이다.

한편 $(a, b) = 1$이므로 정리 2.1.15에 의하여 $(a^2, b^2) = 1$이다. 따라서 $(2a^2, 2b^2) = 2(a^2, b^2) = 2$이므로 $d \mid 2$이다. 그러므로 $d = 1$ 또는 $d = 2$이다.

(4) $(a+b, a^2-ab+b^2) = d$라 하자. 그러면 $d \mid (a+b)$, $d \mid (a^2-ab+b^2)$이다. 따라서 정리 2.1.6(2)에 의하여 $d \mid 3(a+b)$이고, 또한

$$3ab = (a+b)^2 - (a^2-ab+b^2) = (a+b)(a+b) + (a^2-ab+b^2)(-1)$$

이므로 정리 2.1.6(4)에 의하여 $d \mid 3ab$이다. 따라서 $d \mid (3(a+b), 3ab)$이다. 한편 $(a, b) = 1$이므로 위의 문제 8의 (3)에 의하여 $(a+b, ab) = 1$이다. 따라서

$$(3(a+b), 3ab) = 3((a+b), ab) = 3$$

이므로 $d \mid 3$이다. 그러므로 $d = 1$ 또는 $d = 3$이다.

20 (1) $a \mid b$라 하면 $b = ak$를 만족하는 $k \in \mathbb{Z}$가 존재한다. 따라서 $x \in (b)$라 하면 적당한 $n \in \mathbb{Z}$에 대하여 $x = bn$으로 표시되므로

$$x = bn = akn = a(nk) \in (a)$$

이다. 따라서 $(b) \subset (a)$이다. 역으로, $(b) \subset (a)$라 하면 $b = b \cdot 1 \in (b)$이므로 $b \in (a)$이다. 따라서 적당한 $m \in \mathbb{Z}$에 대하여 $b = am$ 으로 표시되므로 $a \mid b$이다.

(2) $(a) = (b)$이면 $(a) \subset (b)$이고 $(b) \subset (a)$이므로 (1)에 의하여 $b \mid a$이고 $a \mid b$이다. 따라서 정리 2.1.6 (8)에 의하여 $b = \pm a$이다. 역은 (1)에 의하여 분명하다.

(3) $2,\ 3 \in (2) \cup (3)$이지만 $2 + 3 = 5 \not\in (2) \cup (3)$이다. 왜냐하면 $5 \in (2) \cup (3)$이라 하면 $5 \in (2)$ 또는 $5 \in (3)$이어야 하고, 따라서 $5 = 2m$ 또는 $5 = 3n$을 만족하는 정수 $m,\ n$이 존재해야 하는데 실제로 이러한 정수는 존재할 수 없기 때문이다.

(4) $c,\ d \in (a) \cap (b)$라 하면 $c,\ d \in (a)$이고 $c,\ d \in (b)$이므로

$$c = am_1,\ d = am_2,\ c = bn_1,\ d = bn_2$$

를 만족하는 $m_1,\ m_2,\ n_1,\ n_2 \in \mathbb{Z}$가 존재한다. 따라서

$$c + d = a(m_1 + m_2),\ c + d = b(n_1 + n_2)$$

이므로 $c + d \in (a)$이고 $c + d \in (b)$이다. 따라서 $c + d \in (a) \cap (b)$이다.

(5) $c,\ d \in (a) + (b)$라 하면 $c = ax_1 + by_1,\ d = ax_2 + by_2$를 만족하는 $x_1,\ x_2,\ y_1,\ y_2 \in \mathbb{Z}$가 존재한다. 따라서 $c + d = a(x_1 + x_2) + b(y_1 + y_2)$이므로 $c + d \in (a) + (b)$이다.

(6) $c \in (a) \cap (b)$라 하면 $c \in (a)$이고 $c \in (b)$이므로 $c = am,\ c = bn$을 만족하는 $m,\ n \in \mathbb{Z}$가 존재한다. 따라서 $a|c,\ b|c$이므로 $[a,\ b] \mid c$이다. 더욱이 $(a,\ b) \mid [a,\ b]$이므로 정리 2.1.6 (3)에 의하여 $(a,\ b) \mid c$이다.

(7) $5 = 2 \cdot 1 + 3 \cdot 1$이므로 $5 \in (2) + (3)$이지만 $[2,\ 3] = 6,\ \ 5 \nmid 6$이므로 $5 \nmid [2,\ 3]$이다.

21 (1) $d = 4$이다. 또한 x를 28과 12의 일차결합 즉, $x = 28m + 12n (m, n \in \mathbb{Z})$이라 하면 정리 2.1.6 (4)에 의하여 $d|x$이다.

(2) $S = \{am + bn \mid am + bn > 0, m, n \in \mathbb{Z}\}$이라 하자. 분명히 $S \subset \mathbb{N}$이므로 정수의 정렬성 원리에 의하여 S는 최소원소 $x(>0)$를 갖는다. $x \in S$이므로 적당한 $m, n \in \mathbb{Z}$에 대하여 $x = am + bn$으로 표시된다. 따라서 정리 2.1.6 (4)에 의하여 $(a, b)|x$이다.

다음, 정리 2.1.11에 의하여 $(a, b) = as + bt$를 만족하는 $s, t \in \mathbb{Z}$가 존재한다. 또한 정리 2.1.1 (나눗셈 정리)에 의하여

$$(a,\ b) = xq + r,\ \ 0 \le r < x$$

를 만족하는 $q, r \in \mathbb{Z}$가 유일하게 존재한다. 따라서

$$as + bt = (a,\ b) = xq + r = (am + bn)q + r$$

이므로

$$0 \le r = a(s - mq) + b(t - nq) < x$$

이다. 따라서 $r = a(s - mq) + b(t - nq) \in S$이고 x는 S의 최소원소이므로 $r = 0$이다. 따라서

$(a,\ b) = xq$, 즉 $x \mid (a,\ b)$이다. 그러므로 $(a,\ b) = x = am + bn$이다. 즉, $(a,\ b)$는 a와 b의 일차 결합 중에서 가장 작은 양의 정수이다.

22 (1) 연습문제 2.1의 8(1)에 의하여

$$\begin{aligned}(4a+5,\ 5a+7) &= (4a+5,\ 5a+7-(4a+5)) = (4a+5,\ a+2)\\ &= (4a+5-4(a+2),\ a+2) = (-3,\ a+2) = (3,\ a+2)\end{aligned}$$

이다. 따라서 $(4a+5,\ 5a+7) = (3,\ a+2) = 1$ 또는 3이다($\because$ 3은 소수이므로(정의 2.2.1 참조)). 더욱이 $(4a+5,\ 5a+7) = (3,\ a+2) = 3$이 되는 정수 a는 $a = 1+3k\ (k \in \mathbb{Z})$ 꼴의 모든 정수이다.

(2) 먼저, $m=1$이면 분명하다. 이제 $m \geq 2$라 하자. 그러면

$$\begin{aligned}\left(\frac{a^m-1}{a-1},\ a-1\right) &= (a^{m-1}+a^{m-2}+\cdots+a+1,\ a-1)\\ &= ((a^{m-1}-1)+(a^{m-2}-1)+\cdots+(a-1)+m,\ a-1)\\ &= (m,\ a-1)\text{(연습문제 2.1의 8(1)에 의하여)}\end{aligned}$$

이다(참고: $a^n-1 = (a-1)(a^{n-1}+a^{n-2}+\cdots+a+1)$).

23 $m = [a,\ c]$이므로 $a \mid m$이고 $c \mid m$이다. 또한 $b \mid c$이므로 정리 2.1.6 (3)에 의하여 $b \mid m$이다. 따라서 m은 a와 b의 공배수이다. 따라서 최소공배수의 정의에 의하여 $[a,\ b] \mid m$이고, $[a,\ b]$와 m가 모두 양수이므로 정리 2.1.6 (6)에 의하여 $[a,\ b] \leq m$이다.

2.2 ▌연습문제

01

$$2, 3, 5, 7, 11, 13, 17, 19, 23, 29, 31, 37, 41, 43, 47, 53,$$
$$59, 61, 67, 71, 73, 79, 83, 89, 97, 101, 103, 107, 109, 113.$$

02 $44 < \sqrt{2003} < 45$이므로 $p \leq \sqrt{2003}$인 소수 p는

$$2, 3, 5, 7, 11, 13, 17, 19, 23, 29, 31, 37, 41, 43$$

뿐이다. 그런데 2003은 이들 소수로서 나누어떨어지지 않는다. 따라서 정리 2.2.8에 의하여 2003은 소수이다.

03

$$221 = 13 \cdot 17,\ \ 2^6-1 = 63 = 3^2 \cdot 7,\ \ 3^5-1 = 242 = 2 \cdot 11^2,$$
$$2 \cdot 3 \cdot 5 \cdot 7 \cdot 11 \cdot 13 + 1 = 30031 = 59 \cdot 509$$

이므로 (1), (5), (6), (10)은 합성수이고, (2), (3), (4), (7), (8), (9)는 소수이다.

04 (1) $1234 = 2 \cdot 617$ (2) $3456 = 2^7 \cdot 3^3$ (3) $5678 = 2 \cdot 17 \cdot 167$

(4) $111111 = 3 \cdot 7 \cdot 11 \cdot 13 \cdot 37$ (5) $313632 = 2^5 \cdot 3^4 \cdot 11^2$

05 (1) 260의 양의 약수는 1, 2, 4, 5, 10, 13, 20, 26, 52, 65, 130, 260이고, 5678의 양의 약수는 1, 2, 17, 34, 167, 334, 2839, 5678이다.

(2) 정리 2.2.12에 의하여 정수 $n(>1)$의 표준분해를 $n = p_1^{k_1} p_2^{k_2} \cdots p_t^{k_t}$이라 할 때, n의 모든 양의 약수들의 개수 $\tau(n)$은 $\tau(n) = (k_1+1)(k_2+1)\cdots(k_t+1)$이다. 따라서

$$20 = 20 \cdot 1 = 10 \cdot 2 = 5 \cdot 4 = 5 \cdot 2 \cdot 2$$

이므로 $\tau(n) = 20$이 되는 양의 정수 n은 p_1, p_2, p_3를 소수라 할 때,

$$p_1^{19}, \quad p_1^9 \cdot p_2, \quad p_1^4 \cdot p_2^3, \quad p_1^4 \cdot p_2 \cdot p_3$$

의 형태로 표시되는 모든 정수이다. 이러한 정수들 중에서 가장 작은 수는

$$2^4 \cdot 3^1 \cdot 5^1 = 240$$

이다. 같은 방법으로 $\tau(n) = 6$, 15인 최소의 양의 정수 n는 각각 12, 144이다.

06 (1) $(1234, 3456) = 2$, $[1234, 3456] = 2^7 \cdot 3^3 \cdot 617$.

(2) $(3456, 5678) = 2$, $[3456, 5678] = 2^7 \cdot 3^3 \cdot 17 \cdot 167$.

(3) $(111111, 313632) = 33$, $[111111, 313632] = 2^5 \cdot 3^4 \cdot 7 \cdot 11^2 \cdot 13 \cdot 37$.

(4) $(1234, 3456, 5678) = 2$, $[1234, 3456, 5678] = 2^7 \cdot 3^3 \cdot 17 \cdot 167 \cdot 617$.

(5) $(3456, 5678, 111111, 313632) = 1$,

$[3456, 5678, 111111, 313632] = 2^7 \cdot 3^4 \cdot 7 \cdot 11^2 \cdot 13 \cdot 17 \cdot 37 \cdot 167$.

07 (1) 정리 2.1.1에 의하여 모든 정수 a는 적당한 $n \in \mathbb{Z}$에 대하여

$$\begin{aligned}
&a = 6n = 6n+0 \ (\text{따라서} \ \ a = 2(3n)),\\
&a = 6n+1 \ (\text{따라서} \ \ a = 2(3n)+1),\\
&a = 6n+2 \ (\text{따라서} \ \ a = 2(3n+1)),\\
&a = 6n+3 \ (\text{따라서} \ \ a = 2(3n+1)+1),\\
&a = 6n+4 \ (\text{따라서} \ \ a = 2(3n+2)),\\
&a = 6n+5 \ (\text{따라서} \ \ a = 2(3n+2)+1)
\end{aligned}$$

과 같이 여섯 가지 꼴로 표시된다. 따라서 $a = 6n$, $6n+2$, $6n+4$는 짝수이고, 또한 $a = 6n+1$, $6n+3$, $6n+5$는 홀수이다. 더욱이 $a \geq 5$일 때, $a = 6n+3$은

$$a = 6n+3 = 3(2n+1)\,;\ \ 1 < 3 < a\,;\ \ 1 < 2n+1 < a$$

이므로 합성수이다. 따라서 $p(\geq 5)$는 홀수인 소수이므로 $p = 6n+1$ 또는 $6n+5$의 꼴로 표시된다.

(2) (1)에 의하여 p는 $p = 6n+1$ 또는 $6n+5$의 꼴로 표시되므로

$$p^2 = (6n+1)^2 = 36n^2 + 12n + 1 = 12(3n^2 + n) + 1$$

또는

$$p^2 = (6n+5)^2 = 36n^2 + 60n + 25 = 12(3n^2 + 5n + 2) + 1$$

이다. 따라서 어느 경우이든지 $p^2 - 1 = 12k\ (k \in \mathbb{Z})$의 꼴로 표시된다. 즉, $p^2 - 1$은 12의 배수이다.

(3) 보기 2.1.3에 의하여 홀수 p의 제곱은 $p^2 = 8k+1$의 꼴로 표시되므로 $8 \mid (p^2 - 1)$이고, 또한 (2)에 의하여 $12 \mid (p^2 - 1)$이다. 더욱이 $[8, 12] = 24$이므로 최소공배수의 정의에 의하여 $24 \mid (p^2 - 1)$이다.

08 (1) 각 양의 정수 n에 대하여

$$a(n) = n! + 1 = 1 \cdot 2 \cdot 3 \cdot \cdots \cdot n + 1$$

이라 하자. $p(>1)$를 $a(n)$의 양의 약수 중에서 가장 작은 약수라 하면 정리 2.2.6 (2)에 의하여 p는 소수이다. 이때 $p \leq n$이라 하면 $n! = 1 \cdot 2 \cdot \cdots \cdot p \cdot \cdots \cdot n$이므로

$$p \mid n!,\quad p \mid a(n)$$

이다. 따라서 정리 2.1.7에 의하여 $p \mid 1$이 되어 모순이므로 $p > n$이다. 따라서 각 양의 정수 n에 대하여 $p > n$인 소수 p가 존재한다.

(2) q를 $p!+1$을 나누는 소수라 하자. 그러면 $p!+1 = qk$를 만족하는 $k \in \mathbb{Z}$가 존재한다. 만일 $q \leq p$라 하면 $q \mid p!$이므로 위의 식에 의하여 $q \mid 1$이어야 한다. 그러나 q는 소수이므로 이는 모순이다. 따라서 $q > p$이다.

09 (1)

$$3, 5\,;\ \ 5, 7\,;\ \ 11, 13\,;\ \ 17, 19\,;\ \ 29, 31\,;$$
$$41, 43\,;\ \ 59, 61\,;\ \ 71, 73\,;\ \ 101, 103\,;\ \ 107, 109.$$

(2) $p,\ p+2\ (p>3)$를 쌍둥이 소수라 하자. $p>3$이므로 위의 문제 7의 (1)에 의하여 p는 적당한 $n \in \mathbb{Z}$에 대하여

$$p = 6n+1 \ \text{ 또는 }\ p = 6n+5$$

의 꼴로 표시된다. 그런데 p가 $p = 6n+1$과 같이 표시된다고 하면 $p+2 = 6n+3 = 3(2n+1)$이므로 $p+2$는 합성수가 되어 $p,\ p+2\ (p>3)$는 쌍둥이 소수가 아니다. 그러므로 p는 $p = 6n+5$와 같이 표시되어야 한다. 따라서

$$p+(p+2)=2(p+1)=2(6n+6)=12(n+1)$$

이므로 $p+(p+2)$는 12의 배수이다.

(3) 정리 2.1.1에 의하여 모든 정수 p는 적당한 $n\in\mathbb{Z}$에 대하여

$$p=2n,\ \ p=2n+1$$

과 같이 두 가지 꼴로 표시된다. 그러므로 $p=2n$과 같이 표시되는 경우는 $2|p$이고, $p=2n+1$과 같이 표시되는 경우는 $p+3=2(n+2)$, 즉 $2|(p+3)$이므로 두 정수 p, $p+3$ 중에서 어느 하나는 항상 2의 배수이다. 따라서 두 정수 p, $p+3$이 모두 소수인 경우는 $p=2$일 때, 즉 2, $2+3=5$뿐이다.

(4) 정리 2.1.1에 의하여 모든 정수 p는 적당한 $n\in\mathbb{Z}$에 대하여

$$p=3n,\ \ p=3n+1,\ \ p=3n+2$$

와 같이 세 가지 꼴로 표시된다. 따라서 $p=3n$과 같이 표시되는 경우는 $3|p$이고, $p=3n+1$과 같이 표시되는 경우는 $3|(p+2)$이고, $p=3n+2$와 같이 표시되는 경우는 $3|(p+4)$이므로 세 정수

$$p,\ \ p+2,\ \ p+4$$

중에서 어느 하나는 항상 3의 배수이다. 따라서 세 정수 p, $p+2$, $p+4$가 모두 소수인 경우는 $p=3$일 때, 즉 3, $3+2=5$, $3+4=7$뿐이다.

10 (1) $q-p=3$이면 $q=p+3$이므로 위의 문제 9의 (3)에 의하여 p, q가 모두 소수이려면 $p=2$이어야 한다. 따라서 $q-p=3$이 되는 소수 p, q는 $p=2$, $q=5$뿐이다.

(2) $p>3$이므로 위의 문제 7의 (1)에 의하여 p는 적당한 $n\in\mathbb{Z}$에 대하여

$$p=6n+1 \ \ \text{또는}\ \ p=6n+5$$

의 꼴로 표시된다. 따라서 p가 $p=6n+1$과 같이 표시되는 경우는

$$p^2+2=(6n+1)^2+2=36n^2+12n+3=3(12n^2+4n+1)$$

이고, $p=6n+5$와 같이 표시되는 경우는

$$p^2+2=(6n+5)^2+2=36n^2+60n+27=3(12n^2+20n+9)$$

이므로 $3|(p^2+2)$이다. 따라서 p^2+2는 소수가 아니다.

11 (1) n이 합성수이므로 $n=ab$를 만족하는 정수 a, b $(1<a<n,\ 1<b<n)$가 존재하므로

$$2^n-1=2^{ab}-1=(2^a-1)(2^{a(b-1)}+2^{a(b-2)}+\cdots+2^a+1)$$

이다. 따라서 $(2^a-1)|(2^n-1)$이고 $1<2^a-1<2^n-1$이므로 2^n-1은 합성수이다.

(2) $n(>1)$이 홀수이므로

$$2^n+1=(2+1)(2^{n-1}-2^{n-2}+2^{n-3}-\cdots+2^2-2+1)$$

이다. 따라서 $3\mid(2^n+1)$이고 $1<3<2^n+1$이므로 2^n+1은 합성수이다.

12 (1)

$$4=2+2;\ 6=3+3;\ 8=3+5;\ 10=3+7=5+5;$$
$$20=3+17=7+13;\ 30=7+23=11+19=13+17;$$
$$100=3+97=11+89=17+83=29+71=41+59=47+53$$

(2) a를 $a\ge 7$인 홀수라 하면 $a-3$은 $a-3\ge 4$인 짝수이므로 골드바흐의 추측에 의하여 $a-3$은 두 소수 p, q의 합으로 표시될 수 있다. 즉, $a-3=p+q$. 그러므로 $a=3+p+q$이므로 7 이상의 홀수는 모두 세 소수의 합으로 표시될 수 있다는 추측을 얻을 수 있다.

$$7=2+2+3;\ 11=2+2+7=3+3+5;$$
$$23=2+2+19=3+3+17=3+7+13=5+7+11.$$

13 (1) a는 다음 네 가지 경우 중에서 한 가지 경우에 속한다.

㉮ $a\le b,\ a\le c,$ ㉯ $a\ge b,\ a\ge c,$ ㉰ $b\le a\le c,$ ㉱ $c\le a\le b.$

먼저 ㉮의 경우는 $a\le\max\{b, c\}$이므로 $\min\{a, \max\{b, c\}\}=a$이고,

$$\max\{\min\{a, b\}, \min\{a, c\}\}=\max\{a, a\}=a$$

이므로 (1)이 성립한다. 다음, ㉯의 경우는 $a\ge\max\{b, c\}$이므로 $\min\{a, \max\{b, c\}\}=\max\{b, c\}$이고,

$$\max\{\min\{a, b\}, \min\{a, c\}\}=\max\{b, c\}$$

이므로 (1)이 성립한다. 다음, ㉰의 경우는 $\min\{a, \max\{b, c\}\}=\min\{a, c\}=a$이고,

$$\max\{\min\{a, b\}, \min\{a, c\}\}=\max\{b, a\}=a$$

이므로 (1)이 성립한다. 마지막으로, ㉱의 경우는 $\min\{a, \max\{b, c\}\}=\min\{a, b\}=a$이고,

$$\max\{\min\{a, b\}, \min\{a, c\}\}=\max\{a, c\}=a$$

이므로 (1)이 성립한다. 그러므로 모든 경우에 (1)이 성립한다.

(2) (1)과 같은 방법으로 쉽게 증명된다.

(3) 보기 2.2.13 다음의 설명에서와 같이 a, b, c의 표준분해 중에서 서로 공통으로 나타나지 않는 소인수가 있으면 p_i^0 $(p_i^0=1)$을 추가하여

$$a=p_1^{a_1}p_2^{a_2}\cdots p_r^{a_r},\quad b=p_1^{b_1}p_2^{b_2}\cdots p_r^{b_r},\quad c=p_1^{c_1}p_2^{c_2}\cdots p_r^{c_r}$$

과 같이 표시된다고 하고, $i=1, 2, \cdots, r$에 대하여

$$d_i=\min\{a_i, b_i\},\quad e_i=\min\{a_i, c_i\},$$
$$h_i=\max\{b_i, c_i\},\quad s_i=\min\{a_i, h_i\},\quad t_i=\max\{d_i, e_i\}$$

라 하자. 그러면

$$(a, b) = p_1^{d_1} p_2^{d_2} \cdots p_r^{d_r}, \quad (a, c) = p_1^{e_1} p_2^{e_2} \cdots p_r^{e_r}, \quad [b, c] = p_1^{h_1} p_2^{h_2} \cdots p_r^{h_r},$$
$$(a, [b, c]) = p_1^{s_1} p_2^{s_2} \cdots p_r^{s_r}, \quad [(a, b), (a, c)] = p_1^{t_1} p_2^{t_2} \cdots p_r^{t_r}$$

이다. 따라서 $i = 1, 2, \cdots, r$에 대하여

$$\begin{aligned} t_i &= \max\{d_i, e_i\} = \max\{\min\{a_i, b_i\}, \min\{a_i, c_i\}\} \\ &= \min\{a_i, \max\{b_i, c_i\}\} \text{ ((1)에 의하여)} \\ &= \min\{a_i, h_i\} = s_i \end{aligned}$$

이므로 $[(a, b), (a, c)] = (a, [b, c])$이다.

(4) (3)의 증명과정에서 $i = 1, 2, \cdots, r$에 대하여

$$l_i = \max\{a_i, b_i\}, \quad m_i = \max\{a_i, c_i\},$$
$$n_i = \min\{b_i, c_i\}, \quad u_i = \max\{a_i, n_i\}, \quad v_i = \min\{l_i, m_i\}$$

라 하자. 그러면

$$[a, b] = p_1^{l_1} p_2^{l_2} \cdots p_r^{l_r}, \quad [a, c] = p_1^{m_1} p_2^{m_2} \cdots p_r^{m_r}, \quad (b, c) = p_1^{n_1} p_2^{n_2} \cdots p_r^{n_r},$$
$$[a, (b, c)] = p_1^{u_1} p_2^{u_2} \cdots p_r^{u_r}, \quad ([a, b], [a, c]) = p_1^{v_1} p_2^{v_2} \cdots p_r^{v_r}$$

이다. 따라서 $i = 1, 2, \cdots, r$에 대하여

$$\begin{aligned} v_i &= \min\{l_i, m_i\} = \min\{\max\{a_i, b_i\}, \max\{a_i, c_i\}\} \\ &= \max\{a_i, \min\{b_i, c_i\}\} \text{ ((2)에 의하여)} \\ &= \max\{a_i, n_i\} = u_i \end{aligned}$$

이므로 $([a, b], [a, c]) = [a, (b, c)]$이다.

14 $a = 945 = 3^3 \cdot 5 \cdot 7, \quad b = 1400 = 2^3 \cdot 5^2 \cdot 7, \quad c = 2160 = 2^4 \cdot 3^3 \cdot 5$이므로

$$(a, b) = 5 \cdot 7, \quad [a, b] = 2^3 \cdot 3^3 \cdot 5^2 \cdot 7,$$
$$(a, c) = 3^3 \cdot 5, \quad [a, c] = 2^4 \cdot 3^3 \cdot 5 \cdot 7,$$
$$(b, c) = 2^3 \cdot 5, \quad [b, c] = 2^4 \cdot 3^3 \cdot 5^2 \cdot 7$$

이다. 따라서

$$[(a, b), (a, c)] = 3^3 \cdot 5 \cdot 7\ (= 945) = (a, [b, c]),$$
$$([a, b], [a, c]) = 2^3 \cdot 3^3 \cdot 5 \cdot 7\ (= 7560) = [a, (b, c)]$$

이다.

15 (1) 8, 9, 10. (2) 24, 25, 26, 27. (3) 24, 25, 26, 27, 28. (4) 90, 91, 92, 93, 94, 95, 96.

16 (1) 3, 5. (2) 21, 34, 55.

(3) 피보나치 수를 a_n이라 할 때, n에 대하여 수학적 귀납법으로 증명한다. $n=0$, $n=1$, $n=2$인 경우는

$$(a_0, a_1)=(1, 1)=1, \quad (a_1, a_2)=(1, 2)=1, \quad (a_2, a_3)=(2, 3)=1$$

이므로 (3)이 성립한다. $n=k(\geq 2)$인 경우에 (3)이 성립한다고 가정하자. 그러면 $(a_k, a_{k+1})=1$이고, 또한 $a_{k+2}=a_k+a_{k+1}$, 즉

$$a_k=a_{k+1}\cdot(-1)+a_{k+2}$$

이므로 정리 2.1.17에 의하여 $(a_{k+1}, a_{k+2})=(a_k, a_{k+1})=1$이다. 따라서 $n=k+1$인 경우도 (3)이 성립한다. 그러므로 (3)은 모든 n에 대하여 성립한다.

(4) n에 대하여 수학적 귀납법으로 증명한다. $n=0$, $n=1$, $n=2$인 경우에

$$a_0^2=1=1\cdot 1=a_0a_1, \quad a_0^2+a_1^2=1+1=2=1\cdot 2=a_1a_2,$$
$$a_0^2+a_1^2+a_2^2=1+1+4=6=2\cdot 3=a_2a_3$$

이므로 (4)가 성립한다. $n=k(\geq 2)$인 경우에 (4)가 성립한다고 가정하자. 그러면

$$a_0^2+a_1^2+\cdots+a_k^2=a_ka_{k+1}$$

이고, 또한 $a_{k+2}=a_k+a_{k+1}$ 이므로

$$a_0^2+a_1^2+\cdots+a_k^2+a_{k+1}^2=a_ka_{k+1}+a_{k+1}^2=a_{k+1}(a_k+a_{k+1})=a_{k+1}a_{k+2}$$

이다. 따라서 $n=k+1$인 경우도 (4)가 성립한다. 그러므로 (4)는 모든 n에 대하여 성립한다.

(5) n에 대하여 수학적 귀납법으로 증명한다. $n=2$인 경우에

$$a_3a_1=2=a_2^2+(-1)^1$$

이므로 (5)가 성립한다. $n=k$일 때, (5)가 성립한다고 가정하자. 그러면

$$a_{k+1}a_{k-1}=a_k^2+(-1)^{k-1}$$

이고, 또한 $a_{k+2}=a_k+a_{k+1}$이므로

$$\begin{aligned}a_{k+2}a_k&=(a_k+a_{k+1})a_k=a_k^2+a_{k+1}a_k=a_{k+1}a_{k-1}-(-1)^{k-1}+a_{k+1}a_k\\&=a_{k+1}(a_{k-1}+a_k)+(-1)^k=a_{k+1}^2+(-1)^k\end{aligned}$$

이다. 따라서 $n=k+1$인 경우도 (5)가 성립한다. 그러므로 $n\geq 2$인 모든 자연수 n에 대하여 (5)가 성립한다.

17 $6n+5$ 꼴의 소수가 유한개만 존재한다고 하고 이들을 $q_1, q_2, \cdots, q_t$라 하자. 양의 정수

$$a=6q_1q_2\cdots q_t-1=6(q_1q_2\cdots q_t-1)+5$$

를 생각하자. 정리 2.2.10에 의하여 a는 소수 $p_1, p_2, \cdots, p_r$에 대하여

$$a = p_1 p_2 \cdots p_r$$

와 같은 꼴로 표시된다((2.2.2) 참조). 또한

$$a = 2(3(q_1 q_2 \cdots q_t - 1) + 2) + 1$$

이므로 a는 홀수이고, 따라서 $p_i \neq 2\ (i = 1, 2, \cdots, r)$이다. 더욱이 $3 \mid a$이면 정리 2.1.7에 의하여 $3 \mid 5$가 되어 모순이므로 $3 \nmid a$이고, 따라서 $p_i \neq 3\ (i = 1, 2, \cdots, r)$이다. 즉, $p_i \geq 5\ (i = 1, 2, \cdots, r)$이다. 그러므로 위의 문제 7의 (1)에 의하여 $p_i\ (i = 1, 2, \cdots, r)$는 적당한 $n \in \mathbb{Z}$에 대하여

$$p_i = 6n + 1 \quad \text{또는} \quad p_i = 6n + 5$$

꼴로 표시된다. 이때 $p_i = 6n + 1,\ p_j = 6m + 1$이라 하면

$$p_i p_j = (6n+1)(6m+1) = 36nm + 6n + 6m + 1 = 6(6nm + n + m) + 1$$

이므로 $p_1, p_2, \cdots, p_r$가 모두 $6n+1$ 꼴이면 $a = 6k+1$ 꼴이 되어 모순이 된다. 따라서 $p_1, p_2, \cdots, p_r$ 중의 적어도 하나는, 가령 $p_u\ (1 \leq u \leq r)$가

$$p_u = 6n + 5$$

꼴이 되어야 한다. 이제 적당한 $i\ (1 \leq i \leq t)$에 대하여 $p_u = q_i$라 하면

$$1 = 6q_1 q_2 \cdots q_t - a$$

이고 $p_u \mid 6q_1 q_2 \cdots q_t$, $p_u \mid a$이므로 정리 2.1.6 (4)에 의하여 $p_u \mid 1$이어야 한다. 이는 모순이다. 따라서 $p_u \neq q_i\ (i = 1, 2, \cdots, t)$이다. 따라서 t개의 $6n+5$와 같은 꼴의 소수 $q_1, q_2, \cdots, q_t$로부터 $t+1$개의 $6n+5$와 같은 꼴의 소수 $q_1, q_2, \cdots, q_t, p_u$를 얻는다. 따라서 $6n+5$ 꼴의 소수는 무수히 많다.

18 m과 n의 표준분해를 각각

$$m = p_1^{\alpha_1} p_2^{\alpha_2} \cdots p_s^{\alpha_s}, \quad n = q_1^{\beta_1} q_2^{\beta_2} \cdots q_t^{\beta_t}$$

라 하자. 그러면 $A_m = \{p_1, p_2, \cdots, p_s\}$, $A_n = \{q_1, q_2, \cdots, q_t\}$이다. 따라서

(1) $$(m, n) = 1 \ \Leftrightarrow\ p_i \neq q_j (1 \leq i \leq s, 1 \leq j \leq t) \ \Leftrightarrow\ A_m \cap A_n = \varnothing$$

이 성립한다. 이제 보기 2.2.13 다음의 설명에서와 같이 m과 n의 표준분해 중에서 서로 공통으로 나타나지 않는 소인수가 있으면 $u_k = p_i$ 또는 $u_k = q_j\ (1 \leq k \leq s+t)$라 하고, $u_k^0\ (u_k^0 = 1)$을 추가하여

$$m = u_1^{\delta_1} u_2^{\delta_2} \cdots u_k^{\delta_k}, \quad n = u_1^{\theta_1} u_2^{\theta_2} \cdots u_k^{\theta_k}$$

과 같이 표시된다고 하자. 그러면

$$A_m = \{p_1, p_2, \cdots, p_s\} = \{u_i \mid \delta_i \neq 0, 1 \leq i \leq k\},$$
$$A_n = \{q_1, q_2, \cdots, q_t\} = \{\theta_i \mid \theta_i \neq 0, 1 \leq i \leq k\}$$

이다. 따라서

(2) $n|m \Rightarrow 0 \leq \theta_i \leq \delta_i (1 \leq i \leq k)$ (정리 2.2.12에 의하여)

$\Rightarrow A_n \subset A_m$ ($\theta_i = 0 < \delta_i$ $(1 \leq i \leq k)$이면 $A_n \subsetneq A_m$).

(3) $c = mn \Rightarrow c = u_1^{\delta_1 + \theta_1} u_2^{\delta_2 + \theta_2} \cdots u_k^{\delta_k + \theta_k}$

(모든 i $(1 \leq i \leq k)$에 대하여 $\delta_i + \theta_i \neq 0$)

$\Rightarrow A_c = \{u_1, u_2, \cdots, u_k\} = A_m \cup A_n$

이 성립한다.

(4) $d_i = \min\{\delta_i, \theta_i\}$ $(1 \leq i \leq k)$라 하자. 그러면

$d = (m, n) \Rightarrow d = u_1^{d_1} u_2^{d_2} \cdots u_k^{d_k} = u_{11}^{e_1} u_{12}^{e_2} \cdots u_{1r}^{e_r}$

(u_{1j} $(1 \leq j \leq r \leq k)$는 $d_i \neq 0$ $(1 \leq i \leq k)$인 u_i 중 어느 하나이다)

$\Rightarrow A_d = \{u_{11}, u_{12}, \cdots, u_{1r}\} = \{u_i \mid \delta_i \neq 0, \theta_i \neq 0, 1 \leq i \leq k\} = A_m \cap A_n$

가 성립한다.

(5) 마지막으로, $k = mx + ny$ $(x, y \in \mathbb{Z}, k > 0)$라 하고 $d = (m, n)$라 하자. 그러면 $d|m$, $d|n$이므로 $m = dm_1$, $n = dn_1$을 만족하는 정수 m_1, n_1이 존재한다. 따라서

$$k = mx + ny = dm_1x + dn_1y = d(m_1x + n_1y)$$

이므로 $d|k$이다. 그러므로 (2)에 의하여 $A_d \subset A_k$이고, 또한 (4)에 의하여 $A_d = A_m \cap A_n$이므로 $A_m \cap A_n \subset A_k$이다.

2.3 ▌연습문제

01 (1) 해가 없다.
(2) $x = -20 + 13t$, $y = 12 - 8t$ $(t \in \mathbb{Z})$
(3) $x = -795 - 13t$, $y = -477 - 8t$ $(t \in \mathbb{Z})$
(4) $x = 282 + 355t$, $y = -27 - 34t$ $(t \in \mathbb{Z})$
(5) $x = 17 - 57t$, $y = 47 - 158t$ $(t \in \mathbb{Z})$
(6) $x = 500 + 5t$, $y = -4250 - 43t$ $(t \in \mathbb{Z})$

02 (1) $x = 2, y = 14$; $x = 5, y = 9$; $x = 8, y = 4$
(2) $x = 4, y = 17$; $x = 21, y = 11$; $x = 38, y = 5$

(3) $x=4,\ y=3$

(4) $x=1-2t,\ y=-2-t\ (t\in\mathbb{Z},\ t<-2)$

(5) $x=3,\ y=9$; $x=8,\ y=7$; $x=13,\ y=5$; $x=18,\ y=3$; $x=23,\ y=1$

(6) 양의 정수해는 없다.

03 (1) $x=1+t,\ y=-2t+3s,\ z=t-2s\ (s,t\in\mathbb{Z})$

(2) $x=10+t,\ y=-2t+3s,\ z=t-2s\ (s,t\in\mathbb{Z})$

(3) $x=1+2t,\ y=6+15t-2s,\ z=-2-5t+s\ (s,t\in\mathbb{Z})$

(4) $x=2+2t,\ y=15t-2s,\ z=-5t+s\ (s,t\in\mathbb{Z})$

(5) $x=-2-5t+4s,\ y=2+5t-3s,\ z=-t\ (s,t\in\mathbb{Z})$

04 $x=22,\ y=8,\ z=1$; $x=23,\ y=6,\ z=2$; $x=24,\ y=4,\ z=3$; $x=25,\ y=2,\ z=4$.

05 (1) $a_9=55, a_{10}=89$이므로 $n=9$이다. 또한 $(55,89)=1$이므로 부정방정식 $89x+55y=17$의 일반해는 $x=578+55t,\ y=-935-89t\ (t\in\mathbb{Z})$이다.

(2) 연습문제 2.2의 16 (3)에 의하여 $(a_n, a_{n+1})=1$이므로 부정방정식 $a_{n+1}x+a_ny=c$의 해는 항상 존재한다.

[참고] 연습문제 2.2의 16 (5)에 의하여 $a_{n+1}a_{n-1}=a_n^2+(-1)^n\ (n\ge 2)$이므로

$$a_{n+1}a_{n-1}-a_na_n=(-1)^n\ (n\ge 2)$$

이다.

(3) n이 짝수일 때, $a_{n+1}a_{n-1}-a_na_n=1$이므로 부정방정식 $a_{n+1}x+a_ny=c$의 일반해는 $x=c\cdot a_{n-1}+a_nt,\ y=-c\cdot a_n-a_{n+1}t\ (t\in\mathbb{Z})$이다.

(4) n이 홀수일 때, $a_{n+1}a_{n-1}-a_na_n=-1$이므로 부정방정식 $a_{n+1}x+a_ny=c$의 일반해는 $x=-c\cdot a_{n-1}+a_nt, y=c\cdot a_n-a_{n+1}t\ (t\in\mathbb{Z})$이다.

06 $x\ge 1, y\ge 3, z<3$이므로 $4\le x+y=10+z<13$이다. 따라서 $x+y=4,\ 5,\ 6,\ \cdots,\ 12$인 각 경우에 주어진 조건을 만족하는 정수해 $(x, y, x+y-10)$의 개수는 $1, 2, 3, \cdots, 9$개이므로 정수해는 모두 $1+2+3+\cdots+9=45$개 존재한다.

[참고] 부정방정식 $x+y-z=10$의 일반해는 $x=40-2t+s,\ y=-20+t-s,\ z=10-t,\ s,t\in\mathbb{Z}$이다.

07 주어진 합동식의 정수해는 $x=-3+7t,\ y=7-16t\ (t\in\mathbb{Z})$이다. 이때 $|x|\le 10,\ |y|\le 10$이 되려면 $t=0, 1$이어야 하므로 $t=0$인 경우에 $|x|+|y|=|-3|+|7|=10$이든지 또는 $t=1$인 경우에 $|x|+|y|=|4|+|-9|=13$이다.

2.4 ▌연습문제

01 (1) $\left[\frac{12}{5}\right]=2,\ \left\{\frac{12}{5}\right\}=0.4.$ (2) $[-0.26]=-1,\ \{-0.26\}=0.74.$

(3) $\left[\frac{2}{25}\right]=0,\ \left\{\frac{2}{25}\right\}=0.08.$ (4) $\left[-\frac{22}{13}\right]=-2,\ \left\{-\frac{22}{13}\right\}=\frac{4}{13}.$

(5) $[\sqrt{10}]=3,\ \{\sqrt{10}\}=\sqrt{10}-3.$ (6) $[-\sqrt{10}]=-4,\ \{-\sqrt{10}\}=4-\sqrt{10}.$

(7) $[\pi]=3,\ \{\pi\}=\pi-3.$ (8) $[-\pi]=-4,\ \{-\pi\}=4-\pi.$

02 (1) $x-[x]<\frac{1}{2}$인 모든 $x\in\mathbb{R}$. (2) $x-[x]\geq\frac{1}{2}$인 모든 $x\in\mathbb{R}$.

03 (1) 7의 배수는 50개 존재하고, 7^2의 배수는 7개 존재한다.

(2) 정리 2.4.3 (7)에 의하여

$$\left[\frac{1000}{7}\right]=142,\ \left[\frac{1000}{7^2}\right]=\left[\frac{142}{7}\right]=20,\ \left[\frac{1000}{7^3}\right]=\left[\frac{20}{7}\right]=2,\ \left[\frac{1000}{7^4}\right]=\left[\frac{2}{7}\right]=0$$

이므로 정리 2.4.5에 의하여 1000!을 나누어떨어뜨리는 7의 최대지수 α는 $\alpha=142+20+2=164$이다.

(3) 정리 2.4.3 (7)에 의하여

$$\left[\frac{100}{2}\right]=50,\ \left[\frac{100}{2^2}\right]=\left[\frac{50}{2}\right]=25,\ \left[\frac{100}{2^3}\right]=\left[\frac{25}{2}\right]=12,$$

$$\left[\frac{100}{2^4}\right]=\left[\frac{12}{2}\right]=6,\ \left[\frac{100}{2^5}\right]=\left[\frac{6}{2}\right]=3,\ \left[\frac{100}{2^6}\right]=\left[\frac{3}{2}\right]=1$$

이고, 또한

$$\left[\frac{100}{5}\right]=20,\ \left[\frac{100}{5^2}\right]=\left[\frac{20}{5}\right]=4$$

이므로 정리 2.4.5에 의하여 100!을 나누어떨어뜨리는 2와 5의 최대지수 α와 β는 각각

$$\alpha=50+25+12+6+3+1=97,\ \beta=20+4=24$$

이다. 따라서 $2^{97}\mid 100!$, $5^{24}\mid 100!$이다. 따라서 $2^{24}\mid 100!$이다. 또한 $(2,5)=1$이므로 정리 2.1.15에 의하여 $(2^{24},5^{24})=1$이다. 그러므로 정리 2.1.27 (2)에 의하여 $2^{24}\cdot 5^{24}\mid 100!$, 즉 $10^{24}\mid 100!$이다.

(4)

$$\left[\frac{500}{5}\right]=100,\ \left[\frac{500}{5^2}\right]=\left[\frac{100}{5}\right]=20,\ \left[\frac{500}{5^3}\right]=\left[\frac{20}{5}\right]=4,$$

$$\left[\frac{500}{7}\right]=71,\ \left[\frac{500}{7^2}\right]=\left[\frac{71}{7}\right]=10,\ \left[\frac{500}{7^3}\right]=\left[\frac{10}{7}\right]=1$$

이므로 500!을 나누어떨어뜨리는 5와 7의 최대지수 α_1과 β_1은 각각

$$\alpha_1 = 100+20+4 = 124, \quad \beta_1 = 71+10+1 = 82$$

이다. 또한

$$\left[\frac{200}{5}\right] = 40, \left[\frac{40}{5}\right] = 8, \left[\frac{8}{5}\right] = 1; \left[\frac{200}{7}\right] = 28, \left[\frac{28}{7}\right] = 4$$

이므로 200!을 나누어떨어뜨리는 5와 7의 최대지수 α_2와 β_2는 각각

$$\alpha_2 = 40+8+1 = 49, \quad \beta_2 = 28+4 = 32$$

이다. 따라서 $5^{124} \mid 500!$, $7^{82} \mid 500!$이고 $5^{49} \mid 200!$, $7^{32} \mid 200!$이므로

$$(35^{82} =)\, 5^{82} \cdot 7^{82} \mid 500!, \quad (35^{32} =)\, 5^{32} \cdot 7^{32} \mid 200!$$

이다. 따라서 $35^{114} \mid (500! \times 200!)$, 즉 $500! \times 200!$ 이 35^n으로 나누어떨어질 때, 정수 n의 최댓값은 $n = 114$ 이다.

04 정리 2.4.7에 의하여 $\binom{p}{r} = \dfrac{p!}{r!(p-r)!}$은 정수이다. 따라서 $p! = r!(p-r)!\binom{p}{r}$이고, 또한 $p \mid p!$이므로 $p \;\Big|\; r!(p-r)!\binom{p}{r}$이다.

한편 $1 \le r < p$이고 $1 \le p-r < p$이므로 보기 2.2.4에 의하여

$$(p,\ r!) = 1, \ (p,\ (p-r)!) = 1$$

이다. 따라서 정리 2.1.15에 의하여 $(p, r!(p-r)!) = 1$이다. 따라서 정리 2.1.16에 의하여 $p \;\Big|\; \binom{p}{r}$이다.

05 정리 2.1.1에 의하여 a는 적당한 $k \in \mathbb{Z}$에 대하여

$$a = 2k, \ a = 2k+1$$

과 같이 두 가지 꼴로 표시된다. $a = 2k+1$이라 하면

$$\begin{aligned} a^n &= (2k+1)^n \\ &= 2^n k^n + \binom{n}{1} 2^{n-1} k^{n-1} + \cdots + \binom{n}{r} 2^{n-r} k^{n-r} + \cdots + \binom{n}{n-1} 2k + 1 \end{aligned}$$

이고, 또한 정리 2.4.7에 의하여 $\binom{n}{r} = \dfrac{n!}{r!(n-r)!}$ $(1 \le r \le n-1)$은 정수이므로 $a^n = 2N+1$ $(N \in \mathbb{Z})$의 꼴로 표시할 수 있다. 따라서

$$a^n + 1 = 2N+2 = 2(N+1)$$

이므로 a^n+1은 합성수이다. 따라서 a^n+1이 소수이면 a는 $a = 2k$의 꼴로 표시되어야 하므로 a는 짝

수이다.

06 f, g가 모두 곱셈함수이므로 정리 2.4.10 (1)에 의하여 $f(1)=1=g(1)$이다. 다음, $a(>1)$를 임의의 정수라 하면 정리 2.2.10에 의하여 a는 서로 다른 소수 $p_1, p_2, \cdots, p_t$와 $k_i \in \mathbb{Z}$ $(k_i>0$ $(i=1,2,\cdots,t))$에 대하여

$$a=p_1^{k_1}p_2^{k_2} \cdots p_t^{k_t}$$

의 꼴로 표시된다(이때 $p_1^{k_1}, p_2^{k_2}, \cdots, p_t^{k_t}$의 순서를 무시하면 이러한 표시는 유일하다). 따라서 f, g가 모두 곱셈함수이므로

$$\begin{aligned} f(a) &= f(p_1^{k_1}p_2^{k_2} \cdots p_t^{k_t}) = f(p_1^{k_1})f(p_2^{k_2}) \cdots f(p_t^{k_t}) \\ &= g(p_1^{k_1})g(p_2^{k_2}) \cdots g(p_t^{k_t}) = g(p_1^{k_1}p_2^{k_2} \cdots p_t^{k_t}) = g(a) \end{aligned}$$

이다. 그러므로 $f=g$이다.

07 (1) $10000=2^4 \cdot 5^4$, $\quad 10!=2^8 \cdot 3^4 \cdot 5^2 \cdot 7$, $\quad 20!=2^{18} \cdot 3^8 \cdot 5^4 \cdot 7^2 \cdot 11 \cdot 13 \cdot 17 \cdot 19$.

(2) $\tau(10000)=25$, $\sigma(10000)=24211$; $\tau(10!)=270, \sigma(10!)=15334088$;
$\tau(20!)=41040$, $\sigma(20!)=524287 \cdot 9841 \cdot 781 \cdot 57 \cdot 12 \cdot 14 \cdot 18 \cdot 20$.

(3) $(10000, 10!)=2^4 \cdot 5^2$, $[10000, 10!]=2^8 \cdot 3^4 \cdot 5^4 \cdot 7$, $(10!, 20!)=10!$.

08 (1) $\tau(21)=4$, $\tau(45)=6$, $\tau(84)=12$, $\tau(180)=18$, $\tau(368)=10$;
$\sigma(21)=32$, $\sigma(45)=78$, $\sigma(84)=224$, $\sigma(180)=546$, $\sigma(368)=744$;
$\sigma_2(21)=500$, $\sigma_2(45)=2366$, $\sigma_2(84)=10500$, $\sigma_2(180)=49686$, $\sigma_2(368)=180730$;
$\phi(21)=12$, $\phi(45)=24$, $\phi(84)=24$, $\phi(180)=48$, $\phi(368)=176$;
$\mu(21)=1$, $\mu(45)=0, \mu(84)=0, \mu(180)=0, \mu(368)=0$.

(2) ϕ를 Euler의 $\phi-$ 함수라 할 때, $\phi(1008)$는 1부터 1008까지의 자연수 중 1008과 서로소인 자연수의 개수를 나타낸다. 이때 $1008=2^4 \cdot 3^2 \cdot 7$이므로

$$\phi(1008)=\phi(2^4)\phi(3^2)\phi(7)=(2^4-2^3)(3^2-3)(7-1)=8 \cdot 6 \cdot 6=288$$

이다.

09 (1) $n=10184=2^3 \cdot 19 \cdot 67$, $n+1=10185=3 \cdot 5 \cdot 7 \cdot 97$이므로 $\tau(n)=4 \cdot 2 \cdot 2=16=2 \cdot 2 \cdot 2 \cdot 2=\tau(n+1)$이다.

(2) $n=2$.

(3) 정수 $n(>1)$의 표준분해를 $n=p_1^{k_1}p_2^{k_2} \cdots p_t^{k_t}$이라 할 때, 정리 2.2.12에 의하여 n의 모든 양의 약수들의 개수 $\tau(n)$은 $\tau(n)=(k_1+1)(k_2+1) \cdots (k_t+1)$이다. 따라서

$$10 = 10 \cdot 1 = 5 \cdot 2$$

이므로 $\tau(n) = 10$이 되는 양의 정수 n은 p_1, p_2를 소수라 할 때,

$$p_1^9,\ p_1^4 \cdot p_2$$

의 꼴로 표시되는 모든 정수이다.

(4) $n = 2^4 \cdot 3 = 48.$

10 (1) $n = 957 = 3 \cdot 11 \cdot 29$, $n+1 = 958 = 2 \cdot 479$이므로

$$\sigma(957) = \frac{3^2-1}{3-1} \cdot \frac{11^2-1}{11-1} \cdot \frac{29^2-1}{29-1} = 4 \cdot 12 \cdot 30 = 1440,$$
$$\sigma(958) = \frac{2^2-1}{2-1} \cdot \frac{479^2-1}{479-1} = 3 \cdot 480 = 1440$$

이다.

(2) $n = 14.$

(3) $\sigma(1) = 1$이고, 또한 $n > 1$이면 1과 n은 n의 약수이므로 $\sigma(n) > n$이다. 그러므로 $\sigma(n) = 10$을 만족하는 양의 정수 n은 $1 < n < 10$이다. 그러나 $1 < n < 10$의 정수 중에서 $\sigma(n) = 10$을 만족하는 정수는 존재하지 않는다(n이 소수이면 $\sigma(n) = 1 + n$이므로 $1 < n < 10$의 정수 중에서 소수는 $\sigma(n) = 10$을 만족하지 않는다). 그러므로 $\sigma(n) = 10$을 만족하는 양의 정수 n은 존재하지 않는다.

(4) $n = 6$ ($\sigma(n) = 12$를 만족하는 양의 정수 n은 $n = 6, 11$뿐이다.)

11 (1) $\tau(1) = 1$이고 $1 = 1^2$이므로 $n = 1$인 경우는 명백하다. 이제 $n > 1$이라 하고 n의 표준분해를 $n = p_1^{k_1} p_2^{k_2} \cdots p_t^{k_t}$이라 하자. 그러면 정리 2.2.12에 의하여 n의 모든 양의 약수들의 개수는

$$\tau(n) = (k_1+1)(k_2+1) \cdots (k_t+1)$$

이다. 따라서 홀수와 홀수의 곱은 홀수이므로 $\tau(n)$이 홀수이기 위한 필요충분조건은 k_1+1, k_2+1, $\cdots$, k_t+1이 모두 홀수(따라서 $k_1, k_2, \cdots, k_t$가 모두 짝수)인 것이다. 그러므로 $\tau(n)$이 홀수이기 위한 필요충분조건은

$$\begin{aligned} n &= p_1^{k_1} p_2^{k_2} \cdots p_t^{k_t} = p_1^{2r_1} p_2^{2r_2} \cdots p_t^{2r_t} \ (k_i = 2r_i \ (i = 1, 2, \cdots, t)) \\ &= (p_1^{r_1} p_2^{r_2} \cdots p_t^{r_t})^2 = a^2 \ (a = p_1^{r_1} p_2^{r_2} \cdots p_t^{r_t}) \end{aligned}$$

인 것이다.

(2) $\sigma(1) = 1$이고 $1 = 1^2$이므로 $n = 1$인 경우는 명백하다. 이제 $n > 1$이라 하고 n의 표준분해를 $n = p_1^{k_1} p_2^{k_2} \cdots p_t^{k_t}$이라 하자. 그러면 정리 2.4.12에 의하여 n의 모든 양의 약수들의 합 $\sigma(n)$은

$$\sigma(n)=\prod_{i=1}^{t}(1+p_i+p_i^2+\ \cdots\ +p_i^{k_i})=\prod_{i=1}^{t}\frac{p_i^{k_i+1}-1}{p_i-1}$$

이다. 따라서 홀수와 홀수의 곱은 홀수이므로 $\sigma(n)$이 홀수이기 위한 필요충분조건은 모든 $i=1,2,\ \cdots,t$에 대하여

$$1+p_i+p_i^2+\ \cdots\ +p_i^{k_i}=\frac{p_i^{k_i+1}-1}{p_i-1}$$

이 모두 홀수인 것이다. 그런데 모든 $i=1,2,\cdots,t$에 대하여 $p_i>2$라 하면 홀수와 홀수의 곱은 홀수이고 홀수와 홀수의 합은 짝수이므로

$$1+p_i+p_i^2+\ \cdots\ +p_i^{k_i}$$

가 홀수이기 위한 필요충분조건은 $k_i\ (i=1,2,\cdots,t)$가 짝수인 것이고, 따라서

$$\begin{aligned}n&=p_1^{k_1}p_2^{k_2}\cdots p_t^{k_t}=p_1^{2r_1}p_2^{2r_2}\cdots p_t^{2r_t}\ (k_i=2r_i\ (i=1,2,\ \cdots,t))\\&=(p_1^{r_1}p_2^{r_2}\cdots p_t^{r_t})^2=a^2\ (a=p_1^{r_1}p_2^{r_2}\cdots p_t^{r_t})\end{aligned}$$

인 것이다. 더욱이 p_i, 가령 $p_1=2$인 경우는

$$\sigma(p_1^{k_1})=\sigma(2^{k_1})=1+2+2^2+\ \cdots\ +2^{k_1}=2^{k_1+1}-1$$

이므로 $\sigma(p_1^{k_1})=\sigma(2^{k_1})$은 홀수이고, 따라서 $\sigma(n)$이 홀수이기 위한 필요충분조건은

$$\begin{aligned}n&=2^{k_1}p_2^{k_2}\cdots p_t^{k_t}=2^{k_1}p_2^{2r_2}\cdots p_t^{2r_t}\ (k_i=2r_i\ (i=2,3,\cdots,t))\\&=\begin{cases}(2^{\frac{k_1}{2}}p_2^{r_2}\cdots p_t^{r_t})^2 & (k_1\text{이 짝수인 경우})\\ 2(2^{\frac{k_1-1}{2}}p_2^{r_2}\cdots p_t^{r_t})^2 & (k_1\text{이 홀수인 경우})\end{cases}\end{aligned}$$

인 것이다. 따라서 $\sigma(n)$이 홀수이기 위한 필요충분조건은 $n=a^2\ (a\in\mathbb{Z})$의 꼴이거나 또는 $n=2b^2\ (b\in\mathbb{Z})$의 꼴인 것이다.

12 n이 소수이면 정리 2.4.24에 의하여 $\phi(n)=n-1$이다. 다음, n이 합성수이면 $n=dk$를 만족하는 정수 $d, k\ (1<d<n,\ 1<k<n)$가 존재한다. 이때 $(0,n)=n\neq1,\ (d,n)=d\neq1$이므로 $\phi(n)\leq n-2<n-1$이다. 보기 2.4.21에 의하여 $\phi(1)=1,\ \phi(2)=1$이다. 또한 $n\geq3$이면 $n-1>1$이고

$$(n-1,\ n)=1,\ (1,n)=1$$

이므로 $1<2\leq\phi(n)$이다. 그러므로 (1), (2), (3)이 성립한다.

(4) 정리 2.4.24에 의하여

$$\phi(2^k)=2^k-2^{k-1}=2^{k-1}(2-1)=2^{k-1},$$

$$\phi(3^k) = 3^k - 3^{k-1} = 3^{k-1}(3-1) = 2 \cdot 3^{k-1}$$

이다.

13 (1) $n > 2$이므로 n은

(i) $n = 2^k$ $(k \in \mathbb{Z}$ $(k \geq 2))$,

(ii) $n = p^r m$ (p는 홀수인 소수, $r, m \in \mathbb{Z}$ $(r \geq 1,\ m \geq 1,\ (m, p) = 1)$)

과 같이 두 가지 꼴 중 어느 하나로 표시할 수 있다. n이 (i)의 꼴로 표시되면 위의 문제 12의 (4)에 의하여

$$\phi(n) = \phi(2^k) = 2^{k-1}$$

이므로 $2 \mid \phi(n)$이다. 다음, n이 (ii)의 형태로 표시되면 정리 2.1.15에 의하여 $(m, p^r) = 1$이고, 또한 보기 2.4.26에 의하여 ϕ는 곱셈함수이므로 정리 2.4.24에 의하여

$$\phi(n) = \phi(p^r m) = \phi(p^r)\phi(m) = (p^r - p^{r-1})\phi(m) = p^{r-1}(p-1)\phi(m)$$

이다. 이때 p는 홀수인 소수이므로 $p-1$은 짝수이고, 따라서 이 경우도 $2 \mid \phi(n)$이다. 그러므로 모든 $n(>2)$에 대하여 $2 \mid \phi(n)$이다.

(2) n이 홀수이면 $(2, n) = 1$이다. 따라서 보기 2.4.26에 의하여 ϕ는 곱셈함수이므로

$$\phi(2n) = \phi(2)\phi(n) = 1 \cdot \phi(n) = \phi(n)$$

이다.

(3) n이 짝수이면 n은 $n = 2^k m$ $(k, m \in \mathbb{Z}$ $(k \geq 1,\ m \geq 1,\ (2, m) = 1))$과 같은 꼴로 표시할 수 있다. 따라서 정리 2.1.15에 의하여

$$(2^k, m) = (2^{k+1}, m) = 1$$

이고, 또한 ϕ는 곱셈함수이므로 위의 문제 12의 (4)에 의하여

$$\phi(n) = \phi(2^k m) = \phi(2^k)\phi(m) = 2^{k-1}\phi(m)$$

이고, 따라서

$$\phi(2n) = \phi(2^{k+1}m) = \phi(2^{k+1})\phi(m) = 2^k\phi(m) = 2 \cdot 2^{k-1}\phi(m) = 2\phi(n)$$

이다.

(4) $3 \mid n$이라 하면 $n = 3^k m$ $(k, m \in \mathbb{Z}$ $(k \geq 1,\ m \geq 1,\ (3, m) = 1))$과 같은 꼴로 표시할 수 있다. 따라서 정리 2.1.15에 의하여 $(3^k, m) = (3^{k+1}, m) = 1$이고, 또한 ϕ는 곱셈함수이므로 위의 문제 12의 (4)에 의하여

$$\phi(n) = \phi(3^k m) = \phi(3^k)\phi(m) = 2 \cdot 3^{k-1}\phi(m)$$

이고, 따라서

$$\phi(3n) = \phi(3^{k+1}m) = \phi(3^{k+1})\phi(m) = 2 \cdot 3^k\phi(m) = 3 \cdot (2 \cdot 3^{k-1}\phi(m)) = 3\phi(n)$$

이다. 역으로, $\phi(3n)=3\phi(n)$이라 할 때, $3 \nmid n$이라 하면 정리 2.2.3에 의하여 $(3, n)=1$이므로

$$\phi(3n)=\phi(3)\phi(n)=2\phi(n)$$

가 되어 가정에 모순이다. 따라서 $3 \mid n$이어야 한다.

14 (1) 위의 문제 13의 (1)과 문제 12의 (2)에 의하여 $\phi(n)$이 홀수가 되는 양의 정수 n은 $n=1, 2$뿐이다.

(2) $\phi(1)=1 \neq 14$이다. $n>2$라 하자. 그러면 n은

(i) $n=2^k$ $(k \in \mathbb{Z}\ (k \geq 2))$,

(ii) $n=p^r m$ (p는 홀수인 소수, $r, m \in \mathbb{Z}$ $(r \geq 1,\ m \geq 1,\ (m, p)=1)$)

과 같이 두 가지 꼴 중 어느 하나로 표시할 수 있다. n이 (i)의 꼴로 표시되면 위의 문제 12의 (4)에 의하여 $\phi(n)=2^{k-1}$이어야 한다. 그러나 14는 2^r $(r \in \mathbb{Z},\ r \geq 0)$의 꼴로 표시할 수 없다. 따라서 $\phi(n)=14$를 만족하는 n은 $n=2^k$ $(k \geq 1)$의 꼴, 즉 (i)의 꼴로 표시되지 않는다. 다음, n이 (ii)의 꼴로 표시된다고 하자. 그러면 위의 문제 13의 (1)의 증명과정에 의하여

$$\phi(n)=p^{r-1}(p-1)\phi(m)$$

이어야 한다. 또한 p가 홀수인 소수이므로 $p-1$은 짝수이다. 따라서 $p-1=2t$를 만족하는 양의 정수 t가 존재한다. 따라서 $\phi(n)=14$라 하면

$$14=p^{r-1}(p-1)\phi(m)=p^{r-1}\cdot 2t\phi(m),$$

즉 $7=p^{r-1}t\phi(m)$이다. 따라서 $\phi(m)$은 홀수이어야 한다. 따라서 위의 (1)에 의하여 $m=1$ 또는 2이어야 한다. 따라서 $\phi(m)=1$이므로 $7=p^{r-1}t$, 즉 $t \mid 7$이다. 따라서 $t=1$ 또는 $t=7$이다. 따라서 $t=1$이면 $p-1=2t=2$, 즉 $p=3$이다. 따라서 $3 \mid 7$이 되어 모순이다. 또한 $t=7$이면 $p-1=2t=14$, 즉 $p=15$가 되어 모순이다. 그러므로 $\phi(n)=14$를 만족하는 양의 정수 n은 $n=p^r m$ $(p \geq 3)$, 즉 (ii)의 꼴로도 표시되지 않는다. 따라서 $\phi(n)=14$를 만족하는 양의 정수 n은 존재하지 않는다.

15 $n=2^k$의 꼴로 표시되면 위의 문제 12의 (4)에 의하여 $\phi(n)=2^{k-1}$이므로 $2\phi(n)=2\cdot 2^{k-1}=2^k=n$이다. 역으로, $n=2\phi(n)$이면

$$n=2^k m \ (m\text{은 홀수},\ k \geq 1)$$

과 같은 꼴로 표시된다. 이때 $(2, m)=1$이므로 정리 2.1.15에 의하여 $(2^k, m)=1$이다. 따라서 보기 2.4.26에 의하여 ϕ는 곱셈함수이므로 위의 문제 12의 (4)에 의하여

$$\phi(n)=\phi(2^k m)=\phi(2^k)\phi(m)=2^{k-1}\phi(m)$$

이다. 그러므로 $2^k m=n=2\phi(n)=2^k\phi(m)$이고, 따라서 $m=\phi(m)$이므로 위의 문제 12의 (1)에 의하여 $m=1$이다. 따라서 $n=2^k$ $(k \geq 1)$이다.

16 n을 합성수라 하고 $p(>1)$를 n의 양의 약수 중에서 가장 작은 약수라 하자. 그러면 정리 2.2.6 (2)에 의하여 p는 소수이고 $p \le \sqrt{n}$이다. 그러므로 정리 2.4.24에 의하여

$$\phi(n) \le n\left(1-\frac{1}{p}\right) \le n\left(1-\frac{1}{\sqrt{n}}\right) = n-\sqrt{n}$$

이다.

17 $\phi(p^n) = \phi(q^m)$이라 하자. $n>1$이라 하면 정리 2.4.24에 의하여

$$p(p^{n-1}-p^{n-2}) = \phi(p^n) = \phi(q^m) = q^{m-1}(q-1)$$

이므로 $p \mid q^{m-1}(q-1)$이다. 또한 p, q는 $p>q$인 소수이므로 $(p, q)=1$이고, 따라서 정리 2.1.15에 의하여 $(p, q^{m-1})=1$이다. 따라서 정리 2.1.16에 의하여 $p \mid (q-1)$이므로 정리 2.1.6 (6)에 의하여 $p \le (q-1)$이다. 이는 $p>q$라는 가정에 모순이다. 따라서 $n=1$이다.

18 n의 표준분해를 $n = p_1^{k_1}p_2^{k_2}\cdots p_t^{k_t}$이라 하자. 그러면

$$n^k = p_1^{kk_1}p_2^{kk_2}\cdots p_t^{kk_t}$$

이다. 따라서 정리 2.4.24에 의하여

$$\begin{aligned}\phi(n^k) &= n^k\left(1-\frac{1}{p_1}\right)\left(1-\frac{1}{p_2}\right)\cdots\left(1-\frac{1}{p_t}\right)\\ &= n^{k-1}\left(n\left(1-\frac{1}{p_1}\right)\left(1-\frac{1}{p_2}\right)\cdots\left(1-\frac{1}{p_t}\right)\right) = n^{k-1}\phi(n)\end{aligned}$$

이다.

19 $n>1$, $m>1$일 때, n과 m의 표준분해를 각각

$$n = p_1^{k_1}p_2^{k_2}\cdots p_t^{k_t}, \quad m = q_1^{r_1}q_2^{r_2}\cdots q_s^{r_s}$$

이라 하자.

(1) $m|n$이라 하자. $n=1$이면 $m=1$이고 $\phi(n)=\phi(m)=1$이므로 (1)은 성립한다. $m=1$이면 $\phi(m)=1$이므로 (1)은 성립한다. 다음, $n>1$, $m>1$이라 하자. 그러면 정리 2.2.12에 의하여 m은 $0 \le l_i \le k_i$ $(i=1, 2, \cdots, t)$를 만족하는 정수 $l_1, l_2, \cdots, l_t$에 대하여

$$m = p_1^{l_1}p_2^{l_2}\cdots p_t^{l_t}$$

의 형태로 표시되므로 표준분해의 유일성에 의하여 $s \le t$이고, 또한 r_j $(1 \le j \le s)$는 $l_i \ne 0$인 적당한 i $(1 \le i \le t)$에 대하여 $r_j = l_i$이고 $q_j = p_i$이다. 따라서

$$q_j^{r_j} - q_j^{r_j-1} = q_j^{r_j-1}(q_j-1) = p_i^{l_i-1}(p_i-1) \text{이고}$$

$$p_i^{l_i-1}(p_i-1) \;\Big|\; p_i^{k_i-1}(p_i-1), \text{ 즉 } (q_j^{r_j}-q_j^{r_j-1}) \;\Big|\; (p_i^{k_i}-p_i^{k_i-1})$$

이므로 정리 2.4.24에 의하여

$$\phi(m)=\left(q_1^{r_1}-q_1^{r_1-1}\right)\left(q_2^{r_2}-q_2^{r_2-1}\right)\cdots\left(q_s^{r_s}-q_s^{r_s-1}\right)$$

은 $\phi(n)=\left(p_1^{k_1}-p_1^{k_1-1}\right)\left(p_2^{k_2}-p_2^{k_2-1}\right)\cdots\left(p_t^{k_t}-p_t^{k_t-1}\right)$의 약수이다.

(2) $(n, m)=d>1$이라 하면 적당한 $i, j\ (1\le i\le t,\ 1\le j\le s)$에 대하여 $p_i=q_j$이고, 또한 $0<\left(1-\dfrac{1}{p_i}\right)<1$이므로

$$0<\left(1-\frac{1}{p_i}\right)\left(1-\frac{1}{q_j}\right)<\left(1-\frac{1}{q_j}\right) \qquad (*)$$

이다. 더욱이 nm의 표준분해는 $\beta_h=p_i\ (1\le i\le t)$ 또는 $\beta_h=q_j\ (1\le j\le s)$인 $\beta_1, \beta_2, \cdots, \beta_h, \cdots, \beta_u\ (u<t+s)$에 대하여

$$nm=\beta_1^{\alpha_1}\beta_2^{\alpha_2}\cdots\beta_h^{\alpha_h}\cdots\beta_u^{\alpha_u}(\alpha_h=k_i \text{ 또는 } \alpha_h=r_j \text{ 또는 } \alpha_h=k_i+r_j)$$

의 꼴로 표시된다. 따라서 $\prod_{p|n}$를 n의 모든 소인수 p에 대한 곱을 나타낸다고 하면 정리 2.4.24에 의하여

$$\begin{aligned}\phi(n)\phi(m)&=n\prod_{p|n}\left(1-\frac{1}{p}\right)\cdot m\prod_{q|m}\left(1-\frac{1}{q}\right)\\&=nm\prod_{p|n}\left(1-\frac{1}{p}\right)\cdot\prod_{q|m}\left(1-\frac{1}{q}\right)\\&<nm\prod_{\beta|nm}\left(1-\frac{1}{\beta}\right)=\phi(nm)\\&\left(\begin{array}{l}\beta\text{는 } p_i\ (1\le i\le t)\text{ 또는 } q_j\ (1\le j\le s)\\ \text{이고, } u<t+s\text{ 이므로 } (*)\text{에 의하여}\end{array}\right)\end{aligned}$$

이다.

20 (1) d를 n의 양의 약수라 하면 정리 2.2.12에 의하여 d는 $0\le l_i\le k_i\ (i=1, 2, \cdots, t)$를 만족하는 정수 $l_1, l_2, \cdots, l_t$에 대하여

$$d=p_1^{l_1}p_2^{l_2}\cdots p_t^{l_t}$$

의 꼴로 표시된다. 그런데 적당한 $i\ (i=1, 2, \cdots, t)$에 대하여 $l_i\ge 2$이면 $\mu(d)=0$이므로 $\mu(d)\ne 0$이 되려면 모든 $i\ (i=1, 2, \cdots, t)$에 대하여 $l_i=0$ 또는 $l_i=1$이어야 한다. 더욱이 서로 다른 소수 $p_1, p_2, \cdots, p_s\ (1\le s\le t)$에 대하여 $a=p_1p_2\cdots p_s$이면 $\mu(a)=(-1)^s$이므로 $|\mu(a)|=|(-1)^s|=1$이다. 더욱이 모든 $i\ (1\le i\le t)$에 대하여 $l_i=0$인 경우는 $\mu(d)=\mu(1)=1$이다. 따라서 $l_i=0$ 또는 $l_i=1$에 대한 d의 총 개수는 2^t개이므로 $\sum_{d|n}|\mu(d)|=2^t$이다.

(2) 보기 2.4.9에 의하여 τ는 곱셈함수이므로 정리 2.4.17에 의하여

$$\sum_{d\mid n}\mu(d)\tau(d)=(1-\tau(p_1))(1-\tau(p_2))\cdots(1-\tau(p_t))$$
$$=\underbrace{(1-2)(1-2)\cdots(1-2)}_{t\text{ 번}}=(-1)^t$$

이다.

(3) n이 짝수이면 2는 n의 소인수이다. 따라서 $p_i=2$, 가령 $p_1=2$로 생각하면 보기 2.4.26에 의하여 ϕ는 곱셈함수이므로 정리 2.4.17과 정리 2.4.24에 의하여

$$\sum_{d\mid n}\mu(d)\phi(d)=(1-\phi(2))(1-\phi(p_2))\cdots(1-\phi(p_t))$$
$$=(1-1)(1-(p_2-1))\cdots(1-(p_t-1))=0$$

이다.

(4) $24=2^3\cdot 3$이고 24의 모든 양의 약수는 1, 2, 3, 4, 6, 8, 12, 24이다. 또한

$$\mu(1)=1,\ \mu(2)=-1,\ \mu(3)=-1,\ \mu(4)=0,$$
$$\mu(6)=1,\ \mu(8)=0,\ \mu(12)=0,\ \mu(24)=0$$

이다. 따라서

$$\sum_{d\mid n}|\mu(d)|=1+1+1+0+1+0+0+0=4=2^2,$$
$$\sum_{d\mid n}\mu(d)\tau(d)=1\cdot\tau(1)-1\cdot\tau(2)-1\cdot\tau(3)+1\cdot\tau(6)$$
$$=1-2-2+4=1=(-1)^2,$$
$$\sum_{d\mid n}\mu(d)\phi(d)=1\cdot\phi(1)-1\cdot\phi(2)-1\cdot\phi(3)+1\cdot\phi(6)$$
$$=1-1-2+2=0$$

이다.

21 (1) $F(20)=\sum_{d\mid 20}f(d)=f(1)+f(2)+f(4)+f(5)+f(10)+f(20)$이고 $f(x)$가 곱셈함수이므로 $f(1)=1$이고 $f(10)=f(2)f(5)$, $f(20)=f(4)f(5)$이다. 따라서

$$F(20)=\sum_{d\mid 20}f(d)=f(1)+f(2)+f(4)+f(5)+f(10)+f(20)$$
$$=f(1)+f(2)+f(4)+f(5)+f(2)f(5)+f(4)f(5)$$
$$=(f(1)+f(2)+f(4))(f(1)+f(5))=F(4)F(5)$$

이다.

(2) $(a,b)=1$이라 하자. 먼저, $3\nmid ab$인 경우 $3\nmid a$이고 $3\nmid b$이므로 $g(a)=g(b)=1$이다. 즉, $g(ab)=1=g(a)g(b)$. $3|ab$인 경우는 $(a,b)=1$이므로 $3|a$이고 $3\nmid b$이거나 $3\nmid a$이고 $3|b$이

다. 두 경우 모두 $g(ab) = -1 = g(a)g(b)$이다. 따라서 g는 곱셈함수이다.

(3) $F(20) = \sum_{d|20} g(d) = g(1) + g(2) + g(4) + g(5) + g(10) + g(20) = 6$.

2.5 ▌ 연습문제

01 (1) $M_m = 2^m - 1$, $M_n = 2^n - 1$이고, 또한 연습문제 2.1의 13 (1)에 의하여 $(2^m - 1) | (2^n - 1)$이므로 $M_m | M_n$이다.

(2) 연습문제 2.1의 14에 의하여 $(M_m, M_n) = (2^m - 1, 2^n - 1) = 2^d - 1 = M_d$이다.

(3) (2)에 의하여 $(m, n) = d$라 하면 $(M_m, M_n) = M_d = 2^d - 1$이다. 따라서

$$2^d - 1 = 1 \Leftrightarrow d = 1$$

이므로 $(M_m, M_n) = 1 \Leftrightarrow d = 1$이다.

02 (1) $651 = 1 \cdot 3 \cdot 7 \cdot 31$이므로 위의 문제 1의 (1)에 의하여 메르센 수 $M_{651} = 2^{651} - 1$의 인수 중에서 메르센 수인 것은

$$M_1 = 2^1 - 1 = 1,\ M_3 = 2^3 - 1,\ M_7 = 2^7 - 1,\ M_{21} = 2^{21} - 1,$$
$$M_{31} = 2^{31} - 1,\ M_{93} = 2^{93} - 1,\ M_{217} = 2^{217} - 1,\ M_{651} = 2^{651} - 1$$

등이 있다.

(2) 11, 13, 23이 쌍마다 서로소이므로 위의 문제 1의 (3)에 의하여 메르센 수 M_{11}, M_{13}, M_{23}은 쌍마다 서로소이다.

(3) $18 = 6 \cdot 3$이므로 연습문제 2.1의 13 (2)에 의하여 $(2^6 + 1) | (2^{18} + 1)$이고, 따라서

$$\begin{aligned} 2^{18} + 1 &= (2^6 + 1)(2^{12} - 2^6 + 1) = (2^6 + 1)(2^6(2^6 - 1) + 1) \\ &= 65(64 \cdot 63 + 1) = 65 \cdot 4033 = 5 \cdot 13 \cdot 37 \cdot 109 \end{aligned}$$

이다.

03 (1) 정리 2.5.12 (3)에 의하여 페르마 수 F_{20}의 인수 중에서 페르마 수인 것은 자기 자신 F_{20}뿐이다.

(2) $120 = 2^3 \cdot 15$이므로 연습문제 2.1의 13 (2)에 의하여

$$(2^{2^3} + 1) | (2^{120} + 1)$$

이고 $F_3 = 2^{2^3} + 1$은 페르마 소수이다(보기 2.5.10 참조).

(3) $2^{32} - 1 = (2^{2^5} + 1) - 2 = F_5 - 2$이므로 정리 2.5.12 (2)에 의하여

$$2^{32}-1=F_5-2=F_0F_1F_2F_3F_4=3\cdot 5\cdot 17\cdot 257\cdot 65537$$

이다(보기 2.5.10 참조).

04 (1) n을 양의 정수라 하고 d를 n의 약수라 할 때, $n=d\cdot\frac{n}{d}\left(\frac{n}{d}\in\mathbb{Z}\right)$이므로 d가 n의 양의 약수이기 위한 필요충분조건은 $\frac{n}{d}$이 n의 양의 약수인 것이다. 따라서 $\sum_{d\mid n}$는 n의 모든 양의 약수 d에 대한 합이므로 $\sum_{d\mid n}d=\sum_{d\mid n}\frac{n}{d}$이고, 따라서

$$\sigma(n)=\sum_{d\mid n}d=\sum_{d\mid n}\frac{n}{d}=n\cdot\sum_{d\mid n}\frac{1}{d}$$

이므로 $\sum_{d\mid n}\frac{1}{d}=\frac{\sigma(n)}{n}$이다.

(2) n이 완전수이면 $\sigma(n)=2n$이므로 (1)에 의하여 $\sum_{d\mid n}\frac{1}{d}=\frac{\sigma(n)}{n}=\frac{2n}{n}=2$이다.

05 $d(\neq n)$를 n의 양의 약수라 하자. b를 d의 양의 약수라 하면 정리 2.1.6(3)에 의하여 b는 n의 양의 약수이고, 또한 n이 완전수이므로 위의 문제 4의 (2)에 의하여 $\sum_{c\mid n}\frac{1}{c}=2$이다. 더욱이 n은 n의 양의 약수이고, 또한 $d<n$이므로 n은 d의 양의 약수가 아니다. 따라서

$$\sum_{b\mid d}\frac{1}{b}\le\sum_{c\mid n}\frac{1}{c}-\frac{1}{n}=2-\frac{1}{n}<2$$

이다. 즉, $\sum_{b\mid d}\frac{1}{b}\neq 2$이므로 위의 문제 4의 (2)에 의하여 d는 완전수가 아니다.

06 (1) $$n=2^{k-1}+2^k+2^{k+1}+\cdots+2^{2k-2}=2^{k-1}(1+2+2^2+\cdots+2^{k-1})$$

이고, $1+2+2^2+\cdots+2^{k-1}$은 초항이 1이고 공비가 2인 등비수열의 k항까지의 합이므로

$$1+2+2^2+\cdots+2^{k-1}=\frac{1\cdot(2^k-1)}{2-1}=2^k-1$$

이다. 따라서 $n=2^{k-1}(2^k-1)$이고 2^k-1이 소수이므로 정리 2.5.6에 의하여 (1)이 성립한다.

(2) $n=1+2+3+\cdots+(2^k-1)$은 초항이 1이고 공차가 1인 등차수열의 2^k-1항까지의 합이므로

$$n=1+2+3+\cdots+(2^k-1)=\frac{2^k(2^k-1)}{2}=2^{k-1}(2^k-1)$$

이다. 따라서 $n=2^{k-1}(2^k-1)$이고 2^k-1이 소수이므로 정리 2.5.6에 의하여 (2)가 성립한다.

(3) $6(=2^1\cdot(2^2-1))=2^1+2^2=2+4,\quad 6=1+2+3;$

$28(=2^2\cdot(2^3-1))=2^2+2^3+2^4=4+8+16,\quad 28=1+2+3+4+5+6+7;$

$496 (=2^4 \cdot (2^5-1)) = 2^4+2^5+2^6+2^7+2^8 = 16+32+64+128+256,$

$496 = 1+2+3+ \cdots +31.$

07 n이 짝수인 완전수이므로 정리 2.5.6에 의하여 2^k-1은 소수이다. 또한 $k>1$이므로 $2^k-1>2$이다. 따라서 $(2, 2^k-1)=1$이다. 따라서 정리 2.1.15에 의하여

$$(2^{k-1}, 2^k-1)=1$$

이고, 따라서 보기 2.4.26에 의하여 ϕ는 곱셈함수이므로 정리 2.4.24에 의하여

$$\begin{aligned}\phi(n) &= \phi(2^{k-1})\phi(2^k-1) = (2^{k-1}-2^{k-2})(2^k-2) \\ &= 2^{k-2}(2-1) \cdot 2(2^{k-1}-1) = 2^{k-1}(2^{k-1}-1)\end{aligned}$$

이다.

08 (1) $672 = 2^5 \cdot 3 \cdot 7$이므로

$$\sigma(672) = \sigma(2^5)\sigma(3)\sigma(7) = 63 \cdot 4 \cdot 8 = 2016 = 3 \cdot 672$$

이다. 따라서 672는 3－완전수이다.

(2) $$\sigma(30240) = \sigma(2^5)\sigma(3^3)\sigma(5)\sigma(7) = 63 \cdot 40 \cdot 6 \cdot 8 = 120960 = 4 \cdot 30240$$

이므로 30240은 4－완전수이다.

(3) $$\begin{aligned}\sigma(14182439040) &= \sigma(2^7)\sigma(3^4)\sigma(5)\sigma(7)\sigma(11^2)\sigma(17)\sigma(19) \\ &= 255 \cdot 121 \cdot 6 \cdot 8 \cdot 133 \cdot 18 \cdot 20 = 70912195200 = 5 \cdot 14182439040\end{aligned}$$

이므로 14182439040은 5－완전수이다.

09 (1) $$\begin{aligned}&\sigma(220)-220 = \sigma(2^2)\sigma(5)\sigma(11)-220 = 7 \cdot 6 \cdot 12 - 220 = 504-220 = 284, \\ &\sigma(284)-284 = \sigma(2^2)\sigma(71)-284 = 7 \cdot 72 - 284 = 504 - 284 = 220\end{aligned}$$

이므로 220, 284는 친화쌍이다.

(2) $$\begin{aligned}&\sigma(17296) = \sigma(2^4)\sigma(23)\sigma(47) = 31 \cdot 24 \cdot 48 = 35712, \\ &\sigma(18416) = \sigma(2^4)\sigma(1151) = 31 \cdot 1152 = 35712\end{aligned}$$

이고 $35712 = 17296 + 18416$이므로, 즉

$$\sigma(17296) = \sigma(18416) = 35712 = 17296 + 18416$$

이므로 17296, 18416은 친화쌍이다.

(3) p를 소수라 하자. $\sigma(p) = p+1 \neq 1 = \sigma(1)$이므로 p, 1은 친화쌍이 아니다. 이제 n을 $n>1$인 임의의 양의 정수라 하자. p, n을 친화쌍이라 하면

$$p+1 = \sigma(p) = p+n$$

이므로 $n=1$이 되어 모순이다. 따라서 소수 p는 어떠한 양의 정수와도 친화쌍을 이루지 못한다.

10 (1) 6은 완전수이고 12, 18, 20은 초과수이다. 그리고 이 밖의 나머지는 모두 부족수이다.

(2) 2^k-1은 홀수이므로 $(2, 2^k-1)=1$이다. 따라서 정리 2.1.15에 의하여 $(2^{k-1}, 2^k-1)=1$이다. 한편 a를 임의의 합성수라 하면 $a=bc$를 만족하는 정수 b, c $(1<b<a,\ 1<c<a)$가 존재한다. 따라서 1, b, c, a는 a의 양의 약수이므로 $\sigma(a)>a+1$이다. 따라서 2^k-1이 합성수이면

$$\sigma(2^k-1)>2^k-1+1=2^k$$

이고, 또한 σ는 곱셈함수이므로

$$\begin{aligned}\sigma(n)&=\sigma(2^{k-1}(2^k-1))=\sigma(2^{k-1})\sigma(2^k-1)=\frac{(2^k-1)}{2-1}\cdot\sigma(2^k-1)\\&>(2^k-1)\cdot 2^k=2\cdot 2^{k-1}(2^k-1)=2n\end{aligned}$$

이다. 즉, $\sigma(n)>2n$이므로 n은 초과수이다.

(3) $p=2^k-1$이라 하자. n이 짝수인 완전수이므로 정리 2.5.6에 의하여 p는 소수이고, 또한 $k>1$이므로 $p>2$이다. 따라서 $n=2^{k-1}p$이고 $d\mid n$ $(1<d<n)$이므로 d는

$$d=2^m\ (1\le m\le k-1)\ \text{ 또는 }\ d=2^mp\ (0\le m\le k-2)$$

의 꼴로 표시된다. d가 $d=2^m$ $(1\le m\le k-1)$의 꼴로 표시되는 경우는

$$\sigma(d)=\sigma(2^m)=\frac{2^{m+1}-1}{2-1}=2^{m+1}-1<2^{m+1}=2\cdot 2^m=2d$$

이다. d가 $d=2^mp$ $(0\le m\le k-2)$의 꼴로 표시되는 경우는 $(2^m, p)=1$이고, σ가 곱셈함수이므로

$$\begin{aligned}\sigma(d)&=\sigma(2^mp)=\sigma(2^m)\sigma(p)=\frac{2^{m+1}-1}{2-1}\cdot\frac{p^2-1}{p-1}\\&=(2^{m+1}-1)(p+1)=2^{m+1}p+2^{m+1}-p-1\\&=2^{m+1}p+2^{m+1}-(2^k-1)-1\\&=2^{m+1}p+(2^{m+1}-2^k)\\&<2^{m+1}p\ (k>m+1>0\text{이므로 } 2^{m+1}-2^k<0\text{이다})\\&=2\cdot 2^mp=2d\end{aligned}$$

이다. 즉, 어느 경우에도 항상 $\sigma(d)<2d$이므로 d는 부족수이다.

2.6 ▎연습문제

01 $(a_n a_{n-1} \cdots a_2 a_1 a_0)_b$를 간단히 $a_n a_{n-1} \cdots a_2 a_1 a_0$로 표시한다.

10진법	2진법	8진법	16진법
1	1	1	1
2	10	2	2
3	11	3	3
4	100	4	4
5	101	5	5
6	110	6	6
7	111	7	7
8	1000	10	8
9	1001	11	9
10	1010	12	A
11	1011	13	B
12	1100	14	C
13	1101	15	D
14	1110	16	E
15	1111	17	F
16	10000	20	10
17	10001	21	11
18	10010	22	12
19	10011	23	13
20	10100	24	14

02 $47810 = (1011\,1010\,1100\,0010)_2 = (23223002)_4 = (135302)_8 = (BAC2)_{16}$

03 (1) $(101)_2 = 5$, $(101)_5 = 26$이므로 $(101)_2$와 $(101)_5$ 사이의 홀수는 7, 9, 11, 13, 15, 17, 19, 21, 23, 25이다.

(2) $(2002)_8 = 1026$, $(ACE)_{16} = 2766$이므로 $(2002)_8$과 $(ACE)_{16}$ 사이의 짝수의 개수는 1027부터 2765까지의 정수 중에서 2의 배수의 개수와 같다. 따라서 보기 2.4.4에서와 같은 방법으로 $(2002)_8$과 $(ACE)_{16}$ 사이의 짝수의 개수 n을 구하면

$$n = \left[\frac{2765}{2}\right] - \left[\frac{1026}{2}\right] = 1382 - 513 = 869$$

이다.

04 (1) $n=(zyx)_7,\ m=(xyz)_5$이므로

$$n=7^2z+7y+x, m=5^2x+5y+z\ (1 \le x,\ z<5\ ;\ 0 \le y<5)$$

이다. 따라서 $n=m+172$이므로

$$7^2z+7y+x=5^2x+5y+z+172 \ \Rightarrow\ y=12x-24z+86$$

이다. 따라서 $0 \le y<5$이고 $1 \le x, z \le 4$이므로

$$0 \le 12x-24z+86<5 \ \Rightarrow\ 0 \le 4x+27<8z \ \Rightarrow\ 0 \le 4x+27 \le 32$$
$$\Rightarrow\ 0 \le 4x \le 5 \ \Rightarrow\ x=1$$

이다. 그러므로 $y=12x-24z+86=98-24z$, 즉

$$y+24z=98$$

이고, 또한 $0 \le y \le 4,\ 1 \le z \le 4$이므로 이 일차부정방정식의 해를 구하면 $y=2,\ z=4$이다. 따라서

$$m=(xyz)_5=(124)_5=1\cdot 5^2+2\cdot 5+4=39,\quad n=39+172=211$$

이다. 실제로 $n=(421)_7=4\cdot 7^2+2\cdot 7+1=211$이다.

(2) $m=(xyz)_7=(zyx)_9$이므로

$$m=9^2z+9y+x=7^2x+7y+z\,(1 \le x,\ z<7;\ 0 \le y<7)$$

이다. 따라서

$$9^2z+9y+x=7^2x+7y+z \ \Rightarrow\ y=24x-40z=8(3x-5z)$$

이다. 이때 $0 \le y<7$이므로 $3x-5z=0$이어야 한다. 따라서 $y=0$이고, 또한 $1 \le x,\ z<7$이므로 $x=5,\ z=3$이다. 그러므로

$$m=(xyz)_7=(503)_7=5\cdot 7^2+0\cdot 7+3=248$$

이다.

05 (1) 8진법으로 나타낼 수 있는 가장 큰 세 자리의 양의 정수 m과 16진법으로 나타낼 수 있는 가장 작은 세 자리의 양의 정수 n은 각각

$$m=(777)_8=7\cdot 8^2+7\cdot 8+7=511,\ \ n=(100)_{16}=1\cdot 16^2+0\cdot 16+0=256$$

이므로

$$|m-n|=511-256=255=15\cdot 16+15=(FF)_{16}$$

이다.

(2) $(559)_n=5n^2+5n+9,\ (25)_n=2n+5$이고 $9<n$이다. 따라서

$$\begin{aligned}(2n+5)^2=5n^2+5n+9 \;&\Rightarrow\; n^2-15n-16=0\\ &\Rightarrow\; (n-16)(n+1)=0\\ &\Rightarrow\; n=16,\ n=-1\end{aligned}$$

이고, $n>9$이므로 $n=16$이다.

06 (1) $m=a_nb^n+a_{n-1}b^{n-1}+\cdots+a_2b^2+a_1b+a_0$이므로

$$\begin{aligned}mb^t=&\,a_nb^{n+t}+a_{n-1}b^{n+t-1}+\cdots+a_2b^{t+2}+a_1b^{t+1}+a_0b^t\\ &+0\cdot b^{t-1}+\cdots+0\cdot b^2+0\cdot b+0\end{aligned}$$

이다. 따라서

$$mb^t=(a_na_{n-1}\cdots a_2a_1a_0\underbrace{0\cdots0}_{t\text{개}})_b$$

이다.

(2) $$\begin{aligned}m&=a_nb^n+a_{n-1}b^{n-1}+\cdots+a_2b^2+a_1b+a_0\\ &=(a_nb^{n-t}+a_{n-1}b^{n-t-1}+\cdots+a_{t+2}b^2+a_{t+1}b+a_t)b^t\\ &\quad+(a_{t-1}b^{t-1}+a_{t-2}b^{t-2}+\cdots+a_2b^2+a_1b+a_0)\end{aligned}$$

이므로

$$q=(a_na_{n-1}\cdots a_{t+2}a_{t+1}a_t)_b,\quad r=(a_{t-1}a_{t-2}\cdots a_2a_1a_0)_b$$

이다.

3.1 ❙ 연습문제

01 (4) $$540\equiv-123 \pmod m \;\Leftrightarrow\; m\mid(540-(-123)),\ \text{즉}\ m\mid 663$$

이다. 그런데 $663=3^1\cdot13^1\cdot17^1$이므로 663의 양의 약수는 $\tau(663)=2\cdot2\cdot2=8$개가 있다. 이들 중 $m\ge2$인 것은 $3^0\cdot13^0\cdot17^0=1$을 제외한 나머지 약수들이므로 m은

$$3,\ 13,\ 17,\ 3\cdot13=39,\ 3\cdot17=51,\ 13\cdot17=221,\ 3\cdot13\cdot17=663$$

중의 하나이어야 한다.
같은 방법으로, (1) $m=3$, (2) $m=17$, (3) $m=2, 3, 4, 6, 9, 12, 18, 36$이다.

02 $x=7,\ 24,\ 41,\ 58,\ 75,\ 92.$

03 $x=29$.

04 (1) 4. (2) 6. (3) 3.

05 $13 \equiv -2 \pmod{15}$이고 $(-2)^4 \equiv 1 \pmod{15}$이므로 정리 3.1.5 (2)와 정리 3.1.4 (3)에 의하여 $13^4 \equiv 1 \pmod{15}$이다. 따라서 $n=4$이다. 또한 정리 3.1.5 (2)에 의하여

$$13^{200}=(13^4)^{50} \equiv 1^{50}=1 \pmod{15}$$

이므로 $15 \mid (13^{200}-1)$이다.

06 정리 2.1.1에 의하여 모든 정수 a는

$$a=4q+1,\ a=4q+2,\ a=4q+3,\ a=4q\ (q\in\mathbb{Z})$$

와 같이 네 가지 꼴로 표시된다. 그러므로 모든 정수 a는

$$a\equiv 1 \pmod 4,\ a\equiv 2 \pmod 4,\ a\equiv 3 \pmod 4,\ a\equiv 0 \pmod 4$$

와 같이 네 가지 꼴이고, 따라서 정리 3.1.5 (2)에 의하여

$$a^5\equiv 1 \pmod 4,\ a^5\equiv 2^5\equiv 0 \pmod 4,$$
$$a^5\equiv 3^5=3^2\cdot 3^2\cdot 3\equiv 1\cdot 1\cdot 3=3 \pmod 4,\ a^5\equiv 0 \pmod 4$$

이다. 따라서 정리 3.1.5 (1)에 의하여

$$\begin{aligned} n&=1^5+2^5+3^5+4^5+5^5+6^5+7^5+8^5+\cdots+99^5+100^5\\ &\equiv(1+0+3+0)+(1+0+3+0)+\cdots+(1+0+3+0)\\ &=25(1+0+3+0)=25\cdot 4\equiv 0 \pmod 4\end{aligned}$$

이다. 즉, n은 4의 배수이다.

07 (1) 3. (2) 0. (3) 7.

08 3의 배수는 (3), (4)이고, 9의 배수는 (3), (4)이고, 11의 배수는 (1), (4)이다.

09 (1) $2\mid 10$이므로 연습문제 2.1의 2 (1)에 의하여 $2^k\mid 10^k$이고, 따라서 정리 2.1.6 (2)에 의하여 $2^k\mid 10^{k+i}$ $(0\le i\le n-k)$이므로 $10^{k+i}\equiv 0 \pmod{2^k}$이다. 따라서 정리 3.1.5 (2)에 의하여 $a_{k+i}10^{k+i}\equiv 0 \pmod{2^k}$ $(0\le i\le n-k)$이다. 따라서 정리 3.1.4 (1)과 정리 3.1.5 (1)에 의하여 (1)이 성립한다.

(2) (1)과 같은 방법으로 증명된다.

10 $$a \equiv 9 \equiv 1 \pmod{2},\ a \equiv 89 \equiv 1 \pmod{2^2},\ a \equiv 789 \equiv 5 \pmod{2^3},$$
$$a \equiv 6789 \equiv 5 \pmod{2^4},\ a \equiv 56789 \equiv 21 \pmod{2^5}$$

이므로 a를 $2,\ 2^2,\ 2^3,\ 2^4,\ 2^5$으로 나눌 때의 나머지는 각각 1, 1, 5, 5, 21이고,

$$a \equiv 9 \equiv 4 \pmod{5},\ a \equiv 89 \equiv 14 \pmod{5^2},\ a \equiv 789 \equiv 39 \pmod{5^3},$$
$$a \equiv 6789 \equiv 539 \pmod{5^4}, a \equiv 56789 \equiv 539 \pmod{5^5}$$

이므로 $5,\ 5^2,\ 5^3,\ 5^4,\ 5^5$으로 나눌 때의 나머지는 각각 4, 14, 39, 539, 539이다.

11 $f(x) = a_n x^n + a_{n-1}x^{n-1} + \cdots + a_2 x^2 + a_1 x + a_0$라 하자. $100 \equiv -1 \pmod{101}$이므로 정리 3.1.9 (1)에 의하여 $b = f(100) \equiv f(-1) \pmod{101}$이고,

$$f(-1) = (a_0 + a_2 + a_4 + \cdots) - (a_1 + a_3 + a_5 + \cdots) = c$$

이므로 $b \equiv c \pmod{101}$이다. 따라서 정리 3.1.14 (2)에 의하여 $101 \mid b \Leftrightarrow 101 \mid c$이다.

12 연습문제 2.4의 4에 의하여 이항전개식

$$(a+b)^p = a^p + \binom{p}{1}a^{p-1}b + \cdots + \binom{p}{r}a^{p-r}b^r + \cdots + \binom{p}{p-1}ab^{p-1} + b^p$$

의 계수 $\binom{p}{r} = \dfrac{p!}{r!(p-r)!}$ $(r \in \mathbb{N},\ 1 \le r \le p-1)$은 모두 p의 배수이므로 $\binom{p}{r} \equiv 0 \pmod{p}$이다. 따라서 $(a+b)^p \equiv a^p + b^p \pmod{p}$이다.

13 (1) n에 대하여 수학적 귀납법으로 증명한다. $n=1$인 경우는 정리 3.1.4 (1)에 의하여 $4^1 = 4 \equiv 4 \pmod{12}$이다. $n = k\,(\ge 1)$인 경우에 $4^k \equiv 4 \pmod{12}$가 성립한다고 가정하자. 그러면 정리 3.1.5 (2)에 의하여

$$4^{k+1} = 4^k \cdot 4 \equiv 4 \cdot 4 = 16 \equiv 4 \pmod{12}$$

이다. 따라서 모든 양의 정수 n에 대하여 $4^n \equiv 4 \pmod{12}$이다.

(2)
$$\begin{aligned} 9^{n+1} &= (1+8)^{n+1} \\ &= 1 + \binom{n+1}{1}8 + \binom{n+1}{2}8^2 + \cdots + \binom{n+1}{n}8^n + 8^{n+1} \\ &\equiv 1 + \binom{n+1}{1}8 = 1 + (n+1)8 = 8n + 9 \pmod{64}. \end{aligned}$$

(3) $30 = 2 \cdot 3 \cdot 5$이고 정리 3.1.28에 의하여

$$n^2 \equiv n \pmod{2},\ n^3 \equiv n \pmod{3},\ n^5 \equiv n \pmod{5}$$

이다. 따라서 정리 3.1.5 (2)에 의하여

$$n^5 = (n^2)^2 n \equiv n^2 n \equiv n \cdot n = n^2 \equiv n \pmod 2,$$
$$n^5 = n^3 n^2 \equiv n \cdot n^2 = n^3 \equiv n \pmod 3$$

이다. 따라서 $[2, 3, 5] = 30$이므로 정리 3.1.16에 의하여 $n^5 \equiv n \pmod{30}$이다.

14 (1) $4 \equiv 1 \pmod 3$이지만 $4^2 \not\equiv 1^2 \pmod{3^2}$이다.

(2) $2^2 \equiv 3^2 \pmod 5$이지만 $2 \not\equiv 3 \pmod 5$이다.

(3) $a^2 \equiv 0 \pmod{m^2}$이라 하면 $m^2 \mid a^2$이므로 연습문제 2.1의 2 (1)에 의하여 $m \mid a$이다. 따라서 $a \equiv 0 \pmod m$이다.

(4) 정리 3.1.5 (2)에 의하여 $cb \equiv cd \pmod m$이므로 정리 3.1.4 (2),(3)에 의하여 $ab \equiv cb \pmod m$이다. 따라서 정리 3.1.13 (1)에 의하여 $a \equiv c \pmod m$이다.

(5) $(m, n) = 1$이면 정리 2.1.27 (1)에 의하여 $[m, n] = mn$이므로 정리 3.1.16에 의하여 $a \equiv b \pmod{mn}$이다.

(6) $a \equiv b \pmod m$, $a \equiv c \pmod n$이라 하고 $(m, n) = d$라 하자. 그러면 $d \mid m$, $d \mid n$이므로 $m = dm_1$, $n = dn_1$을 만족하는 양의 정수 m_1, n_1이 존재한다. 따라서 정리 3.1.13 (2)에 의하여

$$a \equiv b \pmod d,\ a \equiv c \pmod d$$

이다. 따라서 정리 3.1.4 (2),(3)에 의하여 $b \equiv c \pmod d$이다.

15 법 7에 관하여는 S로, 법 15에 관하여는 T로 답한다.

(1) $S = \{0, 1, 2, 3, 4, 5, 6\}$,

$T = \{0, 1, 2, 3, 4, 5, 6, 7, 8, 9, 10, 11, 12, 13, 14\}$.

(2) $S = \{-3, -2, -1, 0, 1, 2, 3\}$,

$T = \{-7, -6, -5, -4, -3, -2, -1, 0, 1, 2, 3, 4, 5, 6, 7\}$.

(3) $S = \{14, 8, 2, 10, 4, 12, 6\}$,

$T = \{30, 16, 2, 18, 4, 20, 6, 22, 8, 24, 10, 26, 12, 28, 14\}$.

(4) $S = \{1, 9, 3, 11, 5, 13\}$,

$T = \{1, 17, 19, 7, 23, 11, 13, 29\}$.

(5) $S = \{28, 8, 16, 24, 4, 12, 20\}$,

$T = \{60, 16, 32, 48, 4, 20, 36, 52, 8, 24, 40, 56, 12, 28, 44\}$.

(6)
$$3^1 = 3 \equiv 3 \pmod 7,\quad 3^2 = 9 \equiv 2 \pmod 7,\quad 3^3 = 27 \equiv 6 \pmod 7,$$
$$3^4 = 81 \equiv 4 \pmod 7,\ 3^5 = 243 \equiv 5 \pmod 7,\ 3^6 = 729 \equiv 1 \pmod 7$$

이고 $\{1, 2, 3, 4, 5, 6\}$이 법 7에 관한 기약잉여계이므로

$$S = \{3^6, 3^2, 3, 3^4, 3^5, 3^3\}$$

도 법 7에 관한 기약잉여계이다. 한편 법 15에 관한 기약잉여계는

$$\{1, 2, 4, 7, 8, 11, 13, 14\}$$

와 같이 $\phi(15)=8$개의 서로 다른 잉여류에 속하는 잉여로 구성되는데,

$$3^1=3\equiv 3 \pmod{15},\quad 3^2=9\equiv 9 \pmod{15},\quad 3^3=27\equiv 12 \pmod{15},$$
$$3^4=81\equiv 6 \pmod{15},\quad 3^5=243\equiv 3 \pmod{15},$$
$$3^6=3^5\cdot 3\equiv 3\cdot 3=3^2 \pmod{15},\quad 3^7\equiv 3^3 \pmod{15},\ \cdots$$

와 같이 3의 거듭제곱으로 나타나는 서로 다른 잉여류는

$$\overline{3},\ \overline{3^2}=\overline{9},\ \overline{3^3}=\overline{12},\ \overline{3^4}=\overline{6}$$

네 개뿐이므로 법 15에 관하여는 모든 잉여가 3의 거듭제곱으로 나타나는 기약잉여계 T가 존재하지 않는다.

16 (1) $\{1, 2, 3, \cdots, m\}$은 법 m에 관한 완전잉여계이고, 또한 m이 홀수이므로 $(2, m)=1$이다. 따라서 정리 3.1.19에 의하여 S도 법 m에 관한 완전잉여계이다.

(2) $m=4$일 때, $6\equiv 2 \pmod 4$, $8\equiv 4 \pmod 4$이므로 $S=\{2, 4, 6, 8\}$은 법 4에 관한 완전잉여계가 아니다.

(3) $m=3$일 때, $2^2\equiv 1^2 \pmod 3$이므로 $T=\{1^2, 2^2, 3^2\}$은 법 3에 관한 완전잉여계가 아니다.

(4) $m=4$일 때, $3^2\equiv 1^2 \pmod 4$, $4^2\equiv 2^2 \pmod 4$이므로 $T=\{1^2, 2^2, 3^2, 4^2\}$은 법 4에 관한 완전잉여계가 아니다.

(5) R과 $\{1, 2, 3, \cdots, m\}$은 법 m에 관한 완전잉여계이므로 r_i $(1\le i\le m)$는 꼭 한 개의 j $(1\le j\le m)$과 같은 잉여류에 속한다. 따라서 (3.1.6)에 의하여 $r_i\equiv j \pmod m$이다. 한편 m이 홀수이므로 $m+1=2q$ $(q\in\mathbb{Z})$의 꼴로 표시할 수 있고, 따라서

$$1+2+3+\cdots+m=\frac{m(m+1)}{2}=mq$$

이다. 그러므로 정리 3.1.5 (1)에 의하여

$$r_1+r_2+\cdots+r_m\equiv 1+2+3+\cdots+m=mq\equiv 0 \pmod m$$

이다.

(6) $m=4$일 때, $\{1, 2, 3, 4\}$는 법 4에 관한 완전잉여계이지만

$$1+2+3+4=10\not\equiv 0 \pmod 4$$

이다.

17 (1) $\{r_1, r_2, \cdots, r_t\}$가 법 m에 관한 기약잉여계이므로 $(r_i, m)=1$ $(i=1, 2, \cdots, t)$이고 $i\ne j$ $(i=1, 2, \cdots, t\,;\ j=1, 2, \cdots, t)$에 대하여 $r_i\not\equiv r_j \pmod m$이다. 따라서 $m-r_i=m\cdot 1+(-r_i)$ 이므로 정리 2.1.17에 의하여

$$(m-r_i, m)=(m, -r_i)=(r_i, m)=1$$

이고, 또한 $i \neq j$ $(i=1, 2, \cdots, t;\ j=1, 2, \cdots, t)$에 대하여 $m-r_i \equiv m-r_j \pmod{m}$이라 하면 정리 3.1.5 (2)에 의하여 $r_i \equiv r_j \pmod{m}$이 되어 모순이므로 $i \neq j$ $(i=1, 2, \cdots, t; j=1, 2, \cdots, t)$에 대하여

$$m-r_i \not\equiv m-r_j \pmod{m}$$

이다. 그러므로 정리 3.1.21에 의하여 R는 법 m에 관한 기약잉여계이다.

(2) $S=\{x_1, x_2, \cdots, x_t\}$를 법 m에 관한 기약잉여계라 하고 $0<x_i<m$ $(i=1, 2, \cdots, t)$라 하자(실제로 $1, 2, \cdots, m-1$ 중에서 고른다). 그러면 (1)에 의하여

$$T=\{m-x_1,\ m-x_2,\ \cdots,\ m-x_t\}$$

도 법 m에 관한 기약잉여계이다. 따라서 $m-x_i$ $(1 \le i \le t)$는 꼭 한 개의 x_j $(1 \le j \le t)$와 같은 잉여류에 속한다. 따라서 (3.1.6)에 의하여

$$m-x_i \equiv x_j \pmod{m}\ (i=1, 2, \cdots, t;\ j=1, 2, \cdots, t)$$

이고, 또한 $0<m-x_i<m$이므로 $m-x_i=x_j$이다. 따라서

$$\begin{aligned} x_1+x_2+\cdots+x_t &= (m-x_1)+(m-x_2)+\cdots+(m-x_t) \\ &= mt-(x_1+x_2+\cdots+x_t), \end{aligned}$$

즉 $2(x_1+x_2+\cdots+x_t)=mt$이다. 또한 연습문제 2.4의 13 (1)에 의하여 $2 \mid t$이므로 $t=2s$를 만족하는 정수 s가 존재한다. 따라서

$$x_1+x_2+\cdots+x_t=m\frac{t}{2}=ms$$

이므로

$$x_1+x_2+\cdots+x_t \equiv 0 \pmod{m}$$

이다. 더욱이 $\{x_1, x_2, \cdots, x_t\}$가 법 m에 관한 기약잉여계이므로 r_i $(1 \le i \le t)$는 꼭 한 개의 x_j $(1 \le j \le t)$와 같은 잉여류에 속한다. 따라서 (3.1.6)에 의하여

$$r_i \equiv x_j \pmod{m}\ (i=1, 2, \cdots, t;\ j=1, 2, \cdots, t)$$

이므로 정리 3.1.5 (1)과 정리 3.1.4 (3)에 의하여

$$r_1+r_2+\cdots+r_t \equiv x_1+x_2+\cdots+x_t \equiv 0 \pmod{m}$$

이다.

18 $a, b \in \mathbb{Z}$라 하자. 정리 2.1.1에 의하여

$$a+b=pq_1+r_1, 0 \le r_1<p \text{ (각각 } ab=pq_2+r_2, 0 \le r_2<p)$$

를 만족하는 정수 q_1, r_1(각각 q_2, r_2)이 존재하므로 정리 3.1.3에 의하여

$$a+b \equiv r_1 \pmod p) \text{(각각 } ab \equiv r_2 \pmod p))$$

이고, 따라서 $\overline{a+b}=\overline{r_1} \in \mathbb{Z}_p$(각각 $\overline{ab}=\overline{r_2} \in \mathbb{Z}_p$)이다. 또한 임의의 $\bar{a}, \bar{b}, \bar{c}, \bar{d} \in \mathbb{Z}_p$에 대하여 $\bar{a}=\bar{c}$, $\bar{b}=\bar{d}$이면 $a \equiv c \pmod p$, $b \equiv d \pmod p$이므로 정리 3.1.5에 의하여 $a+b \equiv c+d \pmod p$(각각 $ab \equiv cd \pmod p$)이고, 따라서 $\overline{a+b}=\overline{c+d}$(각각 $\overline{ab}=\overline{cd}$)이다. 그러므로

$$\bar{a} \oplus \bar{b}=\overline{a+b}=\overline{c+d}=\bar{c} \oplus \bar{d} \quad (\text{각각 } \bar{a} \odot \bar{b}=\overline{ab}=\overline{cd}=\bar{c} \odot \bar{d})$$

이다. 즉, 덧셈 $\oplus$와 곱셈 $\odot$는 $\mathbb{Z}_p$ 위의 이항연산이다. 이제 $\bar{a}, \bar{b}, \bar{c}, \bar{d} \in \mathbb{Z}_p$라 할 때, 정의 1.3.3의 조건이 모두 만족함을 보이자.

(1) $\bar{a} \oplus \bar{b}=\overline{a+b}=\overline{b+a}=\bar{b} \oplus \bar{a}$ 이다.

(2) $(\bar{a} \oplus \bar{b}) \oplus \bar{c}=\overline{a+b} \oplus \bar{c}=\overline{(a+b)+c}=\overline{a+(b+c)}=\bar{a} \oplus \overline{b+c}=\bar{a} \oplus (\bar{b} \oplus \bar{c})$ 이다.

(3) $\bar{0} \in \mathbb{Z}_p$가 존재하여 모든 $\bar{a} \in \mathbb{Z}_p$에 대하여 $\bar{a} \oplus \bar{0}=\overline{a+0}=\bar{a}$ 이다. 이때 $\bar{0}$를 $\mathbb{Z}_p$의 **영원**(zero element)이라 한다.

(4) 각 $\bar{a} \in \mathbb{Z}_p$에 대하여 $\overline{-a} \in \mathbb{Z}_p$가 존재하여

$$\bar{a} \oplus \overline{-a}=\overline{a+(-a)}=\overline{a-a}=\bar{0}$$

이다. 이때 $\overline{-a}$를 $\bar{a}$의 **덧셈역원**(additive inverse)이라 하고 $-\bar{a}$로 표시한다. 즉, $-\bar{a}=\overline{-a}$.

(5) $\bar{a} \odot \bar{b}=\overline{ab}=\overline{ba}=\bar{b} \odot \bar{a}$이다.

(6) $(\bar{a} \odot \bar{b}) \odot \bar{c}=\overline{ab} \odot \bar{c}=\overline{(ab)c}=\overline{a(bc)}=\bar{a} \odot \overline{bc}=\bar{a} \odot (\bar{b} \odot \bar{c})$ 이다.

(7) $\bar{1} \in \mathbb{Z}_p (\bar{1} \neq \bar{0})$가 존재하여 모든 $\bar{a} \in \mathbb{Z}_p$에 대하여 $\bar{a} \odot \bar{1}=\overline{a \cdot 1}=\bar{a}$ 이다. 이때 $\bar{1}$를 $\mathbb{Z}_p$의 **단위원**(identity)이라 한다.

(8) $\bar{a} \neq \bar{0}$라 하고 $\bar{a} \odot \bar{b}=\bar{a} \odot \bar{c}$라 하자. 그러면 p가 소수이므로 $(a, p)=1$이고, $\overline{ab}=\overline{ac}$이므로 $ab \equiv ac \pmod p$이다. 그러므로 정리 3.1.13 (1)에 의하여 $b \equiv c \pmod p$이다. 따라서 $\bar{b}=\bar{c}$이다.

(9) $\bar{a} \odot (\bar{b} \oplus \bar{c})=\bar{a} \odot \overline{b+c}=\overline{a(b+c)}=\overline{ab+ac}=\overline{ab} \oplus \overline{ac}=\bar{a} \odot \bar{b} \oplus \bar{a} \odot \bar{c}$ 이다.

그러므로 $\mathbb{Z}_p$는 $\mathbb{Z}_p$ 위의 덧셈 $\oplus$와 곱셈 $\odot$에 대하여 정역이 된다.

19 (1)

$\oplus$	$\bar{0}$	$\bar{1}$	$\bar{2}$
$\bar{0}$	$\bar{0}$	$\bar{1}$	$\bar{2}$
$\bar{1}$	$\bar{1}$	$\bar{2}$	$\bar{0}$
$\bar{2}$	$\bar{2}$	$\bar{0}$	$\bar{1}$

$\odot$	$\bar{0}$	$\bar{1}$	$\bar{2}$
$\bar{0}$	$\bar{0}$	$\bar{0}$	$\bar{0}$
$\bar{1}$	$\bar{0}$	$\bar{1}$	$\bar{2}$
$\bar{2}$	$\bar{0}$	$\bar{2}$	$\bar{1}$

(2) $-\bar{1}=\bar{2}$, $-\bar{2}=\bar{1}$.

(3) (a) $\bar{0}$, (b) $\bar{1}$, (c) $\bar{2}$.

20 (1) 정의 1.3.3의 조건 (8)을 만족하지 않기 때문이다. 예를 들어, $\mathbb{Z}_6$에서 $\overline{3} \neq \overline{0}$이고 $\overline{3} \odot \overline{2} = \overline{0} = \overline{3} \odot \overline{4}$이지만 $\overline{2} \neq \overline{4}$이다.

(2)

$\oplus$	$\overline{0}$	$\overline{1}$	$\overline{2}$	$\overline{3}$	$\overline{4}$
$\overline{0}$	$\overline{0}$	$\overline{1}$	$\overline{2}$	$\overline{3}$	$\overline{4}$
$\overline{1}$	$\overline{1}$	$\overline{2}$	$\overline{3}$	$\overline{4}$	$\overline{0}$
$\overline{2}$	$\overline{2}$	$\overline{3}$	$\overline{4}$	$\overline{0}$	$\overline{1}$
$\overline{3}$	$\overline{3}$	$\overline{4}$	$\overline{0}$	$\overline{1}$	$\overline{2}$
$\overline{4}$	$\overline{4}$	$\overline{0}$	$\overline{1}$	$\overline{2}$	$\overline{3}$

$\odot$	$\overline{0}$	$\overline{1}$	$\overline{2}$	$\overline{3}$	$\overline{4}$
$\overline{0}$	$\overline{0}$	$\overline{0}$	$\overline{0}$	$\overline{0}$	$\overline{0}$
$\overline{1}$	$\overline{0}$	$\overline{1}$	$\overline{2}$	$\overline{3}$	$\overline{4}$
$\overline{2}$	$\overline{0}$	$\overline{2}$	$\overline{4}$	$\overline{1}$	$\overline{3}$
$\overline{3}$	$\overline{0}$	$\overline{3}$	$\overline{1}$	$\overline{4}$	$\overline{2}$
$\overline{4}$	$\overline{0}$	$\overline{4}$	$\overline{3}$	$\overline{2}$	$\overline{1}$

(3) $\mathbb{Z}_3$의 단원은 $\overline{1}, \overline{2}$이며 $\overline{1}^{-1} = \overline{1}$, $\overline{2}^{-1} = \overline{2}$ 이다.

$\mathbb{Z}_4$의 단원은 $\overline{1}, \overline{3}$이며 $\overline{1}^{-1} = \overline{1}$, $\overline{3}^{-1} = \overline{3}$ 이다.

$\mathbb{Z}_5$의 단원은 $\overline{1}, \overline{2}, \overline{3}, \overline{4}$이며 $\overline{1}^{-1} = \overline{1}$, $\overline{2}^{-1} = \overline{3}$, $\overline{3}^{-1} = \overline{2}$, $\overline{4}^{-1} = \overline{4}$ 이다.

(4) (a) $\overline{0}$, (b) $\overline{3}$, (c) $\overline{3}$.

21 (1) $(3, 10) = 1$이고 $\phi(10) = 4$이므로 정리 3.1.23에 의하여

$$3^{\phi(10)} = 3^4 \equiv 1 \pmod{10}$$

이다. 또한 $163 = 4 \cdot 40 + 3$이므로

$$3^{163} = (3^4)^{40} \cdot 3^3 \equiv 1^{40} \cdot 3^3 = 27 \equiv 7 \pmod{10}$$

이다. 따라서 3^{163}의 마지막 자리의 수는 7이다.

(2) $(7, 100) = 1$이고 $\phi(100) = 40$이므로 정리 3.1.23에 의하여

$$7^{\phi(100)} = 7^{40} \equiv 1 \pmod{100}$$

이다. 또한 $163 = 40 \cdot 4 + 3$이므로

$$7^{163} = (7^{40})^4 \cdot 7^3 \equiv 1^4 \cdot 7^3 = 343 \equiv 43 \pmod{100}$$

이다. 따라서 7^{163}의 마지막 두 자리의 수는 43이다.

(3) $(m, 10) = 1$ 이므로 $(m, 100) = 1$ 이다. 따라서 정리 3.1.23에 의하여

$$m^{\phi(100)} \equiv 1 \pmod{100},\ \phi(100) = \phi(2^2 \cdot 5^2) = (2^2 - 2)(5^2 - 5) = 2 \cdot 20 = 40$$

이므로 $m^{40} \equiv 1 \pmod{100}$이다. 한편 가정에 의하여 $m^{18} \equiv 21 \pmod{100}$이고 $294 = 40 \cdot 6 + 54 = 40 \cdot 6 + 18 \cdot 3$이므로

$$m^{294} \equiv (m^{40})^6 \cdot m^{54} \equiv 1 \cdot m^{54} \equiv m^{54} \equiv (m^{18})^3 \equiv 21^3 \equiv 861 \equiv 61 \pmod{100}$$

이다. 따라서 m^{294}의 마지막 두 자리 수는 61이다.

22 (1) n에 대하여 수학적 귀납법으로 $F_n = 2^{2^n}+1 \equiv 7 \pmod{10}$임을 증명하자. $n=2, 3, 4$인 경우는 보기 2.5.10에 의하여 분명하다. 이제 $n=k(\geq 4)$인 경우에 $F_k = 2^{2^k}+1 \equiv 7 \pmod{10}$이라 가정하자. 그러면 $2^{2^k} \equiv 6 \pmod{10}$이다. 따라서 정리 3.1.5 (2)에 의하여

$$2^{2^{k+1}} = 2^{2^k \cdot 2} = \left(2^{2^k}\right)^2 \equiv 6^2 = 36 \equiv 6 \pmod{10}$$

이다. 따라서 $n=k+1$인 경우도 정리 3.1.5 (1)에 의하여

$$F_{k+1} = 2^{2^{k+1}}+1 \equiv 7 \pmod{10}$$

이다. 따라서 모든 $n(\geq 2)$에 대하여 $F_n = 2^{2^n}+1 \equiv 7 \pmod{10}$이다. 따라서 $n \geq 2$일 때, 페르마 수 $F_n = 2^{2^n}+1$의 마지막 자리의 수는 7이다.

(2) n이 짝수인 완전수이므로 정리 2.5.6에 의하여

$$n = 2^{p-1}(2^p-1)\ (p \in \mathbb{Z},\ p>1,\ 2^p-1\text{은 소수})$$

의 꼴로 표시된다. 더욱이 정리 2.5.3에 의하여 p는 소수이다. $p=2$이면 $n=2(2^2-1)=6$이고 $p=3$이면 $n=2^2(2^3-1)=28$이므로 (2)는 성립한다. $p \geq 5$라 하자. 그러면 p는 홀수이므로 p는 적당한 $m \in \mathbb{Z}$에 대하여 $p=4m+1$ 또는 $p=4m+3$의 꼴로 표시된다(보기 2.1.3을 참조). $p=4m+1$의 꼴이면

$$n = 2^{p-1}(2^p-1) = 2^{4m}(2^{4m+1}-1) = 2^{8m+1}-2^{4m} = 2 \cdot 16^{2m} - 16^m$$

이다. 이제 모든 $t(\geq 1)$에 대하여 $16^t \equiv 6 \pmod{10}$임을 t에 대하여 수학적 귀납법으로 증명하자. $16 \equiv 6 \pmod{10}$이므로 $t=1$인 경우는 분명하다. $t=k(\geq 1)$인 경우에 $16^k \equiv 6 \pmod{10}$이라 가정하자. 그러면 정리 3.1.5 (2)에 의하여

$$16^{k+1} = 16^k \cdot 16 \equiv 6 \cdot 6 = 36 \equiv 6 \pmod{10}$$

이다. 따라서 모든 $t(\geq 1)$에 대하여 $16^t \equiv 6 \pmod{10}$이다. 그러므로 정리 3.1.5 (1),(2)에 의하여

$$n = 2 \cdot 16^{2m} - 16^m \equiv 2 \cdot 6 - 6 = 6 \pmod{10}$$

이다. 다음, $p=4m+3$의 꼴이면

$$\begin{aligned} n &= 2^{p-1}(2^p-1) = 2^{4m+2}(2^{4m+3}-1) \\ &= 2^{8m+5} - 2^{4m+2} = 2 \cdot 16^{2m+1} - 4 \cdot 16^m \end{aligned}$$

이다. 따라서 모든 $t(\geq 1)$에 대하여 $16^t \equiv 6 \pmod{10}$이므로 정리 3.1.5 (1),(2)에 의하여

$$n = 2 \cdot 16^{2m+1} - 4 \cdot 16^m \equiv 2 \cdot 6 - 4 \cdot 6 = -12 \equiv 8 \pmod{10}$$

이다. 그러므로 짝수인 완전수 n의 마지막 자리의 수는 6 또는 8이다.

23 (1) 5. (2) 11. (3) 0. (4) 1.

24 (1) 분명히 $p^{q-1} \equiv 0 \pmod{p}$이다. 또한 $p \nmid q$이므로 정리 3.1.26에 의하여 $q^{p-1} \equiv 1 \pmod{p}$이다. 따라서 정리 3.1.5 (1)에 의하여

$$p^{q-1} + q^{p-1} \equiv 1 \pmod{p}$$

이다. 같은 방법으로, $q^{p-1} \equiv 0 \pmod{q}$이고 $p^{q-1} \equiv 1 \pmod{q}$이므로

$$p^{q-1} + q^{p-1} \equiv 1 \pmod{q}$$

이다. 더욱이 $(p, q) = 1$이므로 $[p, q] = pq$이고, 따라서 정리 3.1.16에 의하여

$$p^{q-1} + q^{p-1} \equiv 1 \pmod{pq}$$

이다.

(2) 가정에 의하여 $a^q \equiv a \pmod{p}$이고, 또한 정리 3.1.28에 의하여

$$(a^q)^p \equiv a^q \pmod{p}$$

이므로 정리 3.1.4 (3)에 의하여

$$a^{pq} = (a^q)^p \equiv a \pmod{p}$$

이다. 같은 방법으로, $a^p \equiv a \pmod{q}$이고 $(a^p)^q \equiv a^p \pmod{q}$이므로

$$a^{pq} = (a^p)^q \equiv a \pmod{q}$$

이다. 더욱이 $(p, q) = 1$이므로 $[p, q] = pq$이고, 따라서 정리 3.1.16에 의하여

$$a^{pq} \equiv a \pmod{pq}$$

이다.

(3) $a^p \equiv b^p \pmod{p}$이면 보기 3.1.30에 의하여 $a \equiv b \pmod{p}$이므로 정리 3.1.3에 의하여 $a = b + pk\,(k \in \mathbb{Z})$의 꼴로 표시된다. 따라서

$$\begin{aligned} a^p - b^p &= (b+pk)^p - b^p \\ &= \binom{p}{1} b^{p-1}pk + \cdots + \binom{p}{r} b^{p-r}p^r k^r + \cdots + \binom{p}{p-1} bp^{p-1}k^{p-1} + p^p k^p \end{aligned}$$

이고, 또한 연습문제 2.4의 4에 의하여 $\binom{p}{r}$ $(1 \le r \le p-1)$은 모두 p의 배수이므로 $\binom{p}{r} b^{p-r}p^r k^r \equiv 0 \pmod{p^2}$이다. 따라서 정리 3.1.5 (1)에 의하여 $a^p - b^p \equiv 0 \pmod{p^2}$이다. 그러므로 정리 3.1.5 (1)에 의하여 $a^p \equiv b^p \pmod{p^2}$이다.

25 (1) a가 홀수이면 보기 2.1.3에 의하여 $a^2 = 8k + 1\,(k \in \mathbb{Z})$이므로 정리 3.1.3에 의하여 $a^2 \equiv 1 \pmod{8}$이다.

(2) 정리 2.1.1에 의하여 모든 정수 a는

$$a=5k, a=5k+1, a=5k+2, a=5k+3, a=5k+4 \ (k \in \mathbb{Z})$$

와 같이 다섯 가지 꼴로 표시된다. 따라서 정리 3.1.3에 의하여

$$a \equiv 0,\ 1,\ 2,\ 3,\ 4 \pmod 5$$

이므로 정리 3.1.5 (2)에 의하여

$$a^4 \equiv 0 \pmod 5,\ \ a^4 \equiv 1 \pmod 5,\ \ a^4 \equiv 2^4 = 16 \equiv 1 \pmod 5,$$
$$a^4 \equiv 3^4 = 81 \equiv 1 \pmod 5,\ \ a^4 \equiv 4^4 = 256 \equiv 1 \pmod 5$$

이다.

26 (1) 정리 3.1.26에 의하여 $a^6 \equiv 1 \pmod 7$이므로 $7 \mid (a^6-1)$이다.

(2) $35=5 \cdot 7$이므로 정리 2.1.15에 의하여 $(a, 5)=(a, 7)=1$이고, 또한

$$[5, 7]=35, [\phi(5), \phi(7)]=[4, 6]=12$$

이므로 정리 3.1.24에 의하여 $a^{12} \equiv 1 \pmod{35}$, 즉 $35 \mid (a^{12}-1)$이다.

(3) $42=2 \cdot 3 \cdot 7$이므로 정리 2.1.15에 의하여 $(a, 2)=(a, 3)=(a, 7)=1$이다. 또한

$$[2, 3, 7]=42, [\phi(2), \phi(3), \phi(7)]=[1, 2, 6]=6$$

이므로 정리 3.1.24에 의하여 $a^6 \equiv 1 \pmod{42}$이고, 따라서 정리 3.1.13 (2)에 의하여

$$a^6 \equiv 1 \pmod 3,\ \ a^6 \equiv 1 \pmod 7$$

이다. 더욱이 $(a, 2)=1$이므로 a는 홀수이다. 그러므로 보기 2.1.3에 의하여 $a^2=8k+1 \ (k \in \mathbb{Z})$이다. 따라서 $a^2 \equiv 1 \pmod 8$이므로 정리 3.1.5 (2)에 의하여

$$a^6=(a^2)^3 \equiv 1^3 = 1 \pmod 8$$

이다. 따라서 $[3, 7, 8]=168$이므로 정리 3.1.16에 의하여

$$a^6 \equiv 1 \pmod{168}$$

이다.

27 (1) $15=3 \cdot 5$이고 정리 3.1.28에 의하여

$$a^3 \equiv a \pmod 3,\ \ a^5 \equiv a \pmod 5$$

이다. 따라서 정리 3.1.5 (2)에 의하여

$$a^{21}=(a^3)^7 \equiv a^7=(a^3)^2a \equiv a^2a=a^3 \equiv a \pmod 3,$$
$$a^{21}=(a^5)^4a \equiv a^4a=a^5 \equiv a \pmod 5$$

이다. 따라서 $[3, 5]=15$이므로 정리 3.1.16에 의하여 $a^{21} \equiv a \pmod{15}$이다. 따라서 $15 \mid (a^{21} - a)$이다.

(2) $42=2 \cdot 3 \cdot 7$이고, 또한 정리 3.1.28에 의하여

$$a^2 \equiv a \pmod 2,\ \ a^3 \equiv a \pmod 3,\ \ a^7 \equiv a \pmod 7$$

이다. 따라서 정리 3.1.5 (2)에 의하여

$$a^7 = (a^2)^3 a \equiv a^3 a = a^4 = (a^2)^2 \equiv a^2 \equiv a \pmod 2,$$
$$a^7 = (a^3)^2 a \equiv a^2 a = a^3 \equiv a \pmod 3$$

이다. 따라서 $[2, 3, 7]=42$이므로 정리 3.1.16에 의하여 $a^7 \equiv a \pmod{42}$이다. 따라서 $42 \mid (a^7 - a)$이다.

(3) $2730=2 \cdot 3 \cdot 5 \cdot 7 \cdot 13$이므로 위와 같은 방법으로 증명된다.

28 (1) $p \nmid i\ (i=1, 2, 3, \cdots, p-1)$이므로 정리 3.1.26에 의하여

$$i^{p-1} \equiv 1 \pmod p$$

이다. 따라서 정리 3.1.5 (1)에 의하여

$$\begin{aligned} 1^{p-1}+2^{p-1}+3^{p-1}+ \cdots +(p-1)^{p-1} &\equiv 1+1+1+ \cdots +1\ (p-1\text{개}) \\ &= p-1 \equiv -1 \pmod p \end{aligned}$$

이다.

(2) p는 홀수이므로 $p-1=2k\ (k \in \mathbb{Z})$의 꼴로 표시되고, 따라서

$$1+2+ \cdots +(p-1) = \frac{p(p-1)}{2} = pk$$

이므로 $1+2+ \cdots +(p-1) \equiv 0 \pmod p$이다. 따라서 보기 3.1.30과 정리 3.1.5 (2)에 의하여

$$1^p+2^p+3^p+ \cdots +(p-1)^p \equiv (1+2+ \cdots +(p-1))^p \equiv 0^p = 0 \pmod p$$

이다.

(3) $(3, 2p)=1$이므로 정리 3.1.23에 의하여 $3^{\phi(2p)} \equiv 1 \pmod{2p}$이고,

$$\phi(2p) = \phi(2)\phi(p) = 1 \cdot (p-1) = p-1$$

이므로 $3^{p-1} \equiv 1 \pmod{2p}$이다.

29 (1) a를 $(a, m)=1$인 양의 정수라 하자. 그러면 정리 2.1.15에 의하여 각 $i=1, 2, \cdots, k$에 대하여 $(a, p_i)=1$이므로 정리 3.1.26에 의하여

$$a^{p_i - 1} \equiv 1 \pmod{p_i}$$

이다. 또한 $i=1, 2, \cdots, k$에 대하여 $(p_i-1) \mid (m-1)$이므로 $(m-1)=(p_i-1)t_i$인 $t_i \in \mathbb{Z}$가

존재한다. 따라서 정리 3.1.5(2)에 의하여 $i=1, 2, \cdots, k$에 대하여

$$a^{m-1}=a^{(p_i-1)t_i}\equiv 1\ (\mathrm{mod}\ p_i)$$

이다. 이때 $p_i(i=1,2,\cdots,k)$는 서로 다른 소수이므로 $[p_1, p_2, \cdots, p_k]=p_1p_2\cdots p_k=m$이고, 따라서 정리 3.1.5(2)에 의하여

$$a^{m-1}\equiv 1\ (\mathrm{mod}\ m)$$

이므로 m은 카마이클 수이다.

(2)

$$2821=7\cdot 13\cdot 31\ \ (6|2820,\ 12|2810,\ 30|2820),$$
$$6601=7\cdot 23\cdot 41\ \ (6|6600,\ 22|6600,\ 40|6600),$$
$$10585=5\cdot 29\cdot 73\ \ (4|10584,\ 28|10584,\ 72|10584)$$

이므로 (1)에 의하여 2821, 6601, 10585는 모두 카마이클 수이다.

30 일주일은 7일이므로 일, 월, 화, 수, 목, 금, 토요일을 각각 0, 1, 2, 3, 4, 5, 6이라 하고 오늘을 t라 하자. 그러면 $t+n^7\equiv 5\ (\mathrm{mod}\ 7)$이다. 또한 페르마의 정리에 의하면 모든 정수 n에 대하여 $n^7\equiv n\ (\mathrm{mod}\ 7)$이므로

$$t+n\equiv t+n^7\equiv 5\ (\mathrm{mod}\ 7)\text{이고}\ (n+2)^7\equiv n+2\ (\mathrm{mod}\ 7)$$

이다. 따라서

$$t+(n+2)^7\equiv t+n+2\equiv 5+2\equiv 7\equiv 0\ (\mathrm{mod}\ 7)$$

이므로 오늘부터 $(n+2)^7$째 되는 날은 일요일이다.

31 $1\le a\le 8m$인 자연수 a가 $(8m, a)=1$이라 하자. 그러면 정리 3.1.23에 의하여 $a^{\phi(8m)}\equiv 1\ (\mathrm{mod}\ 8m)$이므로 $a\in T_m$이다. 또한, $a\in T_m$이라 하면 $a^{\phi(8m)}\equiv 1\ (\mathrm{mod}\ 8m)$이고 $1\le a\le 8m$이다. 정리 3.1.14(1)에 의하여

$$(a^{\phi(8m)}, 8m)=(1, 8m)=1$$

이다. 정리 2.1.14(1)에 의하여 $(a, 8m)=1$이다. 따라서

$$|\,T_m\,|=\phi(8m)$$

이다. 연습문제 2.4의 13(2), (3)에 의하여

$$|\,T_m\,|=\phi(8m)=2\phi(4m)=4\phi(2m)=\begin{cases}4\phi(m)\ (m:\text{홀수})\\ 8\phi(m)\ (m:\text{짝수})\end{cases}$$

이다. 집합 T_m의 원소의 개수가 $4\phi(m)$이므로 m은 100 이하의 홀수인 자연수이다. 따라서 자연수 m의 개수는 50이다.

3.2 ❙ 연습문제

01 (1) 2. (2) 2. (3) 1. (4) 3.

02 (1) $x \equiv 16 \pmod{26}$. (2) $x \equiv 9,\ 19,\ 29 \pmod{30}$.
(3) $x \equiv 4,\ 11,\ 18,\ 25,\ 32,\ 39 \pmod{42}$. (4) $x \equiv 45,\ 94 \pmod{98}$.
(5) $x \equiv 33 \pmod{276}$. (6) 해가 없다.
(7) $x \equiv 81 \pmod{337}$.
(8) $x \equiv 200,\ 751,\ 1302,\ 1853,\ 2404 \pmod{2755}$.

03 (1) $9x+16y=35$라 하면 $9x \equiv 35 \pmod{16}$이므로 이 합동식을 풀면 하나의 해

$$x \equiv -5 \pmod{16},\ \text{즉}\ x = -5+16t,\ t \in \mathbb{Z}$$

를 얻는다. 이 해를 $9x+16y=35$에 대입하면

$$9(-5+16t)+16y=35 \ \Rightarrow\ 16y+9\cdot 16t=80 \ \Rightarrow\ y=5-9t$$

를 얻는다. 따라서 부정방정식 $9x+16y=35$의 해는

$$x = -5+16t\ ;\ y=5-9t,\ t \in \mathbb{Z}$$

이다. 물론 합동식 $9x \equiv 35 \pmod{16}$ 대신에 합동식 $16y \equiv 35 \pmod{9}$를 이용하여 구해도 같은 결과를 얻는다.

(2) $x = -1+10t\ ;\ y=2-9t,\ t \in \mathbb{Z}$
(3) $x=94+111t\ ;\ y=39+47t,\ t \in \mathbb{Z}$
(4) $x=13+25t\ ;\ y=7-12t,\ t \in \mathbb{Z}$

04 (1) $x \equiv 38 \pmod{42}$. (2) $x \equiv 116 \pmod{187}$. (3) $x \equiv 10 \pmod{12}$. (4) 해가 없다.
(5) $x \equiv 7 \pmod{30}$. (6) $x \equiv 298,\ 613 \pmod{630}$. (7) $x \equiv 160,\ 435 \pmod{550}$

05 (3) 보기 3.2.7에 의하여 연립합동식 (3.2.21)의 해는

$$x \equiv 28b_1+21b_2+36b_3 \pmod{84}$$

이므로 b_1, b_2, b_3에 1 또는 2를 대입하면 8개의 해

$$x \equiv 1, 2, 22, 29, 37, 50, 58, 65 \pmod{84}$$

를 얻는다. 따라서 3, 4, 7로 나눌 때의 나머지가 항상 1 또는 2인 정수 x는 $t \in \mathbb{Z}$라 할 때,

$$x=1+84t,\ 2+84t,\ 22+84t,\ 29+84t,\ 37+84t,\ 50+84t,\ 58+84t,\ 65+84t$$

이다. 같은 방법으로, (1) $x=60t-2,\ t \in \mathbb{Z}$, (2) $x=3+385t,\ t \in \mathbb{Z}$이다.

06 정리 3.2.2에 의하여 $(a_1, m_1)=1$, $(a_2, m_2)=1$일 때, 합동식 $a_1x \equiv b_1 \pmod{m_1}$과 $a_2x \equiv b_2 \pmod{m_2}$는 각각 유일한 해 $x \equiv c_1 \pmod{m_1}$과 $x \equiv c_2 \pmod{m_2}$를 갖는다. 또한 정리 3.2.6에 의하여 $(m_1, m_2)=1$일 때, 연립합동식

$$\begin{cases} x \equiv c_1 \pmod{m_1} \\ x \equiv c_2 \pmod{m_2} \end{cases}$$

가 유일한 해를 갖는다. 따라서 $(a_1, m_1)=(a_2, m_2)=(m_1, m_2)=1$일 때, 주어진 연립합동식이 유일한 해를 갖는다.

07 (1) 정리 3.1.3에 의하여 합동식 $x \equiv a \pmod{m}$을 만족하는 모든 정수 x는

$$x=a+mt,\ t \in \mathbb{Z}$$

의 형태로 표시된다. 이러한 $a+mt$ 형태의 정수들 중에서 합동식 $x \equiv b \pmod{n}$를 동시에 만족하는 정수들은 t가 $a+mt \equiv b \pmod{n}$, 즉

$$mt \equiv b-a \pmod{n}$$

를 만족할 때이다. 그런데 정리 3.2.2에 의하여 합동식 $mt \equiv b-a \pmod{n}$가 해를 갖기 위한 필요충분조건은 $d \mid (b-a)$이다. 따라서 주어진 연립합동식이 해를 갖기 위한 필요충분조건은 $b \equiv a \pmod{d}$, 즉 $a \equiv b \pmod{d}$인 것이다.

(2) (1)의 결과를 이용하면 $4 \not\equiv 6 \pmod{4}, 4=(28, 36)$이므로 이 연립합동식의 해는 존재하지 않는다. 실제로

$$x \equiv 4 \pmod{28} \iff x=4+28t,\ t \in \mathbb{Z}$$

이므로 합동식 $x \equiv 6 \pmod{36}$에 대입하면

$$4+28t \equiv 6 \pmod{36},\ 즉\ 28t \equiv 2 \pmod{36}$$

을 얻는다. 그런데 $(28, 36)=4$이고 $4 \nmid 2$이므로 정리 3.2.2에 의하여 이러한 정수 t는 존재하지 않는다. 따라서 주어진 연립합동식의 해는 존재하지 않는다.

08 주어진 조건을 동시에 만족하는 정수 x를 구하려면 연립합동식

$$x \equiv 0 \pmod{2},\ x+1 \equiv 0 \pmod{3},\ x+2 \equiv 0 \pmod{4},$$
$$x+3 \equiv 0 \pmod{5},\ x+4 \equiv 0 \pmod{6}$$

의 해를 구하면 된다. 이때

$$x+4 \equiv 0 \pmod{6}$$
$$\Rightarrow\ x+4 \equiv 0 \pmod{2},\ (x+1)+3=x+4 \equiv 0 \pmod{3}\text{(정리 3.1.13 (2)에 의하여)}$$
$$\Rightarrow\ x \equiv 0 \pmod{2}, x+1 \equiv 0 \pmod{3}\ \text{(정리 3.1.5 (1)에 의하여)}$$

이므로 연립합동식

$$x+2 \equiv 0 \pmod 4),\ x+3 \equiv 0 \pmod 5),\ x+4 \equiv 0 \pmod 6)$$

의 해 $x \equiv 2 \pmod{60}$, 즉 $x = 2 + 60t$ $(t \in \mathbb{Z})$가 주어진 조건을 동시에 만족하는 정수이다. 따라서 주어진 조건을 동시에 만족하는 최소의 양의 정수 $n(>2)$은 $n = 62$이다.

09 정리 3.1.28에 의하여 모든 정수 a에 대하여 $a^{13} \equiv a \pmod{13}$이고, 또한 모든 정수 a에 대하여 $12a^2 \equiv -a^2 \pmod{13}$이므로 정리 3.1.5에 의하여

$$a^{14} + 12a^2 = a^{13}a + 12a^2 \equiv a^2 - a^2 = 0 \pmod{13},$$

즉 $a^{14} + 12a^2 \equiv 0 \pmod{13}$이다.

10 (1) $x^5 + x + 5 \equiv 0 \pmod 7$. (2) $x^4 - x^3 - 4x + 3 \equiv 0 \pmod 7$.
(3) $x^2 + 3x - 2 \equiv 0 \pmod 7$. 이들 외의 여러 가지 해가 있다.

11 (1) 위의 문제 10의 (1)에 의하여 합동식 $f(x) = 8x^{11} + x^7 - 2 \equiv 0 \pmod 7$은 합동식

$$g(x) = x^5 + x + 5 \equiv 0 \pmod 7$$

과 동치이고, 법 7에 관한 절대최소완전잉여계에 속하는 잉여 ± 3, ± 2, $\pm 1, 0$ 중에서 $x = 1$만이 주어진 합동식 $g(x) \equiv 0 \pmod 7$을 만족하므로 합동식 $f(x) \equiv 0 \pmod 7$의 해는 $x \equiv 1 \pmod 7$이다.

(2) $x \equiv -2 \pmod 7$.

(3) 해가 없다.

12 (1) 정리 3.1.5(1)에 의하여 합동식 $x^3 \equiv 1 \pmod m$과 합동식

$$f(x) = x^3 - 1 \equiv 0 \pmod m$$

은 동치이다. 따라서 $m = 7$, 13일 때, $3 \mid (m-1)$이므로 정리 3.2.13에 의하여 합동식 $x^3 \equiv 1 \pmod m$의 해는 각각 3개씩 존재한다. 또한 법 5(각각 11)에 관한 절대최소완전잉여계에 속하는 잉여 ± 2, $\pm 1, 0$(각각 ± 5, ± 4, ± 3, ± 2, $\pm 1, 0$) 중에서 $x = 1$만이 주어진 합동식을 만족하므로 $m = 5$, 11일 때, 그 해는 각각 1개씩 존재한다.

(2) 5, 7, 11, 13은 쌍마다 서로소이고

$$35 = 5 \cdot 7,\ 143 = 11 \cdot 13,\ 455 = 5 \cdot 7 \cdot 13,\ 1001 = 7 \cdot 11 \cdot 13$$

이므로 (1)과 정리 3.2.19에 의하여 $m = 35$, 143, 455, 1001일 때, 주어진 합동식의 해의 개수는 각각 3, 3, 9, 9개씩 존재한다.

13 (1) $(p-1)! \equiv -1 \pmod p$가 성립한다고 하자. p를 합성수라 가정하면 $1 < b < p$인 p의 약수 b가 존재하고, 따라서 정리 3.1.13(2)에 의하여 $(p-1)! \equiv -1 \pmod b$이어야 한다. 그러나

$$(p-1)! = (p-1)(p-2) \cdot \cdots \cdot b \cdot \cdots \cdot 2 \cdot 1 \equiv 0 \pmod{b}$$

이므로 정리 3.1.4 (2),(3)에 의하여 $-1 \equiv 0 \pmod{b}$이다. 그런데 $b > 1$이므로 이것은 모순이다. 따라서 p는 소수이다.

(2) $$(13-1)! + 1 = 12! + 1 = 479001601 = 13 \cdot 36846277 \equiv 0 \pmod{13},$$

즉 $(13-1)! \equiv -1 \pmod{13}$이므로 (1)에 의하여 13은 소수이다. 이와 같이 주어진 양의 정수 m이 소수인지 판정하려면 $m!$을 계산해야 하기 때문에 이 방법으로 m이 소수인지 아닌지 판정하기는 쉽지 않다.

14 (1) $m \equiv 0 \pmod{m}$이므로 정리 3.1.5 (1)에 의하여 모든 $r \in \mathbb{Z}$ (따라서 $-r \in \mathbb{Z}$)에 대하여

$$m - r \equiv -r \pmod{m}$$

이다. 따라서 정리 3.1.5 (2)에 의하여

$$(m-1)(m-2) \cdot (m-r) \equiv (-1)^r \cdot 1 \cdot 2 \cdot \cdots \cdot r = (-1)^r \cdot r! \pmod{m}$$

이다.

(2) m이 합성수이면 $m = ab$를 만족하는 정수 a, b $(1 < a \le b < m)$가 존재한다. 따라서 $1 < a < b < m$이면

$$(m-1)! = (m-1) \cdot (m-2) \cdot \cdots \cdot b \cdot \cdots \cdot a \cdot \cdots \cdot 2 \cdot 1 \equiv 0 \pmod{ab},$$

즉 $(m-1)! \equiv 0 \pmod{m}$이다. 다음, $1 < a = b < m$인 경우를 생각하자. $m = a^2$이고 $m \ge 6$이므로 $m > 2$이다. 더욱이 $a < a(a-1) < a^2 = m$이므로

$$(m-1)! = (m-1) \cdot (m-2) \cdot \cdots \cdot a(a-1) \cdot \cdots \cdot a \cdot \cdots \cdot 2 \cdot 1 \equiv 0 \pmod{a^2},$$

즉 $(m-1)! \equiv 0 \pmod{m}$이다. 따라서 m이 $m \ge 6$인 합성수이면

$$(m-1)! \equiv 0 \pmod{m}$$

이다.

15 (1) 모든 $r \in \mathbb{Z}$에 대하여 $-r \equiv p - r \pmod{p}$이므로 정리 3.1.5 (2)에 의하여

$$r^2 = (-r)^2 \equiv (p-r)^2 \pmod{p}$$

이다. 따라서 다시 정리 3.1.5 (2)에 의하여 (1)이 성립한다.

(2) (1)과 보기 3.2.18과 정리 3.1.4 (2),(3)에 의하여 (2)가 성립한다.

(3) $1^2 \cdot 3^2 \cdot 5^2 \cdot 7^2 \cdot 9^2 = 893025, \quad 2^2 \cdot 4^2 \cdot 6^2 \cdot 8^2 \cdot 10^2 = 14745600$

$893025 \equiv 14745600 \equiv (-1)^6 = 1 \pmod{11}.$

16 (1) $r = 1$이면 정리 3.2.16과 정리 3.1.5 (2)에 의하여

$$(p-1)!(1-1) \neq (p-1)! \cdot 1 \equiv -1 \cdot 1 = -1 = (-1)^1 \pmod{p}$$

이다. $r>1$이면

$$\begin{aligned}&(-1)^{r-1}(p-r)!(r-1)!\\&\equiv(p-r)!(p-(r-1))(p-(r-2))\cdots(p-2)(p-1)\\&\quad\text{(위의 문제 14 (1)과 정리 3.1.4 (2)와 정리 3.1.5 (2)에 의하여)}\\&=(p-1)!\equiv-1 \pmod p \text{ (정리 3.2.16에 의하여)}\end{aligned}$$

이다. 따라서 정리 3.1.5 (2)에 의하여

$$(p-r)!(r-1)!=(-1)^{2(r-1)}(p-r)!(r-1)!\equiv(-1)^r \pmod p$$

이다.

(2)

$$6!\equiv-1 \pmod 7,\ 5!\cdot1!\equiv1 \pmod 7,$$
$$4!\cdot2!\equiv-1 \pmod 7,\ 3!\cdot3!\equiv1 \pmod 7.$$

17 (1) 30 (정리 3.2.16을 이용).
(2) 1 (보기 3.2.17을 이용).
(3) 30 (위의 문제 16 (1)을 이용).
(4) 15 ((3)을 이용).
(5) 1 (위의 문제 16 (1)을 이용).
(6) 13 (위의 문제 14 (1)을 이용).
(7) 1 ((5)를 이용).

18 (1)

$$\begin{aligned}-1&\equiv(p-1)! \text{ (정리 3.2.16과 정리 3.1.4 (2)에 의하여)}\\&=(p-1)(p-2)\cdots(p-r)(p-r-1)!\\&\equiv(-1)^r r!(p-r-1)! \text{ (위의 문제 14 (1)과 정리 3.1.5 (2)에 의하여)}\\&\equiv(-1)^r(-1)^r(p-r-1)! \text{ (가정과 정리 3.1.5 (2)에 의하여)}\\&=(-1)^{2r}(p-r-1)!\\&=(p-r-1)! \pmod p\end{aligned}$$

이므로 정리 3.1.4 (2)에 의하여 (1)이 성립한다.

(2) $p=2,\ r=1;\ p=7,\ r=3;\ p=11,\ r=5$ 등이 있다.

19 $p=2$이면 $p+2=4$이고, 또한

$$10=4((2-1)!+1)+2\not\equiv0 \pmod 4$$

이다. 따라서 $p>2$인 경우만을 생각하면 된다.

$$-p\equiv2 \pmod{p+2},\ p+1\equiv-1 \pmod{p+2},\ p\equiv-2 \pmod{p+2}$$

이므로 정리 3.1.5 (2)에 의하여

$$-p(p+1)p\equiv4 \pmod{p+2},\ (p+1)p\equiv2 \pmod{p+2}$$

이다. 따라서 정리 3.1.4 (2)와 정리 3.1.5 (1),(2)에 의하여

$$\begin{aligned}4((p-1)!+1) &\equiv -p(p+1)p((p-1)!+1)\\ &= -p((p+1)p(p-1)!+(p+1)p)\\ &= -p((p+1)!+(p+1)p)\\ &\equiv -p((p+1)!+2) \pmod{p+2}\end{aligned}$$

이다. 또한

$p+2$는 소수

$\Leftrightarrow$ $((p+2)-1)!=(p+1)!\equiv -1 \pmod{p+2}$ (정리 3.2.16과 위의 문제 13 (1)에 의하여)

$\Leftrightarrow$ $-p((p+1)!+2)\equiv -p((-1)+2)=-p\cdot 1=-p \pmod{p+2}$

($(\Rightarrow)$는 정리 3.1.5 (1),(2)에 의하여 성립한다. 또한 $(\Leftarrow)$는 $p\nmid p+2$이므로 정리 2.2.3에 의하여 $(-p, p+2)=(p, p+2)=1$이고, 따라서 정리 3.1.13 (1)과 정리 3.1.5 (1)에 의하여 성립한다.)

이다. 따라서 정리 3.1.4 (2),(3)에 의하여 $p+2$가 소수이기 위한 필요충분조건은

$$4((p-1)!+1)\equiv -p \pmod{p+2},$$

즉 $4((p-1)!+1)+p\equiv 0 \pmod{p+2}$이다.

20 (1) 해가 없다. (2) $x\equiv 4,\ 24 \pmod{35}$. (3) $x\equiv 8,\ 18,\ 47,\ 57 \pmod{65}$.
(4) $x\equiv 2,\ 5,\ 11,\ 17,\ 20,\ 26 \pmod{30}$. (5) $x\equiv 19 \pmod{210}$.
(6) $x\equiv 54,\ 153,\ 174,\ 208,\ 229,\ 328,\ 383,\ 384 \pmod{385}$.

21 (1) $x\equiv 22 \pmod{27}$. (2) $x\equiv 4 \pmod{81}$. (3) $x\equiv 74,\ 174 \pmod{175}$.
(4) $x\equiv 279,\ 779 \pmod{875}$.

22

$$\begin{cases} ax+by\equiv r \pmod{m} & \cdots\cdots\cdots ① \\ cx+dy\equiv s \pmod{m} & \cdots\cdots\cdots ② \end{cases}$$

에서 ①$\times d$ − ②$\times b$를 하면 정리 3.1.5 (1)에 의하여 $\Delta=ad-bc$라 할 때,

$$\Delta x\equiv dr-bs \pmod{m} \quad \cdots\cdots\cdots ③$$

을 얻는다. 가정에 의하여 $(\Delta, m)=1$이므로 법 m에 관한 Δ의 역원이 존재한다. 법 m에 관한 Δ의 역원의 역원을 Δ^{-1}라 하면 합동식 ③은 유일한 해

$$x\equiv \Delta^{-1}(dr-bs) \pmod{m}$$

를 갖는다. 같은 방법으로, ①$\times c$ − ②$\times a$를 하면 $\Delta=ad-bc$라 할 때,

$$\Delta y\equiv as-cr \pmod{m} \quad \cdots\cdots\cdots ④$$

을 얻는다. 따라서 합동식 ④는 유일한 해

$$y \equiv \Delta^{-1}(as - cr) \pmod{m}$$

를 갖는다.([참고] 이것은 선형대수학에서 배우는 크래머의 법칙(Cramer's rule)과 유사하다. 즉 $\Delta = \begin{vmatrix} a & b \\ c & d \end{vmatrix} (\neq 0)$일 때, $x \equiv \Delta^{-1}\begin{vmatrix} r & b \\ s & d \end{vmatrix} \pmod{m}$, $y \equiv \Delta^{-1}\begin{vmatrix} a & r \\ c & s \end{vmatrix} \pmod{m}$이다.)

23 (1) 위의 문제 22에 의하여 $\Delta = \begin{vmatrix} 3 & 2 \\ 2 & 5 \end{vmatrix} = 15 - 4 = 11$, $(\Delta, 8) = (11, 8) = 1$이고 법 8에 관한 Δ의 역원은

$$\Delta = 11 \equiv 3 \pmod{8}$$

이므로 $\Delta^{-1} = 3^{-1} = 3$이다($\because$ $3 \cdot 3 \equiv 1 \pmod{8}$이므로). 따라서 (1)식의 해는

$$x \equiv \Delta^{-1}\begin{vmatrix} 4 & 2 \\ 3 & 5 \end{vmatrix} = 3 \cdot 14 = 42 \equiv 2 \pmod{8},\ y \equiv \Delta^{-1}\begin{vmatrix} 3 & 4 \\ 2 & 3 \end{vmatrix} = 3 \cdot 1 = 3 \pmod{8}$$

이다.

(2) (1)과 같은 방법으로 구하면 $x \equiv 3 \pmod{11}$, $y \equiv 9 \pmod{11}$이다.

24 K 고등학교 전체 학생수를 x라 하면 x에 대하여 다음이 성립한다.

$$\begin{cases} x \equiv 1 \pmod{9} \\ x \equiv 2 \pmod{10} \\ x \equiv 10 \pmod{11} \end{cases} \quad \cdots\cdots\cdots ①$$

가 성립한다. 따라서 정리 3.2.6(중국인의 나머지정리)를 이용하여 연립합동식 ①의 해를 구하면 그 해는 $x \equiv 802 \pmod{990}$이므로 주어진 조건을 만족하는 정수 a는 $a = 802$이다.

25 (1) $(7, 31) = 1$이고 $1 \mid 2$이므로 정수해가 존재한다. 따라서 참.

(2) $(6, 32) = 2$이고 $2 \mid 22$이므로 주어진 합동식은 2개의 해를 갖는다. 따라서 거짓.

26 (1) 먼저 $t \in \mathbb{Z}$에 대하여 $a(x_0 - bt) + b(y_0 + at) = ax_0 + by_0 = c$이므로

$$\begin{cases} x \equiv x_0 - bt \pmod{m} \\ y \equiv y_0 + at \pmod{m} \end{cases}$$

는 합동식 $ax + by \equiv c \pmod{m}$의 해이다. 다음 $x = \alpha$, $y = \beta$가 합동식 $ax + by \equiv c \pmod{m}$의 임의의 해라 하면

$$a\alpha + b\beta - mz = c$$

이다. $X = a\alpha + b\beta$라 하면 다음의 연립일차부정방식

$$\begin{cases} X - mz = c \\ ax + by = X \end{cases}$$

의 꼴로 표현된다. $X = c$, $z = 0$은 일차부정방정식 $X - mz = c$의 한 해이다. 정리 2.3.1에 의하

여 임의의 해는 $s\in\mathbb{Z}$에 대하여

$$\begin{cases} X=c+ms \\ z\ =s \end{cases}$$

이다. $(a, b)=1$이므로 정리 2.1.11에 의하여 $ax_1+by_1=1$을 만족시키는 정수 x_1, y_1이 존재한다. 따라서 $a(x_1ms)+b(y_1ms)=ms$이다. 또한 가정에서 $ax_0+by_0=c$이므로

$$a(x_1ms+x_0)+b(y_1ms+y_0)=c+ms$$

이다. 즉, $x=x_0+x_1ms$, $y=y_0+y_1ms$는 일차부정방정식 $ax+by=X$의 한 해이다. 다시 정리 2.3.1에 의하여 임의의 해는 $t\in\mathbb{Z}$에 대하여 $ax+by=X$의 임의의 해는

$$x=x_0+x_1ms+bt,\quad y=y_0+y_1ms-at$$

이다. $x_1ms\equiv y_1ms\equiv 0 \pmod m$이므로 $t\in\mathbb{Z}$에 대하여

$$\begin{cases} x=x_0-bt_1 \pmod m \\ y=y_0+at_1 \pmod m \end{cases}$$

는 합동식 $ax+by\equiv c \pmod m$의 임의의 해이다.

(2) $t_1, t_2\in\mathbb{Z}$에 대하여

$$\begin{cases} x\equiv x_0-bt_1 \pmod m \\ y\equiv y_0+at_1 \pmod m \end{cases},\quad \begin{cases} x\equiv x_0-bt_2 \pmod m \\ y\equiv y_0+at_2 \pmod m \end{cases}$$

가 합동식 $ax+by\equiv c \pmod m$의 해라 하자. 그러면

$$x_0-bt_1\equiv x_0-bt_2 \pmod m,\quad y_0+at_1\equiv y_0+at_2 \pmod m$$

이므로 정리 3.1.5 (1),(2)에 의하여

$$bt_1\equiv bt_2 \pmod m,\quad at_1\equiv at_2 \pmod m$$

이다. $(a, b)=1$이므로 정리 2.1.11에 의하여 $ax_1+by_1=1$을 만족시키는 정수 x_1, y_1이 존재한다. 다시 정리 3.1.5 (1),(2)에 의하여

$$(ax_1+by_1)t_1\equiv(ax_1+by_1)t_2 \pmod m$$

즉, $t_1\equiv t_2 \pmod m$이다. 그러므로 $t_1\not\equiv t_2 \pmod m$이면 합동식 $ax+by\equiv c \pmod m$의 두 해

$$\begin{cases} x\equiv x_0-bt_1 \pmod m \\ y\equiv y_0+at_1 \pmod m \end{cases} \text{와} \begin{cases} x\equiv x_0-bt_2 \pmod m \\ y\equiv y_0+at_2 \pmod m \end{cases}$$

는 서로 다르다. 따라서 $(a, b)=1$일 때, 합동식 $ax+by\equiv c \pmod m$는 m개의 해를 갖는다.

(3) 합동식 $ax+by\equiv c \pmod m$은 x, y, z에 대한 부정방정식 $ax+by-mz=c$로 간주하면 정리 2.3.4에 의하여 부정방정식이 해를 갖기 위한 필요충분조건은 $d\,|\,c$이다. 따라서 $d\nmid c$일 때, 합동식 $ax+by\equiv c \pmod m$는 해를 갖지 못한다.

(4) $(a, b)=d_1$이라 하면 $a=d_1a_1$, $b=d_1b_1$ ($(a_1, b_1)=1$)이고 합동식 $ax+by\equiv c \pmod m$은 부정

방정식 $d_1(a_1x+b_1y)-mz=c$로 표현된다. $X=a_1x+b_1y$라 하면 다음의 연립일차부정방식

$$\begin{cases} d_1X-mz=c \\ a_1x+b_1y=X \end{cases}$$

의 꼴로 표현된다. 먼저 $(a, b, m)=d$이고 $(a, b)=d_1$이므로 $d|d_1$ 즉, $(d_1, -m)=d$이고 부정방식 $d_1X-mz=c$의 한 해를 $X=X_0$, $z=z_0$라 하면 정리 2.3.1에 의하여 임의의 해는 $s\in\mathbb{Z}$에 대하여

$$\begin{cases} X=X_0-\dfrac{m}{d}s \\ z=z_0-\dfrac{d_1}{d}s \end{cases}$$

이다. 또한 $s\in\mathbb{Z}$에 대하여 $X_0-\dfrac{m}{d}s \pmod m$은 서로 다른 d개의 해가 존재한다. … ①

이제 $(a_1, b_1)=1$이므로 정리 2.1.11에 의하여 $a_1x_0+b_1y_0=1$을 만족시키는 정수 x_0, y_0이 존재한다. 또한

$$a_1x_0\left(X_0-\frac{m}{d}s\right)+b_1y_0\left(X_0-\frac{m}{d}s\right)=X_0-\frac{m}{d}s$$

이다. 따라서 $s\in\mathbb{Z}$에 대하여 부정방정식 $a_1x+b_1y=X_0-\dfrac{m}{d}s$는 정리 2.3.1에 의하여 임의의 해는 $t\in\mathbb{Z}$에 대하여

$$x=x_0\left(X_0-\frac{m}{d}s\right)+b_1t,\quad y=y_0\left(X_0-\frac{m}{d}s\right)-a_1t$$

이다. (2)의 증명과정에서와 같이 $t_1\not\equiv t_2 \pmod m$이면 합동식

$$a_1x+b_1y\equiv X_0-\frac{m}{d}s \pmod m$$

의 두 해는 서로 다르다. 따라서 각 $s\in\mathbb{Z}$에 대하여, 부정방정식

$$a_1x+b_1y=X_0-\frac{m}{d}s$$

는 m개의 서로 다른 해를 가진다. … ②

그러므로 ①,②에 의하여 합동식 $ax+by\equiv c \pmod m$는 md개의 해를 갖는다(참고로, $s\in\mathbb{Z}$에 대하여 부정방정식 $a_1x+b_1y=X_0-\dfrac{m}{d}s$는

$$c+mz=d_1X=d_1(X_0-\frac{m}{d}s)=d_1(a_1x+b_1y)=ax+by$$

이다. 즉, $s, t\in\mathbb{Z}$에 대하여 합동식 $ax+by\equiv c \pmod m$의 일반해는

$$\begin{cases} x = x_0\left(X_0 - \dfrac{m}{d}s\right) + b_1 t \pmod{m} \\ y = y_0\left(X_0 - \dfrac{m}{d}s\right) - a_1 t \pmod{m} \end{cases}$$

이다).

27 합동식 $4x+12y \equiv 2 \pmod 6$은 $(4, 12, 6)=2$이고 $2 \mid 2$이므로 연습문제 26의 (4)에 의하여 $12 = 2\times 6$의 해를 갖는다. $(4, 12)=4$이므로 $x+3y=X$라 할 때, 다음의 연립일차방정식을 얻는다.

$$\begin{cases} 4X-6z=2 \\ x+3y=X \end{cases}$$

부정방정식 $4X-6z=2$의 한 해를 $X_0=-1$, $z_0=-1$이라 하고 $x+3y=1$의 한 해를 $x_0=1$, $y_0=0$라 하자. 그러면 $s, t \in \mathbb{Z}$에 대하여 합동식 $4x+12y \equiv 2 \pmod 6$의 일반해는

$$\begin{cases} x = -1-3s+3t \pmod 6 \\ y = -t \qquad\qquad\quad \pmod 6 \end{cases}$$

이다. 따라서 각각 $s=0, 1;\ t=0, 1, \cdots, 5$일 때, 합동식 $4x+12y \equiv 2 \pmod 6$의 해는

$$\begin{cases} x=5 \pmod 6 \\ y=0 \pmod 6 \end{cases}, \begin{cases} x=2 \pmod 6 \\ y=5 \pmod 6 \end{cases}, \begin{cases} x=5 \pmod 6 \\ y=4 \pmod 6 \end{cases}, \begin{cases} x=2 \pmod 6 \\ y=3 \pmod 6 \end{cases},$$

$$\begin{cases} x=5 \pmod 6 \\ y=2 \pmod 6 \end{cases}, \begin{cases} x=2 \pmod 6 \\ y=1 \pmod 6 \end{cases}, \begin{cases} x=2 \pmod 6 \\ y=0 \pmod 6 \end{cases}, \begin{cases} x=5 \pmod 6 \\ y=5 \pmod 6 \end{cases},$$

$$\begin{cases} x=2 \pmod 6 \\ y=4 \pmod 6 \end{cases}, \begin{cases} x=5 \pmod 6 \\ y=3 \pmod 6 \end{cases}, \begin{cases} x=2 \pmod 6 \\ y=2 \pmod 6 \end{cases}, \begin{cases} x=5 \pmod 6 \\ y=1 \pmod 6 \end{cases}$$

이다.

28 (1) 합동방정식 $x \equiv 25^{99} = 5^{198} \pmod{19\cdot 13}$이고 $(5, 19)=1=(5, 13)$이다. 정리 3.1.26에 의하여 $5^{18} \equiv 1 \pmod{19}$이므로 $5^{198} = 5^{18\cdot 11} \equiv 1 \pmod{19}$이다. 또한 정리 3.1.5(2)에 의하여 $25 \equiv -1 \pmod{13}$이므로 $25^{99} \equiv (-1)^{99} = -1 \equiv 12 \pmod{13}$이다. 따라서 $a=1$이고 $b=12$이다. 즉,

$$\begin{cases} x \equiv 1 \pmod{19} \\ x \equiv 12 \pmod{13} \end{cases}$$

이다.

(2) (1)에 의하여 연립합동방정식 $\begin{cases} x \equiv 1 \pmod{19} \\ x \equiv 12 \pmod{13} \end{cases}$의 해를 구하여 보자. 정리 3.1.3에 의하여

$$x \equiv 12 \pmod{13} \Leftrightarrow x = 12+13t,\ t \in \mathbb{Z}\ \cdots\ (*)$$

이므로 합동식 $x \equiv 1 \pmod{19}$에 $x = 12+13t$를 대입하면

$$12+13t \equiv 1 \pmod{19},$$

즉 $13t\equiv 8\pmod{19}$를 얻는다. 합동식 $13t\equiv 8\pmod{19}$의 해는 $t\equiv 5\pmod{19}$이므로

$$t=5+19s,\ s\in\mathbb{Z}$$

이다. 따라서 (*)에 의하여

$$x=12+13t=12+13(5+19s)=77+19\cdot 13s,\ s\in\mathbb{Z}$$

이다. 따라서 $0\le x<247$을 만족하는 합동방정식 $x\equiv 25^{99}\pmod{19\cdot 13}$의 해는

$$x\equiv 77\pmod{19\cdot 13}$$

이다.

3.3 ▌연습문제

01 법 5에 관한 이차잉여는 1, 4이고, 법 5에 관한 이차비잉여는 2, 3이다. 법 13에 관한 이차잉여는 1, 3, 4, 9, 10, 12이고, 법 13에 관한 이차비잉여는 2, 5, 6, 7, 8, 11이다. 법 23에 관한 이차잉여는 1, 2, 3, 4, 6, 8, 9, 12, 13, 16, 18이고, 법 23에 관한 이차비잉여는 5, 7, 10, 11, 14, 15, 17, 19, 20, 21, 22이다.

02 (3)

$$a,b\in\mathbb{Z},\ (a,p)=(b,p)=1$$

이라 할 때, a를 법 p에 관한 이차잉여라 하고 b를 법 p에 관한 이차비잉여라 하자. 그러면 $\left(\frac{a}{p}\right)=1$이고 $\left(\frac{b}{p}\right)=-1$이므로 정리 3.3.11 (3)에 의하여

$$\left(\frac{ab}{p}\right)=\left(\frac{a}{p}\right)\left(\frac{b}{p}\right)=1\cdot(-1)=-1$$

이다. 따라서 ab는 법 p에 관한 이차비잉여이다.

같은 방법으로 (1), (2)를 증명할 수 있고, 따라서 (4), (5)가 성립한다.

03 (1) $\left(\frac{1}{17}\right)=\left(\frac{2}{17}\right)=\left(\frac{4}{17}\right)=\left(\frac{8}{17}\right)=\left(\frac{9}{17}\right)=\left(\frac{13}{17}\right)=\left(\frac{15}{17}\right)=\left(\frac{16}{17}\right)=1.$

$\left(\frac{3}{17}\right)=\left(\frac{5}{17}\right)=\left(\frac{6}{17}\right)=\left(\frac{7}{17}\right)=\left(\frac{10}{17}\right)=\left(\frac{11}{17}\right)=\left(\frac{12}{17}\right)=\left(\frac{14}{17}\right)=-1.$

(2) 정리 3.3.11 (3)에 의하여 $\left(\frac{1}{p}\right)\left(\frac{2}{p}\right)\left(\frac{3}{p}\right)\cdots\left(\frac{p-1}{p}\right)=\left(\frac{(p-1)!}{p}\right)$이고 Wilson 정리(정리 3.2.16)에 의하여 $(p-1)!\equiv-1\pmod p$이므로 정리 3.3.11 (2)에 의하여 $\left(\frac{(p-1)!}{p}\right)=\left(\frac{-1}{p}\right)$이다. 따라서 정리 3.3.12 (2)에 의하여

$$\left(\frac{-1}{p}\right)=(-1)^{\frac{p-1}{2}}=\begin{cases} 1 \ (p\equiv 1 \pmod 4)\text{인 경우}) \\ -1 \ (p\equiv 3 \pmod 4)\text{인 경우}) \end{cases}$$

이다.

04 (1) 1. (2) 1. (3) -1. (4) -1. (5) 1. (6) 1. (7) -1. (8) -1.

05 (1), (2), (4)는 해를 갖지만 (3), (5), (6)은 해를 갖지 않는다.

06 (1) $x^2+4x+3\equiv 0 \pmod 5$(법 5에 관한 2의 역원 3을 $f(x)$에 곱하여 생각한다).

(2) $(x+2)^2\equiv 1 \pmod 5$.

(3) $y=x+2$라 놓으면 1이 법 5에 관한 이차잉여이므로 합동식 $y^2\equiv 1 \pmod 5$는 두 개의 해 $y\equiv 1 \pmod 5$, $y\equiv -1 \pmod 5$를 갖는다. 따라서

$$x+2=y\equiv 1 \pmod 5 \ \Rightarrow\ x\equiv -1\equiv 4 \pmod 5,$$
$$x+2=y\equiv -1 \pmod 5 \ \Rightarrow\ x\equiv -3\equiv 2 \pmod 5$$

이므로 합동식 $f(x)=2x^2+3x+1\equiv 0 \pmod 5$는 두 개의 해

$$x\equiv 2 \pmod 5,\quad x\equiv 4 \pmod 5$$

를 갖는다.

07 (1)

$$\begin{aligned} 3x^2-2x-2\equiv 0 \pmod 5 \ &\Leftrightarrow\ x^2+6x+1\equiv 0 \pmod 5 \\ &\Leftrightarrow\ (x+3)^2\equiv 8\equiv 3 \pmod 5 \end{aligned}$$

이다. 이때 3이 법 5에 관한 이차비잉여이므로 합동식 $(x+3)^2\equiv 3 \pmod 5$는 해를 갖지 않고, 따라서 합동식 $3x^2-2x-2\equiv 0 \pmod 5$는 해를 갖지 않는다.

(2) $x\equiv 4, 5 \pmod 7$. (3) $x\equiv 10, 12 \pmod{13}$. (4) $x\equiv 9, 22 \pmod{23}$.

(5) ㉠ 101과 97은 소수이므로 이차잉여의 상반법칙(정리 3.3.24)에 의하여

$$\begin{aligned} \left(\frac{97}{101}\right)&=(-1)^{\frac{101-1}{2}\frac{97-1}{2}}\left(\frac{101}{97}\right)=\left(\frac{101}{97}\right)=\left(\frac{4}{97}\right) (101\equiv 4 \pmod{97})\text{이므로}) \\ &=\left(\frac{2^2}{97}\right)=1 \end{aligned}$$

이다. 따라서 97은 법 101에 관한 이차잉여이므로 합동식 $x^2\equiv 97 \pmod{101}$은 (두 개의) 해를 갖는다.

㉡ $$\begin{aligned} x^2+2x\equiv 28 \pmod{89} \ &\Leftrightarrow\ x^2+2x+1\equiv 29 \pmod{89} \\ &\Leftrightarrow\ (x+1)^2\equiv 29 \pmod{89} \\ &\Leftrightarrow\ y^2\equiv 29 \pmod{89},\ y=x+1 \end{aligned}$$

이고, 29와 89는 소수이므로 이차잉여의 상반법칙에 의하여

$$\left(\frac{29}{89}\right)=(-1)^{\frac{89-1}{2}\frac{29-1}{2}}\left(\frac{89}{29}\right)=\left(\frac{89}{29}\right)=\left(\frac{2}{29}\right)\ (89\equiv 2\ (\mathrm{mod}\ 29)\text{이므로})$$

$$=(-1)^{\frac{29^2-1}{8}}=-1$$

이다. 따라서 29는 법 89에 관한 이차비잉여이므로 합동식 $y^2\equiv 29\ (\mathrm{mod}\ 89)$는 해를 갖지 않는다. 그러므로 합동식 $x^2+2x\equiv 28\ (\mathrm{mod}\ 89)$도 해를 갖지 않는다.

08 p는 홀수인 소수이므로 p는 적당한 $k\in\mathbb{Z}$에 대하여 $p=4k+1$ 또는 $p=4k+3$의 꼴로 표시된다(보기 2.1.3을 참조). 그런데 정리 3.3.12 (2)에 의하여

$$p=4k+1\text{이면 }\left(\frac{-1}{p}\right)=(-1)^{\frac{p-1}{2}}=(-1)^{2k}=1,$$

$$p=4k+3\text{이면 }\left(\frac{-1}{p}\right)=(-1)^{\frac{p-1}{2}}=(-1)^{2k+1}=-1$$

이다. 따라서 정리 3.1.3에 의하여 합동식 $x^2\equiv -1\ (\mathrm{mod}\ p)$가 해를 갖기 위한 필요충분조건은 $p\equiv 1\ (\mathrm{mod}\ 4)$이다.

09 p는 홀수인 소수이므로 p는 적당한 $k\in\mathbb{Z}$에 대하여

$$p=8k+1,\ p=8k+3,\ p=8k+5,\ p=8k+7$$

과 같은 꼴로 표시된다. 또한 정리 3.3.11 (3)과 정리 3.3.12 (2)에 의하여

$$\left(\frac{-2}{p}\right)=\left(\frac{-1}{p}\right)\left(\frac{2}{p}\right)=(-1)^{\frac{p-1}{2}}\left(\frac{2}{p}\right)$$

이다. 따라서 정리 3.1.3과 정리 3.3.21에 의하여

$$p=8k+1\text{이면 }\left(\frac{-2}{p}\right)=(-1)^{\frac{p-1}{2}}\left(\frac{2}{p}\right)=(-1)^{4k}\cdot 1=1,$$

$$p=8k+3\text{이면 }\left(\frac{-2}{p}\right)=(-1)^{\frac{p-1}{2}}\left(\frac{2}{p}\right)=(-1)^{4k+1}\cdot(-1)=1,$$

$$p=8k+5\text{이면 }\left(\frac{-2}{p}\right)=(-1)^{\frac{p-1}{2}}\left(\frac{2}{p}\right)=(-1)^{4k+2}\cdot(-1)=-1,$$

$$p=8k+7\text{이면 }\left(\frac{-2}{p}\right)=(-1)^{\frac{p-1}{2}}\left(\frac{2}{p}\right)=(-1)^{4k+3}\cdot 1=-1$$

이므로 $\left(\frac{-2}{p}\right)=1$이기 위한 필요충분조건은 $p\equiv 1\ (\mathrm{mod}\ 8)$ 또는 $p\equiv 3\ (\mathrm{mod}\ 8)$이다.

10 (1) p는 홀수인 소수이므로 p는 적당한 $k\in\mathbb{Z}$에 대하여 $p=4k+1$ 또는 $p=4k+3$의 꼴로 표시된다.

따라서 정리 3.1.3에 의하여

$$p \equiv 1 \pmod 4 \text{ 또는 } p \equiv 3 \pmod 4$$

이다. 그런데 $3 = 4 \cdot 0 + 3$이므로 정리 3.1.3과 정리 3.3.25에 의하여

$$p \equiv 1 \pmod 4\text{이면 } \left(\frac{3}{p}\right) = \left(\frac{p}{3}\right),\ p \equiv 3 \pmod 4\text{이면 } \left(\frac{3}{p}\right) = -\left(\frac{p}{3}\right)$$

이다. $p > 3$이므로 $p \equiv 1 \pmod 3$ 또는 $p \equiv 2 \pmod 3$이고, 따라서 정리 3.3.11 (2)와 정리 3.3.12 (1)과 정리 3.3.21에 의하여

$$p \equiv 1 \pmod 3\text{이면 } \left(\frac{p}{3}\right) = \left(\frac{1}{3}\right) = 1,$$
$$p \equiv 2 \pmod 3\text{이면 } \left(\frac{p}{3}\right) = \left(\frac{2}{3}\right) = -1 \ (3 \equiv 3 \pmod 8\text{이므로})$$

이다. 그러므로 $\left(\frac{3}{p}\right) = 1$이기 위한 필요충분조건은 p가

$$p \equiv 1 \pmod 4\text{와 } p \equiv 1 \pmod 3$$

을 동시에 만족하거나

$$p \equiv 3 \pmod 4\text{와 } p \equiv 2 \pmod 3$$

을 동시에 만족하여야 한다. 따라서 정리 3.2.6을 이용하여 연립합동식

$$\begin{cases} p \equiv 1 \pmod 4 \\ p \equiv 1 \pmod 3 \end{cases} \text{과 } \begin{cases} p \equiv 3 \pmod 4 \\ p \equiv 2 \pmod 3 \end{cases}$$

의 해를 구하면 그 해는 각각

$$p \equiv 1 \pmod{12}\text{와 } p \equiv 11 \equiv -1 \pmod{12}$$

이므로 (1)이 성립한다.

(2) (1)의 증명과정에 의하여 $\left(\frac{3}{p}\right) = -1$이기 위한 필요충분조건은 p가

$$p \equiv 1 \pmod 4\text{와 } p \equiv 2 \pmod 3$$

을 동시에 만족하거나

$$p \equiv 3 \pmod 4\text{와 } p \equiv 1 \pmod 3$$

을 동시에 만족하여야 한다. 따라서 정리 3.2.6을 이용하여 연립합동식

$$\begin{cases} p \equiv 1 \pmod 4 \\ p \equiv 2 \pmod 3 \end{cases} \text{과 } \begin{cases} p \equiv 3 \pmod 4 \\ p \equiv 1 \pmod 3 \end{cases}$$

의 해를 구하면 그 해는 각각

$$p \equiv 5 \pmod{12}\text{와 } p \equiv 7 \equiv -5 \pmod{12}$$

이므로 (2)가 성립한다

11 (1) p는 $p>3$인 소수이므로 $p\equiv 1 \pmod 3$ 또는 $p\equiv 2 \pmod 3$이다. 그런데 정리 3.3.11 (3)과 정리 3.3.12 (2)와 정리 3.3.24에 의하여

$$\left(\frac{-3}{p}\right)=\left(\frac{-1}{p}\right)\left(\frac{3}{p}\right)=(-1)^{\frac{p-1}{2}}(-1)^{\frac{p-1}{2}\cdot\frac{3-1}{2}}\left(\frac{p}{3}\right)$$
$$=(-1)^{p-1}\left(\frac{p}{3}\right)=\left(\frac{p}{3}\right)\quad (p-1\text{은 짝수이므로})$$

이므로 정리 3.3.11 (2)와 정리 3.3.12 (1)과 정리 3.3.21에 의하여

$$p\equiv 1 \pmod 3\text{이면 }\left(\frac{-3}{p}\right)=\left(\frac{p}{3}\right)=\left(\frac{1}{3}\right)=1,$$
$$p\equiv 2 \pmod 3\text{이면 }\left(\frac{-3}{p}\right)=\left(\frac{p}{3}\right)=\left(\frac{2}{3}\right)=-1\ (3\equiv 3 \pmod 8\text{이므로})$$

이다. 또한 p는 홀수이므로 $p\equiv 1 \pmod 2$이다. 따라서 $\left(\frac{-3}{p}\right)=1$이기 위한 필요충분조건은 p가

$$p\equiv 1 \pmod 3\text{과 } p\equiv 1 \pmod 2$$

를 동시에 만족하여야 한다. 따라서 정리 3.2.6을 이용하여 연립합동식

$$\begin{cases} p\equiv 1 \pmod 3 \\ p\equiv 1 \pmod 2 \end{cases}$$

의 해를 구하면 그 해는 $p\equiv 1 \pmod 6$이므로 (1)이 성립한다.

(2) (1)의 증명과정에 의하여 $\left(\frac{-3}{p}\right)=-1$이기 위한 필요충분조건은 p가

$$p\equiv 2 \pmod 3\text{과 } p\equiv 1 \pmod 2$$

을 동시에 만족하여야 한다. 따라서 정리 3.2.6을 이용하여 연립합동식

$$\begin{cases} p\equiv 2 \pmod 3 \\ p\equiv 1 \pmod 2 \end{cases}$$

의 해를 구하면 그 해는 $p\equiv 5 \pmod 6$이므로 (2)가 성립한다.

12 (1) 연습문제 3.1의 13 (1)에 의하여 $4^n\equiv 4 \pmod{12}$이므로 정리 3.1.5 (1)에 의하여 $p=4^n+1\equiv 4+1=5 \pmod{12}$이다. 따라서 위의 문제 10 (2)에 의하여 3은 법 p에 관한 이차비잉여이다.

(2) p가 3보다 큰 메르센 소수이므로 적당한 소수 $q(\neq 2)$에 대하여

$$p=2^q-1=2\cdot 2^{q-1}-1=2\cdot 4^{\frac{q-1}{2}}-1$$

의 꼴로 표시된다(정리 2.5.3 참조). 또한 연습문제 3.1의 13 (1)에 의하여 $4^{\frac{q-1}{2}} \equiv 4 \pmod{12}$이다. 따라서 정리 3.1.5 (1), (2)에 의하여

$$p = 2 \cdot 4^{\frac{q-1}{2}} - 1 \equiv 2 \cdot 4 - 1 = 7 \pmod{12}$$

이므로 위의 문제 10 (2)에 의하여 3은 법 p에 관한 이차비잉여이다.

13 $6n+1$ 꼴의 소수가 유한개만 존재한다고 하고 이들을 $q_1, q_2, \cdots, q_t$라 하자. 양의 정수

$$a = (2q_1q_2 \cdots q_t)^2 + 3$$

을 생각하자. 정리 2.2.10에 의하여 a는 소수 $p_1, p_2, \cdots, p_r$에 대하여

$$a = p_1p_2 \cdots p_r$$

와 같은 꼴로 표시된다. 또한

$$a = (2q_1q_2 \cdots q_t)^2 + 3 = 2(2(q_1q_2 \cdots q_t)^2 + 1) + 1$$

이므로 a는 홀수이다. 따라서 $p_1, p_2, \cdots, p_r$는 모두 홀수이어야 한다. 한편 $p_1, p_2, \cdots, p_r$가 모두 3이면

$$3(3^{r-1} - 1) = 3^r - 3 = a - 3 = (2q_1q_2 \cdots q_t)^2$$

이므로

$$(2q_1q_2 \cdots q_t)^2 \equiv 0 \pmod 3$$

이어야 한다. 그러나 $q_i (i = 1, 2, \cdots, t)$가 모두 $6n+1$과 같은 형태의 소수이므로

$$q_i \equiv 1 \pmod 6$$

이고, 따라서 정리 3.1.13 (2)에 의하여 $q_i \equiv 1 \pmod 3$이다. 또한 $4 \equiv 1 \pmod 3$이므로 정리 3.1.5 (2)에 의하여

$$(2q_1q_2 \cdots q_t)^2 = 4q_1^2q_2^2 \cdots q_t^2 \equiv 1 \pmod 3$$

이 되어 모순이다. 따라서 적당한 $i(1 \le i \le r)$에 대하여 $p_i > 3$이다. 이제 $p = p_i$라 하면 p는 $p > 3$인 소수이고, $p \mid a$이므로

$$(2q_1q_2 \cdots q_t)^2 \equiv -3 \pmod p$$

이다. 따라서 $(-3, p) = 1$이므로 -3은 법 p에 관한 이차잉여이다. 따라서 위의 문제 11 (1)에 의하여 $p \equiv 1 \pmod 6$이어야 한다. 그러므로 정리 3.1.3에 의하여 적당한 정수 n에 대하여 $p = 6n+1$이므로 적당한 $j(1 \le j \le t)$에 대하여 $p = q_j$이다. 따라서

$$p \mid a, \ p \mid (2q_1q_2 \cdots q_t)^2$$

이므로 정리 2.1.7에 의하여 $p|3$이다. 그러나 $p>3$이므로 이것은 모순이다. 그러므로 $6n+1$과 같은 꼴의 소수는 무수히 많다.

14 (1) 분명히 $(p, q)=1$이고 $(4, q)=(4, p)=1$이다. 또한 $p\equiv 4a \pmod q$이므로 정리 3.1.14 (1)에 의하여 $(4a, q)=(p, q)=1$이고, 따라서 정리 2.1.15에 의하여 $(a, q)=1$이다. 같은 방법으로, $q\equiv -4a \pmod p$이므로 정리 3.1.14 (1)에 의하여

$$(4a, p)=(-4a, p)=(q, p)=1$$

이고, 따라서 정리 2.1.15에 의하여 $(a, p)=1$이다. 따라서

$$\begin{aligned}\left(\frac{p}{q}\right)&=\left(\frac{4a}{q}\right) \quad (p\equiv 4a \pmod q\text{이므로 정리 3.3.11 (2)에 의하여})\\ &=\left(\frac{2^2a}{q}\right)=\left(\frac{a}{q}\right) \quad (\text{정리 3.3.11 (3)에 의하여})\end{aligned}$$

이고, 또한

$$\begin{aligned}\left(\frac{q}{p}\right)&=\left(\frac{-4a}{p}\right) \quad (q\equiv -4a \pmod p\text{이므로 정리 3.3.11 (2)에 의하여})\\ &=\left(\frac{-1}{p}\right)\left(\frac{2^2a}{p}\right) \quad (\text{정리 3.3.11 (3)에 의하여})\\ &=\left(\frac{-1}{p}\right)\left(\frac{a}{p}\right) \quad (\text{정리 3.3.11 (3)에 의하여})\end{aligned}$$

이다. 따라서

$$\left(\frac{q}{p}\right)\left(\frac{p}{q}\right)=\left(\frac{-1}{p}\right)\left(\frac{a}{p}\right)\left(\frac{a}{q}\right)$$

이다. 한편 $p\equiv q \pmod 4$이고 p, q는 홀수이므로

$$p\equiv q\equiv 1 \pmod 4\text{이거나 } p\equiv q\equiv 3 \pmod 4$$

이다. 먼저 $p\equiv q\equiv 1 \pmod 4$이면 p, q가 모두 $4m+1$ $(m\in\mathbb{Z})$의 꼴이므로 정리 3.3.25 (1)에 의하여 $\left(\frac{q}{p}\right)=\left(\frac{p}{q}\right)$이고, 또한 정리 3.3.12 (2)에 의하여

$$\left(\frac{-1}{p}\right)=(-1)^{\frac{p-1}{2}}=(-1)^{\frac{4m}{2}}=(-1)^{2m}=1$$

이므로

$$1=\left(\frac{q}{p}\right)^2=\left(\frac{q}{p}\right)\left(\frac{p}{q}\right)=\left(\frac{-1}{p}\right)\left(\frac{a}{p}\right)\left(\frac{a}{q}\right)=\left(\frac{a}{p}\right)\left(\frac{a}{q}\right)$$

이다. 다음, $p\equiv q\equiv 3 \pmod 4$이면 p, q가 모두 $4m+3$ $(m\in\mathbb{Z})$의 꼴이므로 정리 3.3.25 (2)에 의하여 $\left(\frac{q}{p}\right)=-\left(\frac{p}{q}\right)$이고, 또한 정리 3.3.12 (2)에 의하여

$$\left(\frac{-1}{p}\right)=(-1)^{\frac{p-1}{2}}=(-1)^{\frac{4m+2}{2}}=(-1)^{2m+1}=-1$$

이므로

$$-1=-\left(\frac{q}{p}\right)^2=-\left(\frac{q}{p}\right)\left(-\left(\frac{p}{q}\right)\right)=\left(\frac{q}{p}\right)\left(\frac{p}{q}\right)=\left(\frac{-1}{p}\right)\left(\frac{a}{p}\right)\left(\frac{a}{q}\right)=-\left(\frac{a}{p}\right)\left(\frac{a}{q}\right)$$

이다. 즉, 어느 경우이든

$$1=\left(\frac{a}{p}\right)\left(\frac{a}{q}\right)$$

이므로 $\left(\frac{a}{p}\right)=\left(\frac{a}{q}\right)=1$ 또는 $\left(\frac{a}{p}\right)=\left(\frac{a}{q}\right)=-1$이다. 그러므로

$$\left(\frac{p}{q}\right)=\left(\frac{a}{q}\right)=\left(\frac{a}{p}\right)$$

이다.

(2) $a=3$일 때, $p=17$, $q=5$라 하면 $17=5+4\cdot 3$이다. 이때

$\left(\frac{17}{5}\right)=\left(\frac{2}{5}\right)$ ($17\equiv 2 \pmod 5$이므로 정리 3.3.11 (2)에 의하여)

$=-1$ ($5\equiv 5 \pmod 8$이므로 정리 3.3.21에 의하여),

$\left(\frac{3}{5}\right)=\left(\frac{5}{3}\right)$ ($5=4\cdot 1+1$이므로 정리 3.3.25 (1)에 의하여)

$=\left(\frac{2}{3}\right)=-1,$

$\left(\frac{3}{17}\right)=\left(\frac{17}{3}\right)=\left(\frac{2}{3}\right)=-1$

이므로 $\left(\frac{17}{5}\right)=\left(\frac{3}{5}\right)=\left(\frac{3}{17}\right)$ 임을 확인할 수 있다. 다음, $a=7$일 때, $p=31$, $q=3$이라 하면 $31=3+4\cdot 7$이다. 이때

$$\left(\frac{31}{3}\right)=\left(\frac{1}{3}\right)=1,\ \left(\frac{7}{3}\right)=\left(\frac{1}{3}\right)=1,$$

$$\left(\frac{7}{31}\right)=-\left(\frac{31}{7}\right)=-\left(\frac{3}{7}\right)=-\left(-\left(\frac{7}{3}\right)\right)=\left(\frac{7}{3}\right)=1$$

이므로 $\left(\frac{31}{3}\right)=\left(\frac{7}{3}\right)=\left(\frac{7}{31}\right)$ 임을 확인할 수 있다.

15 합동식 $x^2\equiv 10 \pmod p$가 해를 가지면 $\left(\frac{10}{p}\right)=1$이다. 그런데 정리 3.3.11 (3)에 의하여 $\left(\frac{10}{p}\right)=\left(\frac{2}{p}\right)\left(\frac{5}{p}\right)$이므로 $\left(\frac{10}{p}\right)=1$이기 위한 필요충분조건은

$$\left(\frac{2}{p}\right)=\left(\frac{5}{p}\right)=1\text{이거나 }\left(\frac{2}{p}\right)=\left(\frac{5}{p}\right)=-1$$

이다. 따라서 정리 3.3.21과 보기 3.3.27에 의하여 $\left(\frac{10}{p}\right)=1$이기 위한 필요충분조건은 p가

$$p\equiv\pm1\ (\mathrm{mod}\ 8)\text{과 }p\equiv\pm1\ (\mathrm{mod}\ 5)$$

를 동시에 만족하거나

$$p\equiv\pm3\ (\mathrm{mod}\ 8)\text{과 }p\equiv\pm2\ (\mathrm{mod}\ 5)$$

를 동시에 만족하여야 한다. 따라서 정리 3.2.6을 이용하여 연립합동식

$$\begin{cases}p\equiv1\ (\mathrm{mod}\ 5)\\ p\equiv1\ (\mathrm{mod}\ 8),\end{cases}\quad \begin{cases}p\equiv-1\ (\mathrm{mod}\ 5)\\ p\equiv-1\ (\mathrm{mod}\ 8),\end{cases}\quad \begin{cases}p\equiv1\ (\mathrm{mod}\ 5)\\ p\equiv-1\ (\mathrm{mod}\ 8),\end{cases}\quad \begin{cases}p\equiv-1\ (\mathrm{mod}\ 5)\\ p\equiv1\ (\mathrm{mod}\ 8)\end{cases},$$

$$\begin{cases}p\equiv2\ (\mathrm{mod}\ 5)\\ p\equiv3\ (\mathrm{mod}\ 8),\end{cases}\quad \begin{cases}p\equiv-2\ (\mathrm{mod}\ 5)\\ p\equiv-3\ (\mathrm{mod}\ 8),\end{cases}\quad \begin{cases}p\equiv2\ (\mathrm{mod}\ 5)\\ p\equiv-3\ (\mathrm{mod}\ 8),\end{cases}\quad \begin{cases}p\equiv-2\ (\mathrm{mod}\ 5)\\ p\equiv3\ (\mathrm{mod}\ 8)\end{cases}$$

의 해를 구하면 그 해는 $p\equiv\pm1,\ \pm3,\ \pm9,\ \pm13\ (\mathrm{mod}\ 40)$이므로 합동식 $x^2\equiv10\ (\mathrm{mod}\ p)$가 해를 가지려면 소수 p는 $p\equiv\pm1,\ \pm3,\ \pm9,\ \pm13\ (\mathrm{mod}\ 40)$이어야 한다.

16 (1) 위의 문제 8에 의하여 합동식 $x^2\equiv-1\ (\mathrm{mod}\ p)$는 해를 갖는다. 또한 $k\in\mathbb{Z}$에 대하여 $p-k\equiv-k\ (\mathrm{mod}\ p)$이다. 따라서 정리 3.2.16과 정리 3.1.5 (2)에 의하여

$$\begin{aligned}-1&\equiv1\cdot2\cdot\cdots\cdot(2m-1)2m(2m+1)(2m+2)\cdots(p-2)(p-1)\\&=1\cdot2\cdot\cdots\cdot(2m-1)2m(p-2m)(p-(2m-1))\cdots(p-2)(p-1)\\&\equiv1\cdot2\cdot\cdots\cdot(2m-1)2m(-2m)(-(2m-1))\cdots(-2)(-1)\\&=(-1)^{2m}\cdot(1\cdot2\cdot\cdots\cdot(2m-1)\cdot2m)^2\\&=(1\cdot2\cdot3\cdot\cdots\cdot2m)^2\ (\mathrm{mod}\ p),\end{aligned}$$

즉 $(1\cdot2\cdot3\cdot\cdots\cdot2m)^2\equiv-1\ (\mathrm{mod}\ p)$이다. 따라서 합동식 $x^2\equiv-1\ (\mathrm{mod}\ p)$의 해는 $x\equiv\pm(1\cdot2\cdot3\cdot\cdots\cdot2m)\ (\mathrm{mod}\ p)$이다.

(2) 합동식 $x^2\equiv a\ (\mathrm{mod}\ p)$가 해를 가지므로 정리 3.3.7 (1)에 의하여

$$a^{\frac{p-1}{2}}=a^{2m+1}\equiv1\ (\mathrm{mod}\ p)$$

이다. 따라서 정리 3.1.5 (2)에 의하여

$$(a^{m+1})^2=a^{2m+2}=a^{2m+1}a\equiv1\cdot a=a\ (\mathrm{mod}\ p)$$

이므로 합동식 $x^2\equiv a\ (\mathrm{mod}\ p)$의 해는 $x\equiv\pm a^{m+1}\ (\mathrm{mod}\ p)$이다.

17 (1) $13=4\cdot3+1$이므로 위의 문제 16 (1)에 의하여 합동식 $x^2\equiv-1\ (\mathrm{mod}\ 13)$의 해는 $x\equiv\pm(1\cdot2\cdot3\cdot4\cdot5\cdot6)=\pm720\equiv\pm5\ (\mathrm{mod}\ 13)$이다. 같은 방법으로,

(2) $x \equiv \pm 13 \pmod{17}$. (3) $x \equiv \pm 12 \pmod{29}$이다.

(4) $\left(\dfrac{-1}{31}\right) = (-1)^{\frac{31-1}{2}} = (-1)^{15} = -1$이므로 해가 존재하지 않는다.

(5) $43 \equiv 3 \pmod 8$이므로 위의 문제 9에 의하여 $\left(\dfrac{-2}{43}\right) = 1$이고, 따라서 합동식 $x^2 \equiv -2 \pmod{43}$은 해를 갖는다. 더욱이 $43 = 4 \cdot 10 + 3$이므로 위의 문제 16(2)에 의하여 합동식 $x^2 \equiv -2 \pmod{43}$의 해는

$$x \equiv \pm(-2)^{10+1} = \pm 2^{11} = \pm(2^5)^2 \cdot 2 \equiv \pm(-11)^2 \cdot 2 = \pm 242 \equiv \pm 27 \pmod{43},$$

즉 $x \equiv \pm 27 \pmod{43}$이다. 같은 방법으로, (6) $x \equiv \pm 25 \pmod{103}$이다.

18 정리 3.3.5에 의하여 S에는 법 p에 관하여

$$1^2,\ 2^2,\ 3^2,\ \cdots,\ \left(\frac{p-1}{2}\right)^2$$

에 합동인 $\dfrac{p-1}{2}$개의 법 p에 관한 이차잉여가 존재한다. 따라서 정리 3.1.5(1)에 의하여 S에 속하는 법 p에 관한 이차잉여들의 모든 합을 s라 하면

$$s \equiv 1^2 + 2^2 + 3^2 + \cdots + \left(\frac{p-1}{2}\right)^2 \pmod p$$

이다. 또한 연습문제 2.2의 7(3)에 의하여 $24 \mid (p^2-1)$이므로 $p^2 - 1 = 24k$ $(k \in \mathbb{Z})$의 꼴로 표시된다. 따라서

$$\begin{aligned} s &\equiv 1^2 + 2^2 + 3^2 + \cdots + \left(\frac{p-1}{2}\right)^2 \\ &= \frac{\left(\frac{p-1}{2}\right)\left(\frac{p-1}{2}+1\right)\left(2 \cdot \frac{p-1}{2}+1\right)}{6} \quad (\text{보기 1.2.3에 의하여}) \\ &= \frac{\left(\frac{p-1}{2}\right)\left(\frac{p+1}{2}\right) \cdot p}{6} = \frac{\left(\frac{p^2-1}{4}\right) \cdot p}{6} \\ &= \frac{6kp}{6} = kp \equiv 0 \pmod p \end{aligned}$$

이므로 $p \mid s$이다.

19 a가 법 p에 관한 이차잉여이므로 $\left(\dfrac{a}{p}\right) = 1$이다.

(1) 정리 3.3.12(1)과 정리 3.3.11(2),(3)에 의하여

$$1 = \left(\frac{1}{p}\right) = \left(\frac{ab}{p}\right) = \left(\frac{a}{p}\right)\left(\frac{b}{p}\right) = \left(\frac{b}{p}\right)$$

이므로 b도 법 p에 관한 이차잉여이다.

(2) $(a, p)=(b, p)=1$이므로 정리 2.1.15와 정리 3.1.14 (1)에 의하여 $1=(ab, p)=(r, p)$이다. 따라서 정리 3.3.11 (2),(3)에 의하여

$$\left(\frac{r}{p}\right)=\left(\frac{ab}{p}\right)=\left(\frac{a}{p}\right)\left(\frac{b}{p}\right)=\left(\frac{b}{p}\right)$$

이므로 b가 법 p에 관한 이차잉여이기 위한 필요충분조건은 $\left(\frac{r}{p}\right)=1$, 즉 r가 법 p에 관한 이차잉여인 것이다.

20 정리 3.1.3에 의하여

$$p\equiv 1 \pmod 4 \Leftrightarrow p=4m+1\,(m\in\mathbb{Z}),\quad p\equiv 3 \pmod 4 \Leftrightarrow p=4m+3\,(m\in\mathbb{Z})$$

이고, 또한 정리 3.3.12 (2)에 의하여 $\left(\frac{-1}{p}\right)=(-1)^{\frac{p-1}{2}}$이다. 따라서 $p\equiv 1 \pmod 4$이면 정리 3.3.11 (3)에 의하여

$$\left(\frac{-a}{p}\right)=\left(\frac{-1}{p}\right)\left(\frac{a}{p}\right)=(-1)^{\frac{4m}{2}}\left(\frac{a}{p}\right)=(-1)^{2m}\left(\frac{a}{p}\right)=\left(\frac{a}{p}\right)$$

이고, $p\equiv 3 \pmod 4$이면

$$\left(\frac{-a}{p}\right)=\left(\frac{-1}{p}\right)\left(\frac{a}{p}\right)=(-1)^{\frac{4m+2}{2}}\left(\frac{a}{p}\right)=(-1)^{2m+1}\left(\frac{a}{p}\right)=-\left(\frac{a}{p}\right)$$

이므로 (1), (2)가 성립한다.

21 (1) -1. (2) 1. (3) 1. (4) 1. (5) 1. (6) -1. (7) 1. (8) 1.

22 (1) $125=5^3$, $(14, 5)=1$이고 $\left(\frac{14}{5}\right)=1$이므로 정리 3.3.33에 의하여 2개의 해를 갖는다.

(2) $32=2^5$이고 $13\equiv 5\not\equiv 1 \pmod 8$이므로 정리 3.3.35 (3)에 의하여 해를 갖지 않는다.

(3) 49는 $49\equiv 1 \pmod 8$인 홀수이고 $64=2^6$이므로 정리 3.3.35 (3)에 의하여 4개의 해를 갖는다.

(4) $15=3\cdot 5$, $(2, 5)=1$이고 $\left(\frac{2}{3}\right)=-1\left(\text{또한 } \left(\frac{2}{5}\right)=-1\right)$이므로 정리 3.3.37에 의하여 해를 갖지 않는다.

(5) 383은 소수이고 $\left(\frac{219}{383}\right)=1$이므로 2개의 해를 갖는다.

(6) $219=3\cdot 73$, $(-41, 219)=1$이고 $p=4m+1\,(m\in\mathbb{Z})$, $\left(\frac{-41}{3}\right)=1$, $\left(\frac{-41}{73}\right)=1$이므로 정리 3.3.37에 의하여 4개의 해를 갖는다.

(7) $1000=2^3\cdot 5^3$, $(89, 1000)=1$이고 $89\equiv 1 \pmod 8$, $\left(\frac{89}{5}\right)=1$이므로 정리 3.3.37에 의하여 8개의 해를 갖는다.

(8) $1200=2^4\cdot 3\cdot 5^2$, $(49, 1200)=1$이고 $49\equiv 1\pmod 8$, $\left(\frac{49}{3}\right)=1$, $\left(\frac{49}{5}\right)=1$이므로 정리 3.3.37에 의하여 16개의 해를 갖는다.

(9) $x^2\equiv -44\pmod{111}$, $111=3\cdot 37$, $(-44, 111)=1$이고 $\left(\frac{-44}{3}\right)=1$, $\left(\frac{-44}{37}\right)=1$이므로 정리 3.3.37에 의하여 4개의 해를 갖는다.

실제로 해를 구하면 그 해는 $x\equiv 17,\ 20,\ 91,\ 94\pmod{111}$이다.

23 (1) $x\equiv 23, 105, 151, 233\pmod{2^8}$. (2) $x\equiv 13,\ 68\pmod{3^4}$.

(3) $x\equiv 87, 256\pmod{7^3}$. (4) $x\equiv 3, 11, 17, 25\pmod{2^2\cdot 7}$.

(5) $x=2, 7, 38, 43\pmod{3^2\cdot 5}$.

(6) $x\equiv 33, 217, 283, 467, 533, 717, 783, 967\pmod{2^3\cdot 5^3}$.

24 (1) 정리 3.3.35 (3)에 의하여 $a=1, 9$인 경우에 해를 갖는다.

$a=1$인 경우 그 해는 $x\equiv 1,\ 7,\ 9,\ 15\pmod{2^4}$이고,

$a=9$인 경우 그 해는 $x\equiv 3,\ 5,\ 11,\ 13\pmod{2^4}$이다.

(2) 정리 3.3.35 (3)에 의하여 $a=1, 9, 17, 25$인 경우에 해를 갖는다.

$a=1$인 경우 그 해는 $x\equiv 1,\ 15,\ 17,\ 31\pmod{2^5}$이고,

$a=9$인 경우 그 해는 $x\equiv 3,\ 13,\ 19,\ 29\pmod{2^5}$이고,

$a=17$인 경우 그 해는 $x\equiv 7,\ 9,\ 23,\ 25\pmod{2^5}$이고,

$a=25$인 경우 그 해는 $x\equiv 5,\ 11,\ 21,\ 27\pmod{2^5}$이다.

25 정리 3.2.19에 의하여 합동식 $x^2\equiv 9\pmod{2^3\cdot 3\cdot 5^2}$은 연립합동식

$$\begin{cases} x^2\equiv 9\pmod{2^3} \\ x^2\equiv 9\pmod 3 \\ x^2\equiv 9\pmod{5^2} \end{cases}$$

과 서로 동치이다. 그런데 $x^2\equiv 9\pmod{2^3}$의 해는 $x\equiv \pm 1,\ \pm 3\pmod{2^3}$이고, $x^2\equiv 9\pmod 3$의 해는 $x\equiv 0\pmod 3$이고, $x^2\equiv 9\pmod{5^2}$의 해는 $x\equiv \pm 3\pmod{5^2}$이므로 정리 3.2.6을 이용하여 연립합동식

$$\begin{cases} x\equiv a\pmod{2^3} \\ x\equiv b\pmod 3 \\ x\equiv c\pmod{5^2} \end{cases}\quad (a=\pm 1,\ \pm 3;\ b=0;\ c=\pm 3)$$

의 해를 구하면 그 해는

$$x\equiv 3,\ 147,\ 153,\ 297,\ 303,\ 447,\ 453,\ 597\pmod{2^3\cdot 3\cdot 5^2}$$

이다.

26

$$x^2+10x+20 \equiv 0 \pmod{17 \cdot 23} \iff (x+5)^2 \equiv 5 \pmod{17 \cdot 23}$$

$$\iff y^2 \equiv 5 \pmod{17 \cdot 23}, y=x+5 \iff \begin{cases} y^2 \equiv 5 \pmod{17} \\ y^2 \equiv 5 \pmod{23} \end{cases} \cdots\cdots\cdots (*)$$

이다. 이때 $\left(\frac{5}{17}\right)=\left(\frac{17}{5}\right)=\left(\frac{2}{5}\right)=(-1)^{\frac{5^2-1}{8}}=(-1)^3=-1$이므로 연립합동식 (*)의 해는 존재하지 않고, 따라서 주어진 합동식의 해는 존재하지 않는다.

27

$$x^2+2x+5-65y^2=2011 \Rightarrow x^2+2x \equiv 1 \pmod 5$$

$$\Rightarrow (x+1)^2 \equiv 2 \pmod 5 \quad \Rightarrow y^2 \equiv 2 \pmod 5, y=x+1 \quad \cdots\cdots\cdots (*)$$

이다. 이때 $\left(\frac{2}{5}\right)=(-1)^{\frac{5^2-1}{8}}=(-1)^3=-1$이므로 (*)의 해는 존재하지 않는다. 따라서 주어진 합동식의 정수해는 존재하지 않는다.

28

$$-2p\text{가 } 935(=5\times11\times17)\text{의 이차잉여}$$

$$\iff x^2 \equiv -2p \pmod{5\times11\times17}\text{의 해가 존재}$$

$$\iff \begin{cases} x^2 \equiv -2p \pmod 5 \\ x^2 \equiv -2p \pmod{11}\text{의 해가 존재} \\ x^2 \equiv -2p \pmod{17} \end{cases}$$

$$\iff \left(\frac{-2p}{5}\right)=1,\ \left(\frac{-2p}{11}\right)=1,\ \left(\frac{-2p}{17}\right)=1$$

이다. 한편

$$\left(\frac{-2}{5}\right)=\left(\frac{-1}{5}\right)\left(\frac{2}{5}\right)=(-1)^{\frac{5-1}{2}}(-1)^{\frac{5^2-1}{8}}=1\cdot(-1)=-1,$$

$$\left(\frac{-2}{11}\right)=\left(\frac{9}{11}\right)=\left(\frac{3^2}{11}\right)=1,$$

$$\left(\frac{-2}{17}\right)=\left(\frac{-1}{17}\right)\left(\frac{2}{17}\right)=(-1)^{\frac{17-1}{2}}(-1)^{\frac{17^2-1}{8}}=1\cdot1=1$$

이다. 따라서

$$1=\left(\frac{-2p}{5}\right)=\left(\frac{-2}{5}\right)\left(\frac{p}{5}\right)=-\left(\frac{p}{5}\right)=-\left(\frac{5}{p}\right),\ 즉\ \left(\frac{5}{p}\right)=-1$$

이므로 5는 p의 이차잉여가 아니다. 그러나

$$1=\left(\frac{-2p}{17}\right)=\left(\frac{-2}{17}\right)\left(\frac{p}{17}\right)=\left(\frac{p}{17}\right)=\left(\frac{17}{p}\right)$$

이므로 17은 p의 이차잉여이다. 또한

$$1=\left(\frac{-2p}{11}\right)=\left(\frac{-2}{11}\right)\left(\frac{p}{11}\right)=\left(\frac{p}{11}\right)$$

이므로 $\left(\frac{11}{p}\right)=(-1)^{\frac{p-1}{2}\cdot\frac{11-1}{2}}\left(\frac{p}{11}\right)=(-1)^{\frac{5(p-1)}{2}}$ 이고, 따라서

$$\left(\frac{-11}{p}\right)=\left(\frac{-1}{p}\right)\left(\frac{11}{p}\right)=(-1)^{\frac{p-1}{2}}(-1)^{\frac{5(p-1)}{2}}=(-1)^{\frac{p-1}{2}+\frac{5(p-1)}{2}}$$
$$=(-1)^{3(p-1)}=1\ (\because p\text{는 홀수인 소수이므로 } p-1\text{은 짝수})$$

이다. 따라서 -11은 p의 이차잉여이다.

29 $f(x)=(\bar{a}x+\bar{b})(\bar{c}x+\bar{d})$, $\bar{a}, \bar{b}, \bar{c}, \bar{d}\in\mathbb{Z}_{2014}$의 꼴로 나타낼 수 있다고 하자. 그러면

$$x^2-14=\overline{ac}x^2+(\overline{ad}+\overline{bc})x+\overline{bd}$$

이므로 $\overline{ac}=\bar{1}$, $\overline{ad}+\overline{bc}=\bar{0}$, $\overline{bd}=-\overline{14}$이다. 따라서 $\bar{a}$, $\bar{c}$는 $\mathbb{Z}_{2014}$의 단원이고, $\bar{a}$의 곱셈역원은 $\bar{a}^{-1}=\bar{c}$ 이다(연습문제 3.1의 20을 참조). 따라서

$$\overline{ad}=-\overline{bc}\ \Rightarrow\ \bar{d}=-\bar{b}\,\bar{c}^2\ \Rightarrow\ \overline{bd}=-\bar{b}^2\bar{c}^2\ \Rightarrow\ (\overline{bc})^2=\overline{14}$$

이므로 $f(x)$는 $\mathbb{Z}_{2014}$에서 근$(=\overline{bc})$을 갖는다. 즉, 합동식 $x^2\equiv 14\pmod{2014}$는 해를 갖는다. 이때 $2014=2\times19\times53$이므로

$$x^2\equiv 14\pmod{2014}\ \Leftrightarrow\ \begin{cases}x^2\equiv 14\equiv 0\pmod{2}\\ x^2\equiv 14\pmod{19}\\ x^2\equiv 14\pmod{53}\end{cases}$$

이고, 따라서 르장드르 기호의 값은 $\left(\frac{14}{19}\right)=1$, $\left(\frac{14}{53}\right)=1$이어야 한다. 그러나

$$\left(\frac{14}{19}\right)=\left(\frac{2}{19}\right)\left(\frac{7}{19}\right)=(-1)^{\frac{19^2-1}{8}}(-1)^{\frac{7-1}{2}\cdot\frac{19-1}{2}}\left(\frac{19}{7}\right)\ (\text{이차잉여의 상반법칙})$$
$$=\left(\frac{5}{7}\right)=\left(\frac{7}{5}\right)=\left(\frac{2}{5}\right)=(-1)^{\frac{5^2-1}{8}}=(-1)^3=-1$$

이므로 이는 모순이다. 그러므로 $\mathbb{Z}_{2014}[x]$에서 $f(x)=x^2-\overline{14}$를 두 일차식의 곱 $f(x)=(\bar{a}x+\bar{b})(\bar{c}x+\bar{d})$, $\bar{a}, \bar{b}, \bar{c}, \bar{d}\in\mathbb{Z}_{2014}$의 꼴로 나타낼 수 없다.

30 $f(x)=x^3-8=(x-2)(x^2+2x+4)=(x-2)g(x)$하자.

$$f(x)\equiv 0\pmod{2015}\ \Leftrightarrow\ \begin{cases}f(x)=(x-2)g(x)\equiv 0\pmod{5} & \cdots\cdots\ ①\\ f(x)=(x-2)g(x)\equiv 0\pmod{13} & \cdots\cdots\ ②\\ f(x)=(x-2)g(x)\equiv 0\pmod{31} & \cdots\cdots\ ③\end{cases}$$

이므로 $f(x) \equiv 0 \pmod{2015}$의 해의 개수는 다음 각 합동식, 즉

$$g(x) \equiv 0 \pmod{p},\quad p = 5, 13,\ 31$$

의 해의 개수에 의하여 결정된다. 이때 $p = 5, 13,\ 31$에 대하여

$$g(x) = x^2 + 2x + 4 \equiv 0 \pmod{p} \iff (x+1)^2 \equiv -3 \pmod{p}$$
$$\iff y^2 \equiv -3 \pmod{p}, y = x+1$$

이고, 이차잉여의 상반법칙(정리 3.3.24) 등을 이용하면

$$\left(\frac{-3}{5}\right) = \left(\frac{2}{5}\right) = (-1)^{\frac{5^2-1}{8}} = (-1)^3 = -1$$
$$\left(\frac{-3}{13}\right) = \left(\frac{-1}{13}\right)\left(\frac{3}{13}\right) = (-1)^{\frac{13-1}{2}}(-1)^{\frac{3-1}{2}\cdot\frac{13-1}{2}}\left(\frac{13}{3}\right) = \left(\frac{1}{3}\right) = 1,$$
$$\left(\frac{-3}{31}\right) = \left(\frac{-1}{31}\right)\left(\frac{3}{31}\right) = (-1)^{\frac{31-1}{2}}(-1)^{\frac{3-1}{2}\cdot\frac{31-1}{2}}\left(\frac{31}{3}\right) = \left(\frac{1}{3}\right) = 1$$

임을 알 수 있다. 따라서 $g(x) \equiv 0 \pmod{5}$는 해를 갖지 않고, $g(x) \equiv 0 \pmod{13}$과 $g(x) \equiv 0 \pmod{31}$은 각각 2개씩의 해를 갖는다. 더욱이

$$g(2) \not\equiv 0 \pmod{13},\quad g(2) \not\equiv 0 \pmod{31}$$

이므로 ①, ②, ③식은 각각 1개, 3개, 3개의 해를 갖고, 따라서 주어진 합동식 $f(x) \equiv 0 \pmod{2015}$는 법 2015에 대하여 $9(=1\times3\times3)$개의 해를 갖는다.

31 (1) $(p-k)! = (p-k)(p-(k+1))(p-(k+2))\cdot \cdots \cdot(p-(p-1))$이므로

$$(p-k)! \equiv (-k)(-(k+1))(-(k+2))\cdot\cdots\cdot(-(p-1))$$
$$\equiv (-1)^{p-k}k(k+1)(k+2)\cdots(p-1) \equiv (-1)^{p-k}\frac{(p-1)!}{(k-1)!} \pmod{p}$$

이다. 더욱이 Wilson 정리(정리 3.2.16)에 의하여 $(p-1)! \equiv -1 \pmod{p}$이므로

$$a_k \equiv (p-k)! \times k! \equiv (-1)^{p-k}\frac{(p-1)!}{(k-1)!}\times k! \equiv (-1)^{p+1-k}\times k$$
$$\equiv (-1)^{2(m+1)-k}\times k \equiv (-1)^k \times k \pmod{p}$$

이다. 따라서 정리 3.3.11 (2), (3)에 의하여

$$\left(\frac{a_k}{p}\right) = \left(\frac{(-1)^k\times k}{p}\right) = \left(\frac{-1}{p}\right)^k\left(\frac{k}{p}\right)$$

이고 $\left(\frac{-1}{p}\right) = (-1)^{\left(\frac{p-1}{2}\right)} = (-1)^{2m} = 1$이므로 $\left(\frac{a_k}{p}\right) = \left(\frac{k}{p}\right)$이다.

(2) $p = 2017$는 $4m+1$ 꼴의 소수이므로 (1)에 의하여 $\left(\frac{a_k}{p}\right) = \left(\frac{k}{p}\right) (1 \le k \le 2016)$이다. 따라서

정리 3.3.16에 의하여 $\sum_{k=1}^{p-1}\left(\frac{a_k}{p}\right)=\sum_{k=1}^{p-1}\left(\frac{k}{p}\right)=0$이므로

$$\sum_{k=3}^{2014}\left(\frac{a_k}{2017}\right)=\sum_{k=3}^{p-3}\left(\frac{a_k}{p}\right)=\sum_{k=1}^{p-1}\left(\frac{k}{p}\right)-\left(\frac{1}{p}\right)-\left(\frac{2}{p}\right)-\left(\frac{p-2}{p}\right)-\left(\frac{p-1}{p}\right)$$
$$=-\left(\frac{1}{p}\right)-\left(\frac{2}{p}\right)-\left(\frac{p-2}{p}\right)-\left(\frac{p-1}{p}\right)$$

이다. 이때 $p=2017\equiv 1 \pmod 8$이므로 정리 3.3.20과 연습문제 3.3의 9에 의하여

$$\left(\frac{1}{p}\right)=1,\ \left(\frac{2}{p}\right)=1,\ \left(\frac{p-2}{p}\right)=\left(\frac{-2}{p}\right)=1,\ \left(\frac{p-1}{p}\right)=\left(\frac{-1}{p}\right)=1$$

이고, 따라서 $\sum_{k=3}^{2014}\left(\frac{a_k}{2017}\right)=-4$이다.

4.1 ▌ 연습문제

01 (1)

a	1	2	4	5	7	8
$\mathrm{ord}_9 a$	1	6	3	6	3	2

(2)

a	1	2	4	7	8	11	13	14
$\mathrm{ord}_{15} a$	1	4	2	4	4	2	4	2

02 (1) 18.

(2) $\mathrm{ord}_{27}2=18$이므로 정리 4.1.8에 의하여 $\mathrm{ord}_{27}2^3=\frac{18}{(3,\ 18)}=\frac{18}{3}=6$이다. 같은 방법으로, 법 27에 관한

$$2^9,\ 2^{40},\ 5\,(2^5\equiv 5 \pmod{27}),\ 13\,(2^8\equiv 13 \pmod{27}))$$

의 위수는 각각 2, 9, 18, 9이다.

(3) 법 27에 관한 2^9, 13의 위수가 각각 2, 9이고 $(2,9)=1$이므로 정리 4.1.13에 의하여 법 27에 관한 $2^9\cdot 13$의 위수는 $2\cdot 9=18$이다.

03 (1) $ab\equiv 1 \pmod m$이라 하면 정리 3.1.14 (1)에 의하여 $(ab,m)=(1,m)=1$이고, 따라서 정리 2.1.15에 의하여 $(a,m)=(b,m)=1$이다. 이제 $\mathrm{ord}_m a=h$, $\mathrm{ord}_m b=k$라 하자. 그러면 $ab\equiv 1 \pmod m$이므로 정리 3.1.4 (2)와 정리 3.1.5 (2)에 의하여

$$1\equiv (ab)^k=a^k b^k\equiv a^k\cdot 1=a^k \pmod m,$$
$$1\equiv (ab)^h=a^h b^h\equiv 1\cdot b^h=b^h \pmod m$$

이고, 따라서 정리 4.1.3에 의하여 $h\,|\,k$, $k\,|\,h$이다. 그러므로 정리 2.1.6 (8)에 의하여 $h=k$이다.

(2) $4\cdot 7=28\equiv 1 \pmod 9$이므로 위의 문제 1 (1)에서 $\mathrm{ord}_9 4=3=\mathrm{ord}_9 7$임을 확인할 수 있다.

04 (1) $(a,m)=(a,n)=1$이므로 정리 2.1.15에 의하여 $(a,mn)=1$이다. $\mathrm{ord}_{mn}a=l$이라 하자. 그러면 $a^l\equiv 1 \pmod{mn}$이므로 정리 3.1.13 (2)에 의하여

$$a^l\equiv 1 \pmod m,\quad a^l\equiv 1 \pmod n$$

이다. 그러므로 정리 4.1.3에 의하여 $h\,|\,l$, $k\,|\,l$이고, 따라서 최소공배수의 정의에 의하여 $[h,k]\,|\,l$이다. 또한 $h\,|\,[h,k]$, $k\,|\,[h,k]$이므로 정리 4.1.3에 의하여

$$a^{[h,k]}\equiv 1 \pmod m,\quad a^{[h,k]}\equiv 1 \pmod n$$

이다. 이때 $(m,n)=1$이므로 정리 2.1.27 (1)에 의하여 $[m,n]=mn$이고, 따라서 정리 3.1.16에 의하여 $a^{[h,k]}\equiv 1 \pmod{mn}$이다. 그러므로 정리 4.1.3에 의하여 $l\,|\,[h,k]$이다. 따라서 $[h,k]\,|\,l$이고 $l\,|\,[h,k]$이므로 정리 2.1.6 (8)에 의하여 $l=[h,k]$이다.

(2) $h=\mathrm{ord}_3 2=2, k=\mathrm{ord}_5 2=4$이고 $[2,4]=4$이므로 (1)에 의하여 법 $15=3\cdot 5$에 관한 2의 위수는 $[2,4]=4$이어야 한다. 실제로 위의 문제 1 (2)에서 $\mathrm{ord}_{15}2=4$임을 확인할 수 있다.

(3) $r=\mathrm{ord}_5 3=4$, $s=\mathrm{ord}_7 3=6$이고, 따라서 (1)에 의하여 $t=\mathrm{ord}_{35}3=[4,6]=12$이다. 그러므로 $rst=288$이다.

05 $\mathrm{ord}_p a=2$라 하자. 그러면 $a^2\equiv 1 \pmod p$이고 $a\not\equiv 1 \pmod p$이다. 따라서 $p\,|\,(a^2-1)$, 즉 $p\,|\,(a+1)(a-1)$이고 $p\nmid(a-1)$이므로 $p\,|\,(a+1)$이다. 따라서 $a\equiv -1 \pmod p$이다. 역으로, $a\equiv -1 \pmod p$라 하면 정리 3.1.5 (2)에 의하여

$$a^2\equiv(-1)(-1)=1 \pmod p$$

이므로 $\mathrm{ord}_p a=2$이다.

06 $\mathrm{ord}_p a=3$이라 하자. $a\equiv 1 \pmod p$라 하면 $\mathrm{ord}_p a=1$이고, $a\equiv -1 \pmod p$라 하면 위의 문제 5에 의하여 $\mathrm{ord}_p a=2$가 되어 모순이므로 $a\not\equiv\pm 1 \pmod p$이다. 그러므로 $p\nmid(a-1)$, $p\nmid(a+1)$이고, 따라서 정리 2.2.3에 의하여 $(a-1,p)=1$, $(a+1,p)=1$이다. 또한

$$(a-1)(a^2+a+1)=a^3-1\equiv 0 \pmod p$$

이므로 $p\,|\,(a-1)(a^2+a+1)$이고, 이때 $(a-1,p)=1$이므로 정리 2.1.16에 의하여 $p\,|\,(a^2+a+1)$이다. 따라서

$$a^2+a+1\equiv 0 \pmod p$$

이다. 그러므로

$$\begin{aligned}(a+1)^6 &= a^6 + \binom{6}{1}a^5 + \binom{6}{2}a^4 + \binom{6}{3}a^3 + \binom{6}{4}a^2 + \binom{6}{5}a + 1 \\ &= a^6 + 6a^5 + 15a^4 + 20a^3 + 15a^2 + 6a + 1 \\ &= (a^3)^2 + 6a^3a^2 + 15a^3a + 20a^3 + 15a^2 + 6a + 1 \\ &\equiv 1 + 6a^2 + 15a + 20 + 15a^2 + 6a + 1 \text{ (정리 3.1.5에 의하여)} \\ &= 21a^2 + 21a + 22 = 21(a^2+a+1) + 1 \\ &\equiv 1 \pmod{p}\end{aligned}$$

이고, 따라서 정리 4.1.3에 의하여 $\mathrm{ord}_{\mathrm{p}}(\mathrm{a}+1)$는 6의 약수이어야 한다. 그러나

$$\begin{aligned}&(a+1)^1 = a+1 \not\equiv 1 \pmod{p}, \\ &(a+1)^2 = a^2 + 2a + 1 = (a^2+a+1) + a \equiv a \not\equiv 1 \pmod{p}, \\ &(a+1)^3 = a^3 + 3a^2 + 3a + 1 \\ &\qquad \equiv 1 + 3a^2 + 3a + 1 = 3(a^2+a+1) - 1 \equiv -1 \not\equiv 1 \pmod{p}\end{aligned}$$

이므로 $\mathrm{ord}_p(a+1) = 6$이다.

07 $(a, m) = 1$이고 $\mathrm{ord}_m a = m-1$인 $a \in \mathbb{Z}$가 존재한다고 하자. 그러면 정리 4.1.3에 의하여 $(m-1) \mid \phi(m)$이다. 그러나 $1 \le \phi(m) \le m-1$이므로 $\phi(m) = m-1$이어야 한다. 따라서 연습문제 2.4의 12 (2), (3)에 의하여 m은 소수이다. 역으로, m을 소수라 하면 정리 4.1.21 (1), (2)에 의하여 법 m에 관한 원시근 a가 존재한다. 즉, $(a, m) = 1$이고 $\mathrm{ord}_m a = \phi(m) = m-1$인 $a \in \mathbb{Z}$가 존재한다.

08 (1) $q \mid (a^p - 1)$이므로 $a^p \equiv 1 \pmod{q}$이다. 따라서 $\mathrm{ord}_q a = n$이라 하면 정리 4.1.3에 의하여 n은 p의 약수이므로 $n = 1$ 또는 $n = p$이다. $n = 1$이면 $a = a^1 \equiv 1 \pmod{q}$이므로 $q \mid (a-1)$이다. 다음, $n = p$이면 정리 4.1.3에 의하여 $p \mid \phi(q)$, 즉 $p \mid (q-1)$이다. 따라서 $q - 1 = ph\ (h \in \mathbb{Z})$이다. 이때 p, q는 모두 홀수이므로 h는 짝수이어야 하고, 따라서 $q = 2kp + 1\ (k \in \mathbb{Z})$의 꼴로 표시된다.

(2) q를 $M_p = 2^p - 1$의 소인수라 하면 분명히 $q \ne 2$이고 $q \mid (2^p - 1)$이므로 (1)에 의하여 $q \mid 1$ $(= 2-1)$이든가 $q = 2kp + 1\ (k \in \mathbb{Z})$의 꼴로 표시된다. 그러나 q는 소수이므로 $q \nmid 1$이고, 따라서 q는 $q = 2kp + 1\ (k \in \mathbb{Z})$의 꼴로 표시된다.

(3) q를 $M_{11} = 2^{11} - 1 = 2047$의 가장 작은 소인수라 하면 정리 2.2.6 (2)에 의하여 $q \le 45 < \sqrt{2047}$이고, 또한 (2)에 의하여 $q = 22k + 1\ (k \in \mathbb{Z})$의 꼴로 표시되어야 한다. 따라서 $q = 23$이고 $2047 = 23 \cdot 89$이다(이때 89도 $89 = 22 \cdot 4 + 1$의 꼴로 표시되는 소수이다).

09 (1) $F_1 = 5$는 페르마 소수이고, 또한 보기 4.1.16에 의하여 2는 법 $F_1 = 5$에 관한 원시근이다.

(2) $n > 1$이라 하고 법 F_n에 관한 2의 위수를 r이라 하자.

$$2^{2^{n+1}}-1=(2^{2^n}+1)(2^{2^n}-1)=F_n(2^{2^n}-1)$$

이므로 $2^{2^{n+1}} \equiv 1 \pmod{F_n}$이고, 따라서 정리 4.1.3에 의하여 $r \mid 2^{n+1}$이므로 $r \leq 2^{n+1}$이다. 그런데 F_n은 소수이므로 $\phi(F_n)=F_n-1=2^{2^n}$이고, 또한 모든 $n(>1)$에 대하여 $2^{n+1}<2^{2^n}$이므로 $r<2^{2^n}=\phi(F_n)$이다. 따라서 $n>1$이면 2는 법 F_n에 관한 원시근이 될 수 없다.

10 (1) $m=18(=2 \cdot 3^2)$, $529(=23^2)$, $1058(=2 \cdot 23^2)$.

(2) $m=18$일 때, 2개; $m=529$일 때, 220개; $m=1058$일 때, 220개.

11 (1) $m=10$일 때, $\phi(\phi(10))=\phi(4)=2$개; 같은 방법으로,

$m=6$일 때, 1개; $m=9$일 때, 2개; $m=13$일 때, 4개;
$m=17$일 때, 8개; $m=19$일 때, 6개; $m=23$일 때, 10개.

(2) $m=10$일 때, $S=\{1, 3, 7, 9\}$, $\phi(10)=4$이다. 분명히 1은 법 10에 관한 원시근이 아니다. 다음,

$$3^1 \equiv 3 \pmod{10},\ 3^2 \equiv 9 \pmod{10},\ 3^3 \equiv 7 \pmod{10},\ 3^4 \equiv 1 \pmod{10}$$

이다. 따라서 $\mathrm{ord}_{10}3=4=\phi(10)$이므로 3은 법 10에 관한 가장 작은 원시근이다. 같은 방법으로, 법 m에 관한 가장 작은 원시근을 구하면 다음과 같다.

$m=6$일 때, 5; $m=9$일 때, 2; $m=13$일 때, 2;
$m=17$일 때, 3; $m=19$일 때, 2; $m=23$일 때, 5.

(3) $m=10$일 때, $\mathrm{ord}_{10}3=4$이므로

$$\mathrm{ord}_{10}3^2=\frac{4}{(2,4)}=\frac{4}{2}=2,\ \mathrm{ord}_{10}3^3=\frac{4}{(3,4)}=\frac{4}{1}=4,\ \mathrm{ord}_{10}3^4=\frac{4}{(4,4)}=\frac{4}{4}=1$$

이고 $3^2 \equiv 9 \pmod{10}$, $3^3 \equiv 7 \pmod{10}$, $3^4 \equiv 1 \pmod{10}$이므로 정리 4.1.5에 의하여 법 10에 관한 S의 각 원소의 위수는 다음과 같다.

$m=10$일 때, $(\phi(10)=4)$

a	1	3	7	9
$\mathrm{ord}_{10}a$	1	**4**	**4**	2

같은 방법으로

$m=6$일 때, $(\phi(6)=2)$

a	1	5
$\mathrm{ord}_6 a$	1	**2**

$m=9$일 때, $(\phi(9)=6)$

a	1	2	4	5	7	8
$\mathrm{ord}_9 a$	1	**6**	3	**6**	3	2

$m=13$일 때, ($\phi(13)=12$)

a	1	2	3	4	5	6
$\text{ord}_{13}a$	1	**12**	3	6	4	**12**
a	7	8	9	10	11	12
$\text{ord}_{13}a$	**12**	4	3	6	**12**	2

$m=17$일 때, ($\phi(17)=16$)

a	1	2	3	4	5	6	7	8
$\text{ord}_{17}a$	1	8	**16**	4	**16**	**16**	**16**	8
a	9	10	11	12	13	14	15	16
$\text{ord}_{17}a$	8	**16**	**16**	**16**	4	**16**	8	2

$m=19$일 때, ($\phi(19)=18$)

a	1	2	3	4	5	6	7	8	9
$\text{ord}_{19}a$	1	**18**	**18**	9	9	9	3	6	9
a	10	11	12	13	14	15	16	17	18
$\text{ord}_{19}a$	**18**	3	6	**18**	**18**	**18**	9	9	2

$m=23$일 때, ($\phi(23)=22$)

a	1	2	3	4	5	6	7	8	9	10	11
$\text{ord}_{23}a$	1	11	11	11	**22**	11	**22**	11	11	**22**	**22**
a	12	13	14	15	16	17	18	19	20	21	22
$\text{ord}_{23}a$	11	11	**22**	**22**	11	**22**	11	**22**	**22**	**22**	2

(4) $m=10$일 때, $S=\{1, 3, 7, 9\}$의 원소 중 법 10에 관한 위수가 $\phi(10)=4$인 원소 3과 7이 법 10에 관하여 서로 합동이 아닌 원시근이다. 같은 방법으로

$m=6$일 때, 5; $m=9$일 때, 2, 5; $m=13$일 때, 2, 6, 7, 11;
$m=17$일 때, 3, 5, 6, 7, 10, 11, 12, 14; $m=19$일 때, 2, 3, 10, 13, 14, 15;
$m=23$일 때, 5, 7, 10, 11, 14, 15, 17, 19, 20, 21.

12 $\text{ord}_p a=\phi(p)=p-1$이므로 정리 4.1.6에 의하여 $a, a^2, a^3, \cdots, a^{p-1}$은 법 p에 관하여 서로 합동이 아니고, 따라서 정리 3.1.21에 의하여

$$T=\{a, a^2, a^3, \cdots, a^{p-1}\}$$

은 법 p에 관한 기약잉여계이다. 따라서 $(b, p)=1$이므로 b는 꼭 한 개의 a^k $(1 \le k \le p-1)$과 같은 잉여류에 속한다. 즉, $b \equiv a^k \pmod p$ $(1 \le k \le p-1)$이다. 그런데 $\text{ord}_p b=\phi(p)=p-1$이므로 정리 4.1.5에 의하여 $\text{ord}_p a^k=p-1$이고, 따라서 정리 4.1.8에 의하여 $(k, p-1)=1$이다. 이때 p는 홀수이므로 $p-1$은 짝수이고, 따라서 k가 짝수이면 $(k, p-1)\neq 1$이 되어 모순이므로 k는 홀수이어야 한다. 즉, 적당한 홀수 k에 대하여 $b \equiv a^k \pmod p$이다.

13 $ab \equiv 1 \pmod{m}$이라 하면 정리 3.1.14 (1)에 의하여 $(ab, m) = (1, m) = 1$이고, 따라서 정리 2.1.15에 의하여 $(a, m) = (b, m) = 1$이다.

(1) a가 법 m에 관한 원시근이므로 $\text{ord}_m a = \phi(m)$이고, 따라서 위의 문제 3 (1)에 의하여 $\text{ord}_m b = \phi(m)$이다. 따라서 b도 법 m에 관한 원시근이다.

(2) $(a, m) = 1$이므로 정리 3.1.23에 의하여 $a^{\phi(m)} \equiv 1 \pmod{m}$이고, 또한 $ab \equiv 1 \pmod{m}$이므로 정리 3.1.4 (2),(3)에 의하여

$$ab \equiv a^{\phi(m)} = aa^{\phi(m)-1} \pmod{m}$$

이다. 따라서 $(a, m) = 1$이므로 정리 3.1.13 (1)에 의하여 $b \equiv a^{\phi(m)-1} \pmod{m}$이다.

14 a와 b가 법 p에 관한 원시근이므로 위의 문제 12에 의하여 적당한 홀수 k에 대하여 $b \equiv a^k \pmod{p}$이고, 또한 $a \equiv a \pmod{p}$이다. 따라서 $k+1$은 짝수이므로 적당한 $n \in \mathbb{Z}$ $(n > 0)$에 대하여 $k+1 = 2n$의 꼴로 표시되고, 또한 정리 2.1.15에 의하여 $(a^n, p) = 1$이므로 정리 3.1.23에 의하여 $(a^n)^{p-1} \equiv 1 \pmod{p}$이다. 따라서 정리 3.1.5 (2)에 의하여

$$(ab)^{\frac{p-1}{2}} \equiv (a^{k+1})^{\frac{p-1}{2}} = (a^{2n})^{\frac{p-1}{2}} = (a^n)^{p-1} \equiv 1 \pmod{p}$$

이고, 따라서 정리 4.1.3에 의하여 법 p에 관한 ab의 위수는 $\dfrac{p-1}{2}$의 약수이어야 한다. 따라서 법 p에 관한 ab의 위수는 $\phi(p) = p-1$이 될 수 없으므로 ab는 법 p에 관한 원시근이 아니다.

15 (1) a가 법 p에 관한 원시근이므로

$$\left(a^{\frac{p-1}{2}}\right)^2 = a^{p-1} = a^{\phi(p)} \equiv 1 \pmod{p}$$

이다. 따라서 정리 3.1.5 (1)에 의하여

$$\left(a^{\frac{p-1}{2}} - 1\right)\left(a^{\frac{p-1}{2}} + 1\right) = a^{p-1} - 1 \equiv 0 \pmod{p}$$

이므로

$$p \,\Big|\, \left(a^{\frac{p-1}{2}} - 1\right)\left(a^{\frac{p-1}{2}} + 1\right)$$

이다. 따라서 정리 2.2.5에 의하여

$$p \,\Big|\, \left(a^{\frac{p-1}{2}} - 1\right) \text{ 또는 } p \,\Big|\, \left(a^{\frac{p-1}{2}} + 1\right)$$

즉 $a^{\frac{p-1}{2}} \equiv 1 \pmod{p}$ 또는 $a^{\frac{p-1}{2}} \equiv -1 \pmod{p}$이다. 그러나 a가 법 p에 관한 원시근이므로 $a^{\frac{p-1}{2}} \not\equiv 1 \pmod{p}$이다. 그러므로 $a^{\frac{p-1}{2}} \equiv -1 \pmod{p}$이다.

(2) 정리 3.1.23에 의하여 $\left(a^{\frac{\phi(m)}{2}}\right)^2 = a^{\phi(m)} \equiv 1 \pmod{m}$이고, 연습문제 2.4의 13(1)에 의하여 $2 \mid \phi(m)$이다. 더욱이 a가 법 m에 관한 원시근이므로 $S = \{1 = a^0, a^1, a^2, \cdots, a^{\phi(m)-1}\}$은 법 m에 관한 기약잉여계이고, $(-1, m) = 1$이므로

$$a^t \equiv -1 \pmod{m}, \ \ 0 \le t \le \phi(m) - 1 \quad \cdots\cdots\cdots\cdots\cdots\cdots \ (*)$$

을 만족하는 정수 t가 존재한다. 따라서

$$\begin{aligned} a^{2t} \equiv 1 \pmod{m} \ &\Rightarrow \ \mathrm{ord}_m a \mid 2t \\ &\Rightarrow \ \frac{\phi(m)}{2} \mid t \ \ (\because \ \mathrm{ord}_m a = \phi(m) \text{이고 } 2 \mid \phi(m) \text{이므로}) \\ &\Rightarrow \ t = \frac{\phi(m)}{2}k, \ k \in \mathbb{Z}, \ \ 0 \le t \le \phi(m) - 1 \\ &\Rightarrow \ k = 0 \text{ 또는 } k = 1 \ \ (\because \ k \ge 2 \text{이면 } t \ge \phi(m) \text{이 되어 모순}) \end{aligned}$$

이다. 그런데 $k = 0$이면 $t = 0$이므로 (*)에 의하여 $-1 \equiv 1 \pmod{m}$이 되어 모순이다. 따라서 $k = 1$, 즉 $t = \dfrac{\phi(m)}{2}$이어야 한다.

16 (ㄱ), (ㄷ)은 참. 8은 원시근이 존재하지 않으므로 (ㄴ)은 거짓.

17 $x_1 \equiv 16x_0 \pmod{27}$, $x_2 \equiv 16x_1 \equiv 16^2 x_0 \pmod{27}$, $x_3 \equiv 16x_2 \equiv 16^3 x_0 \pmod{27}$, $\cdots$이므로

$$x_n \equiv 16^n x_0 \equiv 2^{4n} x_0 \pmod{27}$$

이다. 이때 $x_n \equiv x_0 \pmod{27}$이고 $(x_0, 27) = 1$이므로

$$x_0 \equiv x_n \equiv 2^{4n} x_0 \pmod{27} \quad \Leftrightarrow \quad (2^4)^n \equiv 2^{4n} \equiv 1 \pmod{27} \quad \cdots\cdots\cdots\cdots\cdots \ (*)$$

이다. 한편 2가 법 27에 관한 원시근이므로 법 27에 관한 2의 위수는 $\phi(27) = 3^3 - 3^2 = 18$, 즉 $\mathrm{ord}_{27} 2 = 18$이다. 그러므로 정리 4.1.8에 의하여

$$\mathrm{ord}_{27} 2^4 = \frac{18}{(4, 18)} = \frac{18}{2} = 9$$

이고, 따라서 정리 4.1.3과 (*)식에 의하여 $9 \mid n$이므로 $x_n \equiv x_0 \pmod{27}$이 되는 최소의 자연수 n의 값은 $n = 9$이다.

18 홀수인 소수 p에 대하여 합동식 $x^4 \equiv -1 \pmod{p}$가 정수해 a를 갖는다 하자. 그러면 $a^4 \equiv -1 \pmod{p}$이므로 정리 3.1.14(1)에 의하여 $(a^4, p) = (-1, p) = 1$이고, 따라서 정리 2.1.15에 의하여 $(a, p) = 1$이다. 따라서

$$a^8 \equiv (a^4)^2 \equiv (-1)^2 \equiv 1 \pmod{p}, \ \text{ 즉 } a^8 \equiv 1 \pmod{p}$$

이므로 $\mathrm{ord}_p a \mid 8$이다. 그런데 $a^4 \not\equiv 1 \pmod p$이므로

$$a^1 \not\equiv 1 \pmod p,\ \ a^2 \not\equiv 1 \pmod p$$

이다. 따라서

$$\mathrm{ord}_p a \neq 1,\ \mathrm{ord}_p a \neq 2,\ \mathrm{ord}_p a \neq 4$$

이므로 $\mathrm{ord}_p a = 8$이다. 그러므로 정리 4.1.3에 의하여

$$8 \mid \phi(p),\ \text{즉}\ 8 \mid (p-1)$$

이고, 따라서 $p \equiv 1 \pmod 8$이다.

역으로, $p \equiv 1 \pmod 8$이라 하자. 그러면 $8 \mid (p-1)$이므로 $\frac{(p-1)}{8}$은 양의 정수이다. 이제 a를 법 p에 관한 원시근이라 하자. 그러면 $\mathrm{ord}_p a = p-1$이므로 위의 문제 15 (1)에 의하여 $a^{\frac{p-1}{2}} \equiv -1 \pmod p$이다. 따라서

$$\left(a^{\frac{p-1}{8}}\right)^4 = a^{\frac{p-1}{2}} \equiv -1 \pmod p$$

이므로 $b = a^{\frac{p-1}{8}}$이라 하면 b는 합동식 $x^4 \equiv -1 \pmod p$의 정수해이다.

19 89는 소수이고 23은 법 89에 관한 원시근이므로 법 89에 관한 23의 위수는 $\phi(89)=88$, 즉 $\mathrm{ord}_{89} 23 = 88$이다. 따라서

$$\begin{aligned} a^n \equiv 23 \pmod{89} &\Leftrightarrow 23^{41n} \equiv 23 \pmod{89} \\ &\Leftrightarrow 23^{41n-1} \equiv 1 \pmod{89}\ \ (\because (23, 89)=1) \end{aligned}$$

이므로 정리 4.1.3에 의하여 $88 \mid (41n-1)$이다. 즉

$$41n \equiv 1 \pmod{88} \qquad \cdots\cdots\cdots\cdots (*)$$

이다. 이때 $1=(88, 41)=88 \cdot 7 + 41 \cdot (-15)$이고, 따라서 $41 \cdot (-15) \equiv 1 \pmod{88}$이므로

$$n \equiv -15 \equiv 73 \pmod{88}$$

는 합동식 (*)의 유일한 해이다. 그러므로 $a^n \equiv 23 \pmod{89}$를 만족하는 가장 작은 양의 정수 n의 값은 $n=73$이다.

4.2 ❙ 연습문제

01 (1) 연습문제 4.1의 11 (4)에 의하여 2와 5는 법 9에 관하여 서로 합동이 아닌 원시근이다. 또한 법 9에 관한 2, 5를 밑으로 하는 지수표는 다음과 같다.

a	1	2	4	5	7	8
$\text{ind}_2 a$	0	1	2	5	4	3
$\text{ind}_5 a$	0	5	4	1	2	3

(2) $13 \equiv 4 \pmod 9$, $-2 \equiv 7 \pmod 9$이므로 정리 4.2.3 (5)에 의하여

$$\text{ind}_2 13 = \text{ind}_2 4 = 2,\ \ \text{ind}_2(-2) = \text{ind}_2 7 = 4$$

이다. 한편 $\phi(9) = 6$이다. 따라서 정리 4.2.3 (3)에 의하여

$$\text{ind}_2(-26) = \text{ind}_2(13 \cdot (-2)) \equiv \text{ind}_2 13 + \text{ind}_2(-2) = 2+4 = 6 \equiv 0 \pmod 6$$

이므로 $\text{ind}_2(-26) \equiv 0$이다. 다음, $17 \equiv 8 \pmod 9$이므로

$$\text{ind}_5 17 = \text{ind}_5 8 = 3$$

이고, 따라서 정리 4.2.3 (4)에 의하여

$$\text{ind}_5 17^5 \equiv 5\,\text{ind}_5 17 = 5 \cdot 3 = 15 \equiv 3 \pmod 6$$

이므로 $\text{ind}_5 17^5 = 3$이다.

02 (1) g, h가 법 m에 관한 원시근이므로 $(g, m) = (h, m) = 1$이고, 법 m에 관한 g, h의 위수는 모두 $\phi(m)$이다. $\text{ind}_g a = i$, $\text{ind}_h a = j$, $\text{ind}_g h = k$라 하자. 그러면

$$a \equiv g^i \pmod m,\ \ a \equiv h^j \pmod m,\ \ h \equiv g^k \pmod m$$

이므로 정리 3.1.4 (2),(3)과 정리 3.1.5 (2)에 의하여

$$g^i \equiv h^j \equiv g^{kj} \pmod m,$$

즉 $g^i \equiv g^{kj} \pmod m$이다. 따라서 정리 4.1.6에 의하여

$$i \equiv kj \pmod{\phi(m)}$$

이므로 $\text{ind}_g a = i \equiv kj = (\text{ind}_g h)(\text{ind}_g a) \pmod{\phi(m)}$이다.

(2) 정리 4.2.3 (2)에 의하여 $\text{ind}_g g = 1$이므로 (1)에 의하여 분명하다.

03 $gh \equiv 1 \pmod m$이면 연습문제 4.1의 13 (2)에 의하여

$$h \equiv g^{\phi(m)-1} \pmod m$$

이므로 $\text{ind}_g h = \phi(m) - 1$이다. 또한 $\phi(m) - 1 \equiv -1 \pmod{\phi(m)}$이므로

$$\text{ind}_g h \equiv -1 \pmod{\phi(m)}$$

이다. 그러므로 위의 문제 2 (1)과 정리 3.1.5 (2)에 의하여

$$\text{ind}_g a \equiv (\text{ind}_g h)(\text{ind}_h a) \equiv -\text{ind}_h a \pmod{\phi(m)}$$

이고, 따라서

$$\text{ind}_g a + \text{ind}_h a \equiv 0 \pmod{\phi(m)}$$

이다. 그런데 $a \not\equiv 1 \pmod m$이므로 정리 4.2.3(1),(5)에 의하여

$$\text{ind}_g a \neq \text{ind}_g 1 = 0, \;\; \text{ind}_h a \neq \text{ind}_h 1 = 0$$

이다. 따라서 $0 < \text{ind}_g a < \phi(m)$, $0 < \text{ind}_h a < \phi(m)$이므로

$$0 < \text{ind}_g a + \text{ind}_h a < 2\phi(m)$$

이다. 그러므로 $\text{ind}_g a + \text{ind}_h a = \phi(m)$이다.

04 (1) $\phi(17) = 16$이므로 위의 문제 3에 의하여 $a = 2, 3, \cdots, 16$에 대하여

$$\text{ind}_6 a = 16 - \text{ind}_3 a$$

이 성립한다. 예를 들어, $\text{ind}_6 2 = 16 - \text{ind}_3 2 = 16 - 14 = 2$이다. 따라서 법 17에 관한 원시근 6을 밑으로 하는 지수표는 다음과 같다.

a	1	2	3	4	5	6	7	8	9	10	11	12	13	14	15	16
$\text{ind}_6 a$	0	2	15	4	11	1	5	6	14	13	9	3	12	7	10	8

(2) (i) $x \equiv 6, 7, 10, 11 \pmod{17}$. (ii) $x \equiv 5 \pmod{17}$.
(iii) $x \equiv 3, 5, 6, 7, 10, 11, 12, 14 \pmod{17}$. (iv) $x \equiv 1 \pmod{16}$.

(3) 3^{3^3}을 17로 나눌 때의 나머지를 구하려면 합동식 $x \equiv 3^{3^3} \pmod{17}$의 해를 구하면 된다. 그런데

$$x \equiv 3^{3^3} \pmod{17} \;\Leftrightarrow\; \text{ind}_3 x \equiv 3^3 \text{ind}_3 3 = 3^3 \cdot 1 = 27 \equiv 11 \pmod{16}$$

이므로 합동식 $x \equiv 3^{3^3} \pmod{17}$의 해는 $x \equiv 7 \pmod{17}$이고, 따라서 3^{3^3}을 17로 나눌 때의 나머지는 7이다.

05 $(p-1, p) = (-1, p) = 1$이고 $p-1 \equiv -1 \pmod p$이므로 정리 4.2.3(5)에 의하여 $\text{ind}_g(p-1) = \text{ind}_g(-1)$이다. 따라서 연습문제 4.1의 15에 의하여

$$-1 \equiv g^{\frac{p-1}{2}} \pmod p, \;\; 0 < \frac{p-1}{2} < p-1 = \phi(p)$$

이므로 $\frac{p-1}{2} = \text{ind}_g(-1) = \text{ind}_g(p-1)$이다.

06 2가 법 p에 관한 원시근이므로 위의 문제 5에 의하여

$$r = \text{ind}_g(p-1) = \frac{p-1}{2}$$

이다. 따라서 $p > 3$이므로

$$0 < r+1 = \frac{p-1}{2} < \frac{p-1}{2} + \frac{p-1}{2} = p-1,$$

즉 $0 < r+1 < p-1$이다. 또한 $\text{ind}_2(p-1) = r$이므로

$$2^r \equiv p-1 \pmod p$$

이다. 따라서

$$2^{r+1} = 2 \cdot 2^r \equiv 2(p-1) = p + (p-2) \equiv p-2 \pmod p,$$

즉 $2^{r+1} \equiv p-2 \pmod p$이므로 $\text{ind}_2(p-2) = r+1$이다.

07 $a^x \equiv b \pmod m \iff \text{ind}_g a^x = \text{ind}_g b$ (정리 4.2.3 (5)에 의하여)

$\iff x\,\text{ind}_g a \equiv \text{ind}_g a^x = \text{ind}_g b \pmod{\phi(m)}$(정리 4.2.3 (4)에 의하여)

이므로 합동식 $a^x \equiv b \pmod m$과 합동식

$$(\text{ind}_g a)x \equiv \text{ind}_g b \pmod{\phi(m)} \qquad \cdots\cdots\cdots\cdots\cdots (*)$$

는 동치이고, 따라서 정리 3.2.2에 의하여 합동식 (*)가 해를 갖기 위한 필요충분조건은 $(\text{ind}_g a, \phi(m)) \mid \text{ind}_g b$이다.

08 97은 소수이므로 $\phi(97) = 96$이다. 정리 4.2.3 (4),(5)에 의하여

$$7\,\text{ind}_5 x \equiv \text{ind}_5 45 \equiv 45 \pmod{96}, \text{ 즉 } 7\,\text{ind}_5 x \equiv 45 \pmod{96}$$

이고 $(7, 96) = 1$이므로 정리 3.2.2에 의하여 합동식 $7\,\text{ind}_5 x \equiv 45 \pmod{96}$은 1개의 해를 갖는다. 따라서 합동식 $x^7 \equiv 45 \pmod{97}$은 1개의 해를 갖는다. 같은 방법으로, $8\,\text{ind}_5 x \equiv 45 \pmod{96}$, $9\,\text{ind}_5 x \equiv 45 \pmod{96}$를 이용하면 (2)는 해가 없고, (3)은 3개의 해를 가짐을 알 수 있다.

09 (1) 0. (2) 1. (3) 3.
(4) 0. (5) 1. (6) 10.

10 (1) $x \equiv 2, 5, 6 \pmod{13}$. (2) $x \equiv 11 \pmod{12}$. (3) $x \equiv 5 \pmod{23}$.
(4) $x \equiv 11, 14 \pmod{25}$. (5) $x \equiv 11 \pmod{29}$.
(6) $x \equiv 2, 7, 38, 43 \pmod{3^2 \cdot 5}$ (연립합동식을 이용하라).

11

$$\begin{aligned} x^4 \equiv 1 \pmod{29} &\Leftrightarrow 4\,\mathrm{ind}_2 x \equiv \mathrm{ind}_2 1 \equiv 0 \pmod{28} \\ &\Leftrightarrow \mathrm{ind}_2 x \equiv 0 \pmod 7 \\ &\Leftrightarrow \mathrm{ind}_2 x \equiv 0,\ 7,\ 14,\ 21 \pmod{28} \\ &\Leftrightarrow x \equiv 2^0, 2^7, 2^{14}, 2^{21} \pmod{29} \end{aligned}$$

그러므로 $m \equiv 2^0 \cdot 2^7 \cdot 2^{14} \cdot 2^{21} \equiv 2^{28} \cdot 2^{14} \equiv 1 \cdot 2^{14} \equiv 2^{14} \pmod{29}$이고, 따라서

$$2^k \equiv m \pmod{29} \;\Leftrightarrow\; 2^k \equiv 2^{14} \pmod{29} \;\Leftrightarrow\; k \equiv 14 \pmod{28}$$

이므로 $k = 14$이다.

12 $50 = 2 \cdot 5^2$이므로 $\phi(50) = 5^2 - 5 = 20$이고, 정수 3이 법 50에 대한 원시근이므로 $\mathrm{ord}_{50} 3 = 20$이다. 따라서 $3^{20} \equiv 1 \pmod{50}$이고 연습문제 4.1의 15에 의하여 $3^{10} \equiv -1 \pmod{50}$이므로, 정리 4.2.3에 의하여

$$\mathrm{ind}_3(-1) = \mathrm{ind}_3 3^{10} \equiv 10\,\mathrm{ind}_3 3 = 10 \pmod{20}$$

이다. 따라서

$$\begin{aligned} & x^{12} \equiv -9 \pmod{50} \\ \Leftrightarrow\ & \mathrm{ind}_3 x^{12} = \mathrm{ind}_3(-9) \equiv \mathrm{ind}_3(-1) + \mathrm{ind}_3 3^2 \pmod{20} \\ \Leftrightarrow\ & 12\,\mathrm{ind}_3 x \equiv 10 + 2 = 12 \pmod{20} \;\Leftrightarrow\; 3\,\mathrm{ind}_3 x \equiv 3 \pmod 5 \\ \Leftrightarrow\ & \mathrm{ind}_3 x \equiv 1 \pmod 5 \;\Leftrightarrow\; \mathrm{ind}_3 x \equiv 1,\ 6,\ 11,\ 16 \pmod{20} \\ \Leftrightarrow\ & x \equiv 3^1,\ 3^6,\ 3^{11},\ 3^{16} \pmod{50} \end{aligned}$$

이다. 이때

$$\begin{aligned} & 3^2 \equiv 9 \pmod{50}, 3^4 \equiv 81 \equiv 31 \pmod{50},\ 3^6 \equiv 279 \equiv 29 \pmod{50}, \\ & 3^{11} \equiv 3^{10} \cdot 3 \equiv (-1) \cdot 3 \equiv -3 \equiv 47 \pmod{50}, \\ & 3^{16} \equiv 3^{10} \cdot 3^6 \equiv (-1) \cdot 29 \equiv -29 \equiv 21 \pmod{50} \end{aligned}$$

이므로 1보다 크거나 같고 25보다 작거나 같은 합동식의 해는 3, 21뿐이다. 그러므로 이 두 해를 더한 값은 $3 + 21 = 24$이다.

13

$$x^3 - 8 \equiv 0 \pmod{2015} \;\Leftrightarrow\; \begin{cases} x^3 \equiv 8 \pmod 5 & \cdots\cdots\cdots ① \\ x^3 \equiv 8 \pmod{13} & \cdots\cdots\cdots ② \\ x^3 \equiv 8 \pmod{31} & \cdots\cdots\cdots ③ \end{cases}$$

이다. 한편 $p = 5, 13,\ 31$은 모두 홀수인 소수이므로 원시근을 갖고,

$$(5, 8) = (13, 8) = (31, 8) = 1$$

이므로 정리 4.2.7에 의하여 $x^3 \equiv 8 \pmod p$가 해를 갖기 위한 필요충분조건은

$$8^{\frac{\phi(p)}{d}} \equiv 1 \pmod{p}, \quad d=(3, \phi(p))$$

이다. 더욱이 이 합동식이 해를 가지면 d개의 해를 갖는다. 먼저, $(3, \phi(5))=(3,4)=1$이고 $8^{\frac{\phi(5)}{1}} \equiv 8^4 \equiv (8^2)^2 \equiv (-1)^2 \equiv 1 \pmod{5}$이므로 ①식은 1개의 해를 갖는다. 다음, $(3, \phi(13))=(3, 12)=3$이고 $8^{\frac{\phi(13)}{3}} \equiv 8^4 \equiv (8^2)^2 \equiv (-1)^2 \equiv 1 \pmod{13}$이므로 ②식은 3개의 해를 갖는다. 마지막으로 $(3, \phi(31)=(3, 30))=3$이고 $8^{\frac{\phi(31)}{3}} \equiv 8^{10} \equiv (8^2)^5 \equiv 2^5 \equiv 32 \equiv 1 \pmod{31}$이므로 ③식은 3개의 해를 갖는다. 그러므로 합동식 $x^3-8 \equiv 0 \pmod{2015}$는 법 2015에 대하여 $9(=1\times3\times3)$개의 해를 갖는다.

14 정수 131은 소수이므로 정리 4.1.21(2)에 의하여 g를 법 131에 관한 원시근이라 하자.
그러면 합동식 $x^{n+5}-x^n-x^5+1 \equiv 0 \pmod{131} \cdots (*)$에 대해

$$\begin{aligned}
& x^{n+5}-x^n-x^5+1 \equiv 0 \pmod{131} \\
& \Leftrightarrow (x^5-1)(x^n-1) \equiv 0 \pmod{131} \\
& \Leftrightarrow x^5 \equiv 1 \pmod{131} \text{ 또는 } x^n \equiv 1 \pmod{131} \\
& \Leftrightarrow \operatorname{ind}_g x^5 = \operatorname{ind}_g 1 \text{ 또는 } \operatorname{ind}_g x^n = \operatorname{ind}_g 1 \text{ (정리 4.2.3(5)에 의하여)} \\
& \Leftrightarrow \operatorname{ind}_g x^5 = 0 \text{ 또는 } \operatorname{ind}_g x^n = 0 \text{ (정리 4.2.3(1)에 의하여)} \\
& \Leftrightarrow 5\operatorname{ind}_g x \equiv 0 \pmod{130} \text{ 또는 } n\operatorname{ind}_g x \equiv 0 \pmod{130} \text{ (정리 4.2.3(4)에 의하여)}
\end{aligned}$$

이다. $\operatorname{ind}_g x = X$로 생각하면 정리 3.2.2에 의하여 합동식 $5X \equiv 0 \pmod{130}$이 해를 갖기 위한 필요충분조건은 $(130,5)\mid 0$이고 합동식 $nX \equiv 0 \pmod{130}$이 해를 갖기 위한 필요충분조건은 $(130,n)\mid 0$인 것이다. 또한 각각의 합동식이 해를 가지면 $(130,5)=5$, $(130,n)$개의 해를 갖는다. 합동식 $x^5 \equiv 1 \pmod{131}$의 해집합을 S, 합동식 $x^n \equiv 1 \pmod{131}$의 해집합을 S_n $(1 \le n \le 130)$라 하자. 그러면 합동식 $(*)$의 해의 개수는 $|S \cup S_n|$이고

$$\begin{aligned}
5 = |S \cup S_n| &= |S| + |S_n| - |S \cap S_n| \\
&= 5 + |S_n| - |S \cap S_n|
\end{aligned}$$

이므로 $S_n \subseteq S$이다. 따라서 $(130,n)=1$ 또는 5이다.
$(130,n)=1$인 경우는 합동식 $x^n \equiv 1 \pmod{131}$의 해는 $x \equiv 1 \pmod{131}$뿐이다. 따라서 n의 개수는 $\phi(130)=48$이다.
$(130,n)=5$인 경우는 n은 5의 배수이고 $\left(26, \frac{n}{5}\right)=1$이므로 n의 개수는 $\phi(26)=12$이다. 따라서 자연수 n의 개수는 60이다.

15 (1) $d=(a,b)$라 하면 $a=dk$와 $b=dt$를 만족하는 정수 k, t가 존재한다. 또한 정리 2.1.11에 의하여 $d=as+bl$을 만족하는 정수 s, l이 존재 한다. 이제 $x \in S_{(a,b)}$라 하면 $x^d \equiv 1 \pmod{m}$이므로

정리 3.1.5(2)에 의하여 $x^{dk} \equiv 1(\mathrm{mod}\, m)$이고 $x^{dt} \equiv 1(\mathrm{mod}\, m)$이다. 따라서 $x \in S_a \cap S_b$이다. 또한 $x \in S_a \cap S_b$라 하면 정리 3.1.5(2)에 의하여

$$x^d = x^{as+bl} = (x^a)^s (x^b)^l \equiv 1\,(\mathrm{mod}\, m)$$

이다. 따라서 $S_a \cap S_b = S_{(a,\, b)}$이다.

(2) $f(x) = (x^{10}-1)(x^{10}+x^5+1)(x^{36}-1)$라 하면

$$\begin{aligned}(x^5-1)f(x) &= (x^5+1)(x^5-1)^2(x^{10}+x^5+1)(x^{36}-1)\\ &= (x^{10}-1)(x^{15}-1)(x^{36}-1)\end{aligned}$$

이므로 합동방정식 $f(x) \equiv 0\,(\mathrm{mod}\, 61)$와 $(x^5-1)f(x) \equiv 0\,(\mathrm{mod}\, 61)$는 법 61에 대한 해의 개수는 서로 같다.

$$\begin{aligned}S_{10} &= \{x \in \mathbb{Z}_{61} \mid x^{10} \equiv 1\,(\mathrm{mod} 61)\},\\ S_{15} &= \{x \in \mathbb{Z}_{61} \mid x^{15} \equiv 1\,(\mathrm{mod} 61)\},\\ S_{36} &= \{x \in \mathbb{Z}_{61} \mid x^{36} \equiv 1\,(\mathrm{mod} 61)\}\end{aligned}$$

라 하면 합동방정식 $f(x) \equiv 0\,(\mathrm{mod} 61)$의 법 61에 대한 해의 개수는 $|S_{10} \cup S_{15} \cup S_{36}|$이고

$$\begin{aligned}|S_{10} \cup S_{15} \cup S_{36}| = |S_{10}| + |S_{15}| + |S_{36}| - |S_{10} \cap S_{15}| - |S_{10} \cap S_{36}|\\ - |S_{15} \cap S_{36}| + |S_{10} \cap S_{15} \cap S_{36}|\end{aligned}$$

이다. 정리 4.2.7에 의하여 $|S_{10}| = 10$, $|S_{15}| = 15$, $|S_{36}| = 12$이다. 또한 (1)에 의하여

$$|S_{10} \cap S_{15}| = |S_{(10,\, 15)}| = |S_5| = 5, \quad |S_{10} \cap S_{36}| = |S_{(10,\, 36)}| = |S_2| = 2,$$

$|S_{15} \cap S_{36}| = |S_{(15,\, 36)}| = |S_3| = 3$이고 $|S_{10} \cap S_{15} \cap S_{36}| = |S_{(10,\, 15,\, 36)}| = |S_1| = 1$이므로

$$|S_{10} \cup S_{15} \cup S_{36}| = 10 + 15 + 12 - 5 - 2 - 3 + 1 = 28$$

이다.

5.1 ▌ 연습문제

01 (1) $x=3,\ y=4,\ z=5$; $x=4,\ y=3,\ z=5$; $x=5,\ y=12,\ z=13$;
$x=12,\ y=5,\ z=13$; $x=15,\ y=8,\ z=17$; $x=8,\ y=15,\ z=17$;
$x=7,\ y=24,\ z=25$; $x=24,\ y=7,\ z=25$; $x=21,\ y=20,\ z=29$;
$x=20,\ y=21,\ z=29$. (보기 5.1.5 참조)

(2) $x=6,\ y=8,\ z=10$; $x=8,\ y=6,\ z=10$; $x=9,\ y=12,\ z=15$;
$x=12,\ y=9,\ z=15$; $x=12,\ y=16,\ z=20$; $x=16,\ y=12,\ z=20$;
$x=15,\ y=20,\ z=25$; $x=20,\ y=15,\ z=25$; $x=10,\ y=24,\ z=26$;

$x = 24,\ y = 10,\ z = 26.$

02 (1) $x = 40,\ y = 9,\ z = 41;\ \ x = 40,\ y = 399,\ z = 401.$

(2) $x = 11,\ y = 60,\ z = 61;\ \ x = 91,\ y = 60,\ z = 109;\ \ x = 221,\ y = 60,\ z = 229;$
$x = 899,\ y = 60,\ z = 901.$

(3) $x = 16,\ y = 12,\ z = 20;\ \ x = 16,\ y = 63,\ z = 65;\ \ x = 16,\ y = 30,\ z = 34.$

03 양의 정수 $a,\ b,\ c$가 부정방정식 $x^2 + y^2 = z^2$의 원시해이므로 $a^2 + b^2 = c^2$, $(a, b) = 1$이다.

(1) $(a, b) = 1$이므로 a와 b 중에서 많아야 하나만이 3의 배수이다. 정리 2.1.1에 의하여 모든 정수 n은 적당한 $k \in \mathbb{Z}$에 대하여

$$n = 3k,\ n = 3k + 1,\ n = 3k + 2$$

와 같이 세 가지 꼴로 표시된다. 따라서 모든 정수 n의 제곱은

$$n^2 \equiv 0 \pmod 3 \text{ 또는 } n^2 \equiv 1 \pmod 3,$$

즉 $n^2 \not\equiv 2 \pmod 3$이고, 특히 n이 3의 배수가 아니면 $n^2 \equiv 1 \pmod 3$이다. 그러므로 a와 b가 모두 3의 배수가 아니라 가정하면

$$a^2 \equiv 1 \pmod 3,\ \ b^2 \equiv 1 \pmod 3$$

이므로 정리 3.1.5 (1)에 의하여

$$c^2 = a^2 + b^2 \equiv 1 + 1 = 2 \pmod 3$$

이다. 그러나 $c^2 \not\equiv 2 \pmod 3$이므로 이것은 모순이다. 따라서 a와 b 중에서 꼭 하나만이 3의 배수이다.

(2) $(a, b) = 1$이므로 a와 b 중에서 많아야 하나만이 4의 배수이다. 또한 정리 5.1.4에 의하여

$$(1)\ \begin{cases} a = h^2 - k^2 \\ b = 2hk \\ c = h^2 + k^2 \end{cases} \quad \text{또는} \quad (2)\ \begin{cases} a = 2hk \\ b = h^2 - k^2 \\ c = h^2 + k^2 \end{cases}$$

이고 $(h, k) = 1,\ h > k \geq 1$을 만족하는 정수 $h,\ k$가 존재하고, h와 k 중에서 하나는 짝수이고 다른 하나는 홀수이다. 따라서 (1)의 경우는 b(각각 (2)의 경우는 a)가 4의 배수이다. 그러므로 a와 b중에서 꼭 하나만이 4의 배수이다.

(3) $(a, b) = 1$이고, 또한 정리 5.1.2 (1)에 의하여

$$(a, b, c) = (a, c) = (b, c) = 1$$

이므로 세 정수 $a,\ b,\ c$ 중에서 많아야 하나만이 5의 배수이다. 정리 2.1.1에 의하여 모든 정수 n은 적당한 $k \in \mathbb{Z}$에 대하여

$$n = 5k,\ \ n = 5k + 1,\ \ n = 5k + 2,\ \ n = 5k + 3,\ \ n = 5k + 4$$

와 같이 다섯 가지 꼴로 표시된다. 따라서 5의 배수가 아닌 모든 정수 n의 제곱은

$$n^2 \equiv 1 \pmod 5 \ \text{또는}\ n^2 \equiv 4 \pmod 5$$

이다. 그러므로 a와 b가 모두 5의 배수가 아니라 가정하면

$$a^2 \equiv \pm 1 \pmod 5,\ b^2 \equiv \pm 1 \pmod 5$$

이고, 따라서 정리 3.1.5 (1)에 의하여

$$c^2 = a^2 + b^2 \equiv 0,\ 2,\ \text{또는}\ -2 \pmod 5$$

이다. 그런데 정리 3.3.20 (1)에 의하여 $\left(\frac{2}{5}\right) = (-1)^{\frac{5^2-1}{8}} = (-1)^3 = -1$이고, 또한 정리 3.3.11 (3)과 정리 3.3.12 (2)에 의하여

$$\left(\frac{-2}{5}\right) = \left(\frac{-1}{5}\right)\left(\frac{2}{5}\right) = (-1)^{\frac{5-1}{2}}\left(\frac{2}{5}\right) = -1$$

이므로 $c^2 \not\equiv 2 \pmod 5$, $c^2 \not\equiv -2 \pmod 5$이다. 따라서 $c^2 \equiv 0 \pmod 5$, 즉 $5 \mid c^2$이다. 그러므로 정리 2.2.5에 의하여 $5 \mid c$, 즉 c는 5의 배수이다. 같은 방법으로, a와 c (각각 b와 c)가 5의 배수가 아니면 b (각각 a)가 5의 배수이다.

04 α, β, γ를 피타고라스의 세 수라 하고 $(\alpha, \beta) = d$라 하면 정리 5.1.2 앞의 설명에 의하여 $\alpha = da$, $\beta = db$, $\gamma = dc$를 만족하는 양의 정수 a, b, c가 존재하고, a, b, c가 부정방정식 $x^2 + y^2 = z^2$의 원시해이다. 따라서 위의 문제 3의 (1), (2)에 의하여

$$3 \mid a,\ 4 \mid b \text{이거나}\ 4 \mid a,\ 3 \mid b \quad \cdots\cdots\cdots\cdots\cdots \ ⓐ$$

또는

$$3 \mid a,\ 4 \mid a \text{이거나}\ 3 \mid b,\ 4 \mid b \quad \cdots\cdots\cdots\cdots\cdots \ ⓑ$$

이다.

(1) ⓐ의 경우는 $12 \mid ab$이고, ⓑ의 경우는 정리 2.1.27 (2)와 정리 2.1.6 (2)에 의하여 $12 \mid ab$이다. 따라서 정리 2.1.6 (3)에 의하여 $12 \mid \alpha\beta$이다.

(2) 위의 문제 3 (3)에 의하여 a, b, c 중에서 꼭 하나만이 5의 배수이다. 먼저 $5 \mid a$ 또는 $5 \mid b$라 하자. 그러면 정리 2.1.6 (2)에 의하여 $5 \mid abc$이다. 다음, ⓐ의 경우는 $12 \mid ab$이다. 또한 ⓑ의 경우는 $(3, 4) = 1$이므로 정리 2.1.27 (2)에 의하여 $12 \mid a$이거나 $12 \mid b$이다. 따라서 어느 경우이든지 정리 2.1.6 (2)에 의하여 $12 \mid abc$이다. 따라서 $(5, 12) = 1$이므로 정리 2.1.27 (2)에 의하여 $5 \cdot 12 \mid abc$, 즉 $60 \mid abc$이다. 그러므로 정리 2.1.6 (2)에 의하여 $60 \mid d^3abc$, 즉 $60 \mid \alpha\beta\gamma$이다. 다음, $5 \mid c$인 경우는 정리 2.1.6 (2)에 의하여 $5 \mid dc$, 즉 $5 \mid \gamma$이고, 또한 (1)에 의하여 $12 \mid \alpha\beta$이다. 따라서 $60 \mid \alpha\beta\gamma$이다.

05 α, β, γ를 피타고라스의 세 수라 하고 $(\alpha, \beta) = d$라 하면 정리 5.1.2 앞의 설명에 의하여 $\alpha = da$, $\beta = db$, $\gamma = dc$를 만족하는 양의 정수 a, b, c가 존재하고, a, b, c가 부정방정식 $x^2 + y^2 = z^2$의 원시

해이다. 따라서 정리 5.1.4에 의하여

$$\begin{cases} a = h^2 - k^2 \\ b = 2hk \\ c = h^2 + k^2 \end{cases} \quad \text{또는} \quad \begin{cases} a = 2hk \\ b = h^2 - k^2 \\ c = h^2 + k^2 \end{cases}$$

이고 $(h, k) = 1$, $h > k \geq 1$을 만족하는 정수 h, k가 존재하고, h와 k 중에서 하나는 짝수이고 다른 하나는 홀수이다. 더욱이

$$\begin{cases} \alpha = da = d(h^2 - k^2) \\ \beta = db = 2dhk \\ \gamma = dc = d(h^2 + k^2) \end{cases} \quad \text{또는} \quad \begin{cases} \alpha = 2dhk \\ \beta = d(h^2 - k^2) \\ \gamma = d(h^2 + k^2) \end{cases}$$

이다. 역으로, 주어진 조건을 만족하는 양의 정수 h, k, d가 존재한다고 하자. 그러면 $d|\alpha$, $d|\beta$, $d|\gamma$ 이므로 $\alpha = da$, $\beta = db$, $\gamma = dc$를 만족하는 양의 정수 a, b, c가 존재한다. 따라서

$$\begin{cases} a = \dfrac{\alpha}{d} = h^2 - k^2 \\ b = \dfrac{\beta}{d} = 2hk \\ c = \dfrac{\gamma}{d} = h^2 + k^2 \end{cases} \quad \text{또는} \quad \begin{cases} a = \dfrac{\alpha}{d} = 2hk \\ b = \dfrac{\beta}{d} = h^2 - k^2 \\ c = \dfrac{\gamma}{d} = h^2 + k^2 \end{cases}$$

이므로 정리 5.1.4에 의하여 a, b, c는 부정방정식 $x^2 + y^2 = z^2$의 원시해이다. 따라서 정리 5.1.2 앞의 설명에 의하여 α, β, γ는 피타고라스의 세 수이다.

06 $n \in \mathbb{Z}$ $(n > 1)$라 할 때,

$$\begin{aligned} (n-1)^2 + n^2 = (n+1)^2 &\Rightarrow n^2 - 2n + 1 + n^2 = n^2 + 2n + 1 \\ &\Rightarrow n^2 = 4n \Rightarrow n = 4 \end{aligned}$$

이므로 연속한 세 양의 정수가 피타고라스의 세 수인 것은 3, 4, 5뿐이다.

07 (1) $n^2 + m^2 = n^2 + (n + (n+1)) = n^2 + 2n + 1 = (n+1)^2$이므로 분명하다.

(2) 위의 문제 4(2)에 의하여 분명하다.

(3) 피타고라스의 삼각형의 빗변의 길이를 c라 하고 다른 두 변의 길이를 각각 a, b라 하자. $a = 21$, $b = 20$, $c = 29$; $a = 35$, $b = 12$, $c = 37$일 때, 두 삼각형의 넓이는 210으로 같다.

(4) 둘레의 길이와 넓이가 같은 피타고라스의 삼각형의 빗변의 길이를 c라 하고 다른 두 변의 길이를 각각 a, b라 하자. 그러면

$$a^2 + b^2 = c^2, \quad 2(a+b+c) = ab$$

가 성립한다. 따라서

$$\begin{aligned} a^2 + b^2 = c^2 &\Rightarrow (a+b)^2 - 2ab = c^2 \\ &\Rightarrow (a+b)^2 - 4(a+b+c) = c^2 \ (2(a+b+c) = ab\text{이므로}) \end{aligned}$$

$$\Rightarrow \ (a+b)^2-c^2-4(a+b+c)=0$$
$$\Rightarrow \ (a+b+c)(a+b-c)-4(a+b+c)=0$$
$$\Rightarrow \ (a+b+c)(a+b-c-4)=0$$
$$\Rightarrow \ a+b-c-4=0 \ (a+b+c>0\text{이므로})$$

즉, $c=a+b-4$이므로

$$2(a+b+c)=ab \ \Rightarrow \ 2(a+b+a+b-4)=ab \ \Rightarrow \ 4b-ab-8+4a=0$$
$$\Rightarrow \ b(4-a)-4(4-a)+8=0 \ \Rightarrow \ (4-a)(b-4)=-8$$
$$\Rightarrow \ 4-a=-\frac{8}{b-4} \quad \Rightarrow \ a=4+\frac{8}{b-4}$$

이다. 따라서 a, b는 양의 정수이고, 또한 $c=a+b-4$이므로

$$a=12,\ b=5\ (\text{또는}\ a=5,\ b=12),\ c=13\,;$$
$$\text{또는}\ a=8,\ b=6\ (\text{또는}\ a=6,\ b=8),\ c=10$$

일 때, 피타고라스의 삼각형은 둘레의 길이와 넓이가 같다(보기 5.1.5를 참조).

08 (1) 빗변의 길이가 c인 넓이가 같은 두 피타고라스의 삼각형의 세변의 길이를 각각 a, b, c와 α, β, c라 하자. 그러면

$$a^2+b^2=c^2=\alpha^2+\beta^2,\ ab=\alpha\beta$$

이다. 따라서

$$(a+b)^2-2ab=a^2+b^2=\alpha^2+\beta^2=(\alpha+\beta)^2-2\alpha\beta=(\alpha+\beta)^2-2ab$$

이므로 $(a+b)^2=(\alpha+\beta)^2$이고, 이때 $a+b$, $\alpha+\beta$가 모두 양의 정수이므로 $a+b=\alpha+\beta$이다. 한편 $ab=\alpha\beta$이므로 $b=\frac{\alpha\beta}{a}$이고, 따라서

$$a+b=\alpha+\beta \ \Rightarrow \ a+\frac{\alpha\beta}{a}=\alpha+\beta \ \Rightarrow \ a^2-a(\alpha+\beta)+\alpha\beta=0$$
$$\Rightarrow \ (a-\alpha)(a-\beta)=0 \ \Rightarrow \ a-\alpha=0 \ \text{또는} \ a-\beta=0$$
$$\Rightarrow \ a=\alpha \ \text{또는} \ a=\beta$$

이다. 그러므로 $a=\alpha$라 하면 $b=\frac{\alpha\beta}{\alpha}=\beta$이고, 또한 $a=\beta$라 하면 $b=\frac{\alpha\beta}{\beta}=\alpha$이므로 같은 넓이를 갖고 빗변의 길이가 같은 두 피타고라스의 삼각형은 합동이다.

(2) 다음과 같이 세 변의 길이가 a, b, c인 피타고라스의 삼각형 $\triangle ABC$와 내접원을 생각하고 내접원의 중심을 P라 하자.

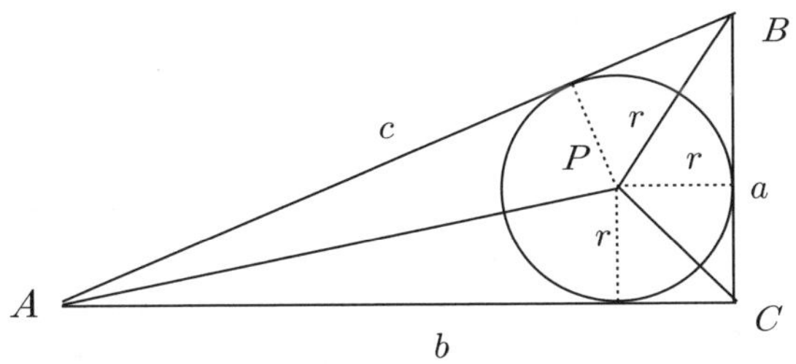

그러면

$$\triangle ABC\text{의 넓이} = \triangle BPC\text{의 넓이} + \triangle APC\text{의 넓이} + \triangle APB\text{의 넓이}$$

이므로

$$\frac{1}{2}ab = \frac{1}{2}ra + \frac{1}{2}rb + \frac{1}{2}rc = \frac{1}{2}r(a+b+c)$$

이다. 즉, $ab = r(a+b+c)$이다. 또한 $a^2+b^2=c^2$이므로 위의 문제 5에 의하여

$$\begin{cases} a = d(h^2-k^2) \\ b = 2dhk \\ c = d(h^2+k^2) \end{cases} \quad \text{또는} \quad \begin{cases} a = 2dhk \\ b = d(h^2-k^2) \\ c = d(h^2+k^2) \end{cases}$$

이고 $(h, k)=1$, $h > k \geq 1$을 만족하는 양의 정수 h, k, d가 존재한다. 따라서

$$\begin{aligned} r &= \frac{ab}{(a+b+c)} = \frac{2d^2hk(h^2-k^2)}{d(2hk+h^2-k^2+h^2+k^2)} \\ &= \frac{2d^2hk(h^2-k^2)}{d(2hk+2h^2)} = \frac{dk(h^2-k^2)}{h+k} = dk(h-k) \in \mathbb{Z} \end{aligned}$$

이다.

09 (1) 부정방정식 $x^2+y^2=z^2$의 원시해 중에서 $z-y=2$를 만족하는 해를 a, b, c라 하자. 그러면 정리 5.1.4에 의하여

$$\begin{cases} a = h^2-k^2 \\ b = 2hk \\ c = h^2+k^2 \end{cases} \quad \text{또는} \quad \begin{cases} a = 2hk \\ b = h^2-k^2 \\ c = h^2+k^2 \end{cases}$$

이고 $(h, k)=1$, $h > k \geq 1$을 만족하는 정수 h, k가 존재하고, h와 k 중에서 하나는 짝수이고 다른 하나는 홀수이다. 따라서

$$a = h^2-k^2,\ b = 2hk,\ c = h^2+k^2$$

이라 하면

$$c-b=2 \ \Rightarrow \ h^2+k^2-2hk=2 \ \Rightarrow \ (h-k)^2=2$$

이다. 그러나 $h-k$는 홀수이므로 이것은 모순이다. 그러므로

$$a = 2hk,\ b = h^2 - k^2,\ c = h^2 + k^2$$

이어야 하고, 따라서

$$\begin{aligned} c - b = 2 \ &\Rightarrow\ h^2 + k^2 - (h^2 - k^2) = 2 \ \Rightarrow\ 2k^2 = 2 \\ &\Rightarrow\ k^2 = 1 \ \Rightarrow\ k = 1\ (k \geq 1\text{이므로}) \end{aligned}$$

이다. 따라서 부정방정식 $x^2 + y^2 = z^2$의 원시해 중에서 $z - y = 2$를 만족하는 해는 $h \in \mathbb{Z}\ (h > 1)$에 대하여

$$x = 2h,\ y = h^2 - 1,\ z = h^2 + 1$$

로 주어진다.

(2) $a, b \in \mathbb{Z}$에 대하여 $a^2 + (a+1)^2 = 2b^2$가 성립한다고 가정하면

$$\begin{aligned} a^2 + (a+1)^2 \equiv 0 \pmod 2 \ &\Rightarrow\ 2(a^2 + a) + 1 \equiv 0 \pmod 2 \\ &\Rightarrow\ 1 \equiv 0 \pmod 2 \end{aligned}$$

이 되어 모순이다. 따라서 부정방정식 $x^2 + (x+1)^2 = 2y^2$의 정수해는 존재하지 않는다.

10 (1) a, c가 양의 정수이므로 $3a+2c+1,\ 3a+2c+2,\ 4a+3c+2$도 양의 정수이다. 또한

$$a^2 + (a+1)^2 = c^2 \ \Rightarrow\ 2a^2 + 2a + 1 = c^2$$

이므로

$$\begin{aligned} &(3a+2c+1)^2 + (3a+2c+2)^2 \\ &= (9a^2 + 4c^2 + 1 + 12ac + 4c + 6a) + (9a^2 + 4c^2 + 4 + 12ac + 8c + 12a) \\ &= 18a^2 + 8c^2 + 5 + 24ac + 12c + 18a \\ &= 16a^2 + (2a^2 + 2a + 1) + 8c^2 + 4 + 24ac + 12c + 16a \\ &= 16a^2 + c^2 + 8c^2 + 4 + 24ac + 12c + 16a \\ &= (4a)^2 + (3c)^2 + 2^2 + 2(4a \cdot 3c + 3c \cdot 2 + 2 \cdot 4a) \\ &= (4a+3c+2)^2 \end{aligned}$$

이다. 따라서 $3a+2c+1,\ 3a+2c+2,\ 4a+3c+2$는 피타고라스의 세 수이다.

(2) 주어진 조건을 만족하는 피타고라스의 삼각형의 빗변의 길이를 γ라 하고 다른 두 변의 길이를 각각 α, β라 하자. 그러면 $\alpha^2 + \beta^2 = \gamma^2$이므로 위의 문제 5에 의하여

$$\begin{cases} \alpha = d(h^2 - k^2) \\ \beta = 2dhk \\ \gamma = d(h^2 + k^2) \end{cases} \quad \text{또는} \quad \begin{cases} \alpha = 2dhk \\ \beta = d(h^2 - k^2) \\ \gamma = d(h^2 + k^2) \end{cases}$$

이고 $(h, k) = 1,\ h > k \geq 1$을 만족하는 양의 정수 h, k, d가 존재하고, h와 k 중에서 하나는 짝수이고 다른 하나는 홀수이다. 또한 피타고라스의 삼각형에서 빗변과 다른 한 변과의 길이의 차

가 1이므로

$$d(h^2+k^2)-d(h^2-k^2)=2dk^2=1$$
$$\text{또는 } d(h^2+k^2)-2dhk=d(h-k)^2=1$$

이다. 이때 $d,\ h,\ k$는 모두 양의 정수이므로 $2dk^2=1$인 경우는 일어나지 않는다. 따라서 $d(h-k)^2=1$이어야 하고, 따라서 $h>k\geq 1$이므로 $d=1$이고 $h-k=1$, 즉 $h=k+1$이어야 한다. 따라서

$$\begin{aligned}&d(h^2-k^2)=h^2-k^2=(k+1)^2-k^2=2k+1,\\&2dhk=2hk=2(k+1)k=2k^2+2k,\\&d(h^2+k^2)=h^2+k^2=(k+1)^2+k^2=2k^2+2k+1\end{aligned}$$

이므로 빗변과 다른 한 변과의 길이의 차가 1인 피타고라스의 삼각형의 세 변의 길이는 $2k+1,\ 2k^2+2k,\ 2k^2+2k+1$의 꼴로 주어진다.

5.2 ▌연습문제

01 부정방정식 $x^{4n}+y^{4n}=z^{4n}$이 양의 정수해 $a,\ b,\ c$를 갖는다고 하면

$$a^{4n}+b^{4n}=c^{4n} \ \Rightarrow\ (a^n)^4+(b^n)^4=(c^n)^4$$

이므로 부정방정식

$$X^4+Y^4=Z^4$$

은 양의 정수해 $a^n,\ b^n,\ c^n$을 갖게 되어 정리 5.2.4에 모순이다. 따라서 n이 양의 정수일 때, 부정방정식 $x^{4n}+y^{4n}=z^{4n}$의 양의 정수해는 존재하지 않는다.

02 정리 5.2.4에 의하여 부정방정식 $(x^2+1)^4+(y^2+2)^4=(z+4)^2$이 정수해를 가지면 $x^2+1=0$ 또는 $y^2+2=0$, 즉

$$x^2=-1 \text{ 또는 } y^2=-2$$

이어야 한다. 그러나 이와 같은 정수 $x,\ y$는 존재하지 않으므로 부정방정식 $(x^2+1)^4+(y^2+2)^4=(z+4)^2$의 정수해는 존재하지 않는다.

03 (1) $a^p+b^p=c^p$이라 하자. 그러면 정리 3.1.28에 의하여

$$a^p\equiv a\ (\mathrm{mod}\ p),\ \ b^p\equiv b\ (\mathrm{mod}\ p), c^p\equiv c\ (\mathrm{mod}\ p)$$

이므로 정리 3.1.4 (2), (3)과 정리 3.1.5 (1)에 의하여

$$a+b \equiv a^p+b^p=c^p \equiv c\ (\mathrm{mod}\ p),$$

즉 $a+b \equiv c\ (\mathrm{mod}\ p)$이다.

(2) $a^{p-1}+b^{p-1}=c^{p-1}$이라 하자. $abc \not\equiv 0\ (\mathrm{mod}\ p)$라 가정하면 $p \nmid abc$이므로 $p \nmid a$, $p \nmid b$, $p \nmid c$이고, 따라서 정리 3.1.26에 의하여

$$a^{p-1} \equiv 1\ (\mathrm{mod}\ p),\ b^{p-1} \equiv 1\ (\mathrm{mod}\ p),\ c^{p-1} \equiv 1\ (\mathrm{mod}\ p)$$

이므로 정리 3.1.4(2), (3)과 정리 3.1.5(1)에 의하여

$$2=1+1 \equiv a^{p-1}+b^{p-1}=c^{p-1} \equiv 1\ (\mathrm{mod}\ p),$$

즉 $2 \equiv 1\ (\mathrm{mod}\ p)$이 되어 모순이다. 따라서 $abc \equiv 0\ (\mathrm{mod}\ p)$이다.

04 부정방정식 $x^4-y^4=z^2$이 양의 정수해를 갖는다고 가정하자. 그러면 정수의 정렬성원리에 의하여 이러한 양의 정수해 중에서 x의 값이 최소인 해가 존재한다. 그 해를 x_0, y_0, z_0라 하자. $(x_0, y_0)=d>1$이라 하면 $x_0=dx_1$, $y_0=dy_1$을 만족하는 양의 정수 x_1, y_1이 존재하므로

$$z_0^2=x_0^4-y_0^4=(dx_1)^4-(dy_1)^4=d^4(x_1^4-y_1^4)$$

이다. 따라서 $d^4 \mid z_0^2$이므로 연습문제 2.1의 2(1)에 의하여 $d^2 \mid z_0$이다. 따라서 $z_0=d^2z_1$을 만족하는 양의 정수 z_1이 존재하고, 따라서

$$x_1^4-y_1^4=\frac{z_0^2}{d^4}=\frac{(d^2z_1)^2}{d^4}=z_1^2$$

이다. 따라서 x_1, y_1, z_1은 부정방정식 $x^4-y^4=z^2$의 양의 정수해이고 $0<x_1<x_0$이므로 x_0의 최소성에 모순이다. 그러므로 $(x_0, y_0)=1$이다. 따라서 x_0와 y_0 중에서 적어도 하나는 홀수이다. 이때 x_0를 짝수라 하면 y_0는 홀수이고, 따라서 보기 2.1.3에 의하여

$$x_0^4 \equiv 0\ (\mathrm{mod}\ 4),\ y_0^4 \equiv 1\ (\mathrm{mod}\ 4)$$

이므로 정리 3.1.5에 의하여

$$z_0^2=x_0^4-y_0^4 \equiv -1\ (\mathrm{mod}\ 4)$$

가 되어 모순이므로 x_0는 홀수이다. 먼저 y_0가 홀수인 경우를 생각하자. $(x_0, y_0)=1$이므로 정리 2.1.15에 의하여 $(x_0, y_0^2)=1$이고, 또한

$$z_0^2+(y_0^2)^2=z_0^2+y_0^4=x_0^4=(x_0^2)^2$$

이므로 z_0, y_0^2, x_0^2은 부정방정식 $A^2+B^2=C^2$의 원시해이다. 이때 y_0가 홀수이므로 정리 5.1.4에 의하여

$$z_0=2hk,\ y_0^2=h^2-k^2,\ x_0^2=h^2+k^2$$

이고 $(h, k)=1,\ h>k \geq 1$을 만족하는 정수 $h,\ k$가 존재하고, h와 k 중에서 하나는 짝수이고 다른 하나는 홀수이다. 따라서

$$h^4-k^4=(h^2+k^2)(h^2-k^2)=x_0^2y_0^2=(x_0y_0)^2$$

이므로 $h,\ k,\ x_0y_0$는 부정방정식 $x^4-y^4=z^2$의 양의 정수해이고

$$0<h<\sqrt{h^2+k^2}=x_0$$

이므로 x_0의 최소성에 모순이다. 다음, y_0가 짝수이면 위에서와 같이 $z_0,\ y_0^2,\ x_0^2$은 부정방정식 $A^2+B^2=C^2$의 원시해이므로 정리 5.1.4에 의하여

$$z_0=h^2-k^2,\ \ y_0^2=2hk,\ \ x_0^2=h^2+k^2$$

이고 $(h, k)=1,\ h>k \geq 1$을 만족하는 정수 $h,\ k$가 존재하고, h와 k 중에서 하나는 짝수이고 다른 하나는 홀수이다. h를 짝수라 하자. 그러면 k는 홀수이고, 따라서 $(2h, k)=1$이고 $y_0^2=2hk=(2h)k$이므로 정리 5.1.3에 의하여 $2h=w^2,\ k=v^2$을 만족하는 양의 정수 $w,\ v$가 존재한다. 이때 w는 짝수이므로 $w=2u$를 만족하는 양의 정수 u가 존재하고, 따라서

$$h=\frac{w^2}{2}=\frac{4u^2}{2}=2u^2$$

이므로 $(2u^2, v^2)=(h, k)=1$이고

$$(2u^2)^2+(v^2)^2=h^2+k^2=x_0^2$$

이다. 즉, $2u^2,\ v^2,\ x_0$는 부정방정식 $U^2+V^2=X^2$의 원시해이고, $v^2=k$는 홀수이므로 정리 5.1.4에 의하여

$$2u^2=2st,\ \ v^2=s^2-t^2,\ \ x_0=s^2+t^2$$

이고 $(s, t)=1,\ s>t \geq 1$을 만족하는 정수 $s,\ t$가 존재하고, s와 t 중에서 하나는 짝수이고 다른 하나는 홀수이다. 더욱이 $u^2=st$이므로 정리 5.1.3에 의하여 $s=s_1^2,\ t=t_1^2$을 만족하는 양의 정수 $s_1,\ t_1$이 존재한다. 따라서

$$s_1^4-t_1^4=s^2-t^2=v^2$$

이므로 $s_1,\ t_1,\ v$는 부정방정식 $x^4-y^4=z^2$의 양의 정수해이고, 또한

$$0<s_1=\sqrt{s}<s^2+t^2=x_0$$

이므로 x_0의 최소성에 모순이다. 그러므로 부정방정식 $x^4-y^4=z^2$의 양의 정수해는 존재하지 않는다.

05 피타고라스의 삼각형의 빗변의 길이를 γ라 하고 다른 두 변의 길이를 각각 $\alpha,\ \beta\ (\alpha>\beta)$라 하자. 피타고라스의 삼각형의 넓이를 정수의 제곱으로 나타낼 수 있다고 하면 $\frac{1}{2}\alpha\beta=u^2$, 즉 $2\alpha\beta=4u^2$을 만

족하는 양의 정수 u가 존재한다. 또한 $\alpha^2+\beta^2=\gamma^2$이므로

$$(\alpha+\beta)^2=\alpha^2+\beta^2+2\alpha\beta=\gamma^2+4u^2,\quad (\alpha-\beta)^2=\alpha^2+\beta^2-2\alpha\beta=\gamma^2-4u^2$$

이다. 따라서

$$\begin{aligned}(\alpha^2-\beta^2)^2&=((\alpha+\beta)(\alpha-\beta))^2=(\alpha+\beta)^2(\alpha-\beta)^2\\&=(\gamma^2+4u^2)(\gamma^2-4u^2)=\gamma^4-16u^4=\gamma^4-(2u)^4\end{aligned}$$

이므로 부정방정식 $x^4-y^4=z^2$은 양의 정수해 γ, $2u$, $\alpha^2-\beta^2$을 갖게 되어 위의 문제 4에 모순이다. 따라서 피타고라스의 삼각형의 넓이는 정수의 제곱으로 나타낼 수 없다.

5.3 ❙ 연습문제

01 (1) 1, 2, 4, 5, 8, 9, 10, 13, 16, 17, 18, 20, 25, 26, 29, 32, 34, 36, 37, 40, 41, 45, 49, 50 (정리 5.3.7 참조).

(2) $3=1^2+1^2+1^2$, $6=1^2+1^2+2^2$, $11=1^2+1^2+3^2$, $12=2^2+2^2+2^2$,
$14=1^2+2^2+3^2$, $19=1^2+3^2+3^2$, $21=1^2+2^2+4^2$, $22=2^2+3^2+3^2$,
$24=2^2+2^2+4^2$, $27=1^2+1^2+5^2$, $30=1^2+2^2+5^2$, $33=1^2+4^2+4^2$,
$35=1^2+3^2+5^2$, $38=1^2+1^2+6^2$, $42=1^2+4^2+5^2$, $43=3^2+3^2+5^2$,
$44=2^2+2^2+6^2$, $46=1^2+3^2+6^2$, $48=4^2+4^2+4^2$.
(정리 5.3.9 앞의 설명과 정리 5.3.9 참조)

(3) $7=1^2+1^2+1^2+2^2$, $15=1^2+1^2+2^2+3^2$, $23=1^2+2^2+3^2+3^2$,
$28=1^2+3^2+3^2+3^2$, $31=2^2+3^2+3^2+3^2$, $39=1^2+2^2+3^2+5^2$,
$47=1^2+1^2+3^2+6^2$ (정리 5.3.9와 정리 5.3.16 참조).
(한 정수의 제곱수들의 합의 표현은 유일하지 않으므로 (2)와 (3)에서 이들 이외의 여러 가지 답이 있다.)

02 377과 332514은 각각

$$\begin{aligned}&377=13\cdot 29=13\cdot 29\cdot 1^2,\\&332514=2\cdot 3^2\cdot 7^2\cdot 13\cdot 29=2\cdot 13\cdot 29\cdot (3\cdot 7)^2\end{aligned}$$

이고 $13\equiv 1 \pmod 4$, $29\equiv 1 \pmod 4$이므로 정리 5.3.7 (2)에 의하여 377과 332514는 두 제곱수들의 합으로 표시할 수 있다. 이때

$$13=2^2+3^2,\quad 29=2^2+5^2$$

이므로

$$377 = 13 \cdot 29 = (2^2+3^2)(2^2+5^2)$$
$$= (2 \cdot 2 + 3 \cdot 5)^2 + (2 \cdot 5 - 2 \cdot 3)^2 = 19^2 + 4^2$$

이다. 또한 $2 = 1^2 + 1^2$이므로

$$2 \cdot 13 \cdot 29 = (19^2+4^2)(1^2+1^2)$$
$$= (19 \cdot 1 + 4 \cdot 1)^2 + (19 \cdot 1 - 4 \cdot 1)^2 = 23^2 + 15^2$$

이고, 따라서

$$332514 = 2 \cdot 13 \cdot 29 \cdot (3 \cdot 7)^2 = (23^2+15^2)(3 \cdot 7)^2$$
$$= (3 \cdot 7 \cdot 23)^2 + (3 \cdot 7 \cdot 15)^2 = 483^2 + 315^2$$

이다. 같은 방법으로,

$$3690 = 57^2 + 21^2, \quad 10048 = 88^2 + 48^2$$

이다. 그러나 152, 459, 888, 1472, 6966은 각각

$$152 = 2^3 \cdot 19, \quad 459 = 3^3 \cdot 17 = 3 \cdot 17 \cdot 3^2, \quad 888 = 2^3 \cdot 3 \cdot 37 = 2 \cdot 3 \cdot 37 \cdot 2^2,$$
$$1472 = 2^6 \cdot 23 = 23 \cdot (2^3)^2, \quad 6966 = 2 \cdot 3^4 \cdot 43 = 2 \cdot 43 \cdot (3^2)^2$$

이고, 이때

$$3 \equiv 3 \pmod 4, \quad 19 \equiv 3 \pmod 4, \quad 23 \equiv 3 \pmod 4, \quad 43 \equiv 3 \pmod 4$$

이므로 정리 5.3.7 (2)에 의하여 두 제곱수들의 합으로 표시할 수 없다.

03 (1) $5 \mid 5$, $5^2 \nmid 5$이지만 $1^2 + 2^2 = 5$이다.

(2) $7 \mid n$, $7^2 \nmid n$이라 하면 $p_1, p_2, \cdots, p_t$를 7이 아닌 서로 다른 소수라 할 때, 정리 2.2.10에 의하여 n은

$$n = 7 p_1 p_2 \cdots p_t c^2 \ (c \in \mathbb{Z})$$

의 꼴로 표시된다. 이때 $7 \not\equiv 1 \pmod 4$이므로 정리 5.3.7 (2)에 의하여 n은 두 제곱수들의 합으로 표시할 수 없다. 따라서 부정방정식 $x^2 + y^2 = n$의 해는 존재하지 않는다.

04 m을 임의의 정수라 할 때, $m^2 \equiv 0, 1, 4$ 또는 $7 \pmod 9$이므로 $a, b \in \mathbb{Z}$라 하면 정리 3.1.5 (1)에 의하여

$$a^2 + b^2 \equiv 0, 1, 2, 4, 5, 7, 8 \pmod 9,$$

즉, $a^2 + b^2 \not\equiv 3, 6 \pmod 9$이다. 따라서 $n \equiv 3 \pmod 9$ 또는 $n \equiv 6 \pmod 9$이면 n은 두 제곱수들의 합으로 표시할 수 없다.

05 n의 표준분해를 $n=p_1^{k_1}p_2^{k_2}\cdots p_t^{k_t}$이라 하자. 그러면 $m\mid n$이므로 정리 2.2.12에 의하여 m은 $0\le l_i\le k_i\ (i=1, 2, \cdots, t)$를 만족하는 정수 $l_1, l_2, \cdots, l_t$에 대하여

$$m=p_1^{l_1}p_2^{l_2}\cdots p_t^{l_t}$$

의 꼴로 표시된다. 따라서 $\dfrac{n}{m}$은

$$\frac{n}{m}=p_1^{k_1-l_1}p_2^{k_2-l_2}\cdots p_t^{k_t-l_t}$$

의 꼴로 표시된다. 그러므로 $1\le u\le t$이고 $1\le v\le t$인 정수 u와 v에 대하여

$$n=p_1p_2\cdots p_uc^2, m=b_1b_2\cdots b_vd^2\ (c, d\in\mathbb{Z})$$

($b_j\ (1\le j\le v)$는 서로 다르고, $p_i\ (1\le i\le t)$ 중 어느 하나이다.)

의 꼴로 표시할 수 있고, 따라서

$$\frac{n}{m}=q_1q_2\cdots q_re^2\ (e\in\mathbb{Z})\left(\begin{array}{c}q_h\,(1\le h\le r)\text{는 서로 다르고, } p_i\,(1\le i\le u)\\ \text{와 } b_j\,(1\le j\le v)\text{ 중 어느 하나이다.}\end{array}\right)$$

의 꼴로 표시된다. 더욱이 m과 n이 두 제곱수들의 합으로 표시되므로 정리 5.3.7 (2)에 의하여 $i, j\ (i=1, 2, \cdots, u; j=1, 2, \cdots, v)$에 대하여

$$p_i=2 \text{ 또는 } p_i\equiv 1 \pmod 4;\quad b_j=2 \text{ 또는 } b_j\equiv 1 \pmod 4$$

이므로 $h=1, 2, \cdots, r$에 대하여 $q_h=2$ 또는 $q_h\equiv 1 \pmod 4$이다. 따라서 정리 5.3.7에 의하여 $\dfrac{n}{m}$은 두 제곱수들의 합으로 표시할 수 있다.

06 103, 111, 119, 124, 127, 135, 143 (정리 5.3.9 참조).

07 (1) $4\mid(a^2+b^2+c^2)$이면 $a^2+b^2+c^2\equiv 0 \pmod 4$이므로 정리 5.3.9의 증명과정에 의하여 분명하다.

(2) $8\mid(a^2+b^2+c^2+d^2)$이면 $a^2+b^2+c^2+d^2\equiv 0 \pmod 8$이다. 따라서 정리 3.1.13 (2)에 의하여 $a^2+b^2+c^2+d^2\equiv 0 \pmod 4$이다. 한편 보기 2.1.3에 의하여 $m\in\mathbb{Z}$라 할 때,

$$m\text{이 짝수이면 } m^2\equiv 0 \pmod 4;\quad m\text{이 홀수이면 } m^2\equiv 1 \pmod 4$$

이다. 따라서 $a^2+b^2+c^2+d^2\equiv 0 \pmod 4$이므로 정리 3.1.5 (1)에 의하여 a, b, c, d는 모두 짝수이거나 또는 모두 홀수이어야 한다. 그러나 a, b, c, d가 모두 홀수이면 보기 2.1.3과 정리 3.1.5 (1)에 의하여 $a^2+b^2+c^2+d^2\equiv 4 \pmod 8$이고, 따라서 정리 3.1.4 (2), (3)에 의하여 $4\equiv 0 \pmod 8$이 되어 모순이므로 a, b, c, d는 모두 짝수이어야 한다.

08 $53=2^2+7^2+0^2+0^2$, $105=1^2+2^2+6^2+8^2$, $459=3^2+9^2+12^2+15^2$,

$18179 = 7^3 \cdot 53 = 35^2 + 63^2 + 77^2 + 84^2$ (정리 5.3.11의 증명과정 참조).
(이들 이외의 여러 가지 답이 있다.)

09 n을 임의의 정수라 할 때,

$$\begin{aligned} n^2 + (n+1)^2 + (n+2)^2 &= n^2 + n^2 + 2n + 1 + n^2 + 4n + 4 \\ &= 3n^2 + 6n + 5 \equiv 5 \equiv 2 \pmod 3 \end{aligned}$$

이다. 그러나 임의의 정수 m은 $m^2 \equiv 0 \pmod 3$ 또는 $m^2 \equiv 1 \pmod 3$이므로

$$n^2 + (n+1)^2 + (n+2)^2 = m^2$$

을 만족하는 정수 n, m은 존재하지 않는다.

10 주어진 조건을 만족하는 부정방정식의 해가 존재한다고 가정하고, 이를 $a, b, c \in \mathbb{Z}$라 하자. 그러면 $(a, b, c) = 1$이고 $a^2 + b^2 + c^2 = m^2$이다. 한편 보기 2.1.3에 의하여 $n \in \mathbb{Z}$라 할 때,

$$n\text{이 짝수이면 } n^2 \equiv 0 \pmod 4; \quad n\text{이 홀수이면 } n^2 \equiv 1 \pmod 4$$

이다. 따라서 m이 짝수이므로

$$a^2 + b^2 + c^2 = m^2 \equiv 0 \pmod 4$$

이어야 한다. 그러나 $(a, b, c) = 1$이므로 a, b, c는 동시에 짝수일 수 없고, 따라서 정리 3.1.5 (1)에 의하여

$$\begin{aligned} &a^2 + b^2 + c^2 \equiv 1 \pmod 4 \ (a, b, c \text{ 중의 하나만 홀수인 경우}), \\ &a^2 + b^2 + c^2 \equiv 2 \pmod 4 \ (a, b, c \text{ 중의 두 개만 홀수인 경우}), \\ &a^2 + b^2 + c^2 \equiv 3 \pmod 4 \ (a, b, c \text{ 모두가 홀수인 경우}) \end{aligned}$$

이다. 즉 $a^2 + b^2 + c^2 \not\equiv 0 \pmod 4$이다. 이는 모순이다. 그러므로 주어진 조건을 만족하는 부정방정식의 해는 존재하지 않는다.

11 모든 정수 n는 $n = 2q$ 또는 $n = 2q + 1\ (q \in \mathbb{Z})$과 같이 두 가지 꼴로 표시되므로 $n^2 = 4q^2$ 또는 $n^2 = 4(q^2 + q) + 1$이다. 따라서

$$n^2 \equiv 0 \pmod 4 \ \text{ 또는 } \ n^2 \equiv 1 \pmod 4 \ \ \ldots\ldots\ldots\ldots\ldots\ldots (*)$$

이다. 따라서 정수 x, y, z에 대하여

$$x^2 + y^2 \equiv 0, 1, 2 \pmod 4 \text{이고 } 3z^2 \equiv 0, 3 \pmod 4$$

이므로 합동식 $x^2 + y^2 \equiv 3z^2 \pmod 4$를 만족하는 정수해 (x, y, z)는

$$x^2 + y^2 \equiv 0 \pmod 4 \text{이고 } 3z^2 \equiv 0 \pmod 4$$

이어야 한다. 따라서 (*)에 의하여 $x^2+y^2 \equiv 3z^2 \pmod 4$를 만족하는 정수해 (x, y, z)는 $x \equiv y \equiv z \equiv 0 \pmod 2$뿐이다.

5.4 ▌ 연습문제

01 (1) $\langle 2, 3, 7 \rangle = \langle 2, 3, 6, 1 \rangle$. (2) $\langle 0, 2, 1, 1, 3 \rangle = \langle 0, 2, 1, 1, 2, 1 \rangle$.
(3) $\langle -3, 2, 12 \rangle = \langle -3, 2, 11, 1 \rangle$. (4) $\langle 0, 2, 1, 2, 6 \rangle = \langle 0, 2, 1, 2, 5, 1 \rangle$.
(5) $\langle 3, 2, 1, 2, 6 \rangle = \langle 3, 2, 1, 2, 5, 1 \rangle$.

02 (1) $\frac{17}{3}$. (2) $\frac{3}{17}$. (3) $\frac{355}{34}$. (4) $\frac{94}{9}$. (5) $\frac{101}{201}$. (6) $-\frac{43}{18}$.

03 (1) $\frac{1}{c} < \frac{1}{d}$이므로 $\langle a, c \rangle = a + \frac{1}{c} < a + \frac{1}{d} = \langle a, d \rangle$이다.

(2) (1)에 의하여 $\langle b, c \rangle < \langle b, d \rangle$이므로 $\frac{1}{\langle b, c \rangle} > \frac{1}{\langle b, d \rangle}$이다. 따라서

$$\langle a, b, c \rangle = a + \frac{1}{\langle b, c \rangle} > a + \frac{1}{\langle b, d \rangle} = \langle a, b, d \rangle$$

이다.

04 $b < b+d$, $c < c+d$이므로 위의 문제 3의 (1), (2)에 의하여 분명하다.

05 $\alpha > 1$이라 하고 $\alpha = \langle q_1, q_2, q_3, \cdots, q_n \rangle$이라 하자. 그러면 $q_i \in \mathbb{Z}\ (i = 1, 2, \cdots, n)$이고 $q_2 \ge 1$, $q_3 \ge 1$, $\cdots$, $q_n \ge 1$이다. 따라서 $n = 1$이면 $\alpha = \langle q_1 \rangle = q_1$이므로 $q_1 > 1$이다. 또한 $n \ge 2$이면

$$0 < \frac{1}{\langle q_2, q_3, \cdots, q_n \rangle} \le 1$$

이고

$$1 < \alpha = \langle q_1, q_2, q_3, \cdots, q_n \rangle = q_1 + \frac{1}{\langle q_2, q_3, \cdots, q_n \rangle}$$

이므로 $q_1 \ge 1$이다. 따라서

$$\frac{1}{\alpha} = \frac{1}{\langle q_1, q_2, q_3, \cdots, q_n \rangle} = \frac{1}{q_1 + \frac{1}{\langle q_2, q_3, \cdots, q_n \rangle}} = 0 + \frac{1}{q_1 + \frac{1}{\langle q_2, q_3, \cdots, q_n \rangle}}$$

$$= 0 + \frac{1}{\langle q_1, q_2, q_3, \cdots, q_n \rangle} = \langle 0, q_1, q_2, q_3, \cdots, q_n \rangle$$

이다.

06 (1) $\dfrac{13}{5}=\langle 2, 1, 1, 2\rangle$이므로 $x \equiv 3 \pmod{13}$이다.

(2) $\dfrac{108}{26}=\langle 4, 6, 2\rangle$이므로 $x \equiv 42, 96 \pmod{108}$이다.

(3) $\dfrac{3830}{613}=\langle 6, 4, 30, 2, 2\rangle$이므로 $x \equiv 1319 \pmod{3830}$이다.

(4) $\dfrac{3828}{417}=\langle 9, 6, 2, 2, 2, 5\rangle$이므로 $x \equiv 294, 1570, 2846 \pmod{3828}$이다.

07 (1) $\dfrac{1+\sqrt{5}}{2}$. (2) $\dfrac{3+\sqrt{5}}{2}$. (3) $1+\sqrt{2}$. (4) $\dfrac{1+\sqrt{3}}{2}$.

(5) $\dfrac{19-\sqrt{21}}{10}$. (6) $\dfrac{-4+\sqrt{37}}{3}$.

08 (1) $\langle 1, \overline{2}\rangle$. (2) $\langle 0, \overline{2}\rangle$. (3) $\langle 1, \overline{1, 2}\rangle$. (4) $\langle 0, 1, \overline{1, 2}\rangle$.

(5) $\langle 3, \overline{1, 1, 1, 1, 6}\rangle$. (6) $\langle 2, \overline{3}\rangle$. (7) $\langle 2, \overline{1, 4, 1, 1}\rangle$. (8) $\langle \overline{2, 1, 3}\rangle$.

09 (1) $x=8,\ y=3$. (2) $x=10,\ y=3$. (3) $x=17,\ y=4$. (4) $x=11,\ y=2$.

10 (1) $x=3,\ y=2;\ x=17,\ y=12;\ x=99,\ y=70$.

(2) $x=2,\ y=1;\ x=7,\ y=4;\ x=26,\ y=15;\ x=97,\ y=56;\ x=362,\ y=209$.

(3) $x=9,\ y=4;\ x=161,\ y=72$.

(4) $x=8,\ y=3;\ x=127,\ y=48$.

11 (1) $\sqrt{23}=\langle 4, \overline{1, 3, 1, 8}\rangle;\ x=24,\ y=5$.

(2) $\sqrt{33}=\langle 5, \overline{1, 2, 1, 10}\rangle;\ x=23,\ y=4$.

(3) $\sqrt{41}=\langle 6, \overline{2, 2, 12}\rangle;\ x=2049,\ y=320$.

(4) $\sqrt{74}=\langle 8, \overline{1, 1, 1, 1. 16}\rangle;\ x=3699,\ y=430$.

12 (1) $d=0$일 때, 부정방정식 $x^2-dy^2=1$은 $x^2=1$이므로 정수해는 $x=\pm 1$이다. 따라서 구하는 해는 $x=\pm 1$이고 y는 임의의 정수이다.

(2) $d \le -2$이고 $y \ne 0$이면 $-dy^2 \ge 2$이므로 부정방정식 $x^2-dy^2=1$의 해는 $y=0$이고 $x=\pm 1$이다.

(3) $d=-1$일 때, 부정방정식 $x^2-dy^2=1$은 $x^2+y^2=1$이므로 해는 $(\pm 1, 0)$, $(0, \pm 1)$이다.

13 x_1, y_1과 x_2, y_2가 Pell의 방정식 $x^2-dy^2=1$의 해이므로 $x_1^2-dy_1^2=1, x_2^2-dy_2^2=1$이다. 또한

$$a+b\sqrt{d}=(x_1+y_1\sqrt{d})(x_2+y_2\sqrt{d})=(x_1x_2+dy_1y_2)+(x_1y_2+y_1x_2)\sqrt{d}$$

이므로 $a=x_1x_2+dy_1y_2$, $b=x_1y_2+y_1x_2$이다. 따라서

$$\begin{aligned}a^2-db^2&=(x_1x_2+dy_1y_2)^2-d(x_1y_2+y_1x_2)^2\\&=x_1^2x_2^2+2x_1x_2dy_1y_2+d^2y_1^2y_2^2-d(x_1^2y_2^2+2x_1y_2y_1x_2+y_1^2x_2^2)\\&=x_1^2x_2^2+d^2y_1^2y_2^2-dx_1^2y_2^2-dy_1^2x_2^2=(x_1^2-dy_1^2)(x_2^2-dy_2^2)=1\cdot 1=1\end{aligned}$$

이다.

14 (1) $z=x_1+y_1\sqrt{d}$일 때, $\bar{z}=x_1-y_1\sqrt{d}$이므로 $x_1=\dfrac{z+\bar{z}}{2}$, $y_1=\dfrac{z-\bar{z}}{2\sqrt{d}}$이다.

(2) x_1, y_1이 Pell의 방정식 $x^2-dy^2=1$의 기본해이므로 $x_1^2-dy_1^2=1$이고 임의의 자연수 n에 대하여 $(x_1^2-dy_1^2)^n=1^n=1$이 성립한다. 따라서 x, y가 Pell의 방정식 $x^2-dy^2=1$을 만족하는 정수해라 하면

$$x^2-dy^2=1=(x_1^2-dy_1^2)^n$$

가 성립한다. 따라서

$$(x-\sqrt{d}y)(x+\sqrt{d}y)=x^2-dy^2=(x_1^2-dy_1^2)^n=(x_1-\sqrt{d}y_1)^n(x_1+\sqrt{d}y_1)^n,$$

즉 $(x-\sqrt{d}y)(x+\sqrt{d}y)=(x_1-\sqrt{d}y_1)^n(x_1+\sqrt{d}y_1)^n$이므로

$$x-\sqrt{d}y=(x_1-\sqrt{d}y_1)^n,\quad x+\sqrt{d}y=(x_1+\sqrt{d}y_1)^n$$

이고, (1)에 의하여 $x_1=\dfrac{z+\bar{z}}{2}$, $y_1=\dfrac{z-\bar{z}}{2\sqrt{d}}$이므로

$$x-\sqrt{d}y=(x_1-\sqrt{d}y_1)^n=\bar{z}^n,\quad x+\sqrt{d}y=(x_1+\sqrt{d}y_1)^n=z^n$$

이다. 그러므로

$$x=\frac{z^n+\bar{z}^n}{2},\quad y=\frac{z^n-\bar{z}^n}{2\sqrt{d}}$$

이다. 따라서 x_n, $y_n\,(n=1, 2, \cdots)$은 Pell의 방정식 $x^2-dy^2=1$의 정수해이다.

(3) $z=3+2\sqrt{2}$, $\bar{z}=3-2\sqrt{2}$이므로

$$x_2=\frac{z^2+\bar{z}^2}{2}=\frac{34}{2}=17,\quad y_2=\frac{z^n-\bar{z}^n}{2\sqrt{2}}=\frac{24\sqrt{2}}{2\sqrt{2}}=12,$$

$$x_3=\frac{z^3+\bar{z}^3}{2}=\frac{198}{2}=99,\quad y_3=\frac{z^3-\bar{z}^3}{2\sqrt{2}}=\frac{140\sqrt{2}}{2\sqrt{2}}=70,$$

이다. 따라서 $x_2=17$, $y_2=12$와 $x_3=99$, $y_3=70$는 Pell의 방정식 $x^2-2y^2=1$의 또 다른 정수해이다.

15 (1) x_1, y_1이 Pell의 방정식 $x^2-dy^2=-1$의 기본해이므로 $x_1^2-dy_1^2=-1$이고 임의의 자연수 n에 대하여 $(x_1^2-dy_1^2)^{2n}=1$이 성립한다. 따라서 x, y가 Pell의 방정식 $x^2-dy^2=-1$을 만족하는 정수해라 하면

$$(x^2-dy^2)^2=1=(x_1^2-dy_1^2)^{2n}$$

가 성립한다. 따라서

$$\begin{aligned}(x-\sqrt{d}\,y)^2(x+\sqrt{d}\,y)^2&=(x^2-dy^2)^2=(x_1^2-dy_1^2)^{2n}\\&=(x_1-\sqrt{d}\,y_1)^{2n}(x_1+\sqrt{d}\,y_1)^{2n},\end{aligned}$$

즉 $(x-\sqrt{d}\,y)^2(x+\sqrt{d}\,y)^2=(x_1-\sqrt{d}\,y_1)^{2n}(x_1+\sqrt{d}\,y_1)^{2n}$이므로

$$x-\sqrt{d}\,y=(x_1-\sqrt{d}\,y_1)^{2n-1},\quad x+\sqrt{d}\,y=(x_1+\sqrt{d}\,y_1)^{2n-1}$$

이고, 위의 문제 14 (1)에 의하여 $x_1=\dfrac{z+\bar{z}}{2}$, $y_1=\dfrac{z-\bar{z}}{2\sqrt{d}}$이므로

$$x-\sqrt{d}\,y=(x_1-\sqrt{d}\,y_1)^{2n-1}=\bar{z}^{\,2n-1},\quad x+\sqrt{d}\,y=(x_1+\sqrt{d}\,y_1)^{2n-1}=z^{2n-1}$$

이다. 그러므로

$$x=\frac{z^{2n-1}+\bar{z}^{\,2n-1}}{2},\quad y=\frac{z^{2n-1}-\bar{z}^{\,2n-1}}{2\sqrt{d}}$$

이다. 따라서 x_n, $y_n\,(n=1, 2, \cdots)$은 Pell의 방정식 $x^2-dy^2=-1$의 정수해이다.

(2) $z=1+\sqrt{2}$, $\bar{z}=1-\sqrt{2}$이므로

$$x_2=\frac{z^3+\bar{z}^3}{2}=\frac{14}{2}=7,\quad y_2=\frac{z^3-\bar{z}^3}{2\sqrt{2}}=\frac{10\sqrt{2}}{2\sqrt{2}}=5$$

이다. 따라서 $x_2=7$, $y_2=5$는 Pell의 방정식 $x^2-2y^2=-1$의 또 다른 정수해이다.

(3) ${}_nC_k=\dfrac{n!}{k!(n-k)!}$이므로 주어진 식의 양변에 $\dfrac{(k+1)!(n-k+1)!}{n!}$를 곱하면

$$k(k+1)=2(k+1)(n-k+1)+(n-k)(n-k+1)$$

이므로

$$(2n+3)^2-2(2k+1)^2=-1$$

을 얻는다. 즉, $x=2n+3$, $y=2k+1$은 부정방정식 $x^2-2y^2=-1$의 한 정수해이다. 한편 (1)의 증명과정에 의하여 부정방정식 $x^2-2y^2=-1$의 기본해가 $x_1=1$, $y_1=1$이므로 부정방정식

$x^2-2y^2=-1$의 정수해는

$$x_j+y_j\sqrt{2}=(1+\sqrt{2})^{2j-1}\ (j=0,1,2,\cdots)$$

을 만족하는 적당한 $j\ (j=1,2,\cdots)$에 대하여 $x=x_i,\ y=y_i$이다. 따라서 적당한 $j\ (j=1,2,\cdots)$에 대하여 $2n+3=x_j$, 즉 $n=\dfrac{x_j-3}{2}$인 정수이다. 참고로, x_j와 y_j는 모두 홀수이다.

16 $d\equiv 3\ (\mathrm{mod}\ 4)$이라 하면 $3\equiv -1\ (\mathrm{mod}\ 4)$이므로 $d\equiv -1\ (\mathrm{mod}\ 4)$이다. 따라서 $x^2-dy^2=x^2+y^2\ (\mathrm{mod}\ 4)$이다. 그런데 임의의 $x,\ y$에 대하여

$$x^2+y^2\equiv 0,\ 1,\ 2\ (\mathrm{mod}\ 4)$$

뿐이므로(연습문제 5.3의 11의 증명과정을 참조) Pell의 방정식 $x^2-dy^2=-1$은 해를 갖지 못한다.

17
$$x^2+y^2-1=4xy\ \Leftrightarrow\ y^2-4xy+4x^2-3x^2=1\ \Leftrightarrow\ u^2-3x^2=1,\ u=y-2x$$

이다. 이때 Pell의 방정식 $u^2-3x^2=1$의 기본해가 $x=1,\ u=2$이므로 부정방정식 $x^2+y^2-1=4xy$의 최소 양의 정수해는 $x=1,\ y=4$이다.

도 표

1000보다 작은 소수와 그 소수들의 최소 원시근

p	g	p	g	p	g	p	g	p	g	p	g
2	1	127	3	283	3	467	2	661	2	877	2
3	2	131	2	293	2	479	13	673	5	881	3
5	2	137	3	307	5	487	3	677	2	883	2
7	3	139	2	311	17	491	2	683	5	887	5
11	2	149	2	313	10	499	7	691	3	907	2
13	2	151	6	317	2	503	5	701	2	911	17
17	3	157	5	331	3	509	2	709	2	919	7
19	2	163	2	337	10	521	3	719	11	929	3
23	5	167	5	347	2	523	2	727	5	937	5
29	2	173	2	349	2	541	2	733	6	941	2
31	3	179	2	353	3	547	2	739	3	947	2
37	2	181	2	359	7	557	2	743	5	953	3
41	6	191	19	367	6	563	2	751	3	967	5
43	3	193	5	373	2	569	3	757	2	971	6
47	5	197	2	379	2	571	3	761	6	977	3
53	2	199	3	383	5	577	5	769	11	983	5
59	2	211	2	389	2	587	2	773	2	991	6
61	2	223	3	397	5	593	3	787	2	997	7
67	2	227	2	401	3	599	7	797	2		
71	7	229	6	409	21	601	7	809	3		
73	5	233	3	419	2	607	3	811	3		
79	3	239	7	421	2	613	2	821	2		
83	2	241	7	431	7	617	3	823	3		
89	3	251	6	433	5	619	2	827	2		
97	5	257	3	439	15	631	3	829	2		
101	2	263	5	443	2	641	3	839	11		
103	5	269	2	449	3	643	11	853	2		
107	2	271	6	457	13	647	5	857	3		
109	6	277	5	461	2	653	2	859	2		
113	3	281	3	463	3	659	2	863	5		

법 p에 관한 지수 ind a

a \ p	3	5	7	9	11	13	17	19	23	25	p \ a
1	0	0	0	0	0	0	0	0	0	0	1
2	1	1	2	1	1	1	14	1	2	1	2
3		3	1		8	4	1	13	16	7	3
4		2	4	2	2	2	12	2	4	2	4
5			5	5	4	9	5	16			5
6			3		9	5	15	14	18	8	6
7				4	7	11	11	6	19	5	7
8				3	3	3	10	3	6	3	8
9					6	8	2	8	10	14	9
10					5	10	3	17	3		10
11						7	7	12	9	16	11
12						6	13	15	20	9	12
13							4	5	14	19	13
14							9	7	21	6	14
15							6	11	17		15
16							8	4	8	4	16
17								10	7	13	17
18								9	12	15	18
19									15	18	19
20									5		20
21									13	12	21
22									11	17	22
23										11	23
24										10	24

a \ p	27	29	31	37	41	43	47	49	p \ a
1	0	0	0	0	0	0	0	0	1
2	1	1	24	1	26	27	18	26	2
3		5	1	26	15	1	20	1	3
4	2	2	18	2	12	12	36	10	4
5	5	22	20	23	22	25	1	29	5
6		6	25	27	1	28	38	27	6
7	16	12	28	32	39	35	32		7
8	3	3	12	3	38	39	8	36	8
9		10	2	16	30	2	40	2	9
10	6	23	14	24	8	10	19	13	10
11	13	25	23	30	3	30	7	40	11
12		7	19	28	27	13	10	11	12
13	8	18	11	11	31	32	11	33	13
14	17	13	22	33	25	20	4		14
15		27	21	13	37	26	21	30	15
16	4	4	6	4	24	24	26	20	16
17	15	21	7	7	33	38	16	25	17
18		11	26	17	16	29	12	28	18
19	12	9	4	35	9	19	45	35	19
20	7	24	8	25	34	37	37	39	20
21		17	29	22	14	36	6		21
22	14	26	17	31	29	15	25	24	22
23	11	20	27	15	36	16	5	38	23
24		8	13	29	13	40	28	37	24
25	10	16	10	10	4	8	2	16	25
26	9	19	5	12	17	17	29	17	26
27		15	3	6	5	3	14	3	27
28		14	16	34	11	5	22		28
29			9	21	7	41	35	18	29
30			15	14	23	11	39	14	30
31				9	28	34	3	7	31
32				5	10	9	44	4	32
33				20	18	31	27	41	33
34				8	19	23	34	9	34
35				19	21	18	33		35
36				18	2	14	30	12	36
37					32	7	42	32	37
38					35	4	17	19	38
39					6	33	31	34	39
40					20	22	9	23	40
41						6	15	15	41
42						21	24		42
43							13	6	43
44							43	8	44
45							41	31	45
46							23	22	46
47								5	47
48								21	48

참고문헌

[1] 임근빈 · 전송기 · 임동만, 현대대수학 제5판, 경문사, 2009.

[2] W. W, Adams and L. J. Goldstein, *Introduction to Number Theory*, Prentice-Hall, Inc., 1976.

[3] R. P. Burn, *A pathway into number theory*, Cambridge University Press, 1983.

[4] D. M. Burton, *Elementary Number Theory*, Wm. C. Brown Publishers, 1989.

[5] T. P. Dence, *Elements of the Theory of Numbers*, Academic Press, Inc., 1999.

[6] U. Dudley, *Elementary Number Theory*, W. H. Freeman and Company, 1969.

[7] L. K. Hua, *Introduction to Number Theory*, Springer-Verlag, 1982.

[8] W. J. LeVeque, *Fundamentals of Number Theory*, Addison-Wesley, 1977.

[9] N. H. McCoy, *The Theory of Numbers*, The Macmillan company, 1970.

[10] I. Niven, H. S. Zuckerman and H. L. Montgomery, *An Introduction to the Theory of Numbers*, 5-th ed., Wiley, 1991.

[11] J. E. Phythian, *Divisors using Fermat's theorem*, Math. Gaz. 54(Dec. 1970) pp. 402-404.

[12] D. Redmond, *Numbers Theory ; An~Introduction*, Marcel Dekker, 1996.

[13] K. H. Rosen, *Elementary Number Theory and Its Application*, Addison-Wesley, 1994.

[14] H. N. Shapiro, *Introduction to the Theory Numbers*, John & Sons, 1983.

[15] B. M. Stewart, *Theory of Numbers*, The Macmillan company, 1952.

[16] I. M. Vinogradov, *Elements of Number Theory*, Dover Publications, Inc, 1954.

[17] A. Weil, *Basic Number Theory*, Academic Press, 1995.

찾아보기

알기 쉬운 **정수론**, 제5판

지은이 임근빈 · 임동만 · 강동승
펴낸이 조경희
펴낸곳 경문사
펴낸날 2002년 2월 25일 1판 1쇄
2022년 2월 28일 5판 1쇄
2024년 3월 1일 5판 2쇄
등 록 1979년 11월 9일 제1979-000023호
주 소 04057, 서울특별시 마포구 와우산로 174
전 화 (02)332-2004 팩스 (02)336-5193
이메일 kyungmoon@kyungmoon.com

값 35,000원

ISBN 979-11-6073-518-5